전기기능사

실기 바이블 Ⅱ

최경호 · 원우연 · 신석환 공저

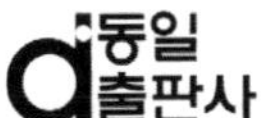

머리말

전기 분야는 성장 산업사회의 가장 중추적인 역할을 담당하고 있다, 이 점에 대하여 전기를 전공하고 있는 한사람으로서 항상 긍지와 자부심을 가지고 더 체계적이고 효율적인 방안에 대하여 연구하고 노력하고 있다.

전기는 산업사회에 많은 편리성을 제공함과 동시에 위험성 또한 내포하고 있기 때문에 전기를 배우고자 하는 학생 및 수험자들에게 어떠한 방법이 가장 기초를 튼튼하게 다지고 이해시킬 수 있는가에 대한 의문을 가지고 해결 방안에 대한 고민을 하였다.

교육, 산업현장에서 배우고 경험한 현장 실무를 기반으로 처음으로 전기를 접하게 되는 학생 및 자격증을 취득하고자 하는 수험생들이 보다 쉽게 접근할 수 있는 방안을 고심한 끝에 시퀀스를 보다 쉽게 이해하고 실습할 수 있도록 편찬하였다.

이 교재의 특징은 다음과 같다

첫째. 시퀀스 정답지를 수록함으로써 학생 및 수험자들이 시퀀스에 대한 빠른 접근과 이해를 할 수 있도록 하였다.

둘째. 학생 및 수험생이 시퀀스도를 직접 그려 볼 수 있는 실체배선도를 수록하여 실습 전에 작도해 볼 수 있도록 함으로써 완전한 이해 후에 실습을 진행하도록 하였다.

셋째. 동작사항을 설명함은 물론 동작사항 흐름도를 제시함으로써 한눈에 이해하도록 하였다.

넷째. 기초편, 심화편, 숙련편으로 난이도에 따라 분류 편찬함으로써 단계적인 실습이 되도록 하였다.

다섯째. 다양한 시퀀스 도면을 제시함으로서 앞으로 출제될 어떠한 문제도 해결 능력을 갖출 수 있도록 하였다.

이 책의 구성은 다음과 같다.

첫째. 시퀀스 제작에 요구되는 계전기를 종류별로 분류 설명하였다.(Page 58~Page 61)

둘째. 제어부품 내부결선도 및 기구 접점번호를 한 장으로 요약 수록함으로서 학생 및 수험생들이 항상 휴대하고 참고할 수 있도록 하였다.(Page 62)

셋째. 수검자 유의사항, 실격 및 오작사항을 통하여 수험생들이 주의해야 할 사항들을 설명하였다.(Page 63~Page 64)

넷째. 시퀀스 결선요령을 통하여 초보자들도 보다 빠르고 쉽게 결선 방법을 이해하도록 구성하였다.(Page 65~Page 71)

다섯째. 초보자를 위한 7개의 이해도면을 작업 사진과 함께 수록하여 보다 쉬운 학습에 접근하도록 하였다.(Page 72~Page 84)

여섯째. 기초도면 20개의 예제와, 심화도면 20개의 예제 그리고 숙련도면 20개의 예제를 과년도 출제문제를 기준으로 유형별로 분류하여 수록함으로써 다양하고 단계적인 실습이 되도록 하였다.(Page 87~Page 326)

일곱째, 기초도면 20개와, 심화도면 20개 그리고 숙련도면 20개의 시퀀스 정답지를 수록하여 계전기 접점부여 및 시퀀스도를 이해하는데 효율적인 도움이 되도록 하였다.(Page 328)

본 교재의 출간에 항상 같이 고민하고 연구하신 한국폴리텍대학 원우연 교수님 그리고 신석환 선생님과 항상 용기를 심어준 가족들에게 감사의 마음을 전하며, 본 교재가 출간되기까지 여러 가지 어려운 여건에서도 모든 정성을 다해주신 동일출판사 송민호 부장님께도 다시한번 감사의 마음을 전한다.

이 책을 통해서 기능사자격증 취득은 물론 한걸음 더 나아가 기능장 자격증 취득에도 결정적인 도움이 될 수 있는 교재가 되기를 기원한다.

저 자

차례

이론편

기초 준비편

실습편

이론편

I. 교류회로

1. 교류전력

교류 회로 전력은 직류 회로의 전력과 달리 유효성분인 저항과 무효성분인 리액턴스 성분이 존재하므로 전력이 3가지가 존재한다.

즉, 저항성분에서 발생하는 유효전력, 리액턴스 성분에서 발생하는 무효전력, 임피던스성분에서 발생하는 피상전력으로 구분된다. 여기서 임피던스는 저항과 리액턴스 벡터합을 말한다.

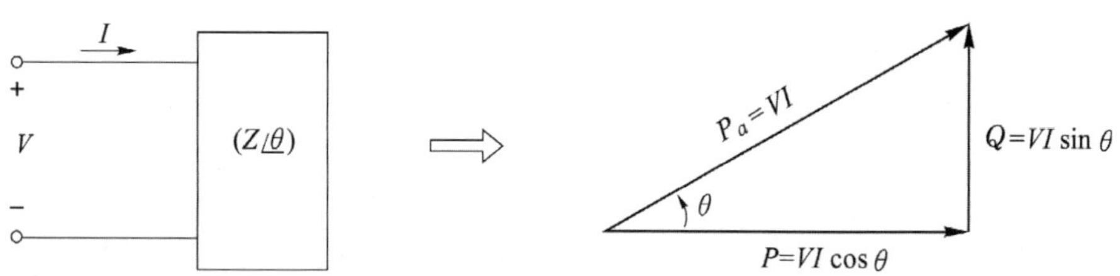

1) 유효전력 P

유효전력 P는 부하회로의 저항성분 R을 통해 일을 하면서 실제로 에너지를 소비하는 전력을 말하며 단위는 와트(Watt : W])가 사용된다.

$$P = VI\cos\theta = I^2R\,[\mathrm{W}]$$

2) 무효전력 Q

무효전력 Q는 회로의 X_L, X_C 성분에 의한 에너지 축적효과로 생기는 전력으로서 단지 전원측과 에너지를 주고받을 뿐 일에는 실제로 관여하지 않으므로 에너지를 소비하지 않는다. 단위는 바(Volt - ampere reactive : [Var])가 사용된다.

$$Q = VI\sin\theta = I^2X\,[\mathrm{Var}]$$

3) 피상전력 P_a

피상전력 P_a는 인가전압과 유입전류 사이의 위상관계를 고려하지 않고 임피던스 Z에 대응하여 단지 회로에 인가된 전압 V와 전류 I의 크기만을 생각하기 때문에 겉보기 전력이라고도 한다. 단위는(Volt Ampere : [VA])가 사용된다.

$$P_a = VI = I^2Z\,[\mathrm{VA}]$$

4) 전력과의 관계

전력 삼각형으로부터 P, Q, P_a의 관계를 나타내면 다음과 같다.

① $P_a{}^2 = P^2 + Q^2$ 또는 $P_a = \sqrt{P^2 + Q^2}$

② 역률 $\cos\theta = \dfrac{P}{P_a} = \dfrac{\text{유효전력}}{\text{피상전력}}$

③ 무효율 $\sin\theta = \dfrac{Q}{P_a} = \dfrac{\text{무효전력}}{\text{피상전력}}$

2. 3상 교류회로

1) 3상 교류의 발생과 표시법

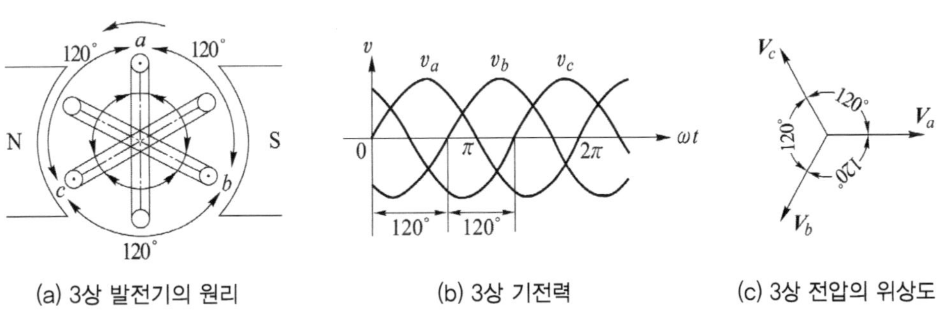

(a) 3상 발전기의 원리 (b) 3상 기전력 (c) 3상 전압의 위상도

3상 발전기는 3개의 권선을 공간적으로 120° 간격으로 배치하여 회전자에 감은 구조로 되어 있다. 회전자가 균일 자장 내에서 시계 반대방향으로 일정속도로 회전하면 각 권선의 양 단에는 그림 (b)와 같이 크기가 같고 120°의 위상차를 갖는 교류 정현파 v_a, v_b, v_c가 발생한다. 이 3개의 단상전압을 일컬어 3상 기전력 또는 3상 전압이라 하며 순시값 표현은 다음과 같다.

$$v_a = V_m \sin\omega t$$

$$v_b = V_m \sin(\omega t - 120°)$$

$$v_c = V_m \sin(\omega t - 240°)$$

페이저로 나타내면

$$\boldsymbol{V}_a = V\angle 0°,\quad \boldsymbol{V}_b = V\angle -120°,\quad \boldsymbol{V}_c = V\angle -240°$$

로 되며 페이저도는 그림 (c)와 같이 나타내며 상순은 위상차에 따라 시계방향으로 a-b-c로 정하는 것이 일반적이다.

이와 같이 기전력의 크기가 같고 120°의 위상차를 갖는 3상 기전력을 평형 3상전원이라 한다. 평형 3상 전원에서는 페이저도에서와 같이 3상 전원을 합하면 0이 된다.

$$\boldsymbol{V}_a + \boldsymbol{V}_b + \boldsymbol{V}_c = 0$$

2) 3상 교류의 결선법

(1) Y 전원회로의 전압과 전류

V_a, V_b, V_c를 상전압, I_a, I_b, I_c를 상전류, V_{ab}, V_{bc}, V_{ca}를 선간전압, I_1, I_2, I_3를 선전류라 하면 상전압과 선간전압의 관계는

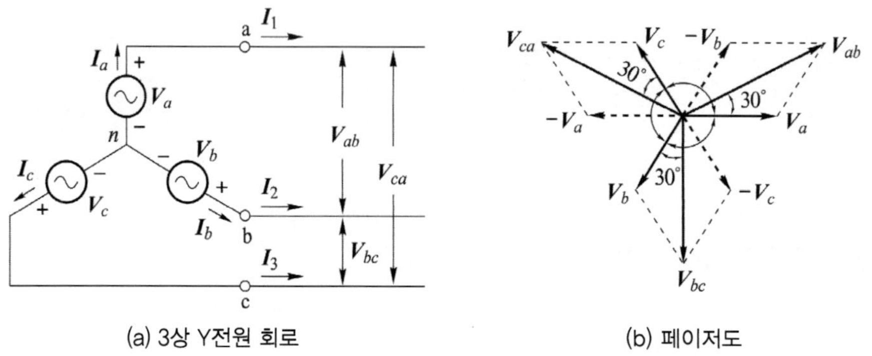

(a) 3상 Y전원 회로 (b) 페이저도

$$V_{ab} = V_a - V_b = V_a + (-V_b)$$
$$V_{bc} = V_b - V_c = V_b + (-V_c)$$

$V_{ca} = V_c - V_a = V_c + (-V_a)$로 되며 페이저도는 그림 (b)와 같다.

① Y 전원회로의 각 상전압과 각 선간전압의 관계

$$V_{ab} = \sqrt{3}\,V_a \angle 30°$$
$$V_{bc} = \sqrt{3}\,V_b \angle 30°$$
$$V_{ca} = \sqrt{3}\,V_c \angle 30°$$

대표적으로 상전압을 V_p, 선간전압을 V_l이라 하면 $V_l = \sqrt{3}\,V_p \angle 30°$로 되어 각 선간전압은 각 상전압에 비해 크기가 $\sqrt{3}$배이며 위상은 30° 빠르다.

② Y 전원회로의 상전류와 선전류의 관계

$$I_1 = I_a, \quad I_2 = I_b, \quad I_3 = I_c$$

대표적으로 상전류를 I_P, 선전류를 I_l이라 하면 $I_l = I_P$로 되어 각 선전류는 각 상전류와 크기와 위상이 같다.

(2) Δ 전원회로의 전압과 전류

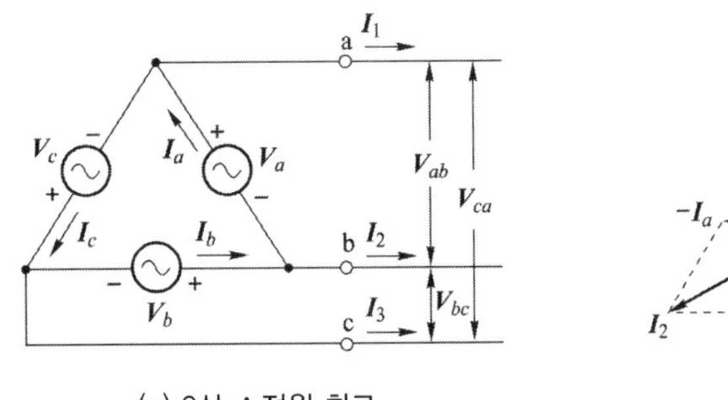

(a) 3상 Δ전원 회로

(b) 페이저도

① Δ 전원회로의 선간전압과 상전압의 관계

$$\boldsymbol{V}_{ab} = \boldsymbol{V}_a\,,\quad \boldsymbol{V}_{bc} = \boldsymbol{V}_b\,,\quad \boldsymbol{V}_{ca} = \boldsymbol{V}_c$$

대표적으로 상전압을 $\boldsymbol{V}_P$, 선간전압을 $\boldsymbol{V}_l$이라 하면 $\boldsymbol{V}_l = \boldsymbol{V}_P$로 되어 각 선간전압은 각 상전압과 크기와 위상이 같다.

② Δ 전원회로의 상전류와 선전류의 관계

$$\boldsymbol{I}_1 = \boldsymbol{I}_a - \boldsymbol{I}_c = \boldsymbol{I}_a + (-\boldsymbol{I}_c)$$
$$\boldsymbol{I}_2 = \boldsymbol{I}_b - \boldsymbol{I}_a = \boldsymbol{I}_b + (-\boldsymbol{I}_a)$$
$$\boldsymbol{I}_3 = \boldsymbol{I}_c - \boldsymbol{I}_b = \boldsymbol{I}_c + (-\boldsymbol{I}_b)$$

따라서 각 상전류와 각 선전류의 관계는 다음과 같다.

$$\boldsymbol{I}_1 = \sqrt{3}\boldsymbol{I}_a \angle -30°$$
$$\boldsymbol{I}_2 = \sqrt{3}\boldsymbol{I}_b \angle -30°$$
$$\boldsymbol{I}_3 = \sqrt{3}\boldsymbol{I}_c \angle -30°$$

대표적으로 상전류를 $\boldsymbol{I}_p$, 선전류를 $\boldsymbol{I}_l$이라 하면 $\boldsymbol{I}_l = \sqrt{3}\boldsymbol{I}_p \angle -30°$로 되어 각 선전류는 각 상전류에 비해 크기가 $\sqrt{3}$배이며 위상은 30° 느리다.

3. 3상 전력

3상은 단상 교류가 3개이므로 단상 전력의 3배이고 평형 3상인 경우 한상의 전력을 P_1라 하면 3상전력은 $3P_1$가 된다.

1) 3상 전력

① **유효전력** $P = \sqrt{3}\, V_\ell I_\ell \cos\theta = 3\, V_p I_p \cos\theta$ [W]

② **무효전력** $P = \sqrt{3}\, V_\ell I_\ell \sin\theta = 3\, V_p I_p \sin\theta$ [Var]

2) 2전력계법에 의한 3상 전력측정

단상 전력계 2개를 그림과 같이 연결하여 3상 전력을 측정하는 방법을 2전력계법이라 한다.

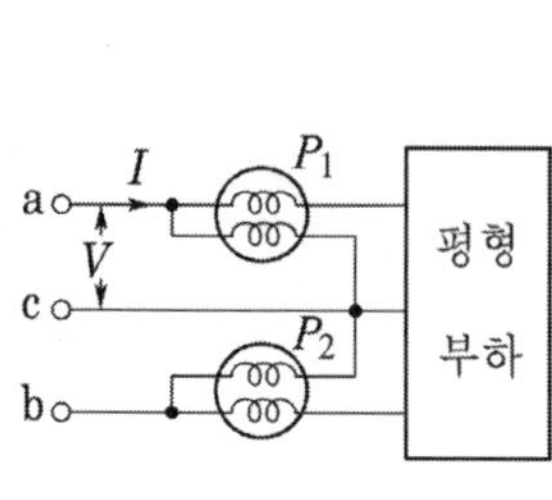

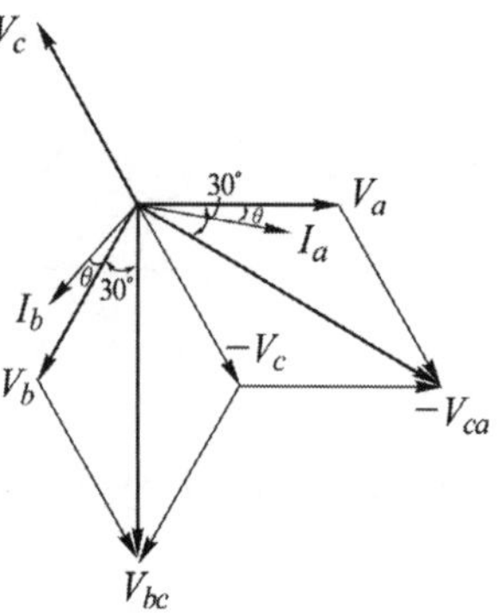

2전력계법

① **유효전력** $P = P_1 + P_2$

벡터도에서

$$P_1 = |\boldsymbol{V}_{ca}||\boldsymbol{I}_a|\cos(30° - \theta)$$
$$P_2 = |\boldsymbol{V}_{bc}||\boldsymbol{I}_b|\cos(30° + \theta)$$

그런데 $|\boldsymbol{V}_{ca}| = |\boldsymbol{V}_{bc}| = V$, $|\boldsymbol{I}_a| = |\boldsymbol{I}_b| = I$이므로

$$\begin{aligned} P &= P_1 + P_2 \\ &= VI(\cos 30°\cos\theta + \sin 30°\sin\theta) + VI(\cos 30°\cos\theta - \sin 30°\sin\theta) \\ &= 2\,VI\cos 30°\cos\theta = \sqrt{3}\,VI\cos\theta \end{aligned}$$

② **무효전력** $Q = \sqrt{3}(P_1 - P_2)$

③ **피상전력** $P_a = \sqrt{P^2 + Q^2} = 2\sqrt{P_1^{\,2} + P_2^{\,2} - P_1P_2}$

④ **역률** $\cos\theta = \dfrac{P}{P_a} = \dfrac{P_1 + P_2}{2\sqrt{P_1^{\,2} + P_2^{\,2} - P_1P_2}}$

II. 배선재료

1. 전선 및 케이블

1) 전선의 구비조건

전선에는 나전선, 절연 전선, 코드, 저압 케이블, 고압 케이블, 특별 고압 케이블, 제어용 케이블 등 많은 종류가 있다, 이 전선 및 케이블의 구비조건은 다음과 같다.

① 도전율이 크고 고유 저항은 작을 것

② 기계적 강도 및 가요성(유연성)이 풍부할 것

③ 내구성이 클 것

④ 비중이 작을 것

⑤ 시공 및 보수의 취급이 용이 할 것

⑥ 다량으로 값싸게 구입할 수 있을 것

2) 전선의 종류와 용도

절연전선이라 함은 나전선 위에 절연물을 피복한 것으로 주로 옥내배선용으로 사용된다. 다음 표는 전기설비기술기준의 판단기준에 의한 절연전선의 종류와 용도를 나타낸 것이다.

절연 전선의 종류와 주요용도

명 칭	약 칭	주요용도
옥외용 비닐 절연 전선(단심의 경동선 또는 경동 연선 위에 내후성이 좋은 비닐 절연 피복을 한 것)	OW 전선(out door weather proof polyvinyl chloride insulated wires)	저압 가공 배전 선로에서 사용한다.
인입용 비닐 절연 전선	DV 전선(polyvinyl chloride insulated drop service wires)	저압 가공 전선로에 사용한다.

3) 코드

코드는 이동·가요성으로 피복자체가 절연체인 전선이며, 전구선 또는 저압의 이동용 전선으로 사용된다. 코드를 크게 나누면 심선에 고무절연을 한 옥내 코드와 심선에 비닐절연을 한 기구용 비닐 코드가 있으며, 대표적인 코드로는 고무 코드, 비닐 코드, 고무 캡타이어 코드, 비닐 캡타이어 코드, 금사(金絲) 코드 등의 종류가 있다.

코드 선심의 식별

선심 수	색
2심	흑, 백
3심	흑, 백, 적 또는 흑, 백, 녹
4심	흑, 백, 적, 녹

※ 녹색은 접지선에 사용

4) 나전선

피복이 없는 전선으로 사용 장소는 전기설비기술기준의 판단기준에 의해 옥내에서는 사용해서는 아니 되며, 다음의 장소에 사용할 수 있다.

① 전기로용 전선

② 저압 접촉 전선

③ 전선의 피복 절연물이 부식하는 장소에 시설하는 전선

④ 취급자 이외의 자가 출입할 수 없도록 설비한 장소에 시설하는 전선

⑤ 버스 덕트 공사에 의하여 시설하는 경우

⑥ 라이팅 덕트 공사에 의하여 시설하는 경우

5) 평각 구리선

평각 구리선은 두께 0.5~10[mm], 너비 1.6~7.5[mm]의 것이 있고 크기의 표시 방법은 (두께×너비)로 표시한다. 다음 표는 평각구리선의 종류 및 기호를 나타낸 것이다.

평각동선의 종류 및 기호

종 류	기 호	비 고
1호 평각동선	H	경질인 것
2호 평각동선	HA	반경질인 것
3호 평각동선	A	연질인 것
4호 평각동선	SA	에지 와이어(edge wire)로 구부려 사용하는 연질인 것

2. 단선과 연선

1) 단선

단면이 원형인 1본의 도체로 크기는 지름[mm]으로 표시하고, 최소 0.1[mm], 최대 12[mm]까지 42종이 있다. 저압옥내배선에서는 IEC60364 기준에 의해 사용되지 않으며 연선이 사용된다.

2) 연선

㉠ 1본의 중심선 위에 6배수의 층수 배수만큼 증가하는 구조로 되어 있고, 크기는 공칭 단면적[mm^2]로 표시하며, 최소 0.9[mm^2], 최대 1,000[mm^2]로 하여 26종류가 있다.

㉡ 공칭 단면적은 전선의 실제 단면적과 반드시 같지 않으며 전선의 굵기를 나타내는 호칭이다.

- 총 소선수 $N = 3n(n+1)+1$
- 바깥지름 $D = (2n+1)d$
- 단면적 $S = sN = \frac{\pi d^2}{4} \times N = \frac{\pi D^2}{4}$

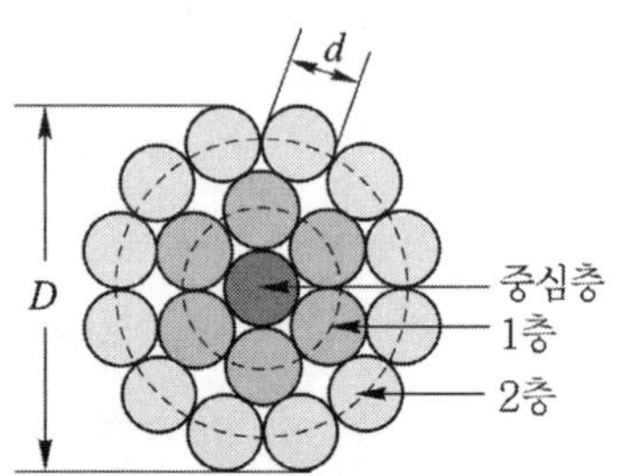

여기서, n : 층수(가운데 한 가닥은 층수에 포함하지 않는다.)

d : 소선의 지름[mm], s : 소선의 단면적[mm^2]

㉢ 연선은 가요성이 커서 가선공사가 용이하다.

3. 개폐기

1) 나이프 스위치(knife switch)

취급자만 출입하거나 출입하는데 배전반이나 분전반에 사용한다. 종류는 개폐기의 극 수와 투입 방법에 따라 단극, 3극, 단투, 쌍투 등으로 표기 구분한다.

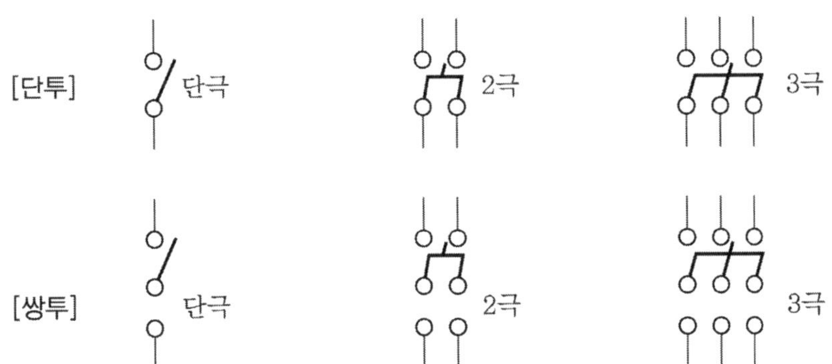

개폐기의 기호

	명 칭	기 호		명 칭	기 호
(a)	단극 단투형	SPST	(d)	단극 쌍투형	SPDT
(b)	2극 단투형	DPST	(e)	2극 쌍투형	DPDT
(c)	3극 단투형	TPST	(f)	3극 쌍투형	TPDT

2) 커버 나이프 스위치

나이프 스위치 앞면의 충전부를 커버로 덮은 것으로, 각 극 사이에 격벽을 설치하여 커버를 열지 않고 수동으로 개폐하는 것을 말한다.

주로 전등, 전열 및 동력용의 인입 개폐기 또는 분기 개폐기용으로 사용한다.

3) 텀블러 스위치(tumbler switch)

노브(knob)를 상하로 움직여 점멸하는 거나 좌우로 움직여 점멸한다. 노출형과 매입형, 단극형과 3로, 4로 등이 있다.

노출형　　매입형 단극　　매입형 3로 램프형

4) 점멸 스위치(snap switch)

전등 점멸과 전열기의 열 조절 등에 쓰인다.

스위치의 개방 상태의 표시

	개로의 경우	폐로의 경우
색별 문자	녹색 또는 검은색 개 또는 OFF	붉은색 또는 흰색 폐 또는 ON

5) 로터리 스위치(rotary switch)

회전 스위치라고도 하며, 이것은 노출형으로 노브를 돌려가며 개로나 폐로 또는 강약으로 점멸한다.

6) 누름 단추 스위치(push button switch)

매입형만 사용하며 연결 스위치라고도 하며, 원격 조정 장치나 소세력 회로에 사용 2개의 단추가 있어서 단추 스위치라고도 하며 위의 것을 누르면 점등과 동시에 밑에 있는 빨간 단추가 튀어나오는 연동 장치(inter locking device)로 되어 있다.

7) 풀 스위치(pull switch)

손닿는 데까지 늘어져 있는 끈을 당기면 한 번은 개로 다음은 폐로로 되는 것을 말한다.

8) 캐노피 스위치(canopy switch)

풀 스위치의 한 종류로서, 조명 기구의 캐노피(플랜지) 안에 스위치가 시설되어 있는 것을 말한다.

9) 코드 스위치(cord switch)

전기 기구의 코드 도중에 넣어 회로를 개폐하는 것으로, 중간 스위치라고 한다. 주로 선풍기나 전기스탠드 등에 사용한다.

10) 팬던트 스위치(pendant switch)

전등을 하나씩 따로 점멸하는 곳에 사용하며 코드의 끝에 붙여 버튼식으로 점멸한다.

11) 도어 스위치(door switch)

문에 달거나 문기둥에 매입하여 문을 열고 닫음에 따라 자동적으로 회로를 개폐하는 것으로 창문, 출입문, 금고문 등에 사용한다.

4. 플러그와 콘센트

1) 플러그

(1) 테이블 탭(table tap)

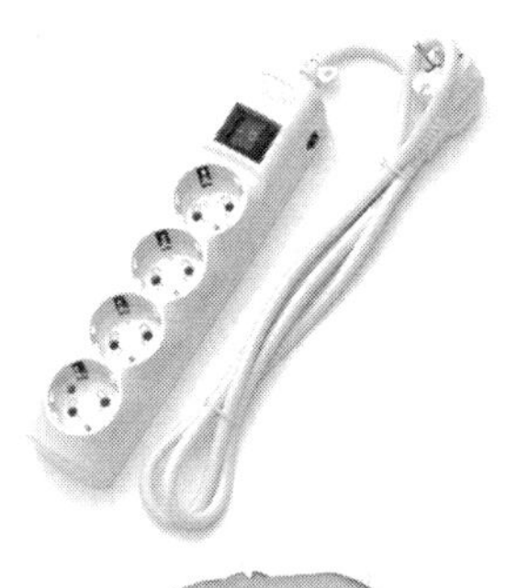

코드의 길이가 짧을 때 연장하여 사용하는 것으로, 익스텐션 코드(extension cord)라 한다.

(2) 멀티 탭(multi tap)

하나의 콘센트에 둘 또는 세 가지의 기구를 사용할 때 끼우는 것을 말한다.

(3) 아이언 플러그(iron plug)

전기 다리미, 온탕기 등에 사용하는 것으로 코드의 한쪽은 꽂음 플러그로 되어 있어서 전원 콘센트에 연결하고, 한쪽은 아이언 플러그가 달려서 전기 기구용 콘센트에 끼우도록 되어 있다.

2) 콘센트(consent 또는 outlet)

(1) 일반형 콘센트 종류

㉠ 노출형 콘센트(surface consent) : 벽 또는 기둥의 표면에 붙여 시설한다.

㉡ 매입형 콘센트(flush consent) : 벽이나 기둥에 매입시켜 시설한다.

(2) 방수용 콘센트(water proof outlet)

욕실 등에서 사용하는 것으로 사용하지 않을 때에는 물이 들어가지 않도록 마개로 덮어 둘 수 있는 구조가 되어 있다.

(3) 플로어 콘센트(floor outlet)

플로어 덕트 공사, 기타에 사용하는 방바닥용의 콘센트로 플로어 콘센트용 플러그에는 물이 들어가지 않도록 패킹 작용을 할 수 있는 마개가 붙어 있다.

(4) 턴 로크 콘센트(turn lock consent)

콘센트에 끼운 플러그가 빠지는 것을 방지하기 위하여 플러그를 끼우고 약 90°쯤 돌려두면 빠지지 않도록 되어 있다.

5. 누전차단기

1) 누전차단기의 설치목적

전로에서 인체에 대한 감전사고 및 누전에 의한 화재, 아크에 의한 전기기계기구의 손상을 방지하기 위하여 누전차단기를 설치한다.

감전방지를 위한 접지저항은 변압기의 접지저항 값에 따라 달라지나, 현실적으로는 허용 인체통과전류 이하로 저하시키기 어려운 일이며, 이에 대한 대책으로 누전 발생시 신속(국내 : 30[mA] 이하, 0.03초)히 전로를 차단하여 전위상승을 방지할 수 있는 누전차단기를 설치하여 인명을 보호하고 있다.

2) 누전차단기 시설장소

① 50[V]를 초과하는 저압의 금속제 외함을 가지는 전기기계기구에 전기를 공급하는 전로에 지기가 발생하였을 때 전로를 자동으로 차단하는 장치를 시설하여야 한다.(사람이 접촉하기 쉬운 장소)

② 누전차단기시설대상(기술기준)

③ 특고압, 고압 전로의 변압기에 결합되는 대지전압 300[V]를 초과하는 저압전로

④ 주택의 옥내에 시설하는 전로의 대지전압이 150[V]를 넘고 300[V] 이하인 경우 : 저압전로의 인입구에 설치)

⑤ 화약고 내의 전기공작물에 전기를 공급하는 전로 : 화약고 이외의 장소에 설치

⑥ 전기온상 등에 전기를 공급하는 경우

⑦ 풀용, 수중조명등, 기타 이에 준하는 시설에 절연변압기를 통하여 전기를 공급하는 경우 (절연변압기 2차측 사용전압이 30[V]를 초과하는 것)

3) 과전류차단기(배선용 차단기)

배선용 차단기는 전로보호에 사용하는 과전류 차단기이며, 개폐기 차단장치를 몰드함 내에 일체로 결합한 것이며, 전로를 수동 또는 외부 전기조작에 의해 개폐할 수 있는 동시에 과전류, 단락시 자동으로 전로를 차단하는 기구로서 MCCB(Moulded Case Circuit Breake)라고 부른다.

(1) 동작 방식에 의한 분류

구 분	특 징
열동식	바이메탈의 열에 대한 변화(변형)특성을 이용하여 동작하는 것. 직렬식 : 소용량에 적용, 병렬식 : 중, 대용량에 적용, CT식 : 교류 대용량에 적용
열동 전자식	열동식과 전자식 두 가지 동작요소를 갖고 과부하 영역에서는 열동식 소자가 동작하고, 단락 대전류 영역에서는 전자식 소자에 의해 단시간에 동작.
電磁식	전자석에 의해 동작하는 것으로 동작시간이 길어진다.
電子식	CT를 설치하여 CT2차 전류를 연산하고 연산결과에 의해 소 전류 영역에서는 長시한, 대전류 영역에서는 短시한, 단락전류 영역에서는 순시에 동작한다.

(2) 용도에 의한 분류

구 분		특 징
배선보호용		일반배선용 전압회로의 간선 및 분기회로에 일반적으로 사용된다. 2.5～200[kA]까지 제작되고 있다.
전동기보호 겸용		모터브레이커라고 하며, 분기회로의 과전류차단기로 사용되며, 전동기의 전부하전류에 맞춘 것으로서 전동기의 과부하보호를 겸한다.
특수용	단한시 차단 MCCB	저압전로의 선택차단 협조를 도모하는 목적으로 몇 cycle 정도의 단시간지연의 과전류 차단장치를 갖춘 것으로 선택차단방식의 주 회로차단기로 사용되고 있다.
	순시차단 MCCB	단락전류에 대한 보호만을 목적으로 하는 것이며, 전동기 분기회로에서 전자개폐기의 과부하계전기와 동작협조를 유지시키고 콤비네이션, 콘트롤센터로 통합된 것 또는 과전류 내량이 적은 반도체회로의 보호용으로 순시차단전류가 낮은 수치로 설정된 것이 사용되고 있다.
	4극 MCCB	3상 4선식 전로에서 중성극을 동시에 개폐할 목적으로 중성선 전용극을 갖춘 차단기

(3) 과전류 차단기의 시설기준

(1) 과전류차단기로 저압전로에 사용하는 퓨즈는 수평으로 붙인 경우(판상 퓨즈는 판면을 수평으로 붙인 경우)에 다음 각 호에 적합한 것이어야 한다.

① 정격전류의 1.1배의 전류에 견딜 것

② 정격전류의 1.6배 및 2배의 전류를 통한 경우에 표에서 정한 시간 내에 용단될 것

정격전류의 구분	시 간	
	정격전류의 1.6배의 전류를 통한 경우	정격전류의 2배의 전류를 통한 경우
30 [A] 이하	60분	2분
30 [A] 초과 60 [A] 이하	60분	4분
60 [A] 초과 100 [A] 이하	120분	6분
100 [A] 초과 200 [A] 이하	120분	8분
200 [A] 초과 400 [A] 이하	180분	10분
400 [A] 초과 600 [A] 이하	240분	12분
600 [A] 초과	240분	20분

(2) 과전류 차단기로 저압전로에 사용하는 배선용 차단기는 다음 각 호에 적합한 것이어야 한다.

① 정격전류에 1배의 전류로 자동적으로 동작하지 아니할 것.

② 정격전류의 1.25배 및 2배의 전류를 통한 경우에 표에서 정한 시간 내에 자동적으로 동작할 것

정격전류의 구분	시 간	
	정격전류의 1.25배의 전류를 통한 경우	정격전류의 2배의 전류를 통한 경우
30 [A] 이하	60분	2분
30 [A] 초과 50 [A] 이하	60분	4분
50 [A] 초과 100 [A] 이하	120분	6분
100 [A] 초과 225 [A] 이하	120분	8분
225 [A] 초과 400 [A] 이하	120분	10분
400 [A] 초과 600 [A] 이하	120분	12분
600 [A] 초과 800 [A] 이하	120분	14분
800 [A] 초과 1000 [A] 이하	120분	16분
1000 [A] 초과 1200 [A] 이하	120분	18분
1200 [A] 초과 1600 [A] 이하	120분	20분
1600 [A] 초과 2000 [A] 이하	120분	22분
2000 [A] 초과	120분	24분

1. 전선의 접속

전선을 접속하는 경우에는 전선의 전기저항을 증가시키지 아니하도록 접속 하여야 하며 또한 다음 각호에 의하여야 한다.

1) 나전선(다심형 전선의 절연물로 피복 되어 있지 아니한 도체를 포함한다.) 상호 또는 나전선과 절연전선(다심형 전선의 절연물로 피복한 도체를 포함한다.) 캡타이어케이블 또는 케이블과 접속하는 경우에는 다음에 의해 시공하여야 한다.

가. 전선의 세기[인장하중(引張荷重)으로 표시한다.]를 20[%] 이상 감소시키지 아니할 것. 다만, 점퍼선을 접속하는 경우와 기타 전선에 가하여지는 장력이 전선의 세기에 비하여 현저히 작을 경우는 예외로 한다.

나. 접속부분은 접속관 기타의 기구를 사용 할 것. 다만, 가공전선 상호, 전차선상호, 또는 광산의 갱도 안에서 전선 상호를 접속하는 경우에 기술상 곤란할 때에는 예외로 한다.

2) 절연전선 상호·절연전선과 코드, 캡타이어케이블 또는 케이블과를 접속하는 경우에는 접속부분의 절연전선에 절연물과 동등 이상의 절연효력이 있는 접속기를 사용하는 경우 이외에는 접속부분을 그 부분의 절연전선의 절연물과 동등 이상의 절연효력이 있는 것으로 충분히 피복해야 한다.

3) 코드 상호, 캡타이어케이블 상호, 케이블 상호 또는 이들 상호를 접속하는 경우에는 코드 접속기·접속함 기타의 기구를 사용해야 한다.

4) 도체에 알루미늄(알루미늄 합금을 포함한다.)을 사용하는 전선과 동(동합금을 포함한다)을 사용하는 전선을 접속하는 등 전기 화학적 성질이 다른 도체를 접속하는 경우에는 접속부분에 전기적 부식(電氣的腐蝕)이 생기지 아니하도록 해야 한다.

5) 두 개 이상의 전선을 병렬로 사용하는 경우에는 다음에 의하여 시설해야 한다.

가. 병렬로 사용하는 각 전선의 굵기는 구리 50[mm^2] 이상 또는 알루미늄 70[mm^2] 이상으로 하고, 전선은 같은 도체, 같은 재료, 같은 길이 및 같은 굵기의 것을 사용할 것

나. 같은 극의 각 전선은 동일한 터미널러그에 완전히 접속할 것

다. 같은 극인 각 전선의 터미널러그는 동일한 도체에 2개 이상의 리벳 또는 2개 이상의 나사로 접속할 것

라. 병렬로 사용하는 전선에는 각각에 퓨즈를 설치하지 말 것

마. 교류회로에서 병렬로 사용하는 전선은 금속관 안에 전자적 불평형이 생기지 않도록 시설할 것

2. 절연전선 피복 벗기기

① 절연 전선을 곧게 펴서 한쪽을 손으로 잡은 후 다른 손으로 전공칼을 밖으로 향하게 하여 잡고 전선의 피복에 댄다.

② 약 20°의 각도로 칼날을 피복에 대고 벗긴다.

③ 피복을 벗겨내는 방법은 피복을 심선에 대하여 직각으로 잘라낸 다음 모두 벗긴다.

3. 전선의 각종 접속방법

1) 단선의 직선접속

(1) 트위스트 직선접속

① 6[mm^2] 이하의 단선인 경우에 적용되며, 그림과 같이 피복을 벗긴 두 전선을 120°의 각도로 교차시킨다. 이때, 피복의 끝에서 교차점까지의 길이는 약 30~35[mm]로 한다.

② 전선이 교차하는 점의 오른쪽을 펜치로 잡고 심선을 성기게 1회 꼰다.

③ 성기게 꼰 심선을 직각으로 세워서 다른 심선에 틈이 없도록 하여 4~5회 정도 감은 다음, 나머지 부분은 자르고 끝 부분을 오므린다.

④ 오른쪽 부분도 같은 방법으로 작업을 하여 완성한다.

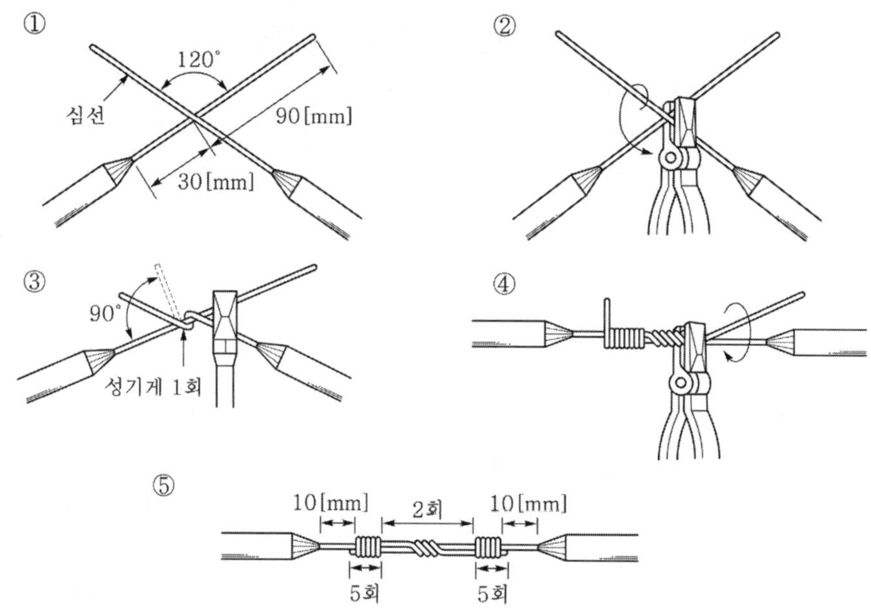

(2) 브리타니어 직선접속

① 10[mm^2] 이상의 굵은 단선인 경우에 적용되며, 다음 그림과 같이 1.0~1.2[mm]의 조인트선과 첨선을 준비하여 사포로 닦는다.

② 두 심선의 접속 부분을 서로 겹치고, 약 120[mm] 길이의 첨선을 댄다.

③ 1[mm] 정도 되는 조인트선의 중간을 전선 접속 부분의 중앙에 대고 2회 정도 성기게 감은 다음, 각각 양쪽을 조밀하게 감는다. 이때, 감은 전체의 길이가 전선 직경의 15배 이상 되도록 한다.

④ 펜치를 사용하여 두 심선의 남은 끝을 각각 위로 세우고 양 끝의 조인트선을 본선에만 5회 정도 감고 첨선과 함께 꼬아서 8[mm] 정도 남기고 자른다.

⑤ 위로 세운 심선을 잘라 낸다.

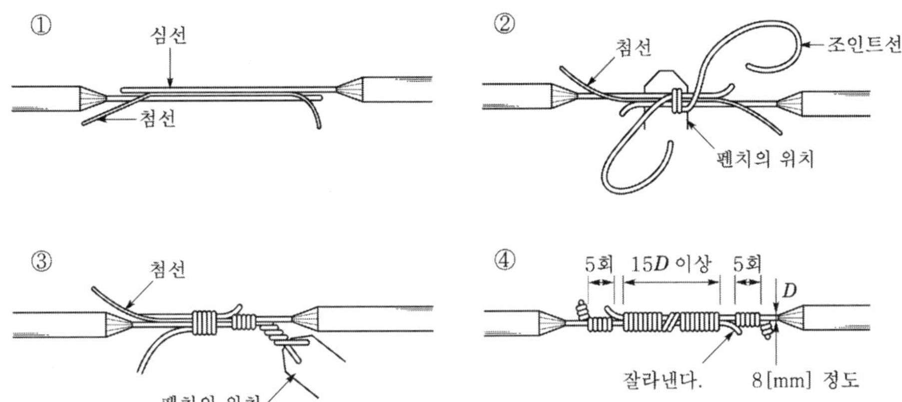

2) 연선의 직선접속

(1) 권선 직선접속

① 두 연선(7/1.6[mm])의 피복을 80[mm] 정도 벗기고, 꼬인 소선을 풀어 펜치로 소선의 끝을 잡아당겨 곧게 편다.

② 각 소선을 편 다음, 소선의 중심선을 1/4 정도의 길이만 남기고 잘라 낸다.

③ 잘라 낸 중심선 끝을 서로 맞대어 놓고, 나머지 소선들을 한 가닥씩 엇갈리게 하여 합친 다음 첨선을 댄다.

④ 합친 소선의 중앙 부분에 조인트선의 중간을 1회 성기게 감은 다음, 오른쪽으로 5D 정도 감아 붙이고, 소선을 구부려 잘라 낸다.

⑤ 조인트선을 4회 이상 더 감고, 첨선과 함께 꼬아서 잘라 내고, 끝 부분을 펜치로 꼭 눌러서 심선에 밀착시킨다.

⑥ 왼쪽 부분도 같은 방법으로 반복하여 완성시킨다.

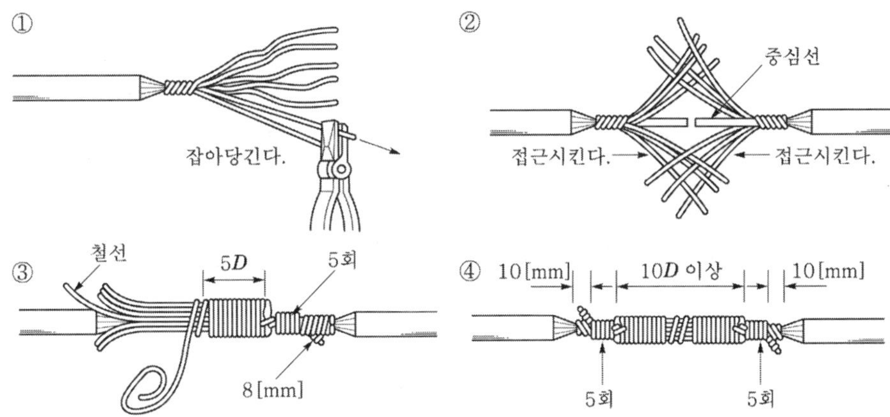

(2) 단권 직선접속

① 두 연선(7/1.6[mm])의 피복을 150[mm] 정도 벗기고 꼬인 소선을 푼 다음, 펜치로 소선의 끝을 잡아당겨 곧게 편다.

② 각 소선을 편 다음, 중심선의 소선을 1/4 길이만 남기고 잘라 낸다.

③ 잘라 낸 소선을 서로 맞대어 놓고, 나머지 소선들을 한 가닥씩 엇갈리게 하여 합친다.

④ 중앙 부분에서 좌우의 소선 한 가닥씩을 서로 비틀어 교차시킨다.

⑤ 위로 향한 소선을 펜치로 잡아 오른쪽으로 5회 이상 감아 붙이고, 여분을 잘라 낸다.

⑥ 감아 붙이기가 끝난 부분에서 또 하나의 소선을 위로 세워 3회 이상 감아 붙이고, 여분을 잘라 낸다.

⑦ 이와 같은 방법으로 나머지 부분도 차례차례 오른쪽으로 감아 나가고, 왼쪽 부분도 같은 방법으로 작업하여 완성시킨다.

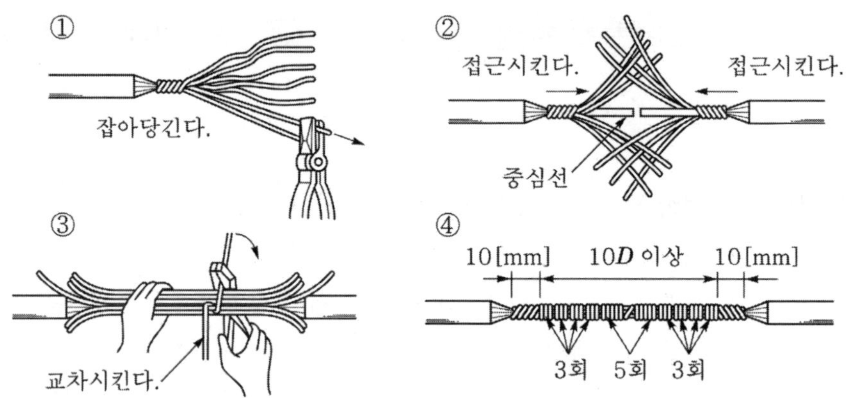

(3) 복권 직선접속

① 가는 연선의 접속에 사용하는 방법으로, 접속할 두 연선의 피복을 150[mm] 정도 벗긴다.

② 소선 전체를 한꺼번에 그림과 같이 감아 붙인다.

3) 단선의 분기접속

(1) 트위스트 분기접속

① 본선을 30[mm], 분기선을 120[mm] 정도의 길이로 심선의 피복을 벗긴 다음, 심선을 잘 닦고 곧게 편다.

② 본선과 분기선을 나란히 대고, 펜치로 피복 부분을 잡고 피복 끝 부분으로부터 10[mm] 정도 되는 곳에서 손으로 분기선을 본선에 성기게 1회 감는다.

③ 분기선을 수직으로 세운 다음, 본선에 5회 이상 조밀하게 감고 남는 부분은 잘라낸다.

④ 잘라 낸 끝은 펜치로 오므려 눌러 놓는다.

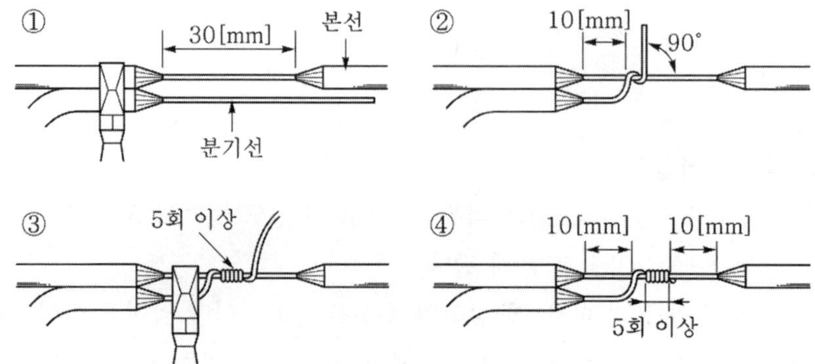

(2) 브리타니어 분기접속

① 본선과 분기선의 피복을 70[mm] 정도 벗기고, 심선의 접속 부분과 첨선, 조인트선을 사포로 깨끗이 닦는다.

② 분기선의 피복 끝 부분에서 10[mm] 정도 되는 곳을 직각으로 구부려서, 본선에 150[mm] 정도의 첨선을 댄다.

③ 100[mm] 정도의 조인트선 중간 부분을 접속 부분의 중앙에서 성기게 1회 감은 다음, 각각 양쪽을 향하여 조밀하게 감는다.

④ 오른쪽으로 감은 부분의 길이는 심선 지름의 5배 이상이 되게 하고, 남은 부분의 분기선을 구부려 잘라 내고 끝 부분을 구부린다.

⑤ 조인트선은 계속해서 본선과 첨선에만 5회 이상 감아 붙인다.

⑥ 반대쪽도 같은 방법으로 감아 완성시킨다.

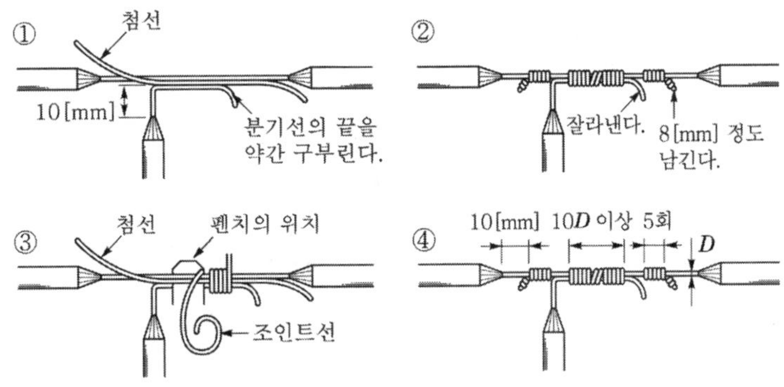

4) 연선의 분기접속

(1) 권선 분기접속

① 본선(7/2.0[mm])과 분기선(7/1.2[mm])의 피복을 60[mm] 정도 벗긴다.

② 분기선의 소선을 풀어서 곧게 편 다음, 본선의 심선을 감싸는 것과 같이 하여 본선에 댄다.

③ 첨선을 대고 조인트선으로 전선 직경 D의 10배 이상이 되도록 오른쪽으로 감아 붙이고, 분기선의 소선들을 구부려 잘라 낸다.

④ 조인트선을 계속하여 본선에 5회 정도 감은 다음, 첨선과 함께 꼬아서 8[mm] 정도 남기고 자른다.

⑤ 왼쪽에 있는 조인트선을 왼쪽으로 5회 정도 더 감은 다음, 첨선과 함께 꼬아 8[mm] 정도 남기고 잘라 낸다.

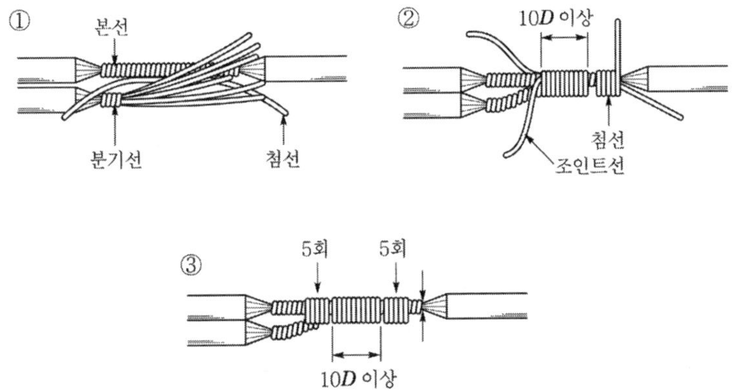

(2) 단권 분기접속

① 본선(7/2.0[mm])은 피복을 60[mm] 정도 벗기고, 분기선(7/1.2[mm])은 20[mm]의 길이로 피복을 벗긴다.

② 분기선의 소선을 곧게 편다.

③ 본선의 심선을 감싸는 것과 같이 하여 본선에 댄다.

④ 피복의 끝 부분으로부터 10[mm] 정도 되는 곳에서 분기선의 소선 한 가닥을 펜치로 잡아 수직으로 세우고, 5회 정도 감아 붙인 다음 잘라 낸다.

⑤ 다음의 소선을 수직으로 세워 3회 정도 감아 붙인 다음 잘라 낸다.

⑥ 나머지 소선들도 같은 방법으로 차례로 작업하여 3회씩 감아 나간다. 이때, 감은 부분의 전체 길이가 전선 직경 D의 10배 이상이 되도록 한다.

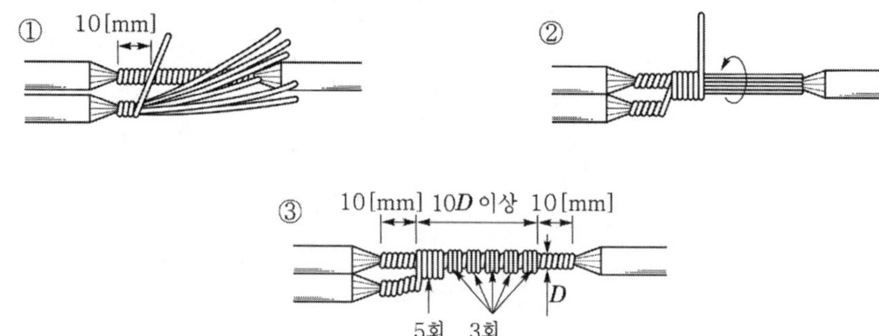

(3) 분할권선 분기접속

① 본선(7/2.0[mm])은 80[mm] 정도 피복을 벗기고, 분기선(7/1.2[mm])은 60[mm] 정도 피복을 벗긴다.

② 분기선의 소선을 풀고 곧게 편 다음, 둘로 갈라 첨선과 함께 본선에 댄다.

③ 조인트선의 중앙 부분을 분기하는 부분에 걸치고, 조인트선을 펜치로 죄면서 오른쪽으로 5D 이상 감아 붙인 다음, 분기선의 소선을 구부려 잘라 낸다.

④ 조인트선을 계속하여 본선에 5회 정도 더 감은 다음, 첨선과 함께 꼬아서 8[mm] 정도 남기고 자른다.

⑤ 왼쪽도 같은 방법으로 감아 붙이고 완성시킨다.

⑥ 굵기가 다른 경우에는 가는 쪽 전선 직경 D의 10배 이상으로 한다.

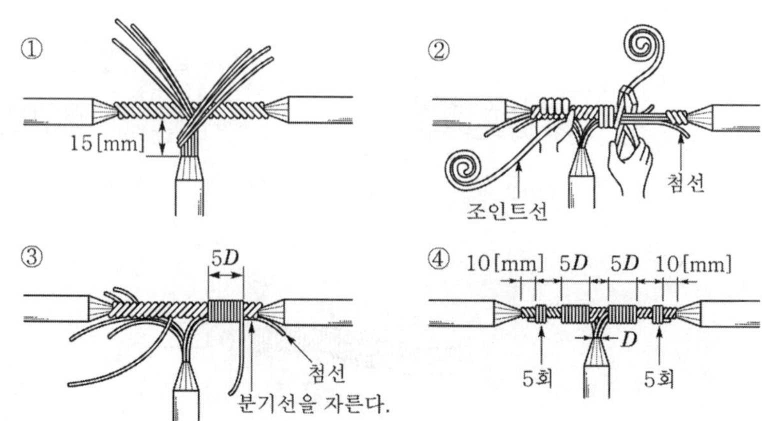

(4) 분할단권 분기접속

① 본선(7/2.0[mm])은 80[mm] 정도의 피복을 벗기고, 분기선(7/1.2[mm])은 130[mm] 정도 피복을 벗긴다.

② 분기선의 소선을 풀어 곧게 편 다음, 둘로 갈라서 본선의 중앙에 댄다.

③ 왼손으로 두 선을 꼭 잡고, 오른쪽으로 분기선의 소선 한 가닥을 세워서 펜치로 잡아당기면서 6회 이상 감아 붙인 다음 잘라 낸다. 이때, 분기선이 19본 이상인 경우에는 각 소선을 3회 이상 감아 붙이고 잘라 낸다.

④ 나머지 소선도 차례로 6회 이상 감아 붙이고 잘라 낸다.

⑤ 왼쪽도 같은 방법으로 감아 붙여 완성시킨다.

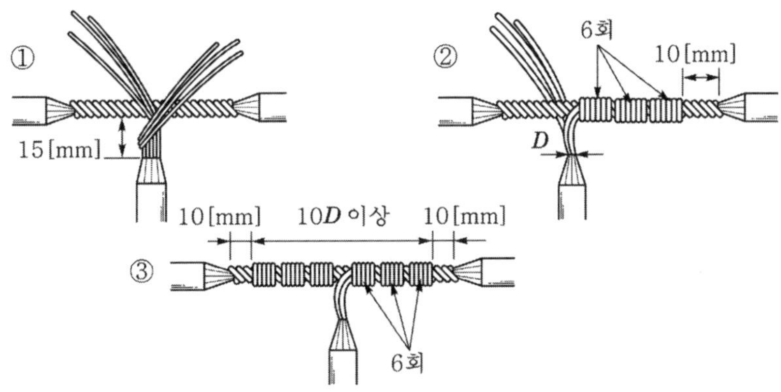

(5) 분할복권 분기접속

① 본선(7/2.0[mm])은 70[mm] 정도 피복을 벗기고, 분기선(7/1.2[mm])은 120[mm] 정도로 피복을 벗긴다.

② 분기선의 소선을 풀어 곧게 편 다음, 둘로 갈라 본선의 중앙에 댄다.

③ 왼손으로 두 선을 잡고, 오른손으로 분기선을 한꺼번에 감아 붙인다.

④ 왼쪽도 같은 방법으로 한꺼번에 감아 붙인다.

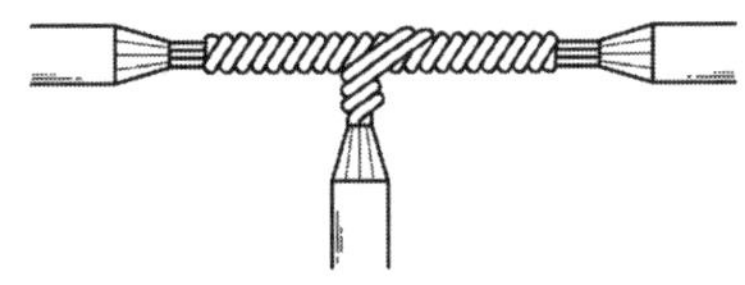

5) 쥐꼬리 접속

(1) 굵기가 같은 두 단선의 쥐꼬리 접속

① 지름이 1.6[mm]인 전선은 45[mm], 2.0[mm]인 전선은 50[mm] 정도 피복을 벗긴다.

② 두 전선을 합쳐 펜치로 잡은 다음, 심선을 90°로 벌리고 오른손으로 1회 비틀어 놓는다.

③ 펜치로 꼰 심선의 끝을 잡고 심선을 잡아당기면서 1~2회 꼰다.

④ 커넥터를 사용할 때에는 심선을 2~3회 정도 꼰 다음 끝을 잘라 내고, 테이프 감기를 할 때에는 심선을 4회 이상 꼰 다음 5[mm] 정도 길이로 구부려 놓는다.

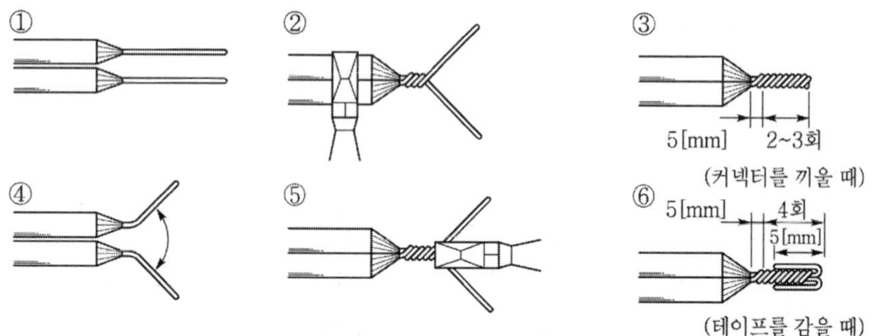

(2) 굵기가 같은 세 단선의 쥐꼬리 접속

① 비닐 절연 전선(1.6[mm])의 세 전선 중 두 전선은 30[mm] 정도 피복을 벗기고, 다른 한 전선은 100[mm] 정도 피복을 벗긴다.

② 짧게 벗긴 두 전선을 평행하게 겹치고, 길게 벗긴 전선으로 5~6회 정도 감아 붙인 다음, 나머지를 잘라 낸다.

③ 짧게 벗긴 두 전선의 심선 끝을 양쪽으로 갈라 구부리고, 5[mm] 정도의 길이로 자른 다음, 펜치로 꼭 눌러 놓고 테이프를 감는다.

④ 커넥터를 사용할 경우에는 세 전선의 심선을 30[mm] 정도로 일정하게 피복을 벗기고, 세 전선을 나란히 겹치게 한다. 중앙에 있는 심선을 중심으로 양쪽에 있는 심선을 서로 엇갈리게 45° 정도 교차시킨 다음, 펜치로 잡고 심선을 잡아당기면서 2~3회 정도 꼰 다음 끝을 잘라 낸다. 굵기가 다를 경우에는 가는 쪽 전선의 직경 D의 10배 이상 감는다.

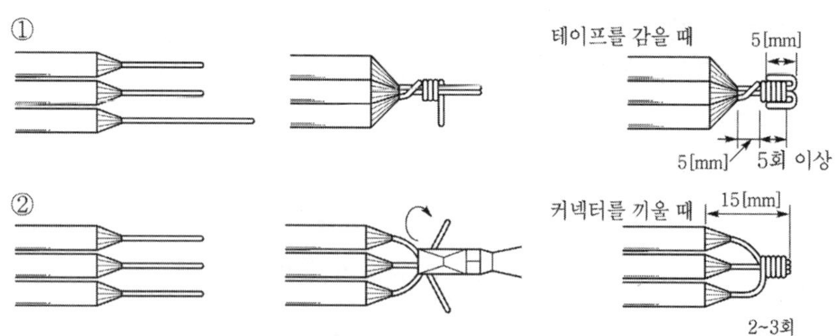

(3) 굵기가 다른 두 단선의 쥐꼬리 접속

① 굵은 비닐 절연 전선(2.0[mm])은 50[mm] 정도 피복을 벗기고, 가는 비닐 절연 전선(1.6[mm])은 100[mm] 정도 피복을 벗긴다.

② 두 전선을 합친 다음 펜치로 잡고, 굵은 선에 가는 선을 성기게 1회 정도 감은 다음, 조밀하게 5회 이상 감아 붙이고 나머지는 잘라 낸다.

③ 굵은 전선의 심선 끝을 10[mm] 정도 구부린 다음 나머지를 잘라 내고, 잘라 낸 끝을 펜치로 꼭 눌러 놓는다.

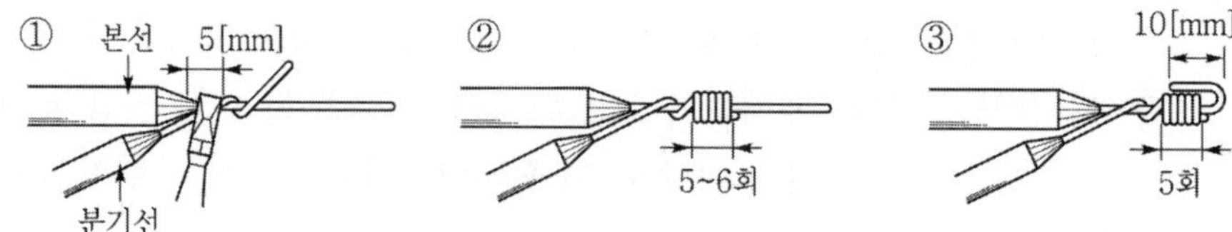

(4) 연선의 쥐꼬리 접속

① 접속하려는 단면적 14[mm^2]의 비닐 절연 전선을 같은 길이로 세 가닥을 취하여, 세 심선의 끝을 약 50[mm] 정도씩 일정하게 피복을 벗긴다.

② 세 심선을 나란히 하여 조인트선으로 한두 번 감은 다음 펜치로 잡고 감는다. 커넥터를 사용할 경우에는 조인트선을 2~3회 정도 감고, 테이프 감기를 할 경우에는 10회(대략 전선 직경의 7배) 이상 감아 붙인다.

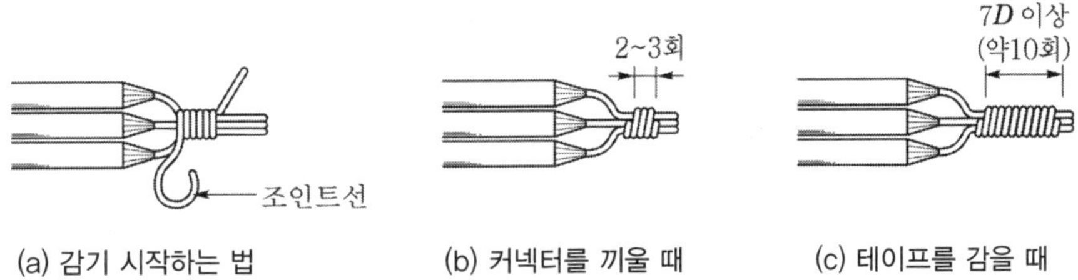

(a) 감기 시작하는 법　(b) 커넥터를 끼울 때　(c) 테이프를 감을 때

(5) 와이어 커넥터를 이용한 접속

와이어 커넥터의 색상에는 황색(0.75~1.24[mm^2]), 적색(3.5[mm^2]), 청색(5.5[mm^2]), 회색(8[mm^2]) 등이 있으며, 외피는 자기 소화성 난연 재질이고 색상이 미려하다. 이를 이용하여 전선을 접속하는 방법은 다음과 같다.

① 접속하려는 전선의 심선이 2~3가닥인 경우, 전선의 피복을 10[mm] 정도 벗기고 심선을 나란히 합쳐 소형 와이어 커넥터를 사용하여 접속한다.

② 심선이 3~4가닥인 경우, 전선의 피복을 20[mm] 정도 벗기고 심선을 나란히 합쳐 와이어 커넥터를 끼우고 돌려 죈다. 이때, 커넥터의 나선 스프링이 도체를 압착하여 완전한 접속이 되도록 하여야 한다.

③ 박스 내에서 전선의 여유는 10[cm] 정도 되도록 하여야 한다.

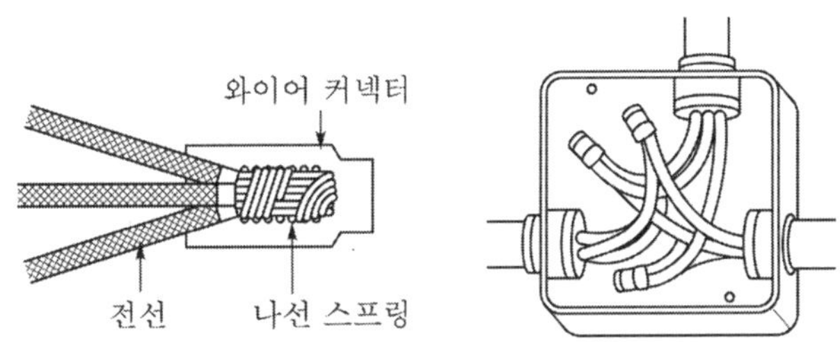

(6) 링 슬리브를 이용한 접속

① 링 슬리브를 이용하여 접속하는 경우에는 접속하려는 전선의 피복을 링 슬리브보다 10[mm] 정도 더 길게 벗겨 내고 사포로 닦아 낸다.

② 전선을 나란히 하여 링 슬리브의 압착 홈에 넣고 압착 펜치로 압착한다. 이때, 끝단은 잘라 내고 절연 처리한다. 알루미늄 전선인 경우에는 2~3회 꼬고 링 슬리브를 끼운 후 압착한다.

③ 선단을 구부릴 때에는, 외부에서 가하는 힘에 의하여 슬리브가 변형되면서 내부 전선의 이완이 생길 우려가 있으므로 전용 공구를 사용한다.

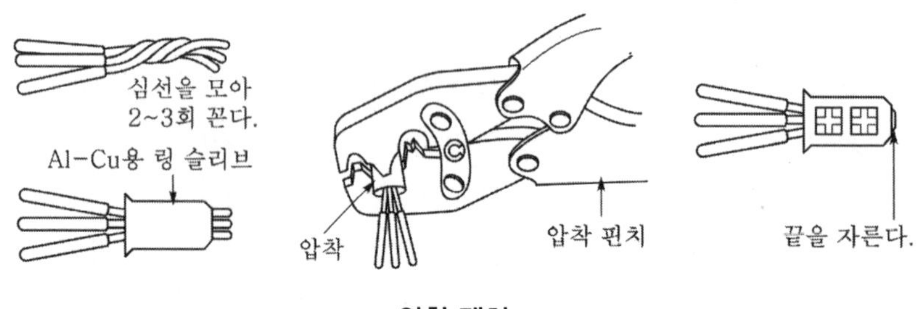

압착 펜치

4. 전선과 기구 단자와의 접속

1) 직선 단자와 기구 접속

① 누름 나사 접속형으로 된 기구에 전선을 접속할 때에는, 전선을 고리형으로 만들지 말고 다음 그림과 같이 직선형으로 만들어, 직접 밀어 넣고 나사를 죄어 접속한다.

② 전선과 누름 단자 또는 전선과 스터드 단자의 접속 방법은 다음 그림과 같다.

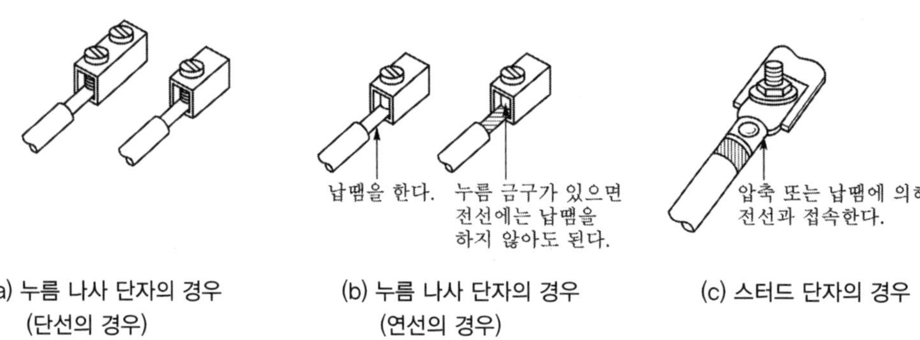

(a) 누름 나사 단자의 경우 (단선의 경우)　(b) 누름 나사 단자의 경우 (연선의 경우)　(c) 스터드 단자의 경우

2) 고리형 단자와 기구 접속

(1) 고리형 단자 만들기

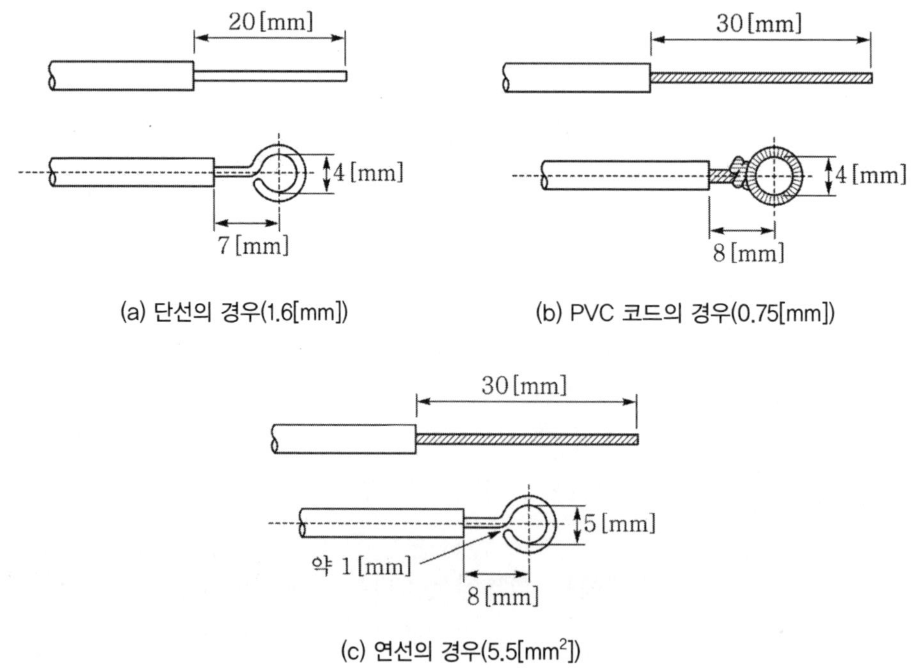

(a) 단선의 경우(1.6[mm])　(b) PVC 코드의 경우(0.75[mm])

(c) 연선의 경우(5.5[mm^2])

① 전선의 종류에 따라 정해진 치수로 피복을 벗기는데, 1.6[mm] 전선은 20[mm], 2.0[mm] 전선은 약 25[mm] 정도 벗긴다.

② 피복으로부터 1[mm] 정도 떨어진 곳에서 왼쪽으로 90° 정도 구부려 놓고 심선 끝을 롱 노즈 플라이어로 집어 오른쪽으로 둥글게 고리를 만든다.

③ 고리는 나사의 굵기보다 약간 크게 하고, 고리의 끝은 거의 붙인다. 그리고 전선을 구부리는 방향은 너트가 돌아가는 방향으로 원을 만든다.

(2) 고리형 단자와 기구의 접속

① 와셔가 1개인 경우에는 전선을 와셔 밑에 넣고 너트나 나사로 죈다.

② 와셔가 2개인 경우에는 두 와셔 사이에 전선을 넣고 너트나 나사로 죈다.

③ 전선의 고리 방향은 너트를 죄는 방향으로 한다.

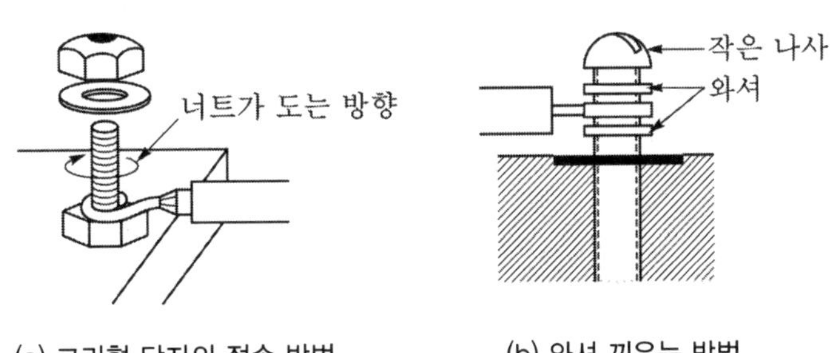

(a) 고리형 단자의 접속 방법　　(b) 와셔 끼우는 방법

1. 합성수지관 공사

1) 시설기준

① 전선은 절연전선(옥외용 비닐 절연전선을 제외한다)일 것

② 전선은 연선일 것. 다만 다음의 것은 적용하지 않는다.

- 짧고 가는 합성수지관에 넣은 것
- 단면적 10[mm^2](알루미늄선은 단면적 16[mm^2]) 이하의 것

③ 전선은 합성수지관 안에서 접속점이 없도록 할 것

④ 중량물의 압력 또는 현저한 기계적 충격을 받을 우려가 없도록 시설할 것

2) 합성수지관의 특징

① 장점

- 관이 절연물로 구성되어 누전의 우려가 없다.
- 내식성 커서 화학 공장 등의 부식성 가스나 용액이 있는 곳에 적당하다.
- 접지할 필요가 없고 피뢰기, 피뢰침이 접지선 보호에 적당하다.
- 무게가 가볍고 시공이 쉽다.

② 단점

- 외상을 받을 우려가 많다.
- 고온 및 저온의 곳에서는 사용할 수 없다.
- 파열될 우려가 있다.

③ 사용 장소

중량물의 압력 또는 기계적 충격이 없는 전개된 장소, 음폐된 장소의 어느 곳에서나 시공할 수 있다. 경질 비닐 전선관의 호칭 규격은 다음 표와 같으며, 1본의 길이는 4[m]가 표준이고, 굵기는 관 안지름의 크기에 가까운 짝수의 [mm]로 나타낸다.

관의 호칭 [mm]	바깥지름 [mm]	두 께 [mm]	안지름 [mm]	무 게 [kg/m]	관의 호칭 [mm]	바깥 지름 [mm]	두 께 [mm]	안지름 [mm]	무 게 [kg/m]
8	11	1.2	8.6	–	36	42	3.5	35	0.592
12	14	2.0	11.6	–	42	48	3.5	41	0.685
14	18	2.0	14	0.141	54	60	4.0	52	0.985
16	22	2.0	18	0.176	70	76	4.5	67	1.415
22	26	2.0	22	0.211	82	89	5.5	78	2.020
28	34	3.0	28	0.409	100	114	7.0	100	–

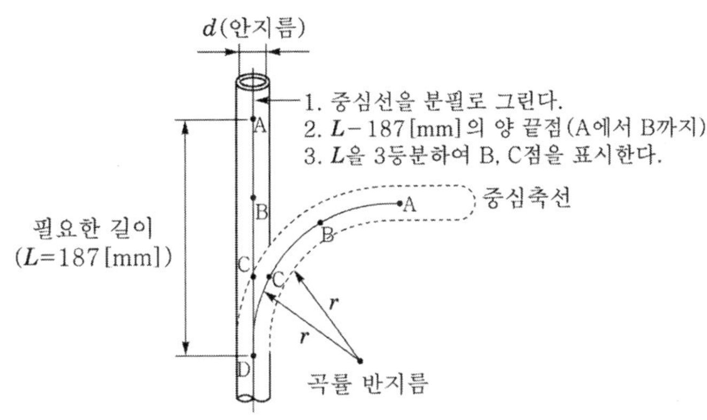

L형 구부리기

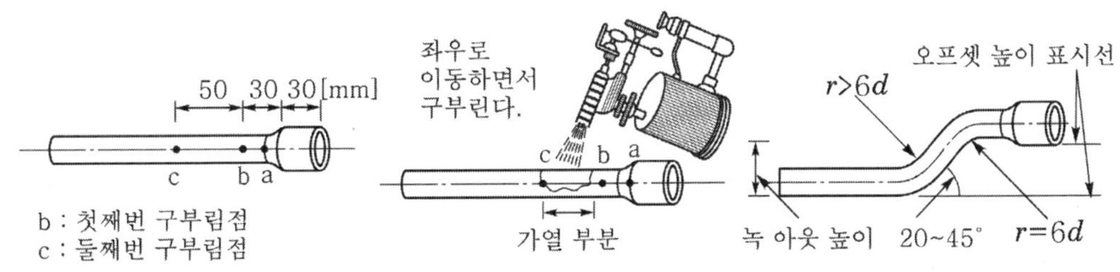

(a) 구부림점 표시

(b) 토치 램프로 가열하는 방법

S형 구부리기

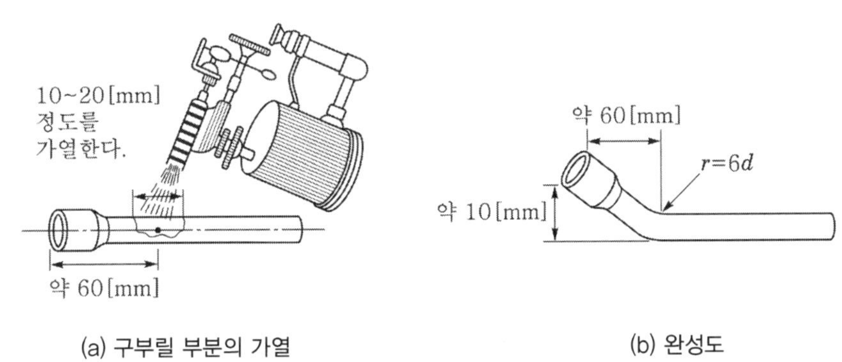

(a) 구부릴 부분의 가열

(b) 완성도

반L형 구부리기

4) 배관의 지지

① 배관의 지지점 사이의 거리는 다음 그림과 같이 1.5[m] 이하로 하고, 그 지지점은 관의 끝·관과 박스의 접속점 및 관 상호 간의 접속점 등에 가까운 곳에 시설할 것.

② 가는 전선관의 지지점 사이의 거리는 0.8~1.2[m]가 적당하다.

③ 옥외 등 온도차가 큰 장소에 노출 배관을 할 때에는 12~20[m]마다 신축 커플링(3C)을 사용한다. 신축되는 부분에는 접착제를 사용하지 않는다.

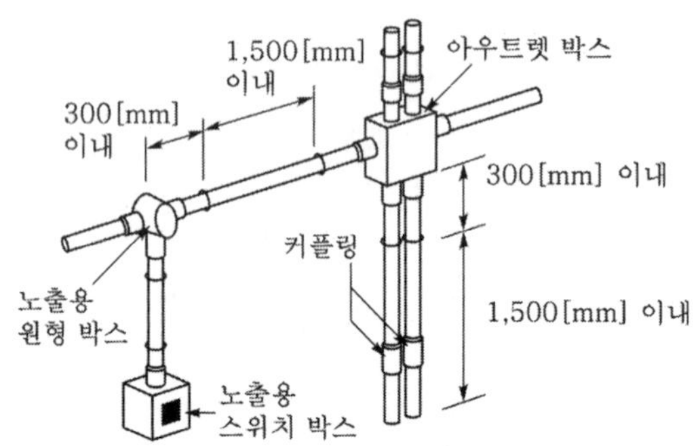

2. 가요 전선관 공사(flexible conduit)

두께 0.8[mm] 이상의 연강대에 아연 도금을 하고, 이것을 약 반 폭씩 겹쳐서 나선 모양으로 만들어 자유로이 구부리게 된 전선관을 말한다.

전선은 절연전선으로 단면적 10[mm^2](알루미늄전선은 단면적 16[mm^2])을 초과하는 것은 연선이어야 하며, 400[V] 미만은 제3종 접지 공사를, 400[V] 이상은 특별 제3종 접지 공사를 하여야 한다.

3. 덕트 공사(duct)

1) 금속 덕트 공사

(1) 시설기준

① 전선은 절연전선(옥외용 비닐절연전선을 제외한다)일 것

② 금속 덕트에 넣은 전선의 단면적(절연피복의 단면적을 포함한다)의 합계는 덕트의 내부 단면적의 20[%](전광표시 장치·출퇴표시등 기타 이와 유사한 장치 또는 제어회로 등의 배선만을 넣는 경우에는 50[%]) 이하일 것

③ 금속 덕트 안에는 전선에 접속점이 없도록 할 것. 다만, 전선을 분기하는 경우에는 그 접속점을 쉽게 점검할 수 있는 때에는 그러하지 아니하다.

④ 금속 덕트 안의 전선을 외부로 인출하는 부분은 금속 덕트의 관통부분에서 전선이 손상될 우려가 없도록 시설할 것

⑤ 금속 덕트 안에는 전선의 피복을 손상할 우려가 있는 것을 넣지 아니할 것

(2) 금속 덕트의 시설

금속 덕트 공사는 다음에 의하여 시설하여야 한다.

① 덕트 상호간은 견고하고 또한 전기적으로 완전하게 접속할 것

② 덕트를 조영재에 붙이는 경우에는 덕트의 지지점간의 거리를 3[m](취급자 이외의 자가 출입할 수 없도록 설비한 곳에서 수직으로 붙이는 경우에는 6[m]) 이하로 하고 또한 견고하게 붙일 것

③ 덕트의 뚜껑은 쉽게 열리지 아니하도록 시설할 것

④ 덕트의 끝부분은 막을 것

⑤ 덕트 안에 먼지가 침입하지 아니하도록 할 것

⑥ 덕트는 물이 고이는 낮은 부분을 만들지 않도록 시설할 것

⑦ 저압 옥내배선의 사용전압이 400[V] 미만인 경우에는 덕트에 제3종 접지공사를 할 것

⑧ 저압 옥내배선의 사용 전압이 400[V] 이상인 경우에는 덕트에 특별 제3종 접지 공사를 할 것. 다만, 사람이 접촉할 우려가 없도록 시설하는 경우에는 제3종 접지 공사에 의할 수 있다.

2) 버스 덕트 공사(bus duct)

피더 버스덕트, 플러그 인 버스덕트, 트롤리 버스덕트의 3종류가 있으며, 버스 덕트 공사는 다음에 의하여 시설하여야 한다.

① 덕트 상호간 및 전선 상호간은 견고하고 또한 전기적으로 완전하게 접속할 것

② 덕트를 조영재에 붙이는 경우에는 덕트의 지지점간의 거리를 3[m](취급자 이외의 자가 출입할 수 없도록 설비한 곳에서 수직으로 붙이는 경우에는 6[m]) 이하로 하고 또한 견고하게 붙일 것

③ 덕트(환기형의 것을 제외한다)의 끝부분은 막을 것

④ 덕트(환기형의 것을 제외한다)의 내부에 먼지가 침입하지 아니하도록 할 것.

⑤ 저압 옥내배선의 사용 전압이 400[V] 미만인 경우에는 덕트에 제3종 접지공사를 할 것

⑥ 저압 옥내배선의 사용 전압이 400[V] 이상인 경우에는 덕트에 특별 제3종 접지 공사를 할 것. 다만, 사람이 접촉할 우려가 없도록 시설하는 경우에는 제3종 접지 공사에 의할 수 있다.

⑦ 습기가 많은 장소 또는 물기가 있는 장소에 시설하는 경우에는 옥외용 버스 덕트를 사용하고 버스 덕트 내부에 물이 침입하여 고이지 아니하도록 할 것

3) 플로어 덕트 공사(under floor race way wiring)

플로어 덕트 공사는 다음에 의하여 시설하여야 한다.

① 전선은 절연전선(옥외용 비닐 절연전선을 제외한다)일 것.

② 전선은 연선일 것. 다만, 단면적 10[mm^2](알루미늄선은 단면적 16[mm^2]) 이하인 것은 그러하지 아니하다.

③ 플로어 덕트 안에는 전선에 접속점이 없도록 할 것. 다만, 전선을 분기하는 경우에 접속점을 쉽게 점검할 수 있을 때에는 그러하지 아니하다.

4. 케이블 공사

① 전선은 케이블 및 캡타이어 케이블일 것

② 전선을 조영재의 아랫면 또는 옆면에 따라 붙이는 경우에는 전선의 지지점간의 거리를 케이블은 2[m](사람이 접촉할 우려가 없는 곳에서 수직으로 붙이는 경우에는 6[m]) 이하 캡타이어 케이블은 1[m] 이하로 하고 또한 그 피복을 손상하지 아니하도록 붙일 것

③ 관 기타의 전선을 넣는 방호 장치의 금속제 부분 · 금속제의 전선 접속함 및 전선의 피복에 사용하는 금속체에는 접지공사를 할 것. 다만 사용전압 400[V] 이하로서 다음 중 하나에 해당할

경우에는 관 기타의 전선을 넣는 방호장치의 금속제 부분에 대하여는 그러하지 아니하다.

㉠ 방호 장치의 금속제 부분의 길이가 4[m] 이하인 것을 건조한 곳에 시설하는 경우

㉡ 옥내배선의 사용전압이 직류 300[V] 또는 교류 대지 전압이 150[V] 이하로서 방호장치의 금속제 부분의 길이가 8[m] 이하인 것을 사람이 쉽게 접촉할 우려가 없도록 시설하는 경우 또는 건조한 것에 시설하는 경우

1) 연피가 있는 케이블 공사

강대 개장 연피 케이블, 주트권 연피 케이블, 연피 케이블 등이 있다.

① 연피가 있는 케이블은 구부러지는 곳이 케이블 바깥지름의 12배 이상의 반지름으로 구부려야 한다.

② 케이블의 지지점간 간격은 수평방향으로 시설하는 것으로 사람이 닿을 우려가 있는 곳은 1[m] 이하로 지지하고, 기타 부분에서는 1.5[m] 이하로 한다.

③ 연피케이블의 접속 방법은 다음과 같이 나누어진다.

㉠ 연공접속과 접속함에 의한 접속

㉡ 접속함에 의한 접속

㉢ 테이프 만에 의한 접속

2) 연피가 없는 케이블 공사

① 캡타이어 케이블, 고무 외장 케이블, 비닐 외장 케이블, 클로로프렌 외장 케이블 등 이다.

② 연피가 없는 케이블을 구부리는 경우 피복의 손상이 되지 않도록 하여 그 굴곡 반지름이 케이블의 완성품 지름의 6배(단심의 경우 8배)이상으로 구부려야 한다.

③ 전선을 조영재의 아랫면 또는 옆면에 따라 붙이는 경우에는 전선의 지지점간의 거리를 케이블은 2[m](사람이 접촉할 우려가 없는 곳에서 수직으로 붙이는 경우에는 6[m]) 이하 캡타이어 케이블은 1[m] 이하로 하고 또한 그 피복을 손상하지 아니하도록 붙여야 한다.

5. 저압 옥내 배선

1) 대지전압

주택의 전기저장장치의 축전지에 접속하는 부하 측 옥내배선을 다음에 따라 시설하는 경우에 주택의 옥내전로의 대지전압은 직류 600[V] 까지 적용할 수 있다.

① 전로에 지락이 생겼을 때 자동적으로 전로를 차단하는 장치를 시설할 것

② 사람이 접촉할 우려가 없는 은폐된 장소에 합성수지관배선, 금속관배선 및 케이블배선에 의하여 시설하거나, 사람이 접촉할 우려가 없도록 케이블배선에 의하여 시설하고 전선에 적당한 방호장치를 시설할 것

2) 사용전선

저압 옥내배선은 단면적 2.5[mm^2] 이상의 연동선이거나 단면적이 1[mm^2] 이상의 미네럴인슈레이션케이블이어야 한다. 다만, 옥내배선의 사용 전압이 400[V] 미만인 경우에 다음 각 호

의 1에 해당하는 경우에는 그러하지 아니하다.

① 전광표시 장치・출퇴 표시등(出退表示燈) 기타 이와 유사한 장치 또는 제어 회로 등에 사용하는 배선에 단면적 1.5[mm²] 이상의 연동선을 사용하고 이를 합성수지관 공사・금속관 공사・금속 몰드 공사・금속 덕트 공사・플로어 덕트 공사 또는 셀룰러 덕트 공사에 의하여 시설하는 경우

② 전광표시 장치・출퇴 표시등 기타 이와 유사한 장치 또는 제어회로 등의 배선에 단면적 0.75[mm²] 이상인 다심케이블 또는 다심 캡타이어 케이블을 사용하고 또한 과전류가 생겼을 때에 자동적으로 전로에서 차단하는 장치를 시설하는 경우

3) 옥내 간선의 시설

(1) 저압 옥내간선은 손상을 받을 우려가 없는 곳에 시설할 것

(2) 전선은 저압 옥내간선의 각 부분마다 그 부분을 통하여 공급되는 전기사용기계기구의 정격전류의 합계 이상인 허용전류가 있는 것일 것. 다만, 그 저압 옥내간선에 접속하는 부하 중에서 전동기 또는 이와 유사한 기동전류(起動電流)가 큰 전기기계기구의 정격전류의 합계가 다른 전기사용기계기구의 정격전류의 합계보다 큰 경우에는 다른 전기사용기계기구의 정격전류의 합계에 다음 값을 더한 값 이상의 허용전류가 있는 전선을 사용하여야 한다.

① 전동기 등의 정격전류의 합계가 50[A] 이하인 경우에는 그 정격전류의 합계의 1.25배

② 전동기 등의 정격전류의 합계가 50[A]를 초과하는 경우에는 그 정격전류의 합계의 1.1배

(3) 수용률・역률 등이 명확한 경우에는 이에 따라 적당히 수정된 부하 전류치 이상인 허용전류의 전선을 사용할 수 있다.

(4) 과전류 차단기는 저압 옥내 간선의 허용전류 이하인 정격전류의 것일 것. 다만, 저압 옥내간선에 전동기 등의 접속되는 경우에는 그 전동기 등의 정격전류의 합계의 3배에 다른 전기사용기계기구의 정격전류의 합계를 가산한 값(그 값이 그 저압 옥내 간선의 허용전류의 2.5배의 값을 초과하는 경우에는 그 허용전류의 2.5배의 값) 이하인 정격전류의 것(그 저압 옥내 간선의 허용전류가 100[A]를 넘을 경우로서 그 값이 과전류 차단기의 표준 정격에 해당하지 아니할 경우에는 그 값에 가장 가까운 상위의 정격의 것을 포함한다)을 사용할 수 있다.

4) 분기회로의 시설

(1) 저압 옥내간선과의 분기점에서 전선의 길이가 3[m] 이하인 곳에 개폐기 및 과전류 차단기를 시설할 것. 다만, 분기점에서 개폐기 및 과전류 차단기까지의 전선의 허용전류가 그 전선에 접속하는 저압 옥내간선을 보호하는 과전류 차단기의 정격전류의 55[%](분기점에서 개폐기 및 과전류 차단기까지의 전선의 길이가 8[m] 이하인 경우에는 35[%]) 이상일 경우에는 분기점에서 3[m]를 초과하는 곳에 시설할 수 있다.

(2) 개폐기는 각극에 시설 하여야 한다.

<table>
<tr><th>저압 옥내전로의 종류</th><th>저압 옥내배선의 굵기</th><th>하나의 나사 접속기, 하나의 소켓 또는 하나의 콘센트에서 그 분기점에 이르는 부분의 전선의 굵기</th></tr>
<tr><td>정격전류가 15[A] 이하인 과전류 차단기로 보호되는 것</td><td rowspan="2">단면적 2.5[mm^2] (미네럴인슈레이션 케이블에 있어서는 단면적 1[mm^2])</td><td rowspan="2"></td></tr>
<tr><td>정격전류가 15[A]를 초과하고 20[A] 이하인 배선용 차단기로 보호되는 것</td></tr>
<tr><td>정격전류가 15[A]를 초과하고 20[A] 이하인 과전류 차단기(배선용 차단기를 제외한다)로 보호되는 것</td><td>단면적 4[mm^2] (미네럴인슈레이션케이블에 있어서는 단면적 1.5[mm^2])</td><td rowspan="2">단면적 2.5[mm^2] (미네럴인슈레이션 케이블에 있어서는 단면적 1 [mm^2])</td></tr>
<tr><td>정격전류가 20[A]를 초과하고 30[A] 이하인 과전류 차단기로 보호되는 것</td><td>단면적 6[mm^2] (미네럴인슈레이션케이블에 있어서는 단면적 2.5[mm^2])</td></tr>
<tr><td>정격전류가 30[A]를 초과하고 40[A] 이하인 과전류 차단기로 보호되는 것</td><td>단면적 10[mm^2] (미네럴인슈레이션 케이블에 있어 단면적 6[mm^2])</td><td rowspan="2">단면적 4[mm^2] (미네럴인슈레이션케이블에 있어서는 단면적 1.5[mm^2])</td></tr>
<tr><td>정격전류가 40[A]를 초과하고 50[A] 이하인 과전류 차단기로 보호되는 것</td><td>단면적 16[mm^2] (미네럴인슈레이션 케이블에 있어서는 단면적 10[mm^2])</td></tr>
</table>

6. 고압 옥내 배선

1) 고압 옥내 배선

① 애자사용 공사(건조한 장소로서 전개된 장소에 한한다)

② 케이블 공사

③ 케이블 트레이 공사 등에 의해 시설하여야 한다.

2) 고압 애자사용 공사

① 전선은 공칭단면적 6[mm^2]의 연동선 또는 이와 동등 이상의 세기 및 굵기의 고압 절연전선이나 특별고압 절연전선 인하용 고압 절연전선으로 사용한다.

② 전선의 지지점간의 거리는 6[m] 이하일 것. 다만, 전선을 조영재의 면을 따라 붙이는 경우에는 2[m] 이하이어야 한다.

③ 전선 상호간의 간격은 8[cm] 이상, 전선과 조영재 사이의 이격거리는 5[cm] 이상일 것

④ 애자사용 공사에 사용하는 애자는 절연성・난연성 및 내수성의 것일 것

⑤ 고압 옥내배선은 저압 옥내배선과 쉽게 식별되도록 시설할 것

⑥ 전선이 조영재를 관통하는 경우에는 그 관통하는 부분의 전선을 전선마다 각각 별개의 난연성 및 내수성이 있는 견고한 절연관에 넣을 것

3) 이동전선

① 전선은 고압용의 캡타이어 케이블일 것

② 이동 전선과 전기사용 기계기구와는 볼트 조임 기타의 방법에 의하여 견고하게 접속할 것

③ 이동 전선에 전기를 공급하는 전로(유도 전동기의 2차측 전로를 제외한다)에는 전용 개폐기 및 과전류 차단기를 각극(과전류 차단기는 다선식 전로의 중성극을 제외한다)에 시설하고, 또한 전로에 지락이 생겼을 때에 자동적으로 전로를 차단하는 장치를 시설할 것

1. 전선 및 전선로의 보안

1) 과전류 차단기

과전류 차단기라 함은 단락, 과부하 등의 사고가 발생하였을 겨우 이를 전로로부터 자동적으로 차단하는 역할을 한다.

과전류차단기에는 배선용차단기, 퓨즈 등이 있다.

(1) 저압전로의 퓨즈

전기설비기술기준의 판단기준에 의거 다음과 같은 특성이 있어야 한다.

① 정격전류의 1.1배의 전류에 견딜 것.

② 정격전류의 1.6배 및 2배의 전류를 통한 경우에 표에서 정한 시간 내에 용단될 것

퓨즈(gG)의 용단특성

정격전류의 구분	시 간	정격전류의 배수	
		불용단전류	용단전류
4[A] 이하	60분	1.5배	2.1배
4[A] 초과 16[A] 미만	60분	1.5배	1.9배
16[A] 이상 63[A] 이하	60분	1.25배	1.6배
63[A] 초과 160[A] 이하	120분	1.25배	1.6배
160[A] 초과 400[A] 이하	180분	1.25배	1.6배
400[A] 초과	240분	1.25배	1.6배

(2) 배선용 차단기

과전류 차단기로 저압전로에 사용하는 배선용 차단기는 다음 각 호에 적합한 것이어야 한다.

① 정격전류에 1배의 전류로 자동적으로 동작하지 아니할 것

② 정격전류의 1.25배 및 2배의 전류를 통한 경우에 표에서 정한 시간 내에 자동적으로 동작할 것

순시트립에 따른 구분(주택용 배선용 차단기)

형	순시트립범위
B	$3I_n$ 초과 ~ $5I_n$ 이하
C	$5I_n$ 초과 ~ $10I_n$ 이하
D	$10I_n$ 초과 ~ $20I_n$ 이하

비고 1. B, C, D: 순시트립전류에 따른 차단기 분류
2. I_n : 차단기 정격전류

과전류트립 동작시간 및 특성(주택용 배선용 차단기)

정격전류의 구분	시 간	정격전류의 배수 (모든 극에 통전)	
		부동작 전류	동작 전류
63[A] 이하	60분	1.13배	1.45배
63[A] 초과	120분	1.13배	1.45배

2) 고압퓨즈

(1) 형식

① 비포장 퓨즈(open fuse) : 실 퓨즈, 훅 퓨즈, 판형 퓨즈
비포장 퓨즈는 정격전류의 1.25배의 전류에 견디고 또한 2배의 전류로 2분 안에 용단되는 것이어야 한다.

② 포장 퓨즈(enclosed fuse) : 통형 퓨즈, 플러그 퓨즈
포장 퓨즈(퓨즈 이외의 과전류 차단기와 조합하여 하나의 과전류 차단기로 사용하는 것을 제외한다)는 정격전류의 1.3배의 전류에 견디고 또한 2배의 전류로 120분 안에 용단되는 것 또는 다음에 적합한 고압전류제한 퓨즈이어야 한다.

(2) 퓨즈의 종류

① 실 퓨즈(wire fuse)

② 훅 퓨즈(hook fuse 또는 link fuse) : 납 또는 납과 주석의 합금선, 일명 고리 퓨즈라 한다.

③ 판형 퓨즈(ribbon fuse 또는 strip fuse) : 아연, 알루미늄 등 경금속판을 훅 퓨즈 모양으로 펀치로 눌러 만든 것

④ 통형 퓨즈(cartridge fuse) : 통(파이프제, 유리제), 가용체(납 또는 납과 주석의 합금, 아연, 알루미늄판)로 만든 것

⑤ 플러그 퓨즈(plug fuse) : 에디슨 베이스(edison base)의 내부에 가용체를 넣고 퓨즈 홀더에 끼워서 사용하는 구조로 플러그 퓨즈는 가용체가 용단된 것을 외부에서 알 수 있도록 앞면에 운모를 이용한 창을 만들어 내부가 들여다보이게 되어 있다.

⑥ 관형 퓨즈 : 유리통 내부에 퓨즈를 봉입한 것으로 라디오, 원격 제어 등의 회로에 사용

⑦ 텅스텐 퓨즈 : 유리관 내에 가용체 텅스텐을 봉입한 것으로 작은 전류에 민감하게 용단되므로, 전압계, 전류계 등의 소손 방지용으로 계기 내에 방치하고 봉입한다.

⑧ 온도 퓨즈 : 퓨즈에 흐르는 과전류에 의하여 용단되는 것이 아니고, 주위 온도에 의하여 용단되는 것으로 전기 담요와 같은 보온용 절연기에 사용된다.

⑨ 방출형 퓨즈(expulsion fuse) : 고압 회로에 쓰이는 퓨즈로서 현재 배전용 변압기의 1차 측에 사용하며 퓨즈가 동작하면, 파이버제 빨간 통이 밑으로 약 2[cm] 돌출한다.

3) 누전차단기

누전 차단기(ELB)는 지락 차단 장치의 하나로, 누전, 감전 등의 재해를 방지하기 위해 설치하며, 이상 발생시 이상을 감지하고 회로를 차단시키는 작용을 한다.

누전 차단기의 내부는 검출부, 영상 변류기, 차단부로 구성되어 있다.

전압 전로에 접속되는 전등 및 전동기, 전열기 등은 화재, 감전, 누전사고로부터 보호하기 위하여 개폐기 및 과전류차단기, 누전차단기 등을 시설하여야 한다.

2. 접지공사

1) 목적

전기 기기 내에서 절연 파괴가 생기면, 기기의 금속제 외함은 충전되어 대지 전압을 가진다. 여기에 사람이 접촉하면 인체를 통하여 대지로 전류가 흘러 감전되므로, 금속제 외함을 접지하여 대지 전압을 가지지 않도록 하기 위하여 접지를 시행한다.

2) 접지 공사의 종류

접지공사의 종류	접 지 저 항 치
제1종 접지공사	10 [Ω]
제2종 접지공사	변압기의 고압측 또는 특별고압측의 전로의 1선 지락전류의 암페어 수로 150(변압기의 고압측 전로 또는 사용전압이 35[kV] 이하의 특별고압측 전로가 저압측 전로와 혼촉하여 저압측 전로의 대지전압이 150[V]를 초과하는 경우에, 1초를 초과하고 2초 이내에 자동적으로 고압전로 또는 사용전압이 35[kV] 이하의 특별고압 전로를 차단하는 장치를 설치할 때는 300, 1초 이내에 자동적으로 고압전로 또는 사용전압 35[kV] 이하의 특별고압전로를 차단하는 장치를 설치할 때는 600)을 나눈 값과 같은 [Ω]수
제3종 접지공사	100[Ω]
특별 제3종 접지공사	10[Ω]

3) 접지 공사의 세목

(1) 접지선의 굵기

접지공사의 종류	접지선의 굵기
제1종 접지공사	공칭 단면적 6[mm^2] 이상의 연동선
제2종 접지공사	공칭 단면적 16[mm^2]의 연동선(고압전로 또는 제135조 제1항 및 제4항에 규정하는 특별고압가공전선로의 전로와 저압 전로를 변압기에 의하여 결합하는 경우에는 공칭 단면적 6[mm^2] 이상의 연동선)
제3종 접지공사 및 특별 제3종 접지공사	공칭 단면적 2.5[mm^2] 이상의 연동선

(2) 접지선 시설

제1종 또는 제2종 접지 공사는 다음과 같이 시설한다.

① 접지극은 지하 75[cm] 이상으로 하되 동결 깊이를 감안하여 매설한다. 접지극을 깊이 매설하면 접지극 주변의 지표면 전위 경도가 완화되므로 매설 깊이를 규정하였다.

② 접지선을 철주 기타의 금속체를 따라서 시설하는 경우에는 접지극을 철주의 밑면으로부터 30[cm] 이상의 깊이에 매설하는 경우 이외에는 접지극을 지중에서 그 금속체로부터 1[m] 이상 떼어 매설한다. 이것은 접지극을 ①에서와 같이 깊이 매설하여도 철주나 금속체 등에 가깝게 되면 접지극의 전위가 철주에 전해져서 철주 주변 지표면에 큰 전위 경도가 생기게 되므로, 이것을 방지하기 위한 규정이다.

③ 접지선은 절연 전선(옥외용 비닐 절연 전선은 제외), 캡타이어 케이블 또는 케이블(통신용 케이블은 제외)을 사용한다. 다만, 접지선을 철주 기타의 금속체에 따라 시설하는 경우 이외의 경우에는 접지선의 지표상 60[㎝]를 초과하는 부분에 대하여는 그러하지 아니하다.

이 규정은 접지선으로 절연 효력이 있는 것을 사용하여 사람이 접촉했을 때 위험을 방지하기 위한 것이다.

④ 접지선은 지하 75[㎝]로부터 지표상 2[m]까지는 전기용품 안전관리법의 적용을 받는 합성 수지관(콤바인덕트관 제외) 또는 이와 동등 이상의 절연 효력 및 강도를 가지는 몰드로 덮어야 한다. 이것은 접지선의 외상을 방지하고, 또 사람이 접촉했을 때 위험을 방지하기 위한 것이다.

⑤ 접지선을 시설한 지지물에 피뢰침용 지선을 시설하지 않아야 한다.

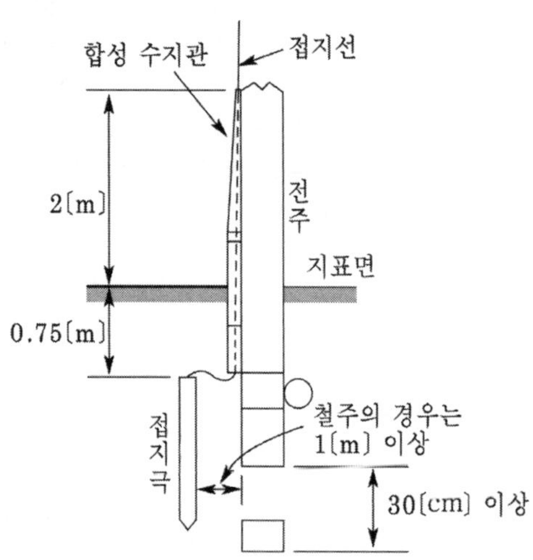

제1종 및 제2종 접지 공사

(3) 건축구조체 접지

대지와의 사이에 전기저항장이 2[Ω] 이하인 값을 유지하는 건물의 철골 기타의 금속제는 이를 비접지식 고압전로에 시설하는 기계기구의 철대(鐵臺) 또는 금속제 외함에 실시하는 제1종 접지공사나 비접지식 고압전로와 저압전로를 결합하는 변압기의 저압전로에 시설하는 제2종 접지공사의 접지극으로 사용할 수 있다.

(4) 수도관 접지극

지중의 금속제 수도관은 그 매설 길이가 길기 때문에 아주 작은 접지 저항을 가지고 있는 수가 많아 접지극으로 사용할 수가 있지만 수도관을 통한 전격, 관의 부식 문제도 있으므로, 판단기준에서는 다음의 조건 하에서 접지극으로 사용하는 것을 인정하고 있다.

① 지중에 매설되어 있고 접지 저항값이 3[Ω] 이하의 금속제 수도관은 각종 접지 공사의 접지극으로 사용할 수 있다.

② 접지선과 금속제 수도관의 접속은 안지름 75[mm] 이상인 금속제 수도관 또는 이로부터 분기한 안지름 75[mm] 미만인 금속제 수도관의 분기점으로부터 5[m] 이내의 부분에서 하여야 한다. 다만, 그림과 같이 접지 저항이 2[Ω] 이하인 경우에는 5[m]를 초과할 수 있다.

(5) 계기용변성기의 2차측 전로의 접지

계기용 변성기의 2차측 전로에는 계기용변성기가 고압용인 경우 제3종 접지 공사를, 특별 고압용인 경우에는 제1종 접지 공사를 한다.

(6) 전로의 중성점에 접지

전로의 보호 장치의 확실한 동작의 확보 또는 이상 전압의 억제 및 대지 전압의 저하를 위하여 전로의 중성점에 접지 공사를 하는 경우에는 다음에 따른다.

① 접지극은 고장시에 그 근처의 대지간에 생기는 전위차에 의하여 인축 또는 다른 시설물에 위험을 줄 우려가 없도록 시설할 것

② 접지선에는 공칭 단면적 16[mm^2] 이상의 연동선 또는 이와 동등 이상의 세기 및 굵기의 쉽게 부식하지 아니하는 금속선으로서 고장 전류를 안전하게 통할 수 있는 것이어야 하며, 또한 방호 장치를 시설할 것

③ 접지선에 접속하는 저항기, 리액터 등은 고장 전류를 안전하게 통할 수 있는 것을 사용할 것

④ 접지선, 저항기, 리액터 등은 취급자만 출입하는 곳에 시설하거나 사람이 접촉할 우려가 없도록 시설한다.

3. 피뢰기의 시설

피뢰기는 전력 설비의 기기를 이상 전압(뇌서지 및 개폐서지)으로부터 보호하는 장치이며, 고압 및 특별 고압의 전로 중 다음의 경우에는 피뢰기를 설치하여야 한다.

① 발·변전소 또는 이에 준하는 장소의 가공 전선 인입구 및 인출구

② 가공전선로에 접속하는 특별 고압 배전용 변압기의 고압측 및 특별 고압측

③ 고압 및 특별 고압 가공 전선로에서 공급받는 수용 장소의 인입구

④ 가공 전선로와 지중 전선로가 접속되는 곳

고압 및 특별 고압의 전로에 시설하는 피뢰기에는 제1종 접지 공사를 하여야 한다.

수전설비란 전력회사로부터 수전한 높은 전압의 전기를 부하설비의 운전에 적합한 낮은 전압의 전기로 변환하여 부하설비에 전기를 공급할 목적으로 사용되는 전기기기의 총 집합체를 말한다(전기공급규정에 의거 100[kW] 이상이 되면 고압 또는 특고압으로 수전하여야 한다).

그러므로 전력회사로부터 고압으로 수전하여 저압으로 변환하기 위한 설비를 고압수전설비라 하고 특별고압을 수전하여 고압이나 저압으로 변화하기 위한 설비를 특고압 수전설비라 한다.

현재 우리나라의 일반 배전전압이 22.9[kV-Y]이므로 이 전기를 수전하여 고압이나 저압으로 변환하는 설비는 특고압 수전설비가 된다.

1. 수 · 변전설비의 구비조건

수전설비라 하면 수용가의 업종, 규모, 수전설비의 형태, 입지조건, 건설비 등에 따라 여러 가지 형태가 있다. 수전설비의 계획에는 일반적으로 다음과 같은 조건을 구비할 필요가 있다.

① 설비의 신뢰성이 높을 것

② 안전한 설비로 한다.

③ 운전보수 및 전검이 용이하도록 한다.

④ 증설 및 확장에 대처할 수 있도록 한다.

⑤ 방재대책 및 환경보전에 유의한다.

⑥ 건설비 및 운전유지 경비가 저렴하도록 한다.

2. 수 · 변전설비의 계획순서

수전설비를 처음 계획하는 경우 어떠한 순서에 따라 진행을 하여야 하는가는 여러 가지 여건이 주어지기 때문에 일괄적으로 이야기하기는 쉽지가 않지만 대략 다음과 같은 내용을 가지고 있는 것이 참고가 될 것이라 생각된다.

① 부하의 계산 : 조명 · 동력 · 냉난방 · 공조 · 운반 등 부하의 각 종류별로 계산한다.

② 설비용량의 상정 : 각 부하군에 수용률 · 부하율 등을 고려하여 계산

③ 계약전력의 추정 : 전력회사의 전기공급규정의 내용에 따라 산출

④ 수전전압, 수전방식, 부하전압의 검토 : 수전설비의 형태 및 주차단장치의 종류 등을 전력회사와 협의하고 이때 수전점의 단락용량, 공급개시 예정시기, 공사비 부담금, 전기요금 등을 검토한다.

⑤ 단선 결선도 초안작성

⑥ 주회로조건의 검토 : 고장전류 계산, 보호방식, 보호협조, 역률개선, 변압기 뱅크(bank) 구성 및 전압조정, 비상전원 및 비상시의 절체방법 등

⑦ 주요기기의 선정

⑧ 감시제어방식의 검토 : 설치기기의 수량과 보수체제, 설비의 중요도, 제어의 정도, 경제성, 감시제어반의 형상, 장착, 감시제어기기의 수량·시방·제어전원 등

⑨ 단선결선도 및 시방결정

⑩ 기기배치의 검토 : 기기반입 · 반출경로 · 점검할 수 있는 공간, 증설공간, 방재상의 공간, 조영재 등과의 이격거리 등

⑪ 설계도면 작성 : 시방서 작성

3. 수 · 변전설비의 기본설계

기본설계에 있어서 검토해야만 하는 주요한 사항을 열거하면 다음과 같다.

① 설비용량

② 수전전압 및 수전방식

③ 주회로의 결선방식

㉠ 수전방식

㉡ 모선방식

㉢ 변압기의 탱크수와 탱크 용량 및 단상 3상별

㉣ 배전전압 및 방식

㉤ 비상용 또는 예비용 발전기를 시설할 경우 수전과 발전과의 절환방식

㉥ 사용기기의 결정

④ 감시 제어방식

⑤ 설비의 형식

⑥ 수변전실과 발전기실 및 중앙 감시 제어실 등의 위치크기

4. 변전실의 위치와 넓이 선정

1) 변전실의 위치 : 위치 선정시 고려할 사항은 다음과 같다.

① 부하 중심에 가깝고 배전에 편리한 장소이어야 한다.

② 전원의 인입이 편리해야 한다.

③ 기기의 반출반입이 편리해야 한다.

④ 습기 먼지가 적은 장소이어야 한다.

⑤ 기기에 대하여 천장의 높이가 충분해야 한다.

⑥ 물이 침입하거나 침투할 우려가 없어야 한다.

⑦ 발전기실, 축전기실 등과 관련성을 고려하여 가급적 이들과 인접한 장소이어야 한다.

2) 변전실의 구조

① 기기를 설치하기에 충분한 높이일 것

② 바닥의 하중강도는 500~1000[㎏/m^2] 정도가 될 것

③ 방화 및 방수 구조

3) 기기의 배치

고려해야 할 사항은 다음과 같다.

① 보수점검이 용이할 것

② 안정성이 높을 것

③ 합리적 배치로 배선이 경제적일 것

④ 기기의 방출, 반입에 지장이 없을 것

⑤ 증설계획에 지장이 없을 것

⑥ 미적·기능적 배치가 되도록 할 것

1. 전선관의 종류

1) PVC전선관

표준 길이가 4[m]이며 관의 호칭은 안지름에 가까운 짝수로 표시하며,
14, 16, 22, 28, 36, 42, 54, 70, 82, 104 등이 있다

2) PE전선관

기술자격 시험에 16[mm] 전선관을 주로 사용하고 있는 연질합성수지관으로서,
가로등의 배관 등 주로 지중 배관에 사용되며 소규모 건물에도 사용된다.
1롤의 표준 길이는 30[m], 50[m], 100[m] 등이 있다.

3) 플렉시블 전선관

기술자격 시험에 16[mm] 전선관을 주로 사용하고 있는 것으로서,
천장 내 노출 배관 등 일부에 사용되며, 구부림이 매우 편한 장점이 있는 전선관이다
1롤의 표준 길이는 30[m], 50[m], 100[m] 등이 있다.

4) 금속전선관

표준 길이가 3.6[m]이며 관의 내경을 [mm]의 근사값인 짝수로 표시하는 후강 전선관을 주로 사용하고 있다.

2. 전선관 가공방법

1) 배관의 끝단이 기구와 연결되어 있는 경우

(1) 기구와 전선관의 끝이 3[cm] 정도 띄운 다음 전선관으로부터 6[cm] 정도 되는 부분을 새들로 공정한다.
(2) 단자대, 부저, 리셉터클 등 노출기구와 전선관을 연결할 때 사용한다.

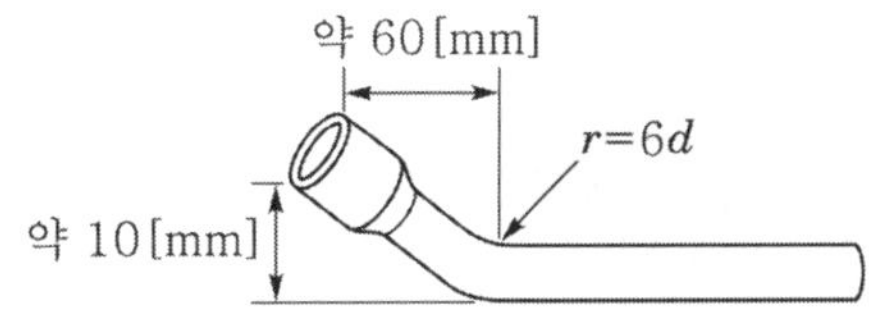

2) 배관의 끝단이 박스와 연결되어 있는 경우

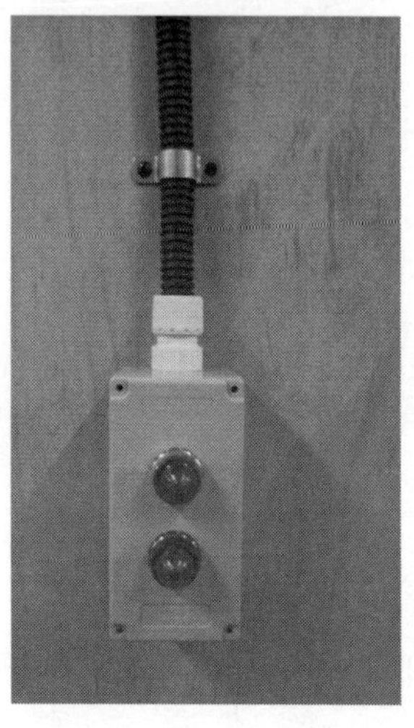

(1) 4각박스, 8각박스, 스위치박스, 제어판 등 각종 박스와 연결할 때에는 항상 전선관 끝단에 커넥터를 사용하여야 한다.

(2) 커넥터의 시작점에서 11[cm] 정도 거리에 새들로 고정하여 전선관을 배관한다.

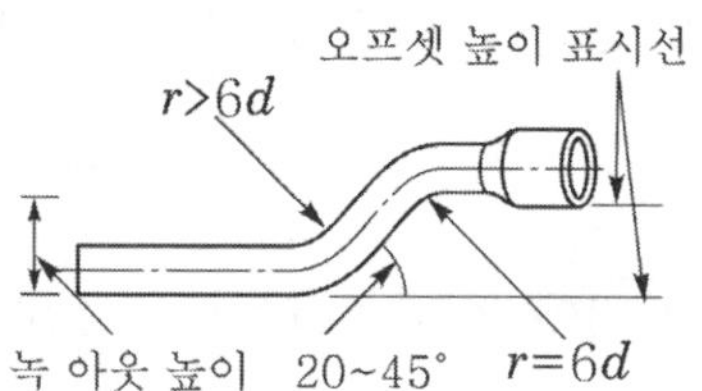

3) 전선관을 직각 배관하는 경우

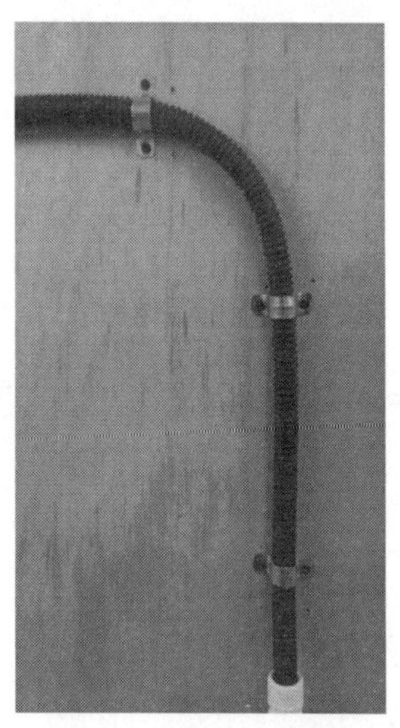

(1) 새들은 배관이 구부러지기 시작되는 지점에 고정하고 배관이 끝나는 지점에 고정한다.

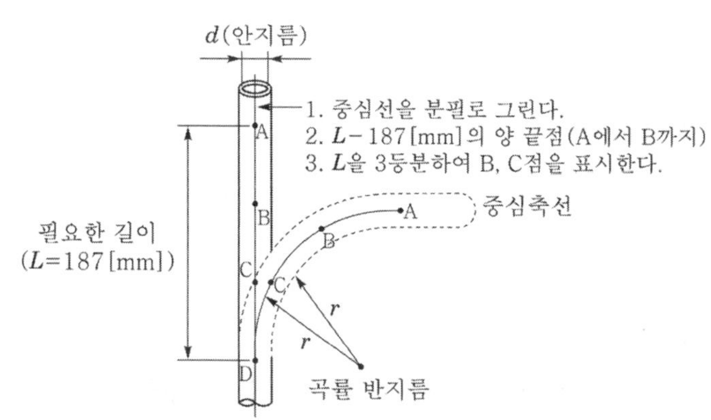

4) 박스와 연결된 직각 구부리기 배관

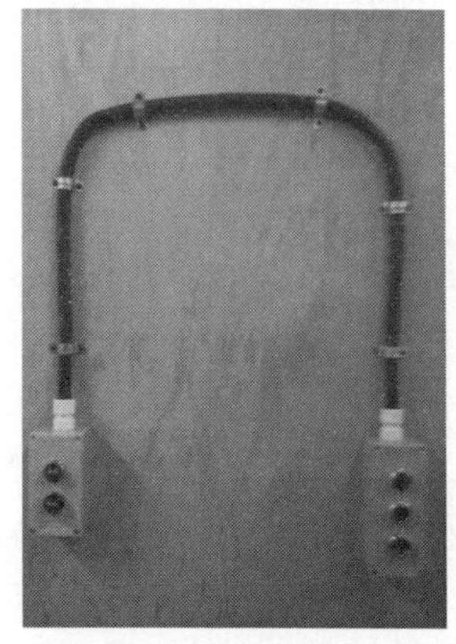

3. 완성작품의 실례

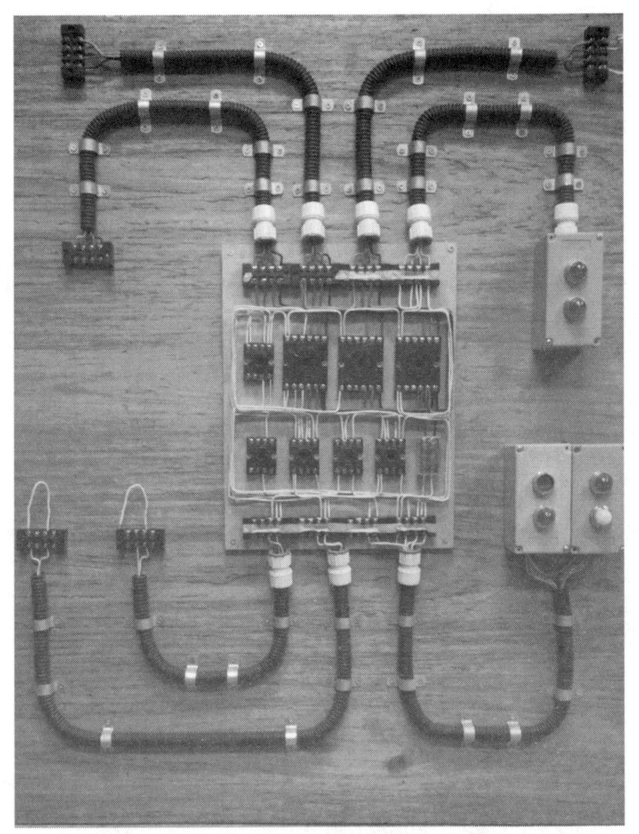

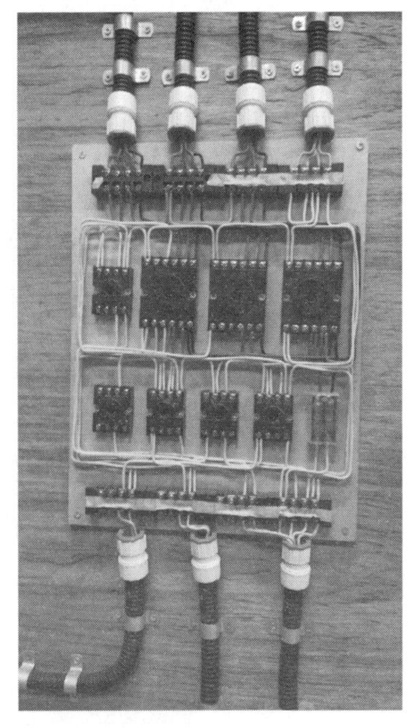

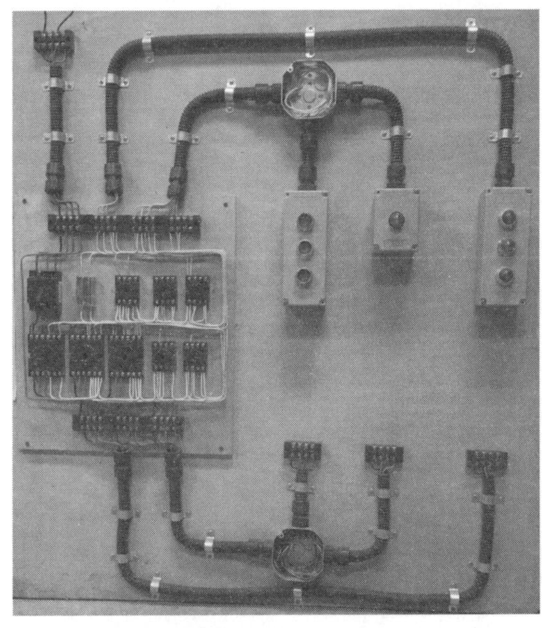

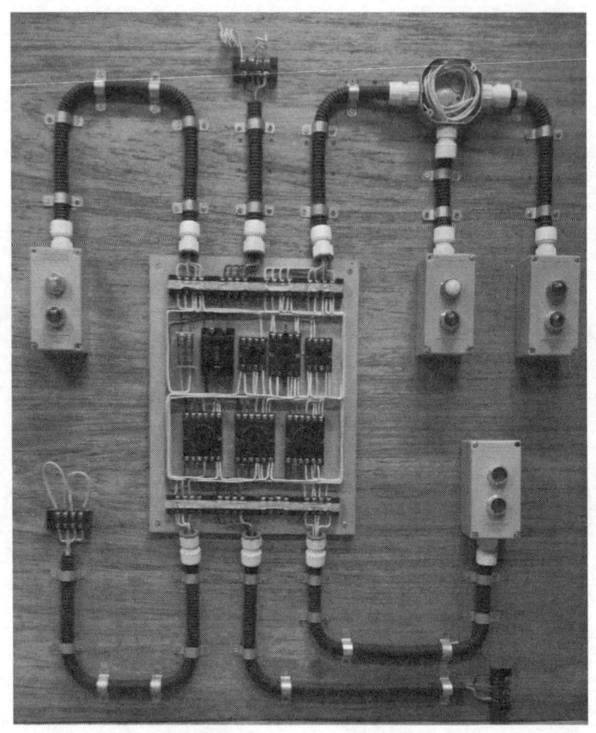

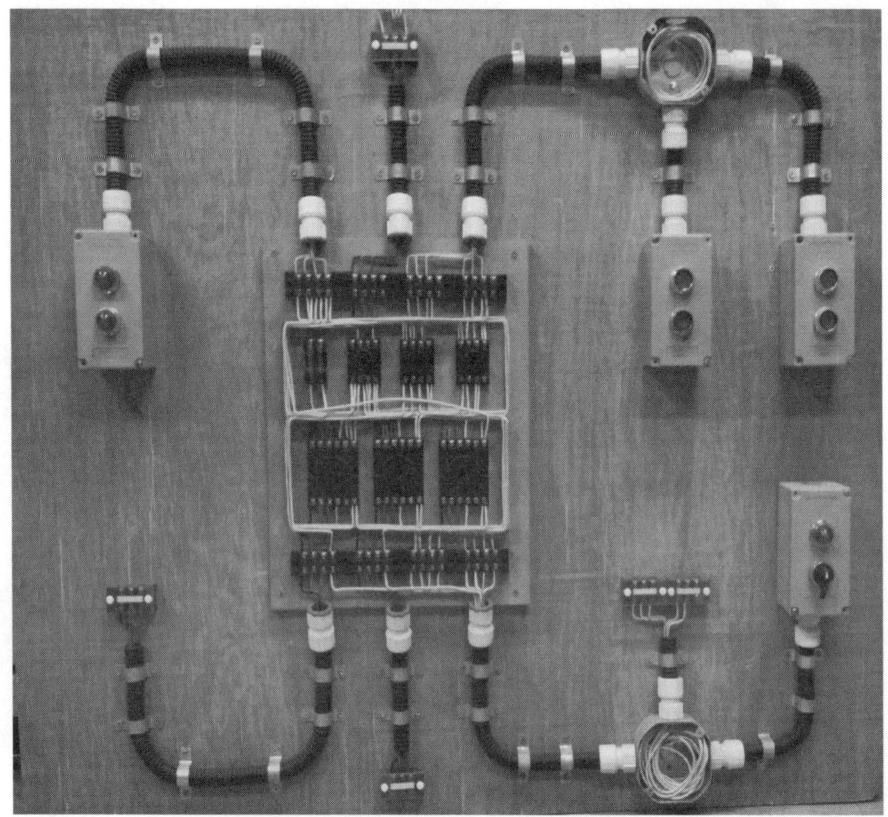

기초준비편

사 용 공 구 (종 합)

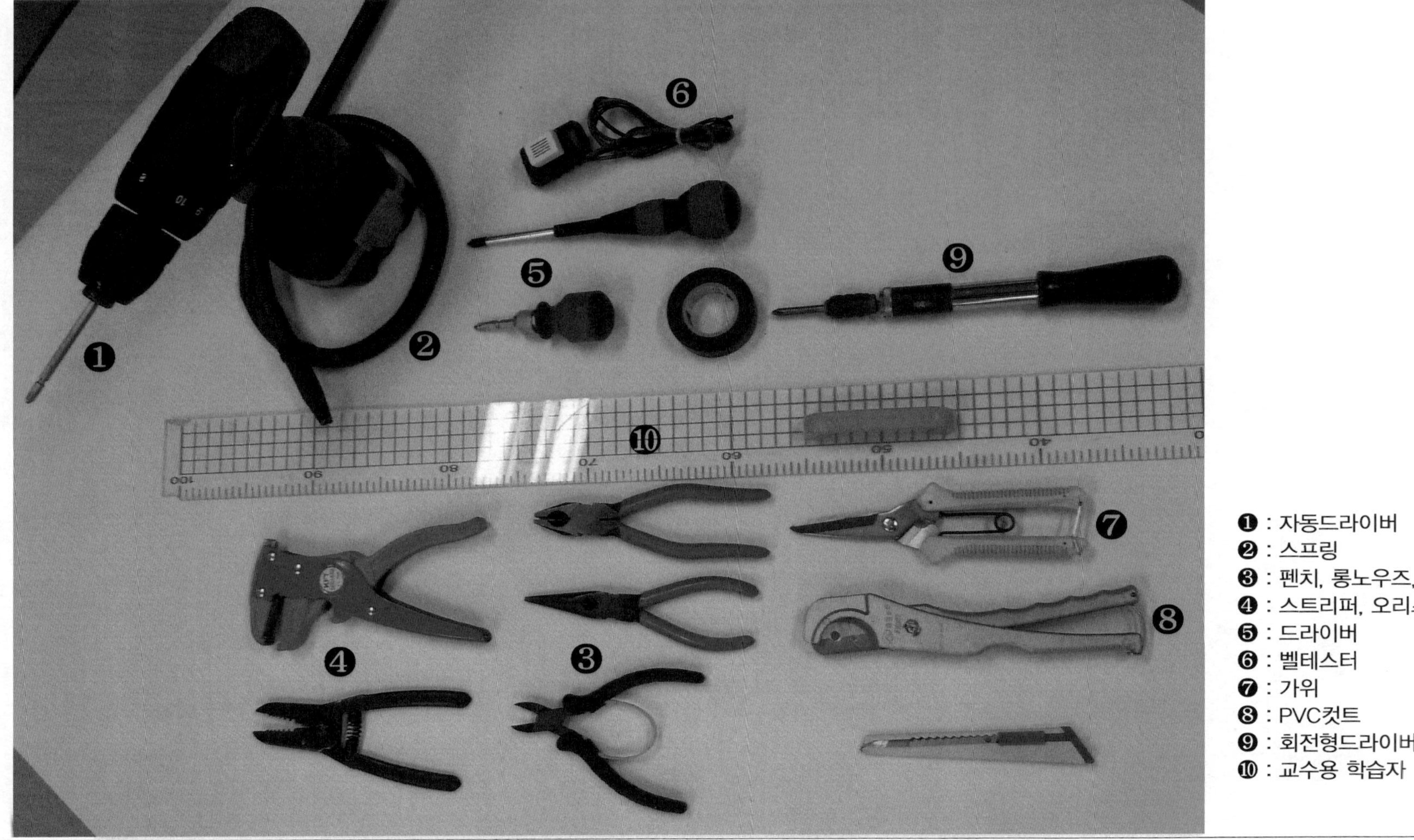

❶ : 자동드라이버
❷ : 스프링
❸ : 펜치, 롱노우즈, 니퍼
❹ : 스트리퍼, 오리스트리퍼
❺ : 드라이버
❻ : 벨테스터
❼ : 가위
❽ : PVC컷트
❾ : 회전형드라이버
❿ : 교수용 학습자

입문 1 종류별 용도 및 기능

1. ❶ **자동드라이버** : 실기 작업중 30~40개소 정도의 새들을 부착하게 되는데, 이 과정에 많은 갯수의 나사못을 박아야 하는 작업을 편리하게 하고자 사용하는 공구로서, 제어판에 부착된 베이스의 보조회로 작업시 사용하면 베이스 나사가 무너질 염려가 있으니 각별한 주의가 요망된다. 작업판에 새들 부착시에는 회전강도 10강도 정도로 사용하여도 무방하나, 제어판 시퀀스 작업시는 회전강도 3~4 정도가 적정 하다고 판단된다.

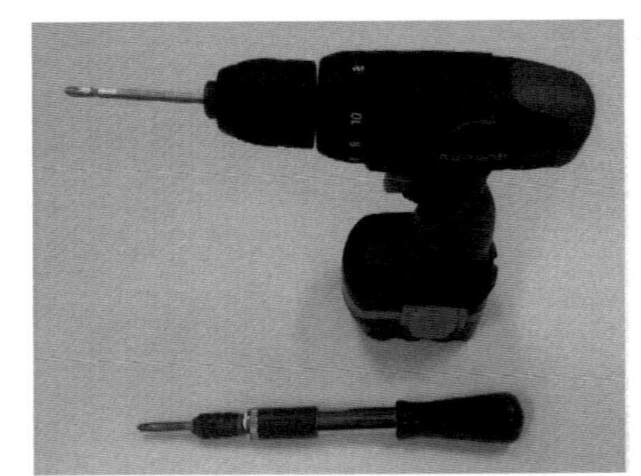

2. ❾ **회전형 자동 드라이버** : 제어판의 주 회로나 보조회로 시이퀀스 작업시 유용하게 사용하는 수동형 반자동 드라이버이다.

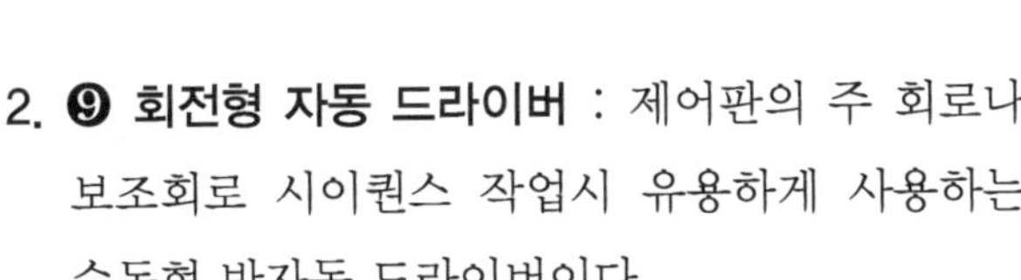

3. ❷ **스프링** : PE관을 직각 또는 U자형으로 구부릴 때 부드러운 곡선을 유지하고자 PE관 속에 삽입하여 관 구부리는 보조 기구로서 스프링의 길이는 1m20cm 정도가 적정하며, 스프링의 끝부분은 연결선을 만들어서 탈착이 쉽도록 만들어 사용하면 편리하다고 생각된다.

4. ❹ **스트리퍼, 오리스트리퍼** : 스트리퍼는 기판작업용이 아닌 전선 피복전용 스트리퍼로서 0.8mm~2.6mm 피복을 벗길수 있는 규격을 구입하여야 하며 단점으로는 시이퀀스 작업시 전선 피복을 벗기는 과정에서 전선이 구부러질 수 있다는 단점이 있다. 이러한 점을 보강하기 위하여 오리스트리퍼라는 공구를 사용하면 전선의 피복을 수직으로 전선의 피복을 탈피할 수 있으므로 보다 편리하다.

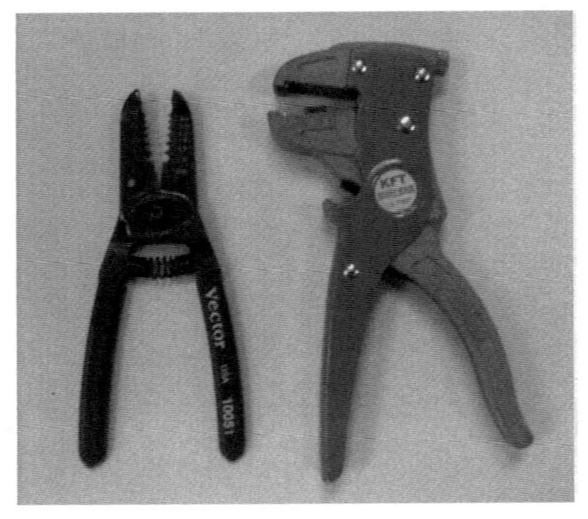

5. **❸ 펜치, 니퍼, 롱노우즈** : 전기공사시 사용되는 기초공구로서 전선을 자르거나 직각으로 구부릴 때 사용하며, 일상생활에서 뿐만 아니라 모든 작업시 항상 갖추고 있어야 하는 필수적인 기본 공구이다.

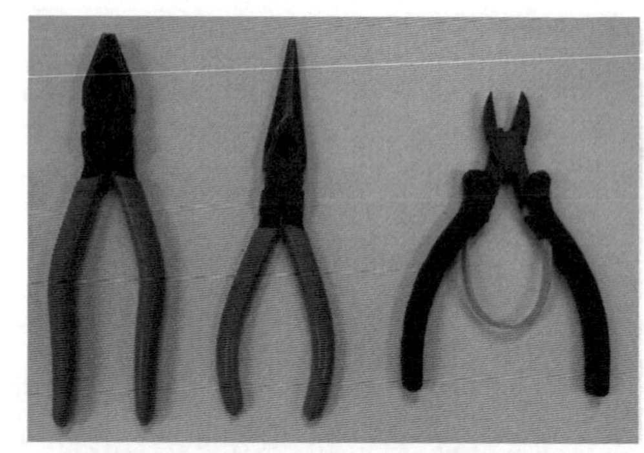

6. **❺ 드라이버, 주먹드라이버** : 드라이버는 100 mm 정도 길이의 십자드라이버로서 끝이 뾰족한지를 확인 후 구입하여야 나사못에 깊이 부착되어 작업하기에 편리하다고 생각되며, 사소한 나사못을 작업할 경우에는 길이 조정도 가능할 뿐만 아니라 전체 크기가 작은 주먹드라이버를 하나 더 휴대하면 더욱 효과적이다.

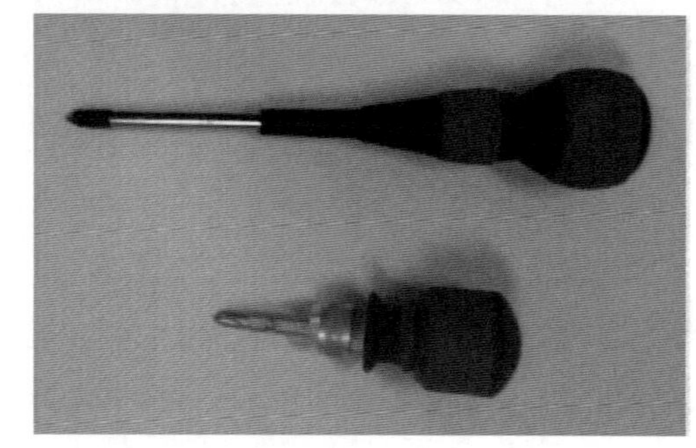

7. **❻ 벨테스터** : 작업을 완료한 후 전원을 투입 작동검사가 불가능하므로 작업자가 벨테스터기를 통하여 회로를 정상적으로 결선하였는지 여부를 확인하기 위한 것으로서 9V건전기와 소형부저를 이용하여 만들어서 사용하면 된다.

8. **❼ 작업용 가위** : 전선을 절단하거나 다른 절단용으로 주로 사용되며, 니퍼나 스트리퍼 또는 오리스트리퍼를 이용하여 절단할 수 있으나 작업용 가위를 이용하면 한번에 여러가닥의 전선을 절단하기도 용의할 뿐만아니라 주름관을 절단할 때도 사용 가능한 도구이다.

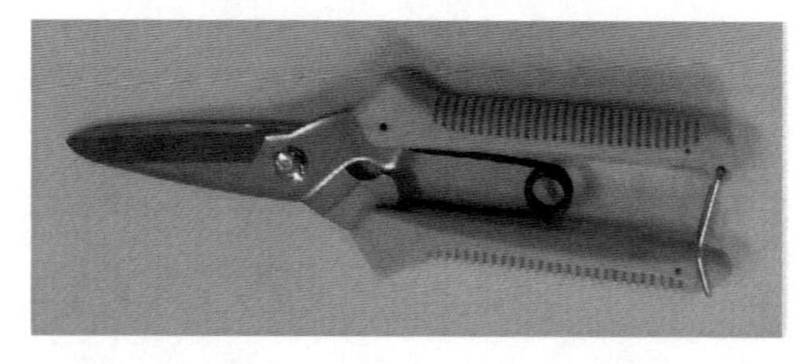

9. **❽ PVC컷트** : PE관 절단시 사용하는 공구로서 여러가지 종류가 있다. 쇠톱을 사용하여도 무방하나 시간단축과 작업자가 효율적인 작업이 진행되기 위해서는 필요한 공구이다.

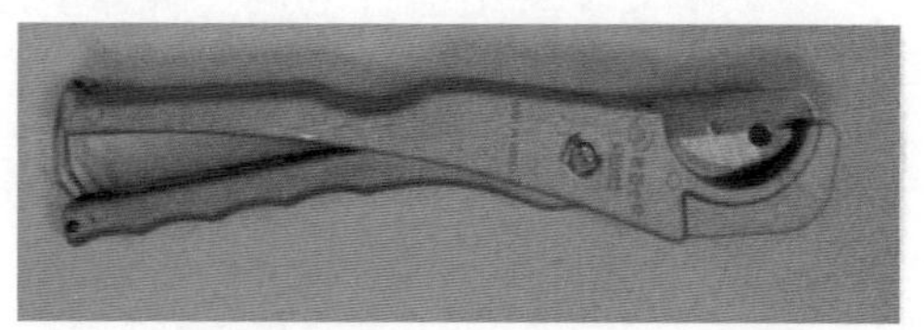

10. ⑩ **교수용학습자** : 제어판에 작도시 사용하는 것으로 어떤 작업자는 실을 이용하여 수평을 맞추기도 하고, 또 다른 작업자는 개인의 취향에 맞게 직접 제작하여 눈금을 만들어 사용하는 경우도 많이 있지만 1m 길이의 교수용 학습자도 편리한 방법중의 하나이다.

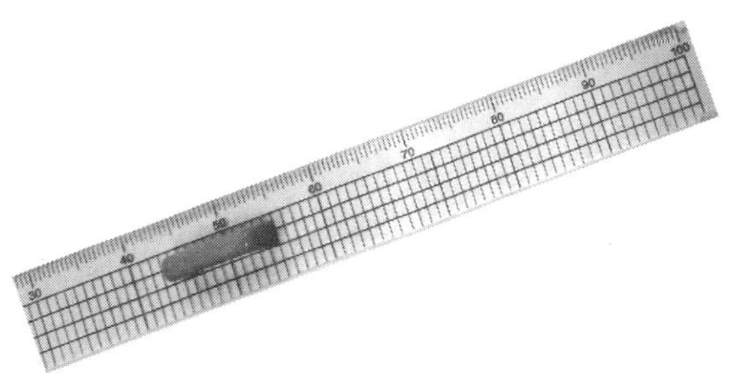

11. **절연테이프** : 쥐꼬리 접속 등 연결부분에 절연용으로 사용하는 테이프로서, 주름관 또는 PE관에 전선을 여러가닥 삽입시 끝부분을 뾰족하게 만들 후 일체형으로 테이핑 할 때 사용하면 전선 인입시 매우 효과적이다.

12. **기타** :
- 문구용 칼
- 검은색 납작머리 목공용 나사못 - 지급재료 이외의 재료는 사용 불가한 것이 원칙이나 지급되는 나사못이 개인의 적성에 안 맞는다고 생각될시 검은색 납작머리 목공용 나사못을 몇 개 준비하면 목공 전용인 관계로 작업판에 효과적이다.
- 장구자석 - 시이퀀스 결선 작업시 작업자의 혼란을 방지하기 위하여 장구자석을 이용하여 결선하고자 하는 베이스 핀번호 위에 배치한 후 결선 작업을 진행하면 혼란을 방지할 수 있다.
- 나사못 통 - 음료수 팻트병 등을 이용하여 2~3개 정도 나사못 전용통을 만들어 재료검사 시간을 통하여 검사를 진행하면서 나사못을 길이별로 분류한 다음 사용하면 편리하다.
- 더블클립(중) - 박스 작업시 불편함을 감소하기 위하여 더블클립 2~3개를 이용하여 박스 윗 부분을 수평으로 펼쳐서 박스에 임시 고정 후 박스작업을 진행하면 불편함을 많이 해소시켜 준다.

입문 2 PR 또는 MC(파워릴레이), EOCR(과부하계전기) 작동원리

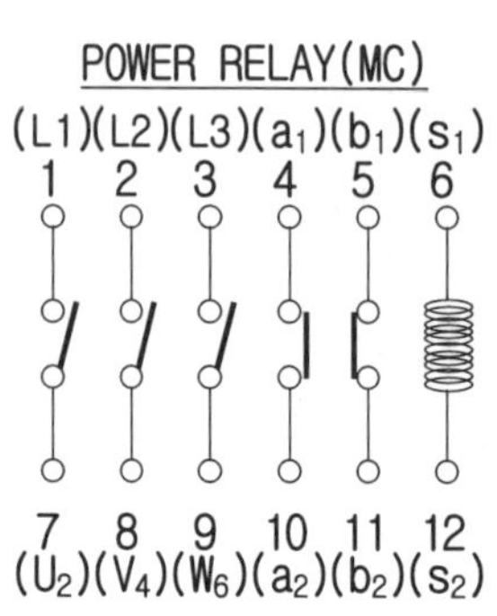

파워릴레이는 4a1b형과 5a2b형의 두가지 종류가 있으며, 4a1b라는 말은 a접점이 4개 그리고 b접점이 1개라는 말이다.

좌측위 내부결선도에서 나타내고 있는 번호의 의미는 6번과 12번에 전원이 투입되면 a접점 4개 [1-7,2-8,3-9,4-10]가 붙는 것을 의미하는 것이다. 또한 6번과 12번에 전원이 투입되어 있는 않은 상태에서는 b접점인 5-11번이 붙어있다.

여기서 1-3번, 2-8번, 3-9번 접점은 주회로 a접점으로 사용하고, 4-10번 접점은 보조회로 a접점으로 사용하면 된다. 5-11번 접점은 보조회로 b접점으로 사용하면 된다.

파워릴레이에 사용하는 베이스는 12핀형 베이스의 형태를 사용하고 있다.

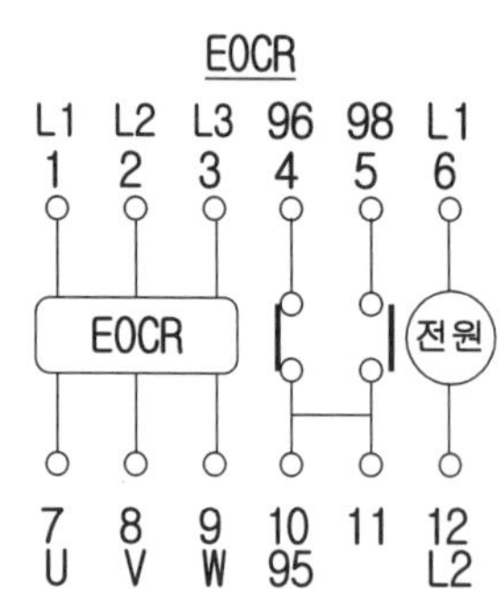

EOCR(과부하계전기)는 시이퀀스 회로에 과부하가 발생한 경우 회로를 차단하고자 하는 목적으로 사용하는 계전기로서, 1-7, 2-8, 3-9번을 주회로 과부하전류 감지 하고자 하는 용도로 사용하고 있으며, 과부하 발생시 10-4, 10-5번 번호를 이용하여 보조회로를 차단시키고자 하는 용도로 사용하고 있는계전기이다.

입문 3 타이머(60초 8핀) 및 플리커릴레이 내부결선도 및 작동원리

타이머는 8핀60초형을 기본으로 사용하고 있으며, 2-7번을 전원접점으로, 3-1번을 순시a접점으로, 8-5번을 한시b접점으로 8-6번을 한시a접점으로 사용하고 있는 기계이다.
순시접점이란 의미는 전원이 투입되면 코일이 여자되는 순간에 도통상태가 되는 접점을 순시접점이라고 하며, 한시접점이란 전원이 투입되어 코일이 여자된 후에도 동작이 되질 않고 있다가, 실습생이 조정해 놓은 시간이 지난후에 비로소 접점이 동작되는 것을 한시접점이라고 한다.
위 내부결선도를 설명하면 타이머는 8번을 공통단자로 사용하고 있으며, 평상시에는 8-5번이 도통상태를 유지하고 있다가, 2-7번 단자에 전원을 가하여주면 전원이 가하는 순간 1-3번인 순시a접점이 도통상태로 바뀐다. 이때 도통상태로 있는 접점은 1-3번과, 8-5번이다.
실습생이 타이머 시간을 5초[t초]로 맞추어 놓았다고 할 때, 2-7번에 전원을 가하고 난 후 8-5번이 도통 상태에 있다가 5초[t초]후에 8-6번으로 도통상태가 바뀐다는 것을 의미하는 것이다.

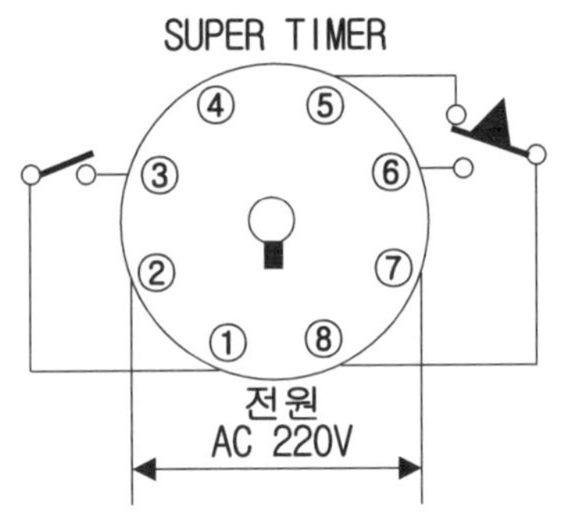

플리커릴레이는 타이머와 비슷한 성격을 가지고 있으나, 타이머와 차이점이 있다면 순시접점이라는 것이 없고, 그리고 2-7번에 전원이 가하는 순간 8번을 공통접점으로 하여 8-5번과 8-6번 접점 사이를 실습생이 지정해준 t초 간격으로 자동으로 반복하여 붙는다는 것이다. 따라서 이러한 특성을 잘 활용하여 실제 회로에서는 비상점멸용으로 주로 사용하고 있다.

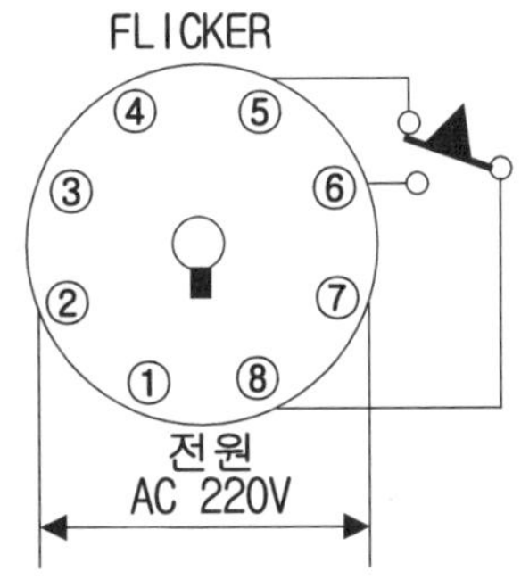

입문 4 온도릴레이(Tc) 및 레벨콘트롤라(FLS)내부결선도 및 작동원리

온도릴레이는 7-8번을 전원 단자로 사용하고 있으며, 7-8번에 전원을 가하지 않은 상태에서는 4-6번 접점이 도통상태로 되어 있다가 7-8번에 전원을 가해도 여전히 4-6번 단자는 도통상태를 유지하고 있다. 여기에서 열전함 단자인 1-2번 단자에서 원하는 열이 감지되면 도통상태로 있던 4-6번 단자가 4-5번 단자로 도통상태가 바뀌게 되는 것이다.

이러한 온도계전기의 특징은 타이머처럼 시간이란 개념을 가지고 있는 것도 아니고, 그리고 플리커릴레이 처럼 도통단자가 자동으로 주기적으로 반복되는 것도 아니지만, 가장 중요한 것은 1-2번 단자에 열이 감지되면 도통되는 접점이 바뀐다는 것이다.

따라서 온도계전기는 보일러 등의 열을 자동으로 감지하는데 주로 사용하는 계전기의 일종이다.

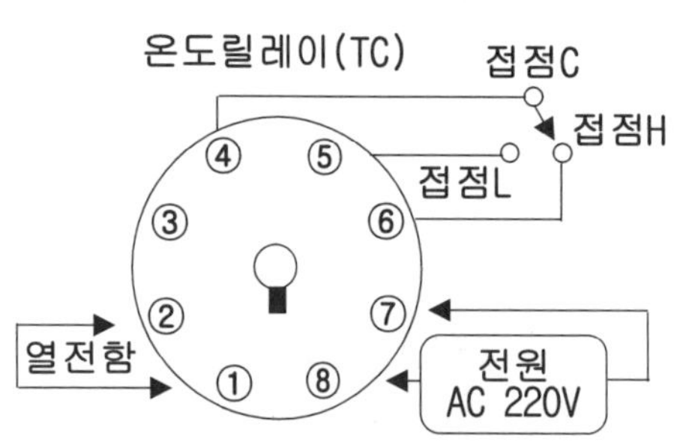

레벨콘트롤라는 수위를 감지하여 시이퀀스 회로를 동작시키고자 하는 용도로 사용하는 전용 릴레이로서 E1, E2, E3에 의하여 수위센서가 감지되면 NC와 NO접점이 동작되는 구조의 계전기이다. 감지센서 결선 방법은 그림과 같다.

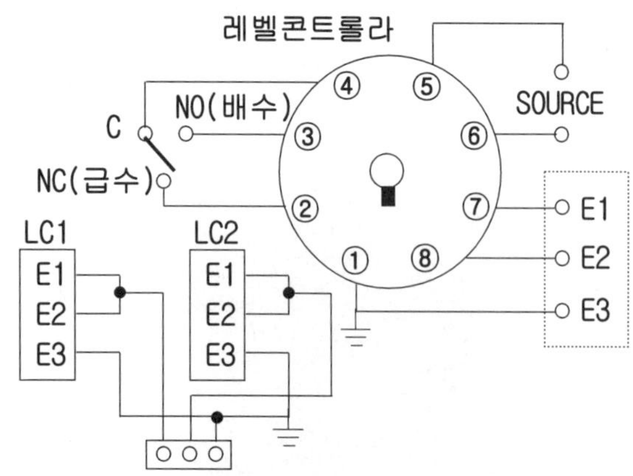

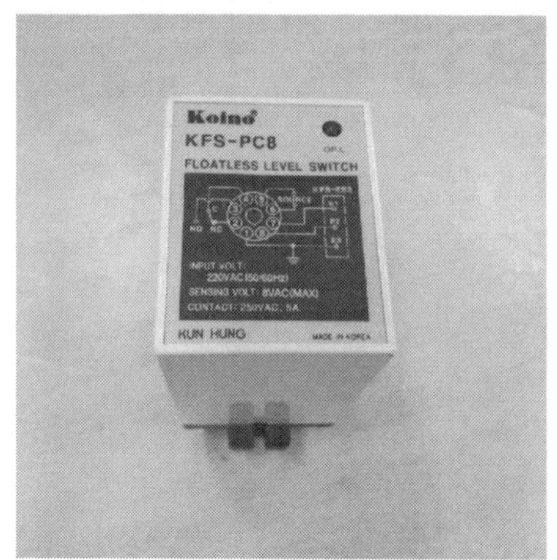

입문 5　8P Relay 및 11P Relay 내부결선도 및 작동원리

8핀릴레이는 2-7번을 전원 단자로 사용하고 1-3번과 8-6번의 a접점 2개와, 1-4번과 8-5번의 b접점 2개를 가지고 있어 2a2b라고 하기도 한다.
8핀릴레이는 보조회로 전용으로 사용하여야 하며 주회로 접점에 사용 하여서는 절대로 불가하다.

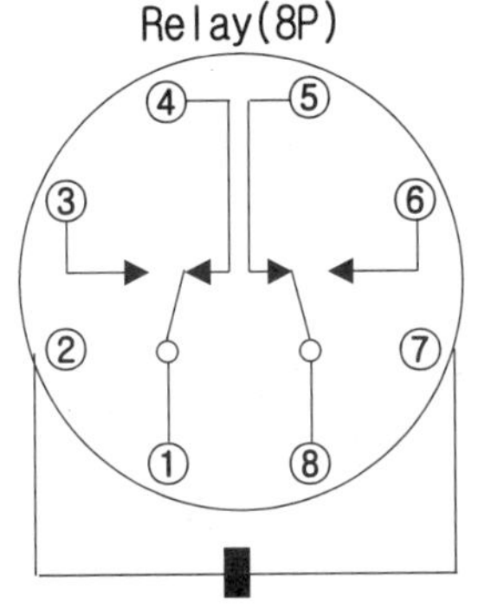

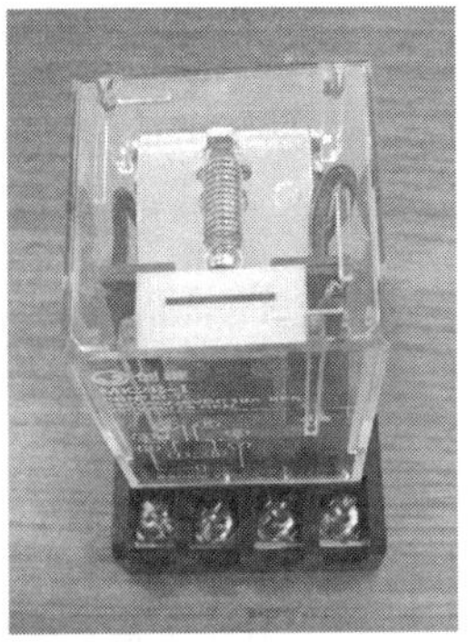

11핀릴레이는 8핀릴레이의 2a2b을 사용하는 작업자가 접점 부족현상을 해소해 주고자 2a2b가 아닌 3a3b 접점 즉 a접점이 3개, b접점이 3개인 릴레이다.
2-10번을 전원 단자로 사용하고 1-4번과 3-6번 그리고 11-9번의 a접점 3개와, 1-5번과 3-7번 그리고 11-8번의 b접점 3개를 가지고 있어 3a3b라고 하기도 한다.
11핀릴레이는 8핀릴레이와 동일하게 보조회로 전용으로 사용하여야 하며 주회로 접점에 사용하여서는 절대로 불가하다.

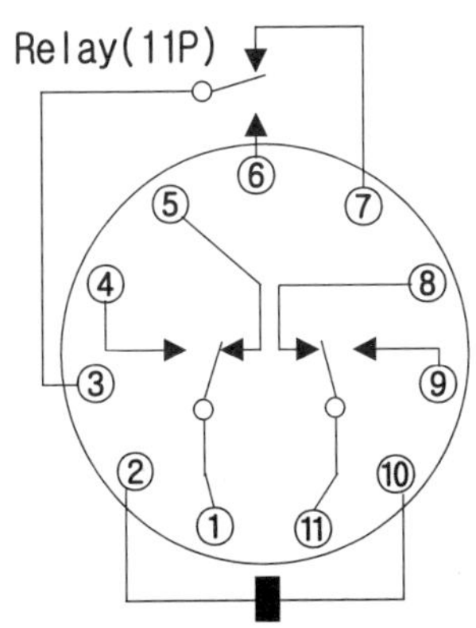

입문 6 제어부품 내부결선도 및 기구 접점번호

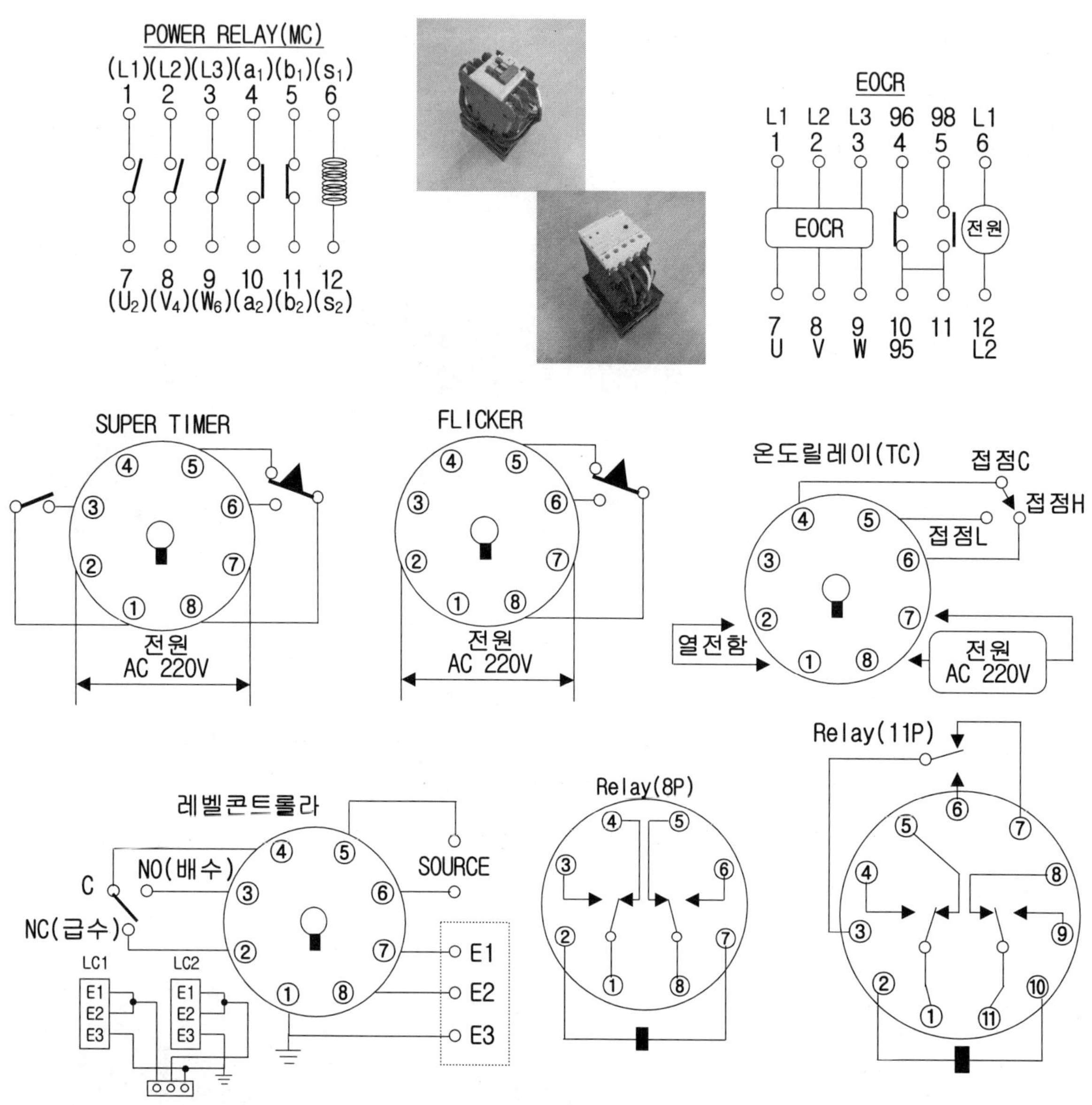

버튼스위치 및 램프색깔 구분

버튼스위치 (PBS SW)			램프 (GL, RL, YL, WL, OL)		
청	청색	운전 & 기동	녹	녹색(GL)	정지상태
녹	녹색	운전 & 기동	적	적색(RL)	운전상태
적	적색	정지 & 비상스위치	황	황색(YL)	경보 및 장비이상
황	황색	경보 & 회로복귀	백	백색(WL)	전원표시
백	백색	기타	주	주황(OL)	장비이상 및 경보

입문 7 수검자 유의사항, 실격 및 오작사항

수검자 유의사항

1. 치수의 표시가 없는것은 축척을 참고하고, 치수는 mm이며, 제어함에서의 허용오차는 ±5mm이며, 작업판에서의 허용오차는 ± 50mm이다.
2. 주 회로는 2.5SQ(1/1.78) 갈,흑,회색 전선으로 배선하고, 보조회로는 1.5SQ(1/1.38) 황색 전선으로 배선한다.
3. 접지선은 2.5SQ(1/1.78)(녹색)전선을 사용하여야 하며 접지공사를 하지 않는 경우 불합격 처리한다.
4. 접지는 도면에 표시된 부분만 하고 기타부분은 생략한다.
5. 배선작업은 단자대 까지만 하며, 지급된 전선이 부족할 때에는 보조회로에는 녹색선을 제외한 주회로 전선을 사용할 수 있다. (주회로 배선은 제외)
6. 제어함 내의 기구배치는 도면에 준하되 치수는 작업하기에 알맞고 기구가 들어갈 수 있도록 간격을 유지하여 배치한다.
7. 본인의 동작 시험은 개인이 준비한 회로시험기 또는 벨테스터를 가지고 동작 시험을 할 수 있으나, 전원 투입 동작 시험은 할 수 없다.
8. 제어판 배관공사시 제어함에 커넥터를 5mm정도 올려서 새들로 고정한다.

실격사항

1. 지급재료 이외의 재료를 사용한 작품
2. 시험 중 시설, 장비의 조작 또는 재료의 취급이 미숙하여 위해를 일으킬 것으로 판단되는 경우
3. 기능이 해당등급 수준에 전혀 도달하지 못한 것으로 판단될 경우
4. 시험관련 부정에 해당하는 장비 및 기기, 재료 등을 사용한 경우(시험전 사전 준비작업 및 범용공구가 아닌 시험에 최적화된 공구는 사용할 수 없음)

오작사항(시험시간 내에 제출된 작품이라도 다음과 같은 경우는 오작으로 처리)

1. 완성된 과제가 도면 및 배치도, 제어회로도의 동작사항, 채점용 기기와 소켓(베이스)의 매칭, 부품의 방향, 결선상태 등이 상이한 경우 (EOCR, 전자접촉기, 타이머, 릴레이, 플리커릴레이, 램프색상 등)
2. 주회로(갈색, 흑색, 회색) 및 보조회로(황색) 배선의 전선굵기 및 색상이 도면 및 유의사항과 상이한 경우
3. 제어함 밖으로 인출되는 배선이 제어함 내의 단자대를 거치지 않고 직접 접속된 경우
4. 제어함 내부 배선 상태나 전선관 및 케이블 가공 상택가 불량하여 전기공급이 불가능한 경우
5. 제어함 내부 배선 상태나 기구간격 불량으로 동작상태의 확인이 불가한 경우
6. 접지공사를 하지 않은 경우 그리고 접지회로(녹색) 배선의 전선굵기 및 색상이 도면 및 유의사항과 틀린 경우(단 전동기로 출력되는 부분은 생략)
7. 콘트롤박스 커버 등이 조립되지 않아 내부가 보이는 경우
8. 배관 및 기구배치도에서 허용오차 ±50mm를 넘는 곳이 3개소 이상, ±100mm를 넘는 곳이 1개소 이상인 경우 (단 박스, 단자대 전선관 등이 도면 치수를 벗어나는 경우 개별 개소로 판정)
9. 제어함 및 박스와 전선관 및 케이블이 접속되는 부분에 전선관 및 케이블용 커넥터를 정상 접속하지 않은 경우(미접속 포함)
10. 박스, 제어함 및 단자대와 전선관 및 케이블의 접속점에서 가까운 곳(300mm 이하)에 새들을 취부하지 않은 경우(단 굴곡부가 없는 배관에서 기구와 기구 끝단 사이의 치수가 400mm 미만일 경우 새들 1개도 가능)
11. 전원 및 부하(전동기)측 단자대 내의 L1, L2, L3, E(접지) 또는 U, V, W, E(접지) 배치순서가 유의사항과 상의한 경우
12. 한 단자에 전선 3가닥 이상을 접속한 경우
13. 제어함 내의 배선시 기구와 기구 사이로 수직 배선한 경우
14. 내선규정을 준수하여 공사를 진행하지 않은 경우

입문 8-1 시이퀀스 결선요령

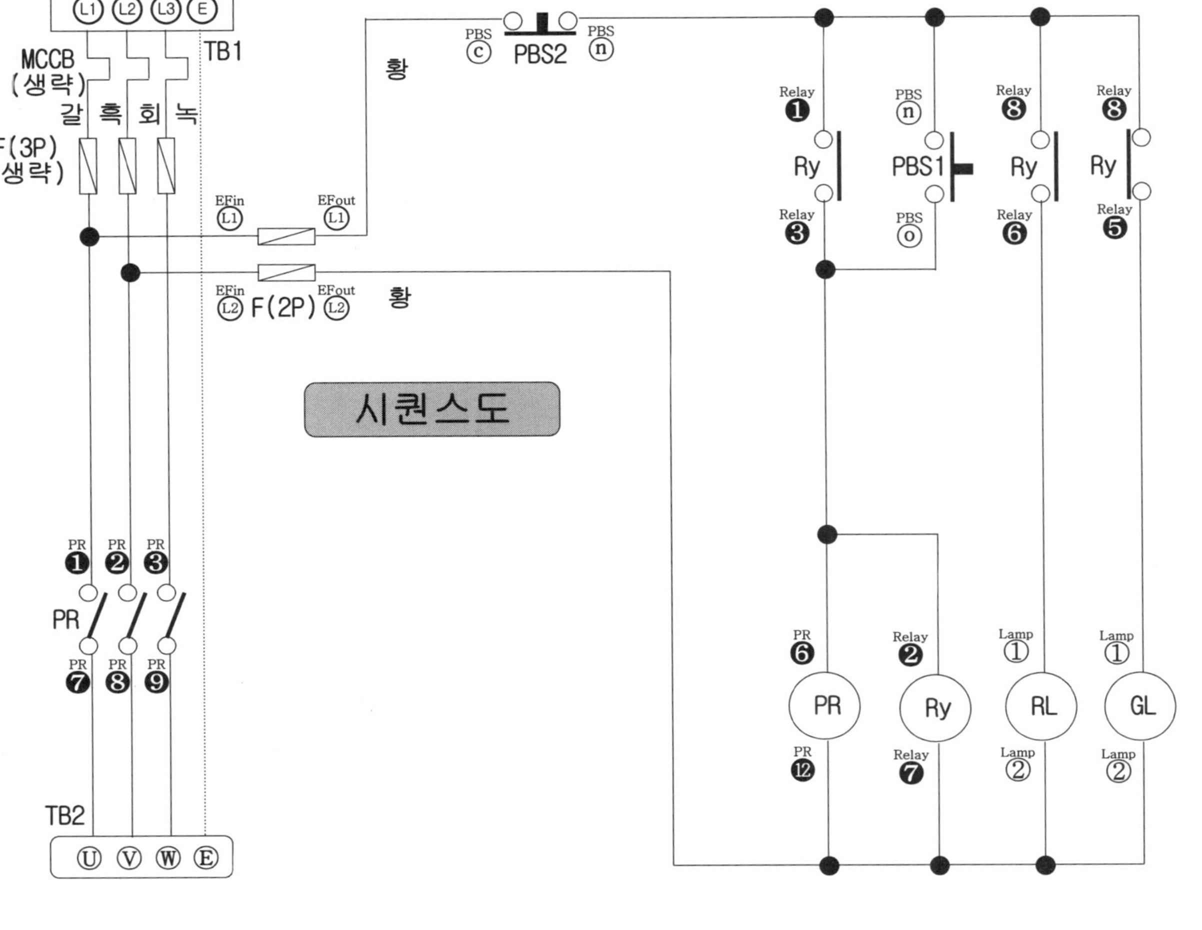

◇ 결선작업요령 ◇

1. 제어판 작업시 주회로 배선을 먼저하고, 보조회로 배선을 하도록 한다.
2. 주회로 배선은 좌측으로부터 갈색,흑색,회색,녹색 순으로 2.5SQ(1/1.78)전선을 사용하여 배선하며 1.5SQ(1/1.38)황색선은 절대 사용해서는 안된다.
3. 보조회로선은 1.5SQ(1/1.38)황색선을 사용하며 황색전선이 부족할 시 녹색선을 제외한 주회로 전선을 사용하여도 무방하다.
4. 보조회로는 L1상에서 시작되는 윗부분을 먼저 배선하고, L2상에서 시작되는 아래 배선을 두 번째로 배선한 후, 중간부분을 마지막으로 배선하면 효과적인 방법이다.

입문 8-2 주회로 결선방법(1단계)

전원 3상 220V

TB1 (L1) (L2) (L3) (E)

갈 흑 회 녹

F(3P) (생략)

시퀀스도

PR ❶ ❷ ❸ ❼ ❽ ❾

TB2 (U) (V) (W) (E)

TB1 (L1) (L2) (L3) (E)

EF*2 (L1) (L2) (L1) (L2)

Relay ⑥ ⑤ ④ ③ ⑦ ⑧ ① ②

PR (파워릴레이) ① ② ③ ④ ⑤ ⑥ ⑦ ⑧ ⑨ ⑩ ⑪ ⑫

TB2 (U) (V) (W) (E)

결선도

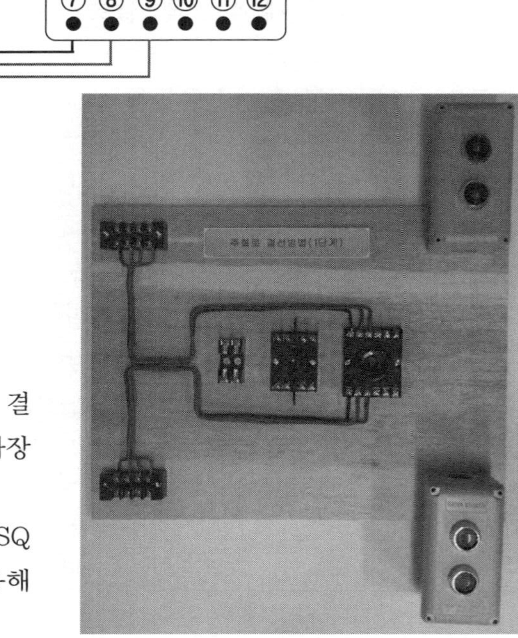

◇ 주회로(1단계) 작업요령 ◇

1. 주회로 배선은 PR 접점에 의하여 전동기를 구동시키는 회로로서 한번 결선을 하면 수정이 필요 없는 회로인 관계로 제어판의 아래 부분을 가장 먼저 배선하는 것을 원칙으로 한다.
2. 주회로 배선은 좌측으로부터 갈색, 흑색, 회색, 녹색 순으로 2.5SQ (1/1.78) 전선을 사용하여 배선하며 1.5SQ(1/1.38)황색선은 절대 사용해서는 안된다.

입문 8-3 보조회로 결선방법(2단계)

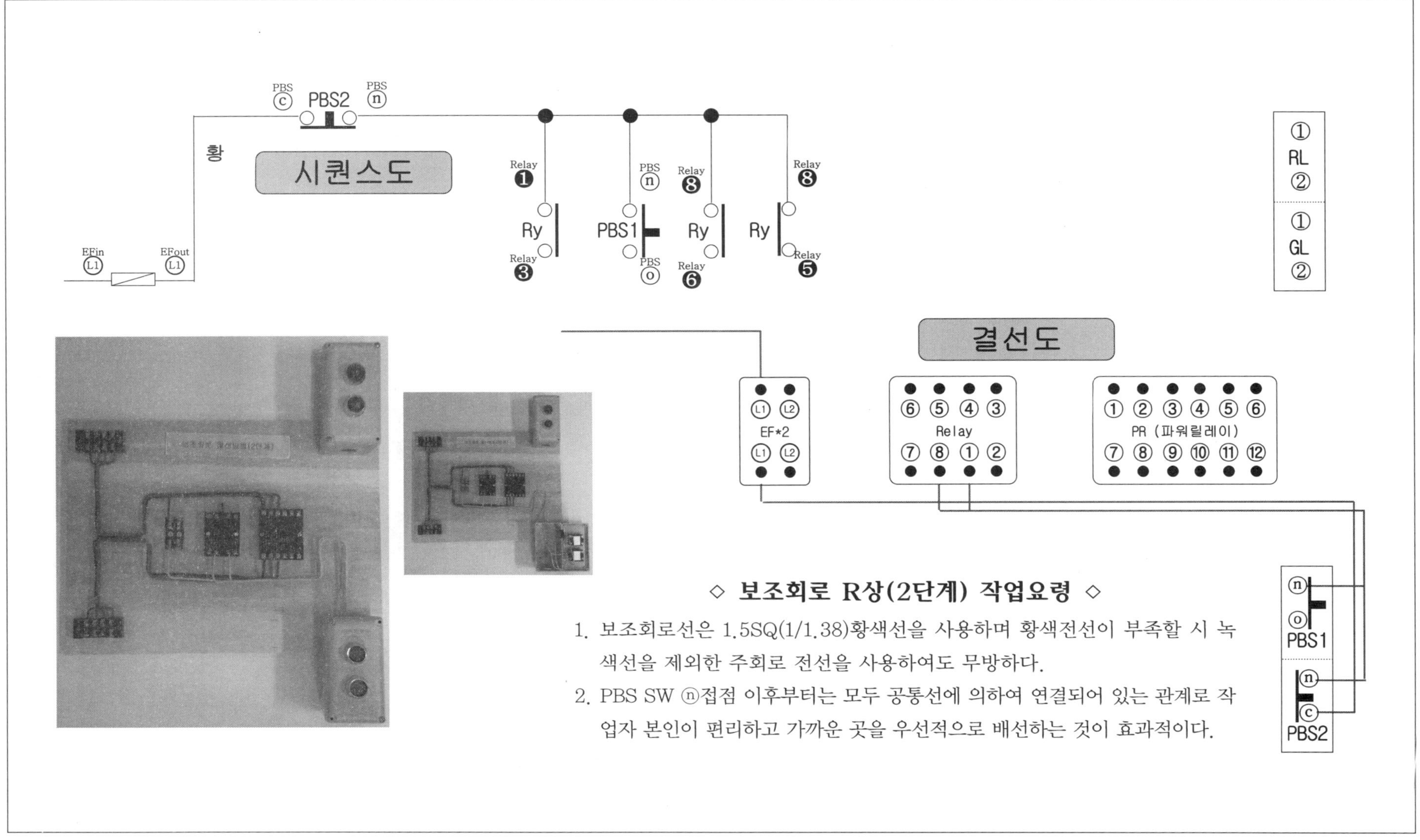

◇ 보조회로 R상(2단계) 작업요령 ◇

1. 보조회로선은 1.5SQ(1/1.38)황색선을 사용하며 황색전선이 부족할 시 녹색선을 제외한 주회로 전선을 사용하여도 무방하다.
2. PBS SW ⓝ접점 이후부터는 모두 공통선에 의하여 연결되어 있는 관계로 작업자 본인이 편리하고 가까운 곳을 우선적으로 배선하는 것이 효과적이다.

입문 8-4 보조회로 결선방법(3단계)

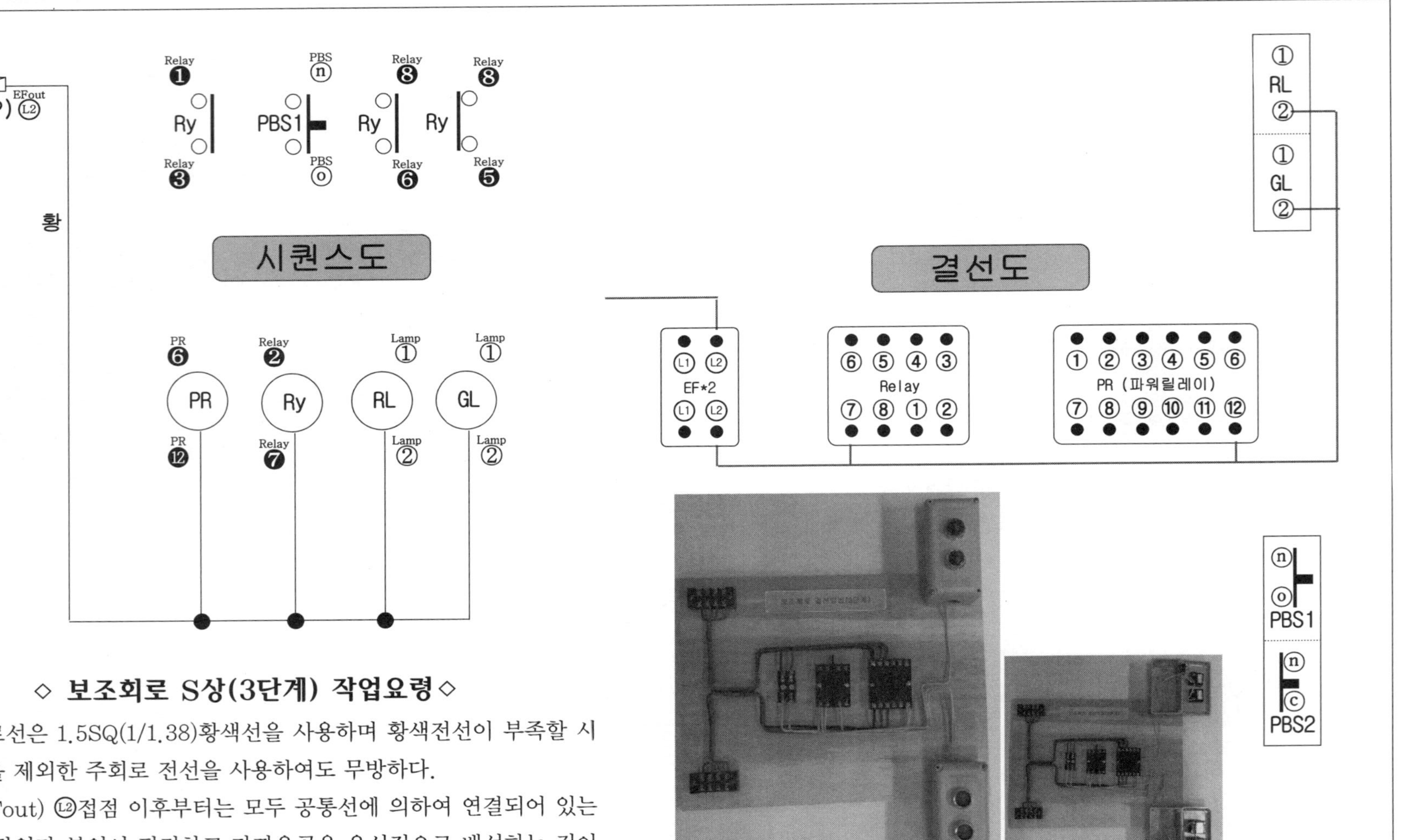

◇ 보조회로 S상(3단계) 작업요령◇

1. 보조회로선은 1.5SQ(1/1.38)황색선을 사용하며 황색전선이 부족할 시 녹색선을 제외한 주회로 전선을 사용하여도 무방하다.
2. 휴즈(EFout) Ⓛ2접점 이후부터는 모두 공통선에 의하여 연결되어 있는 관계로 작업자 본인이 편리하고 가까운곳을 우선적으로 배선하는 것이 효과적이다.

입문 8-5 보조회로 결선방법(4단계)

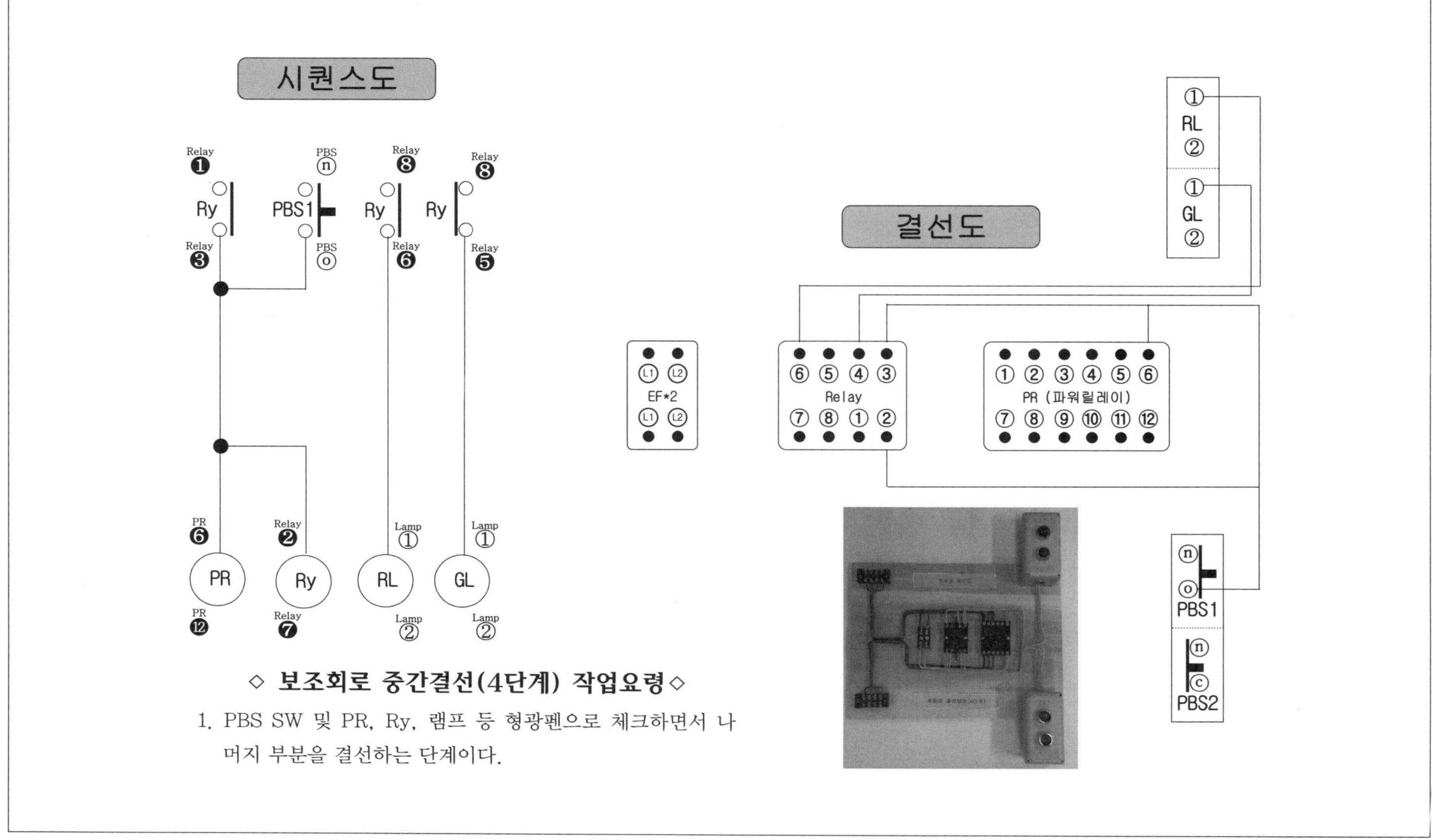

◇ 보조회로 중간결선(4단계) 작업요령◇

1. PBS SW 및 PR, Ry, 램프 등 형광펜으로 체크하면서 나머지 부분을 결선하는 단계이다.

입문 8-6 완성된 결선도

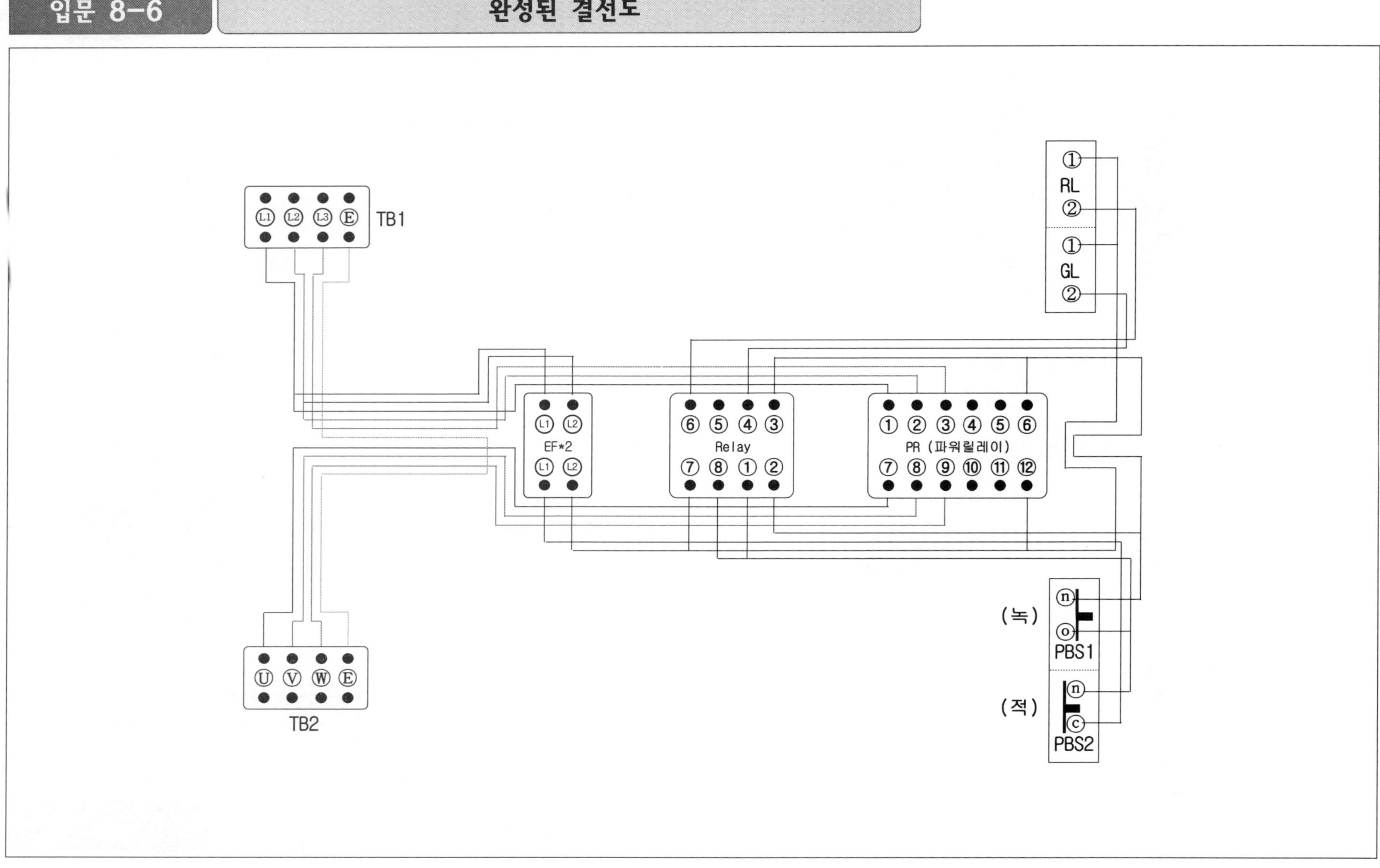

TB1
L1 L2 L3 E
TB2
U V W E
L1 L2
EF*2
L1 L2
⑥ ⑤ ④ ③
Relay
⑦ ⑧ ① ②
① ② ③ ④ ⑤ ⑥
PR (파워릴레이)
⑦ ⑧ ⑨ ⑩ ⑪ ⑫
①
RL
②
①
GL
②
(녹)
n
o
PBS1
(적)
n
c
PBS2

입문 8-7 완성된 제어함 및 단계별 작업모습

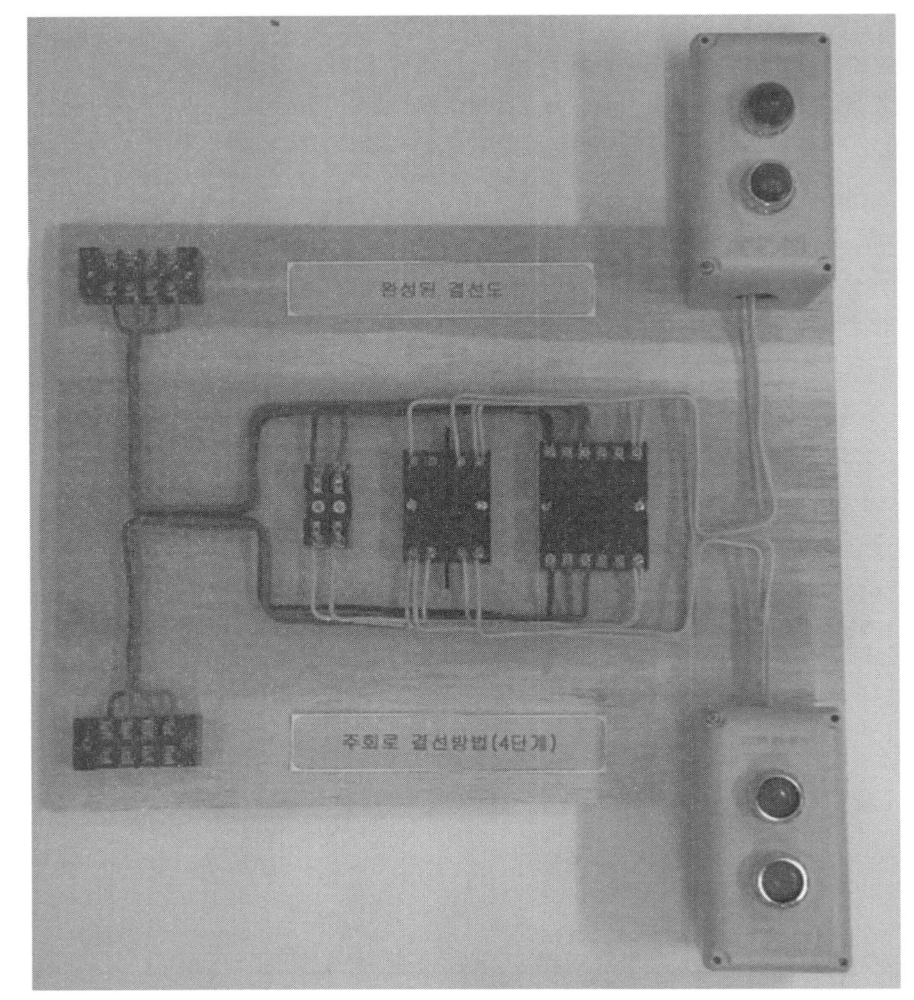

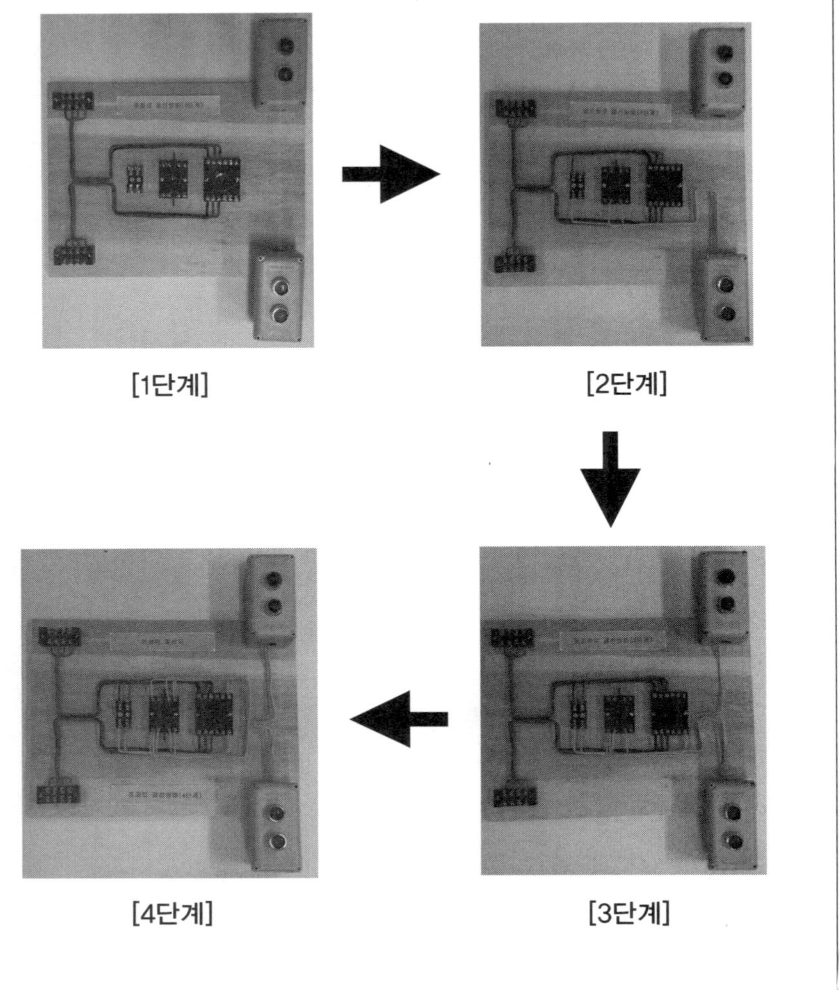

입문 9 초보자를 위한 이해도면1 ⇒ 스위치를 이용한 차단회로

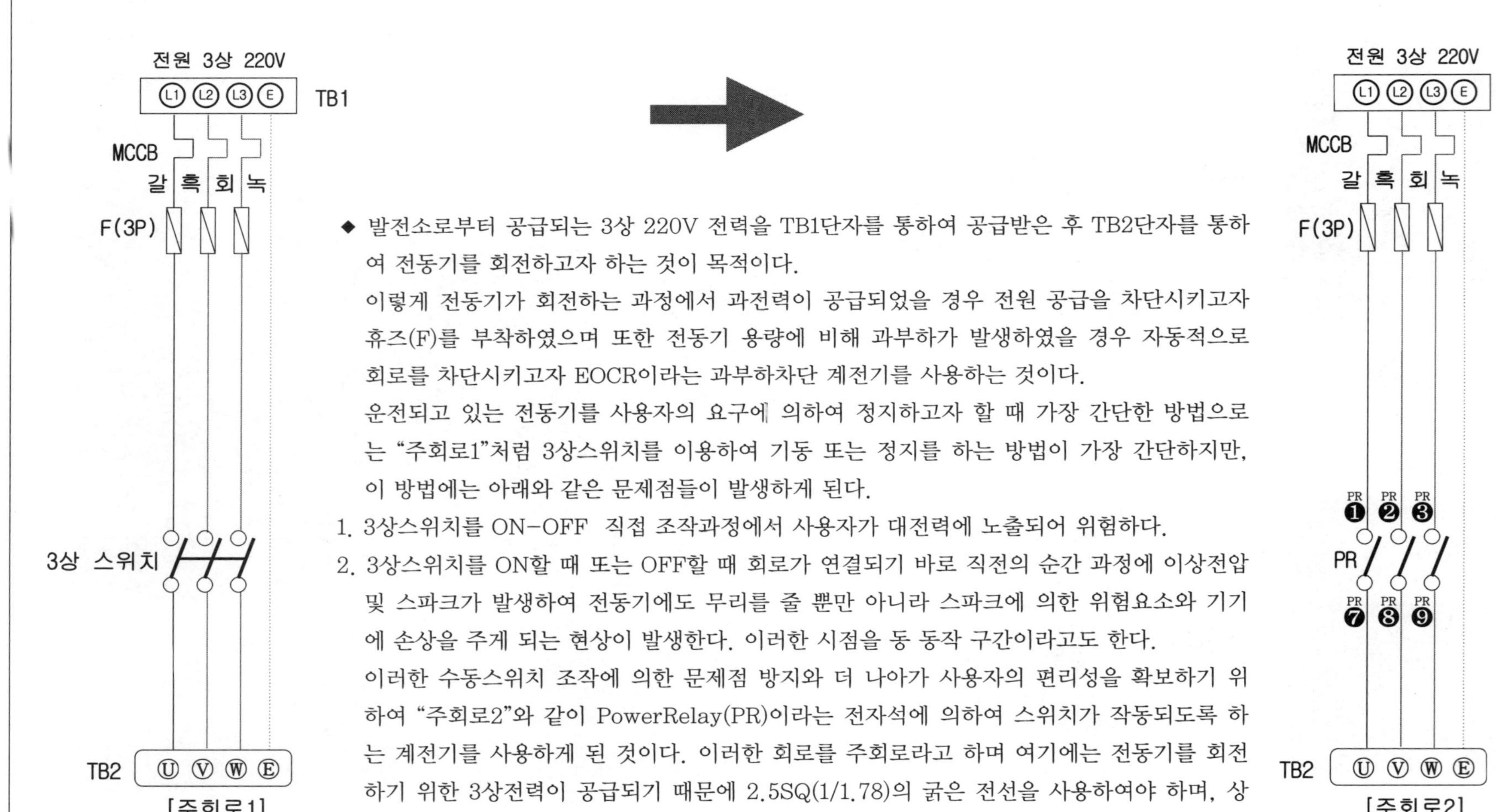

◆ 발전소로부터 공급되는 3상 220V 전력을 TB1단자를 통하여 공급받은 후 TB2단자를 통하여 전동기를 회전하고자 하는 것이 목적이다.

이렇게 전동기가 회전하는 과정에서 과전력이 공급되었을 경우 전원 공급을 차단시키고자 휴즈(F)를 부착하였으며 또한 전동기 용량에 비해 과부하가 발생하였을 경우 자동적으로 회로를 차단시키고자 EOCR이라는 과부하차단 계전기를 사용하는 것이다.

운전되고 있는 전동기를 사용자의 요구에 의하여 정지하고자 할 때 가장 간단한 방법으로는 "주회로1"처럼 3상스위치를 이용하여 기동 또는 정지를 하는 방법이 가장 간단하지만, 이 방법에는 아래와 같은 문제점들이 발생하게 된다.

1. 3상스위치를 ON-OFF 직접 조작과정에서 사용자가 대전력에 노출되어 위험하다.
2. 3상스위치를 ON할 때 또는 OFF할 때 회로가 연결되기 바로 직전의 순간 과정에 이상전압 및 스파크가 발생하여 전동기에도 무리를 줄 뿐만 아니라 스파크에 의한 위험요소와 기기에 손상을 주게 되는 현상이 발생한다. 이러한 시점을 동 동작 구간이라고도 한다.

이러한 수동스위치 조작에 의한 문제점 방지와 더 나아가 사용자의 편리성을 확보하기 위하여 "주회로2"와 같이 PowerRelay(PR)이라는 전자석에 의하여 스위치가 작동되도록 하는 계전기를 사용하게 된 것이다. 이러한 회로를 주회로라고 하며 여기에는 전동기를 회전하기 위한 3상전력이 공급되기 때문에 2.5SQ(1/1.78)의 굵은 전선을 사용하여야 하며, 상구분을 위하여 갈,흑,회색으로 구별하는 것이다.

입문 10-1 초보자를 위한 이해도면2-1 ⇒ PowerRelay(PR)를 이용한 전자접촉식 주회로

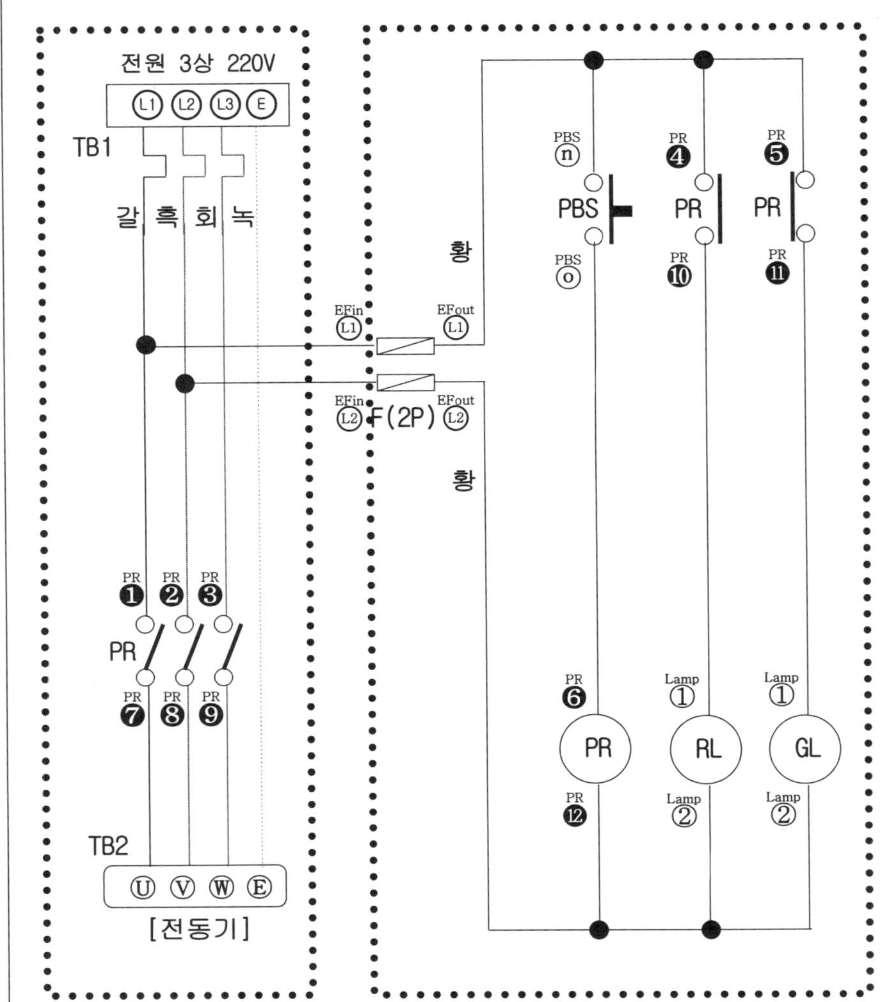

◆ 앞장에서도 설명하였듯이 작업자가 완성하고자 하는 최종적인 목표는 PowerRelay(PR)를 언제 ON시켜서 전동기를 회전시키고, 언제 OFF시켜서 전동기를 정지할 것인가? 하는 문제이다.

따라서 주회로에 있는 PowerRelay(PR)는 전자석의 원리에 의하여 접촉되는 계전기인 관계로 전자석 접점인 PowerRelay(PR)의 6번과12번에 3상이 아닌 단상 220V 전원만 공급된다면 전자석의 원리에 의하여 주회로 접점이 붙게 되어 전동기가 회전하게 되는 것이다. 때문에 PR의 6번과 12번에는 주회로 전원과는 달리 1.5SQ(1/1.38)의 황색선을 사용해도 무방한 것이다.

제시된 회로도에서 좌측 점선 부분을 주회로 부분이라고 하며, 우측 점선 부분을 보조회로 부분이라고 하며, 전원이 공급되며 PR-b접점에 의하여 GL이 점등상태 이었다가, PBS를 누르고 있는 순간에만 보조회로에 있는 PR이 여자되어 주회로 접점이 ON되면서 전동기가 회전하고 이때 GL은 소등되고, RL이 점등되는 회로이다.

(참고) PowerRelay(PR)는 주회로 a접점 3개와, 보조회로 a접점 1개 그리고 보조회로 b접점 1개로 접점이 구성되어 있으며 보조회로 접점을 주회로에 절대 사용하여서는 안된다.

(문제점) 단상전원을 이용한 보조회로에서 전자석의 원리를 이용하여 주회로에 있는 PR의 접점을 붙여서 전동기를 회전시키는 것까지는 완성되었으나 PBS를 계속 누르고 있어야 한다는 문제점이 발생하게 된 것

입문 10-2 초보자를 위한 이해도면2-2 ⇒ 실체배선도 및 작업모습

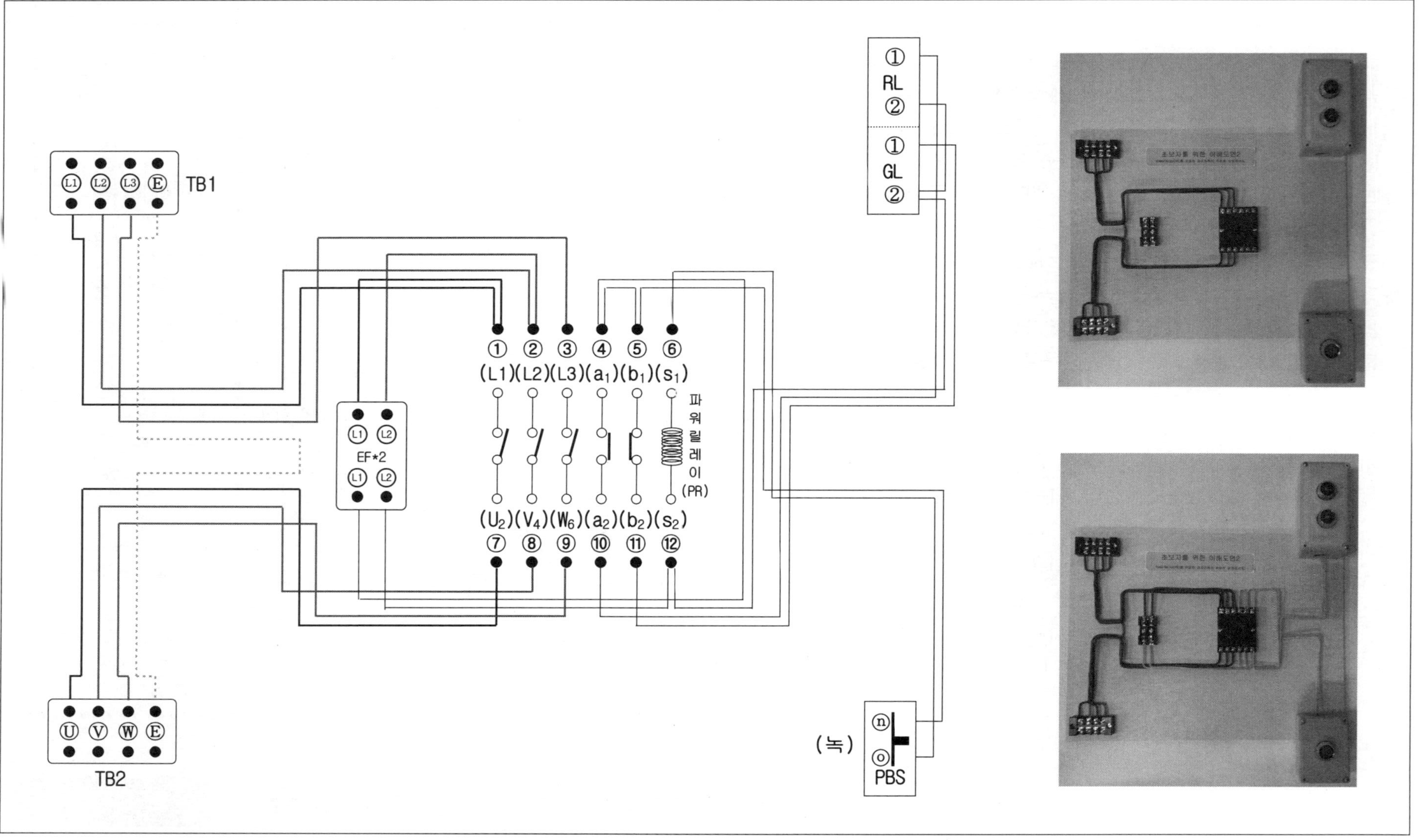

입문 11-1 초보자를 위한 이해도면3-1 ⇒ 자기유지회로

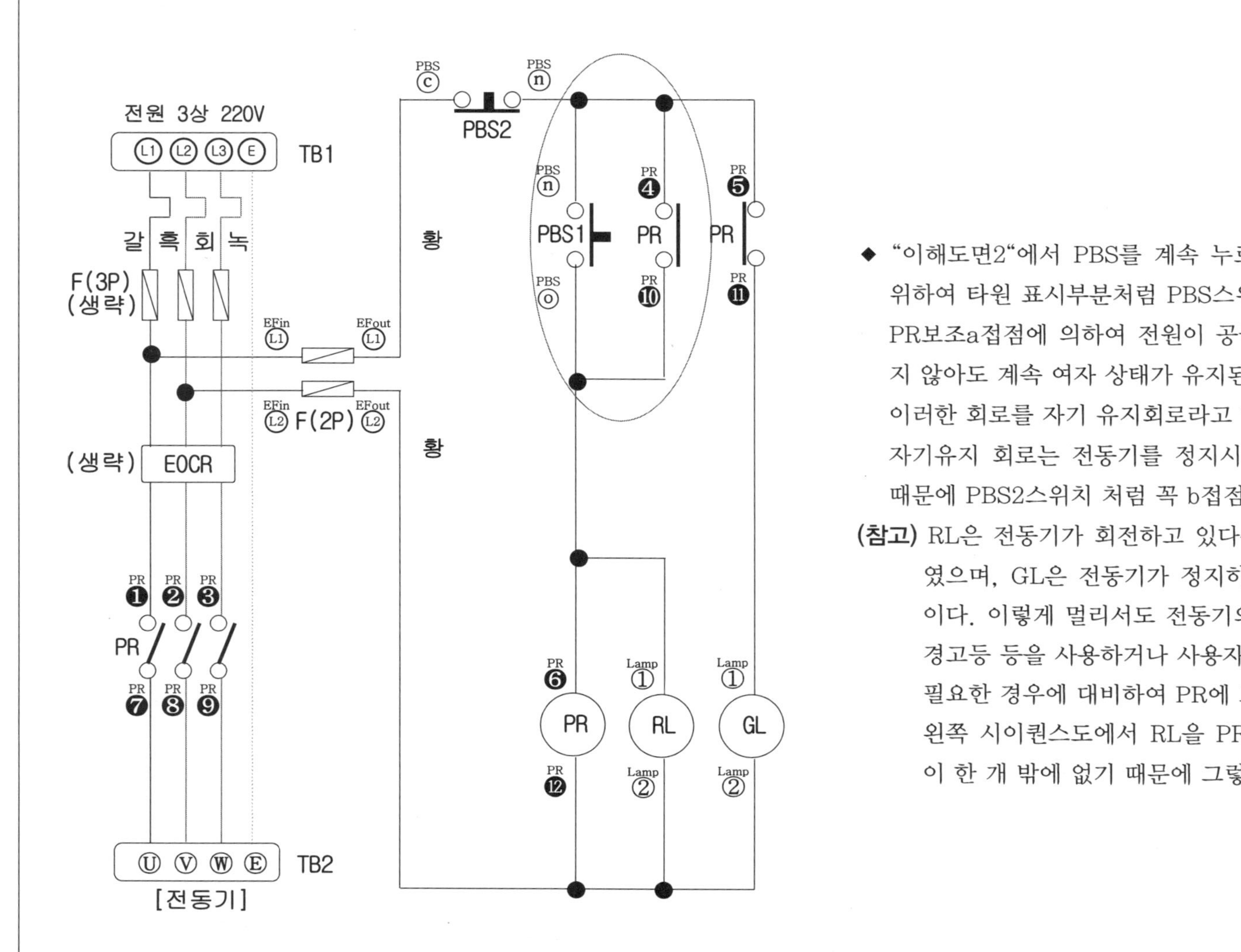

◆ "이해도면2"에서 PBS를 계속 누르고 있어야 한다는 문제점을 해결하기 위하여 타원 표시부분처럼 PBS스위치를 한번만 누르면 PR이 여자되면서 PR보조a접점에 의하여 전원이 공급되기 때문에 PBS스위치를 누르고 있지 않아도 계속 여자 상태가 유지된다.

이러한 회로를 자기 유지회로라고 한다.

자기유지 회로는 전동기를 정지시키고자 할 때 전원을 OFF시켜야 하기 때문에 PBS2스위치 처럼 꼭 b접점을 회로에 같이 사용하여야 한다.

(참고) RL은 전동기가 회전하고 있다는 것을 시각적으로 표시하고자 부착하였으며, GL은 전동기가 정지하고 있는 상태를 표시하고자 부착한 것이다. 이렇게 멀리서도 전동기의 회전 상태를 확인하기 위해서 램프나 경고등 등을 사용하거나 사용자의 필요성에 의하여 보조회로에 접점을 필요한 경우에 대비하여 PR에 보조a접점과 보조b접점을 준 것이다.

왼쪽 시이퀀스도에서 RL을 PR옆에 붙여 놓은 것은 PR의 보조a접점이 한 개 밖에 없기 때문에 그렇게 배치를 한 것이다.

입문 11-2 초보자를 위한 이해도면3-2 ⇒ 실체배선도 및 작업모습

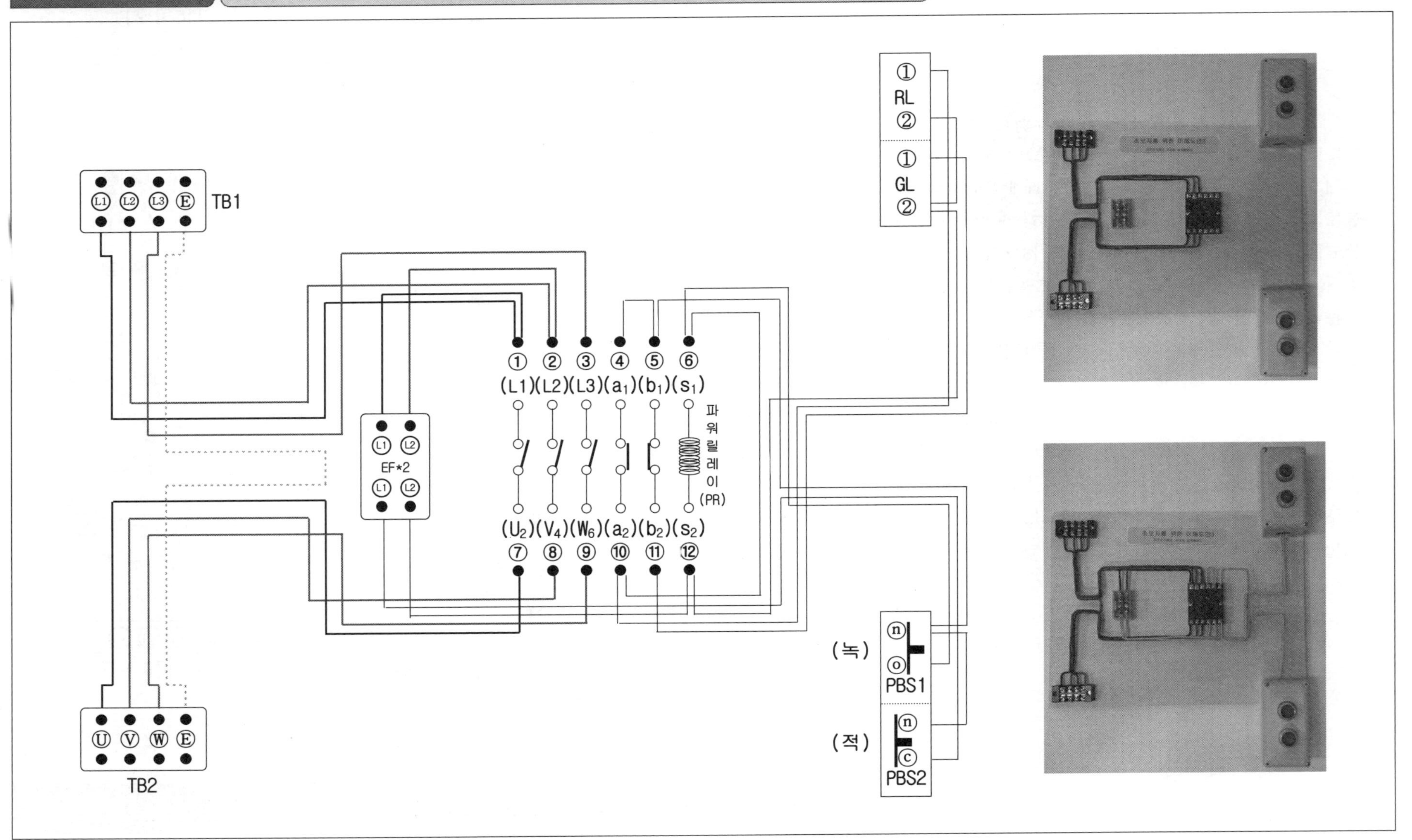

입문 12-1 초보자를 위한 이해도면4-1 ⇒ EOCR 추가회로

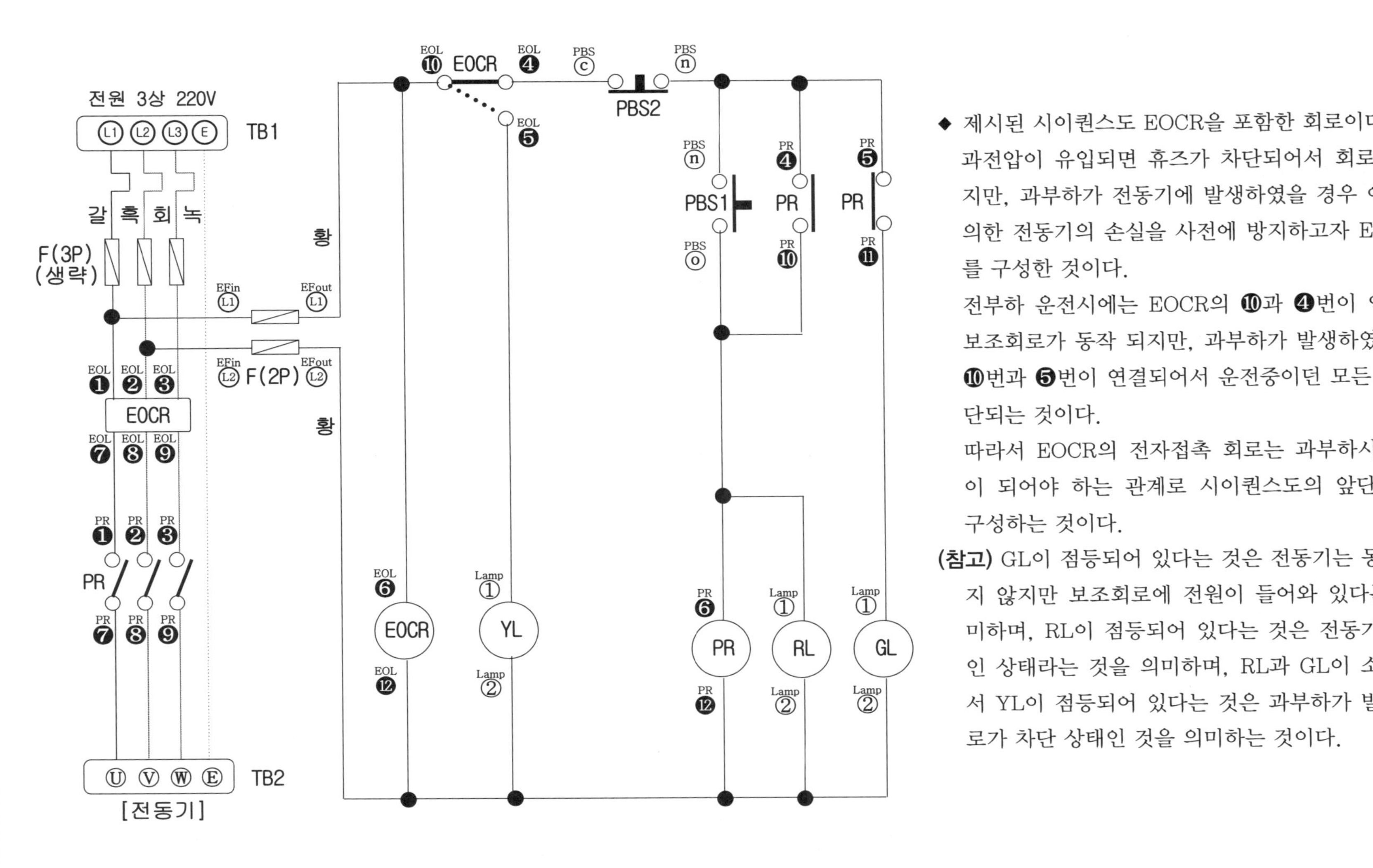

◆ 제시된 시이퀀스도 EOCR을 포함한 회로이다.

과전압이 유입되면 휴즈가 차단되어서 회로는 차단되지만, 과부하가 전동기에 발생하였을 경우 이상전류에 의한 전동기의 손실을 사전에 방지하고자 EOCR 회로를 구성한 것이다.

전부하 운전시에는 EOCR의 ⑩과 ④번이 연결되어서 보조회로가 동작 되지만, 과부하가 발생하였을 시에는 ⑩번과 ⑤번이 연결되어서 운전중이던 모든 회로가 차단되는 것이다.

따라서 EOCR의 전자접촉 회로는 과부하시에도 작동이 되어야 하는 관계로 시이퀀스도의 앞단에 회로를 구성하는 것이다.

(참고) GL이 점등되어 있다는 것은 전동기는 동작되고 있지 않지만 보조회로에 전원이 들어와 있다는 것을 의미하며, RL이 점등되어 있다는 것은 전동기가 동작중인 상태라는 것을 의미하며, RL과 GL이 소등 상태에서 YL이 점등되어 있다는 것은 과부하가 발생하여 회로가 차단 상태인 것을 의미하는 것이다.

입문 12-2 초보자를 위한 이해도면4-2 ⇒ 실체배선도 및 작업모습

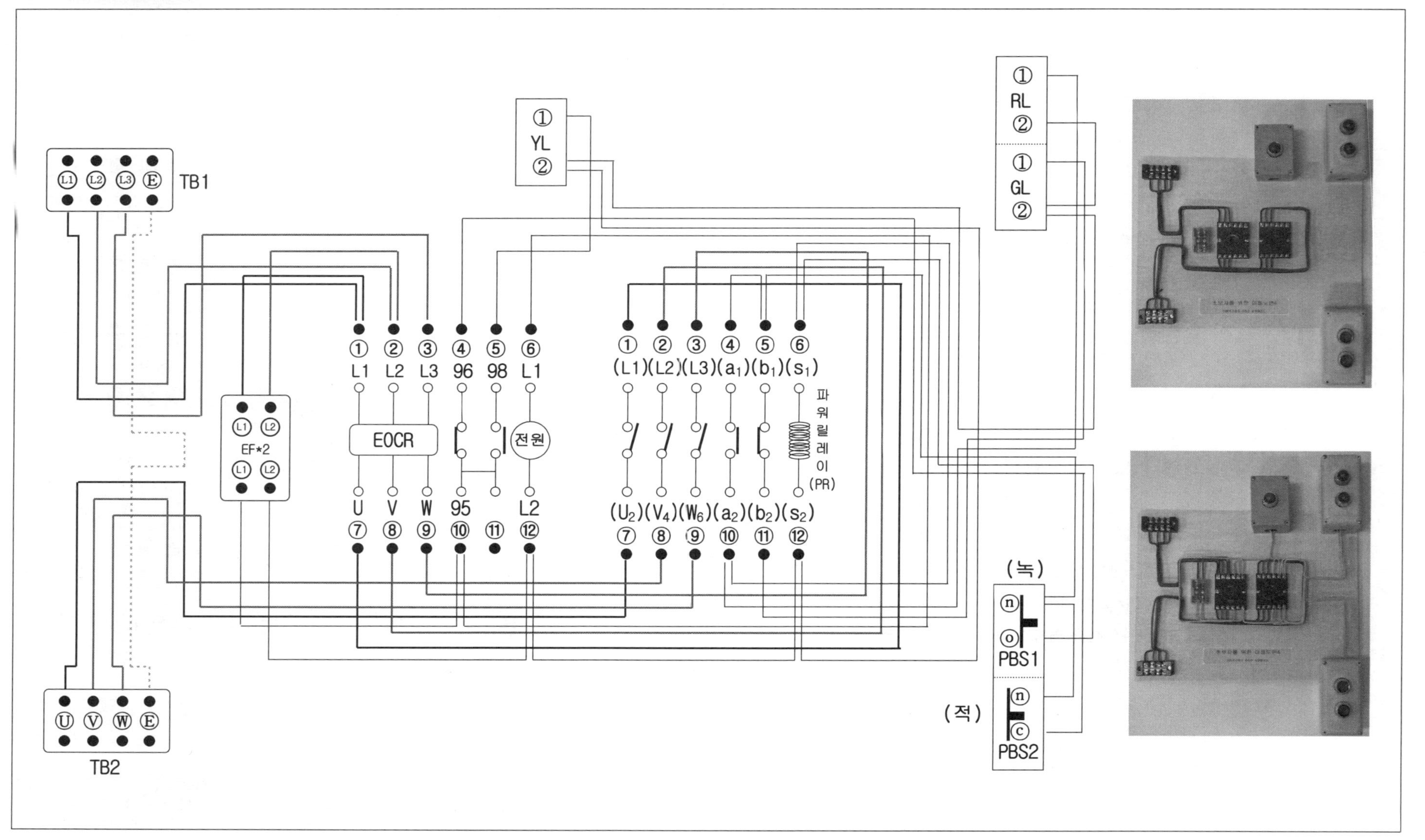

입문 13-1 초보자를 위한 이해도면5-1 ⇒ FR을 이용한 EOCR 경보회로

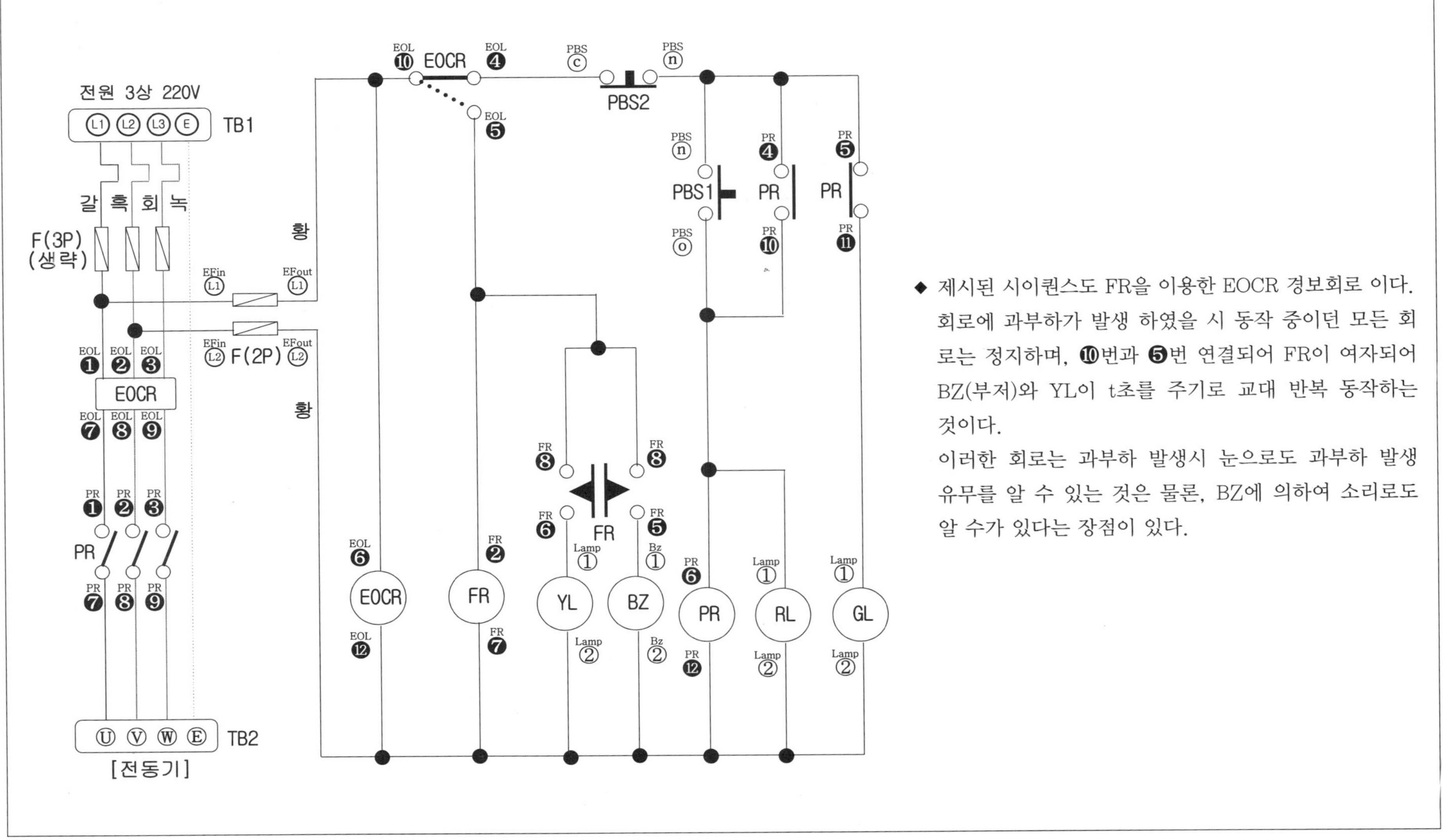

◆ 제시된 시이퀀스도 FR을 이용한 EOCR 경보회로 이다. 회로에 과부하가 발생 하였을 시 동작 중이던 모든 회로는 정지하며, ⑩번과 ⑤번 연결되어 FR이 여자되어 BZ(부저)와 YL이 t초를 주기로 교대 반복 동작하는 것이다.
이러한 회로는 과부하 발생시 눈으로도 과부하 발생 유무를 알 수 있는 것은 물론, BZ에 의하여 소리로도 알 수가 있다는 장점이 있다.

입문 13-2 초보자를 위한 이해도면5-2 ⇒ 실체배선도

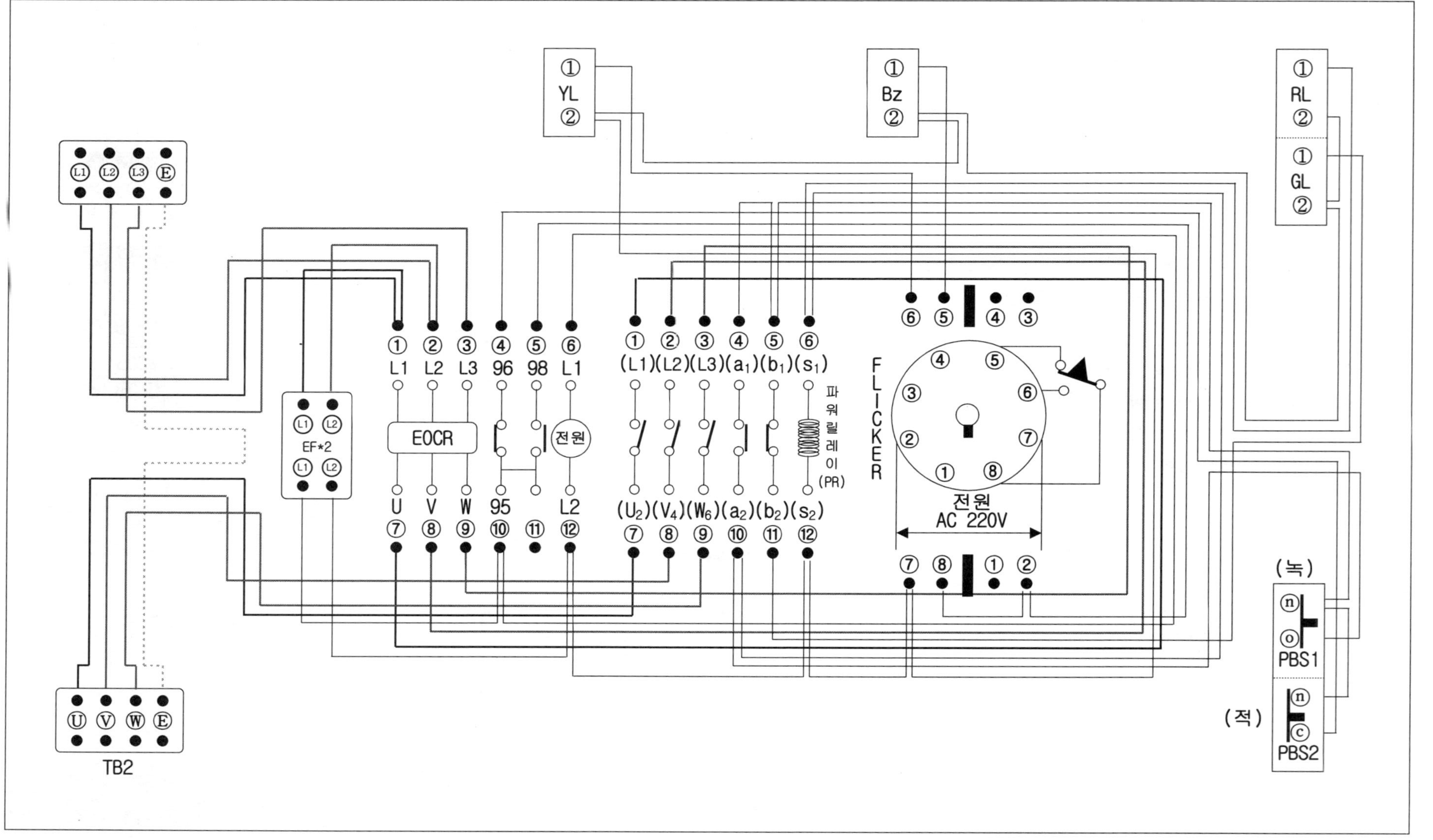

입문 14-1 초보자를 위한 이해도면6-1 ⇒ 설정시간 t초 후 자동 점등회로

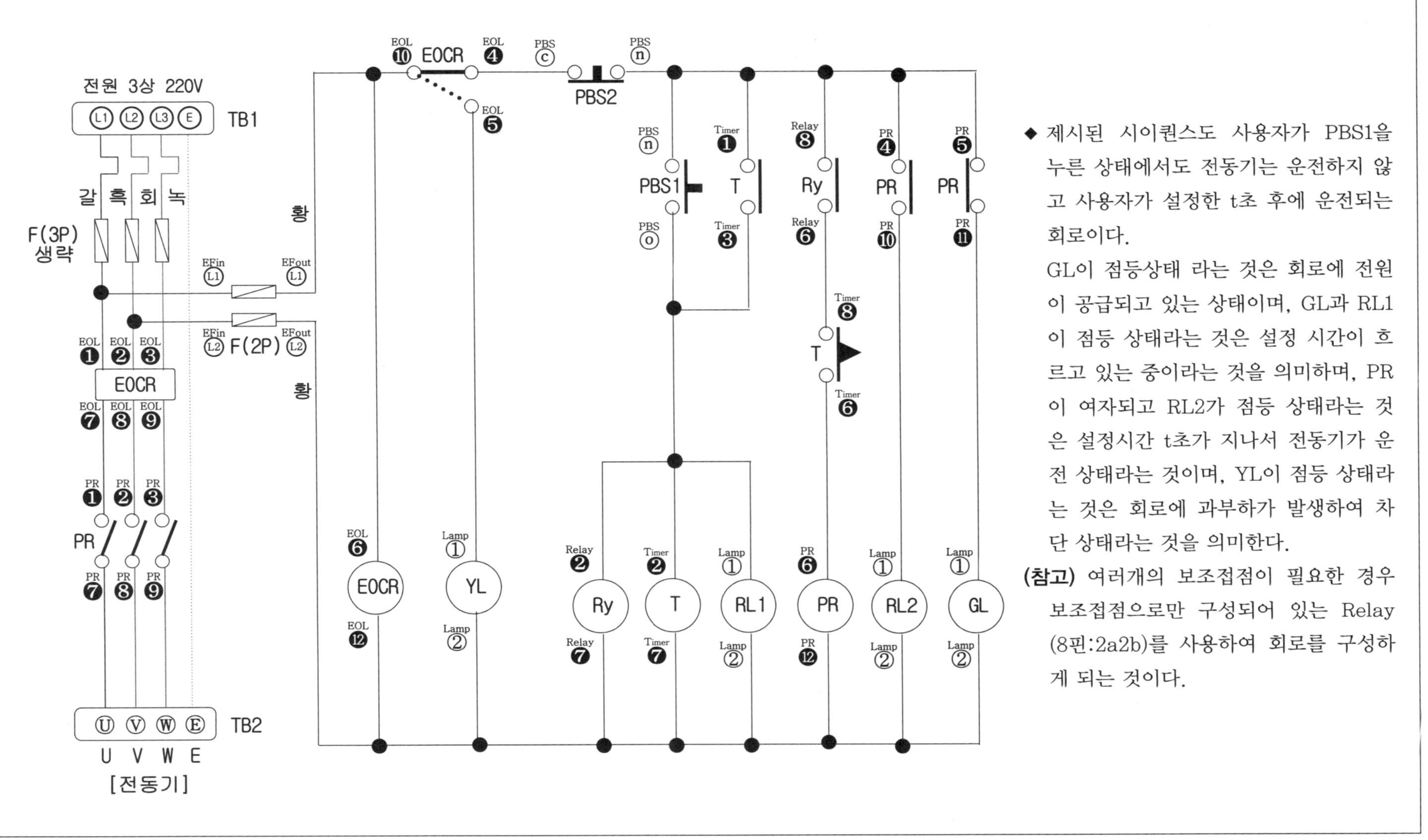

◆ 제시된 시이퀀스도 사용자가 PBS1을 누른 상태에서도 전동기는 운전하지 않고 사용자가 설정한 t초 후에 운전되는 회로이다.

GL이 점등상태 라는 것은 회로에 전원이 공급되고 있는 상태이며, GL과 RL1이 점등 상태라는 것은 설정 시간이 흐르고 있는 중이라는 것을 의미하며, PR이 여자되고 RL2가 점등 상태라는 것은 설정시간 t초가 지나서 전동기가 운전 상태라는 것이며, YL이 점등 상태라는 것은 회로에 과부하가 발생하여 차단 상태라는 것을 의미한다.

(참고) 여러개의 보조접점이 필요한 경우 보조접점으로만 구성되어 있는 Relay (8핀:2a2b)를 사용하여 회로를 구성하게 되는 것이다.

입문 14-2 초보자를 위한 이해도면6-2 ⇒ 실체배선도

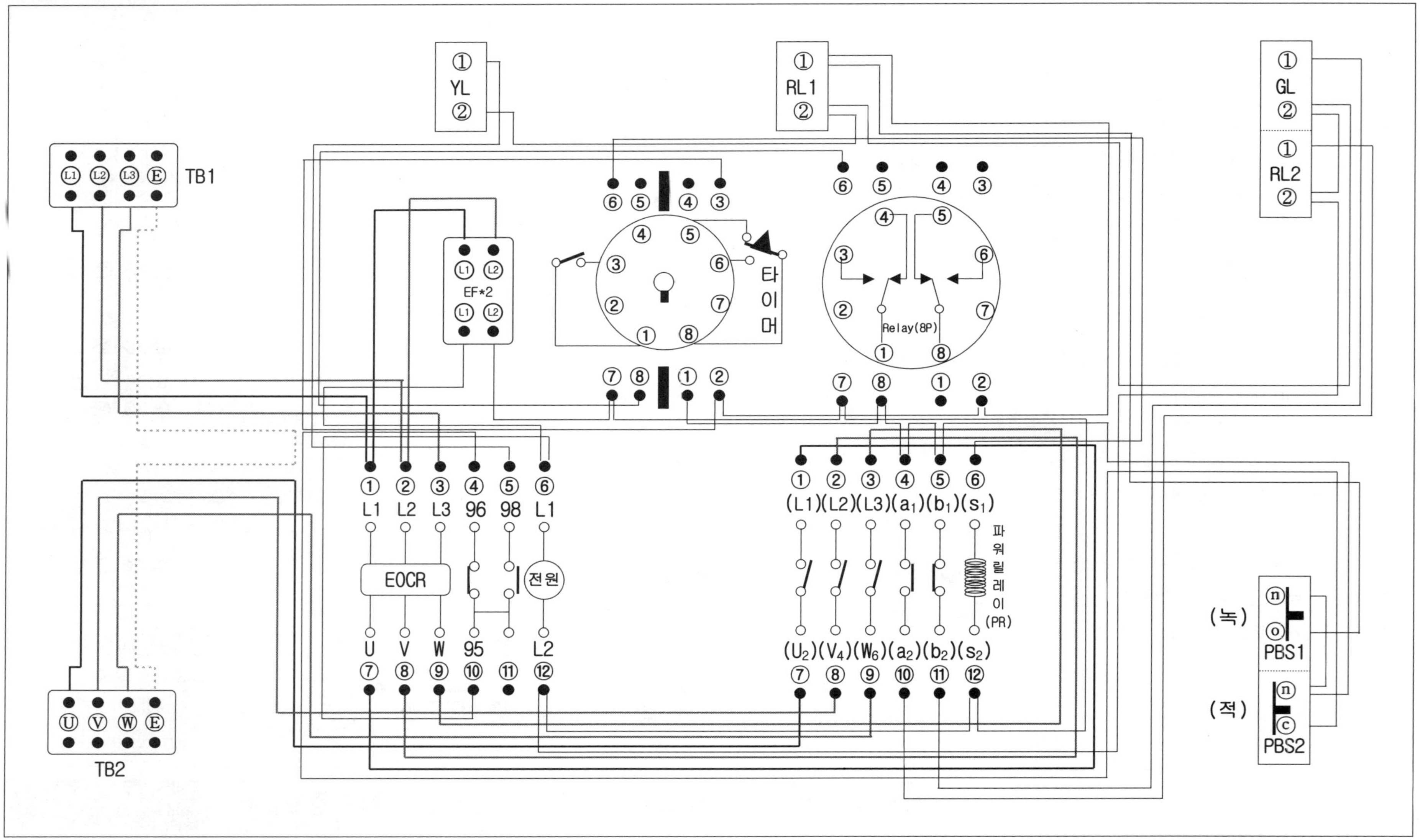

TB1: L1 L2 L3 E

TB2: U V W E

YL ① ②

RL1 ① ②

GL ① ②

RL2 ① ②

EF*2: L1 L2 / L1 L2

타이머: ① ② ③ ④ ⑤ ⑥ ⑦ ⑧

Relay(8P): ① ② ③ ④ ⑤ ⑥ ⑦ ⑧

EOCR: ① L1, ② L2, ③ L3, ④ 96, ⑤ 98, ⑥ L1 / ⑦ U, ⑧ V, ⑨ W, ⑩ 95, ⑪, ⑫ L2, 전원

파워릴레이 (PR): ① (L1) ② (L2) ③ (L3) ④ (a_1) ⑤ (b_1) ⑥ (s_1) / ⑦ (U_2) ⑧ (V_4) ⑨ (W_6) ⑩ (a_2) ⑪ (b_2) ⑫ (s_2)

(녹) PBS1: n, o

(적) PBS2: n, c

입문 15-1 초보자를 위한 이해도면7-1 ⇒ 설정시간 t초 후 자동 소등회로

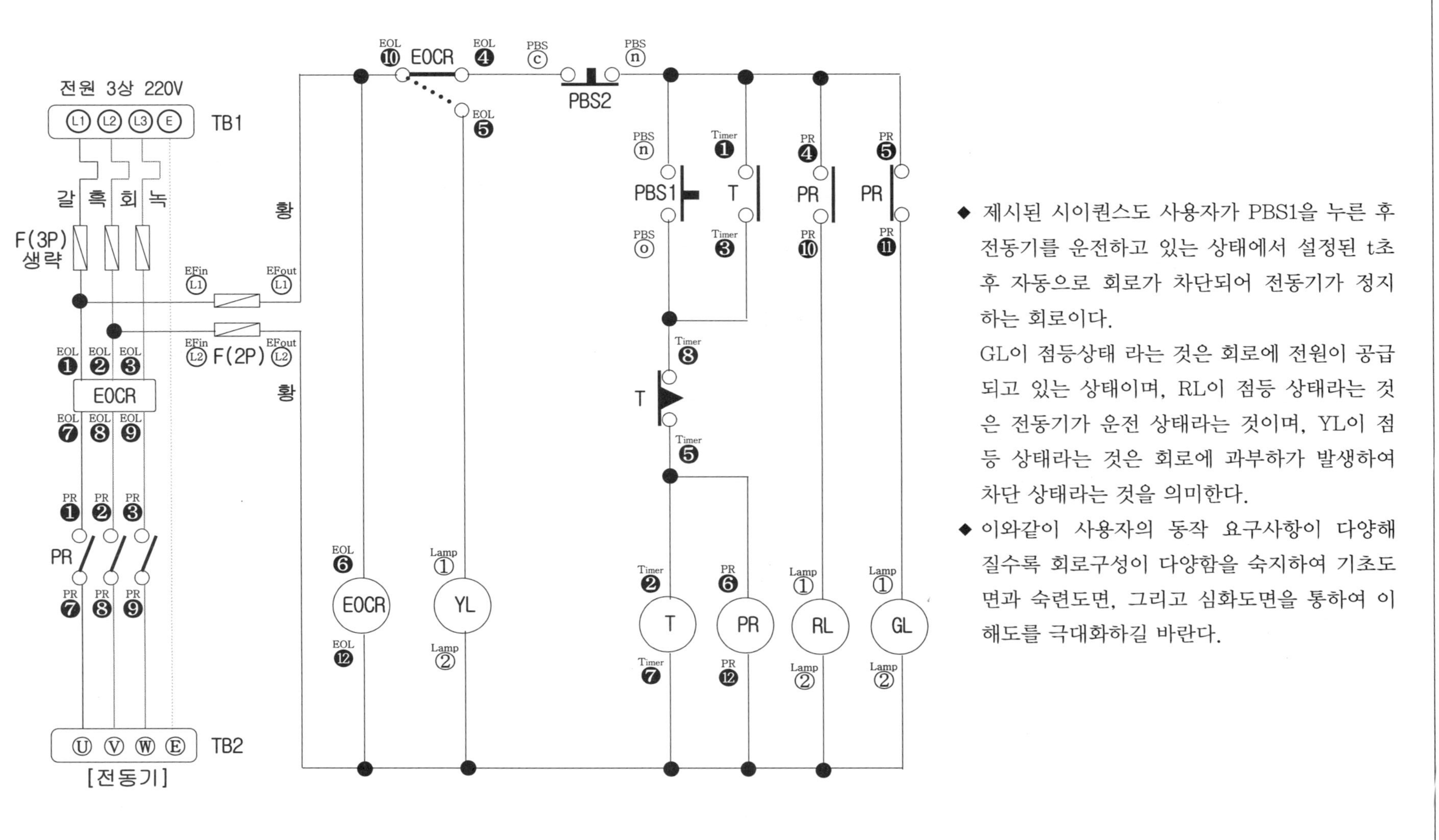

◆ 제시된 시이퀀스도 사용자가 PBS1을 누른 후 전동기를 운전하고 있는 상태에서 설정된 t초 후 자동으로 회로가 차단되어 전동기가 정지하는 회로이다.

GL이 점등상태 라는 것은 회로에 전원이 공급되고 있는 상태이며, RL이 점등 상태라는 것은 전동기가 운전 상태라는 것이며, YL이 점등 상태라는 것은 회로에 과부하가 발생하여 차단 상태라는 것을 의미한다.

◆ 이와같이 사용자의 동작 요구사항이 다양해질수록 회로구성이 다양함을 숙지하여 기초도면과 숙련도면, 그리고 심화도면을 통하여 이해도를 극대화하길 바란다.

입문 15-2 초보자를 위한 이해도면7-2 ⇒ 실체배선도

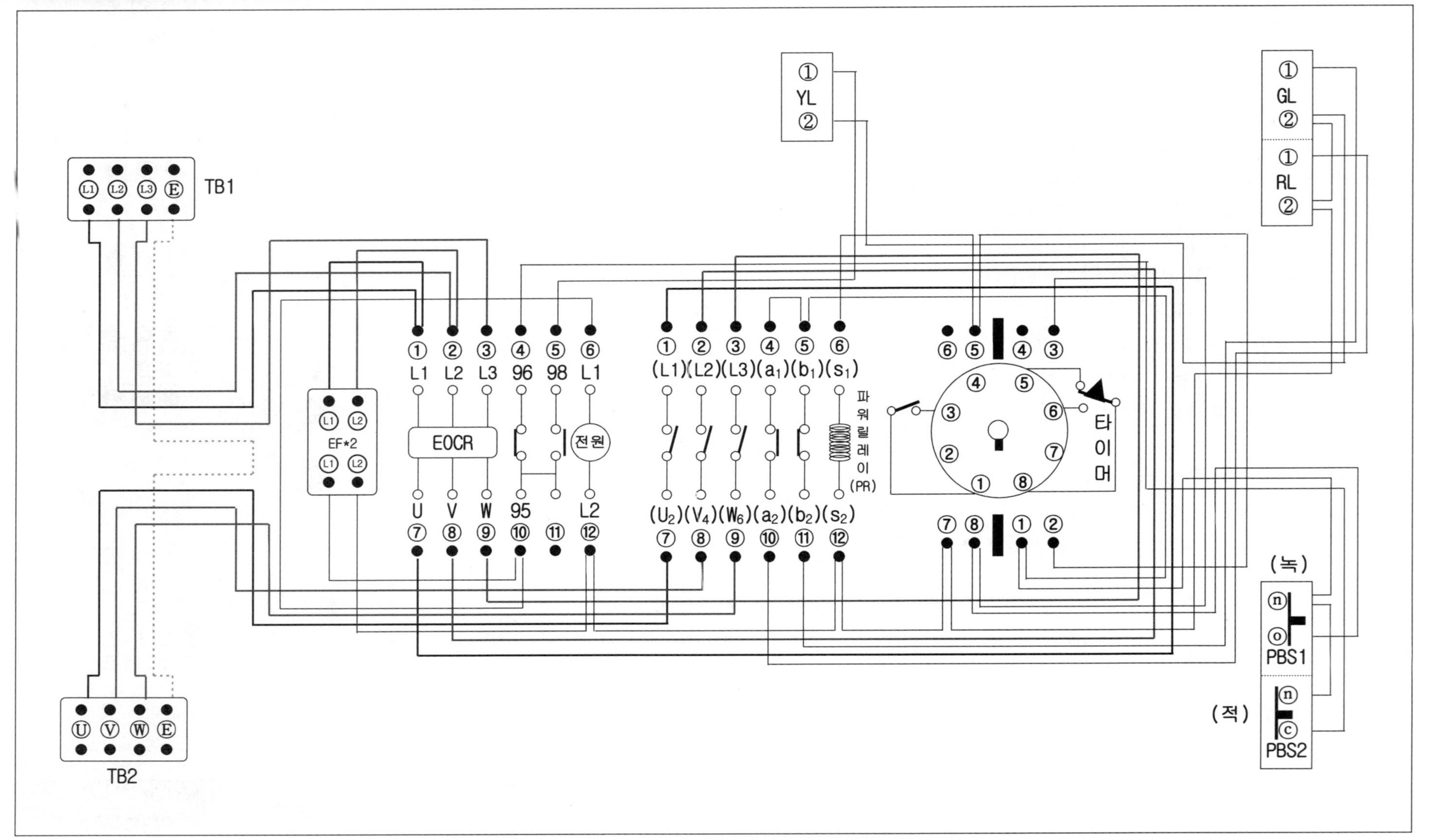

실습편

- 기초도면
- 숙련도면
- 심화도면

기초도면 1-1 릴레이를 이용한 응용회로[사용재료, 동작사항, 흐름도]

▶ 사용재료 ◀

MCCB(3P)*1, 휴즈(2P)*1, 8P베이스*1, 12P베이스*1, 단자대(10P)*4, 단자대(4P)*2, PBS SW*2(적,녹), 램프(25Φ)*2(적,녹), 2구박스*2, 제어판(400*420)*1

▶ 동작사항 ◀

1) 전원(MCCB)를 ON하면 GL이 점등된다.
2) PBS1을 누르면 PR, Ry가 여자되며 PR에 의하여 전동기가 회전하며 Ry에 의하여 자기유지 회로가 구성되며, RL이 점등되며 GL이 소등된다.
3) PBS2를 누르면 동작중이던 모든 회로가 소호되며 PR이 소호되어 전동기가 정지한다. 이때 PBS2를 누르고 있는 순간에는 모두 소등 상태이며 PBS2를 놓으면 GL이 점등된다

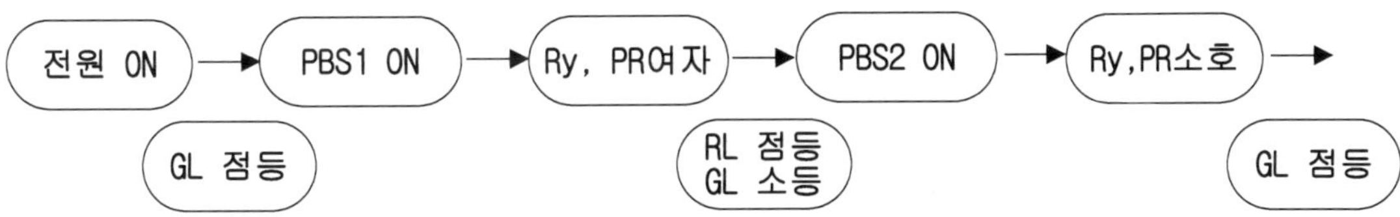

기초도면 1-2 릴레이를 이용한 응용회로[시이퀀스도]

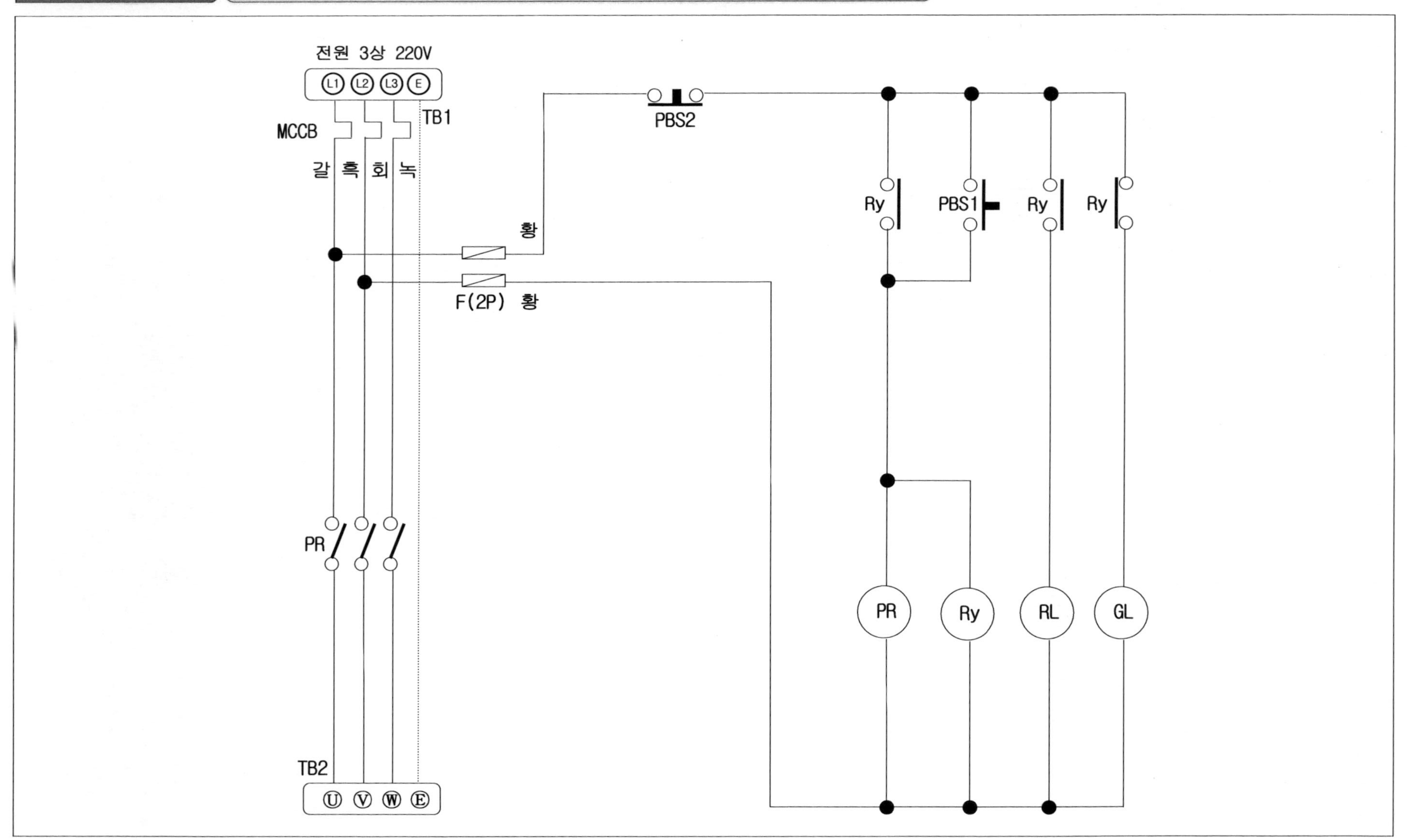

기초도면 1-3 릴레이를 이용한 응용회로[기구배치도, 실체배선도]

작업형을 필답형식으로 연습할 수 있도록 만든 실체배선도입니다.
3색 볼펜을 사용하여 시퀀스도의 주회로인 Ⓛ1, Ⓛ2, Ⓛ3상을 각각 갈색, 흑색, 회색으로 작도하며, 보조회로는 황색전선인 관계로 작도자 스스로가 구분이 쉽도록 실체배선도를 작도하시오.

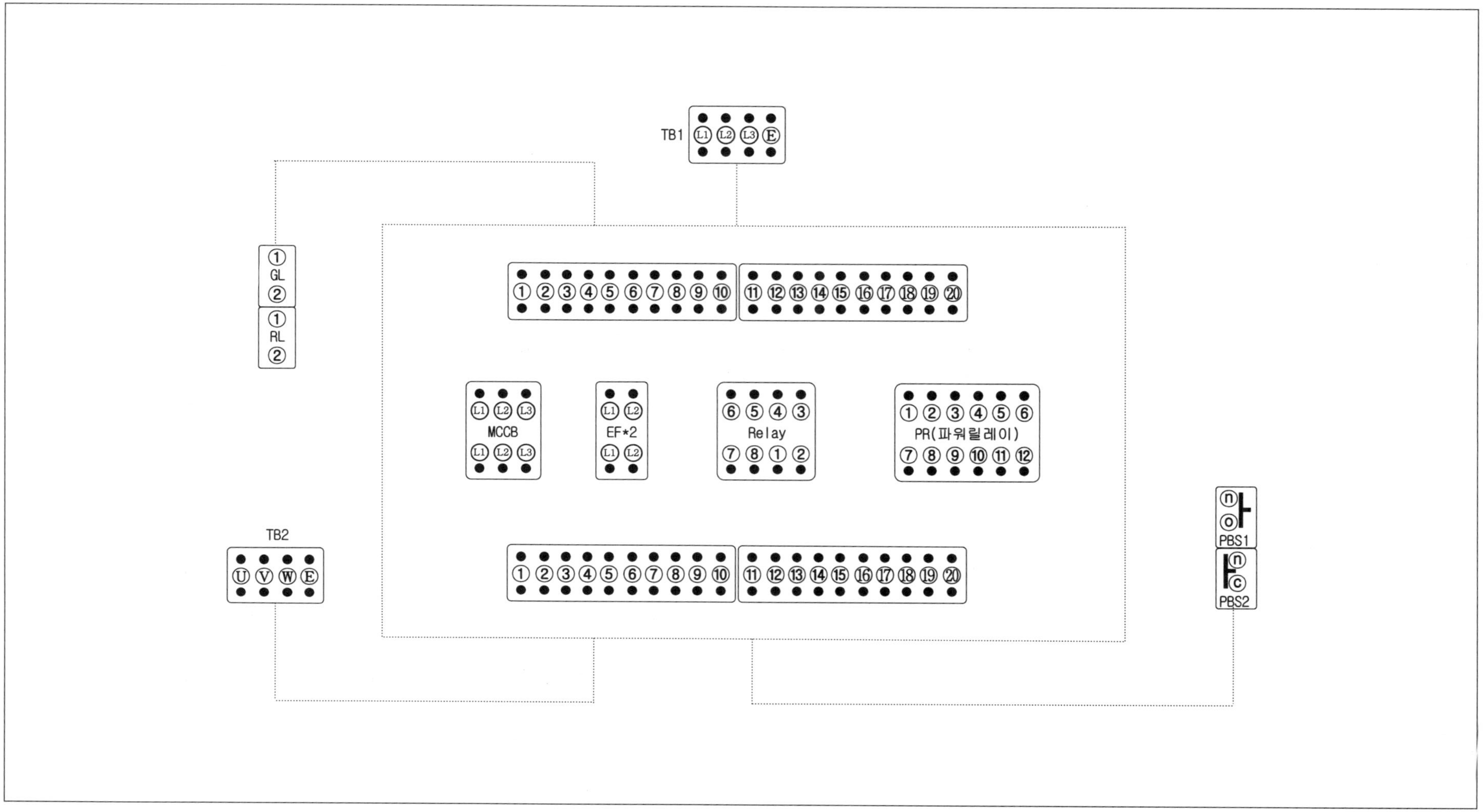

TB1 L1 L2 L3 E

① GL ②

① RL ②

① ② ③ ④ ⑤ ⑥ ⑦ ⑧ ⑨ ⑩ ⑪ ⑫ ⑬ ⑭ ⑮ ⑯ ⑰ ⑱ ⑲ ⑳

MCCB L1 L2 L3 / L1 L2 L3

EF*2 L1 L2 / L1 L2

Relay ⑥ ⑤ ④ ③ / ⑦ ⑧ ① ②

PR(파워릴레이) ① ② ③ ④ ⑤ ⑥ / ⑦ ⑧ ⑨ ⑩ ⑪ ⑫

TB2 U V W E

① ② ③ ④ ⑤ ⑥ ⑦ ⑧ ⑨ ⑩ ⑪ ⑫ ⑬ ⑭ ⑮ ⑯ ⑰ ⑱ ⑲ ⑳

PBS1 n o

PBS2 n c

기초도면 1-4 릴레이를 이용한 응용회로[기구배치도, 제어판넬 실체배선도]

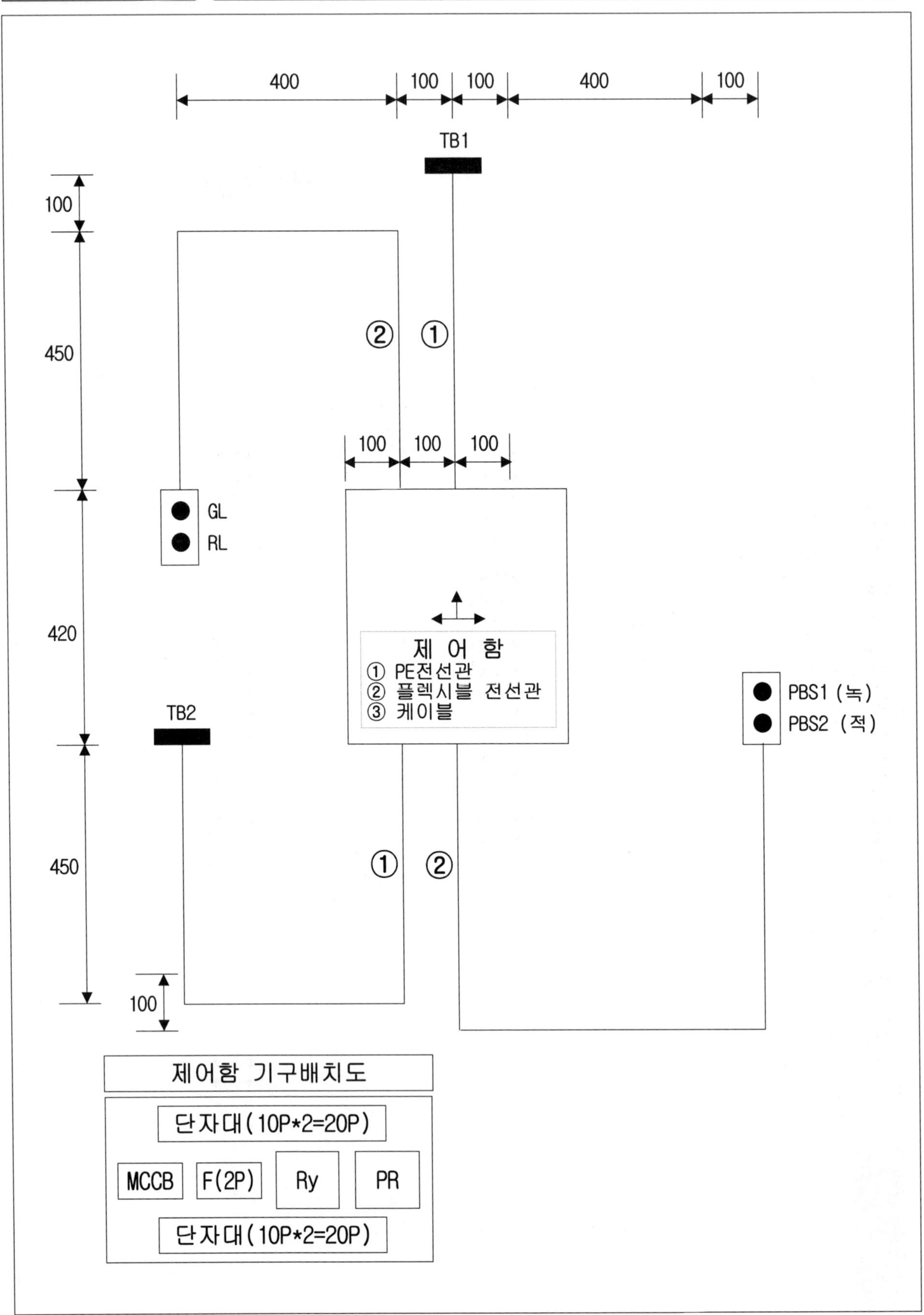

기초도면 2-1 FR와 SS SW스위치 응용회로[사용재료,동작사항,흐름도]

▶ 사용재료 ◀

MCCB(3P)*1, 휴즈(2P)*1, 8P베이스*1, 12P베이스*1, 단자대(10P)*4, 단자대(4P)*2, PBS SW*1(녹), 램프(25Φ)*3(녹,황,황), SS SW*2, 1구박스*2, 2구박스*2, 제어판(400*420)*1

▶ 동작사항 ◀

1) 전원(MCCB)를 ON한 상태에서 SS1을 H상태로 절환하면 FR이 여자되어 YL1과 YL2가 t초를 주기로 점멸한다.
2) SS2를 H상태로 절환하면 GL이 점등되며 SS2를 A상태로 절환 후 PBS를 누르고 있는 순간에만 PR이 여자되어 전동기가 회전하며 PBS를 놓으면 전동기는 정지한다.

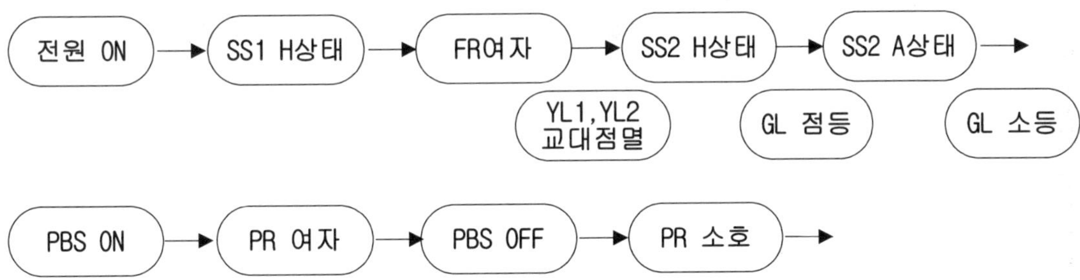

기초도면 2-2 FR와 SS SW스위치 응용회로[시이퀀스도]

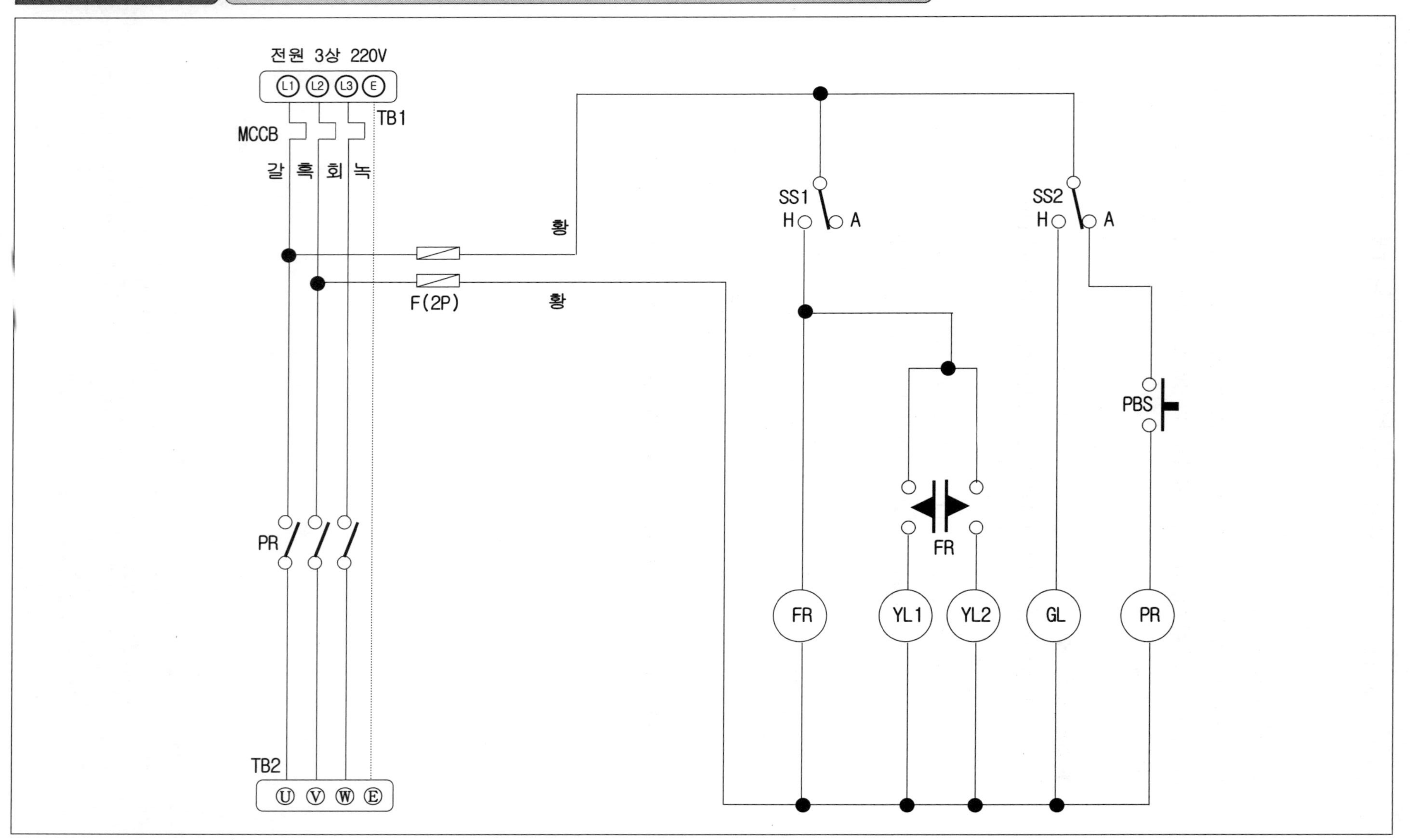

기초도면 2-3 FR와 SS SW스위치 응용회로[기구배치도, 실체배선도]

작업형을 필답형식으로 연습할 수 있도록 만든 실체배선도입니다.
3색 볼펜을 사용하여 시퀀스도의 주회로인 Ⓛ1, Ⓛ2, Ⓛ3상을 각각 갈색, 흑색, 회색으로 작도하며, 보조회로는 황색전선인 관계로 작도자 스스로가 구분이 쉽도록 실체배선도를 작도하시오.

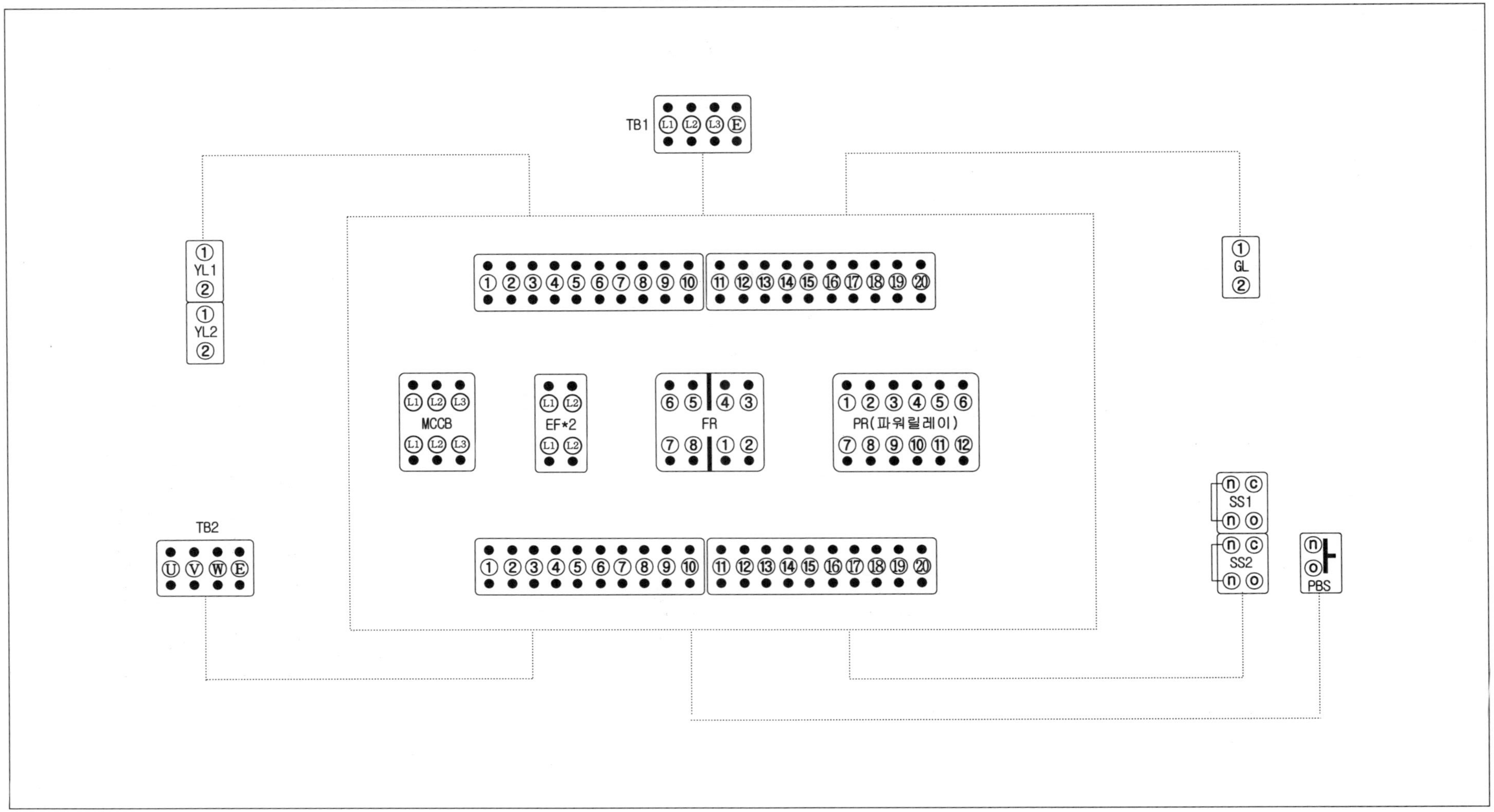

기초도면 2-4 FR와 SS SW스위치 응용회로[기구배치도, 제어판넬 실체배선도]

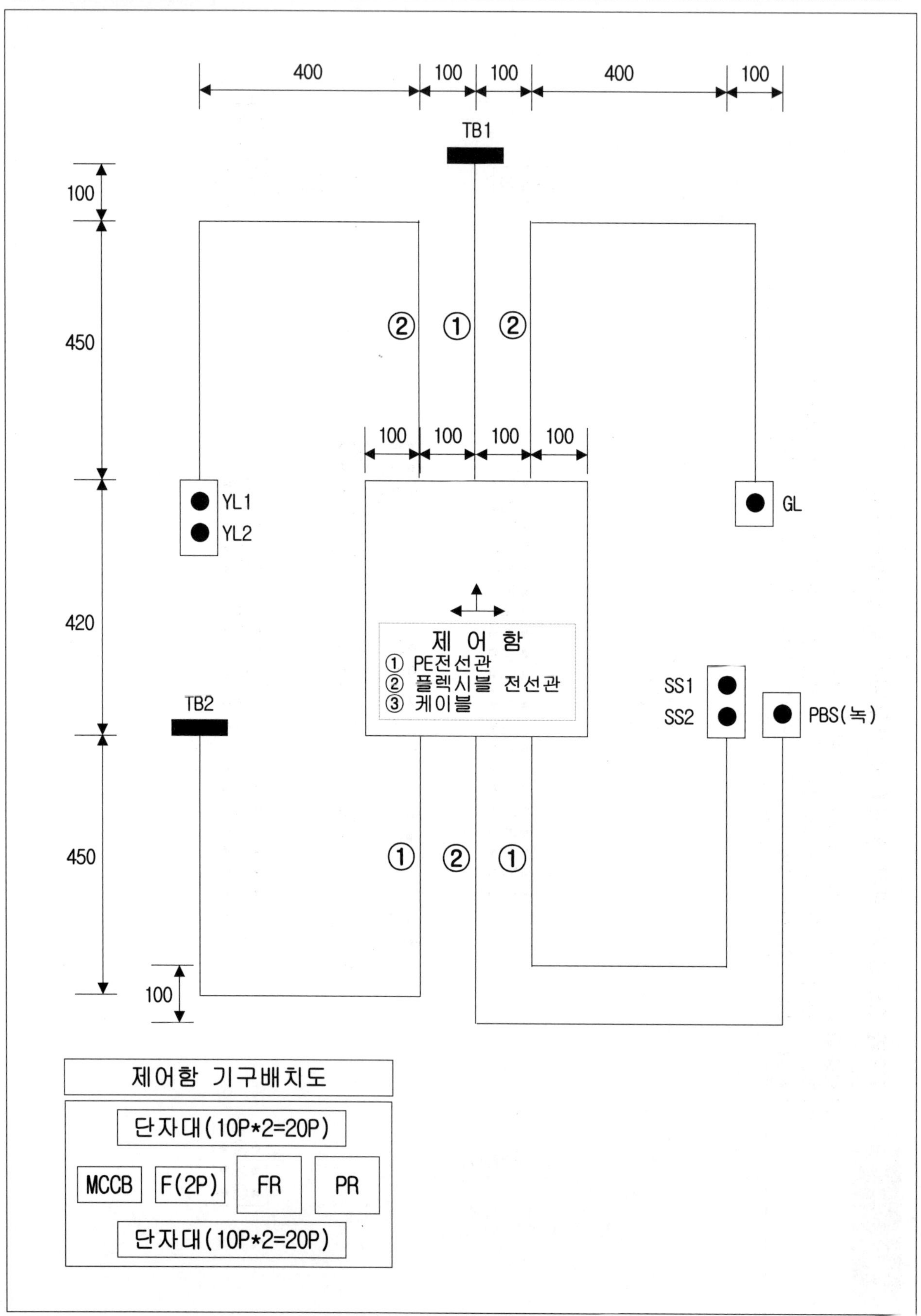

기초도면 3-1 타이머와 EOCR을 이용한 응용회로[사용재료,동작사항,흐름도]

▶ 사용재료 ◀

휴즈(2P)*1, 8P베이스*1, 12P베이스*2, 단자대(10P)*4, 단자대(4P)*2, PBS SW*2(적,녹), 램프(25Φ)*3(적,녹,백), SS SW*1, 1구박스*2, 2구박스*2, 제어판(400*420)*1

▶ 동작사항 ◀

1) 전원을 ON한 상태에서 SS를 H상태로 절환하면 WL, GL이 점등된다.
2) PBS1을 누르면 PR이 여자되어 전동기가 회전하며 이때 타이머도 여자되어 자기유지 회로가 구성된다.
3) t초후 타이머 한시접점에 의하여 RL은 점등되고 GL은 소등된다.
4) PBS2를 누르면 자기유지 회로가 소호되며 전동기가 정지하고 GL이 점등되고 RL이 소등된다.
5) 동작사항 진행중 SS SW를 A상태로 절환하면 모든 동작사항은 정지한다.
6) 동작 진행중 과부하시 EOCR이 작동되면 동작중이던 모든 회로는 정지한다.

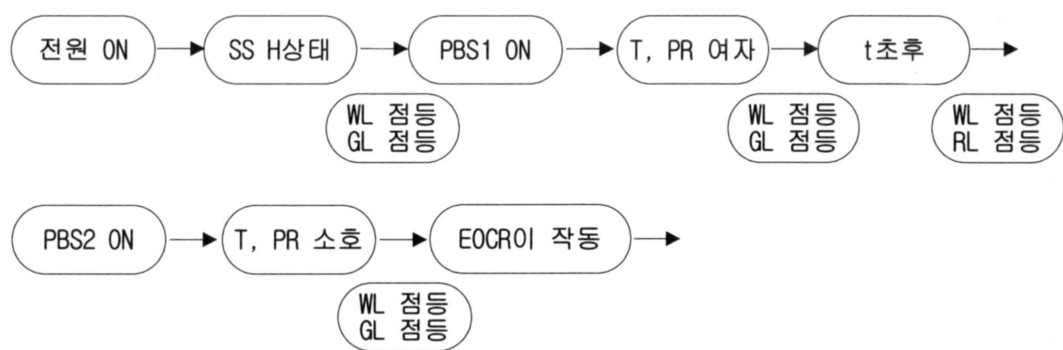

기초도면 3-2 타이머와 EOCR을 이용한 응용회로[시이퀀스도]

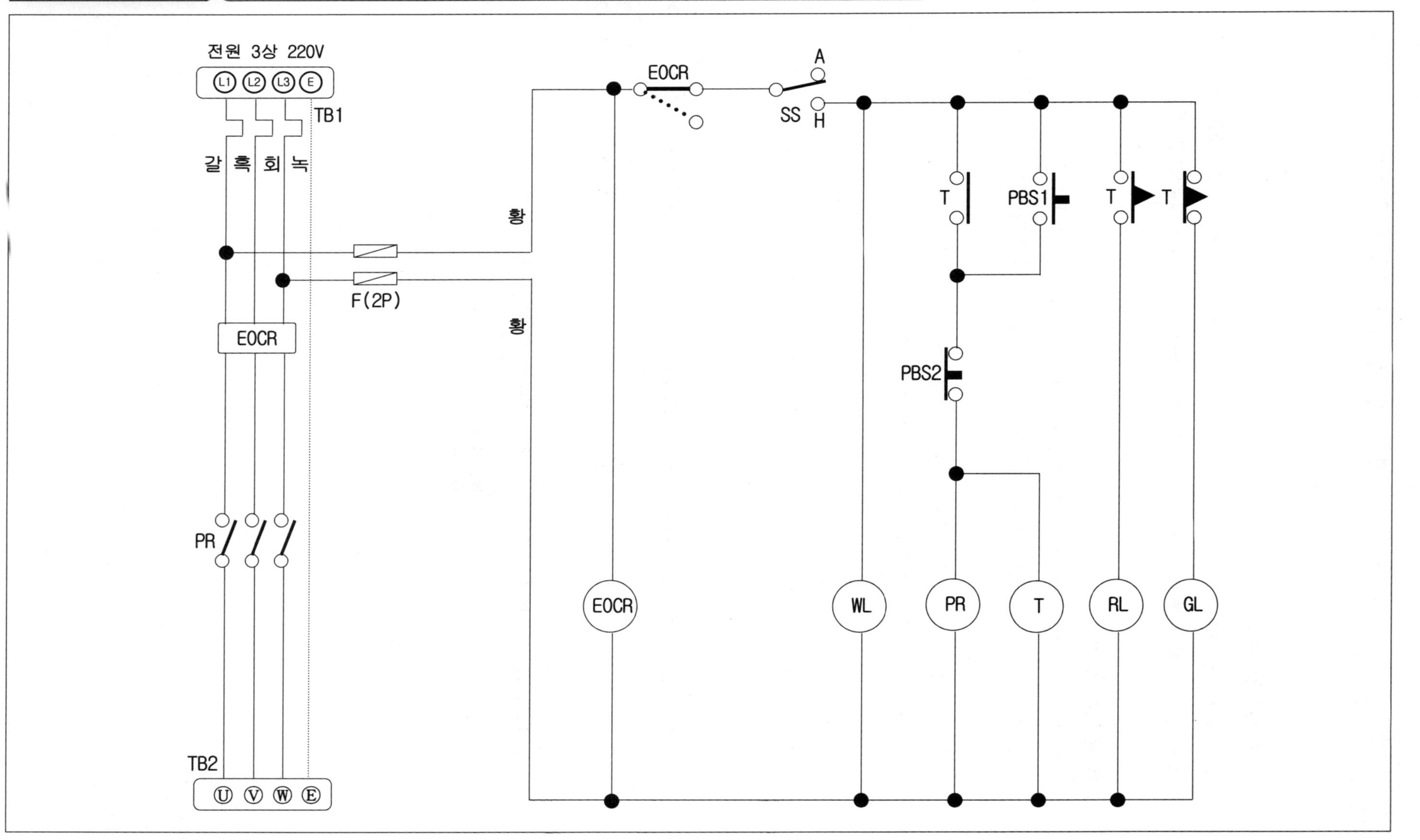

기초도면 3-3 타이머와 EOCR을 이용한 응용회로[기구배치도, 실체배선도]

작업형을 필답형식으로 연습할 수 있도록 만든 실체배선도입니다.
3색 볼펜을 사용하여 시퀀스도의 주회로인 Ⓛ1, Ⓛ2, Ⓛ3상을 각각 갈색, 흑색, 회색으로 작도하며, 보조회로는 황색전선인 관계로 작도자 스스로가 구분이 쉽도록 실체배선도를 작도하시오.

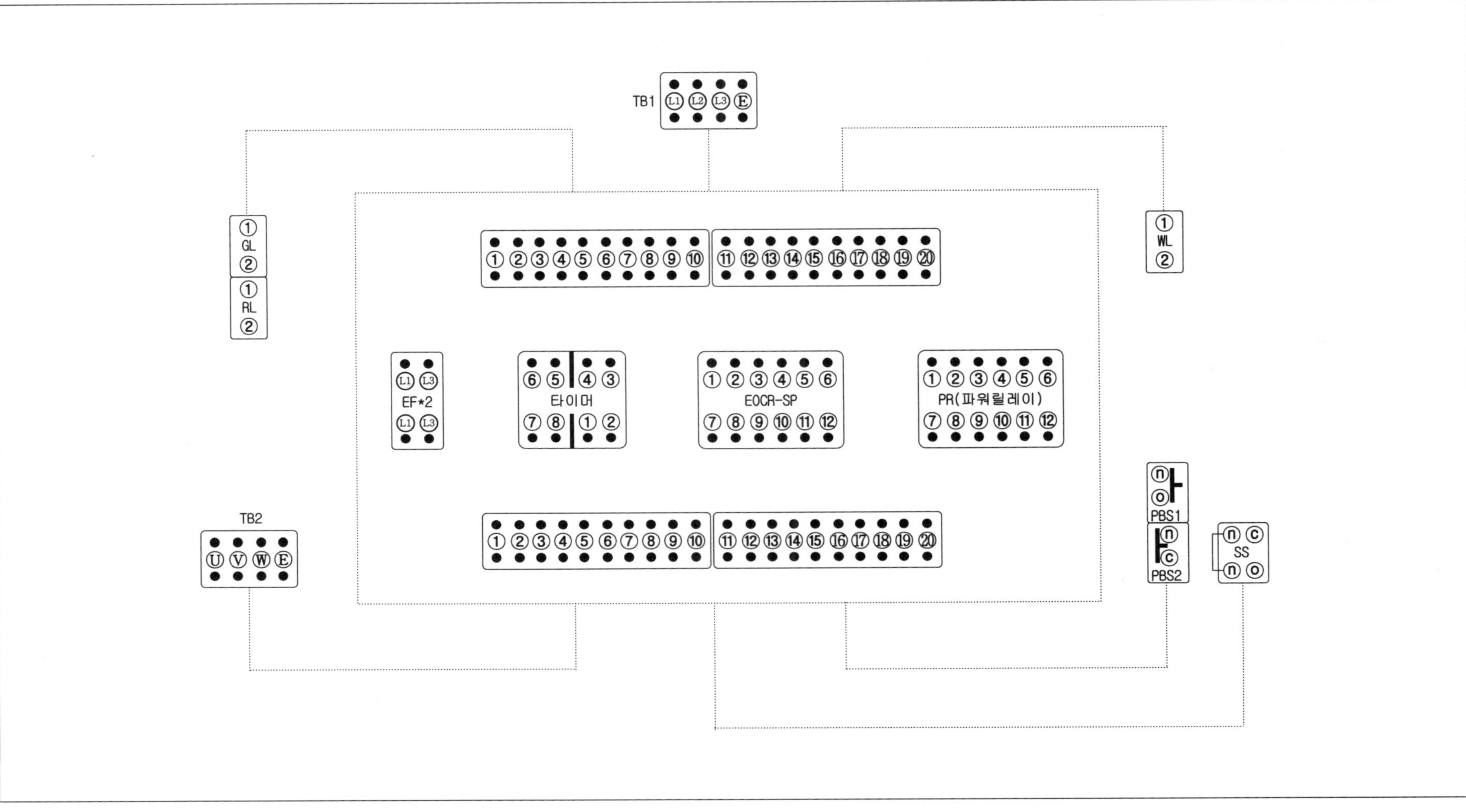

기초도면 3-4 타이머와 EOCR을 이용한 응용회로[기구배치도, 제어판넬 실체배선도]

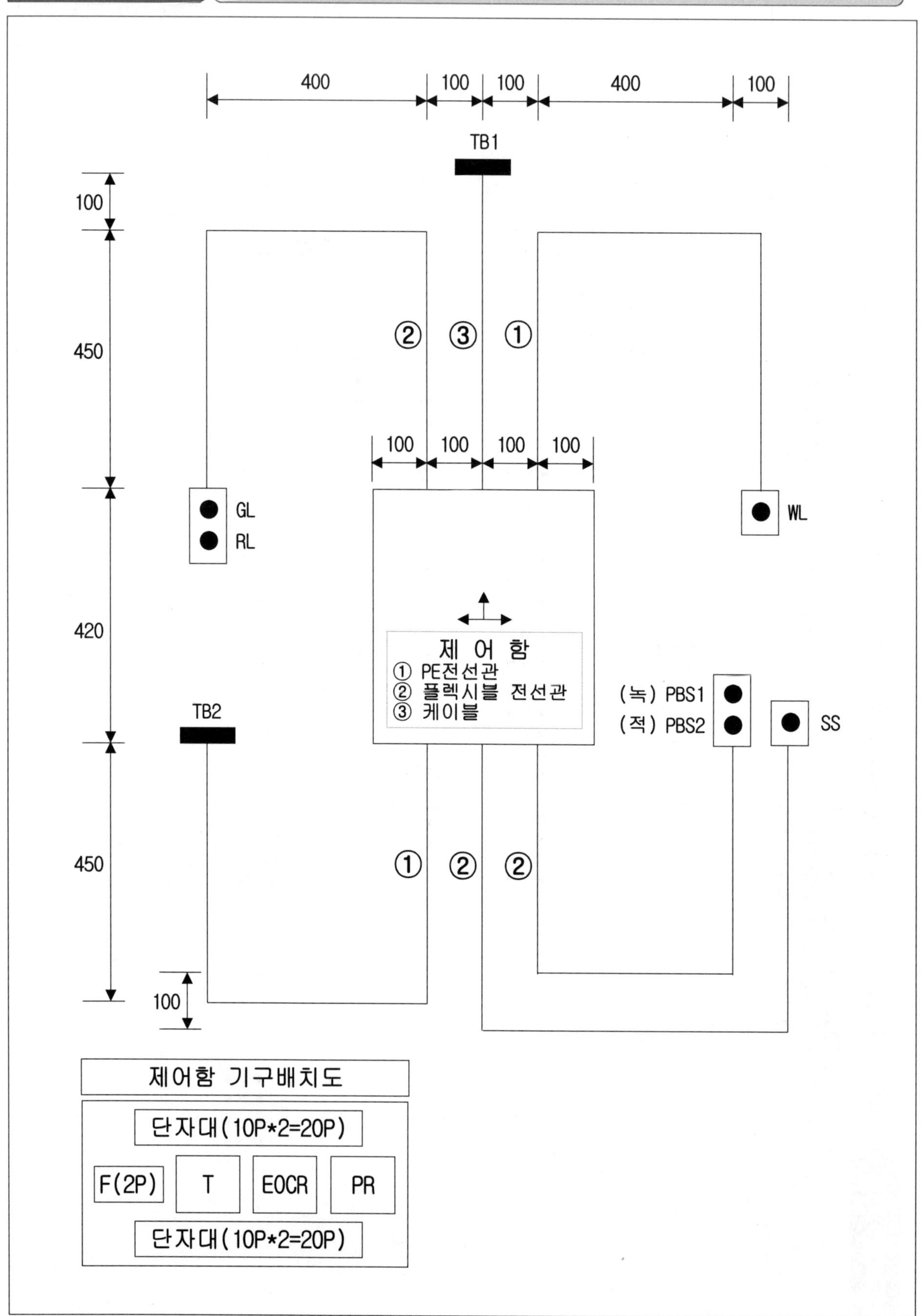

기초도면 4-1 릴레이를 이용한 양방향 한시 운전회로[사용재료,동작사항,흐름도]

▶ 사용재료 ◀

MCCB(3P)*1, 휴즈(2P)*1, 8P베이스*2, 12P베이스*1, 단자대(10P)*4, 단자대(4P)*2, PBS SW*1(녹), 램프(25Φ)*3(적,적,녹), SS SW*1, 1구박스*3, 2구박스*1, 제어판(400*420)*1

▶ 동작사항 ◀

1) 전원(MCCB)를 ON하면 GL이 점등되며 SS SW를 H상태로 절환한다.
2) PBS를 누르면 타이머가 여자되며, 타이머에 의하여 자기유지 회로가 구성되며, PR이 여자되어 전동기는 회전한다. 이때 RL1은 점등되며, GL은 소등된다.
3) t초후 타이머 한시접점에 의하여 Ry가 여자되며 Ry접점에 의하여 전동기는 회전을 계속하며 RL2가 점등된다.
4) SS SW를 A상태로 절환하면 동작 중이던 모든 회로가 소호되며 GL만 점등된다.

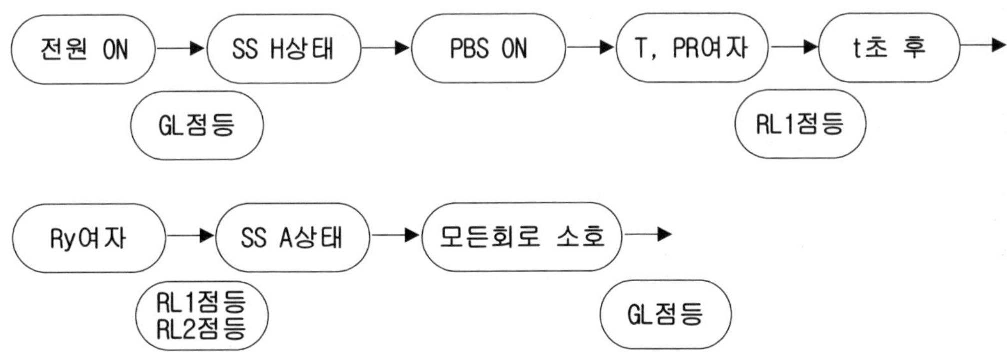

기초도면 4-2 릴레이를 이용한 양방향 한시 운전회로[시이퀀스도]

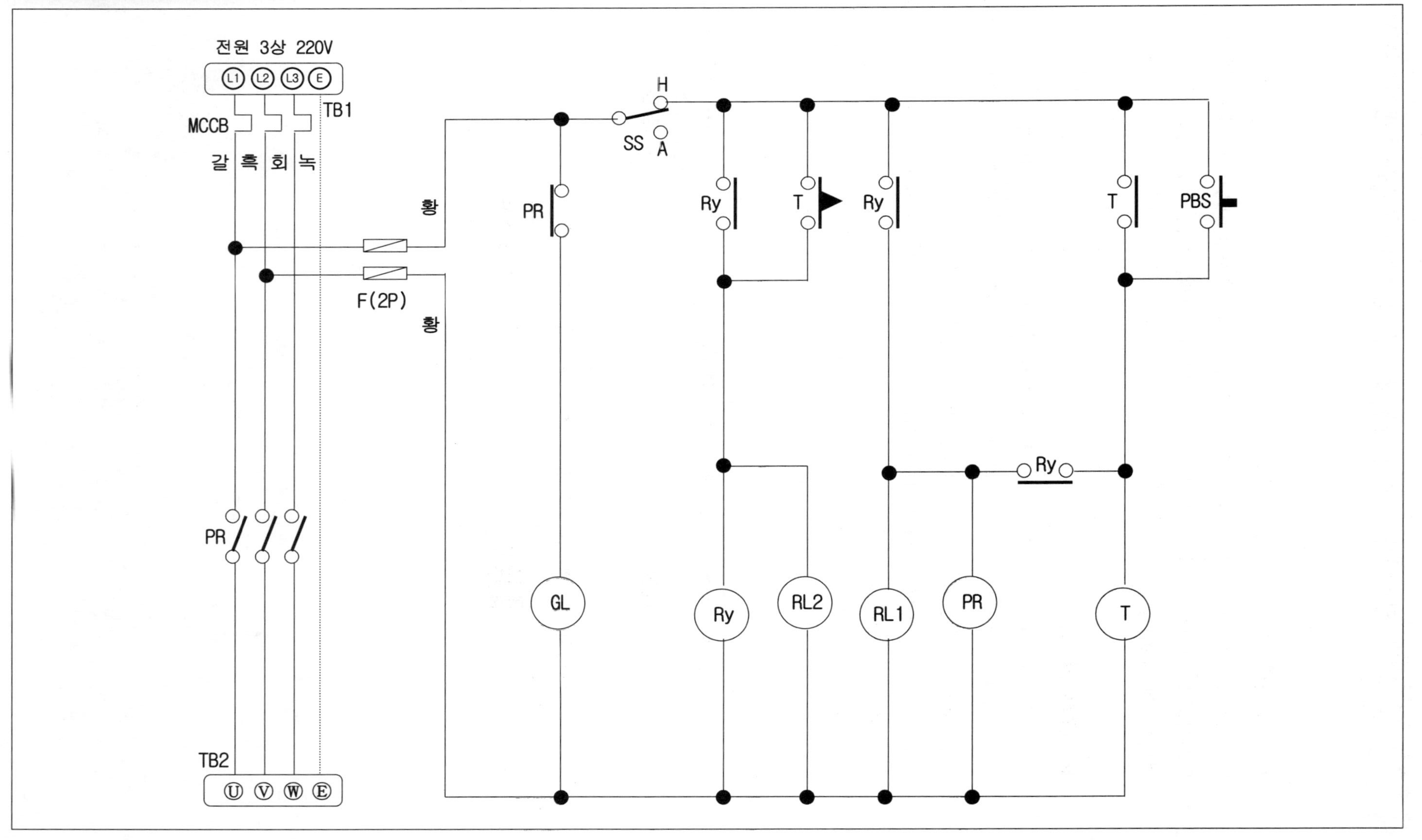

기초도면 4-3 릴레이를 이용한 양방향 한시 운전회로[기구배치도, 실체배선도]

작업형을 필답형식으로 연습할 수 있도록 만든 실체배선도입니다.
3색 볼펜을 사용하여 시퀀스도의 주회로인 Ⓛ1, Ⓛ2, Ⓛ3상을 각각 갈색, 흑색, 회색으로 작도하며, 보조회로는 황색전선인 관계로 작도자 스스로가 구분이 쉽도록 실체배선도를 작도하시오.

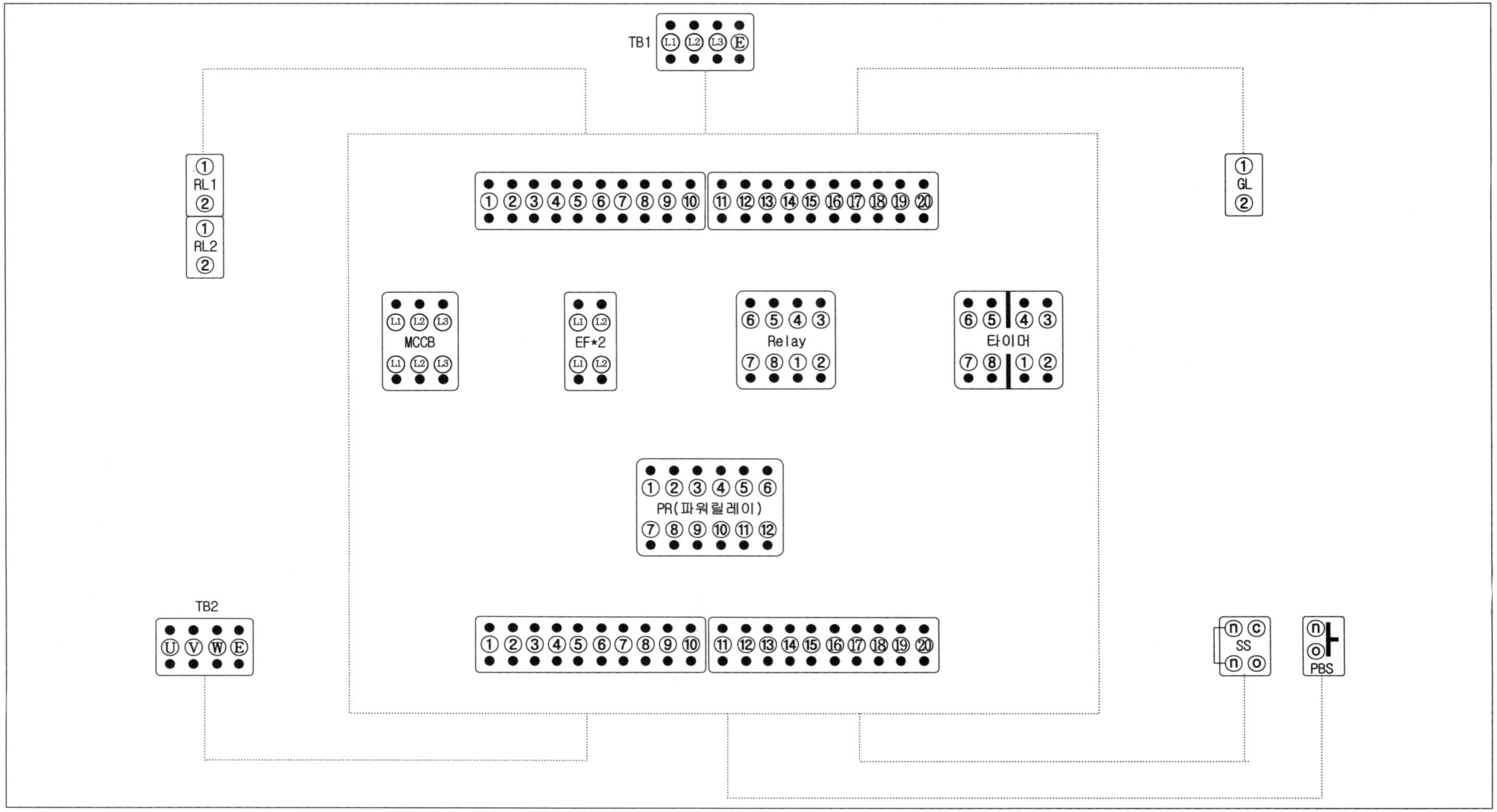

TB1 L1 L2 L3 E

RL1 ① ②

RL2 ① ②

GL ① ②

① ② ③ ④ ⑤ ⑥ ⑦ ⑧ ⑨ ⑩ ⑪ ⑫ ⑬ ⑭ ⑮ ⑯ ⑰ ⑱ ⑲ ⑳

MCCB L1 L2 L3 / L1 L2 L3

EF*2 L1 L2 / L1 L2

Relay ⑥ ⑤ ④ ③ / ⑦ ⑧ ① ②

타이머 ⑥ ⑤ ④ ③ / ⑦ ⑧ ① ②

PR(파워릴레이) ① ② ③ ④ ⑤ ⑥ / ⑦ ⑧ ⑨ ⑩ ⑪ ⑫

TB2 U V W E

① ② ③ ④ ⑤ ⑥ ⑦ ⑧ ⑨ ⑩ ⑪ ⑫ ⑬ ⑭ ⑮ ⑯ ⑰ ⑱ ⑲ ⑳

SS n c / n o

PBS n o

기초도면 4-4 릴레이를 이용한 양방향 한시 운전회로[기구배치도, 실체배선도]

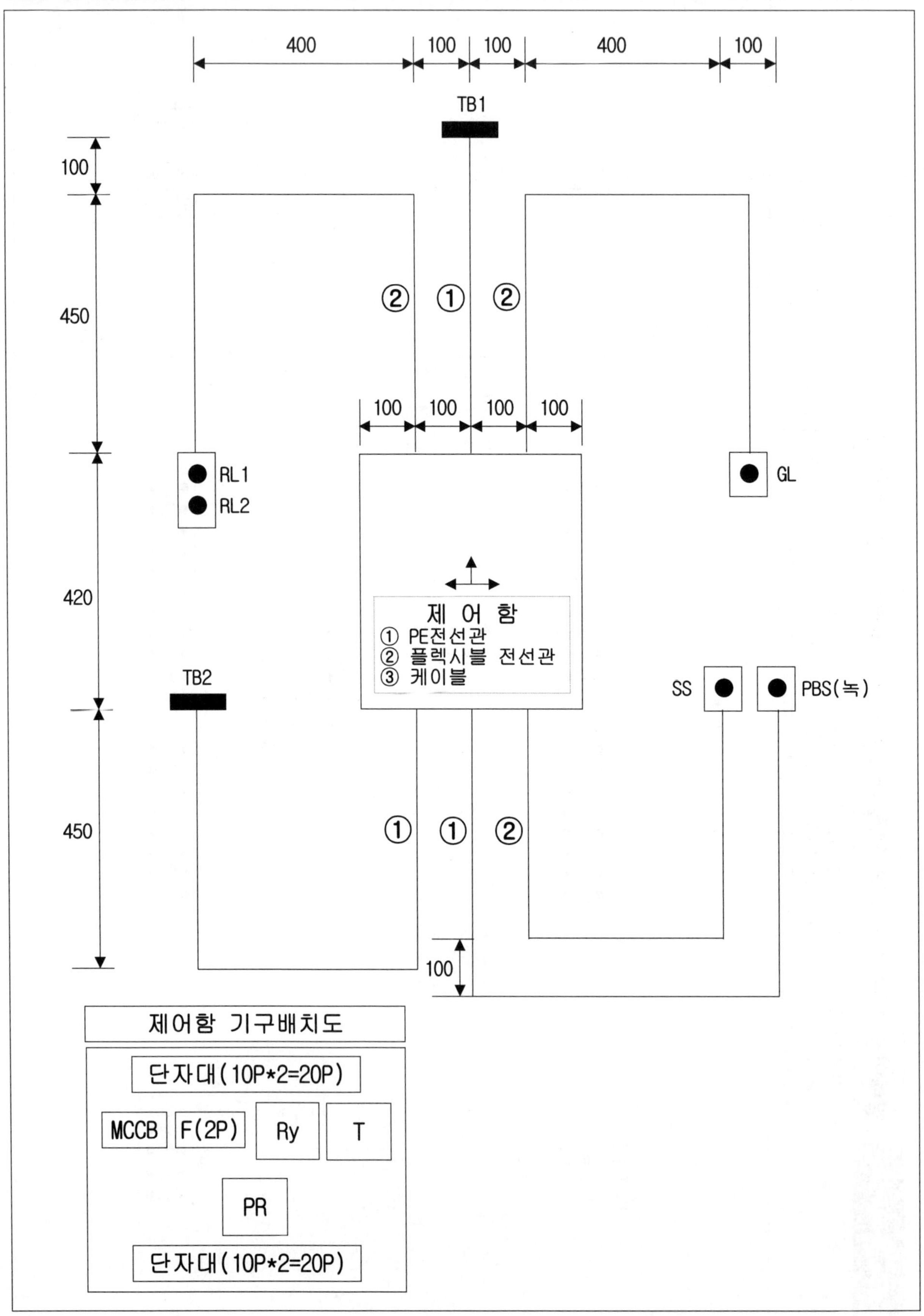

기초도면 5-1 전동기 운전회로[사용재료, 동작사항, 흐름도]

▶ 사용재료 ◀

휴즈(2P)*1, 8P베이스*3, 12P베이스*2, 단자대(10P)*4, 단자대(4P)*2, PBS SW*1(녹), 램프(25Φ)*3(녹,적,적), SS SW*1, 1구박스*3, 2구박스*1, 제어판(400*420)*1

▶ 동작사항 ◀

1) 전원을 ON한 후 SS A상태이면 L1이 점등된다.
2) PBS를 누르면 PR이 여자되어 자기유지 회로가 구성되고 전동기는 회전하며 T1 또한 여자된다. 이때 L2가 점등되고 L1은 소등된다.
3) t1초후 Ry가 여자되고 T2가 여자되며 L3는 점등된다.
4) t2초 후 Ry, T2가 소호되며 L2는 계속 점등상태이다. L3는 소등된다.
5) 동작 진행중 과부하시 EOCR이 작동되면 동작중이던 모든 회로는 정지한다.

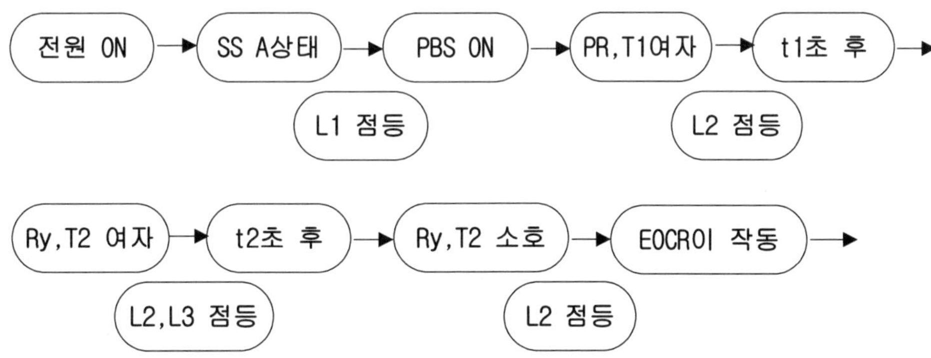

기초도면 5-2 전동기 운전회로[시이퀀스도]

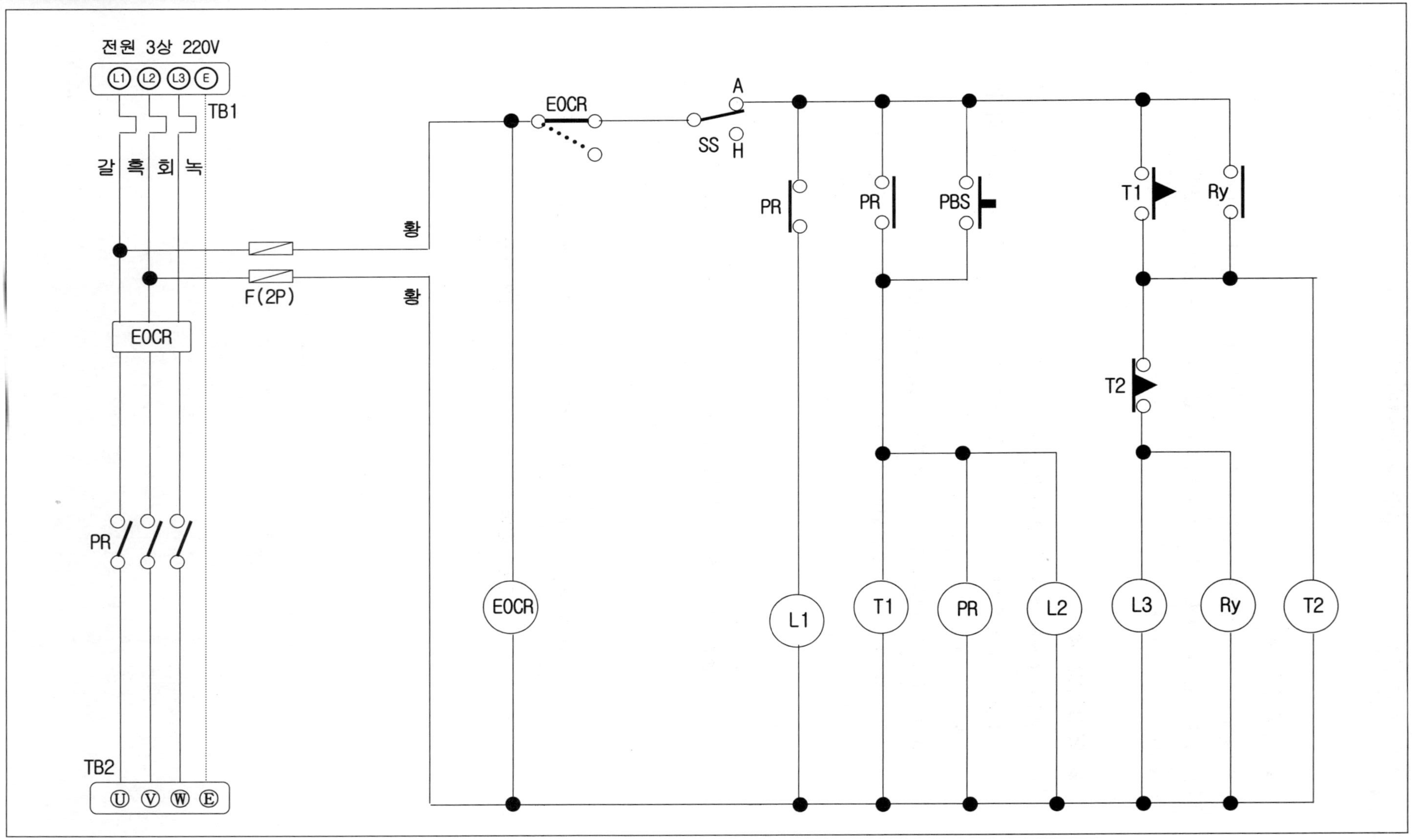

기초도면 5-3 전동기 운전회로[기구배치도, 실체배선도]

작업형을 필답형식으로 연습할 수 있도록 만든 실체배선도입니다.
3색 볼펜을 사용하여 시퀀스도의 주회로인 Ⓛ1, Ⓛ2, Ⓛ3상을 각각 갈색, 흑색, 회색으로 작도하며, 보조회로는 황색전선인 관계로 작도자 스스로가 구분이 쉽도록 실체배선도를 작도하시오.

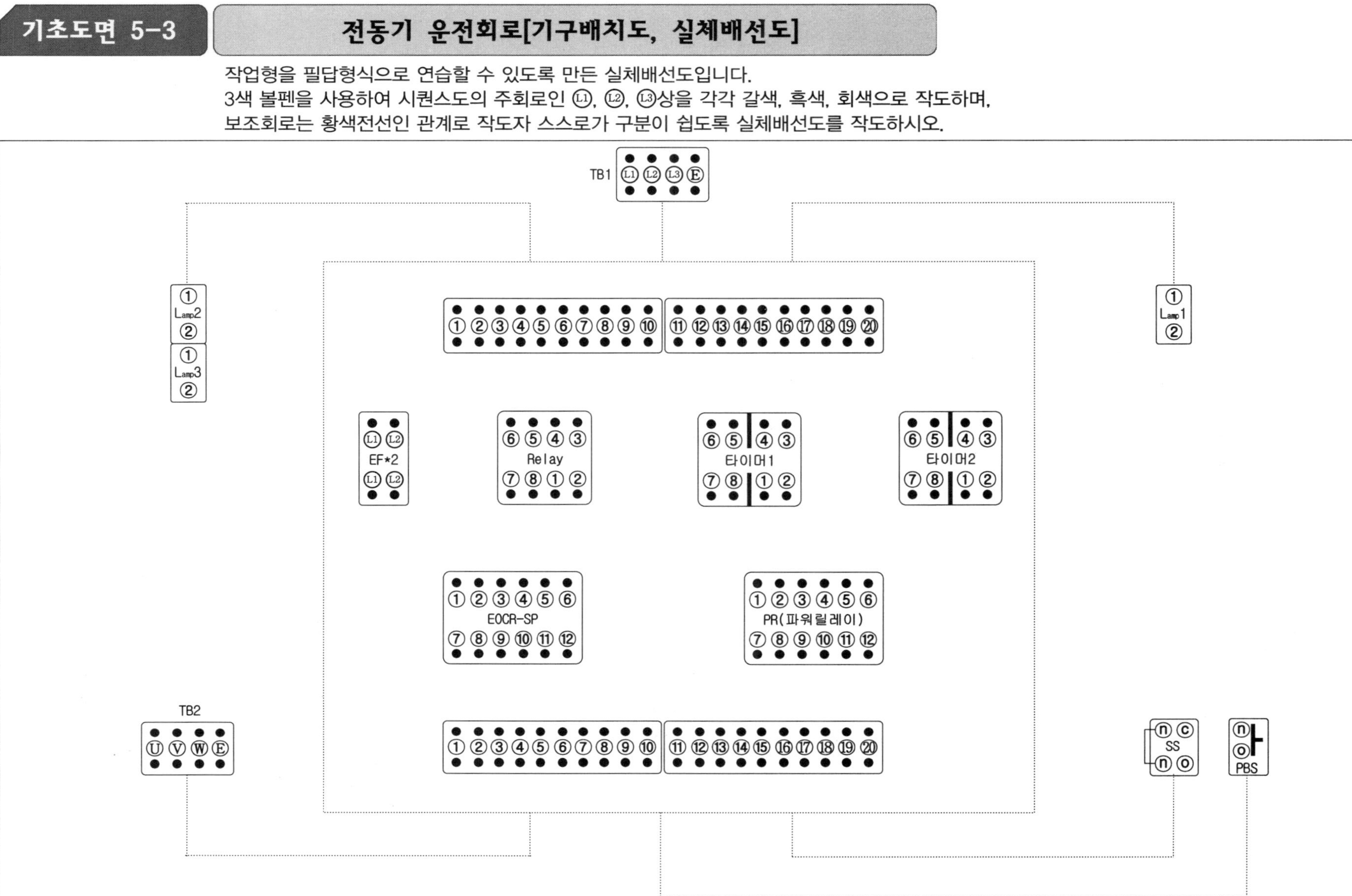

기초도면 5-4

전동기 운전회로[기구배치도, 실체배선도]

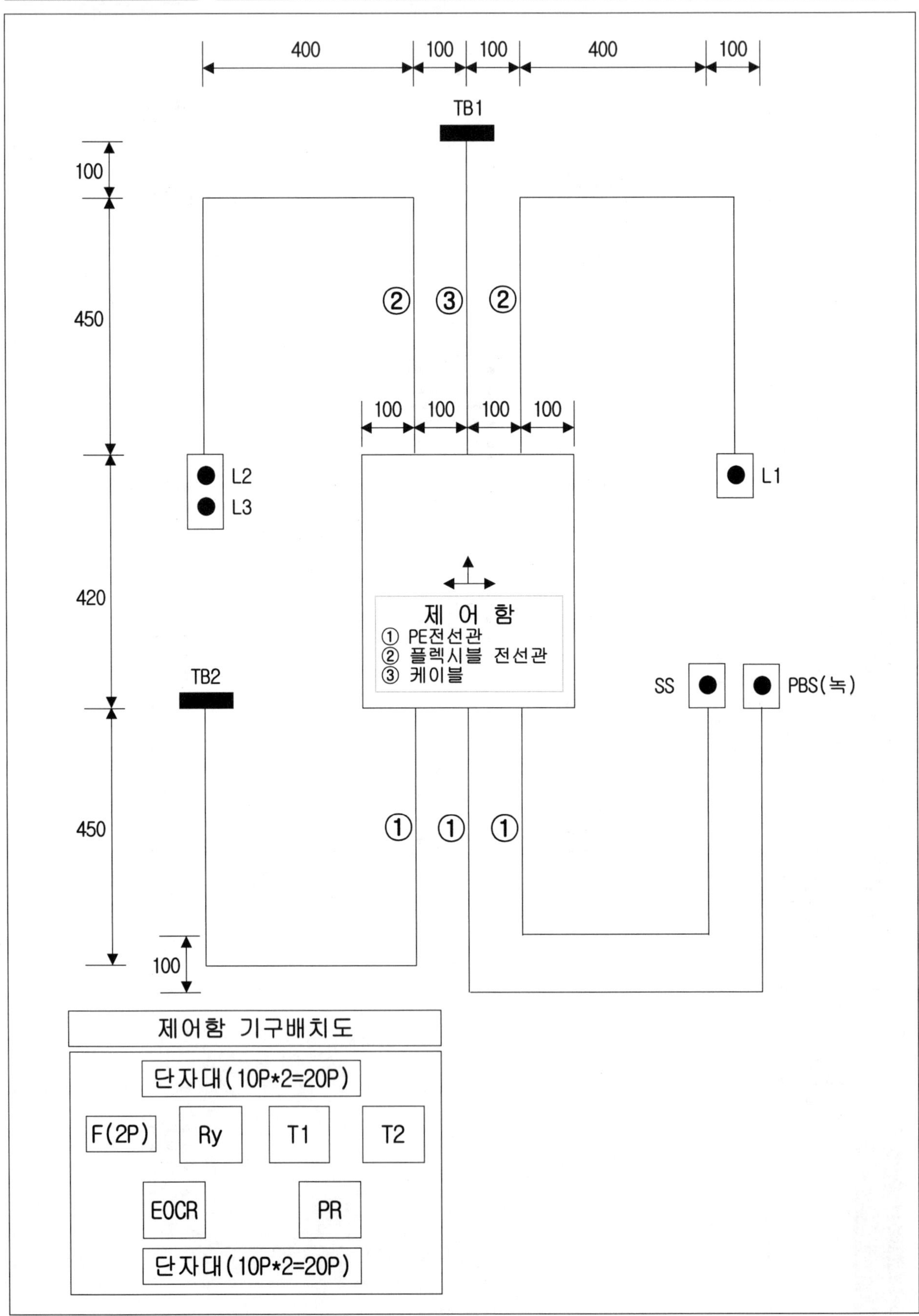

기초도면 6-1 전동기 한시 정지 운전회로[사용재료, 동작사항, 흐름도]

▶ 사용재료 ◀

휴즈(2P)*1, 8P베이스*2, 12P베이스*2, 단자대(10P)*4, 단자대(4P)*2, PBS SW*2(녹,적), 램프(25Φ)*3(적,적,녹), 1구박스*3, 2구박스*1, 제어판(400*420)*1

▶ 동작사항 ◀

1) 전원을 ON하면 GL이 점등된다.
2) PBS1을 누르면 Ry와 PR이 여자되며, PR에 의하여 전동기는 회전하고, Ry에 의하여 자기유지 회로가 구성되며, PR에 의하여 타이머가 여자된다.
   이때 RL1, RL2는 점등되며, GL은 소등된다.
3) t초후 자기유지 회로가 소호되며 Ry와 PR이 소호되어 전동기는 정지하며 타이머 또한 소호된다. RL1,RL2소등. GL점등.
4) t초가 지나지 않았어도 PBS2를 언제라도 누르면 모든 회로는 Reset된다.
5) 동작 진행중 과부하시 EOCR이 작동되면 동작중이던 모든 회로는 정지한다.

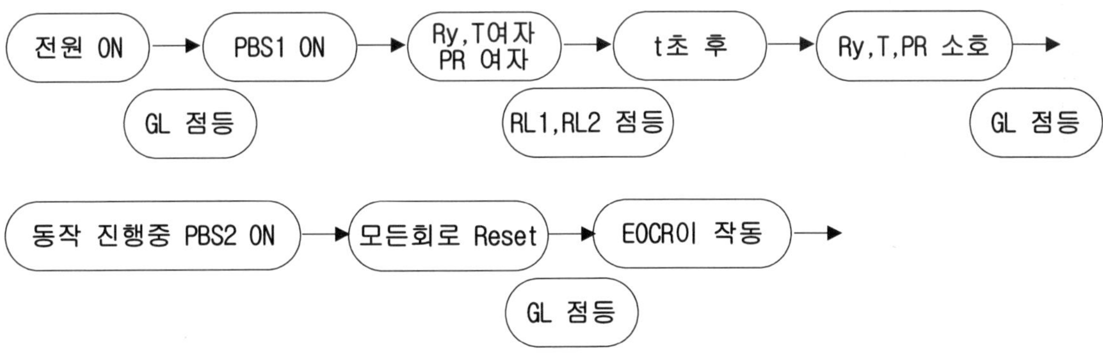

기초도면 6-2 전동기 한시 정지 운전회로[시이퀀스도]

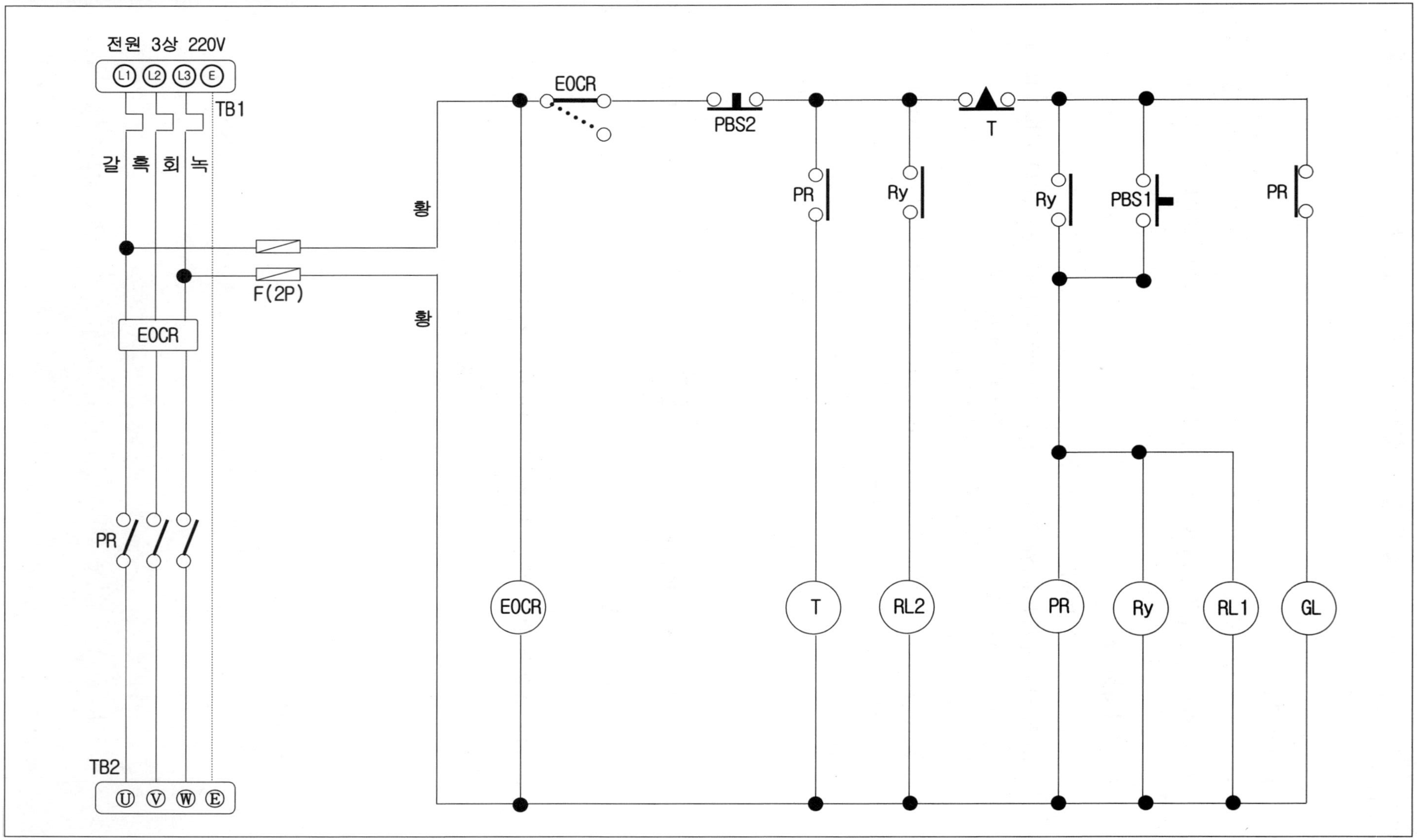

기초도면 6-3 전동기 한시 정지 운전회로[기구배치도, 실체배선도]

작업형을 필답형식으로 연습할 수 있도록 만든 실체배선도입니다.
3색 볼펜을 사용하여 시퀀스도의 주회로인 Ⓛ1, Ⓛ2, Ⓛ3상을 각각 갈색, 흑색, 회색으로 작도하며, 보조회로는 황색전선인 관계로 작도자 스스로가 구분이 쉽도록 실체배선도를 작도하시오.

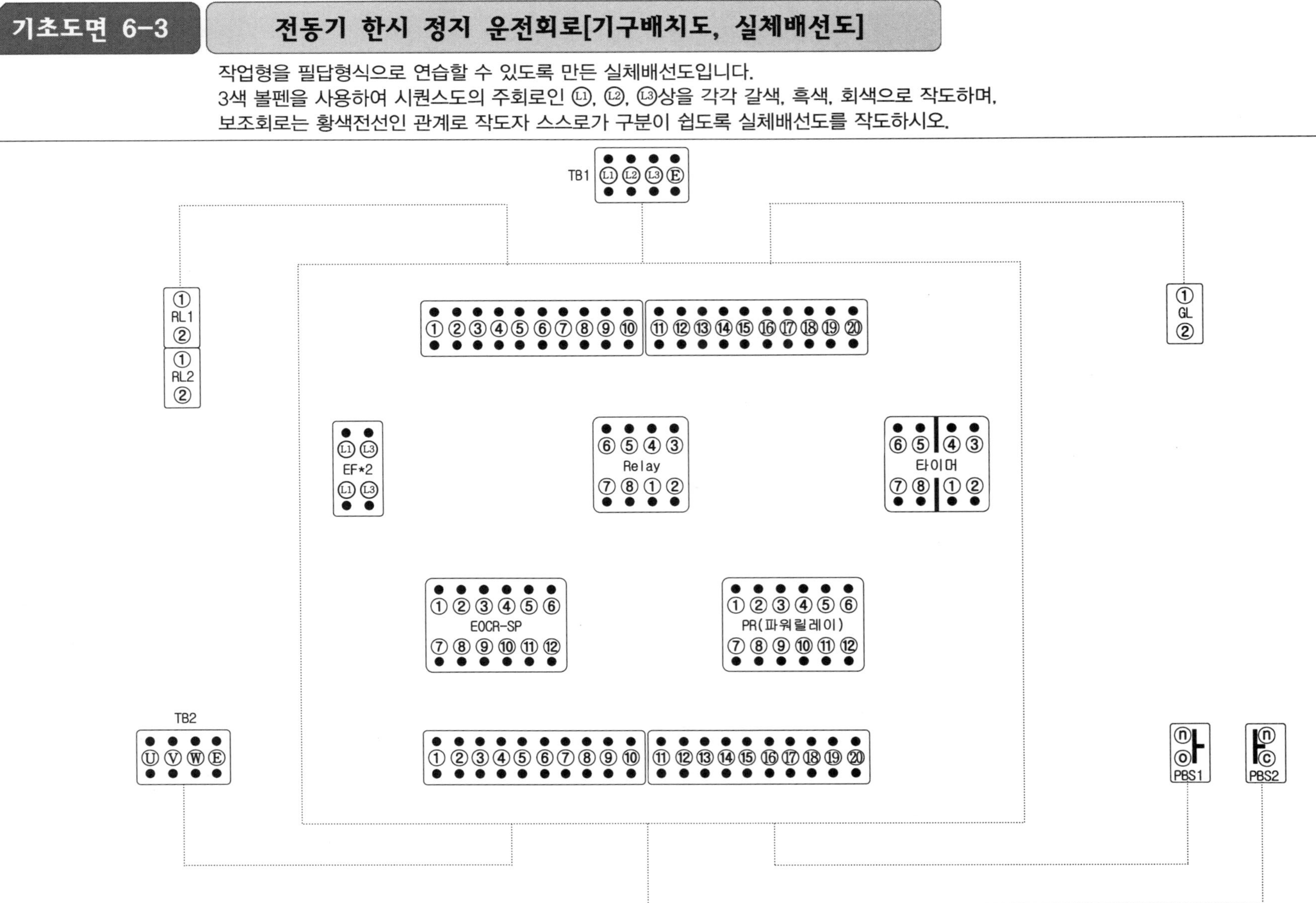

기초도면 6-4 전동기 한시 정지 운전회로[기구배치도, 실체배선도]

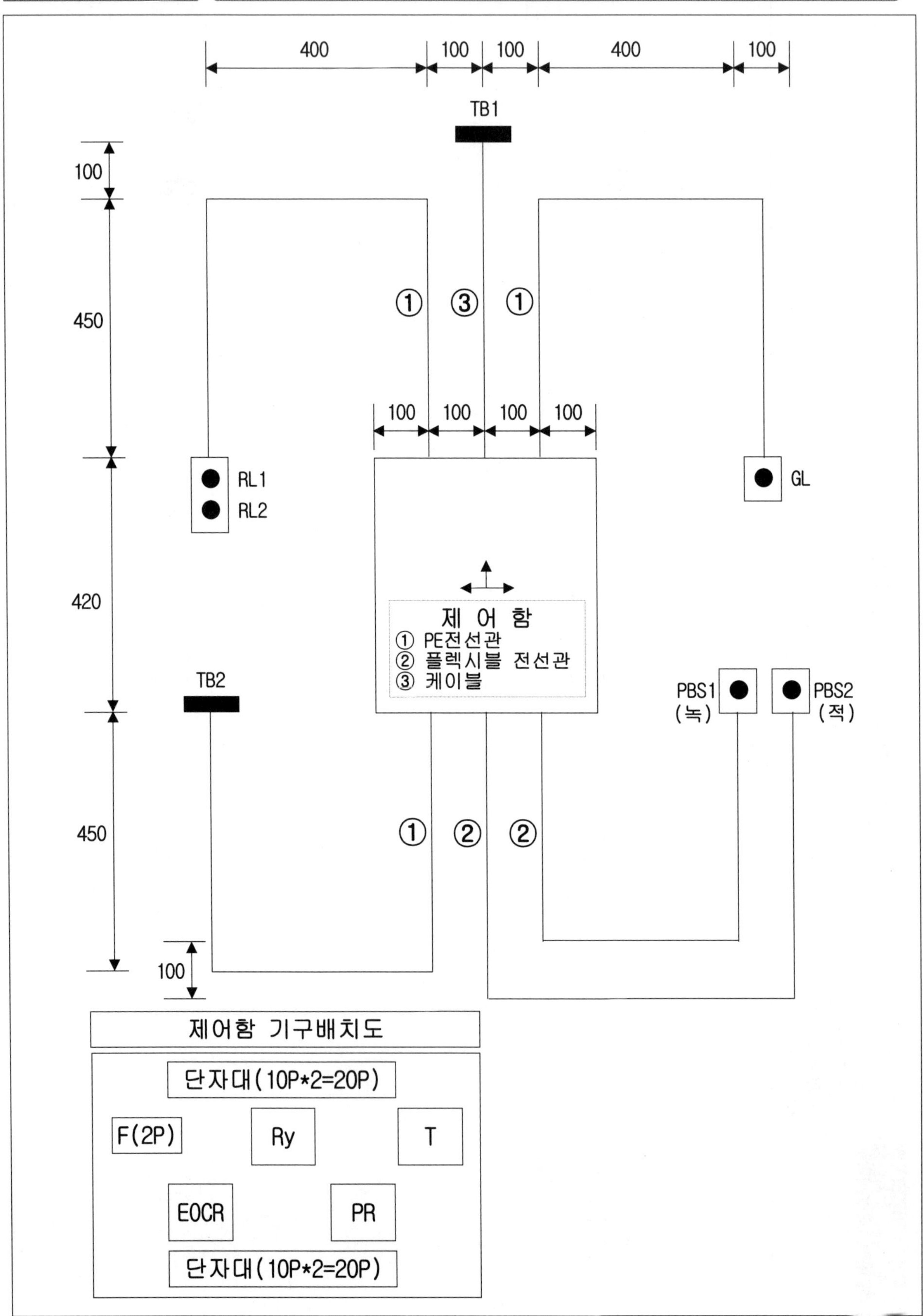

기초도면 7-1 타이머와 릴레이를 이용한 전동기 운전회로[사용재료,동작사항,흐름도]

▶ 사용재료 ◀

MCCB(3P)*1, 휴즈(2P)*1, 8P베이스*2, 12P베이스*2, 단자대(10P)*4, 단자대(4P)*2, PBS SW*1(녹), 램프(25Φ)*4(적,적,녹,녹), SS SW*1, 1구박스*2, 2구박스*2, 제어판(400*420)*1

▶ 동작사항 ◀

1) 전원(MCCB)를 ON하면 GL1이 점등되고, 이 상태에서 SS SW가 H상태이면 GL2가 점등된다.
2) PBS를 누르면 PR, Ry가 여자되어 전동기가 회전하며 Ry에 의하여 자기유지 회로가 구성되며 Ry-b접점에 의하여 GL2가 소등되며 Ry-a접점에 의하여 타이머가 여자되며 RL1이 점등된다. GL1소등.
3) t초후 RL1이 소등되고 RL2가 점등된다.
4) 동작사항 진행중 SS SW를 A상태로 절환하면 모든 동작사항은 정지한다.
5) 동작 진행중 과부하시 EOCR이 작동되면 동작중이던 모든 회로는 정지한다.

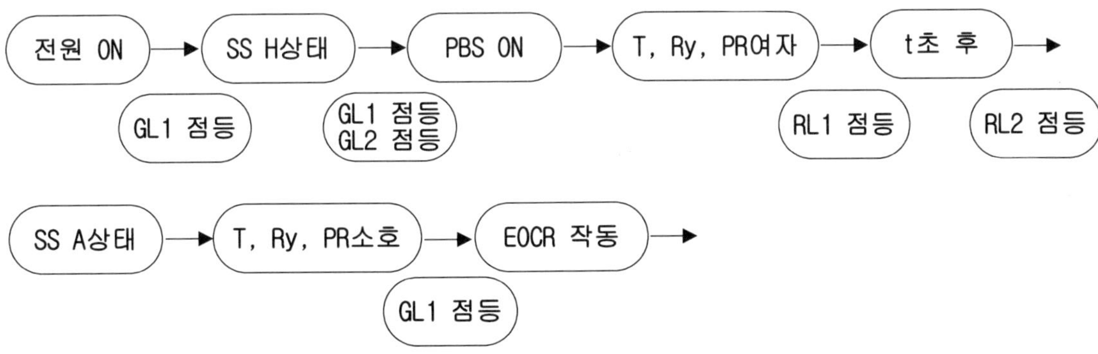

기초도면 7-2 타이머와 릴레이를 이용한 전동기 운전회로[시이퀀스도]

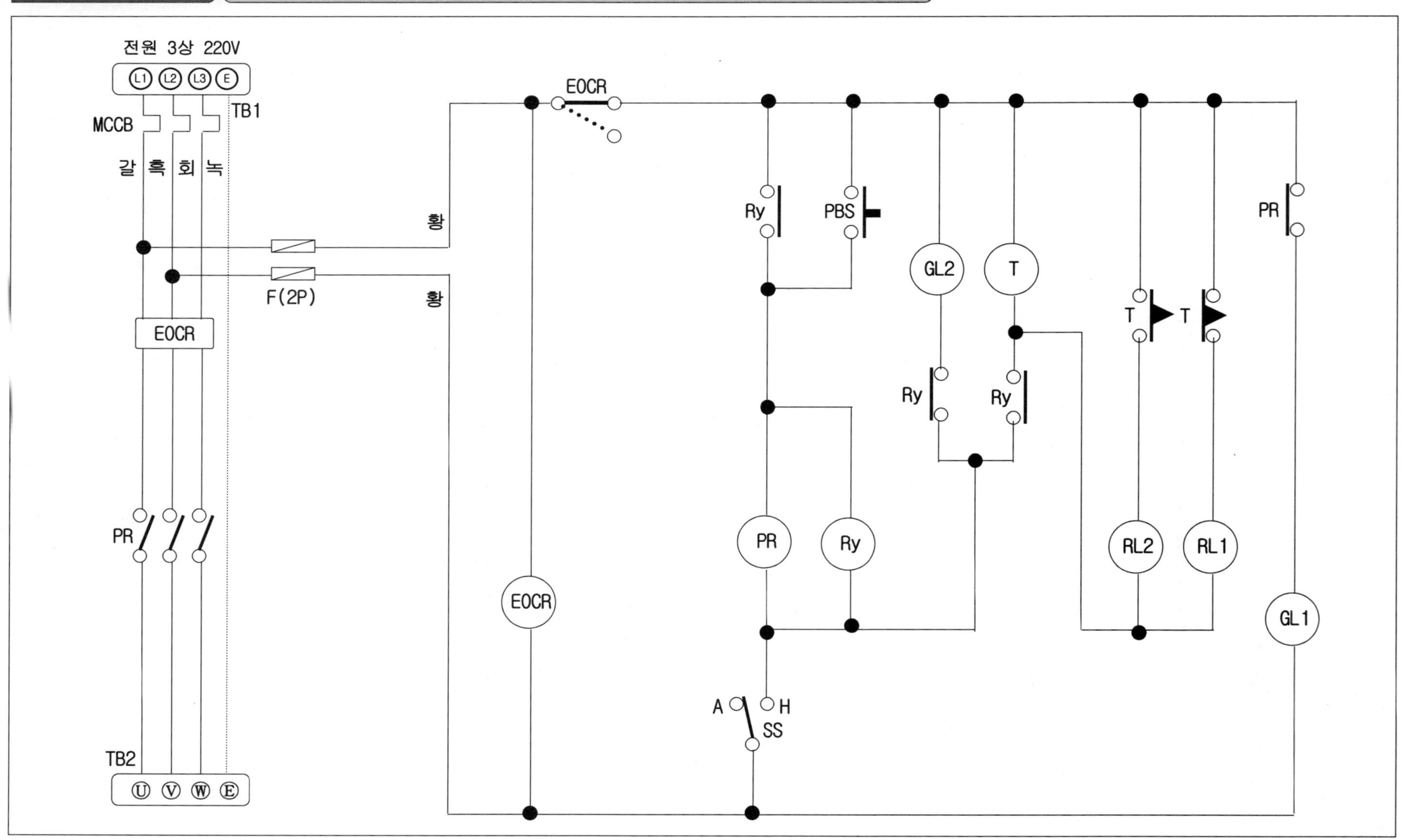

기초도면 7-3 타이머와 릴레이를 이용한 전동기 운전회로[기구배치도, 실체배선도]

작업형을 필답형식으로 연습할 수 있도록 만든 실체배선도입니다.
3색 볼펜을 사용하여 시퀀스도의 주회로인 Ⓛ1, Ⓛ2, Ⓛ3상을 각각 갈색, 흑색, 회색으로 작도하며, 보조회로는 황색전선인 관계로 작도자 스스로가 구분이 쉽도록 실체배선도를 작도하시오.

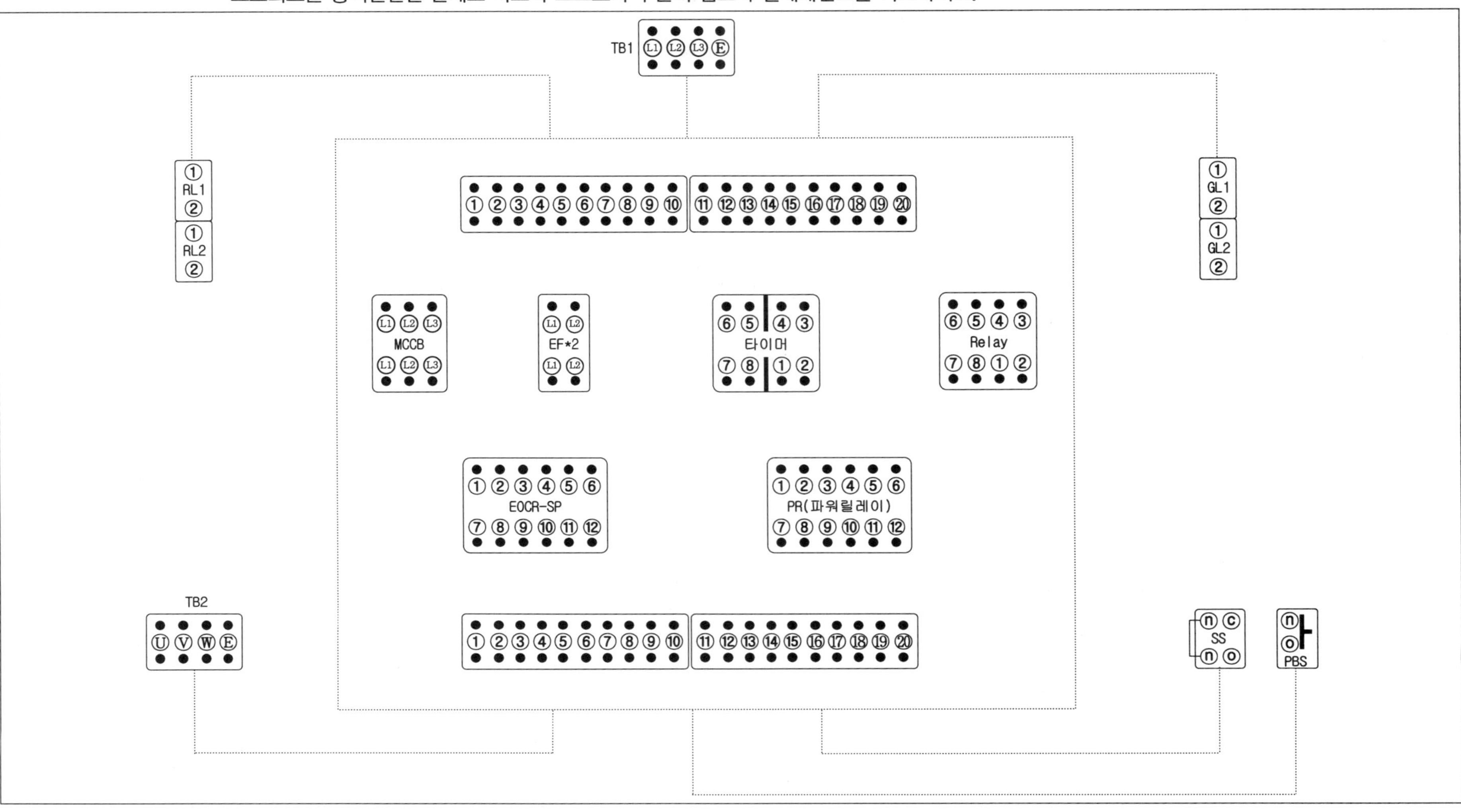

기초도면 7-4 타이머와 릴레이를 이용한 전동기 운전회로[기구배치도, 제어판넬 실체배선도]

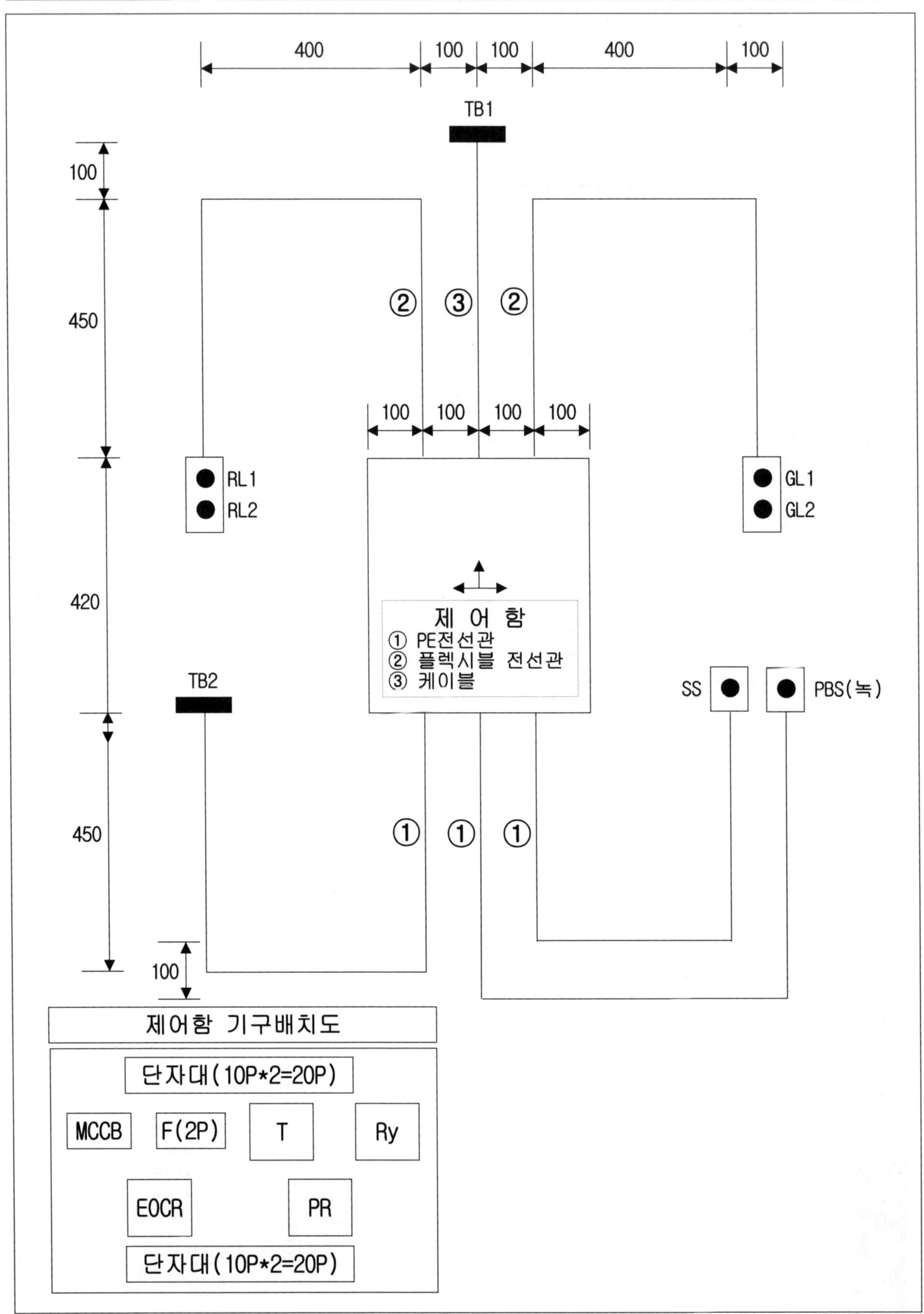

기초도면 8-1 전동기 시간제한 후 운전·정지회로[사용재료,동작사항,흐름도]

▶ 사용재료 ◀

MCCB(3P)*1, 8P베이스*3, 12P베이스*1, 단자대(10P)*4, 단자대(4P)*2,
PBS SW*2(녹,적), 램프(25Φ)*3(적,녹,백), 1구박스*3, 2구박스*1, 제어판(400*420)*1

▶ 동작사항 ◀

1) 전원(MCCB)를 ON하면 WL이 점등된다.
2) PBS1을 누르면 T1, Ry가 여자되어 자기유지 회로가 구성되며 GL이 점등된다. WL소등.
3) t1초후 T1에 의하여 PR, T2가 여자되며 자기유지 회로가 구성되며 전동기가 회전한다. 이때 RL, WL은 점등되며 GL은 소등되고 T1, Ry는 소호된다.
4) t2초 후 T2에 의하여 모든 회로는 Reset되며 전동기도 정지한다.
5) 동작사항 진행중 PBS2 ON하면 동작 중이던 모든 회로는 Reset된다.

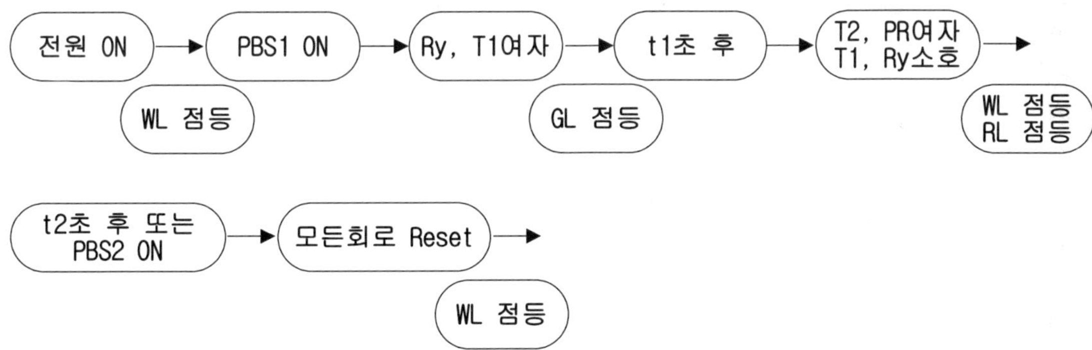

기초도면 8-2 전동기 시간제한 후 운전 · 정지회로[시이퀀스도]

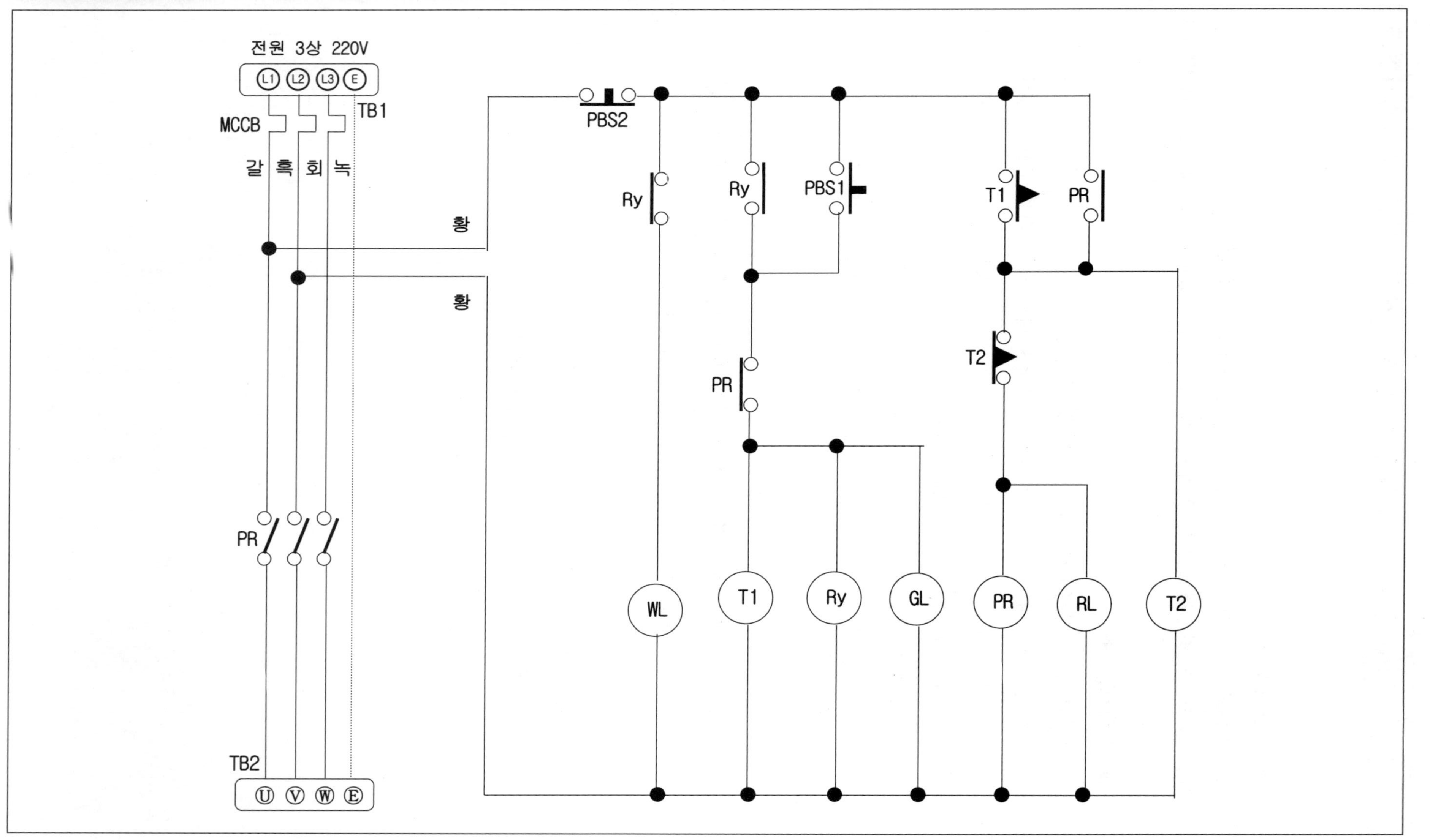

기초도면 8-3 전동기 시간제한 후 운전·정지회로[기구배치도, 실체배선도]

작업형을 필답형식으로 연습할 수 있도록 만든 실체배선도입니다.
3색 볼펜을 사용하여 시퀀스도의 주회로인 Ⓛ1, Ⓛ2, Ⓛ3상을 각각 갈색, 흑색, 회색으로 작도하며,
보조회로는 황색전선인 관계로 작도자 스스로가 구분이 쉽도록 실체배선도를 작도하시오.

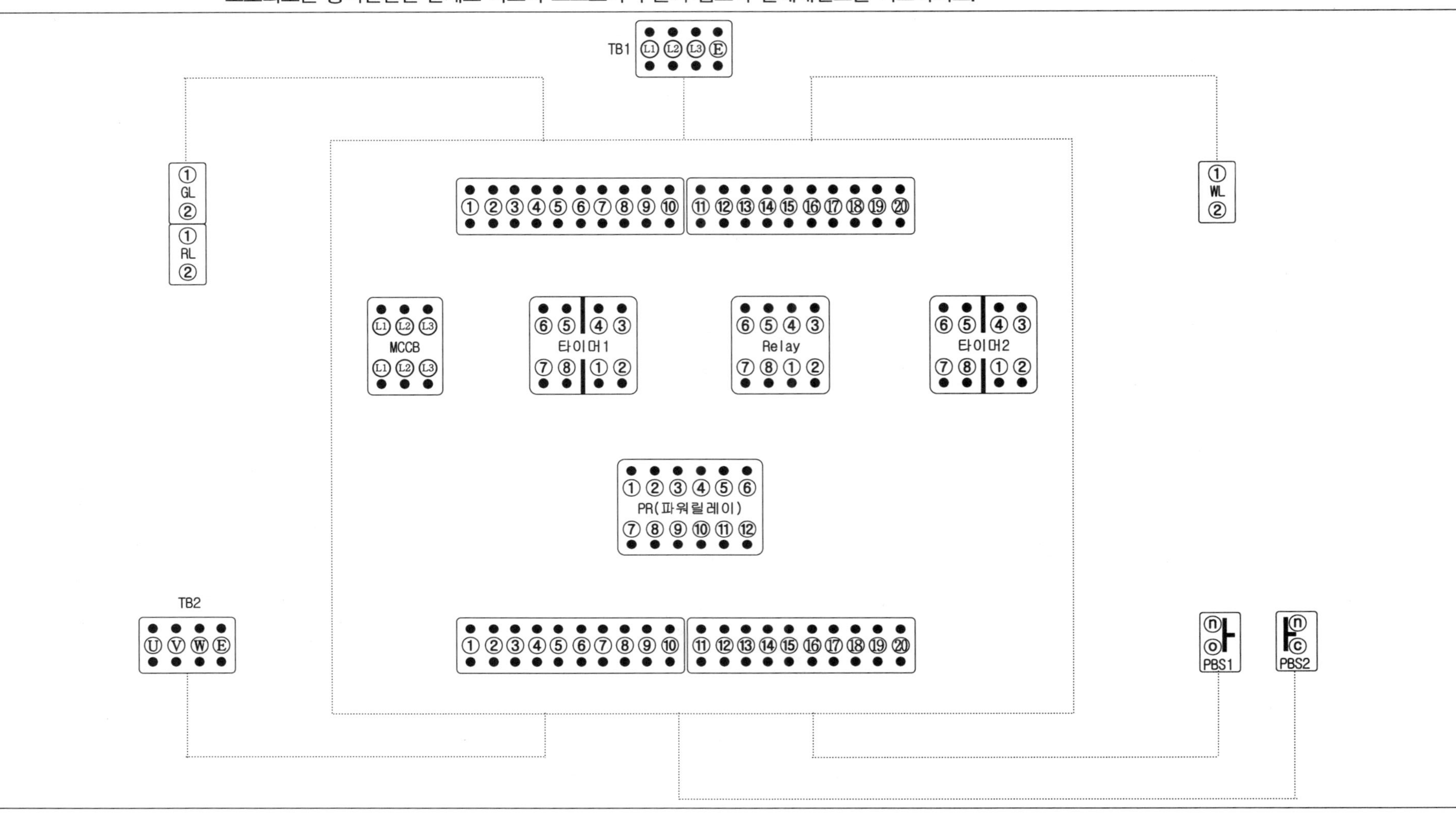

전동기 시간제한 후 운전.정지회로[기구배치도, 실체배선도]

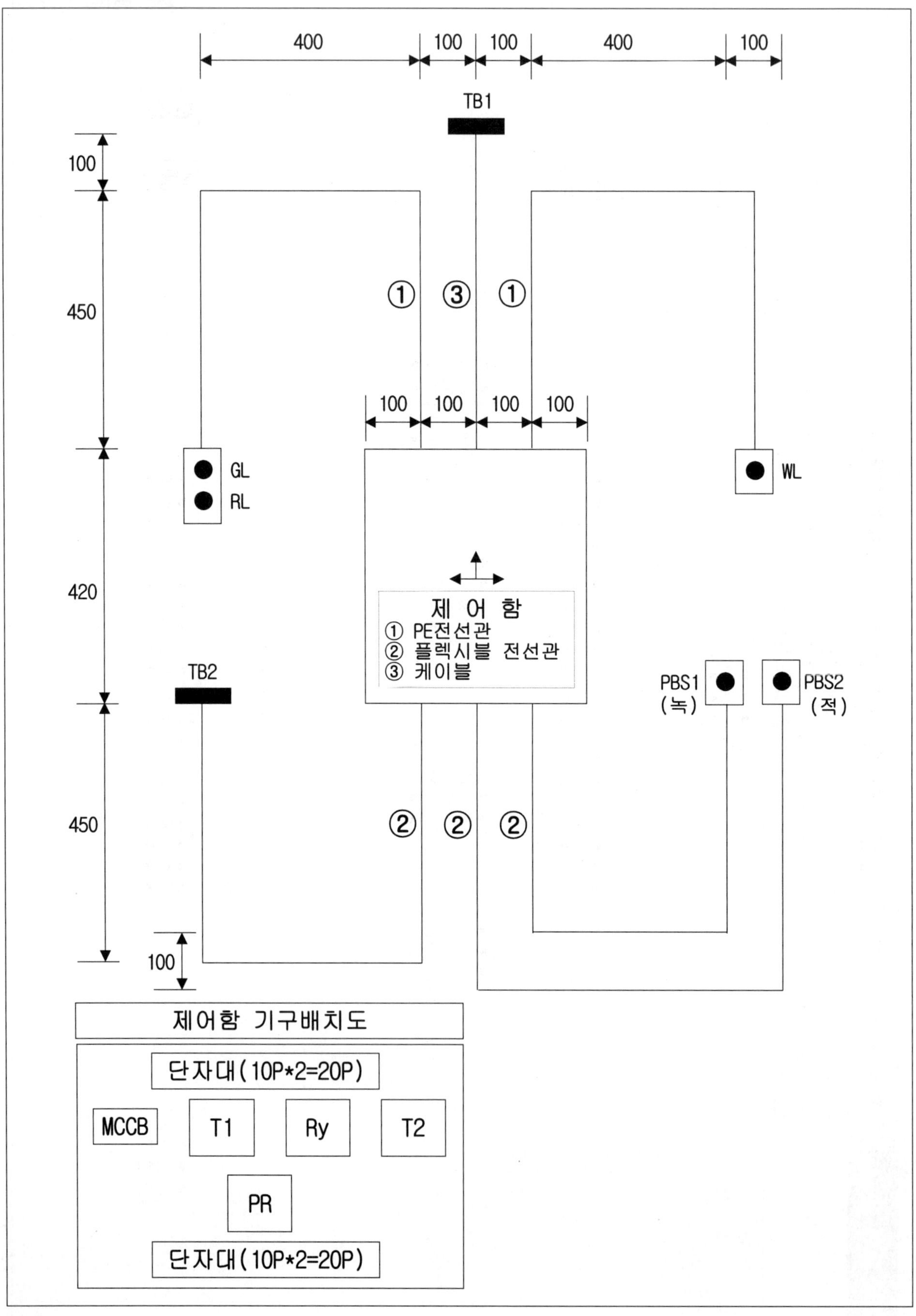

기초도면 9-1 전동기 시간제한 후동작 정지회로[사용재료,동작사항,흐름도]

▶ 사용재료 ◀

MCCB(3P)*1, 휴즈(2P)*1, 8P베이스*2, 12P베이스*2, 단자대(10P)*4, 단자대(4P)*2, PBS SW*1(녹), 램프(25Φ)*4(적,녹,녹,황), SS SW*1, 1구박스*2, 2구박스*2, 제어판(400*420)*1

▶ 동작사항 ◀

1) 전부하 상태에서 전원(MCCB)를 ON하고 SS SW를 ON하면 GL1이 점등된다.
2) PBS를 누르면 T1이 여자되고 자기유지 회로가 구성되며 GL2가 점등된다.
3) t1초후 PR,T2가 여자되어 전동기가 회전하며 RL이 점등된다. GL1소등.
4) t2초후 PR,T1,T2가 소호되어 전동기가 정지하며 GL2, RL이 소등되고 GL1이 점등된다.
5) 동작사항 진행중 SS SW를 OFF 상태로 절환하면 모든 동작사항은 정지한다.
6) 동작 진행중 과부하시 EOCR이 작동되면 동작중이던 모든 회로는 정지하며 YL이 점등된다.

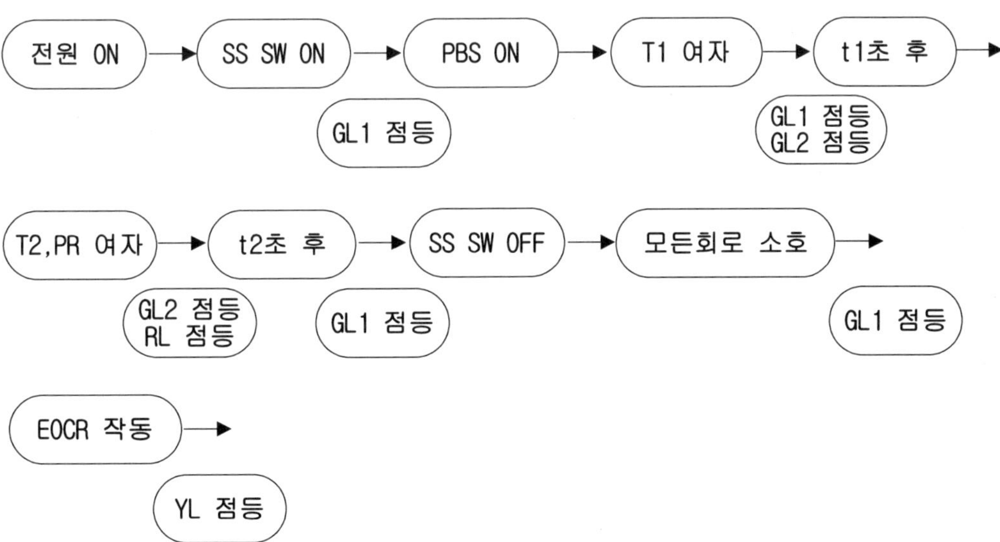

기초도면 9-2 전동기 시간제한 후동작 정지회로[시이퀀스도]

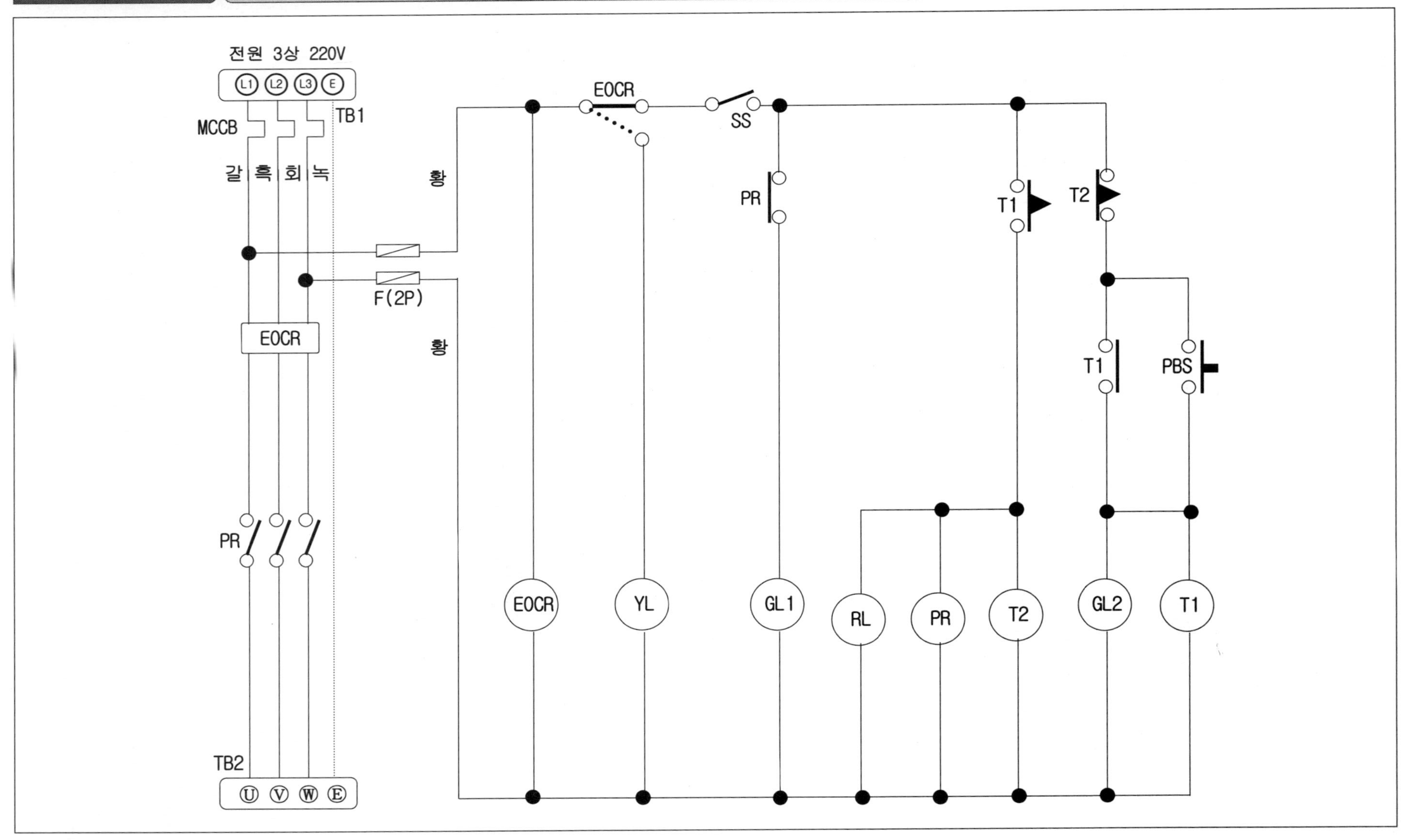

기초도면 9-3 전동기 시간제한 후동작 정지회로[기구배치도, 실체배선도]

작업형을 필답형식으로 연습할 수 있도록 만든 실체배선도입니다.
3색 볼펜을 사용하여 시퀀스도의 주회로인 Ⓛ1, Ⓛ2, Ⓛ3상을 각각 갈색, 흑색, 회색으로 작도하며,
보조회로는 황색전선인 관계로 작도자 스스로가 구분이 쉽도록 실체배선도를 작도하시오.

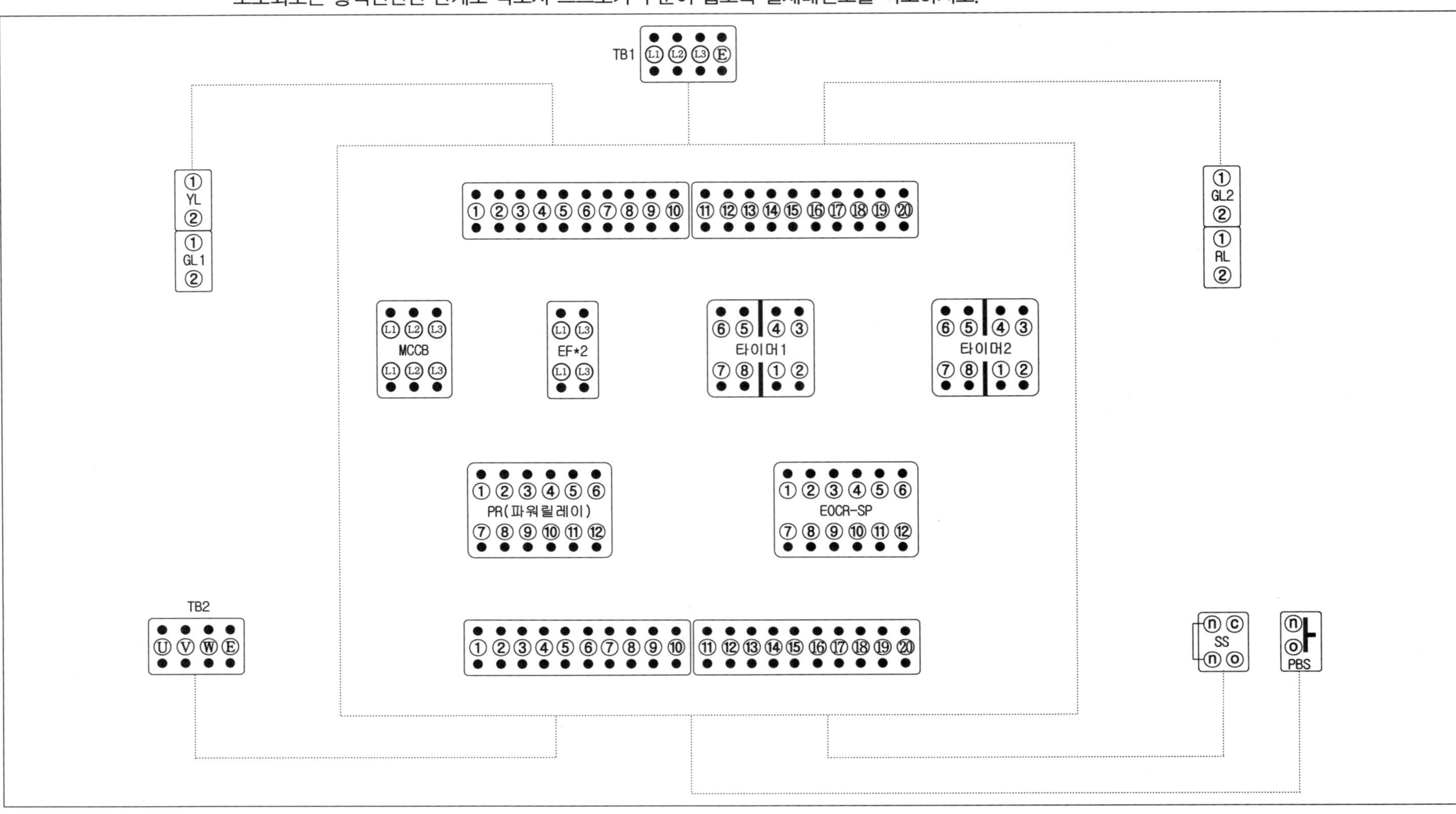

기초도면 9-4 전동기 시간제한 후동작 정지회로[기구배치도, 실체배선도]

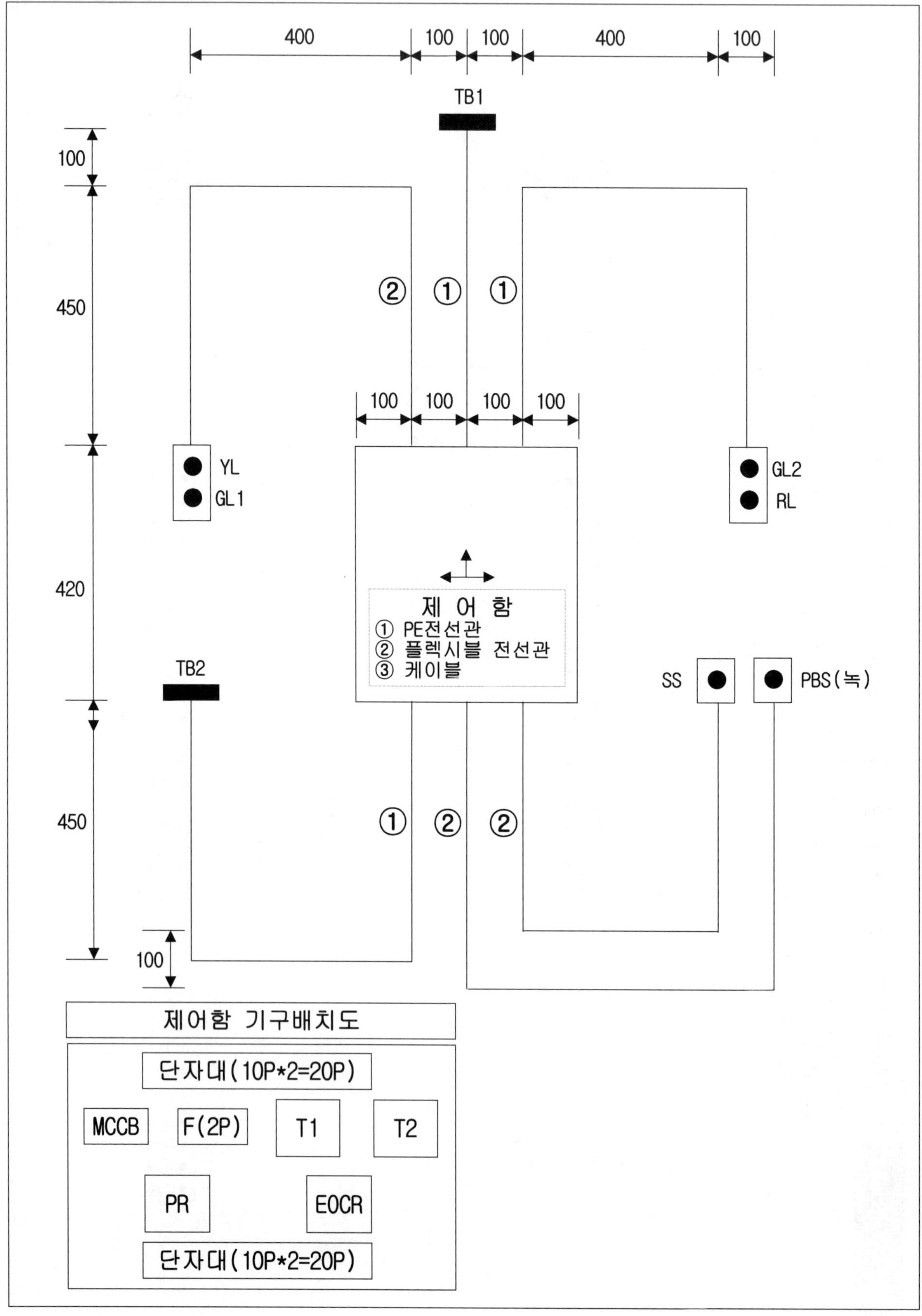

기초도면 10-1 전동기 2개소 정역 운전회로[사용재료,동작사항,흐름도]

▶ 사용재료 ◀

MCCB(3P)*1, 휴즈(2P)*1, 8P베이스*1, 11P베이스*2, 12P베이스*3, 단자대(10P)*4, 단자대(4P)*2, PBS SW*3(적,녹,녹), 램프(25Φ)*5(적,녹,황,백), 1구박스*1, 2구박스*3, 제어판(400*420)*1

▶ 동작사항 ◀

1) 전원(MCCB)를 ON하면 WL이 점등한다.
2) PBS1을 누르면 Ry1이 여자되며 Ry1에 의하여 자기유지회로가 구성되며, PR1이 여자되어 전동기가 정회전한다. RL점등.
3) PBS0를 누르면 PR1, Ry1이 소호되며 전동기는 정지한다. RL소등.
4) PBS2를 누르면 Ry2가 여자되며 Ry2에 의하여 자기유지회로가 구성되며, PR2가 여자되어 전동기가 역회전한다. GL점등.
5) PBS0를 누르면 PR2, Ry2가 소호되며 전동기는 정지한다. GL소등.
6) 동작사항 진행중 PBS0를 누르면 모든 동작은 Reset된다.
7) EOCR 과부하시 YL이 점등되며, Timer가 여자되어 t초후 YL이 소등된다

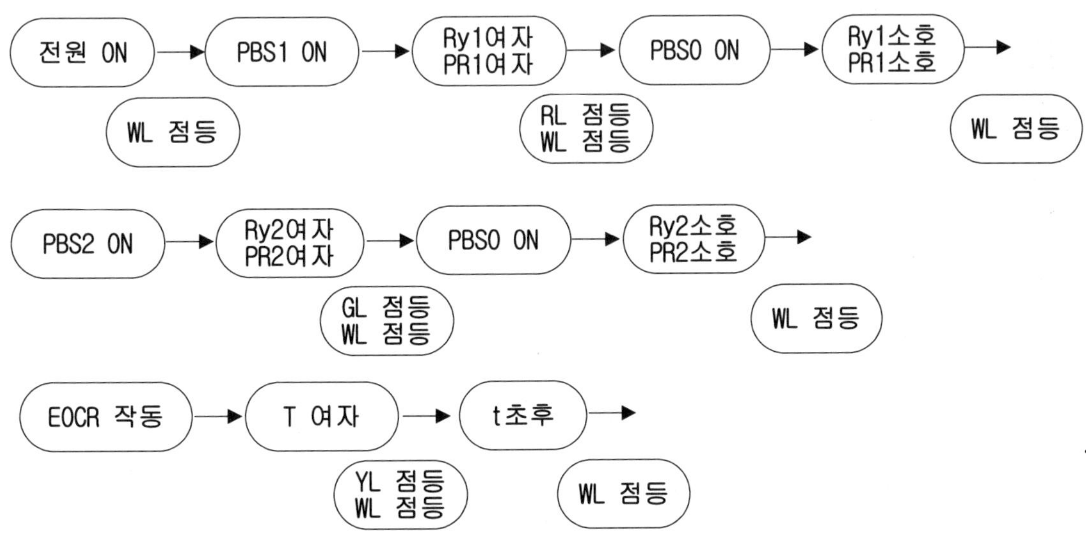

기초도면 10-2 전동기 2개소 정역 운전회로[시이퀀스도]

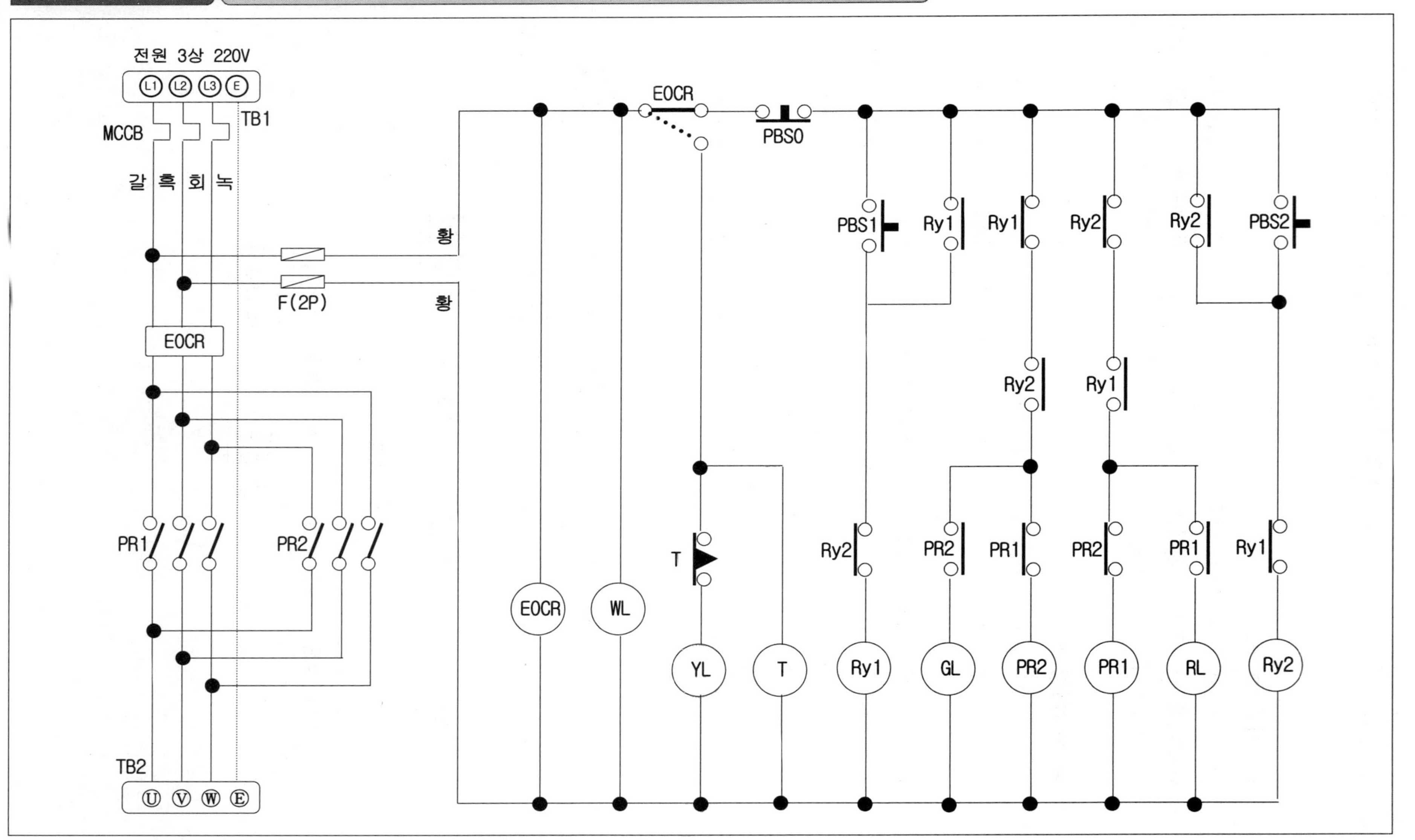

기초도면 10-3 전동기 2개소 정역 운전회로[기구배치도, 실체배선도]

작업형을 필답형식으로 연습할 수 있도록 만든 실체배선도입니다.
3색 볼펜을 사용하여 시퀀스도의 주회로인 Ⓛ1, Ⓛ2, Ⓛ3상을 각각 갈색, 흑색, 회색으로 작도하며,
보조회로는 황색전선인 관계로 작도자 스스로가 구분이 쉽도록 실체배선도를 작도하시오.

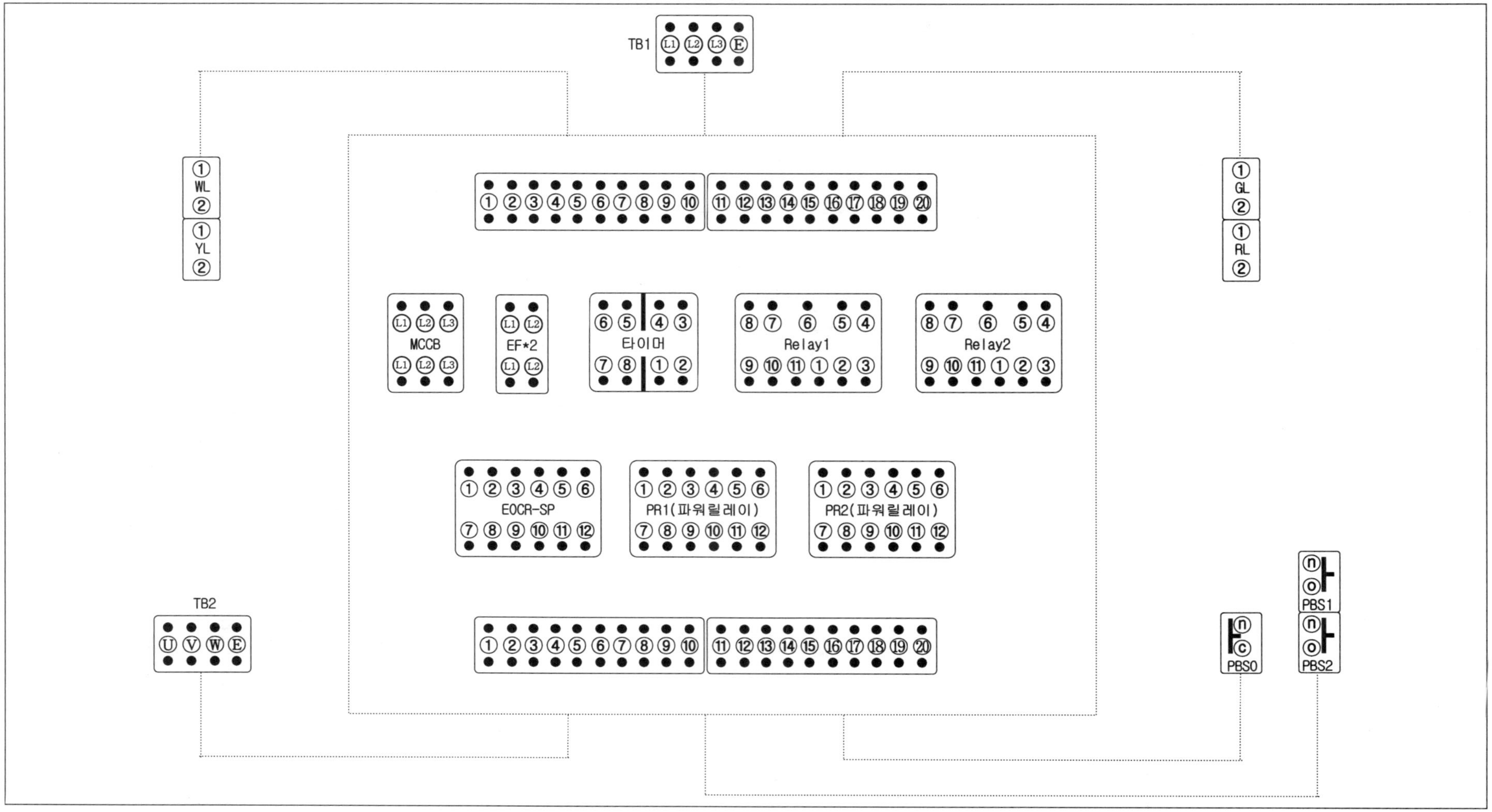

TB1 Ⓛ1 Ⓛ2 Ⓛ3 Ⓔ

WL YL GL RL

① ② ③ ④ ⑤ ⑥ ⑦ ⑧ ⑨ ⑩ ⑪ ⑫ ⑬ ⑭ ⑮ ⑯ ⑰ ⑱ ⑲ ⑳

MCCB EF*2 타이머 Relay1 Relay2

EOCR-SP PR1(파워릴레이) PR2(파워릴레이)

TB2 Ⓤ Ⓥ Ⓦ Ⓔ

PBS0 PBS1 PBS2

기초도면 10-4 전동기 2개소 정역 운전회로[기구배치도, 실체배선도]

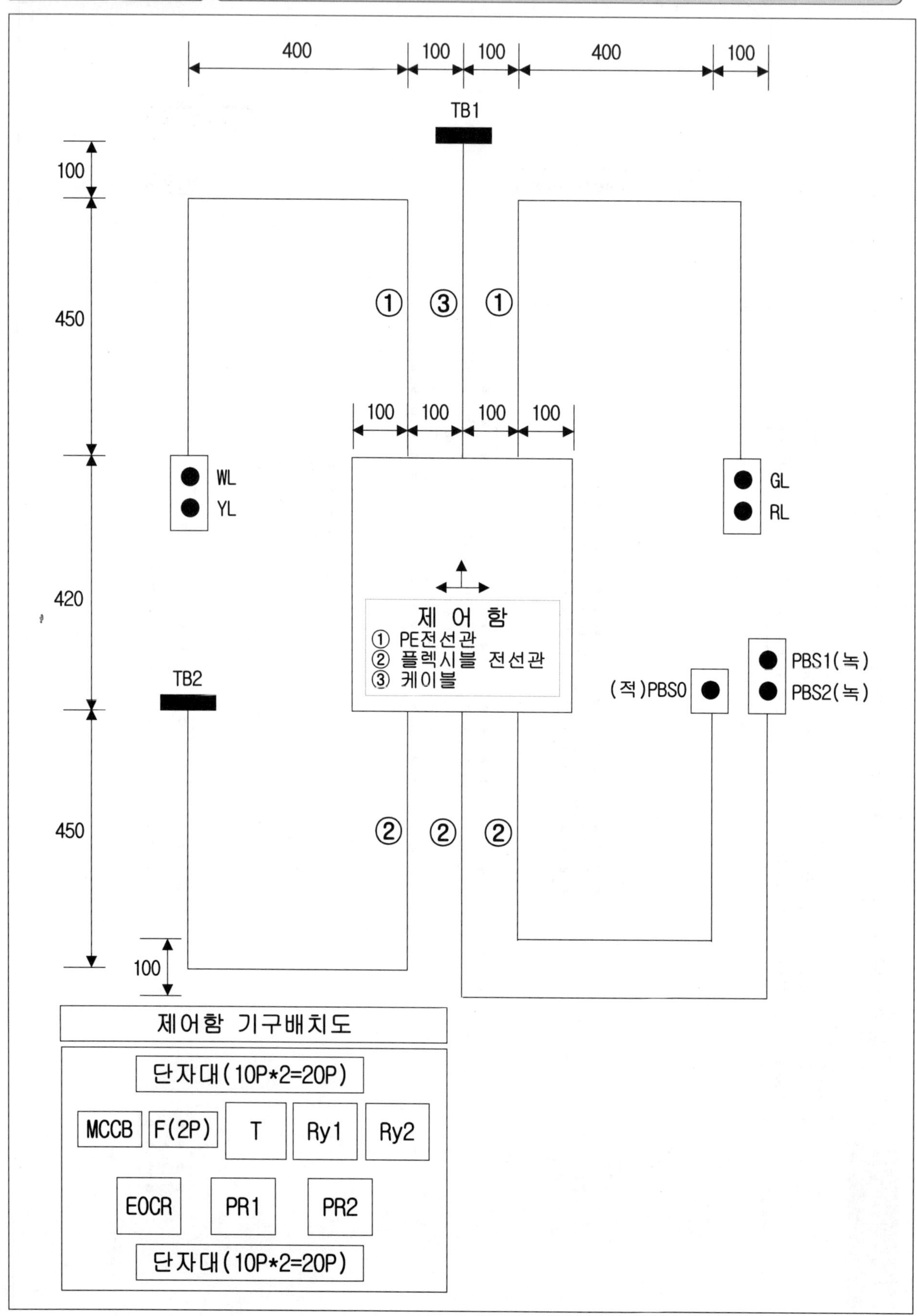

기초도면 11-1 온풍기 자동 동작회로[사용재료,동작사항,흐름도]

▶ 사용재료 ◀

MCCB(3P)*1, 휴즈(2P)*1, 8P베이스*3, 12P베이스*3, 단자대(10P)*4, 단자대(4P)*4, 램프(25Φ)*4(녹,적,적,황), SS SW*1, 1구박스*1, 2구박스*2, 제어판(400*420)*1

▶ 동작사항 ◀

1) 전원(MCCB)를 ON하면 GL이 점등한다.
2) SS SW를 H상태로 절환한후 온도릴레이 TC가 동작하면 Ry, MCH가 여자되고 전동기 TB2(히터)가 동작한다. 이때 타이머가 여자되며 RL1이 점등되고 GL이 소등된다.
3) t초 후 MCM이 여자되어 전동기 TB3(팬)이 회전하며 RL2가 점등된다.
4) TC가 적정온도 아래로 내려가면 Tc가 H상태로 자동 절환되어 모든 회로 동작은 정지한다. 또한 SS SW를 A상태로 절환해도 모든 동작중이던 동작사항은 정지한다. GL점등.
5) 동작 진행중 과부하시 EOCR이 작동되면 동작중이던 모든 회로는 정지하며 YL이 점등된다.

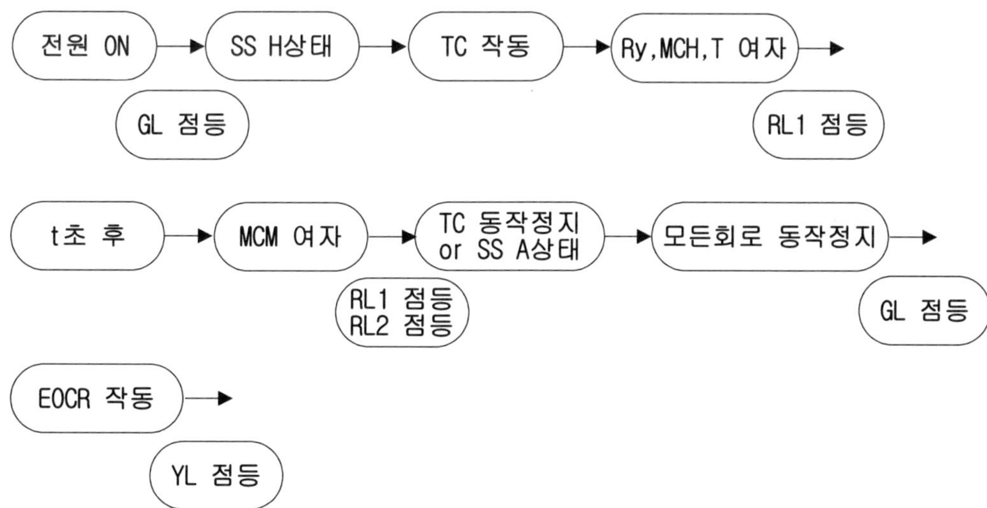

기초도면 11-2 온풍기 자동 동작회로[시이퀀스도]

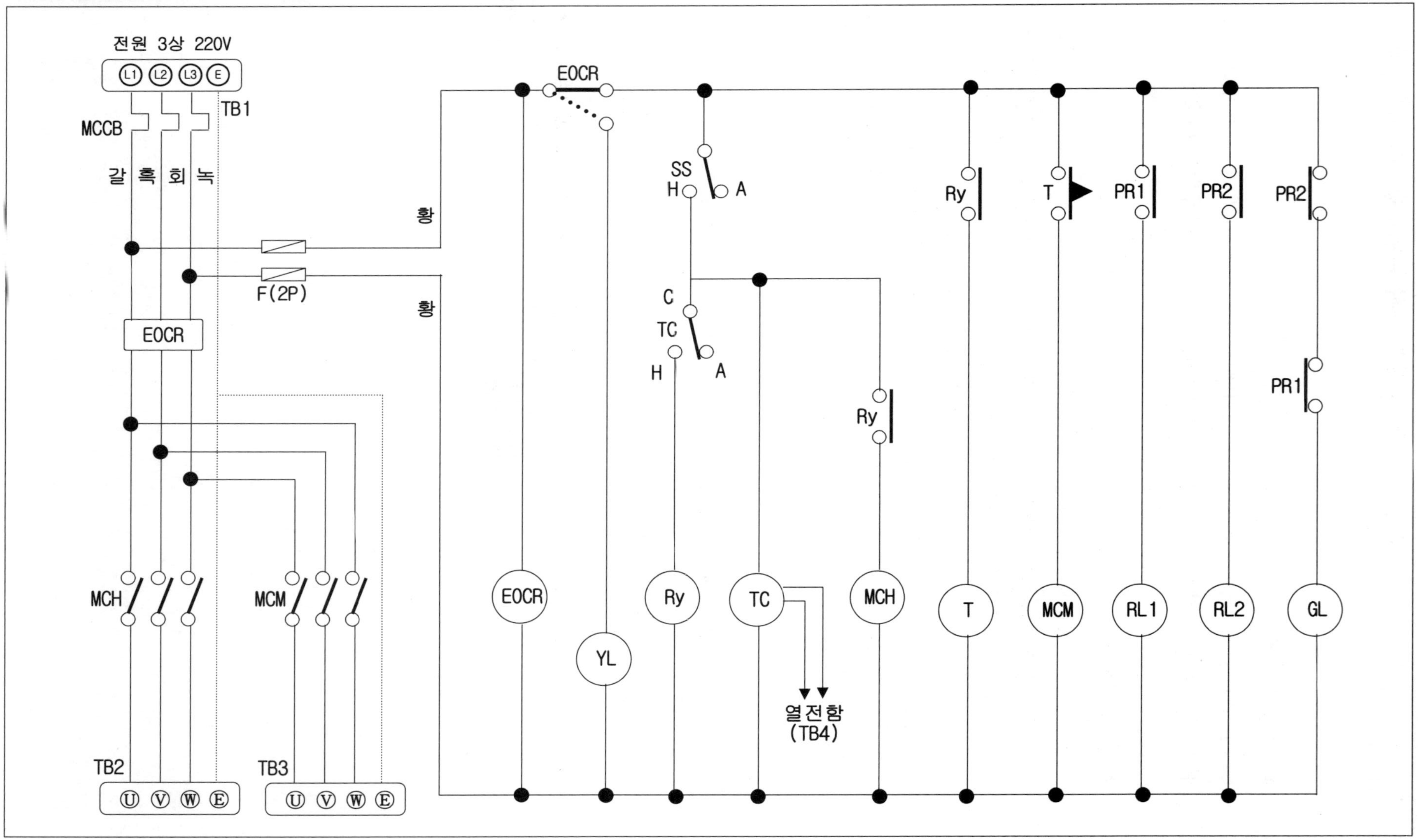

전원 3상 220V
L1 L2 L3 E
TB1
MCCB
갈 흑 회 녹
F(2P)
황
황
EOCR
MCH
MCM
TB2
U V W E
TB3
U V W E
EOCR
SS
H A
C
TC
H A
Ry
Ry
T
PR1
PR2
PR2
PR1
EOCR
YL
Ry
TC
MCH
T
MCM
RL1
RL2
GL
열전함
(TB4)

기초도면 11-3 온풍기 자동 동작회로[기구배치도, 실체배선도]

작업형을 필답형식으로 연습할 수 있도록 만든 실체배선도입니다.
3색 볼펜을 사용하여 시퀀스도의 주회로인 Ⓛ1, Ⓛ2, Ⓛ3상을 각각 갈색, 흑색, 회색으로 작도하며, 보조회로는 황색전선인 관계로 작도자 스스로가 구분이 쉽도록 실체배선도를 작도하시오.

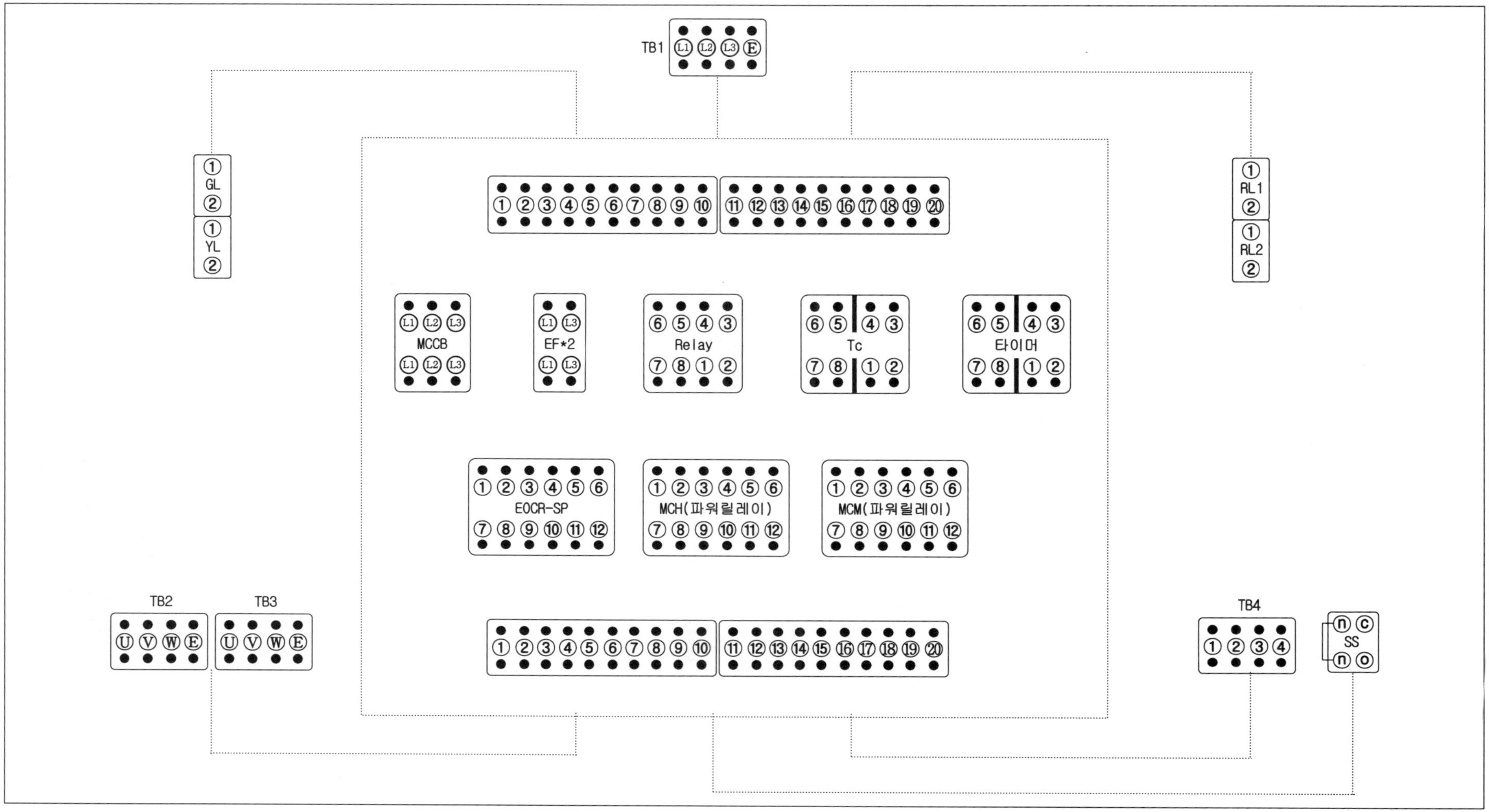

TB1
L1 L2 L3 E
GL
YL
RL1
RL2
MCCB
EF*2
Relay
Tc
타이머
EOCR-SP
MCH(파워릴레이)
MCM(파워릴레이)
TB2
TB3
TB4
SS

온풍기 자동 동작회로[기구배치도, 실체배선도]

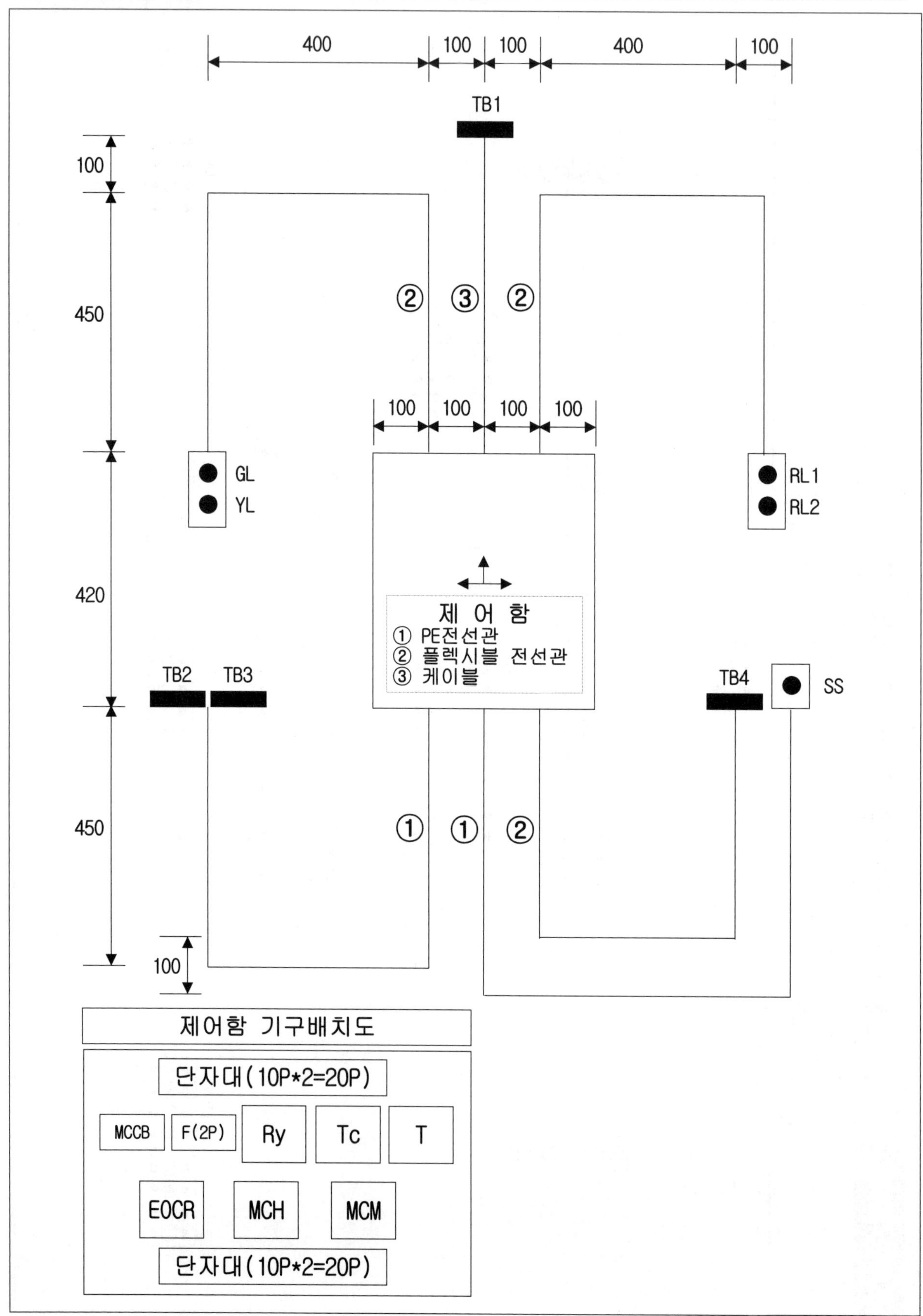

기초도면 12-1 전동기 자 · 수동 운전회로[사용재료,동작사항,흐름도]

▶ 사용재료 ◀

휴즈(3P)*1, 휴즈(2P)*1, 8P베이스*1, 11P베이스*1, 12P베이스*2, 단자대(10P)*4, 단자대(4P)*3, PBS SW*2(적,녹), 램프(25Φ)*4(녹,적,적,황), SS SW*1, 2구박스*2, 3구박스*1, 제어판(400*420)*1

▶ 동작사항 ◀

1) 전원(MCCB)를 ON하면 L1이 점등된다.
2) SS SW를 H상태로 절환한 후 PBS1을 누르면 PR, Ry1이 여자되어 자기유지 회로가 구성되며, 전동기는 회전하고 L1이 소등되고, L2가 점등된다.
3) SS SW를 A상태로 절환하면 PR, Ry1이 소호된다. L1점등, L2소등.
4) SS SW를 A상태로 절환한 후 LS(TB3)(자동감지기)가 작동하면 PR, Ry1, Ry2가 여자되어 전동기는 회전하고 L1이 소등되고, L2, L3가 점등된다.
5) 동작 진행중 PBS2를 누르면 전동기는 회전을 정지하고 모든 회로는 소호된다. L1점등.
6) 동작 진행중 과부하시 EOCR이 작동되면 동작중이던 모든 회로는 정지하며 L4가 점등된다.

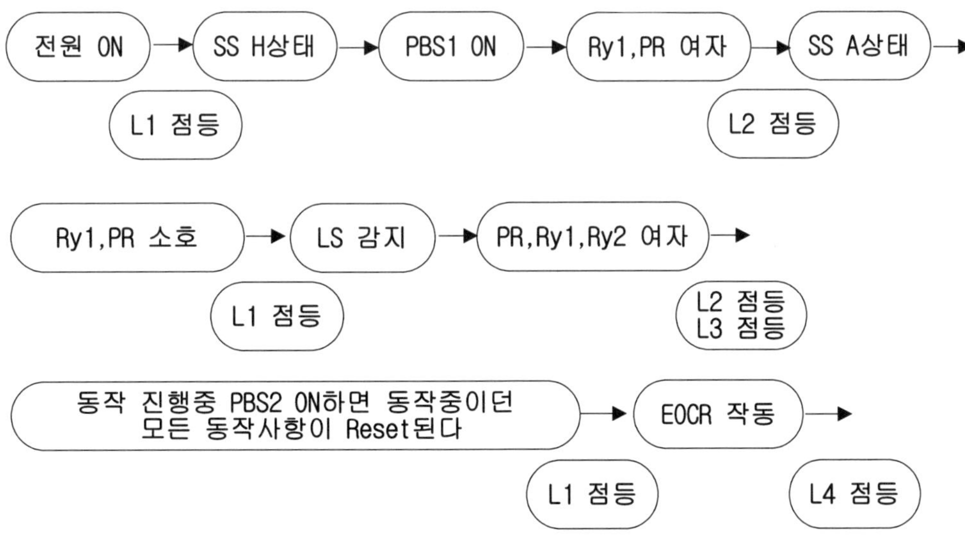

기초도면 12-2 전동기 자 · 수동 운전회로[시이퀀스도]

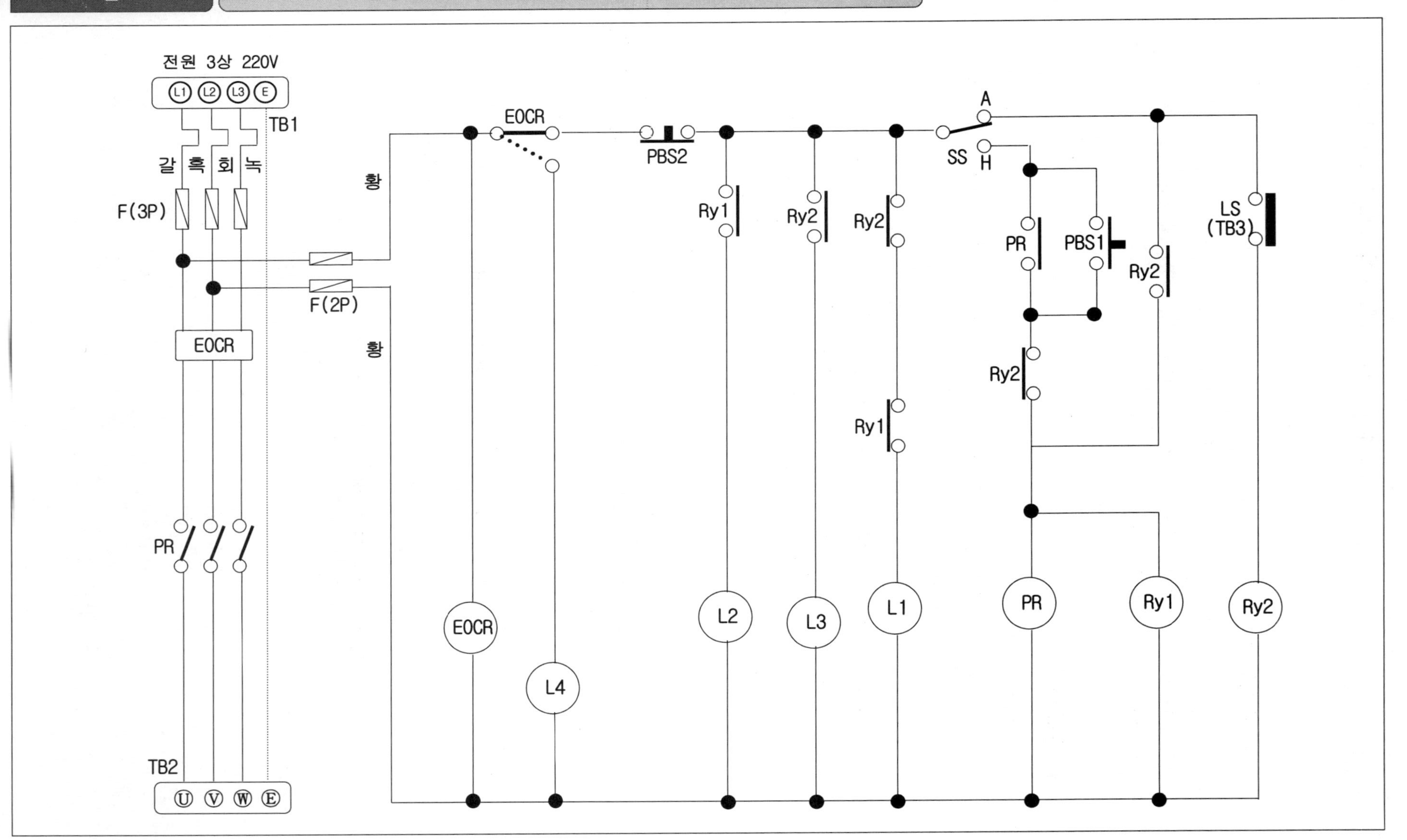

기초도면 12-3 전동기 자 · 수동 운전회로[기구배치도, 실체배선도]

작업형을 필답형식으로 연습할 수 있도록 만든 실체배선도입니다.
3색 볼펜을 사용하여 시퀀스도의 주회로인 Ⓛ1, Ⓛ2, Ⓛ3상을 각각 갈색, 흑색, 회색으로 작도하며,
보조회로는 황색전선인 관계로 작도자 스스로가 구분이 쉽도록 실체배선도를 작도하시오.

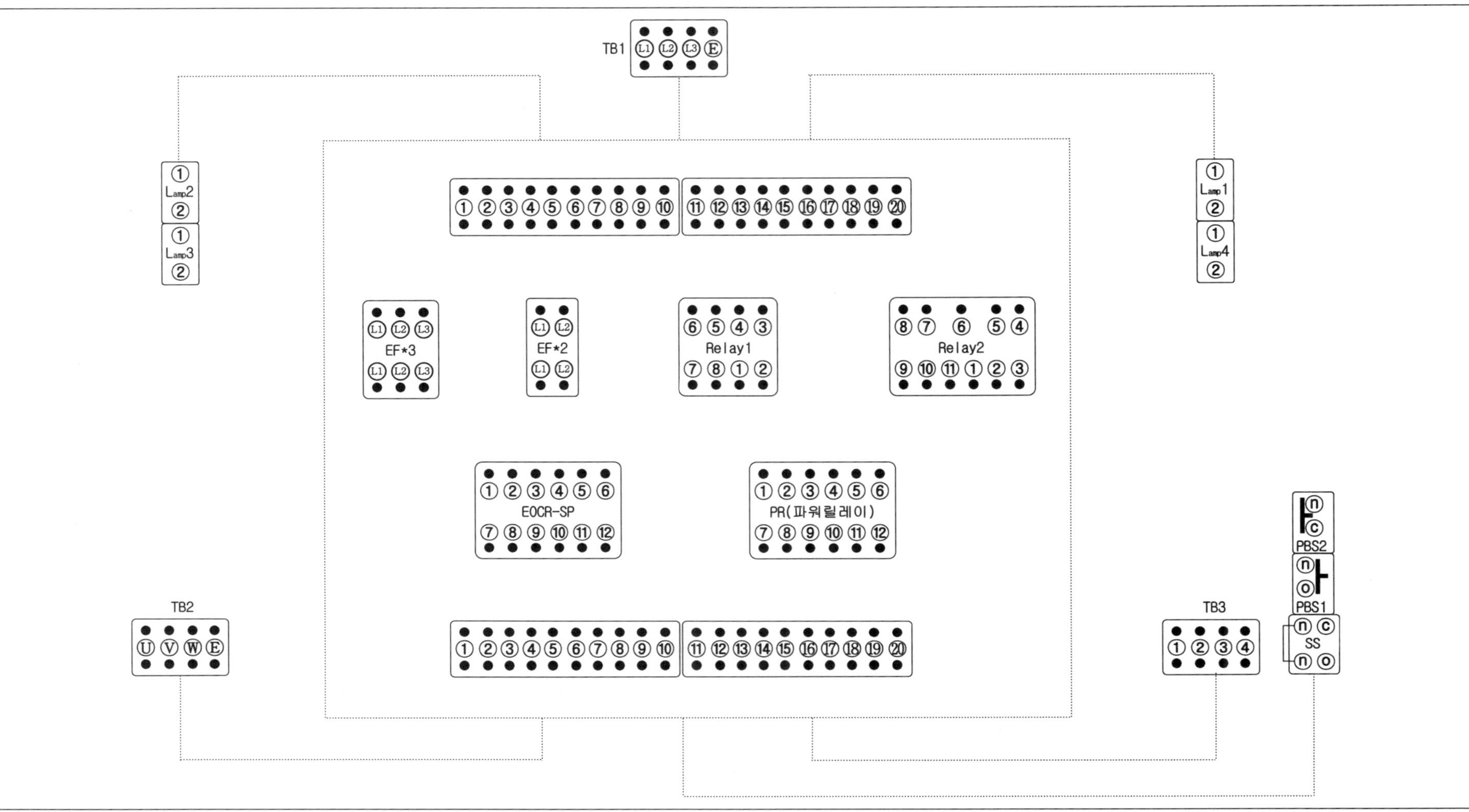

전동기 자 · 수동 운전회로[기구배치도, 실체배선도]

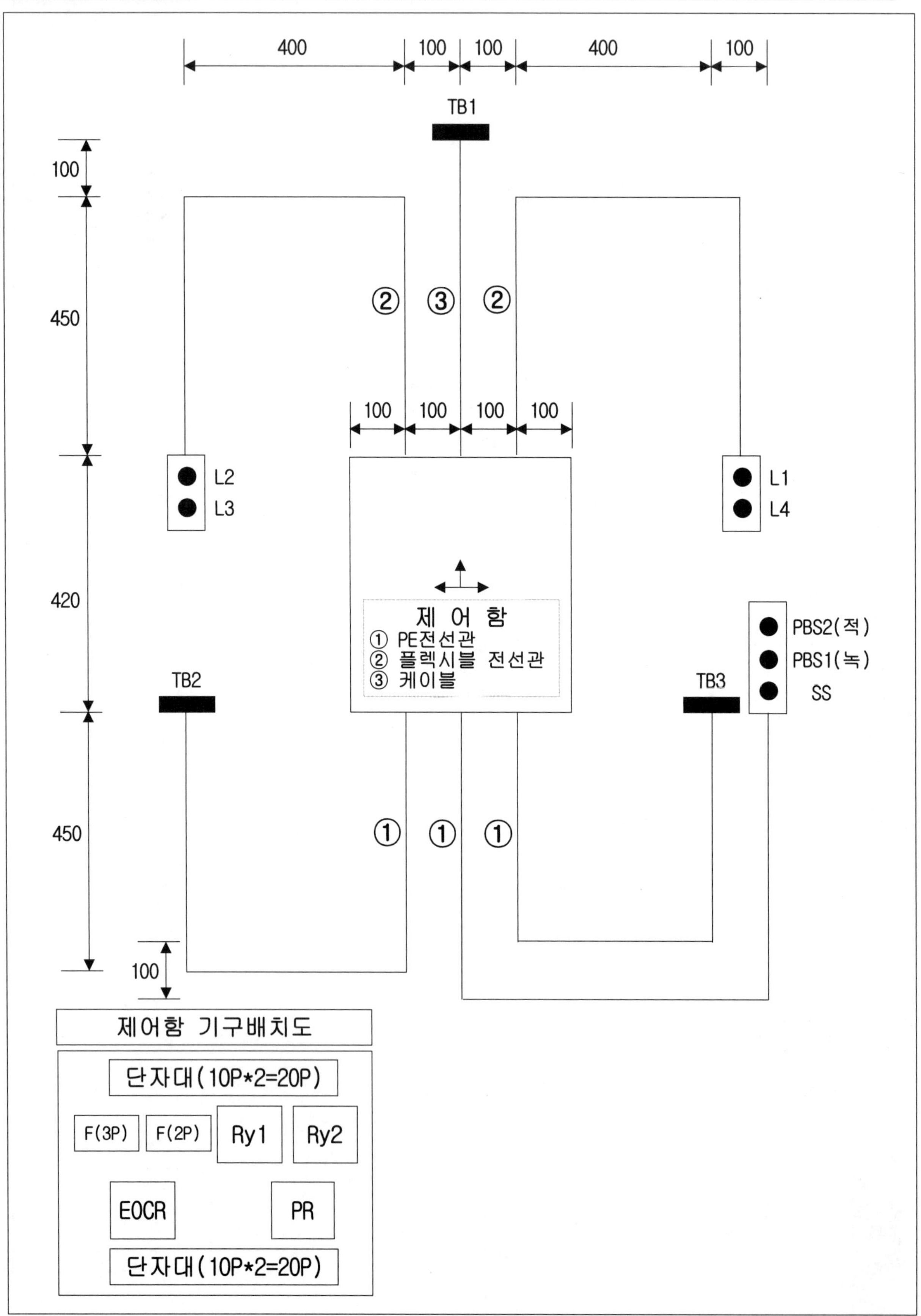

기초도면 13-1 전동기 시간후 정지회로[사용재료,동작사항,흐름도]

▶ 사용재료 ◀

MCCB(3P)*1, 휴즈(2P)*1, 8P베이스*2, 12P베이스*2, 단자대(10P)*4, 단자대(4P)*2, PBS SW*2(녹,녹), 램프(25Φ)*4(적,적,적,녹), SS SW*1, 1구박스*1, 2구박스*3, 제어판(400*420)*1

▶ 동작사항 ◀

1) 전원(MCCB)를 ON하면 GL이 점등된다.
2) SS SW를 H상태로 절환한 후 PBS2를 누르고 있는 순간에만 PR이 여자되어 전동기가 회전한다. 이때 RL1, RL2는 점등되고 GL은 소등된다.
3) SS SW가 A상태일 때 PBS1을 누르면 타이머와 Ry가 여자되고 자기유지 회로가 구성되며 PR이 여자되어 전동기가 회전한다. RL1, RL2, RL3가 점등되고 GL은 소등된다.
4) t초 후 타이머에 의하여 모든 동작사항은 정지하며 GL만 점등된다.
5) 동작 진행중 과부하시 EOCR이 작동되면 동작중이던 모든 회로는 정지한다.

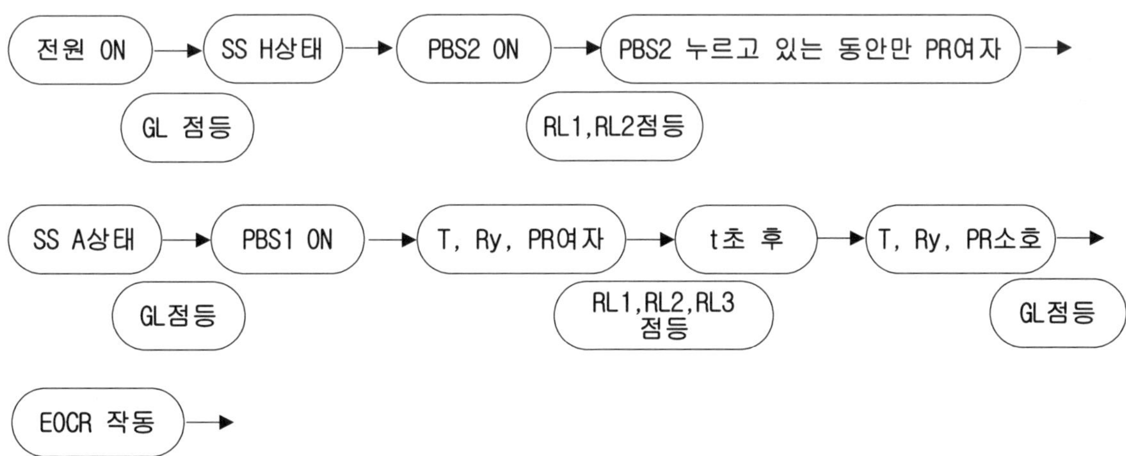

기초도면 13-2 전동기 시간후 정지회로[시이퀀스도]

기초도면 13-3 전동기 시간후 정지회로[기구배치도, 실체배선도]

작업형을 필답형식으로 연습할 수 있도록 만든 실체배선도입니다.
3색 볼펜을 사용하여 시퀀스도의 주회로인 Ⓛ1, Ⓛ2, Ⓛ3상을 각각 갈색, 흑색, 회색으로 작도하며,
보조회로는 황색전선인 관계로 작도자 스스로가 구분이 쉽도록 실체배선도를 작도하시오.

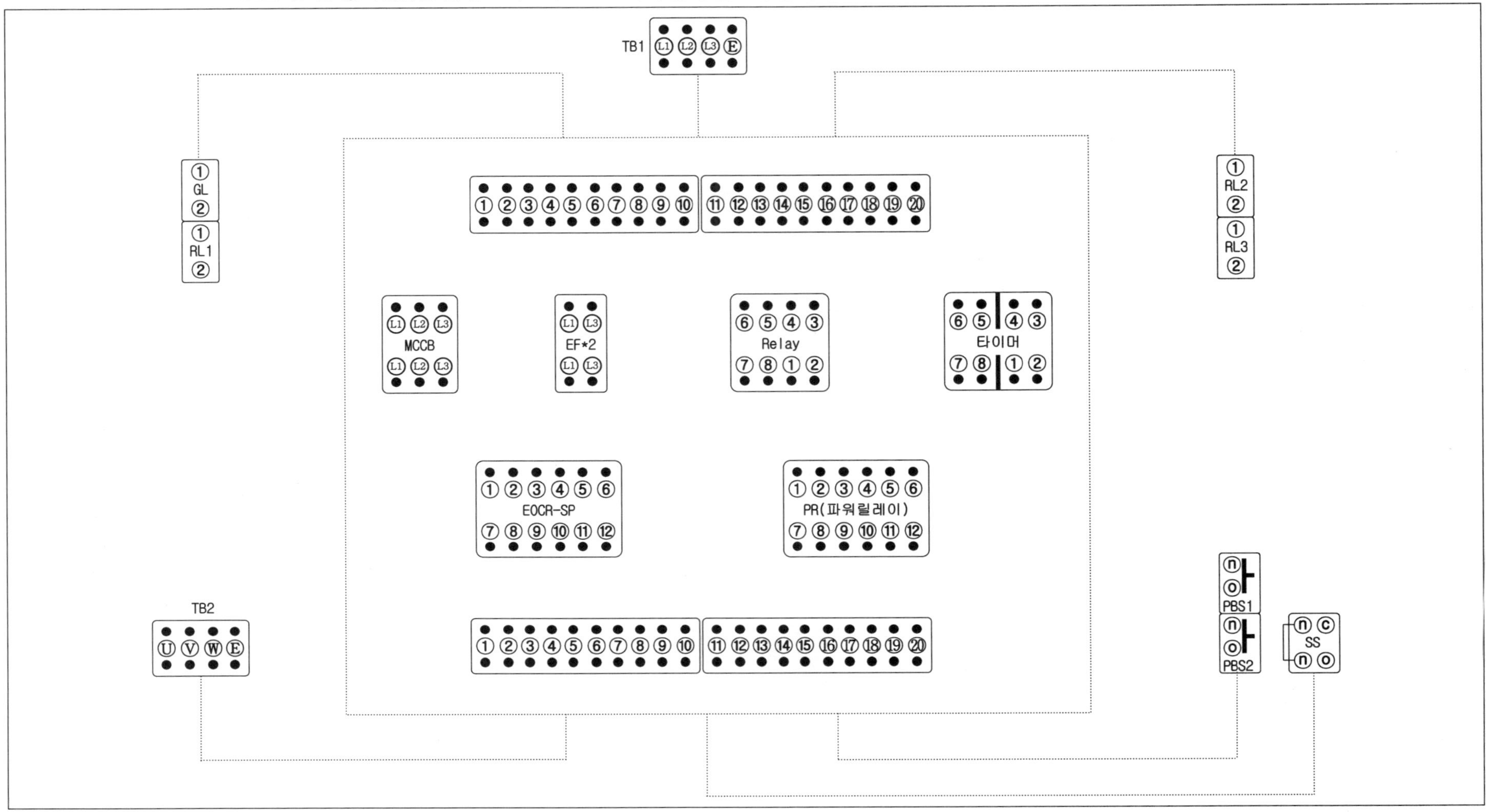

TB1 L1 L2 L3 E

GL

RL1

RL2

RL3

MCCB

EF*2

Relay

타이머

EOCR-SP

PR(파워릴레이)

TB2 U V W E

PBS1

PBS2

SS

기초도면 13-4 전동기 시간후 정지회로[기구배치도, 실체배선도]

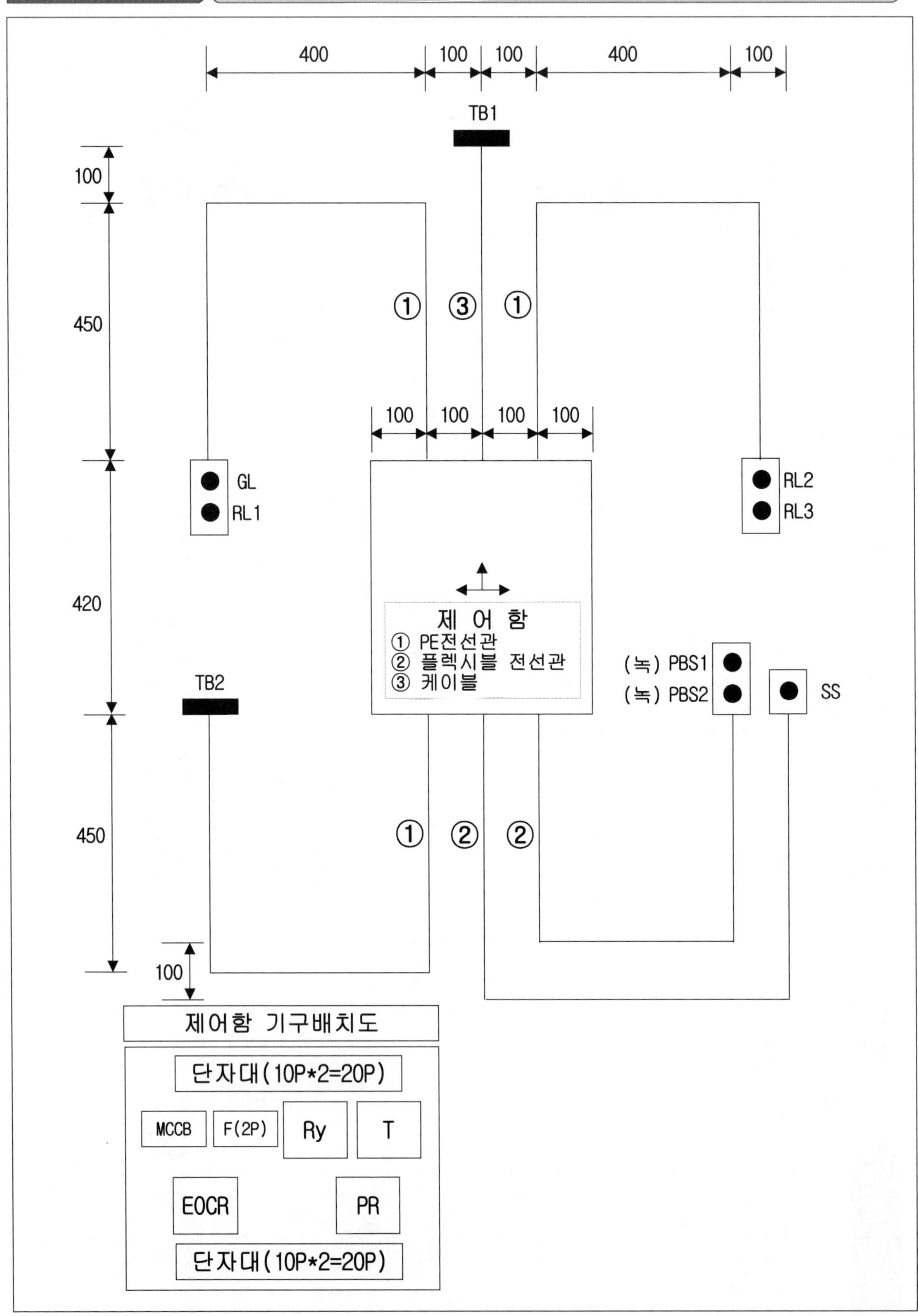

기초도면 14-1 릴레이를 이용한 양방향 전동기 운전회로[사용재료,동작사항,흐름도]

▶ 사용재료 ◀

MCCB(3P)*1, 휴즈(2P)*1, 8P베이스*3, 12P베이스*2, 단자대(10P)*4, 단자대(4P)*2, PBS SW*3(녹,녹,적), 램프(25Φ)*3(적,적,적), 부저(25Φ)*1, 1구박스*1, 2구박스*3, 제어판(400*420)*1

▶ 동작사항 ◀

1) 전원(MCCB)를 ON한 상태에서 PBS1을 누르면 Ry1이 여자되고 RL1이 점등되며 자기유지 회로가 구성된다.
이때 Ry1에 의하여 PR이 여자되어 전동기가 회전하며 타이머 또한 여자되며 RL3가 점등된다.
2) t초후 타이머에 의하여 여자상태인 회로가 소호되며 전동기 또한 정지한다.
3) PBS2를 누르면 Ry2가 여자되고 RL2가 점등되며 자기유지 회로가 구성된다. 이때 Ry2에 의하여 PR이 여자되어 전동기가 회전하며 타이머 또한 여자되며 RL3가 점등된다.
4) t초 후 타이머에 의하여 여자상태인 회로가 소호되며 전동기 또한 정지한다.
5) Ry1, Ry2 어느 동작 상태중에서도 PBS3를 누르면 모든 회로가 소호된다.
6) 동작 진행중 과부하시 EOCR이 작동되면 동작중이던 모든 회로는 정지하며 BZ가 작동된다.

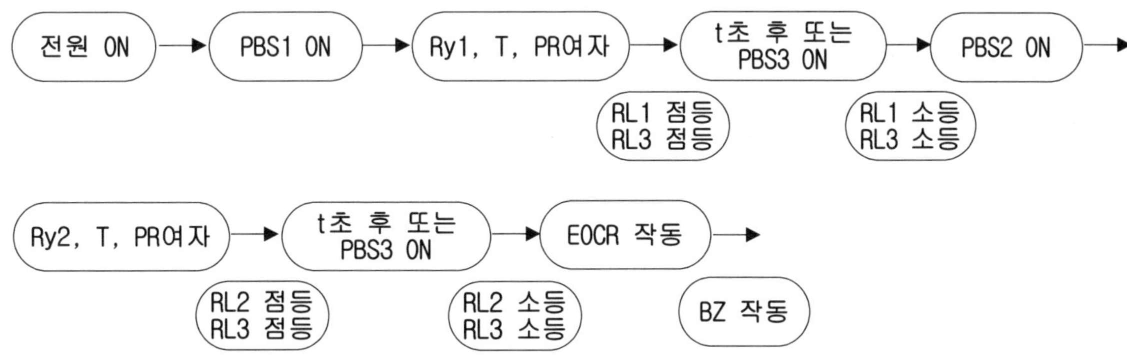

기초도면 14-2 릴레이를 이용한 양방향 전동기 운전회로[시이퀀스도]

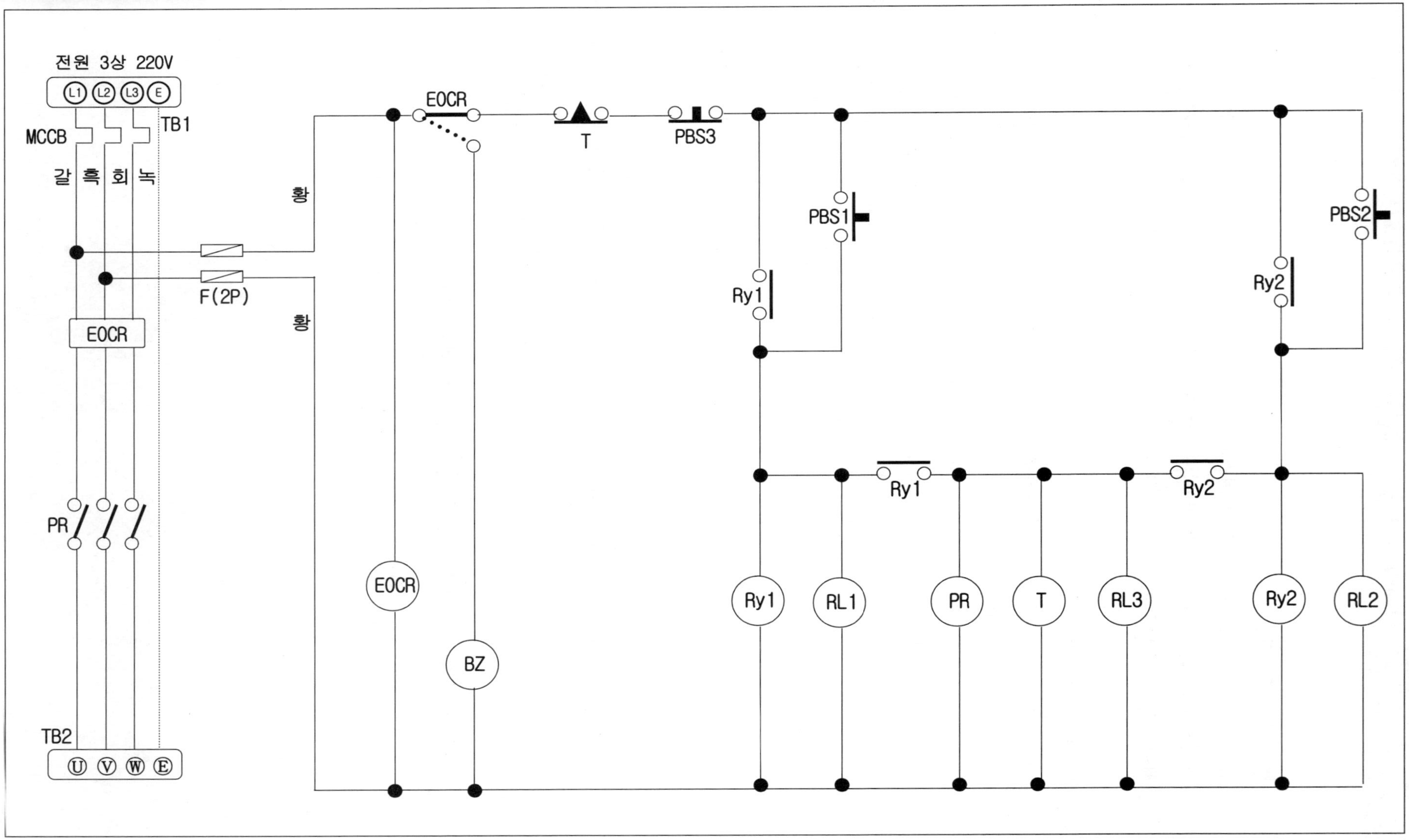

기초도면 14-3 릴레이를 이용한 양방향 전동기 운전회로[기구배치도, 실체배선도]

작업형을 필답형식으로 연습할 수 있도록 만든 실체배선도입니다.
3색 볼펜을 사용하여 시퀀스도의 주회로인 ⓛ1, ⓛ2, ⓛ3상을 각각 갈색, 흑색, 회색으로 작도하며, 보조회로는 황색전선인 관계로 작도자 스스로가 구분이 쉽도록 실체배선도를 작도하시오.

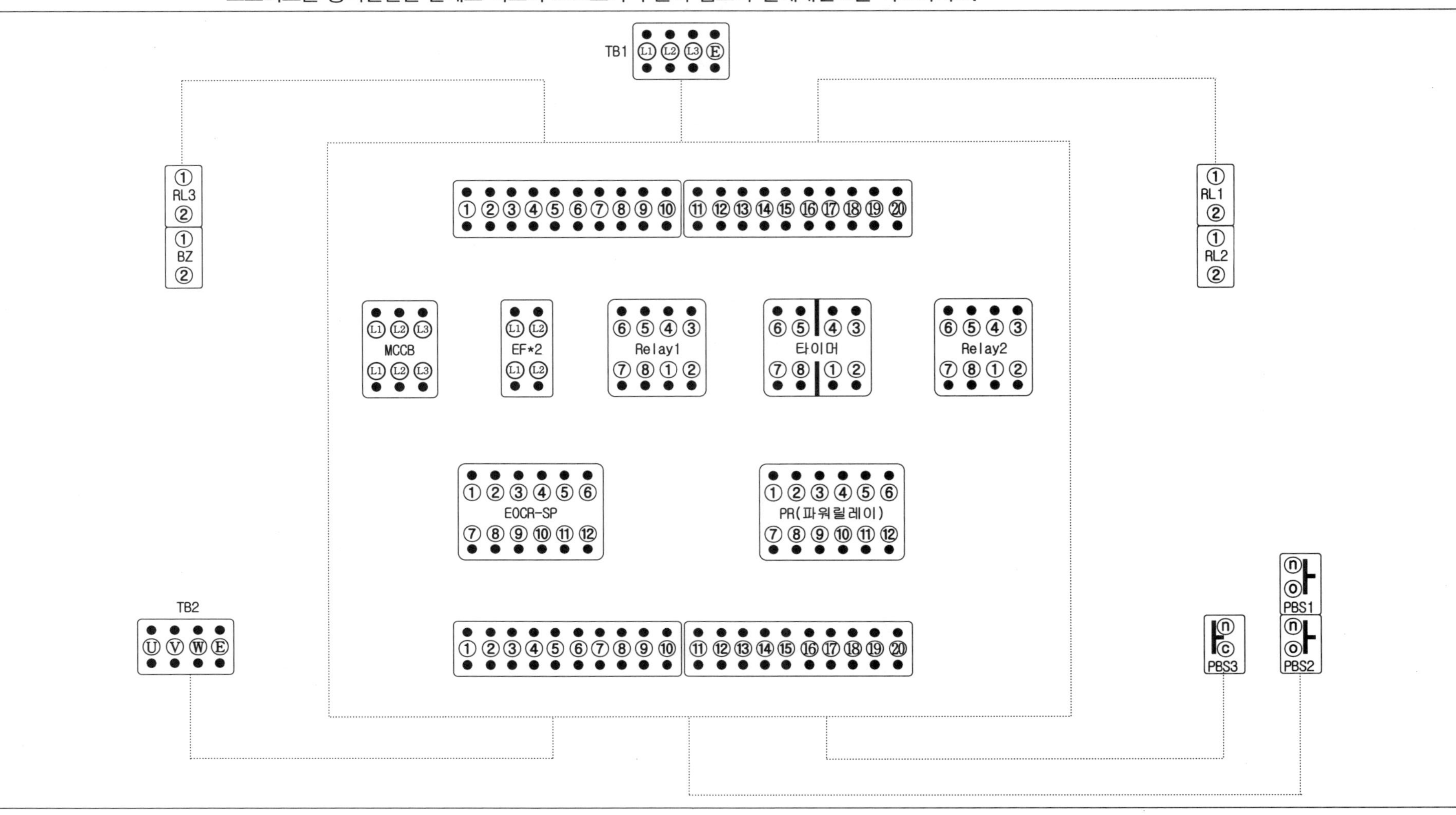

기초도면 14-4 릴레이를 이용한 양방향 전동기 운전회로[기구배치도, 제어판넬 실체배선도]

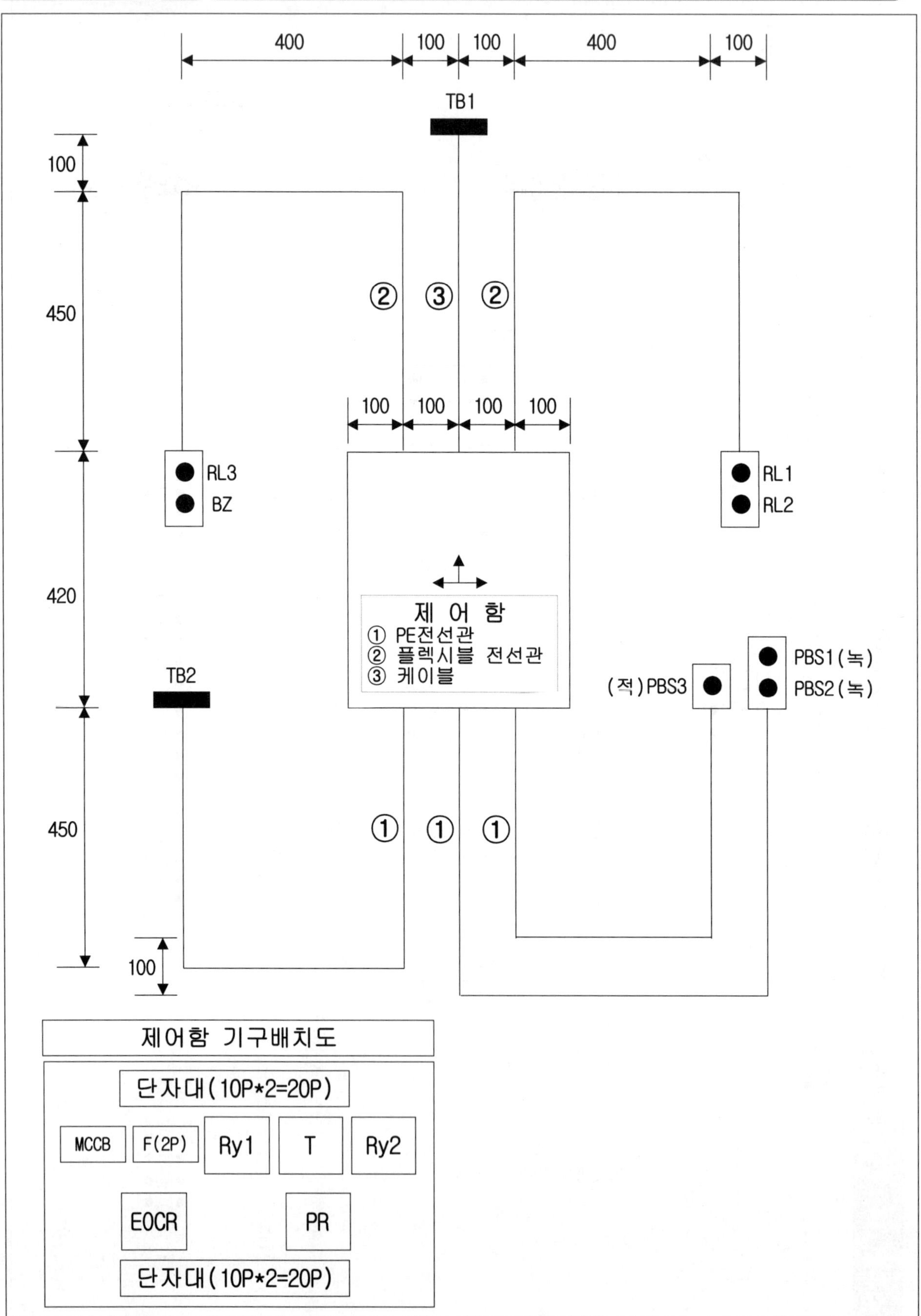

기초도면 15-1 전동기 순차 제어회로[사용재료,동작사항,흐름도]

▶ 사용재료 ◀

휴즈(3P)*1, 휴즈(2P)*1, 8P베이스*2, 12P베이스*3, 단자대(10P)*4, 단자대(4P)*3, PBS SW*2(녹,적), 램프(25Φ)*4(적,적,녹,녹), 2구박스*3, 제어판(400*420)*1

▶ 동작사항 ◀

1) 전원을 ON하면 GL1, GL2가 점등된다.
2) PBS1을 누르면 PR1, T1이 여자되어 자기유지 회로가 구성되며 전동기 TB2는 회전한다. 이때 RL1, GL2는 점등상태고 GL1은 소등된다.
3) t1초후 PR2, T2가 여자되어 전동기 TB3는 회전하며 RL2가 점등된다. 이때 RL1, RL2는 점등 상태이고 GL1, GL2는 소등상태이다.
4) t2초 후 T2에 의하여 모든 회로는 Reset되며 전동기 TB2, TB3 또한 회전을 정지한다. GL1, GL2점등. RL1, RL2소등.
5) 동작사항 진행중 PBS2 ON하면 모든 회로는 Reset된다.
6) 동작 진행중 과부하시 EOCR이 작동되면 동작중이던 모든 회로는 정지한다.

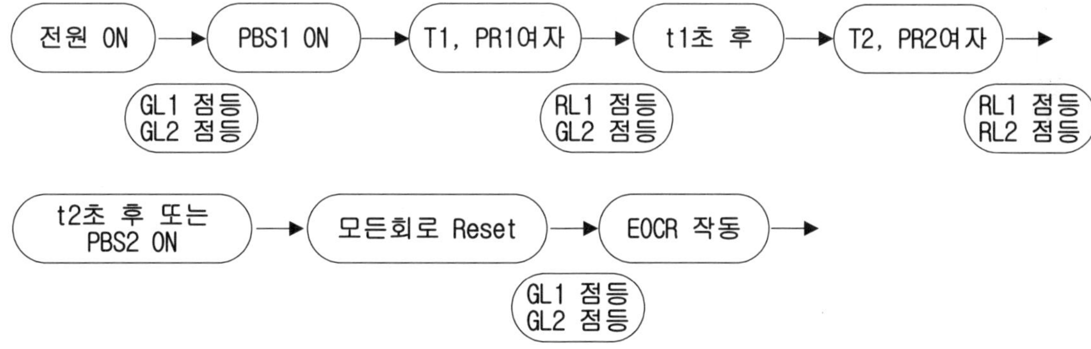

기초도면 15-2 전동기 순차 제어회로[시이퀀스도]

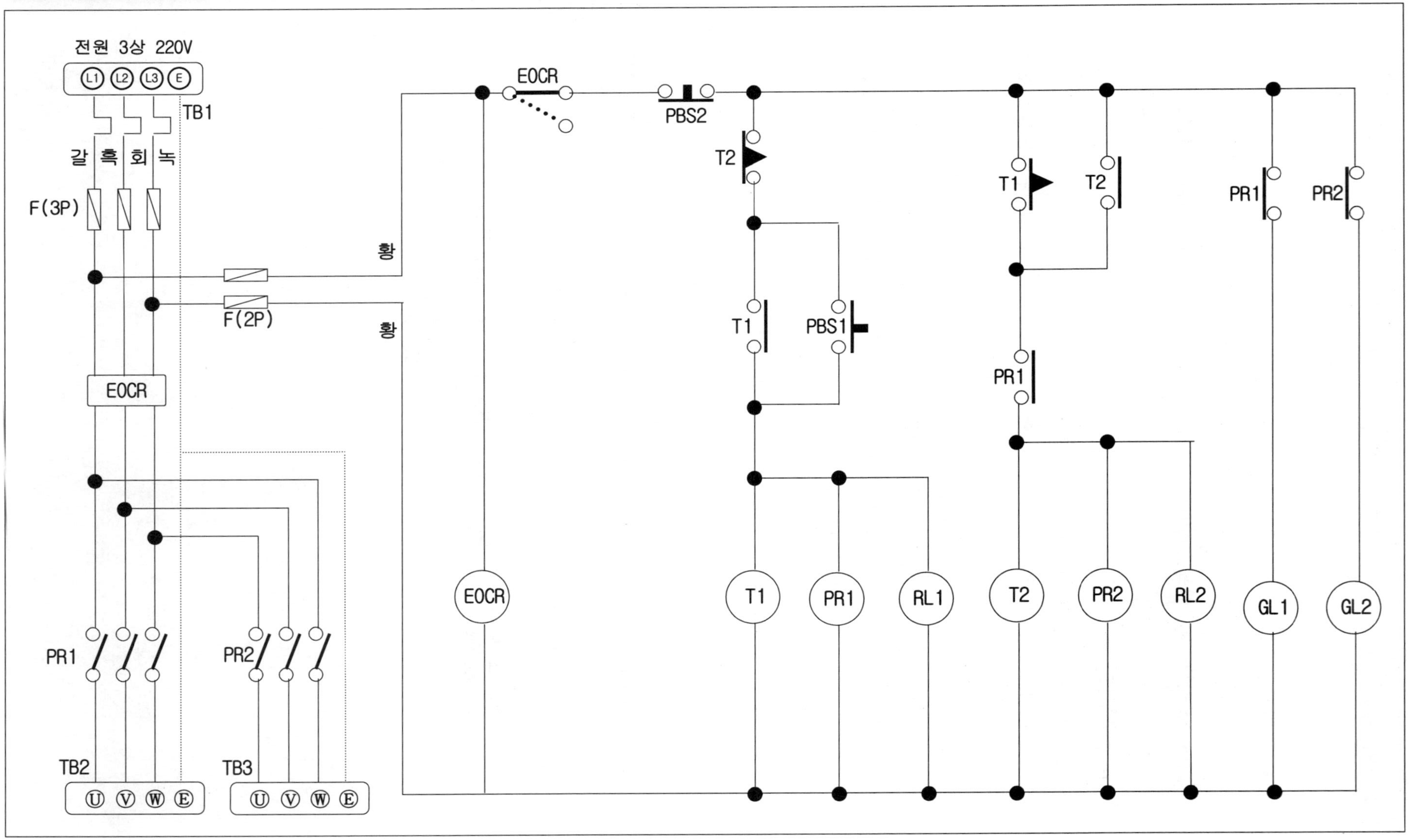

기초도면 15-3 전동기 순차 제어회로[기구배치도, 실체배선도]

작업형을 필답형식으로 연습할 수 있도록 만든 실체배선도입니다.
3색 볼펜을 사용하여 시퀀스도의 주회로인 Ⓛ1, Ⓛ2, Ⓛ3상을 각각 갈색, 흑색, 회색으로 작도하며, 보조회로는 황색전선인 관계로 작도자 스스로가 구분이 쉽도록 실체배선도를 작도하시오.

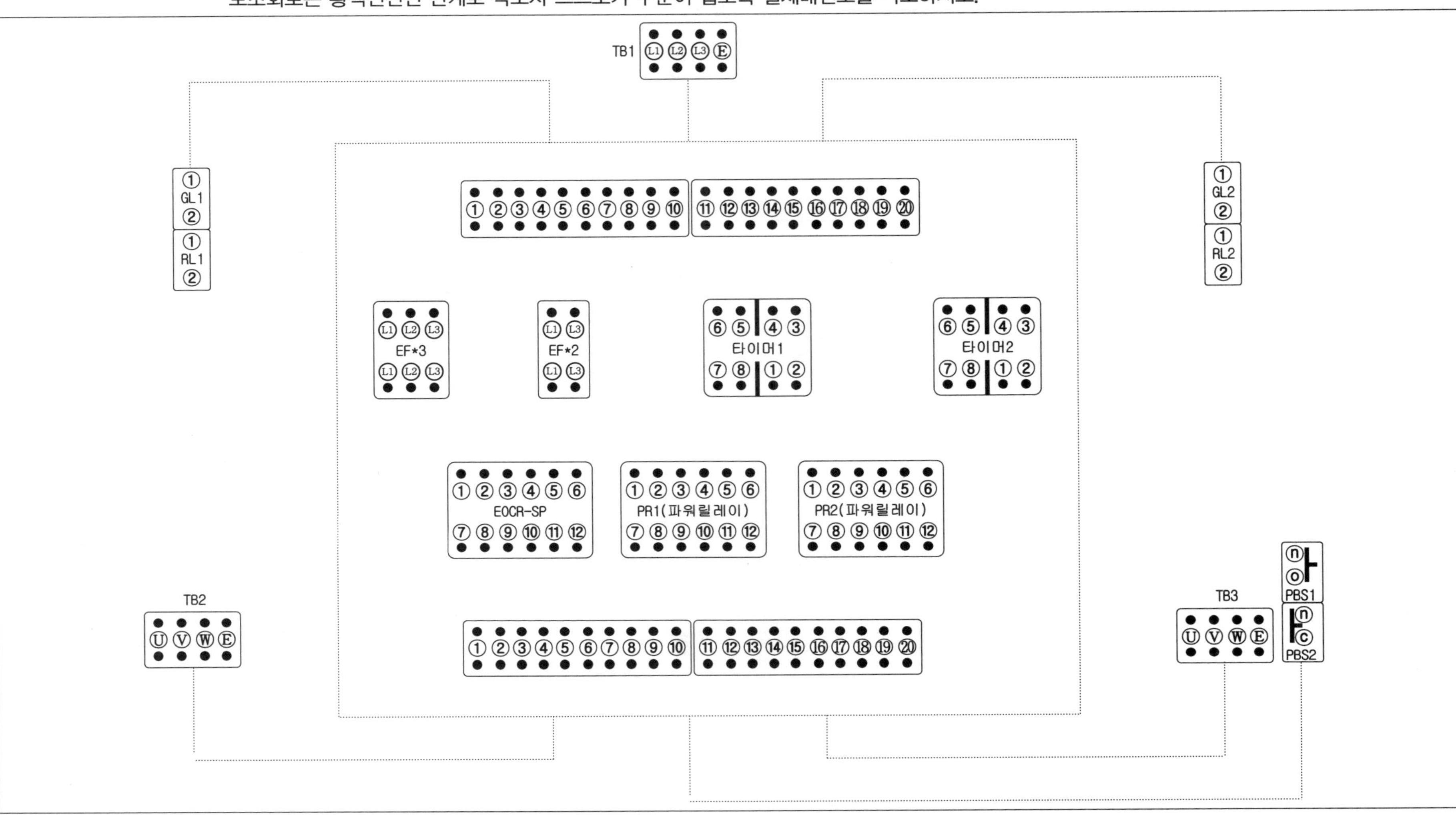

기초도면 15-4 전동기 순차 제어회로[기구배치도, 실체배선도]

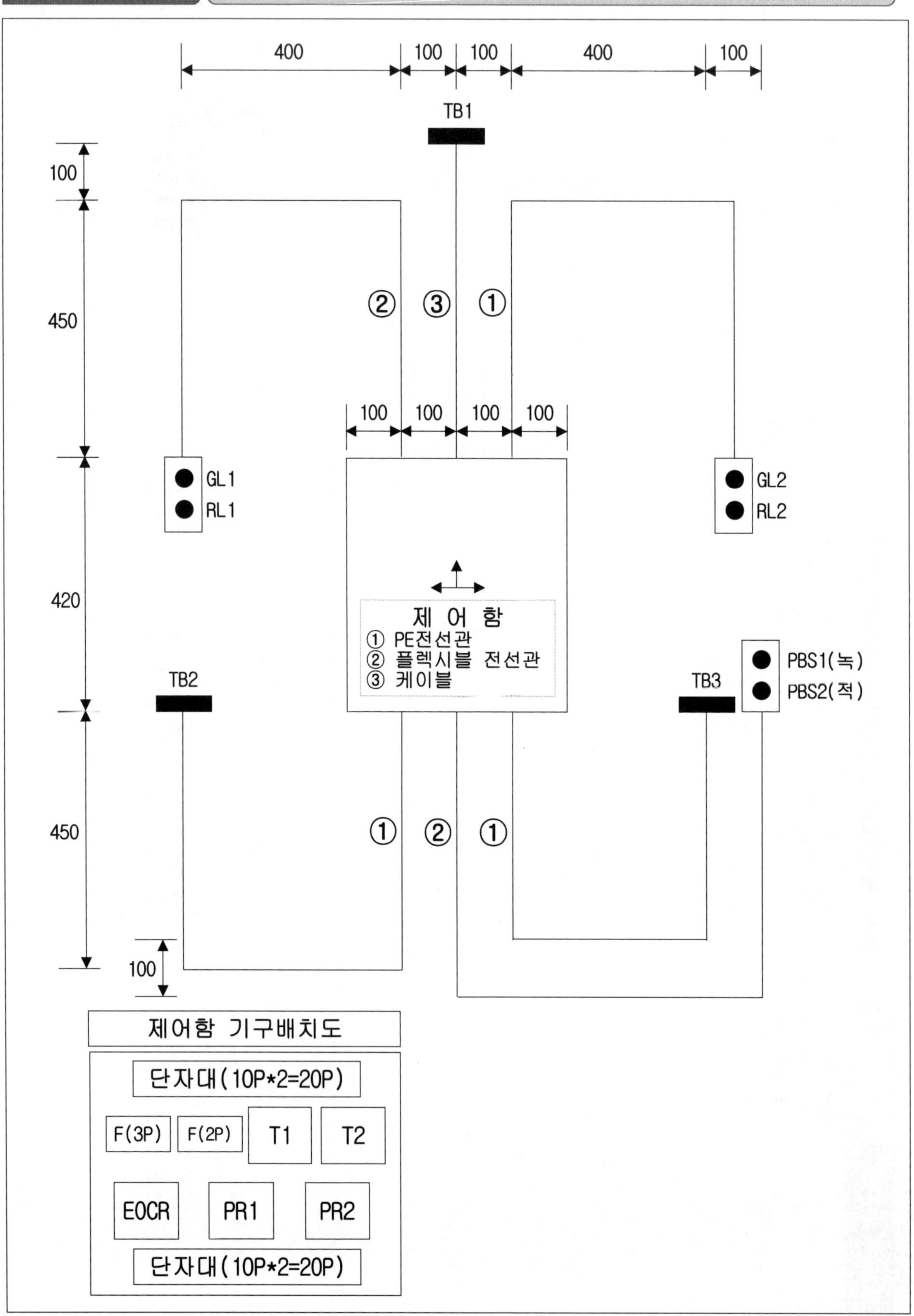

기초도면 16-1 **전동기 시간제한 운전회로[사용재료,동작사항,흐름도]**

▶ 사용재료 ◀

MCCB(3P)*1, 휴즈(2P)*1, 8P베이스*3, 12P베이스*3, 단자대(10P)*4, 단자대(4P)*3, PBS SW*2(녹,적), 램프(25Φ)*4(적,적,녹,녹), 2구박스*3, 제어판(400*420)*1

▶ 동작사항 ◀

1) 전원(MCCB)를 투입하면 GL1 및 GL2점등.
2) PBS1을 누르면 T1, Ry여자, PR1여자 TB2작동, GL1소등, RL1점등.
   T1의 설정시간(t1초)후 PR2, T2여자 TB3작동, GL2소등, RL2점등.
   T2의 설정시간(t2초)후 PR1소호 TB2정지, GL1점등, RL1소등.
3) PBS2를 누르면 Ry, T1 및 T2, PR2소호, TB3정지, GL2점등, RL2소등.
4) 동작 진행중 과부하시 EOCR이 작동되면 동작중이던 모든 회로는 정지한다.

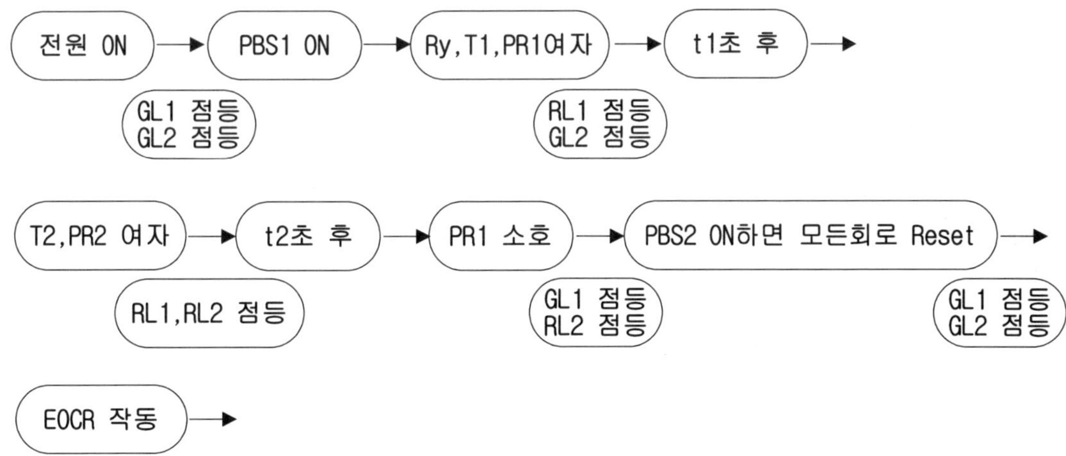

기초도면 16-2 전동기 시간제한 운전회로[시이퀀스도]

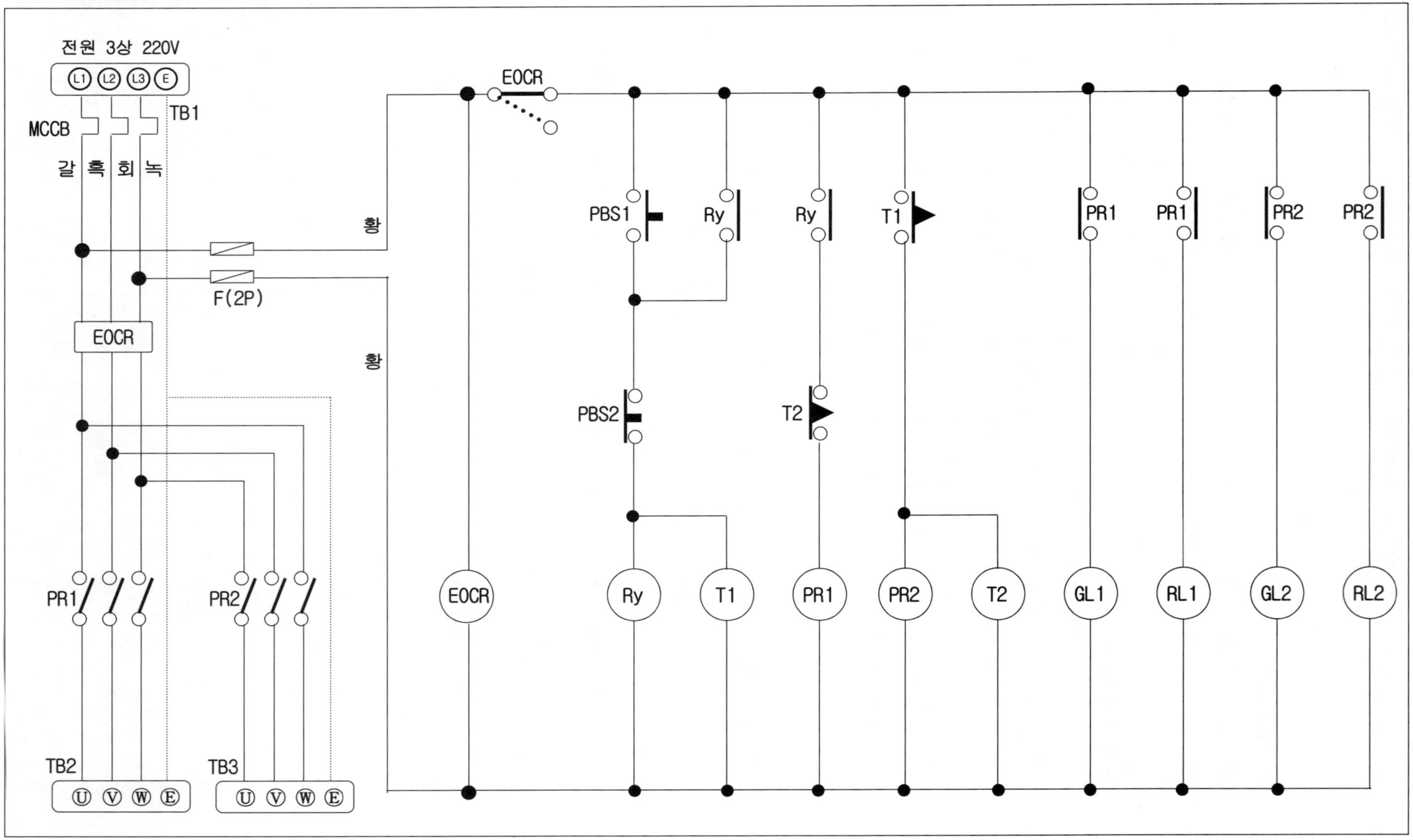

전원 3상 220V
L1 L2 L3 E
TB1
MCCB
갈 흑 회 녹
F(2P)
황
황
EOCR
PR1
PR2
TB2
U V W E
TB3
U V W E
EOCR
PBS1
Ry
Ry
T1
PR1
PR1
PR2
PR2
PBS2
T2
EOCR
Ry
T1
PR1
PR2
T2
GL1
RL1
GL2
RL2

기초도면 16-3 전동기 시간제한 운전회로[기구배치도, 실체배선도]

작업형을 필답형식으로 연습할 수 있도록 만든 실체배선도입니다.
3색 볼펜을 사용하여 시퀀스도의 주회로인 Ⓛ1, Ⓛ2, Ⓛ3상을 각각 갈색, 흑색, 회색으로 작도하며,
보조회로는 황색전선인 관계로 작도자 스스로가 구분이 쉽도록 실체배선도를 작도하시오.

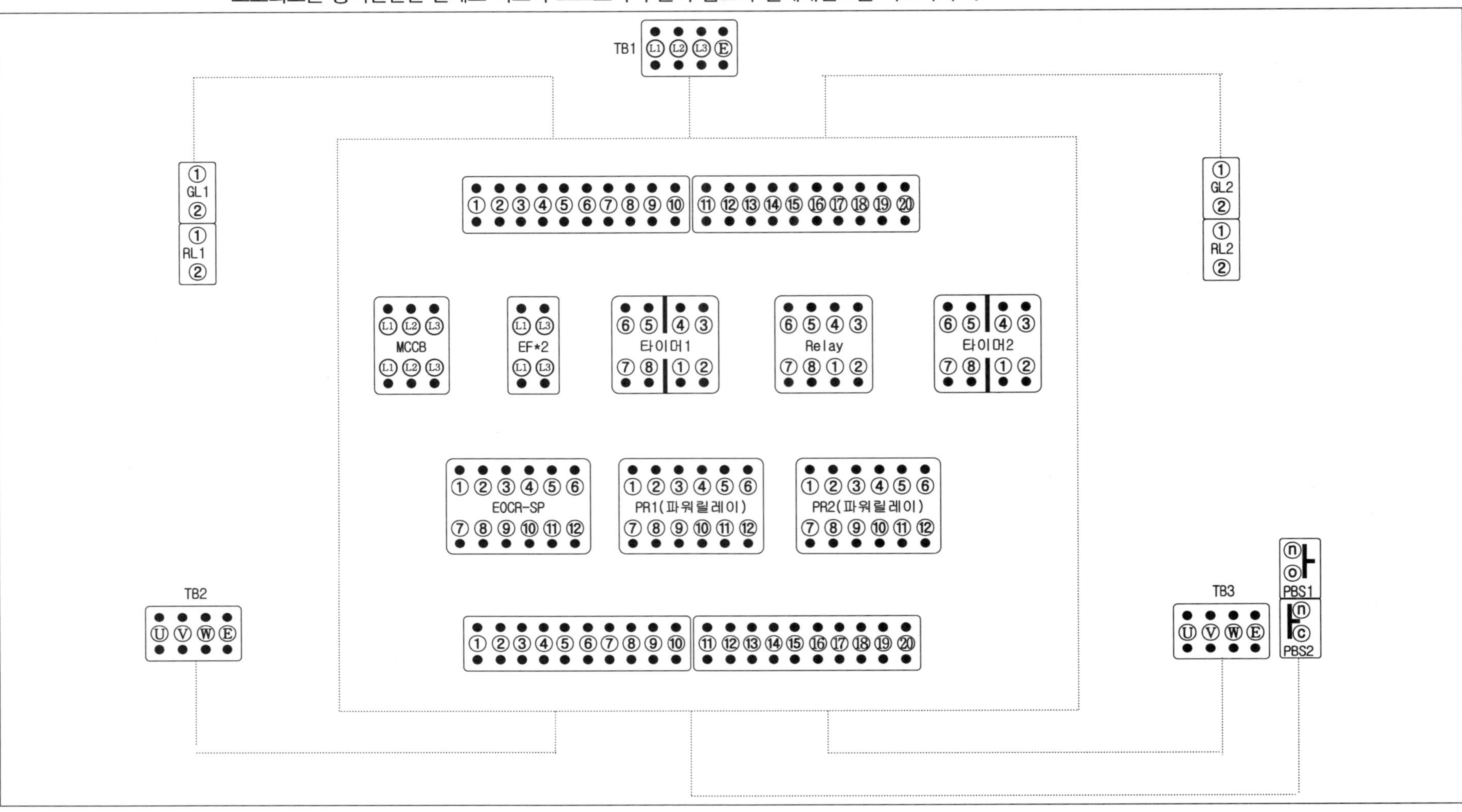

기초도면 16-4 전동기 시간제한 운전회로[제어판넬 실체배선도]

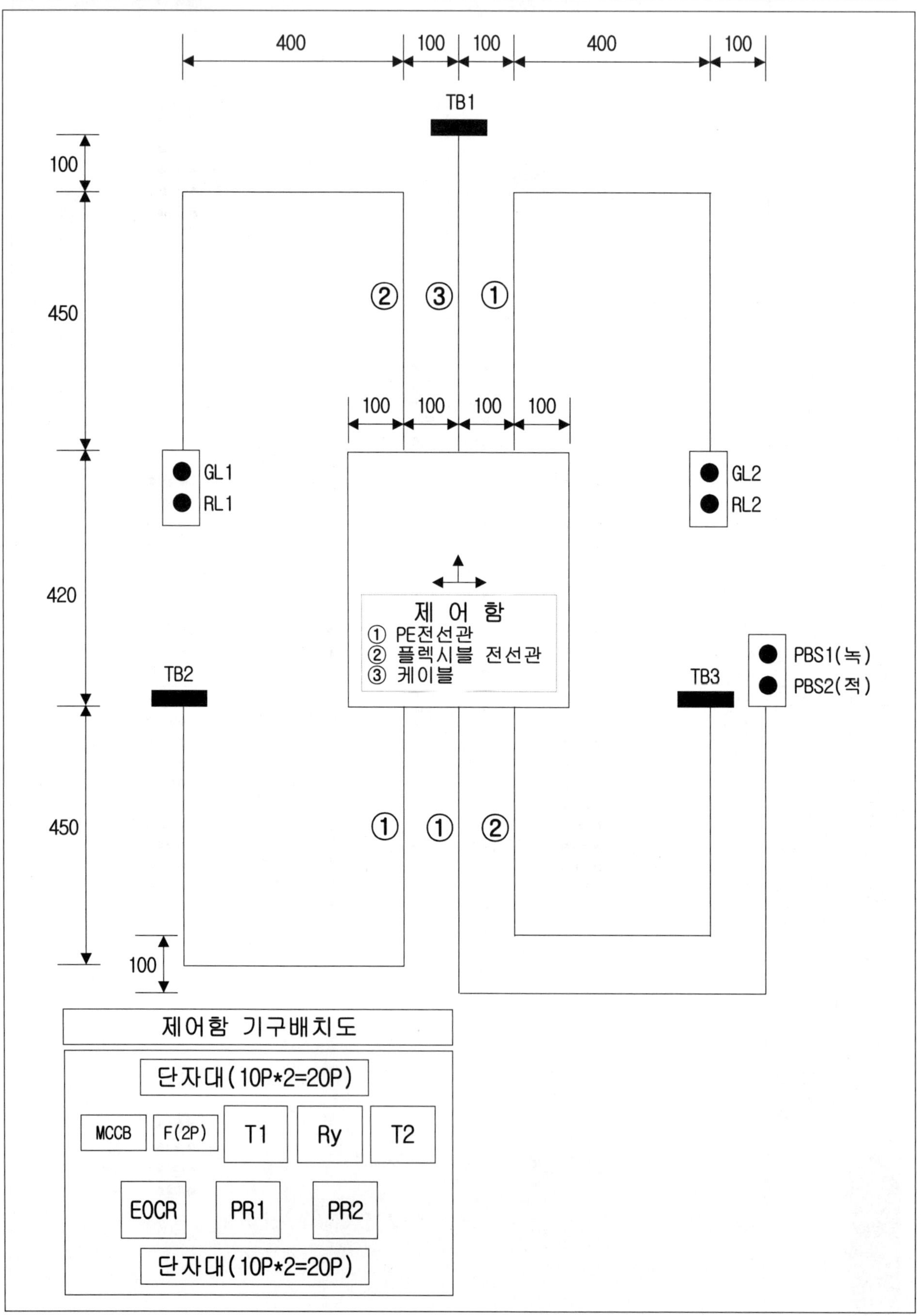

기초도면 17-1 3로스위치 응용 운전회로[사용재료,동작사항,흐름도]

▶ 사용재료 ◀

MCCB(3P)*1, 휴즈(2P)*1, 8P베이스*3, 12P베이스*2, 단자대(10P)*4, 단자대(4P)*2, PBS SW*2(녹,녹), 램프(25Φ)*4(적,적,녹,황), SS SW*2, 2구박스*4, 제어판(400*420)*1

▶ 동작사항 ◀

1) 전원(MCCB)를 ON한 후 SS1 SW를 H상태로 절환하면 FR이 여자되어 L1이 점멸한다.
2) SS1 SW를 A상태로 절환하면 L4가 점등된다.
3) SS1 SW가 A상태일 때 SS2 SW를 H상태로 절환한 후 PBS1을 누르면 PR이 여자되어 자기 유지 회로가 구성되며 전동기가 회전하고, L2가 점등되고 L4가 소등된다.
4) SS2 SW를 A상태로 절환하면 PR이 소호되고 L2가 소등되며, L4가 점등된다.
5) 이때 PBS2를 누르면 Ry, T가 여자되며 L3가 점등되고, t초후 타이머-a 접점에 의하여 PR이 여자되며 전동기가 회전한다. 이때 L2, L3가 점등되며 L4는 소등된다.
6) 동작 진행중 과부하시 EOCR이 작동되면 동작중이던 모든 회로는 정지한다.

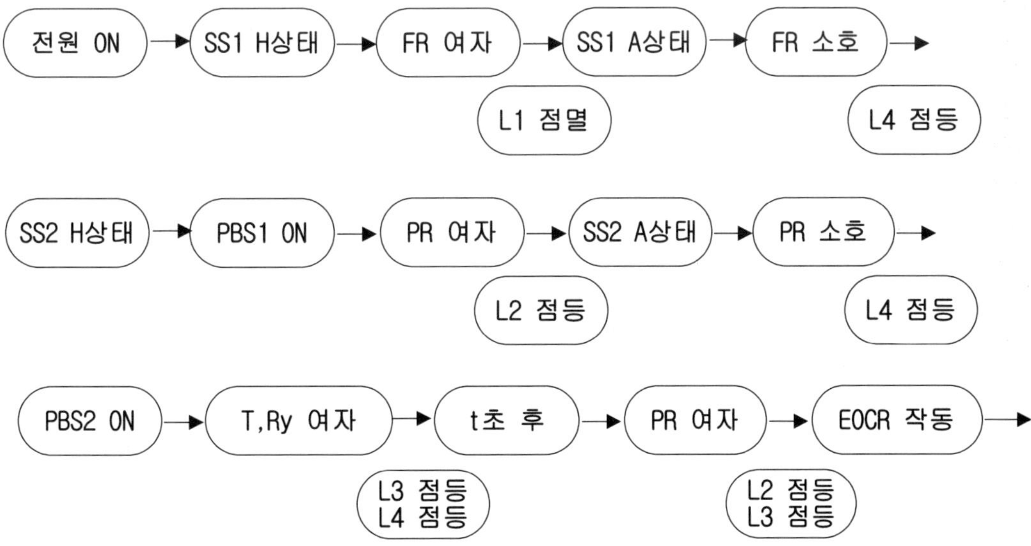

기초도면 17-2 3로스위치 응용 운전회로[시이퀀스도]

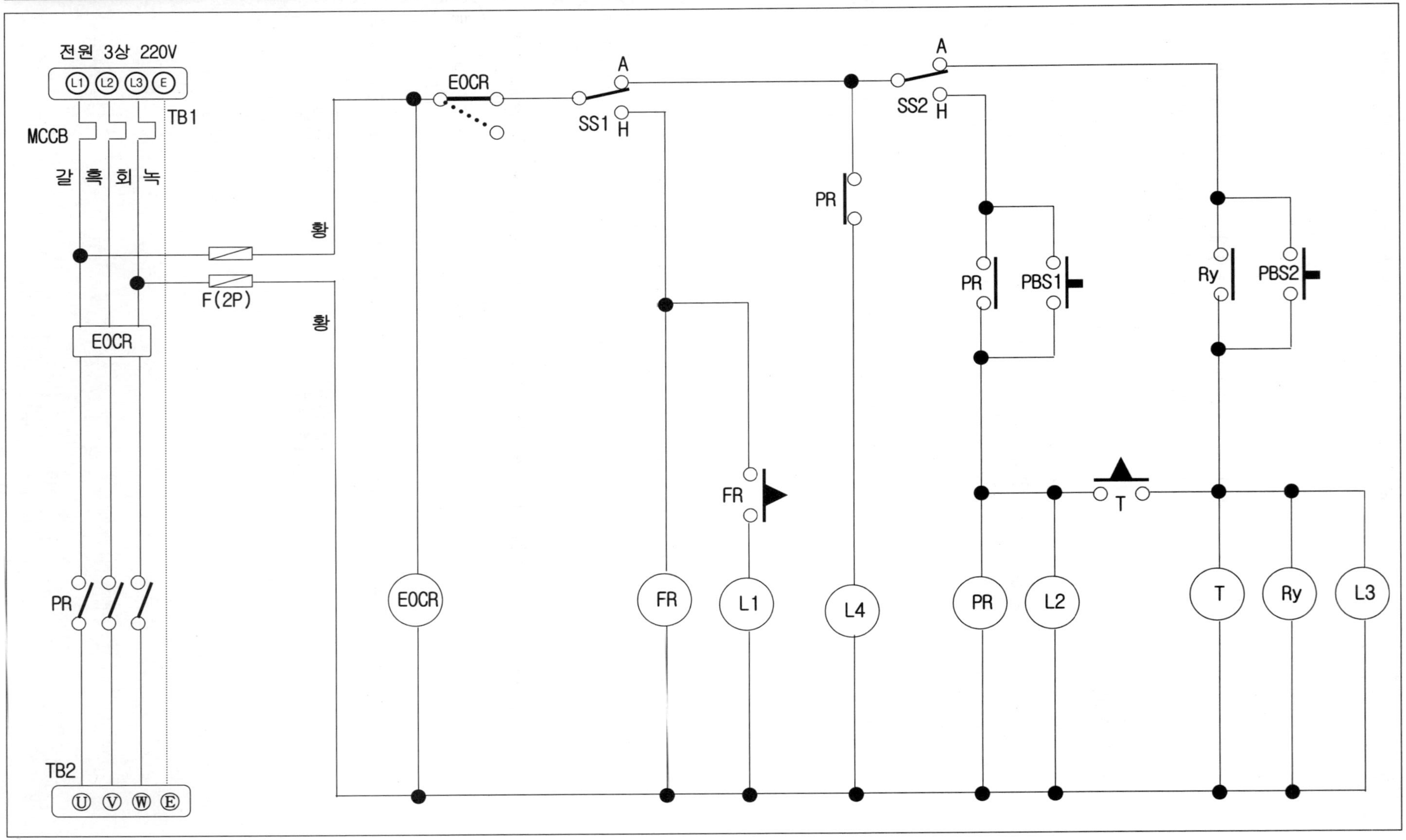

전원 3상 220V
L1 L2 L3 E
TB1
MCCB
갈 흑 회 녹
F(2P)
황
황
EOCR
PR
TB2
U V W E
EOCR
SS1 A H
SS2 A H
PR
PR PBS1
Ry PBS2
FR
T
EOCR FR L1 L4 PR L2 T Ry L3

기초도면 17-3 3로스위치 응용 운전회로[기구배치도, 실체배선도]

작업형을 필답형식으로 연습할 수 있도록 만든 실체배선도입니다.
3색 볼펜을 사용하여 시퀀스도의 주회로인 ⓁⒺ1, Ⓛ2, Ⓛ3상을 각각 갈색, 흑색, 회색으로 작도하며, 보조회로는 황색전선인 관계로 작도자 스스로가 구분이 쉽도록 실체배선도를 작도하시오.

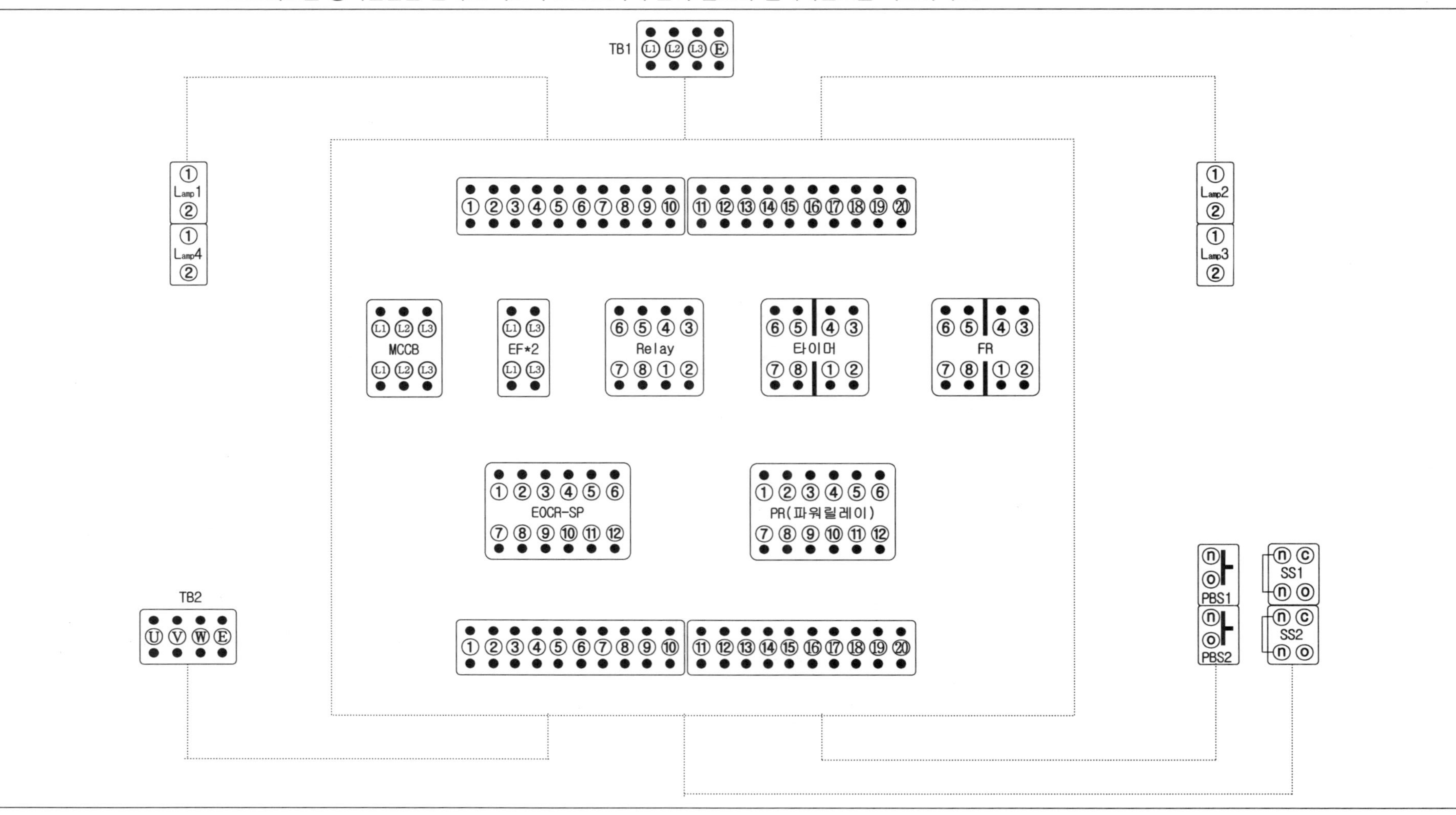

기초도면 17-4 3로스위치 응용 운전회로[기구배치도, 실체배선도]

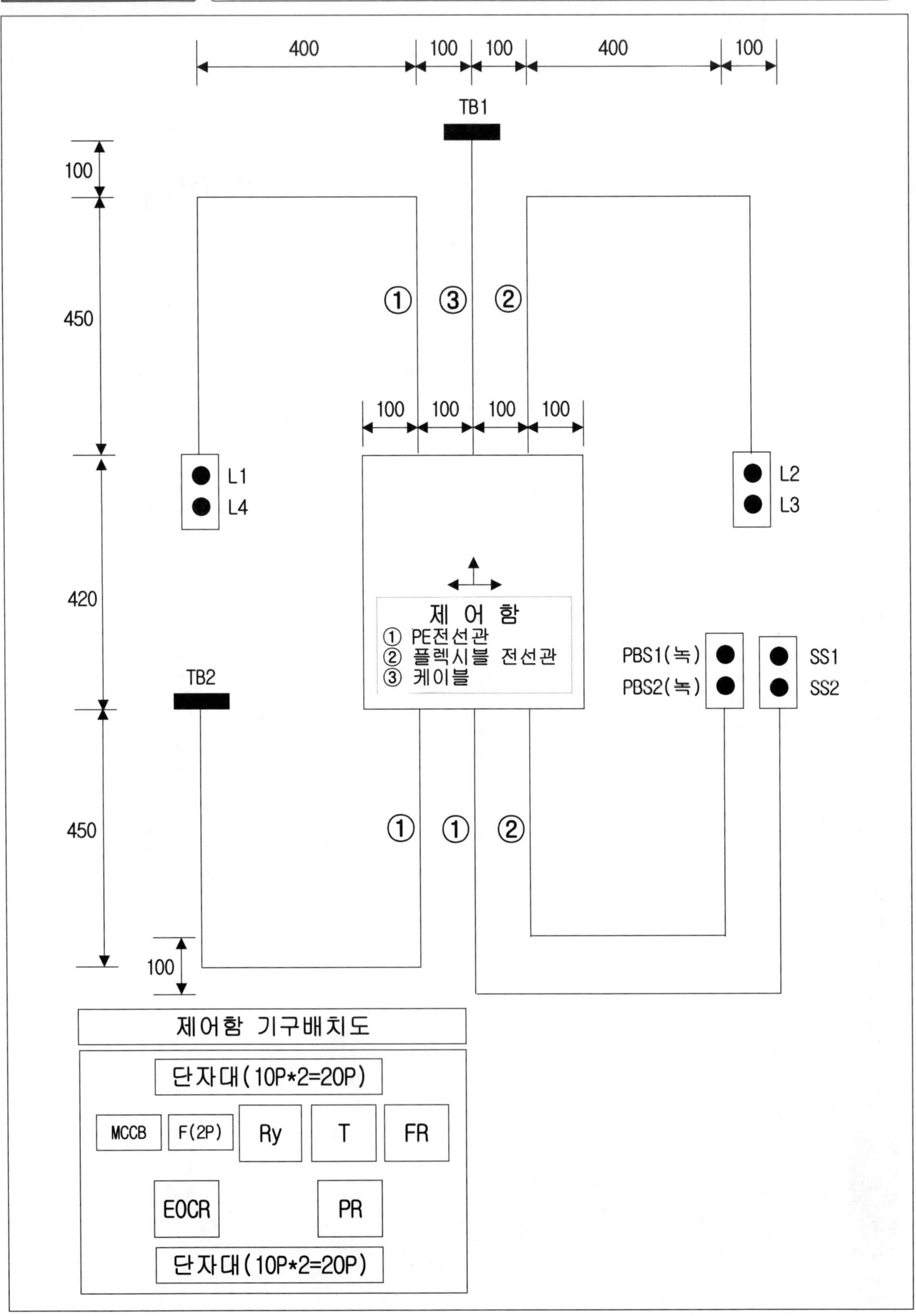

기초도면 18-1 센서에 의한 전동기 운전회로[사용재료,동작사항,흐름도]

▶ 사용재료 ◀

MCCB(3P)*1, 휴즈(2P)*1, 8P베이스*4, 12P베이스*3, 단자대(10P)*4, 단자대(4P)*4, PBS SW*3(적,녹,녹), 램프(25Φ)*4(적,적,녹,황), 부저(25Φ)*1, 1구박스*1, 2구박스*2, 3구박스*1, 8각 BOX*1, 제어판(400*420)*1

▶ 동작사항 ◀

1) 전원(MCCB)를 ON하면 GL이 점등된다.
2) PBS1을 누르면 Ry1이 여자되며 자기유지 회로가 구성된다.
3) SEN1이 감지되면 PR1이 여자되며 TB2가 회전한다. RL1점등 GL소등.
4) PBS2를 누르면 Ry2가 여자되며 자기유지 회로가 구성된다.
5) SEN2가 감지되면 PR2, T가 여자되며 TB3가 회전한다. RL2점등.
6) t초후 T-b에 의하여 작동중이던 모든 회로가 정지한다.
7) 동작사항 진행중 PBS0를 누르면 동작중이던 모든 동작사항이 Reset된다. GL점등
8) 동작 진행중 과부하시 EOCR이 작동되면 동작중이던 모든 회로는 정지하며 FR이 여자되고 YL, BZ가 교대 점멸한다.

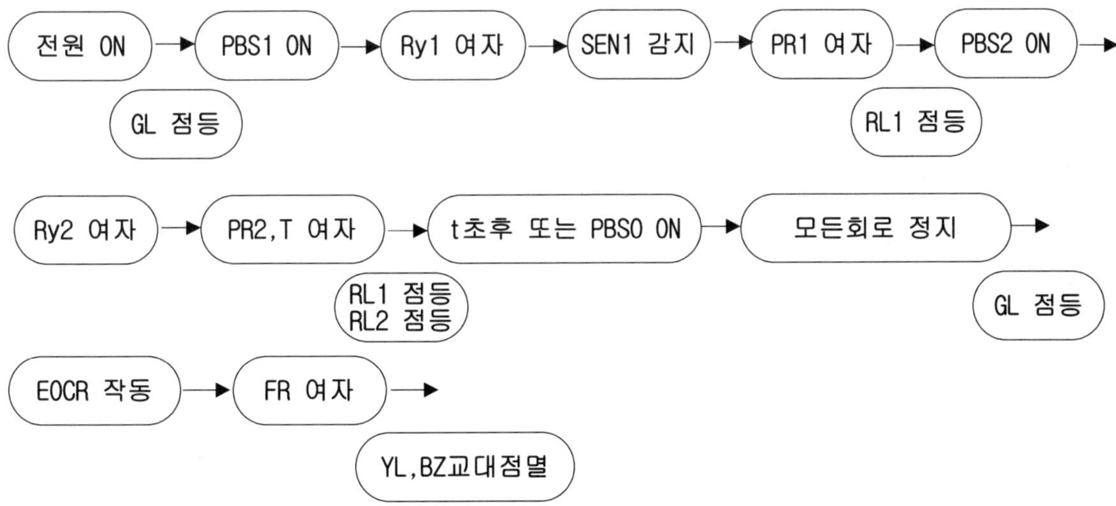

기초도면 18-2 센서에 의한 전동기 운전회로[시이퀀스도]

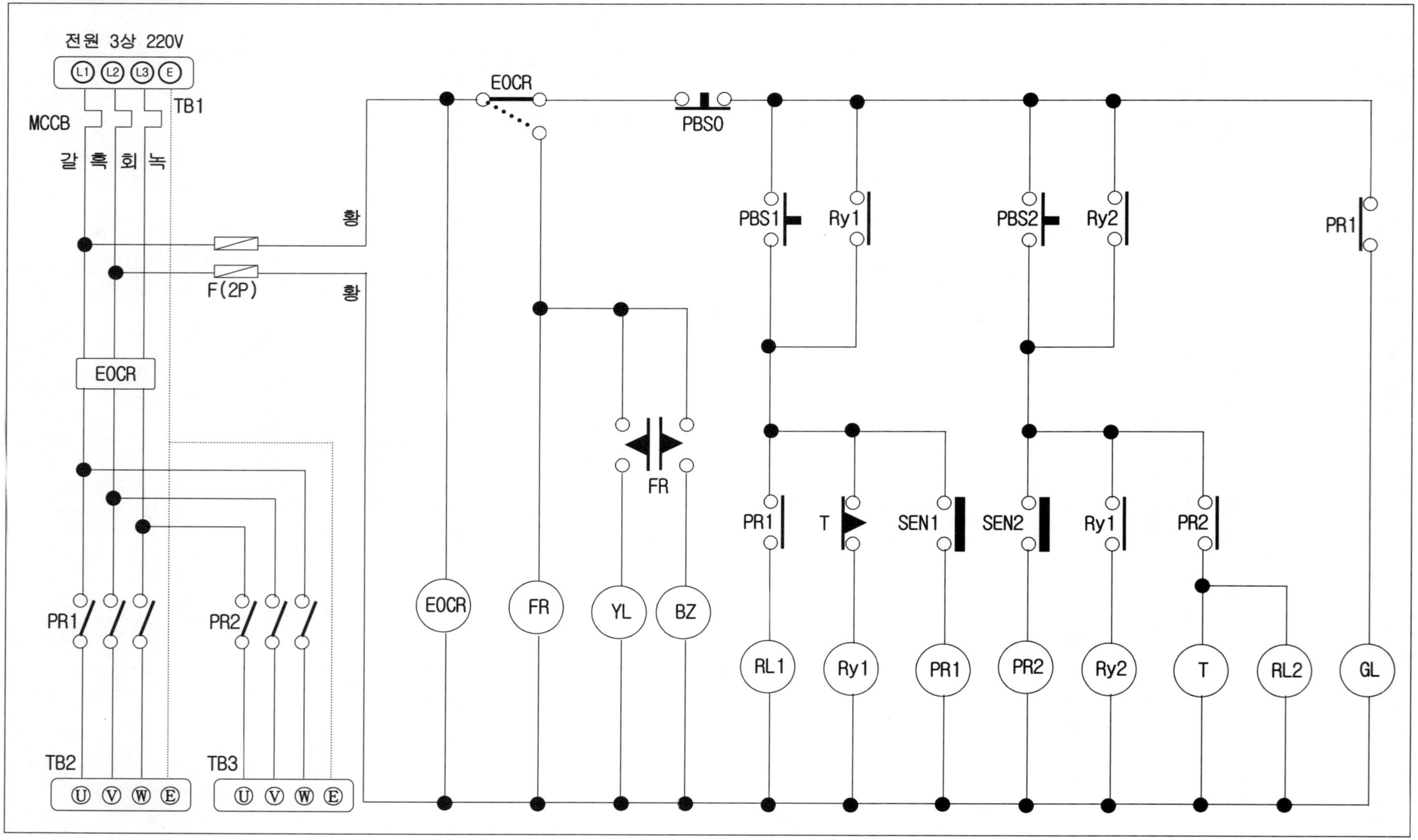

기초도면 18-3 센서에 의한 전동기 운전회로[기구배치도, 실체배선도]

작업형을 필답형식으로 연습할 수 있도록 만든 실체배선도입니다.
3색 볼펜을 사용하여 시퀀스도의 주회로인 Ⓛ1, Ⓛ2, Ⓛ3상을 각각 갈색, 흑색, 회색으로 작도하며, 보조회로는 황색전선인 관계로 작도자 스스로가 구분이 쉽도록 실체배선도를 작도하시오.

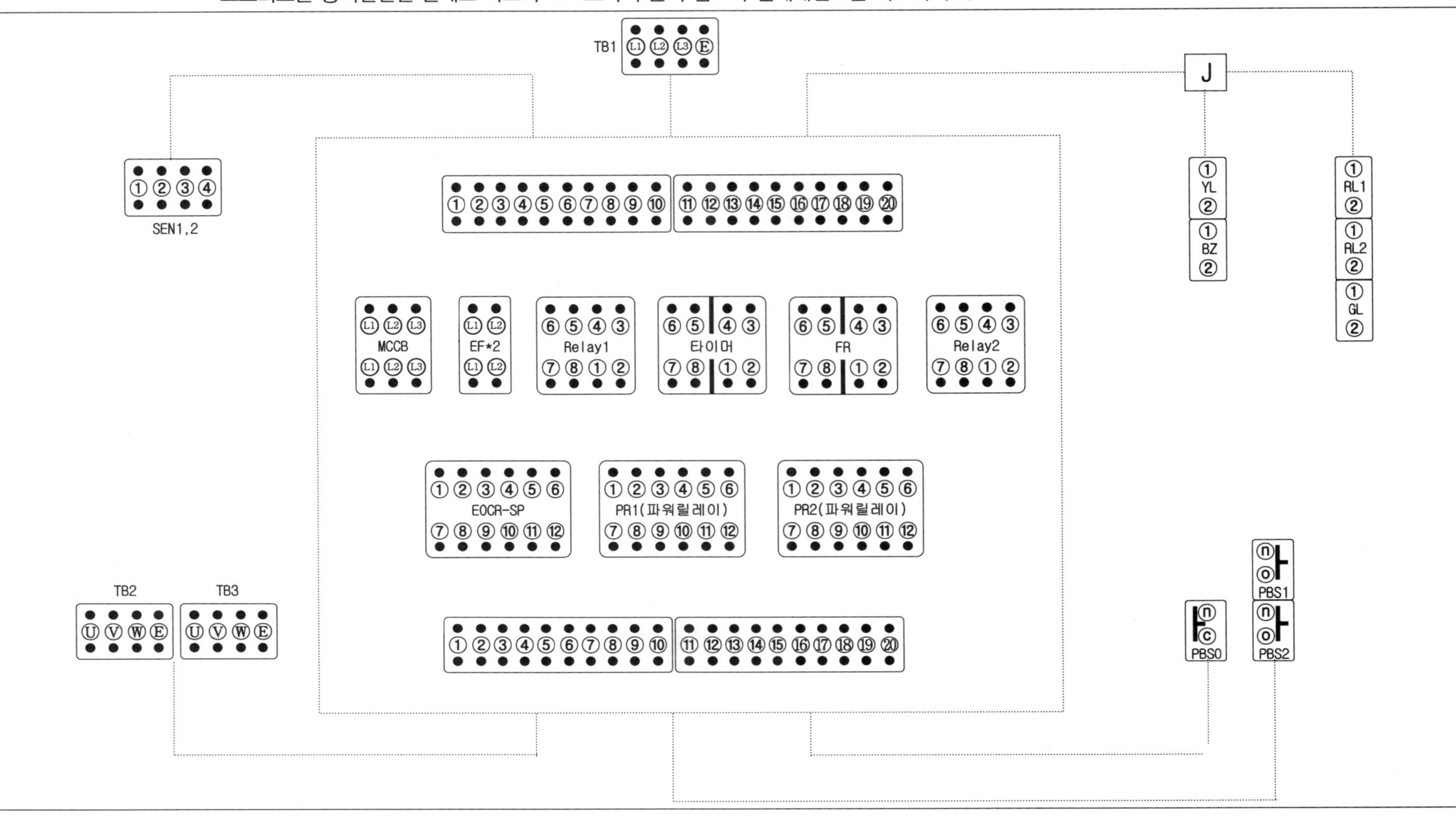

기초도면 18-4 센서에 의한 전동기 운전회로[기구배치도,실체배선도]

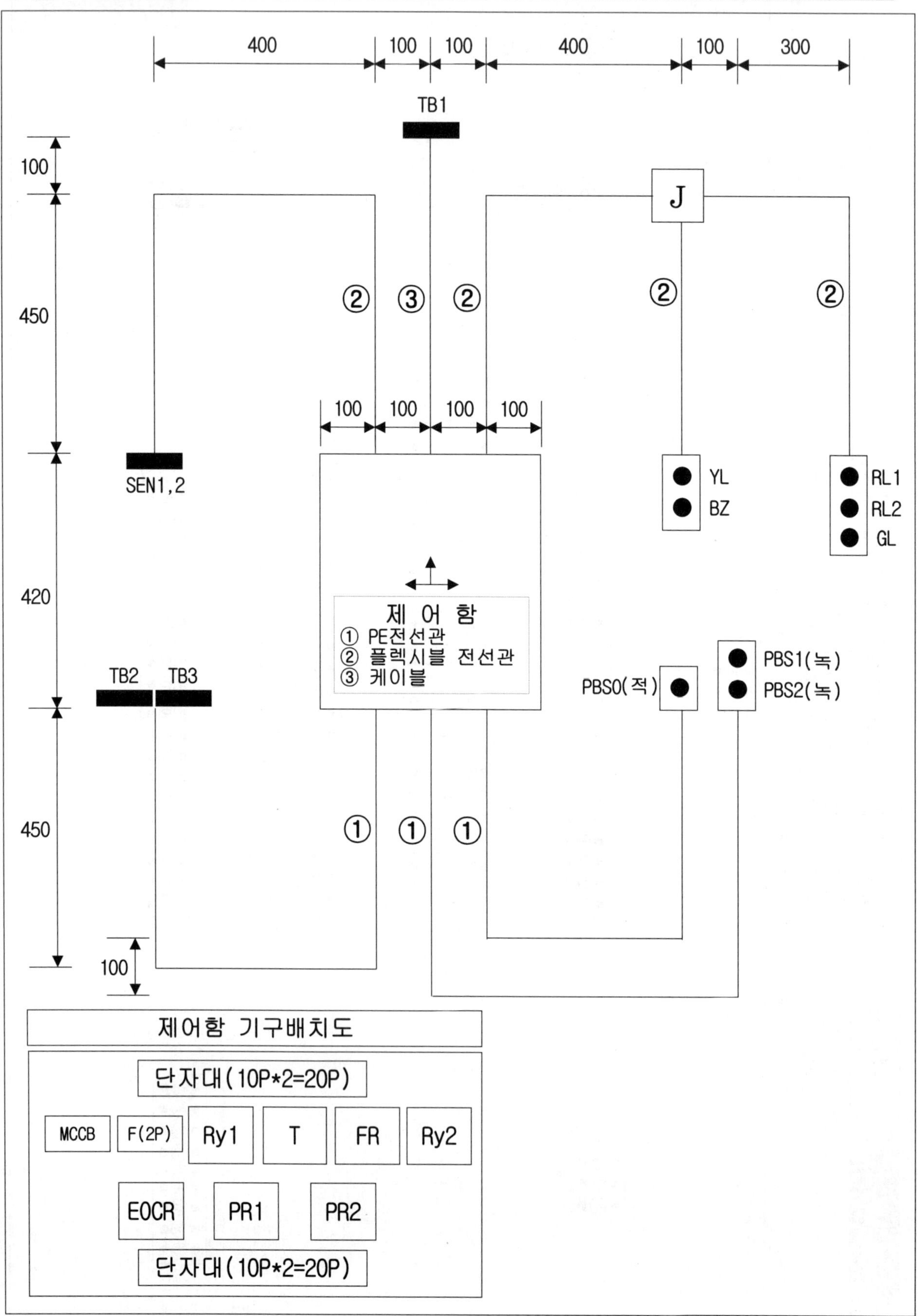

기초도면 19-1 전동기 자동운전 표시회로[사용재료,동작사항,흐름도]

▶ 사용재료 ◀

휴즈(3P)*1, 휴즈(2P)*1, 8P베이스*2, 12P베이스*2, 단자대(10P)*4, 단자대(4P)*3, PBS SW*2(적,녹), 램프(25Φ)*4(적,적,녹,황), SS SW*1, 1구박스*1, 2구박스*3, 제어판(400*420)*1

▶ 동작사항 ◀

1) 전부하 상태에서 전원을 ON하면 GL이 점등된다.
2) SS SW H상태로 절환한 후 PBS1을 누르면 PR이 여자되며 자기유지 회로가 구성되며 전동기가 회전하고 RL1, RL2가 점등된다. GL소등.
3) PBS2를 누르면 정지한다. GL점등, RL1, RL2소등.
4) SS SW A상태로 절환한 후 리밋스위치(TB3)가 작동되면 Ry, PR, FR이 여자되며, 전동기가 회전한다. RL2점멸, GL소등.
5) 동작 진행중 과부하시 EOCR이 작동되면 동작중이던 모든 회로는 정지하며 YL이 점등된다.

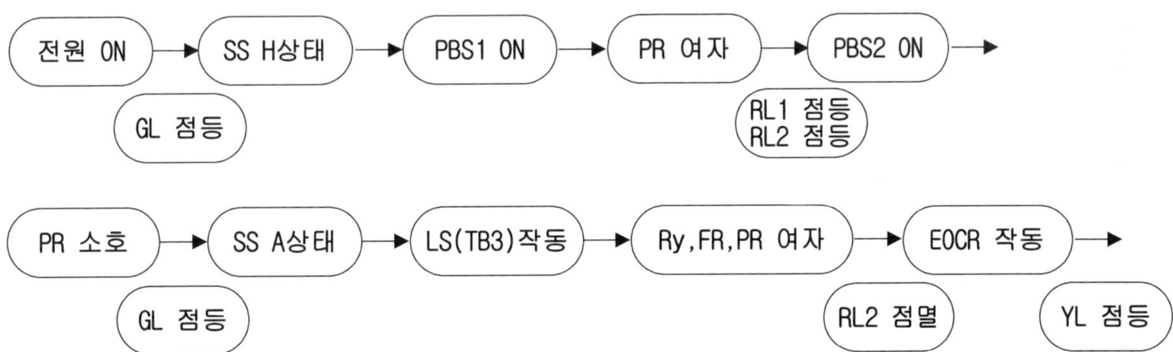

기초도면 19-2 전동기 자동운전 표시회로[시이퀀스도]

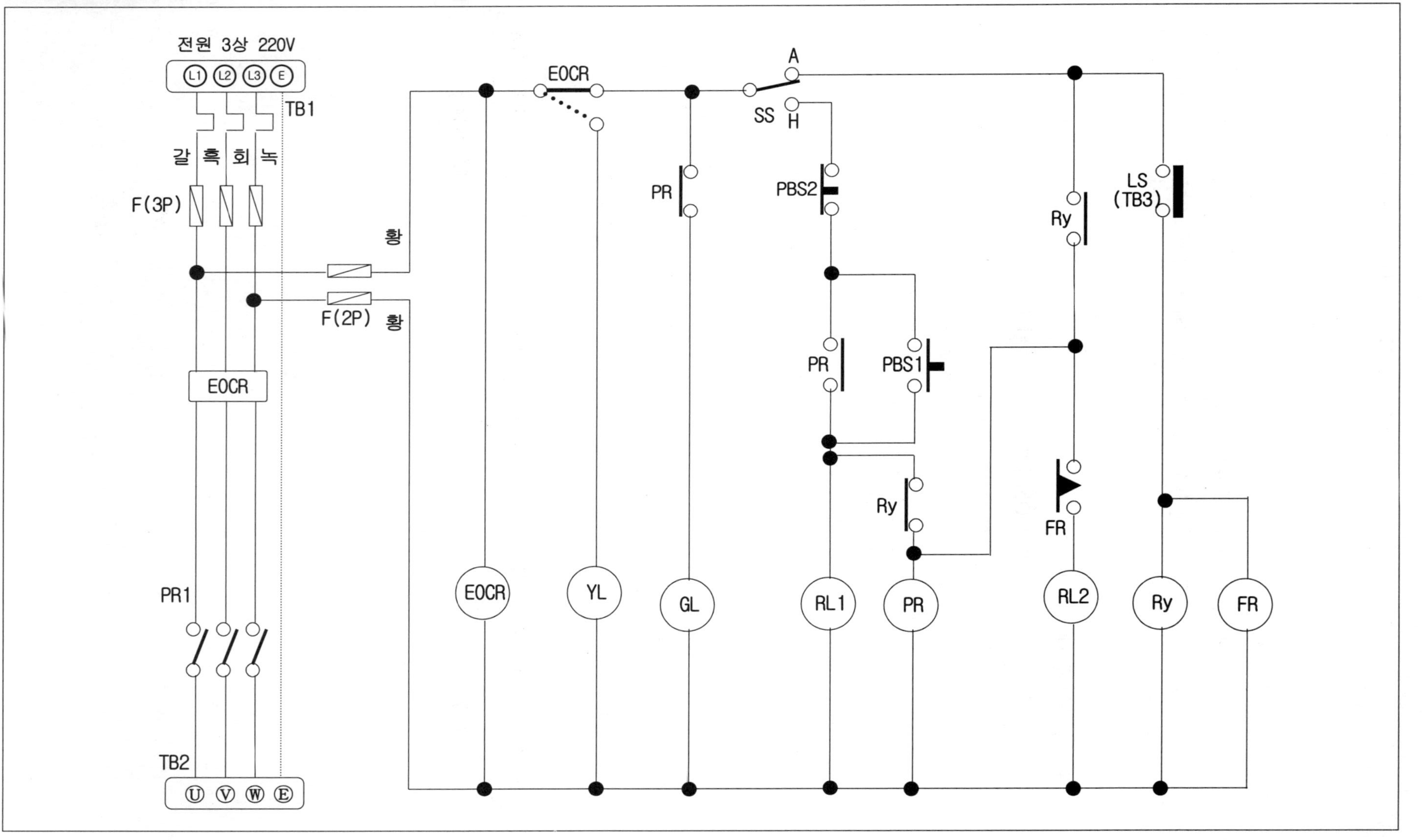

기초도면 19-3 전동기 자동운전 표시회로[기구배치도, 실체배선도]

작업형을 필답형식으로 연습할 수 있도록 만든 실체배선도입니다.
3색 볼펜을 사용하여 시퀀스도의 주회로인 ⓛ1, ⓛ2, ⓛ3상을 각각 갈색, 흑색, 회색으로 작도하며, 보조회로는 황색전선인 관계로 작도자 스스로가 구분이 쉽도록 실체배선도를 작도하시오.

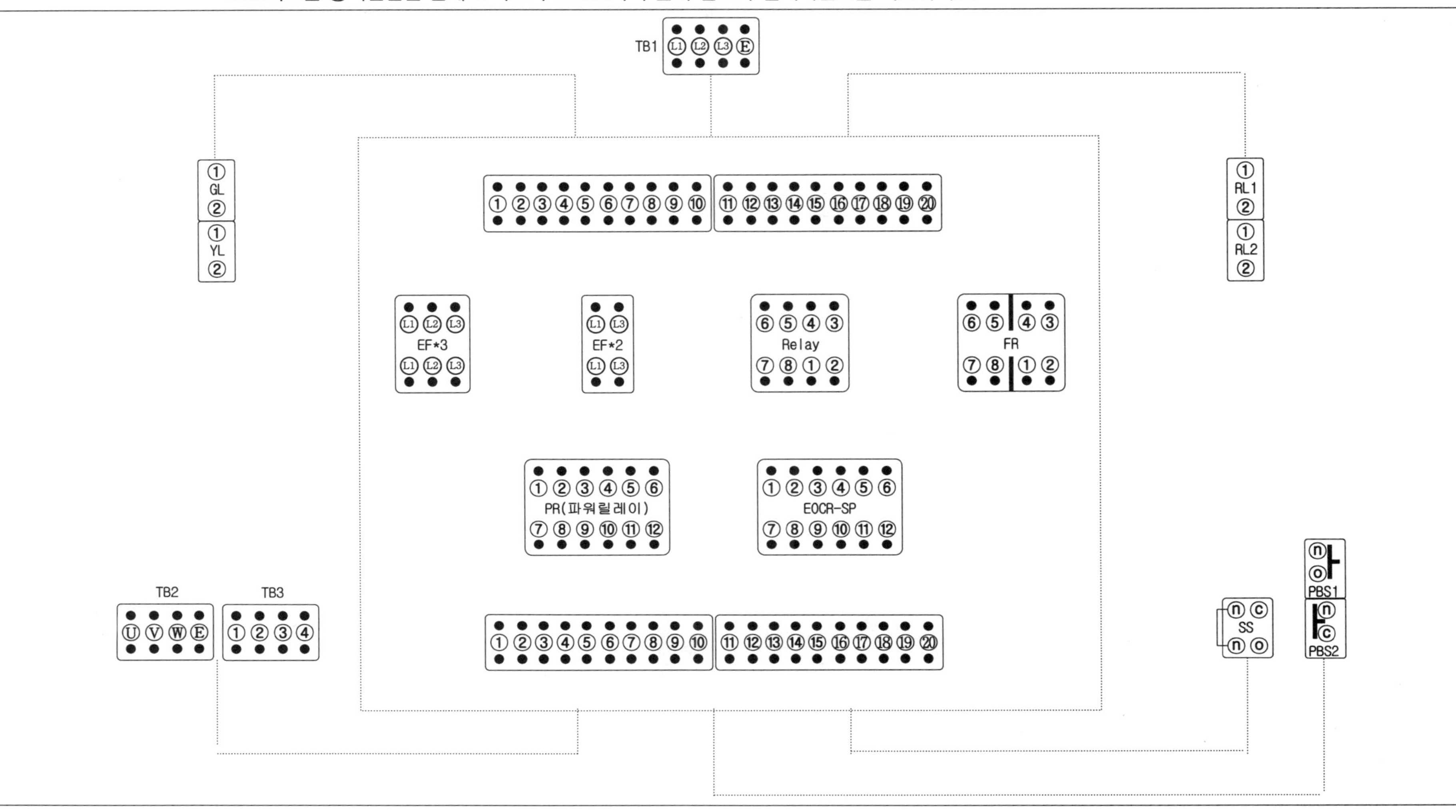

기초도면 19-4 전동기 자동운전 표시회로[기구배치도, 실체배선도]

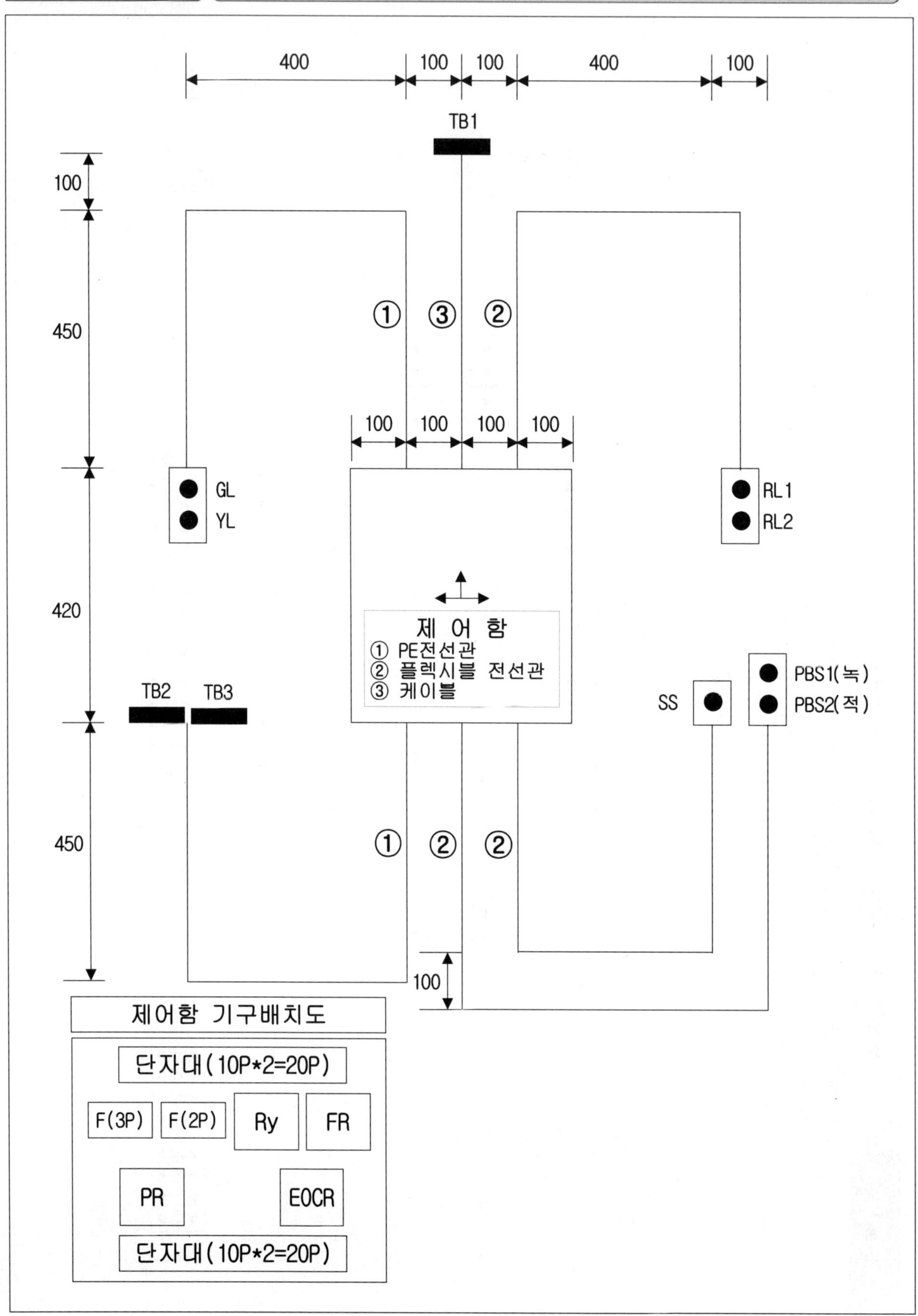

기초도면 20-1 자 · 수동 급배수 운전회로[사용재료,동작사항,흐름도]

▶ 사용재료 ◀

MCCB(3P)*1, 휴즈(2P)*1, 8P베이스*4, 12P베이스*3, 단자대(10P)*4, 단자대(4P)*4, PBS SW*2(녹, 적), 램프(25Φ)*3(적, 적, 황), SS SW*1, 1구박스*1, 2구박스*3, 8각 BOX*1, 제어판(400*420)*1

▶ 동작사항 ◀

1) 전원(MCCB)를 ON한다.
2) SS SW를 M상태에서 PBS1을 누르면 T, Ry, PR1이 여자되며 자기유지 회로가 구성되고 TB2(급수모터)가 작동한다. RL1점등.
3) t초후 PR2가 여자되며 TB3(배수모터)가 작동한다. RL2점등.
4) PBS0를 누르면 작동 중이던 모든 회로가 정지한다.
5) SS SW를 A상태로 절환한 후 수위가 높아져서 FLS가 작동되면 T, Ry, PR1이 여자되며 자기유지 회로가 구성되고 TB2(급수모터)가 작동한다. RL1점등.
6) t초후 PR2가 여자되며 TB3(배수모터)가 작동한다. RL2점등.
7) 수위가 낮아지면 작동 중이던 모든 회로가 정지한다.
8) 동작 진행중 과부하시 EOCR이 작동되면 동작중이던 모든 회로는 정지하며 FR이 여자되고 YL, BZ가 교대 점멸한다.

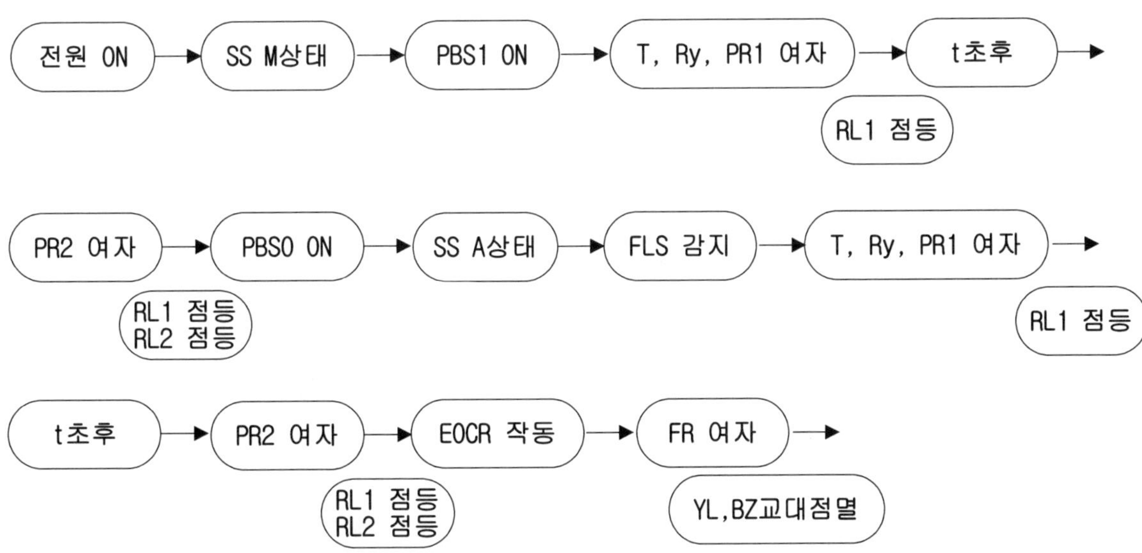

기초도면 20-2 자 · 수동 급배수 운전회로[시이퀀스도]

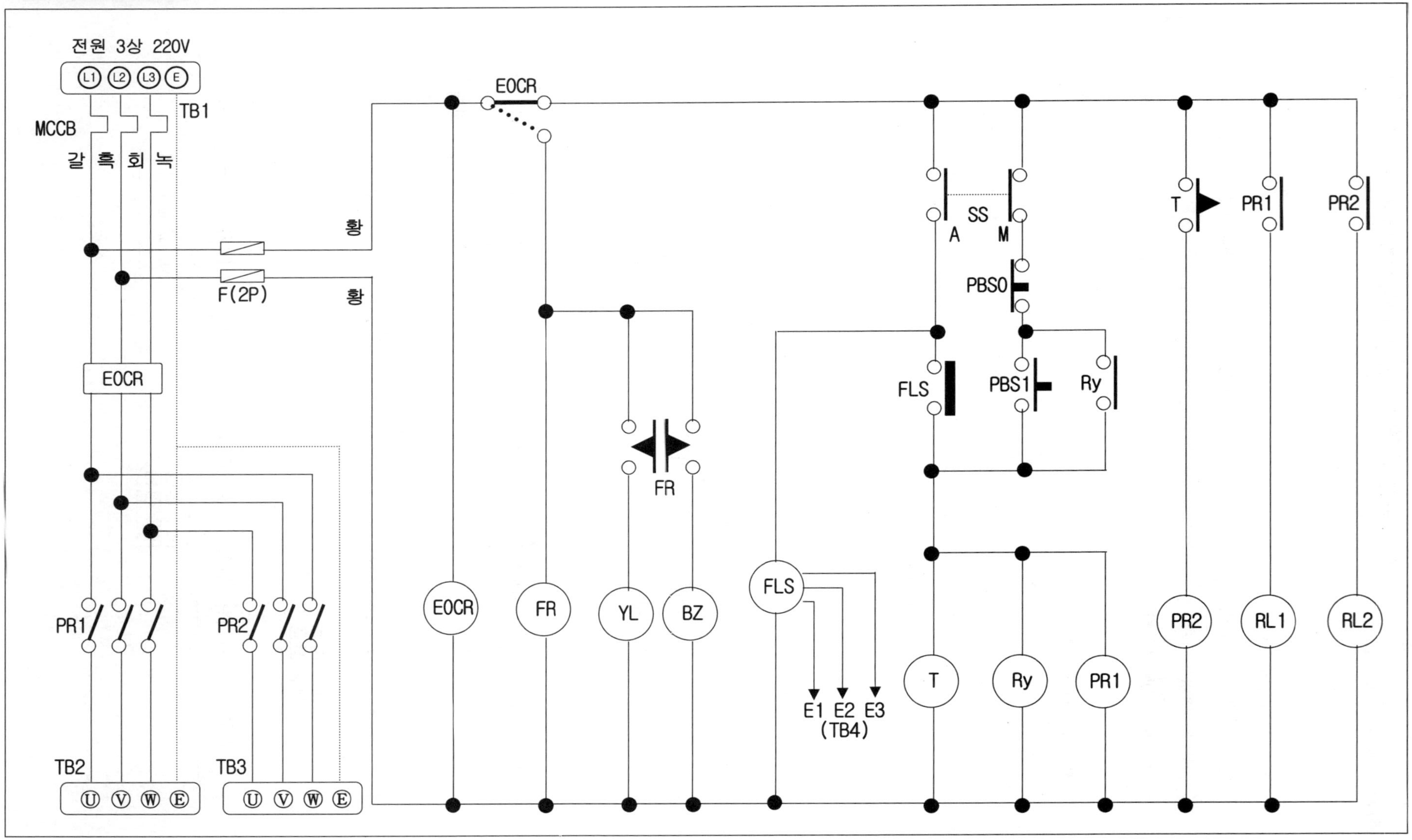

기초도면 20-3 자 · 수동 급배수 운전회로[기구배치도, 실체배선도]

작업형을 필답형식으로 연습할 수 있도록 만든 실체배선도입니다.
3색 볼펜을 사용하여 시퀀스도의 주회로인 Ⓛ1, Ⓛ2, Ⓛ3상을 각각 갈색, 흑색, 회색으로 작도하며, 보조회로는 황색전선인 관계로 작도자 스스로가 구분이 쉽도록 실체배선도를 작도하시오.

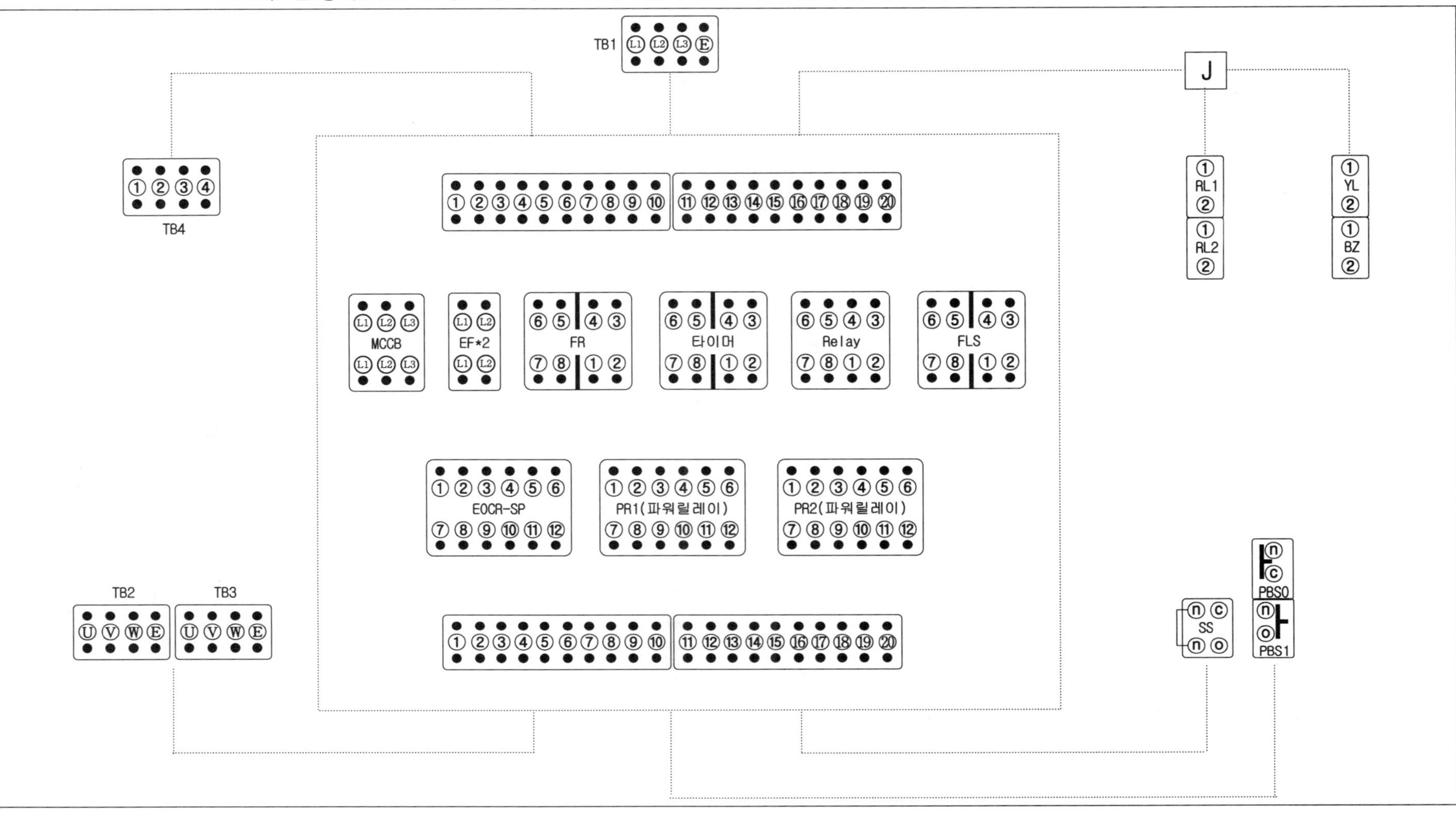

기초도면 20-4 **자 · 수동 급배수 운전회로[기구배치도,실체배선도]**

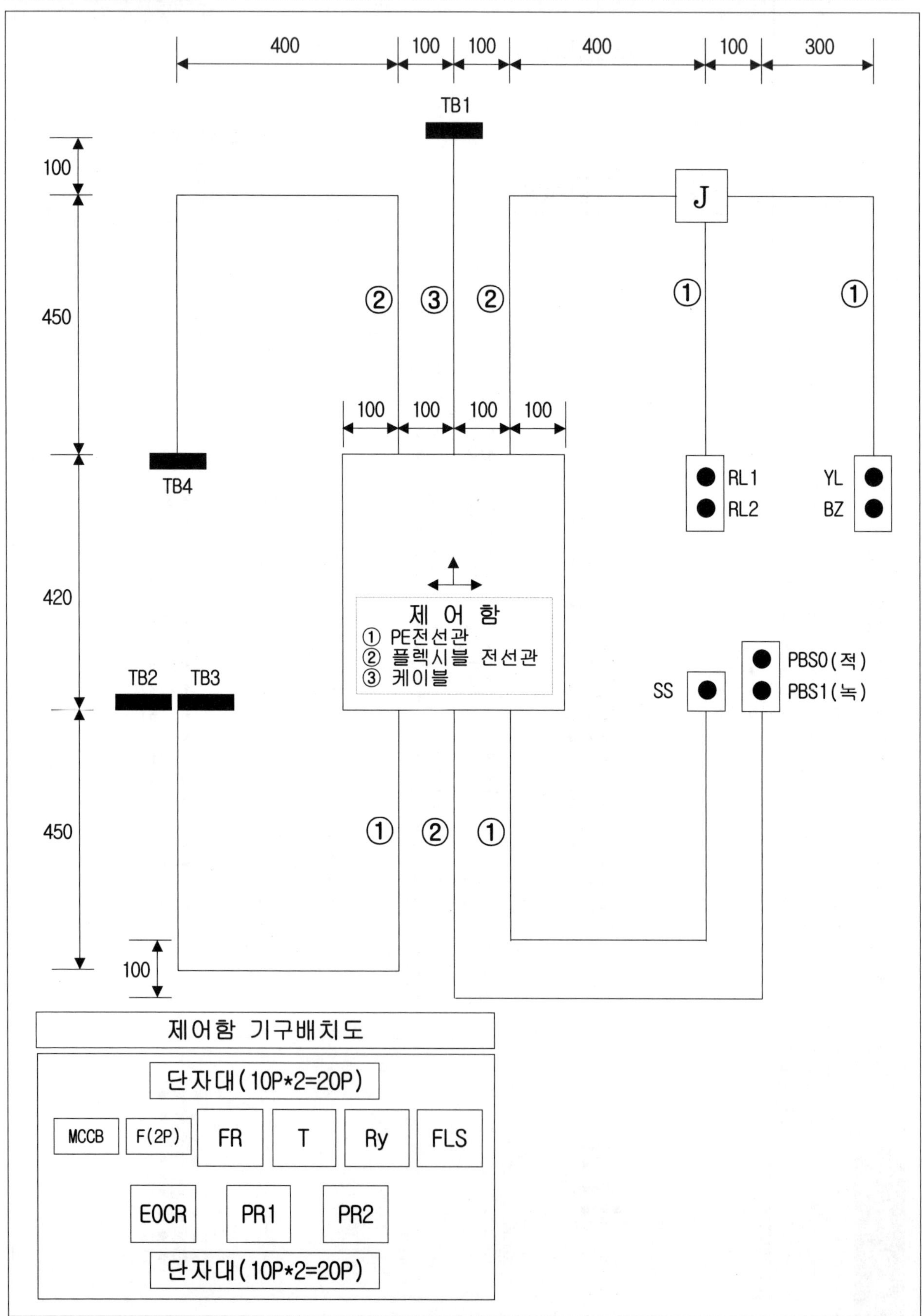

숙련도면 1-1 전동기 자수동 응용회로[사용재료, 동작사항, 흐름도]

▶ 사용재료 ◀

휴즈(3P)*1, 휴즈(2P)*1, 8P베이스*3, 12P베이스*2, 단자대(10P)*4, 단자대(4P)*2, PBS SW*2(녹, 녹), 램프(25Φ)*5(적, 적, 녹, 황, 황), 1구박스*1, 2구박스*2, 3구박스*1, 제어판(400*420)*1

▶ 동작사항 ◀

1) 전부하 상태에서 전원을 ON하면 GL이 점등된다.
2) SS SW H상태에서 PBS1을 누르면 PR이 여자되어 전동기가 회전하며 자기유지 회로가 구성된다. 이때 GL은 소등되고 RL1은 점등된다.
3) SS SW A상태로 절환하면 PR은 소호되며 RL1이 소등되며, GL이 점등된다.
4) PBS2를 누르면 타이머와 Ry가 여자되어 자기유지 회로가 구성되며 T(순시)접점에 의하여 PR이 여자되어 전동기가 회전한다. 이때 GL은 소등되며, RL1, RL2가 점등된다.
5) t초후 PR만 소호되어 전동기가 정지한다. GL, RL1, RL2점등 상태이다.
6) 동작사항 진행중 과부하가 발생하면 모든 회로는 소호되며 FR에 의하여 YL1, YL2가 교대 점멸한다.

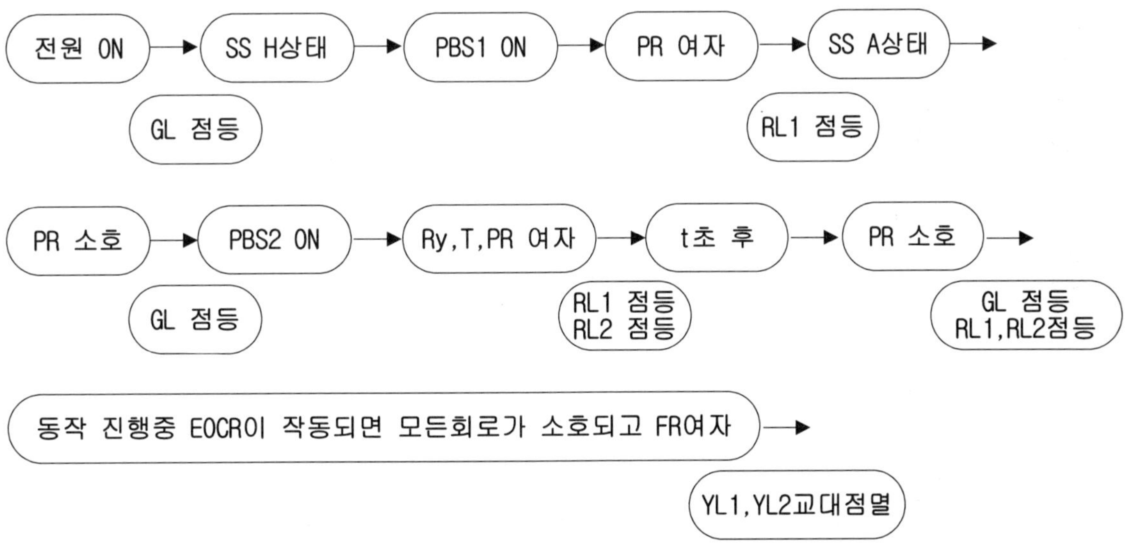

숙련도면 1-2 전동기 자수동 응용회로[시이퀀스도]

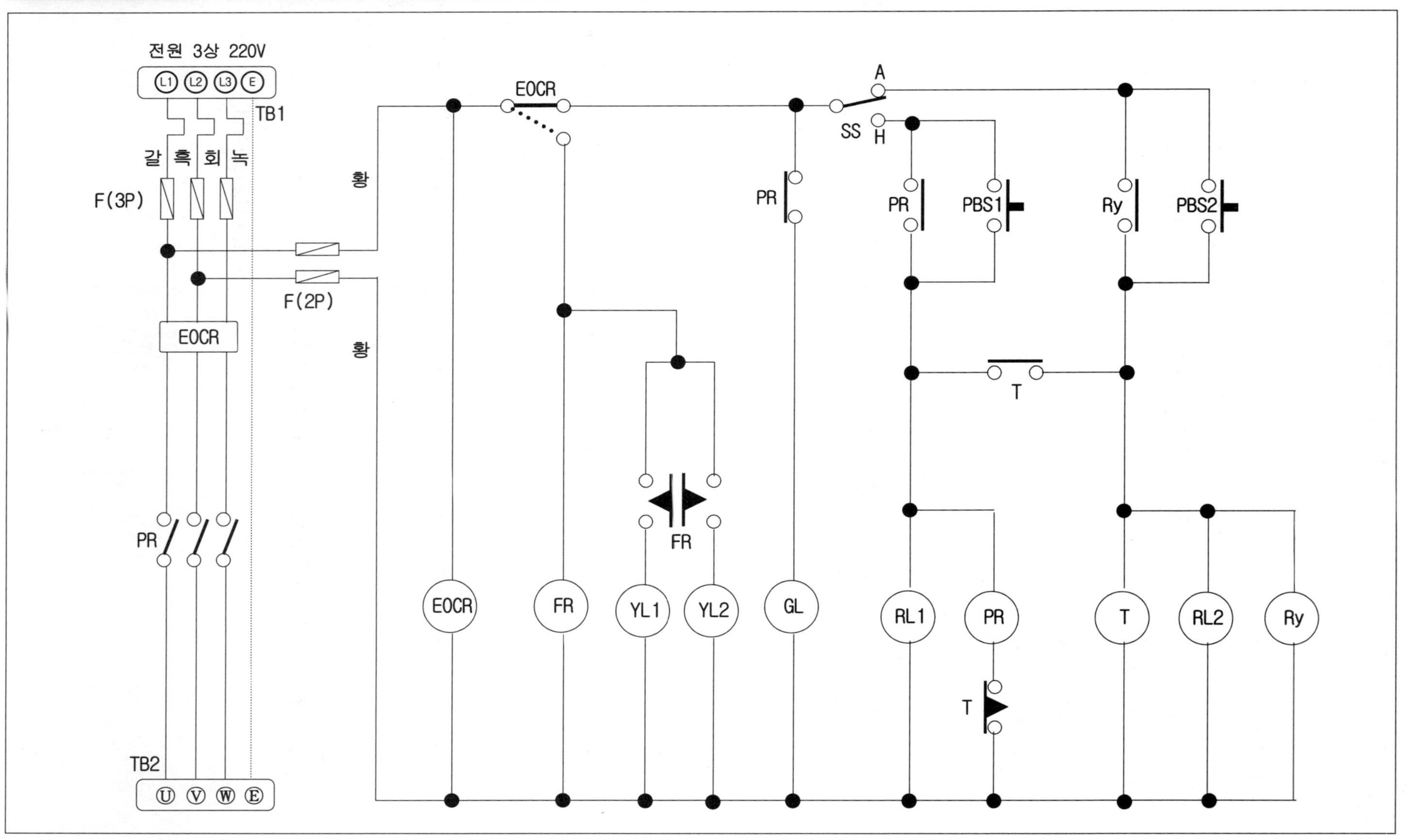

숙련도면 1-3 전동기 자수동 응용회로[기구배치도, 실체배선도]

작업형을 필답형식으로 연습할 수 있도록 만든 실체배선도입니다.
3색 볼펜을 사용하여 시퀀스도의 주회로인 Ⓛ1, Ⓛ2, Ⓛ3상을 각각 갈색, 흑색, 회색으로 작도하며, 보조회로는 황색전선인 관계로 작도자 스스로가 구분이 쉽도록 실체배선도를 작도하시오.

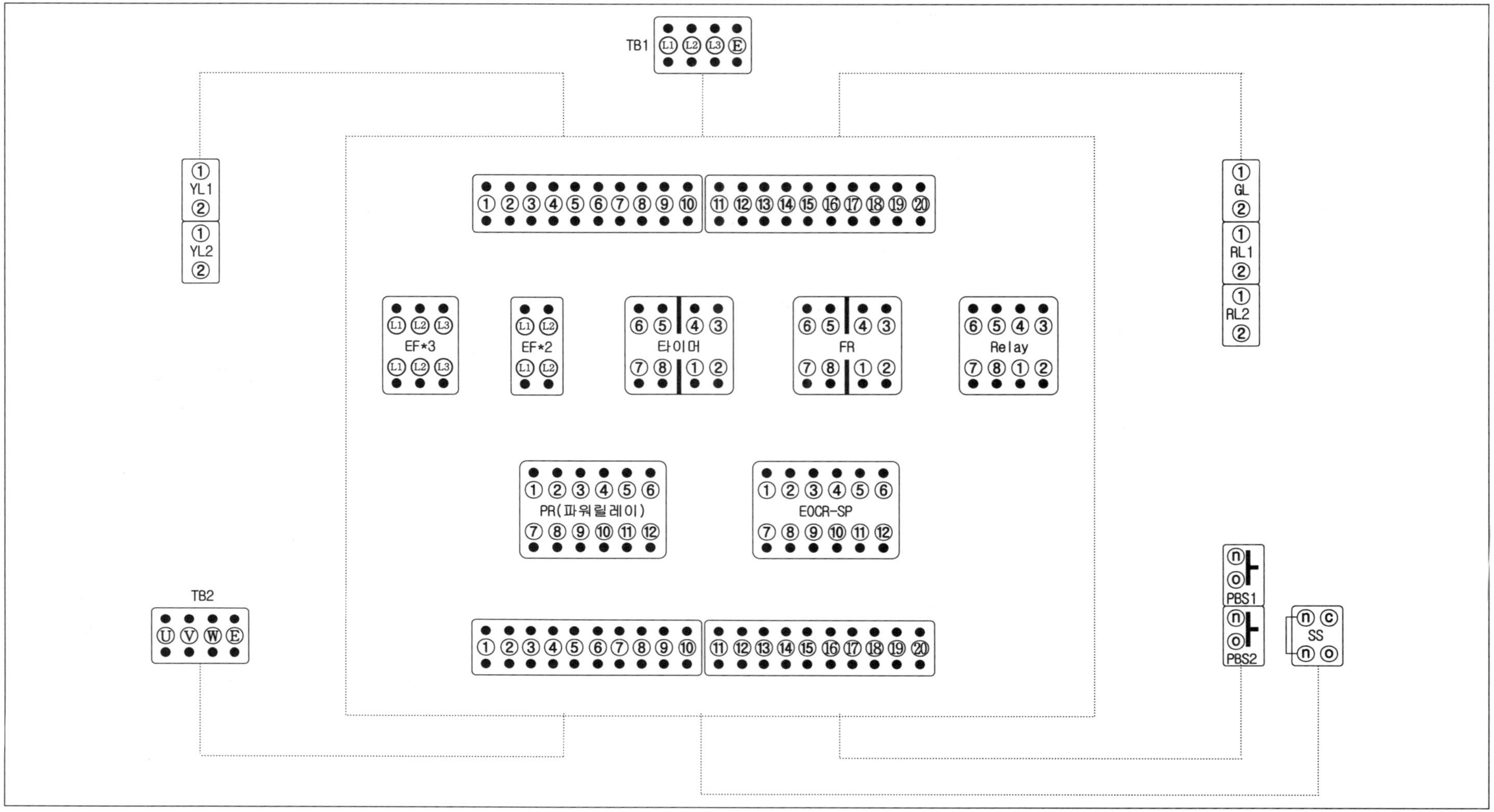

TB1 Ⓛ1 Ⓛ2 Ⓛ3 Ⓔ

YL1 ① ② YL2 ① ②

GL ① ② RL1 ① ② RL2 ① ②

① ② ③ ④ ⑤ ⑥ ⑦ ⑧ ⑨ ⑩ ⑪ ⑫ ⑬ ⑭ ⑮ ⑯ ⑰ ⑱ ⑲ ⑳

EF*3 Ⓛ1 Ⓛ2 Ⓛ3

EF*2 Ⓛ1 Ⓛ2

타이머 ⑥ ⑤ ④ ③ ⑦ ⑧ ① ②

FR ⑥ ⑤ ④ ③ ⑦ ⑧ ① ②

Relay ⑥ ⑤ ④ ③ ⑦ ⑧ ① ②

PR(파워릴레이) ① ② ③ ④ ⑤ ⑥ ⑦ ⑧ ⑨ ⑩ ⑪ ⑫

EOCR-SP ① ② ③ ④ ⑤ ⑥ ⑦ ⑧ ⑨ ⑩ ⑪ ⑫

TB2 Ⓤ Ⓥ Ⓦ Ⓔ

① ② ③ ④ ⑤ ⑥ ⑦ ⑧ ⑨ ⑩ ⑪ ⑫ ⑬ ⑭ ⑮ ⑯ ⑰ ⑱ ⑲ ⑳

PBS1 ⓝ ⓞ

PBS2 ⓝ ⓞ

SS ⓝ ⓒ ⓝ ⓞ

숙련도면 1-4 전동기 자수동 응용회로[기구배치도, 실체배선도]

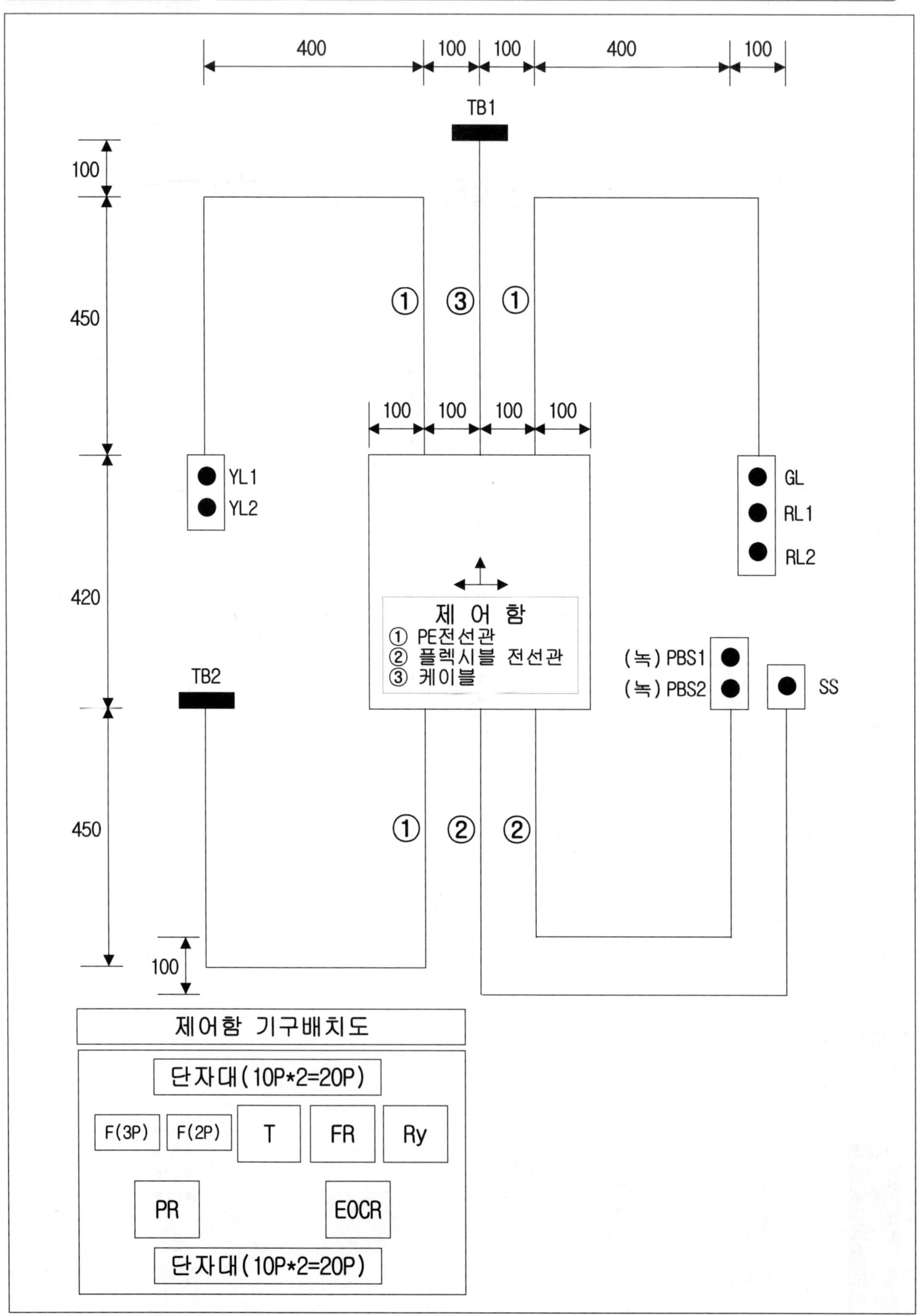

숙련도면 2-1 2개소 분리형 전동기 운전회로[사용재료,동작사항,흐름도]

▶ 사용재료 ◀

MCCB(3P)*1, 휴즈(2P)*1, 8P베이스*2, 12P베이스*3, 단자대(10P)*4, 단자대(4P)*5, PBS SW*5(녹,녹,적,적,적), 램프(25Φ)*4(적,적,녹,황), 2구박스*3, 3구박스*1, 8각 BOX*1, 제어판(400*420)*1

▶ 동작사항 ◀

1) 전원(MCCB)를 투입하면 L2가 점등한다.
2) PBS1을 누르면 Ry1과 PR1이 여자되어 TB2가 회전 한다. L3점등,L2소등.
3) PBS2를 누르거나 LS1이 감지되면 Ry1,PR1이 소호된다. L2점등, L3소등.
4) PBS3를 누르면 Ry2와 PR2가 여자되어 TB3가 회전 한다. L4점등,L2소등.
5) PBS4를 누르거나 LS2가 감지되면 Ry2,PR2가 소호된다. L2점등, L4소등.
6) 동작사항 진행중 PBS5를 누르면 동작 중이던 모든 회로가 소호된다.
7) 동작 진행중 과부하시 EOCR이 작동되면 동작중이던 모든 회로는 정지하며 L1이 점등된다.

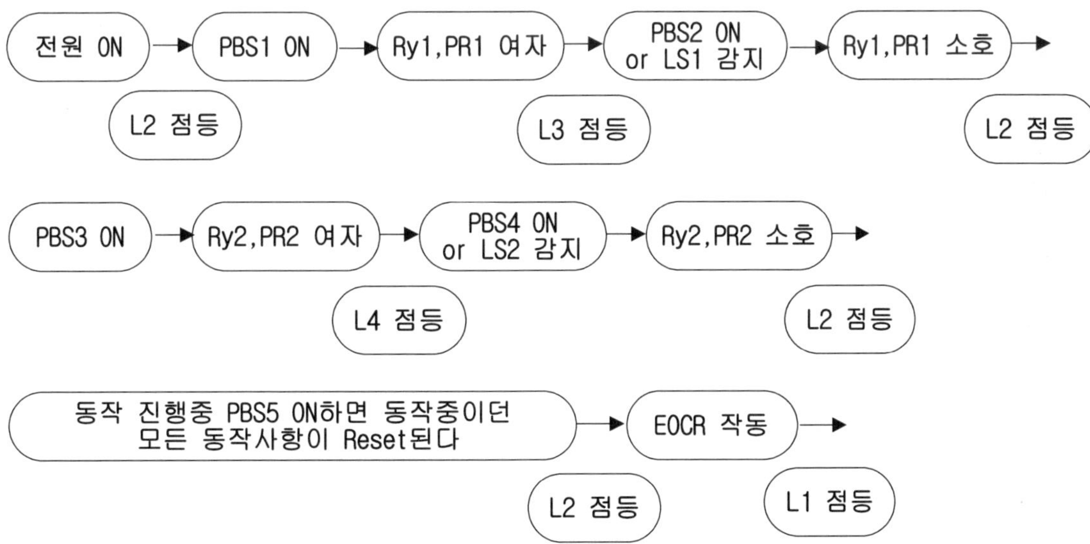

숙련도면 2-2 2개소 분리형 전동기 운전회로[시이퀀스도]

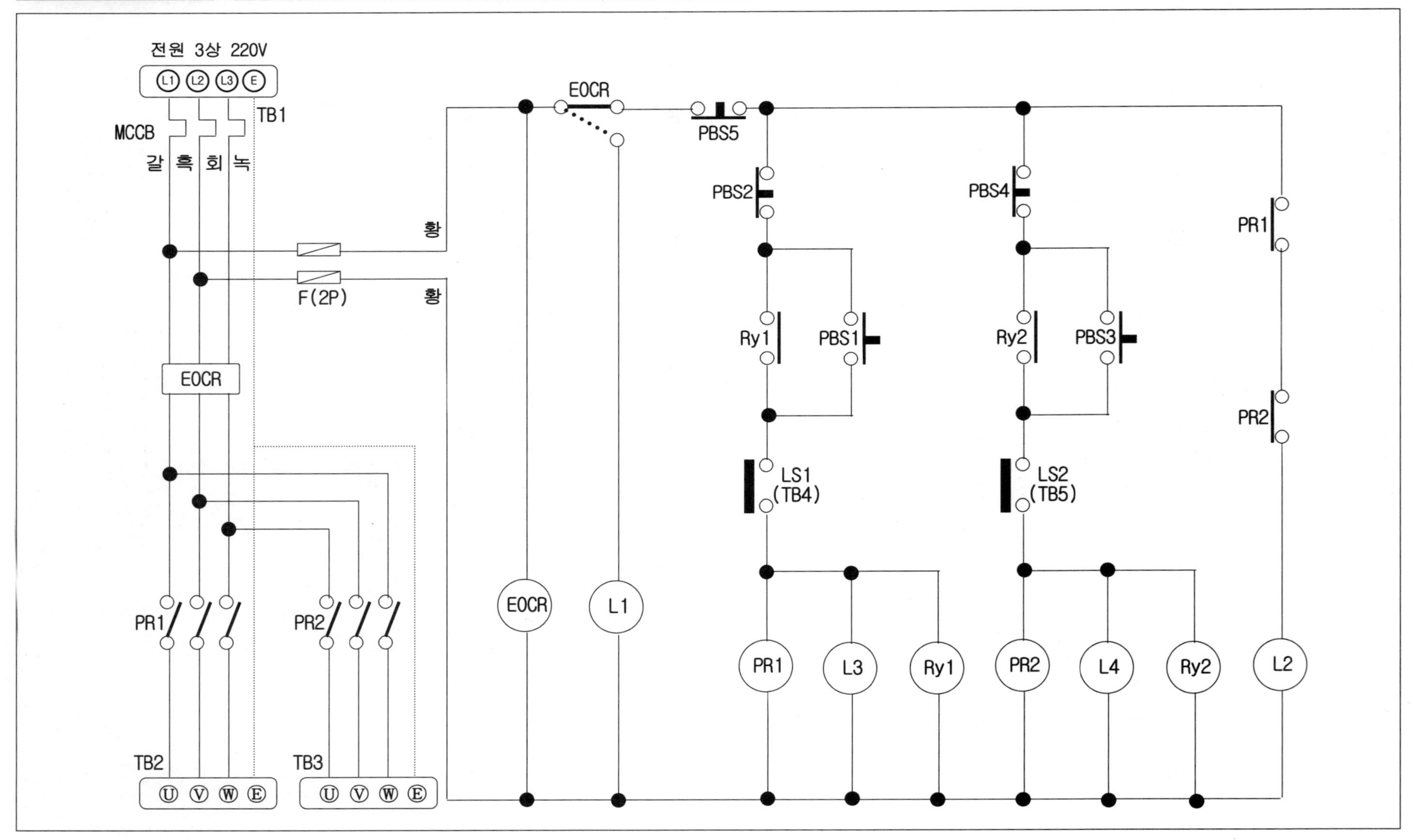

숙련도면 2-3 2개소 분리형 전동기 운전회로[기구배치도, 실체배선도]

작업형을 필답형식으로 연습할 수 있도록 만든 실체배선도입니다.
3색 볼펜을 사용하여 시퀀스도의 주회로인 Ⓛ1, Ⓛ2, Ⓛ3상을 각각 갈색, 흑색, 회색으로 작도하며, 보조회로는 황색전선인 관계로 작도자 스스로가 구분이 쉽도록 실체배선도를 작도하시오.

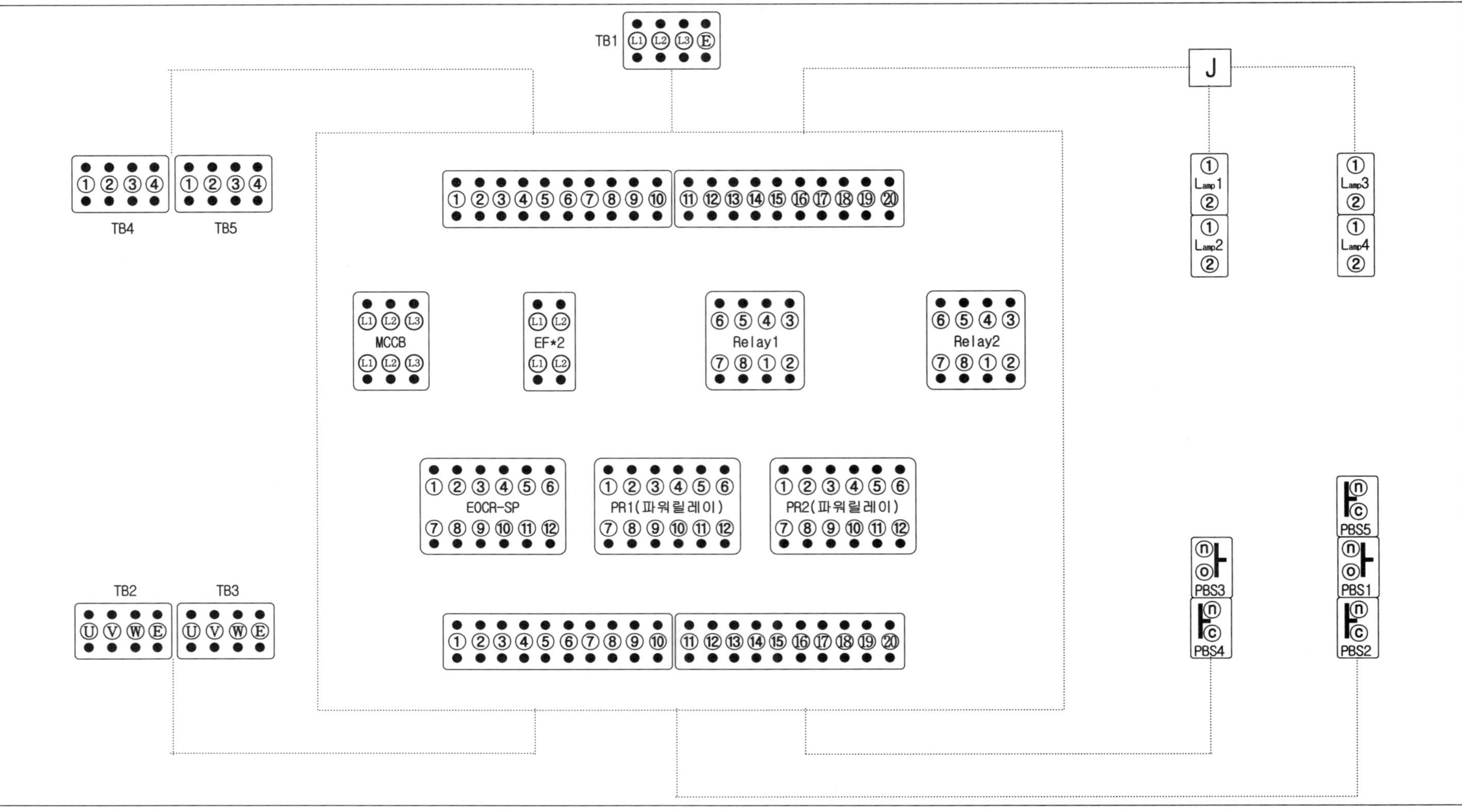

숙련도면 2-4　2개소 분리형 전동기 운전회로[제어판넬 실체배선도]

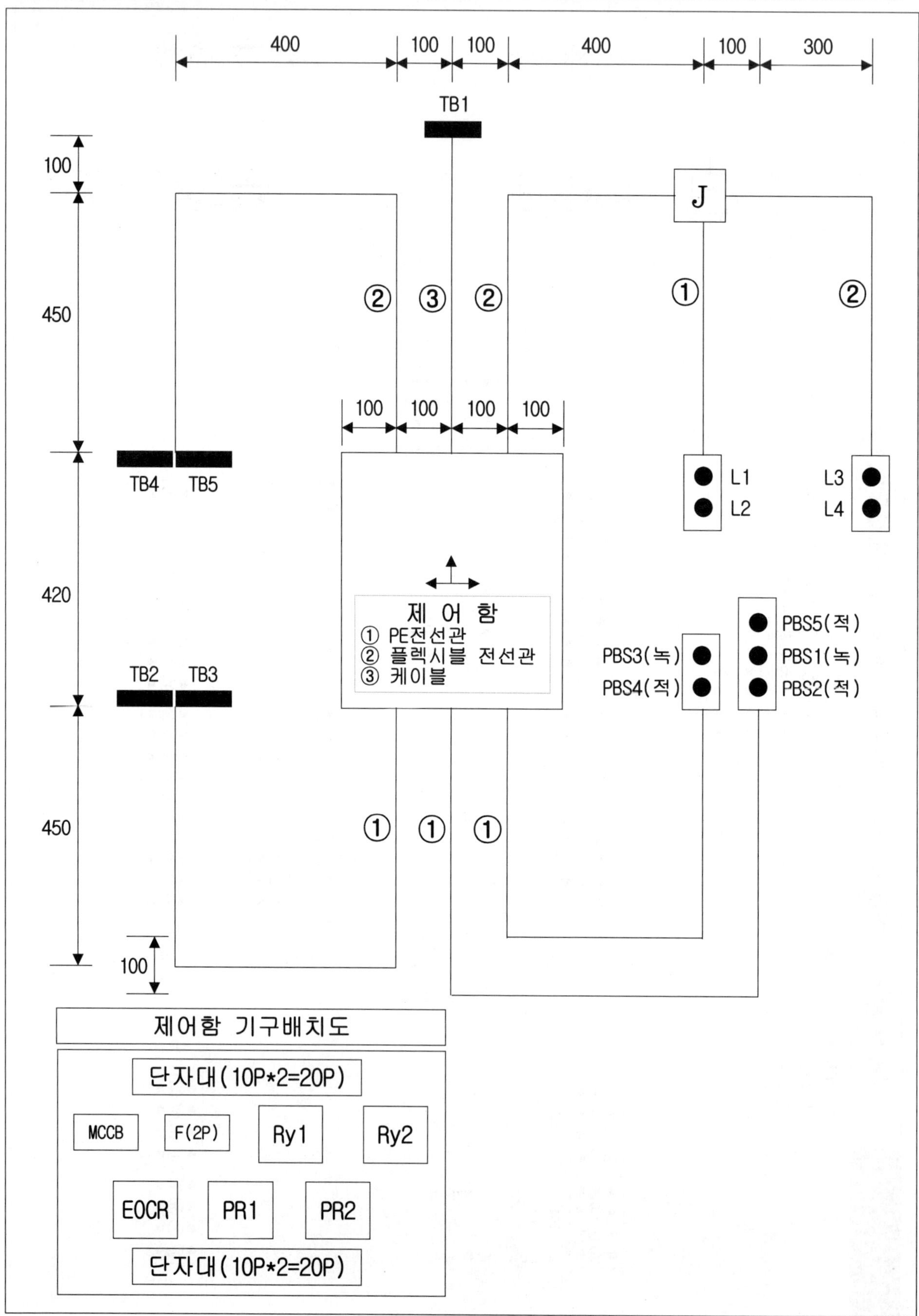

숙련도면 3-1 전동기 자수동 표시회로[사용재료,동작사항,흐름도]

▶ 사용재료 ◀

MCCB(3P)*1, 휴즈(2P)*1, 8P베이스*3, 12P베이스*2, 단자대(10P)*4, 단자대(4P)*3, PBS SW*2(적,녹), 램프(25Φ)*4(적,적,녹,황), SS SW*1, 1구박스*1, 2구박스*3, 제어판(400*420)*1

▶ 동작사항 ◀

1) 전부하 상태에서 전원(MCCB)를 ON하면 GL이 점등된다.
2) SS SW H상태로 절환한 후 PBS1을 누르면 PR이 여자되며 자기유지 회로가 구성되며 전동기가 회전하고 RL1이 점등된다. GL소등.
3) PBS2를 누르면 동작 사항이 정지한다. GL점등. RL1소등.
4) SS SW A상태로 절환한 후 리밋스위치(TB3)가 작동되면 Ry, T, PR이 여자되며, RL2가 점등한다. GL소등.
5) 동작사항 진행중 과부하 상태가 되면 모든 동작사항이 정지하며 YL이 FR에 의하여 점멸한다.

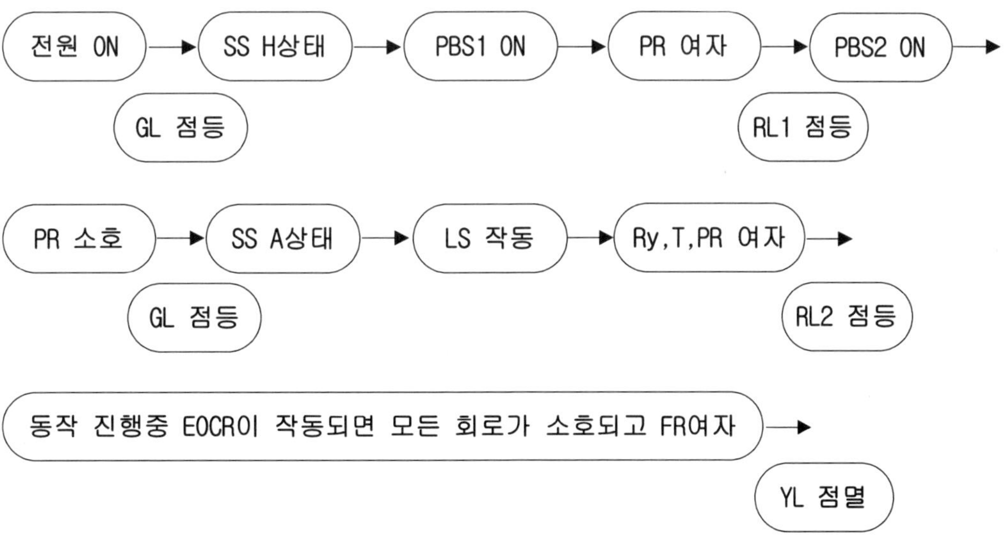

숙련도면 3-2 전동기 자수동 표시회로[시이퀀스도]

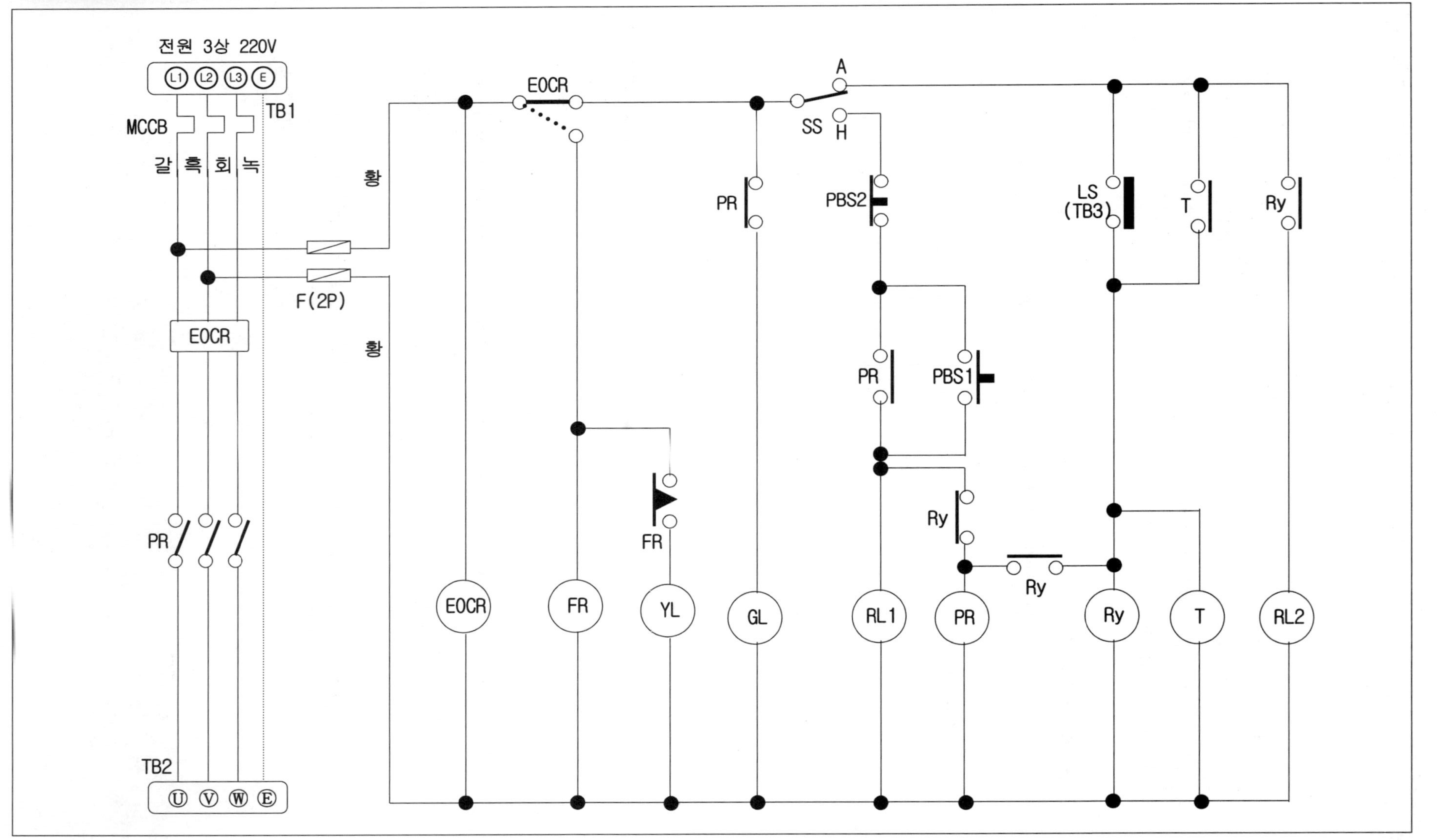

숙련도면 3-3 전동기 자수동 표시회로[기구배치도, 실체배선도]

작업형을 필답형식으로 연습할 수 있도록 만든 실체배선도입니다.
3색 볼펜을 사용하여 시퀀스도의 주회로인 Ⓛ1, Ⓛ2, Ⓛ3상을 각각 갈색, 흑색, 회색으로 작도하며,
보조회로는 황색전선인 관계로 작도자 스스로가 구분이 쉽도록 실체배선도를 작도하시오.

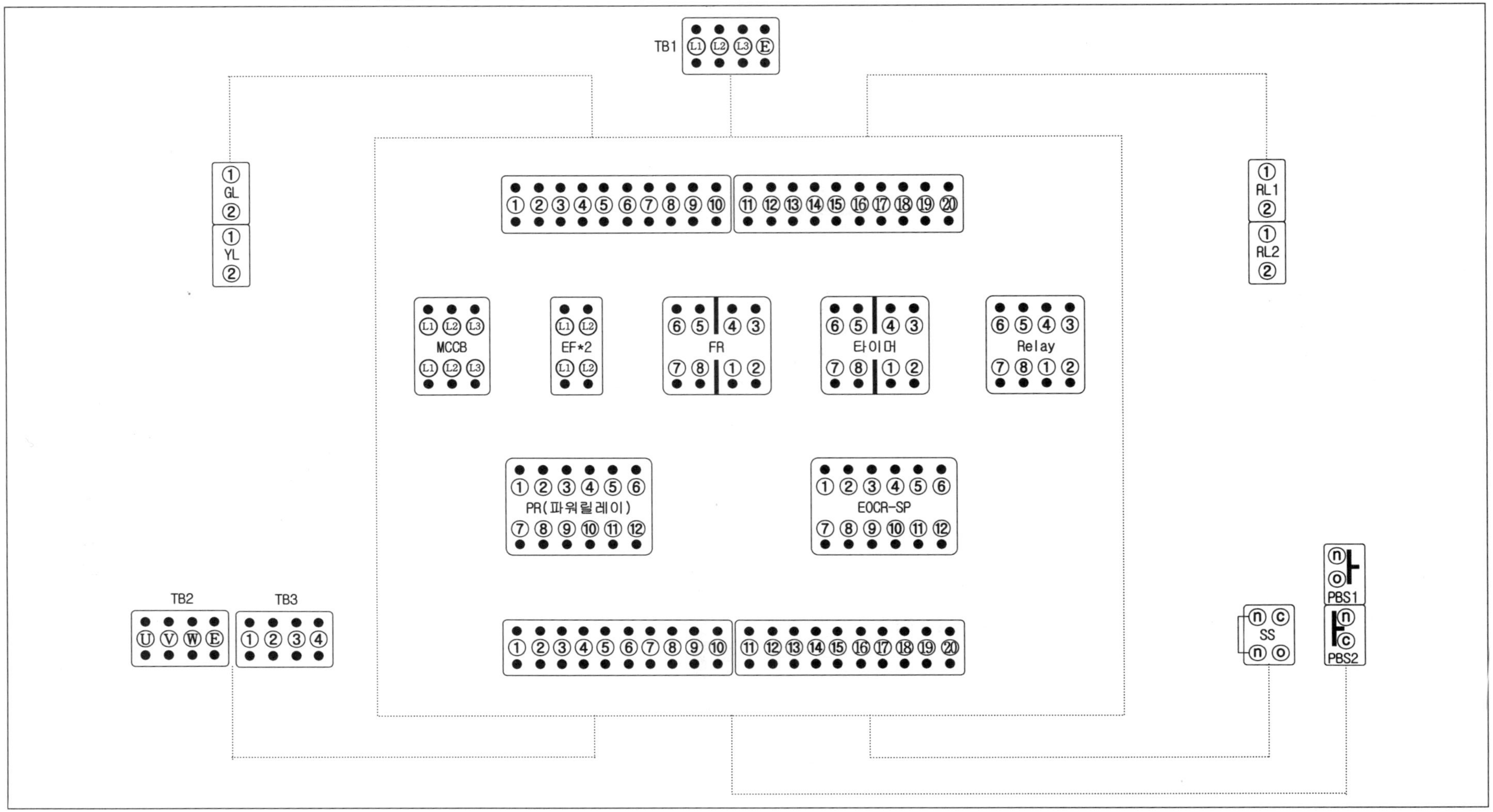

숙련도면 3-4 전동기 자수동 표시회로[기구배치도, 실체배선도]

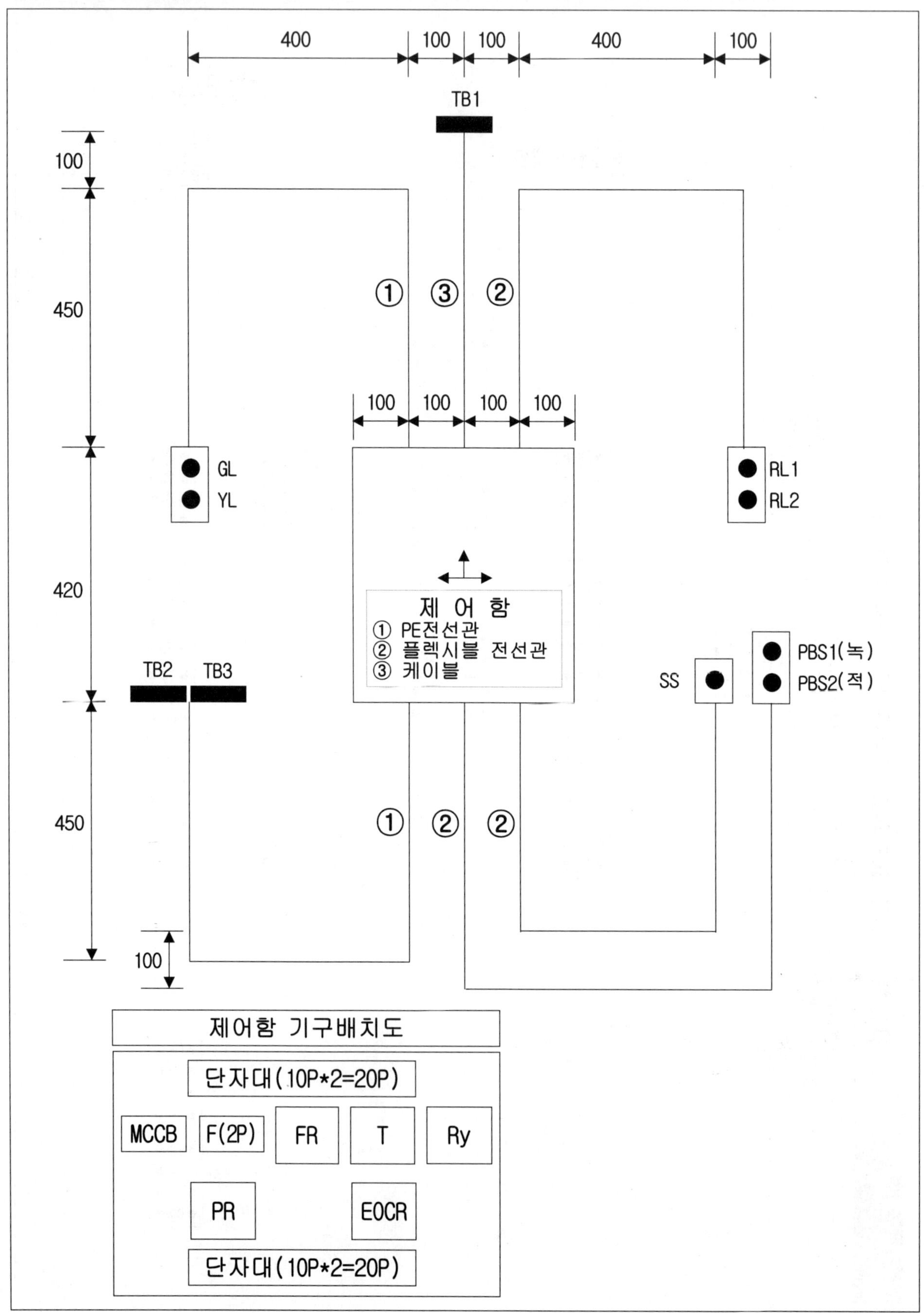

숙련도면 4-1 t초후 팬작동 제어회로[사용재료,동작사항,흐름도]

▶ 사용재료 ◀

MCCB(3P)*1, 휴즈(2P)*1, 8P베이스*4, 12P베이스*3, 단자대(10P)*4, 단자대(4P)*4, PBS SW*2(적,녹), 램프(25Φ)*4(적,적,황,백), 2구박스*3, 8각 BOX*1, 제어판(400*420)*1

▶ 동작사항 ◀

1) 전원(MCCB)를 ON하면 WL이 점등된다.
2) PBS1을 누르면 Ry, Tc가 여자되고 PR1이 여자되어 TB2(히터)가 작동하며 RL1이 점등된다.
3) 열전함이 작동되면 PR1이 소호되고 타이머가 여자된다. RL1소등.
   t초 후 PR2가 여자되어 TB3(팬)이 작동되고, RL2가 점등된다.
4) 동작사항 진행중 PBS2를 누르면 동작중이던 모든 동작사항이 Reset된다.
5) 동작 진행중 과부하시 EOCR이 작동되면 동작중이던 모든 회로는 정지하며 FR이 여자되고 YL이 점멸한다.

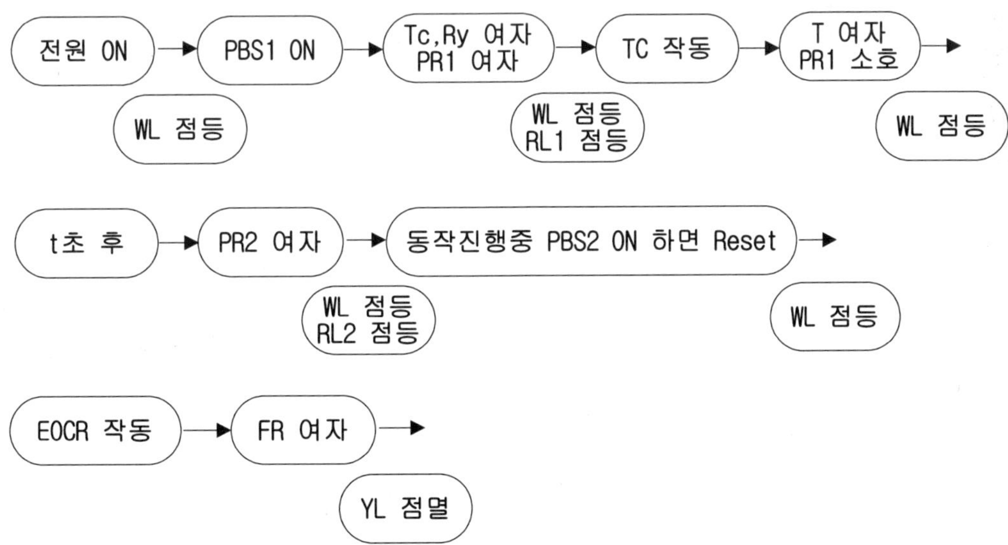

숙련도면 4-2 t초후 팬작동 제어회로[시이퀀스도]

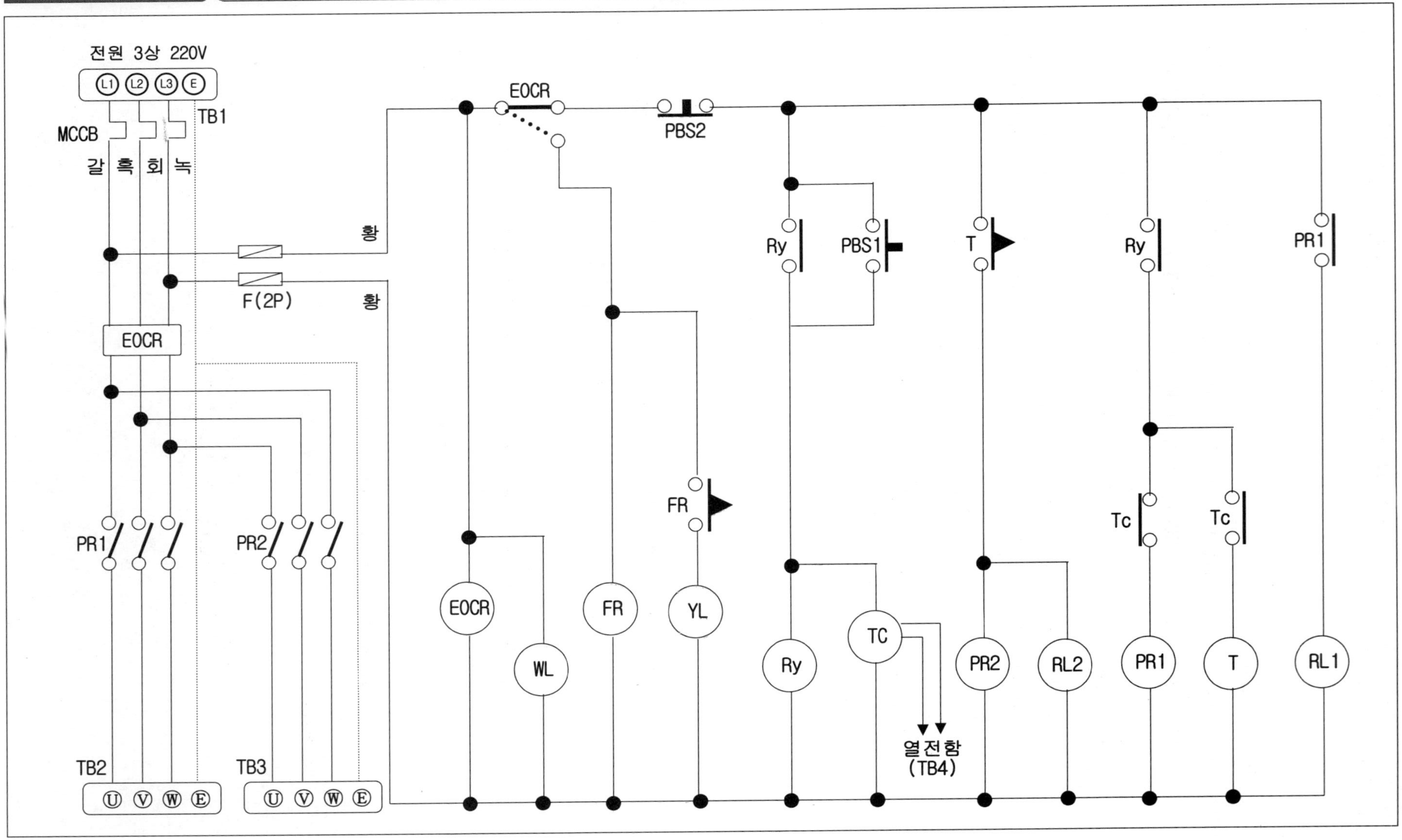

숙련도면 4-3 t초후 팬작동 제어회로[기구배치도, 실체배선도]

작업형을 필답형식으로 연습할 수 있도록 만든 실체배선도입니다.
3색 볼펜을 사용하여 시퀀스도의 주회로인 Ⓛ1, Ⓛ2, Ⓛ3상을 각각 갈색, 흑색, 회색으로 작도하며, 보조회로는 황색전선인 관계로 작도자 스스로가 구분이 쉽도록 실체배선도를 작도하시오.

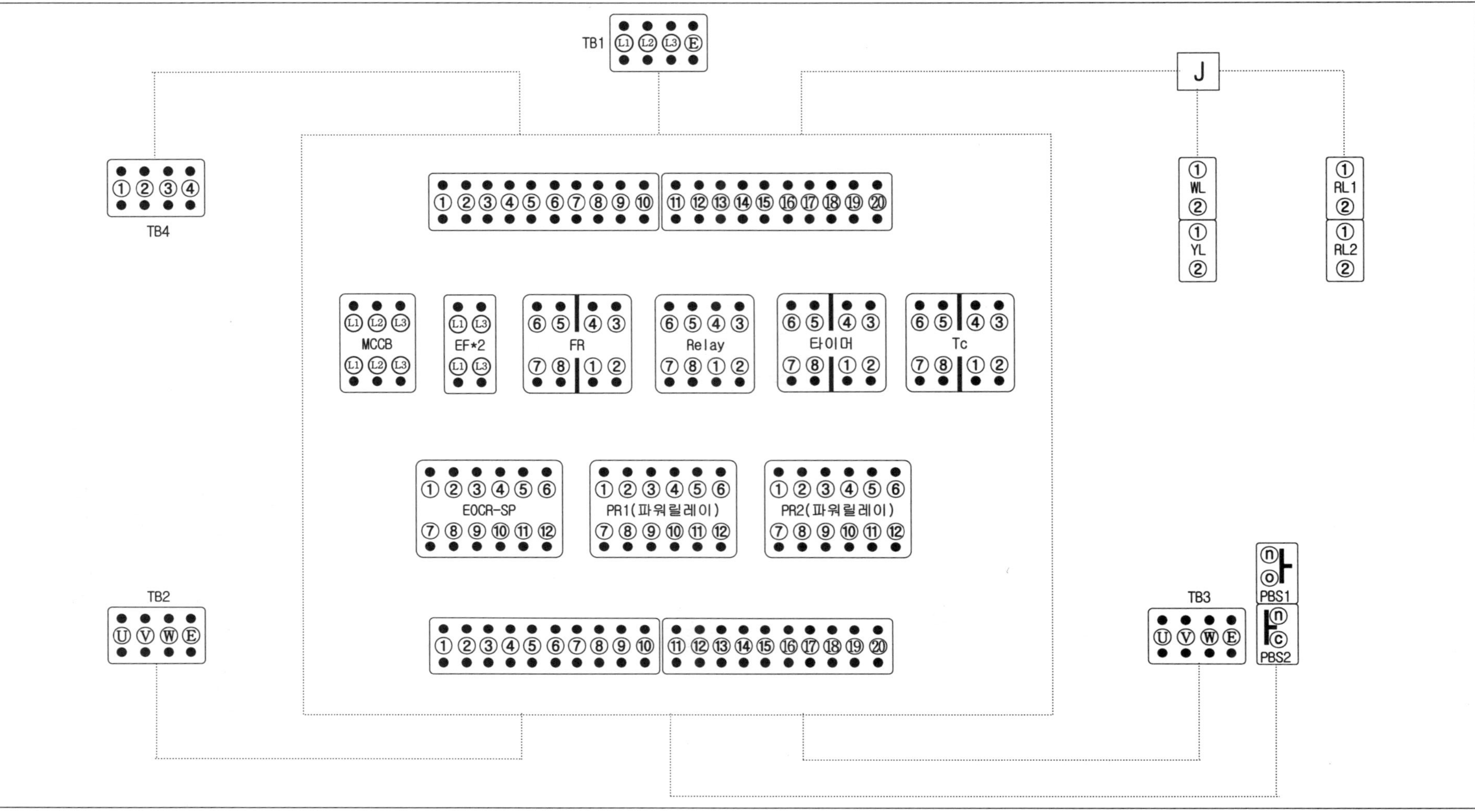

숙련도면 4-4 t초 후 팬작동 제어회로[제어판넬 실체배선도]

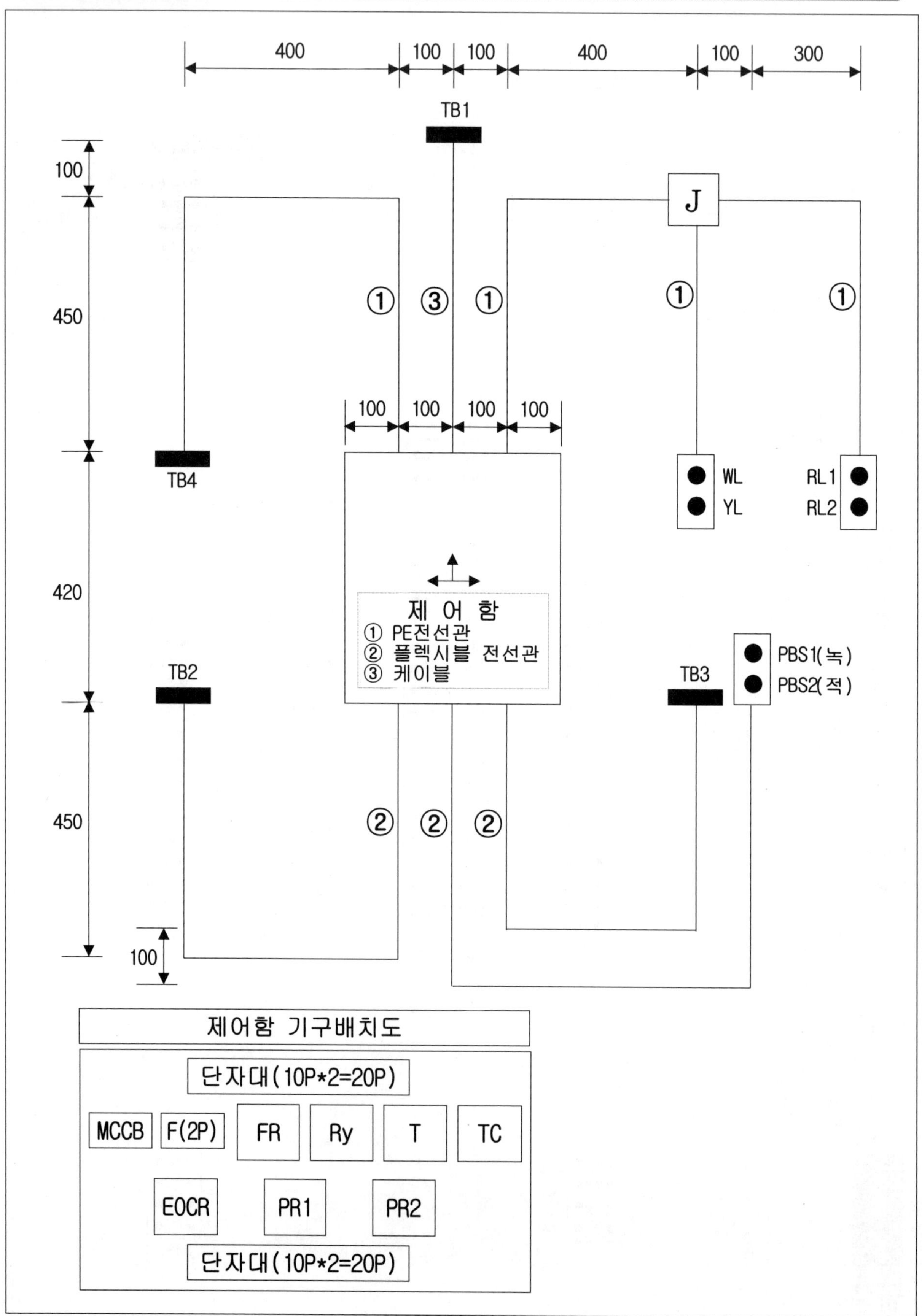

숙련도면 5-1 우선동작 정역 운전회로[사용재료,동작사항,흐름도]

▶ 사용재료 ◀

MCCB(3P)*1, 휴즈(2P)*1, 8P베이스*3, 12P베이스*3, 단자대(10P)*4, 단자대(4P)*2, PBS SW*4(적,적,녹,녹), 램프(25Φ)*5(녹,녹,황,황,백), 1구박스*1, 2구박스*4, 8각 BOX*1, 제어판(400*420)*1

▶ 동작사항 ◀

1) 전원(MCCB)를 ON하면 WL, GL1, GL2가 점등된다.
2) PBS1을 누르면 PR1,Ry1이 여자되어 TB2가 정회전 동작한다. GL1소등.
   PBS2를 누르면 PR1,Ry1이 소호된다. GL1점등.
3) PBS3을 누르면 PR2,Ry2가 여자되어 TB2가 역회전 동작한다. GL2소등.
   PBS4를 누르면 PR2,Ry2가 소호된다. GL2점등.
4) 동작 진행중 과부하시 EOCR이 작동되면 동작중이던 모든 회로가 소호되며 FR이 여자되어 YL1, YL2가 교대 점멸한다.

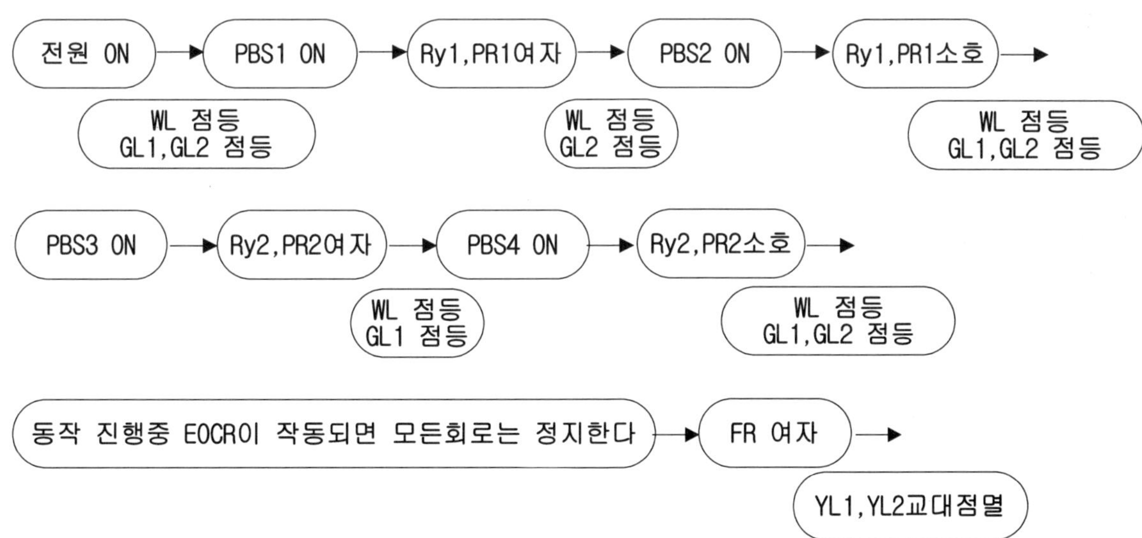

숙련도면 5-2 우선동작 정역 운전회로[시이퀀스도]

숙련도면 5-3 우선동작 정역 운전회로[기구배치도, 실체배선도]

작업형을 필답형식으로 연습할 수 있도록 만든 실체배선도입니다.
3색 볼펜을 사용하여 시퀀스도의 주회로인 ⓁⒹ, Ⓛ②, Ⓛ③상을 각각 갈색, 흑색, 회색으로 작도하며, 보조회로는 황색전선인 관계로 작도자 스스로가 구분이 쉽도록 실체배선도를 작도하시오.

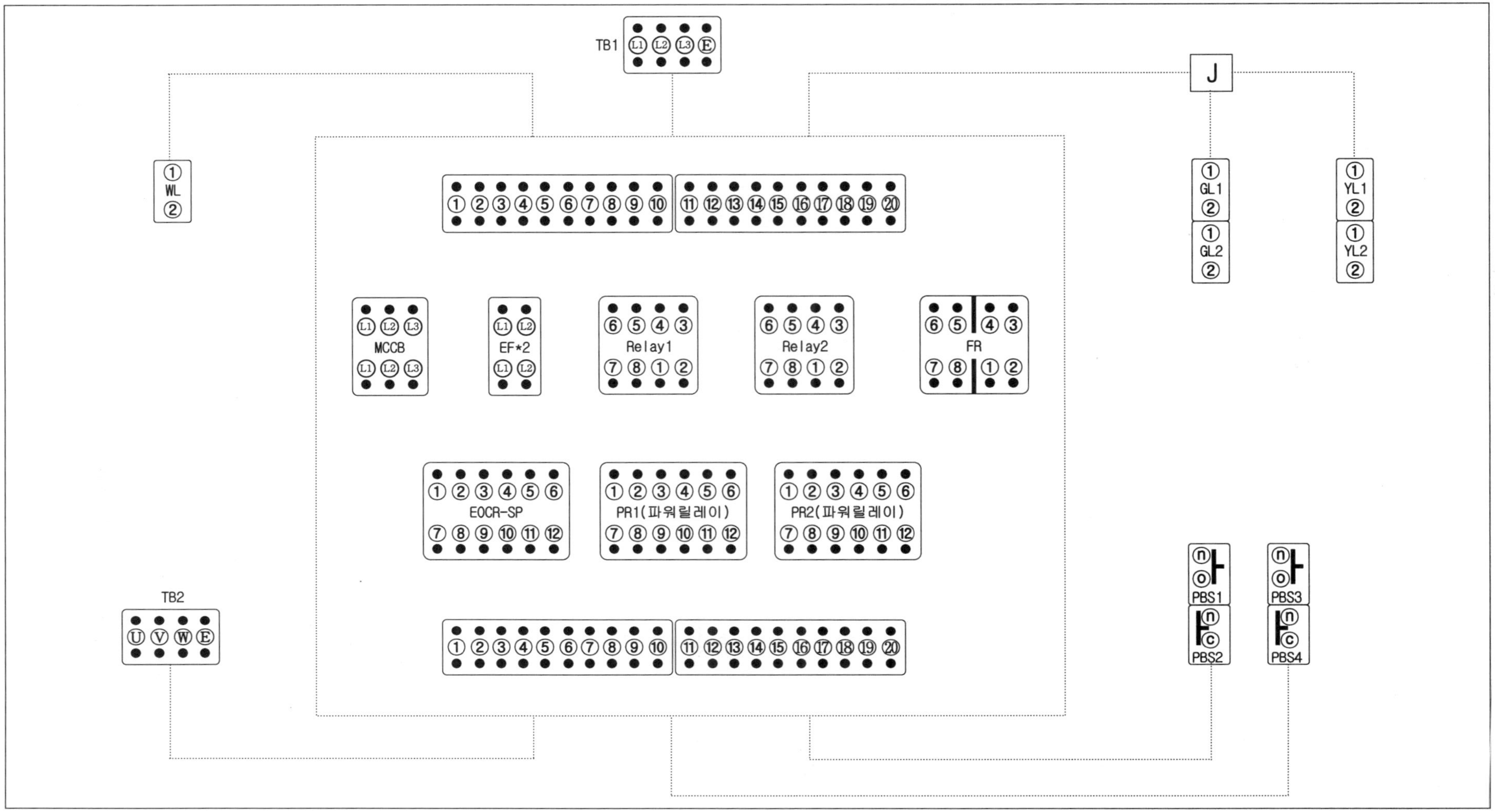

우선동작 정역 운전회로[제어판넬 실체배선도]

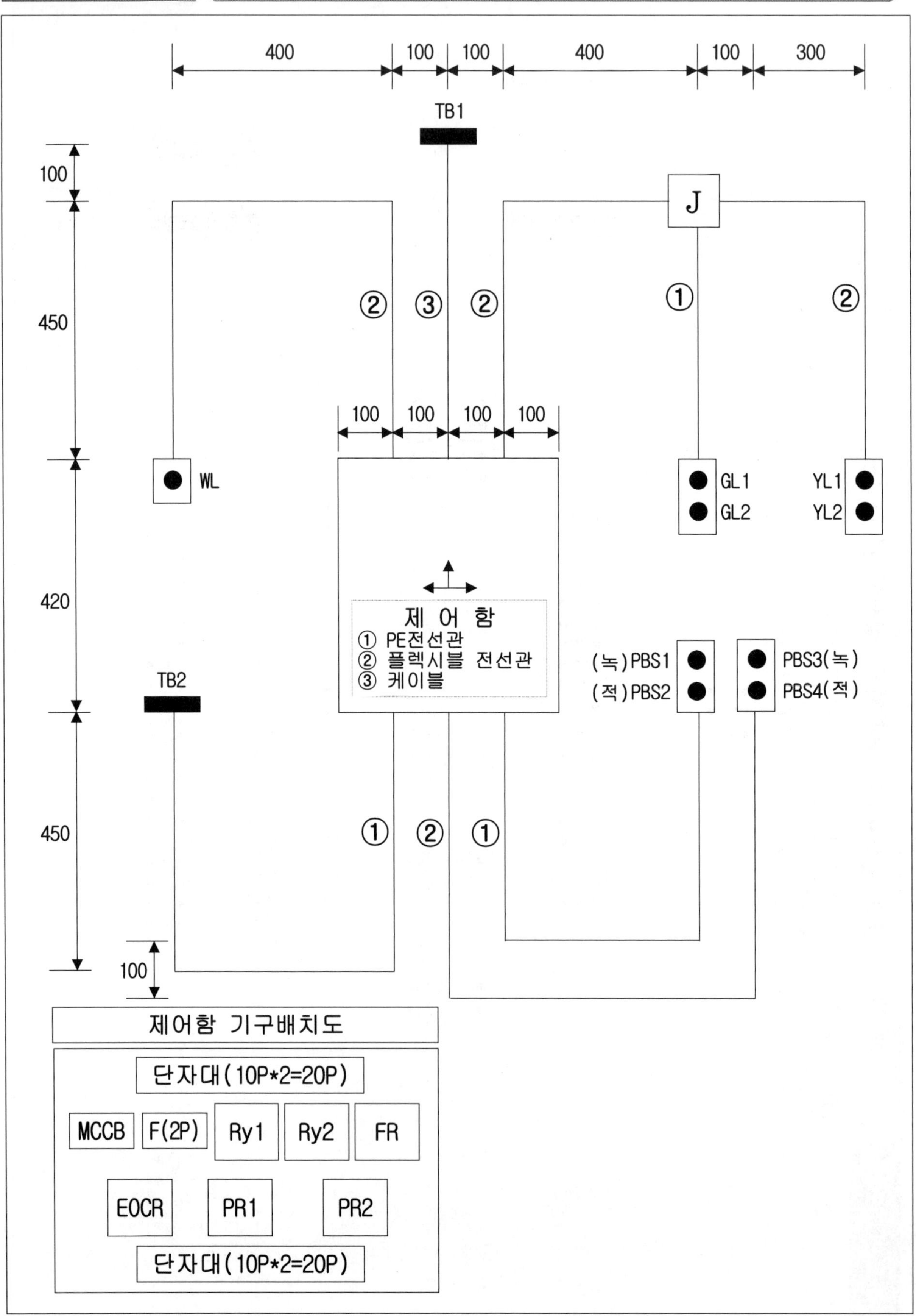

숙련도면 6-1 전동기 직접기동 및 시간제어 기동회로[사용재료,동작사항,흐름도]

▶ 사용재료 ◀

MCCB(3P)*1, 휴즈(2P)*1, 8P베이스*3, 12P베이스*2, 단자대(10P)*4, 단자대(4P)*2, PBS SW*3(녹,녹,적), 램프(25Φ)*4(적,적,적,녹), 1구박스*1, 2구박스*3, 제어판(400*420)*1

▶ 동작사항 ◀

1) 전원(MCCB)를 ON한다.
2) PBS2를 누르면 T2, PR이 여자되며 RL1, RL2가 점등된다.
3) t2초후 T2-b접점에 의하여 동작중이던 회로는 소호된다.
4) PBS1을 누르면 T1, Ry가 여자되며, GL, RL3가 점등된다
5) t1초후 T2, PR이 여자되어 전동기가 회전한다. 이때 RL1점등, GL소등된다.
6) t2초후 T2-b접점에 의하여 동작중이던 회로는 소호된다.
7) 모든 동작사항 진행중 PBS3를 누르면 모든 동작이 Reset된다. 모두 소등 상태이다.
8) 동작 진행중 과부하시 EOCR이 작동되면 동작중이던 모든 회로는 정지한다.

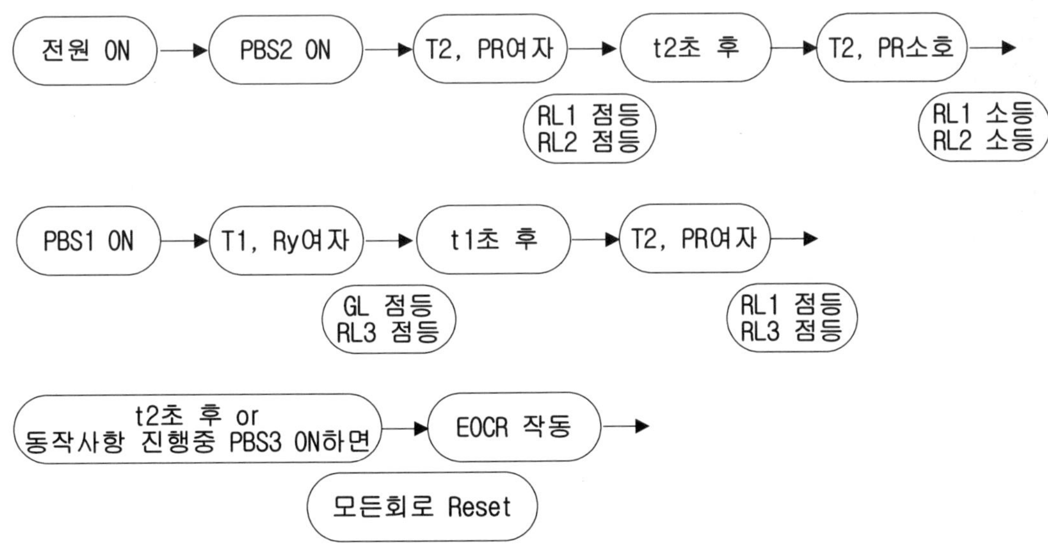

숙련도면 6-2 전동기 직접기동 및 시간제어 기동회로[시이퀀스도]

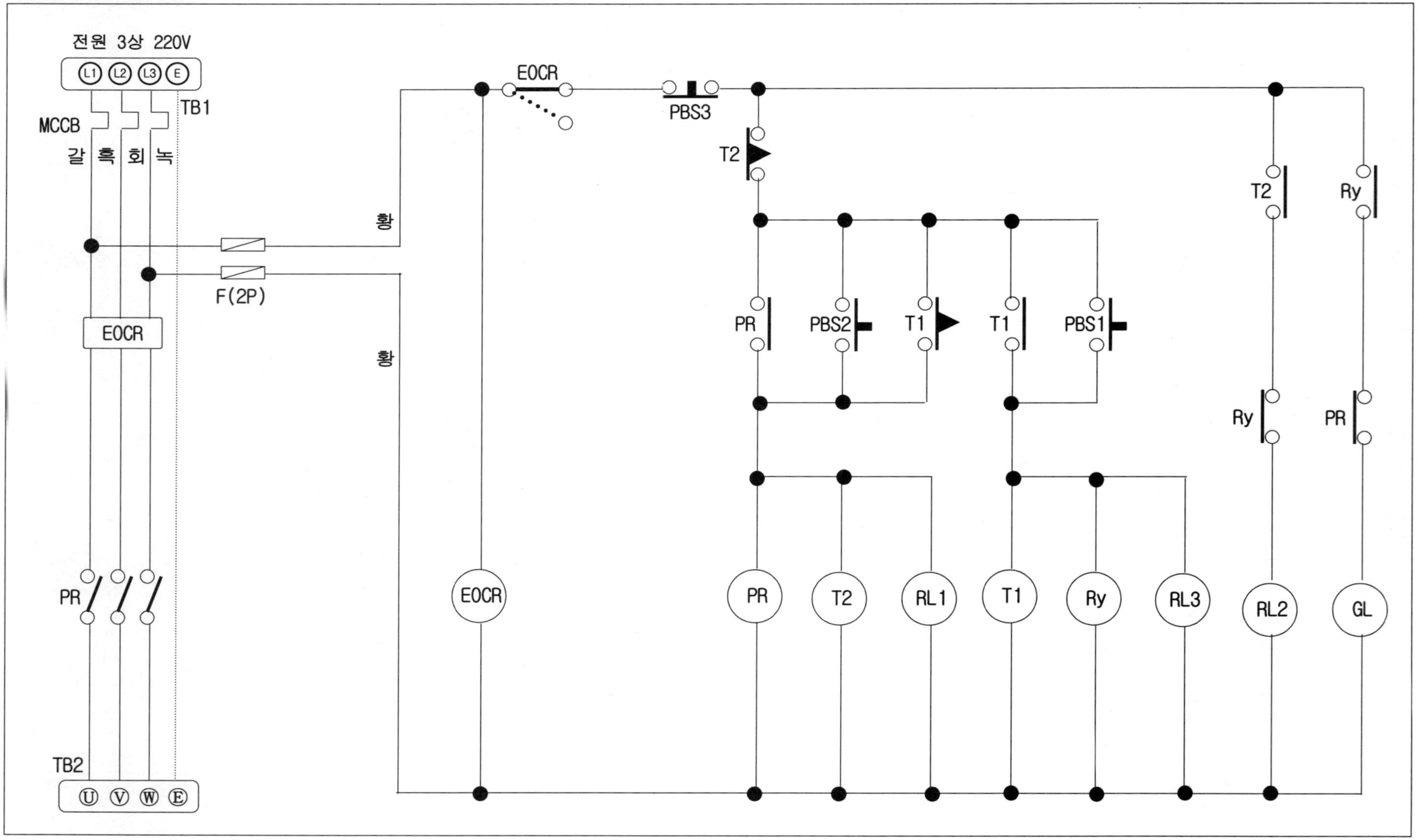

숙련도면 6-3 전동기 직접기동 및 시간제어 기동회로[기구배치도, 실체배선도]

작업형을 필답형식으로 연습할 수 있도록 만든 실체배선도입니다.
3색 볼펜을 사용하여 시퀀스도의 주회로인 Ⓛ1, Ⓛ2, Ⓛ3상을 각각 갈색, 흑색, 회색으로 작도하며, 보조회로는 황색전선인 관계로 작도자 스스로가 구분이 쉽도록 실체배선도를 작도하시오.

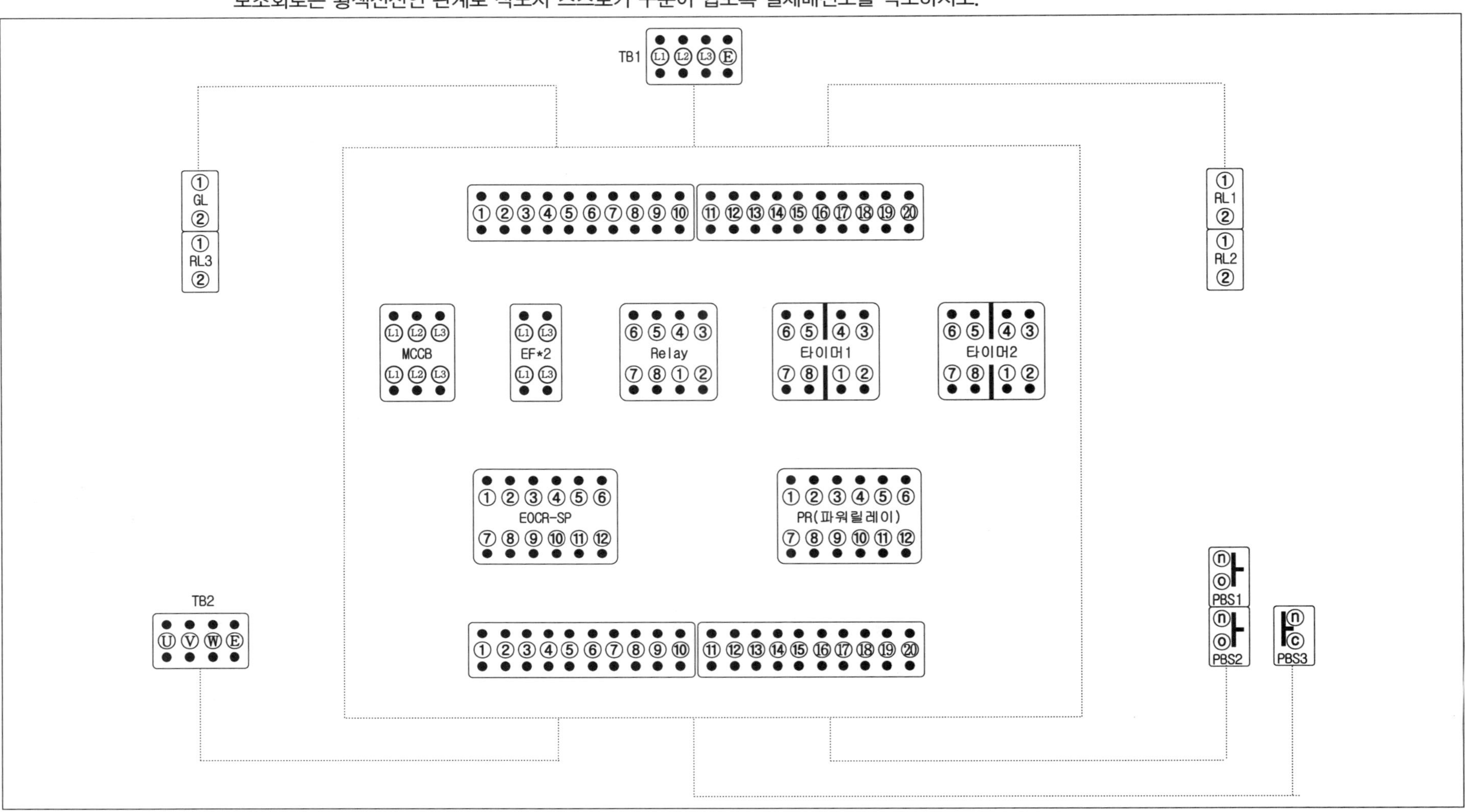

숙련도면 6-4 전동기 직접기동 및 시간제어 기동회로[기구배치도, 실체배선도]

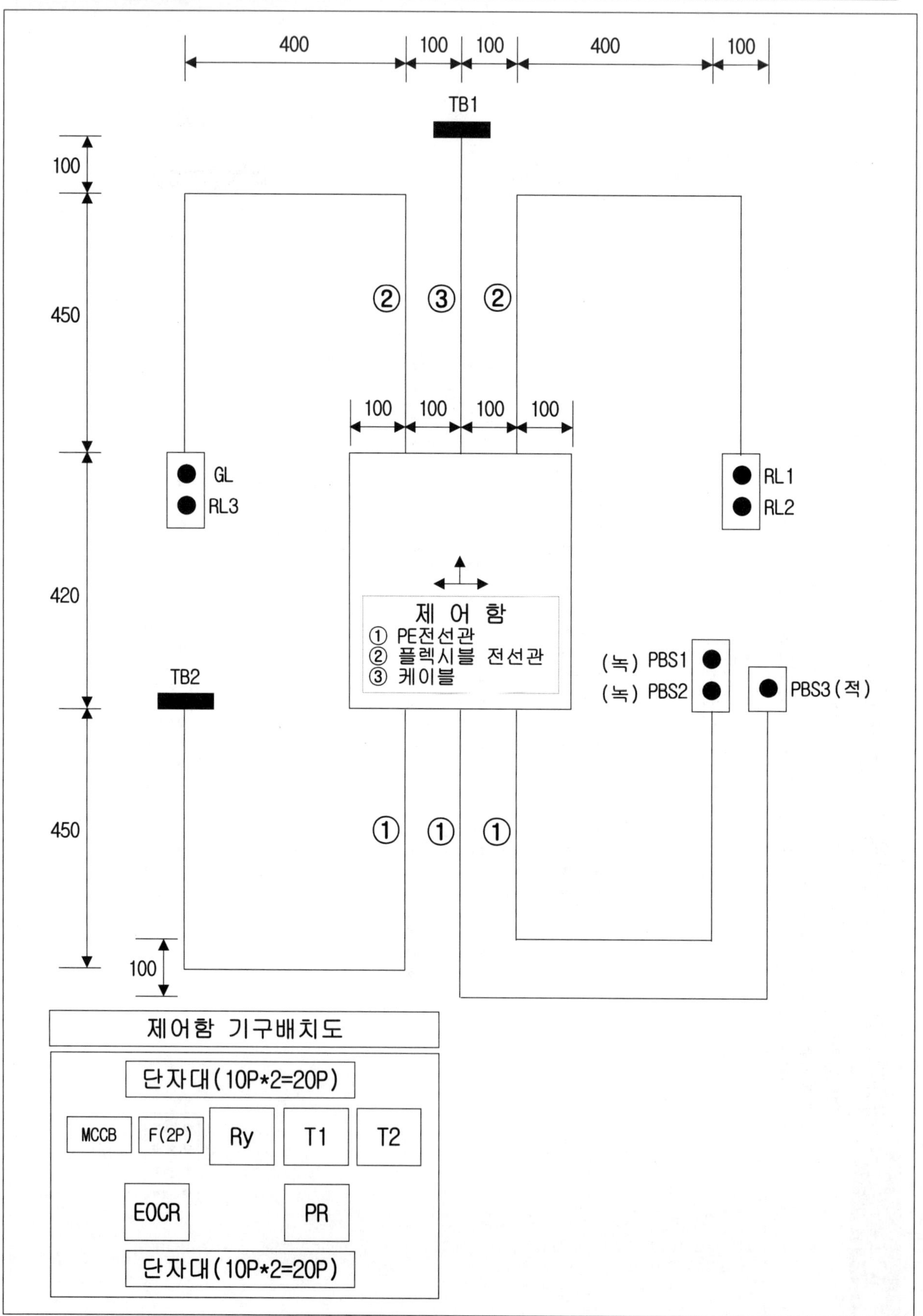

숙련도면 7-1 양방향 시간제어 정역 운전회로[사용재료,동작사항,흐름도]

▶ 사용재료 ◀

MCCB(3P)*1, 휴즈(2P)*1, 8P베이스*4, 12P베이스*3, 단자대(10P)*4, 단자대(4P)*4, PBS SW*2(녹,녹), 램프(25Φ)*3(적,적,황), 1구박스*3, 2구박스*1, 8각 BOX*1, 제어판(400*420)*1

▶ 동작사항 ◀

1) 전원(MCCB)를 ON한다.
2) PBS1을 누르면 PR1, Ry1이 여자되며 자기유지 회로가 구성되고 TB2는 정회전한다. RL1점등.
3) LS1이 감지되면 PR1, Ry1이 소호되며 T1이 여자되고 자기유지 회로가 구성된다. RL1소등.
4) t1초후 PR2, Ry2가 여자되며 자기유지 회로가 구성되고 TB2는 역회전한다. RL2점등.
5) LS2가 감지되면 PR2, Ry2가 소호되며 T2가 여자되고 자기유지 회로가 구성된다. RL2소등.
6) t2초후 PR1, Ry1이 여자되며 자기유지 회로가 구성되고 TB2는 정회전한다. RL1점등.
7) 동작 진행중 과부하시 EOCR이 작동되면 동작중이던 모든 회로는 정지하며 YL이 점등된다.

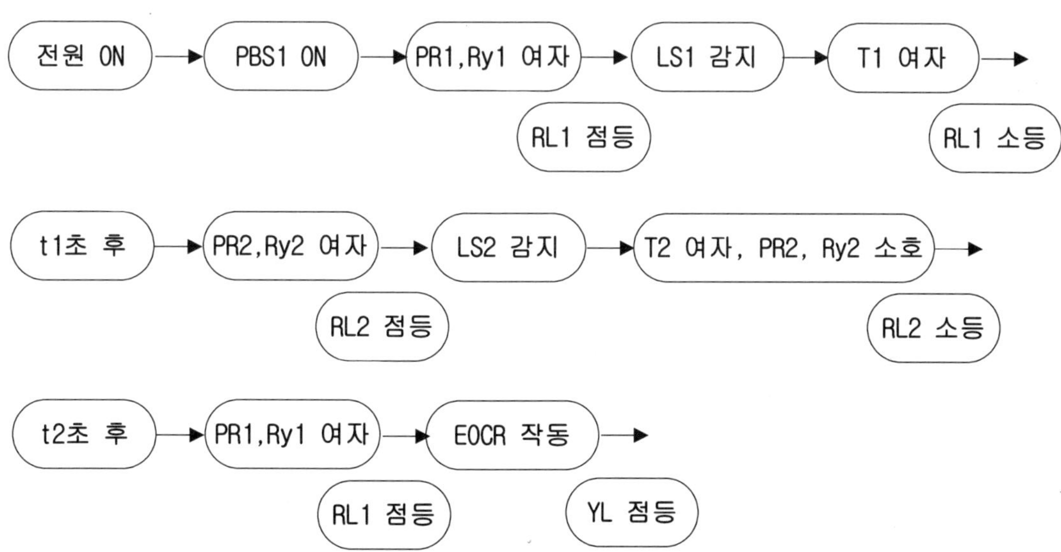

숙련도면 7-2 양방향 시간제어 정역 운전회로[시이퀀스도]

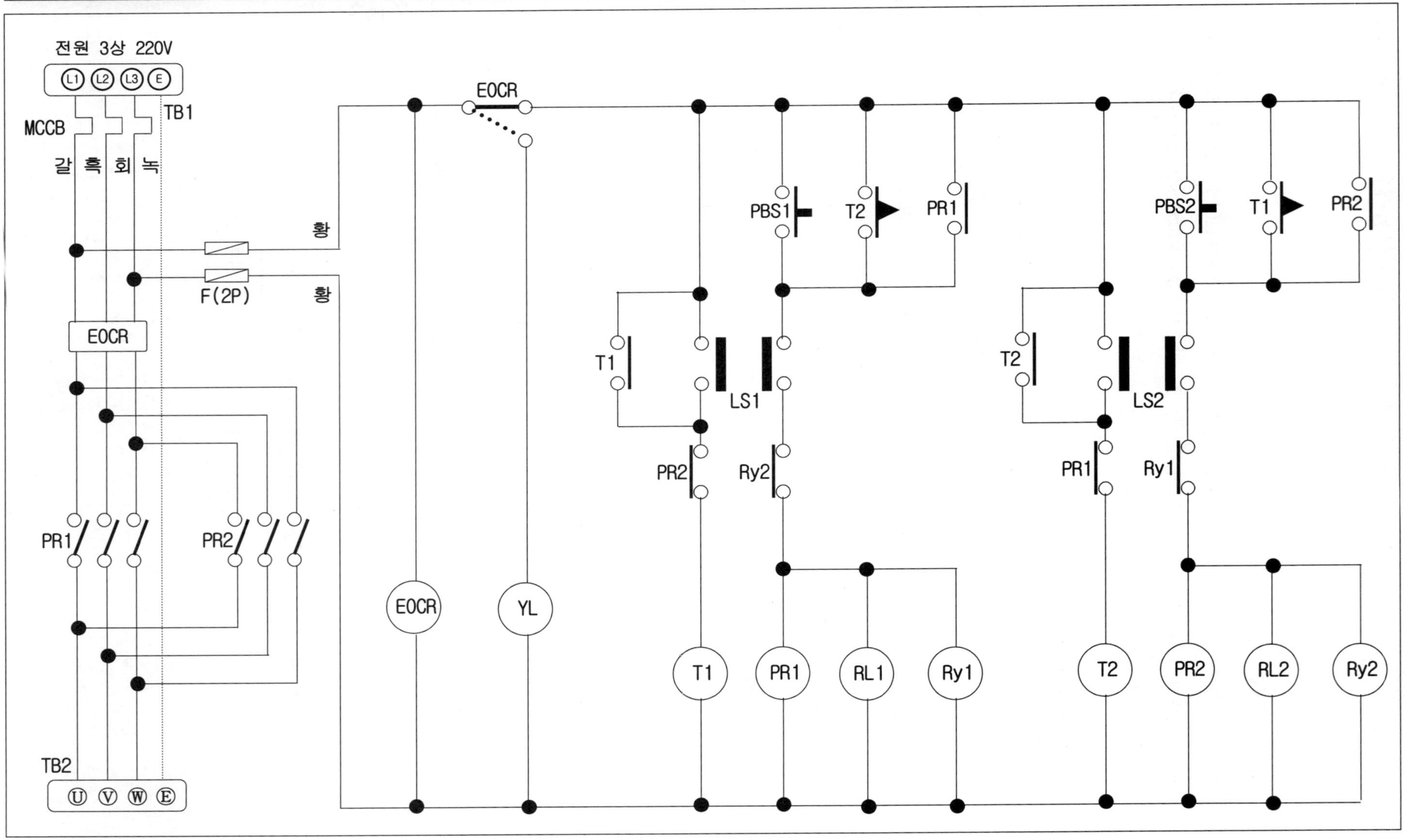

숙련도면 7-3 양방향 시간제어 정역 운전회로[기구배치도, 실체배선도]

작업형을 필답형식으로 연습할 수 있도록 만든 실체배선도입니다.
3색 볼펜을 사용하여 시퀀스도의 주회로인 Ⓛ1, Ⓛ2, Ⓛ3상을 각각 갈색, 흑색, 회색으로 작도하며, 보조회로는 황색전선인 관계로 작도자 스스로가 구분이 쉽도록 실체배선도를 작도하시오.

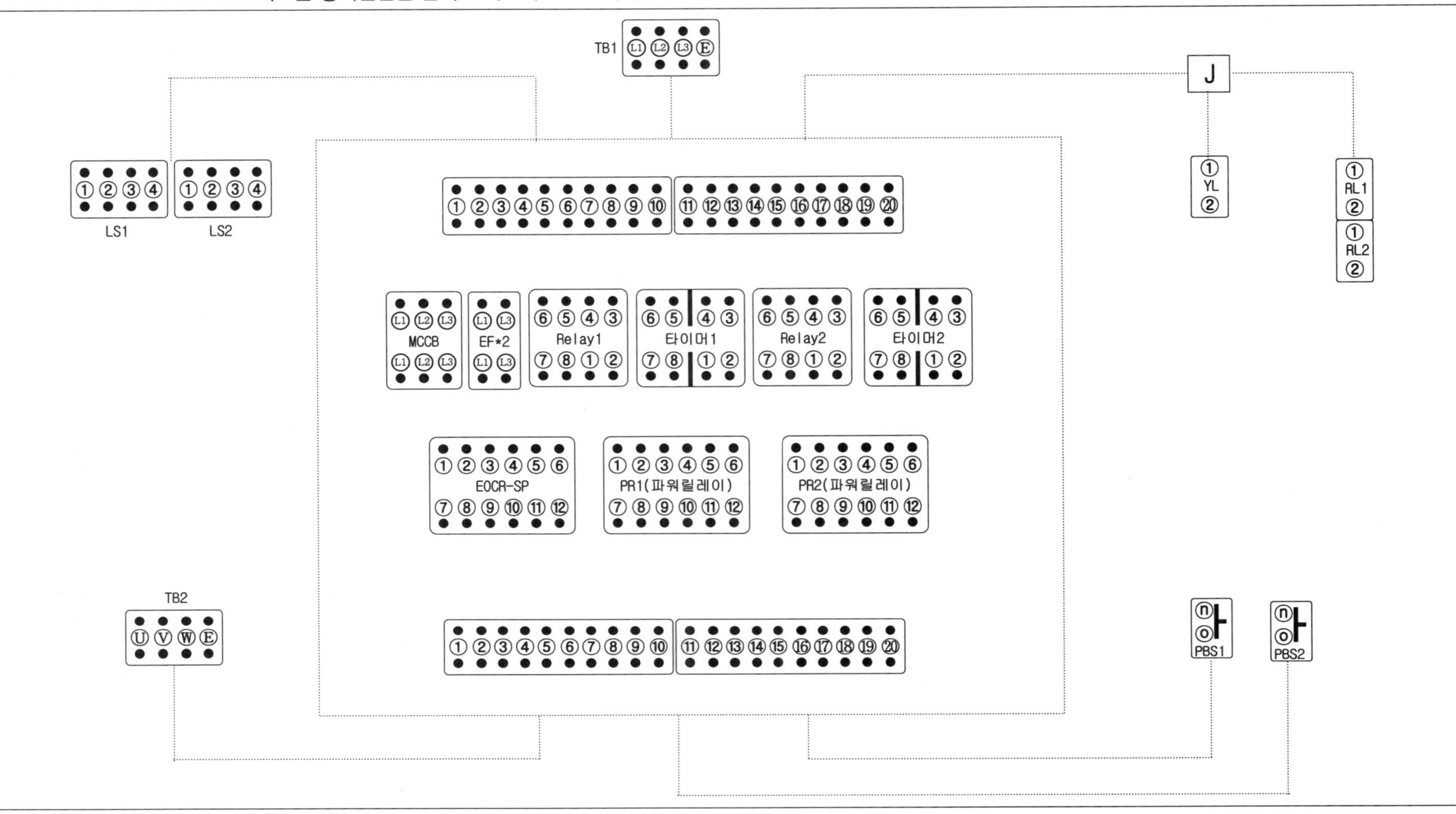

숙련도면 7-4 양방향 시간제어 정역 운전회로[기구배치도, 실체배선도]

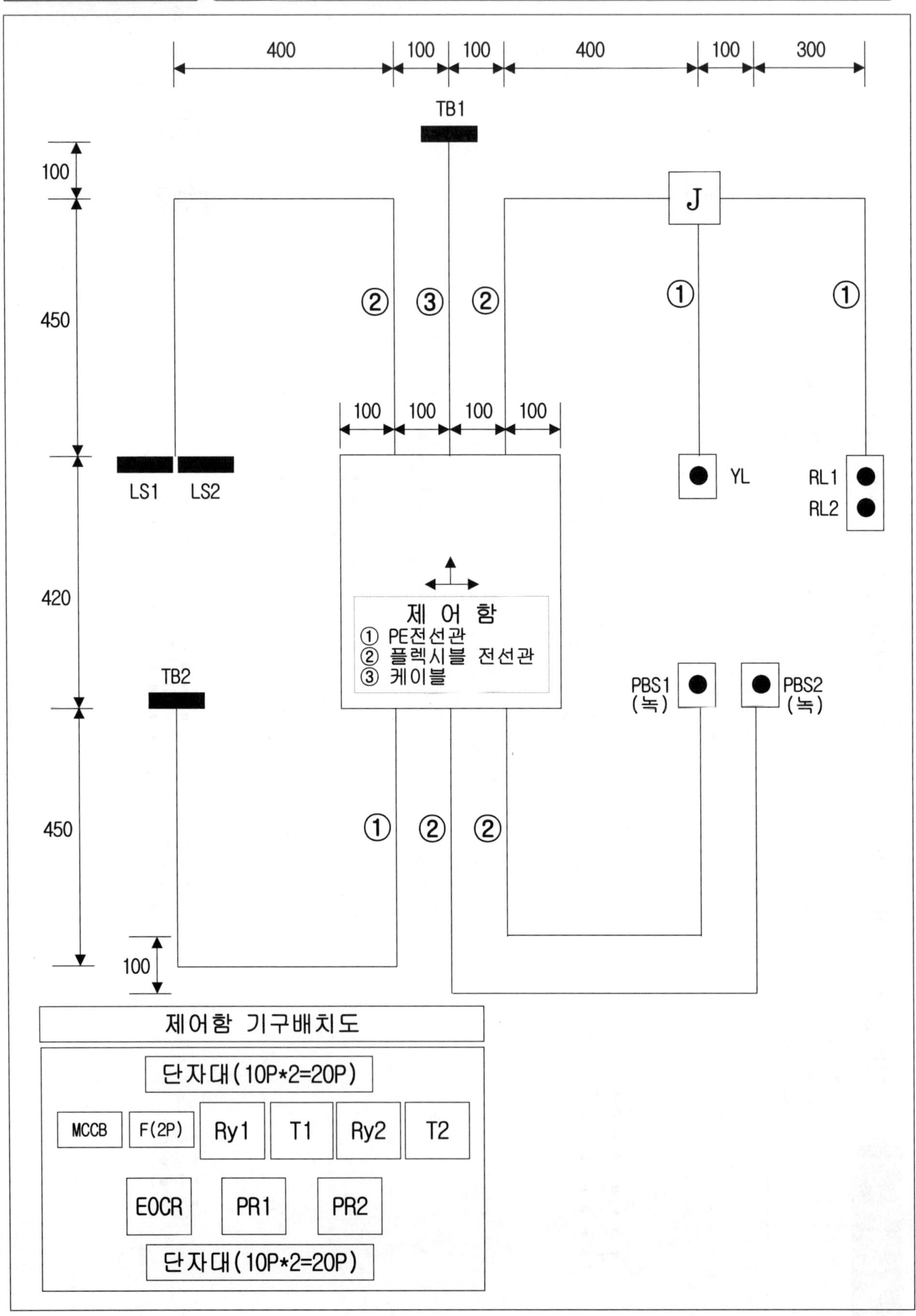

숙련도면 8-1 급수펌프 운전회로[사용재료,동작사항,흐름도]

▶ 사용재료 ◀

휴즈(3P)*1, 휴즈(2P)*1, 8P베이스*3, 12P베이스*2, 단자대(10P)*4, 단자대(4P)*3, PBS SW*2(녹,적), 램프(25Φ)*5(적,녹,녹,녹,황), 2구박스*2, 3구박스*1, 제어판(400*420)*1

▶ 동작사항 ◀

1) 전부하 상태에서 전원(MCCB)를 ON하면 GL1이 점등된다.
2) PBS1을 누르면 FLS, PR이 여자되어 TB2(급수모터)가 회전하며 RL이 점등된다. GL1소등.
3) 물이 차오르면 FLS가 작동하여 TB2(급수모터)는 정지하며 FR과 Ry가 여자되어 GL2와 GL3가 교대 점멸한다.
4) 물이 적정수위 아래로 내려가면 PR이 여자되어 TB2(급수모터)가 회전하며 RL이 점등된다. GL2와 GL3가 소등된다.
5) 동작중 PBS2를 누르면 모든 동작사항은 Reset된다.
6) 과부하 상태가 되면 동작중이던 모든 회로가 정지하며 YL이 점등된다.

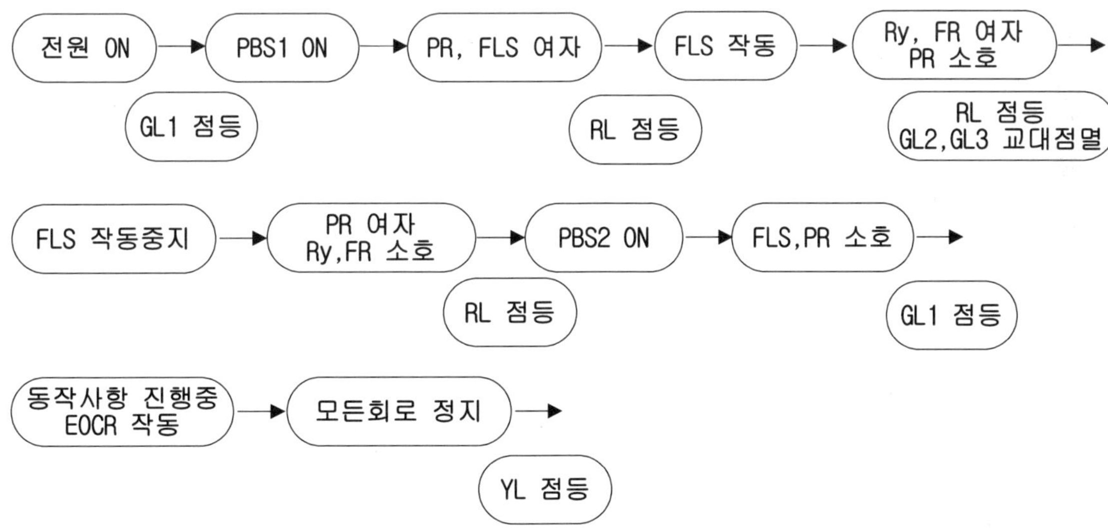

숙련도면 8-2 급수펌프 운전회로[시이퀀스도]

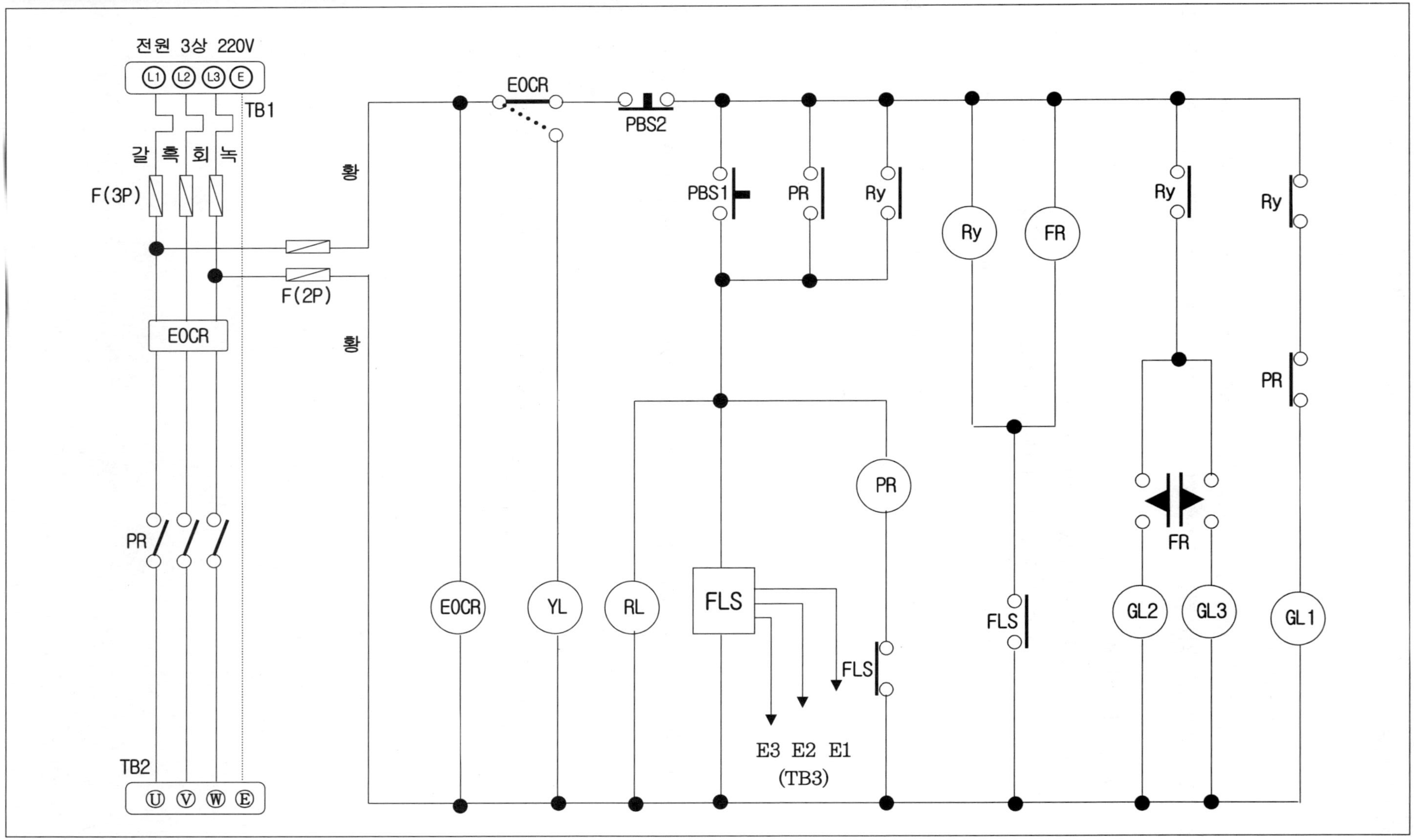

전원 3상 220V

L1 L2 L3 E

TB1

갈 흑 회 녹

F(3P)

F(2P)

황

황

EOCR

PR

TB2

U V W E

EOCR

PBS2

PBS1

PR

Ry

Ry

FR

Ry

Ry

PR

PR

FR

FLS

FLS

E3 E2 E1
(TB3)

FLS

EOCR

YL

RL

GL2

GL3

GL1

숙련도면 8-3 급수펌프 운전회로[기구배치도, 실체배선도]

작업형을 필답형식으로 연습할 수 있도록 만든 실체배선도입니다.
3색 볼펜을 사용하여 시퀀스도의 주회로인 Ⓛ1, Ⓛ2, Ⓛ3상을 각각 갈색, 흑색, 회색으로 작도하며, 보조회로는 황색전선인 관계로 작도자 스스로가 구분이 쉽도록 실체배선도를 작도하시오.

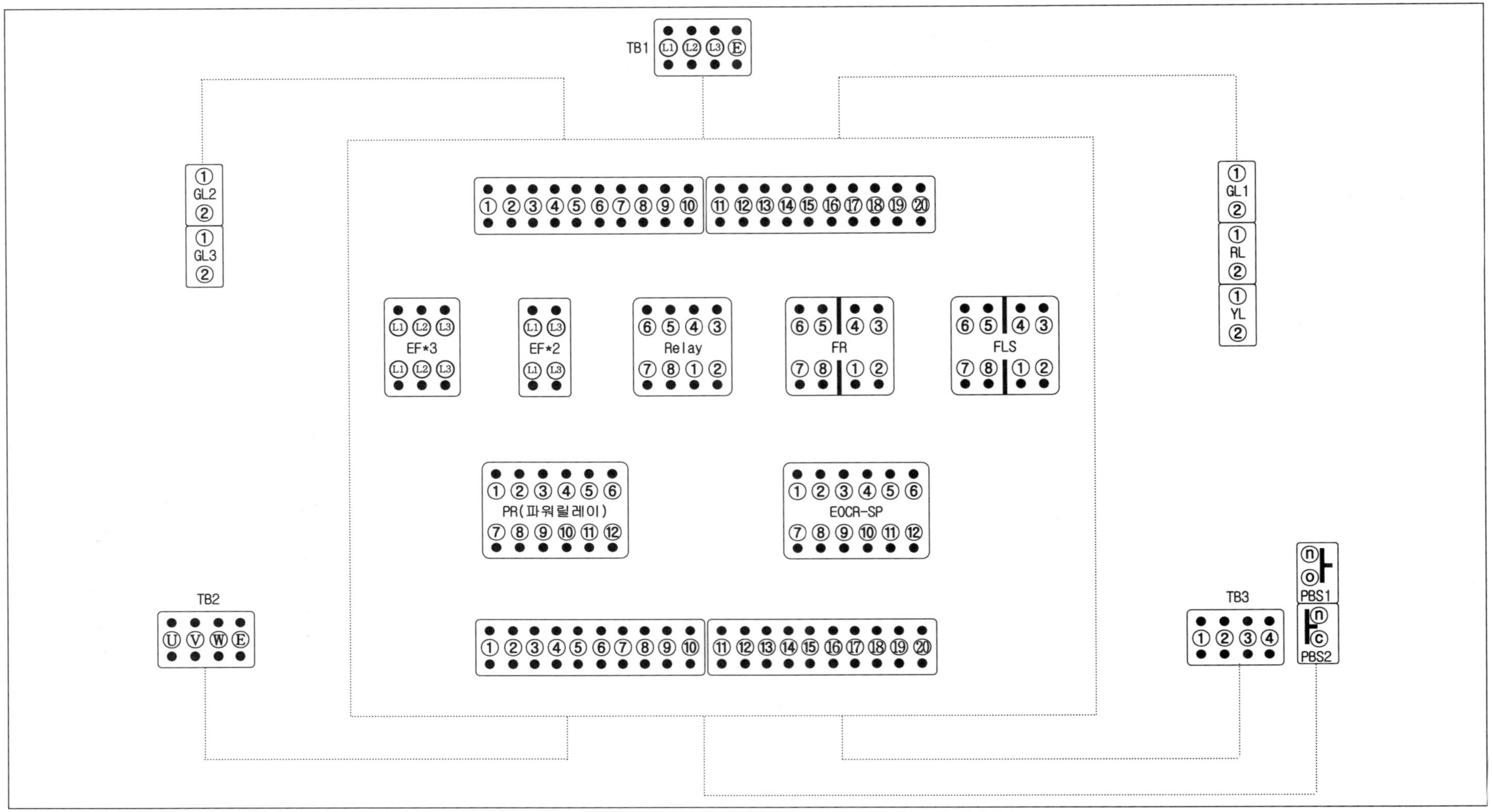

TB1 L1 L2 L3 E

GL2 ① ②
GL3 ① ②
GL1 ① ②
RL ① ②
YL ① ②

① ② ③ ④ ⑤ ⑥ ⑦ ⑧ ⑨ ⑩ ⑪ ⑫ ⑬ ⑭ ⑮ ⑯ ⑰ ⑱ ⑲ ⑳

EF*3 L1 L2 L3
EF*2 L1 L3
Relay ⑥ ⑤ ④ ③ ⑦ ⑧ ① ②
FR ⑥ ⑤ ④ ③ ⑦ ⑧ ① ②
FLS ⑥ ⑤ ④ ③ ⑦ ⑧ ① ②

PR(파워릴레이) ① ② ③ ④ ⑤ ⑥ ⑦ ⑧ ⑨ ⑩ ⑪ ⑫
EOCR-SP ① ② ③ ④ ⑤ ⑥ ⑦ ⑧ ⑨ ⑩ ⑪ ⑫

PBS1 ⓝ ⓞ
PBS2 ⓝ ⓒ

TB2 U V W E
TB3 ① ② ③ ④

① ② ③ ④ ⑤ ⑥ ⑦ ⑧ ⑨ ⑩ ⑪ ⑫ ⑬ ⑭ ⑮ ⑯ ⑰ ⑱ ⑲ ⑳

숙련도면 8-4

급수펌프 운전회로[기구배치도, 실체배선도]

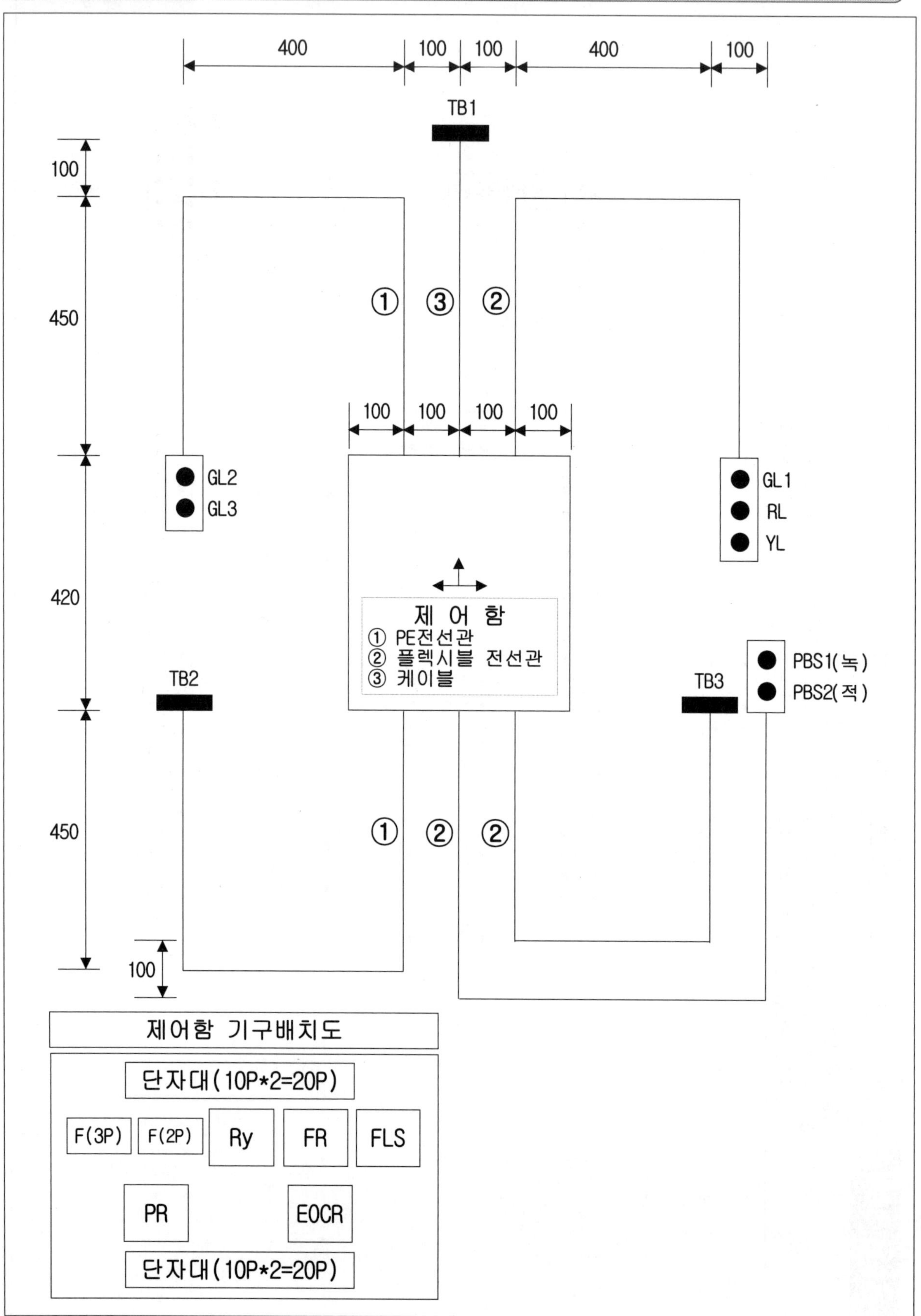

숙련도면 9-1 시간제어후 히터가동 온풍기회로[사용재료,동작사항,흐름도]

▶ 사용재료 ◀

MCCB(3P)*1, 휴즈(2P)*1, 8P베이스*4, 12P베이스*4, 단자대(10P)*4, 단자대(4P)*4, PBS SW*2(적,녹), 램프(25Φ)*4(적,적,백,황), 2구박스*3, 제어판(400*420)*1

▶ 동작사항 ◀

1) 전원(MCCB)를 ON한다. WL점등
2) PBS1을 누르면 PR1, Ry, Tc가 여자되며 TB2(히터)가 작동한다. RL1점등.
3) Tc 열전함이 감지되면 T가 여자되고 PR1이 소호되며 TB2(히터)가 정지한다. RL1소등.
4) t초후 PR2가 여자되며 TB3(팬)이 작동한다. RL2점등.
5) 동작사항 진행중 PBS2를 누르면 동작중이던 모든 동작사항이 Reset된다.
6) 동작 진행중 과부하시 EOCR1 또는 EOCR2가 작동되면 동작중이던 모든 회로는 정지하며 FR이 여자되고 YL이 점멸한다.

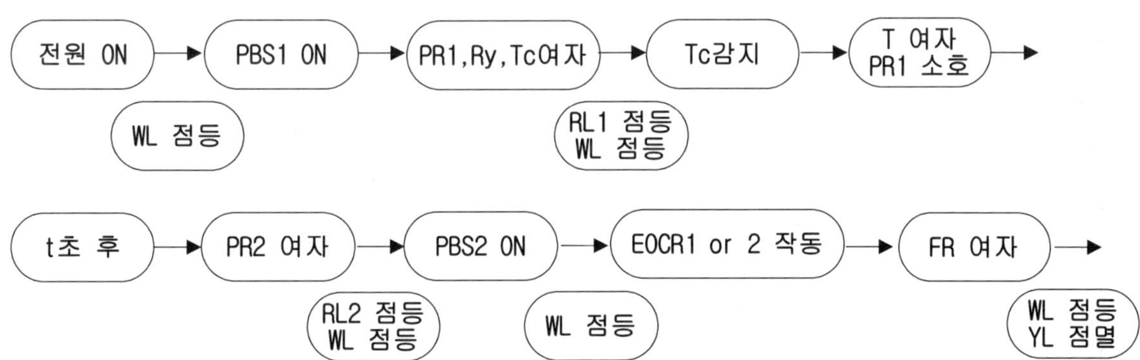

숙련도면 9-2 시간제어 후 히터가동 온풍기회로[시이퀀스도]

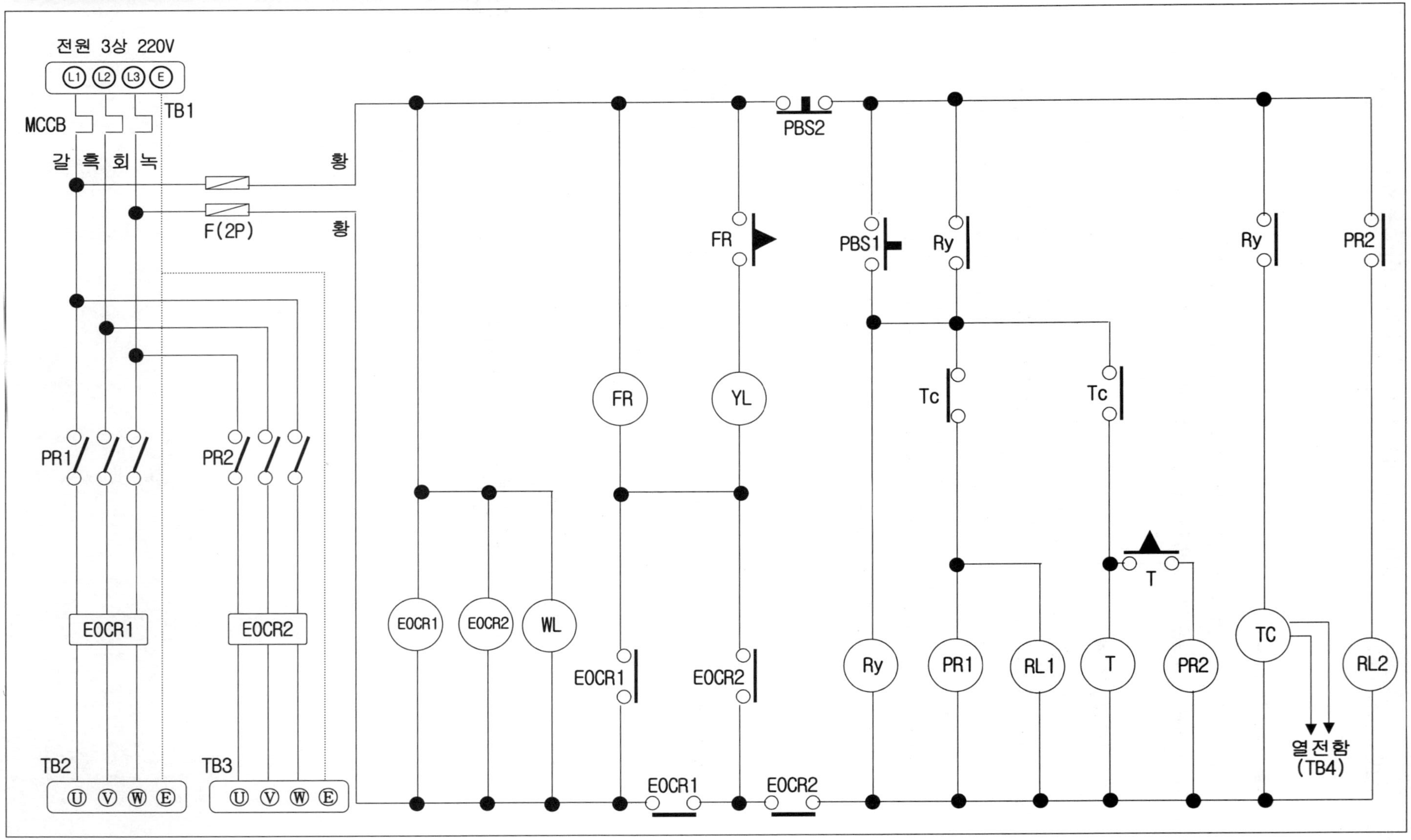

숙련도면 9-3 시간제어후 히터가동 온풍기회로[기구배치도, 실체배선도]

작업형을 필답형식으로 연습할 수 있도록 만든 실체배선도입니다.
3색 볼펜을 사용하여 시퀀스도의 주회로인 Ⓛ1, Ⓛ2, Ⓛ3상을 각각 갈색, 흑색, 회색으로 작도하며, 보조회로는 황색전선인 관계로 작도자 스스로가 구분이 쉽도록 실체배선도를 작도하시오.

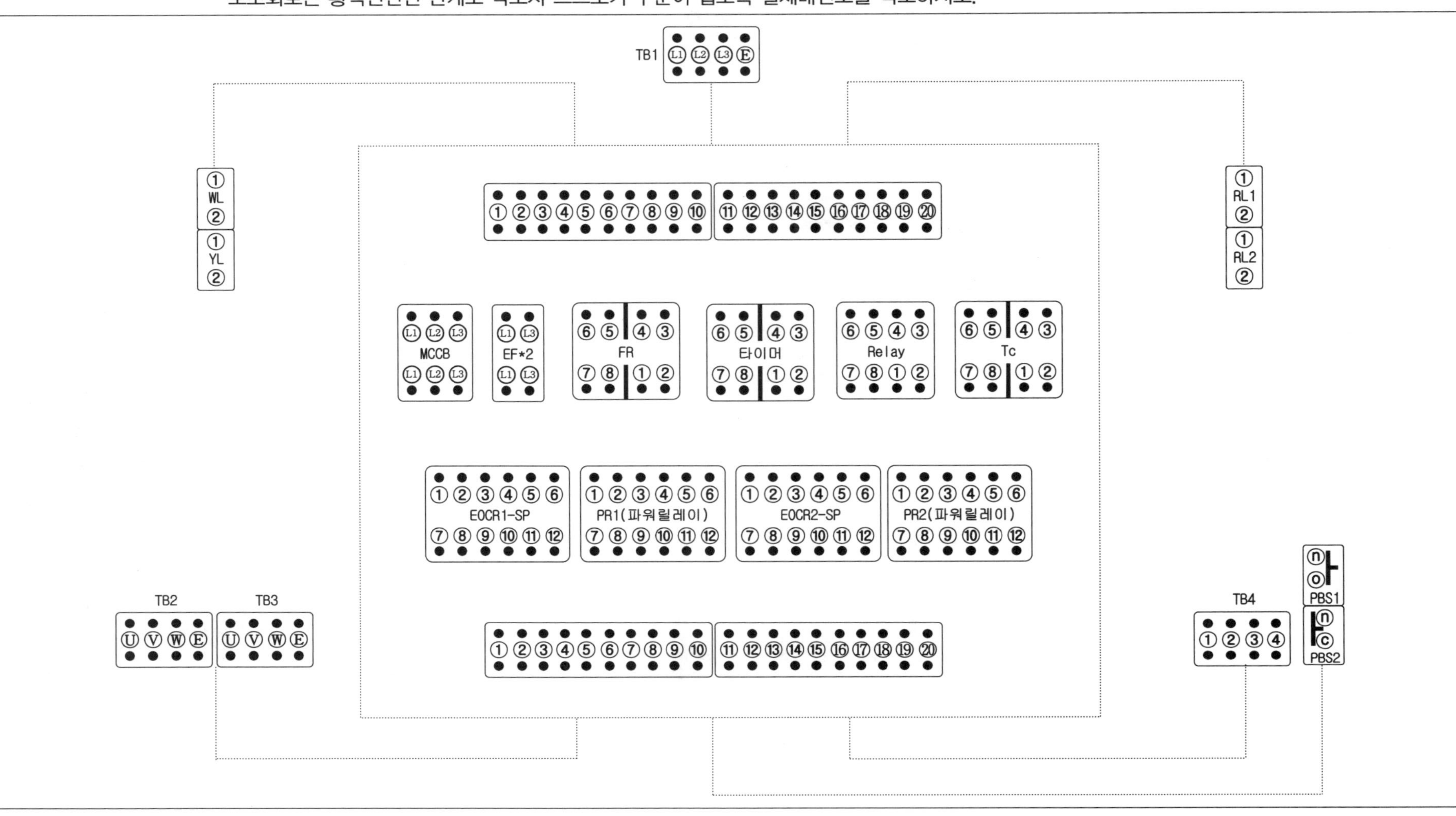

시간제어후 히터가동 온풍기회로[기구배치도, 실체배선도]

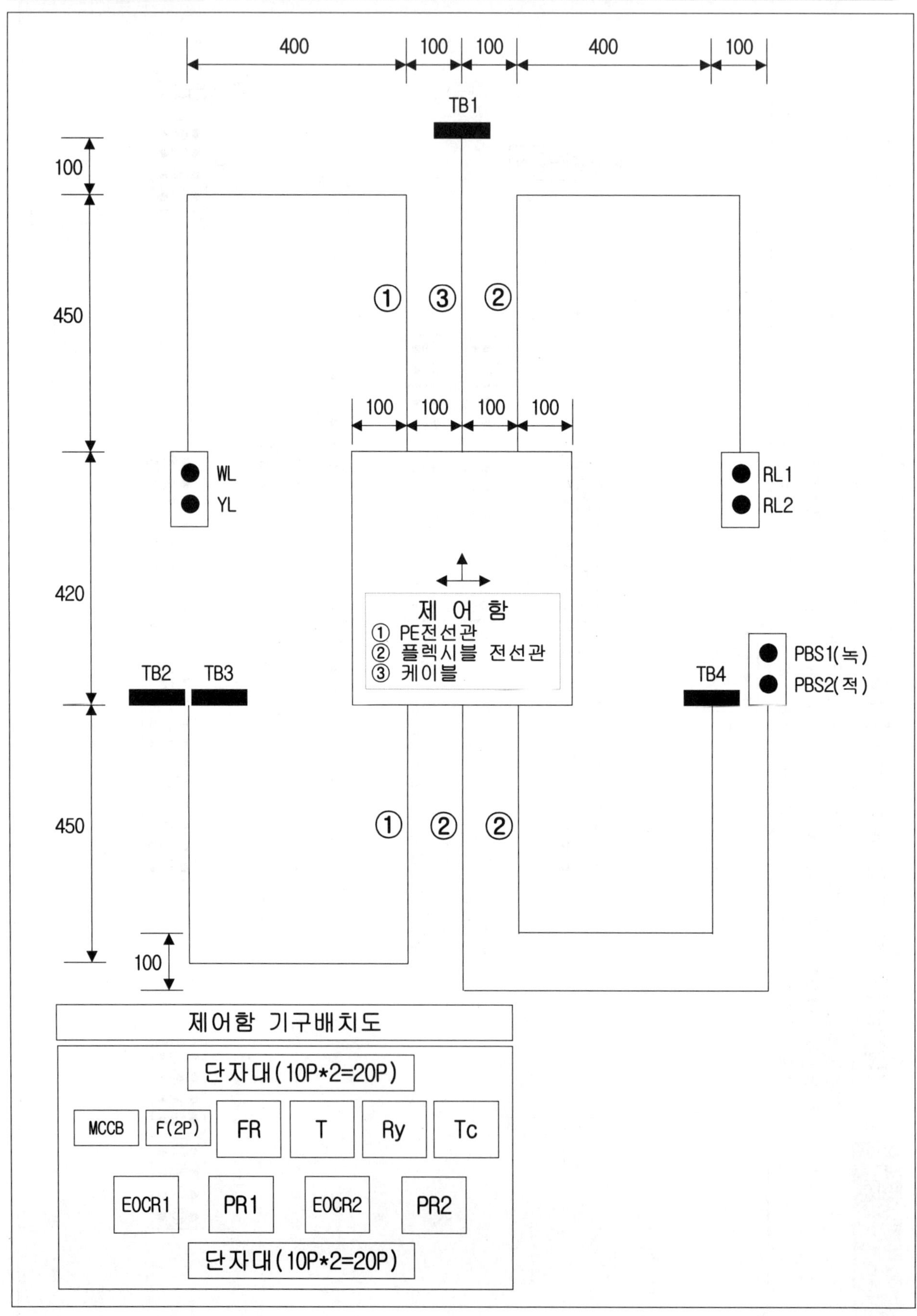

숙련도면 10-1 센서 감지동안에만 시간제한 순차운전회로[사용재료,동작사항,흐름도]

▶ 사용재료 ◀

MCCB(3P)*1, 휴즈(2P)*1, 8P베이스*2, 11P베이스*2, 12P베이스*4, 단자대(10P)*4, 단자대(4P)*4, PBS SW*2(녹, 적), 램프(25Φ)*5(적, 적, 녹, 백, 황), 2구박스*2, 3구박스*1, 제어판(400*420)*1

▶ 동작사항 ◀

1) 전원(MCCB)를 ON한다. WL, GL점등
2) PBS1을 누르면 Ry1이 여자되며 자기유지 회로가 구성된다. GL소등
3) LS1이 감지되고 있는 동안에만 PR1, T1이 여자된다. RL1점등.
4) t1초후 Ry2가 여자되며 자기유지 회로가 구성된다.
5) LS2가 감지되고 있는 동안에만 PR2, T2가 여자된다. RL2점등.
6) t2초후 동작중이던 모든 동작사항이 Reset된다. GL점등
7) 동작사항 진행중 PBS0를 누르면 동작중이던 모든 동작사항이 Reset된다.
8) 동작 진행중 과부하시 EOCR1 또는 EOCR2가 작동되면 동작중이던 모든 회로는 정지하며 YL이 점등된다.

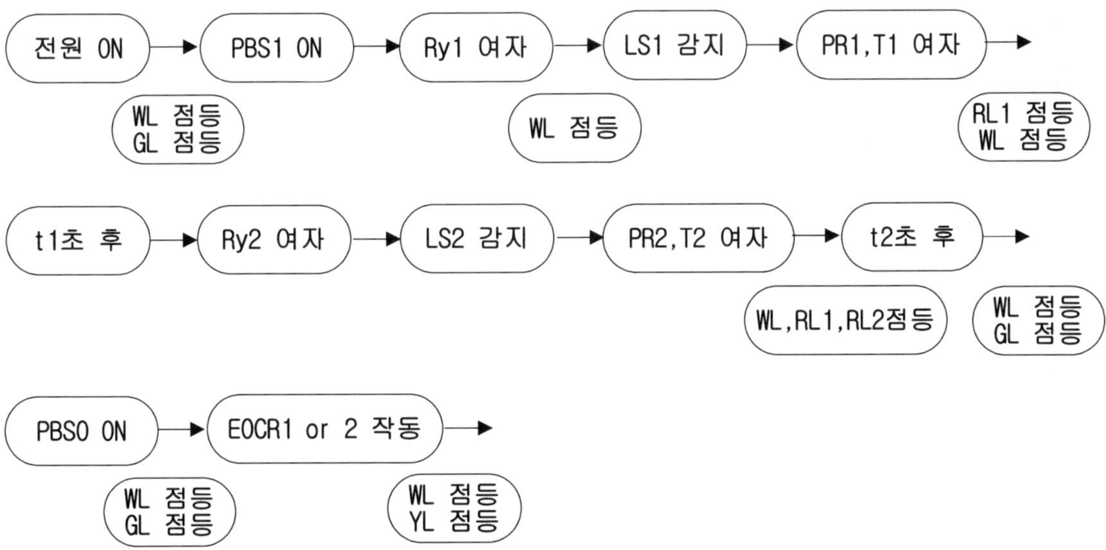

숙련도면 10-2 센서 감지동안에만 시간제한 순차운전회로[시이퀀스도]

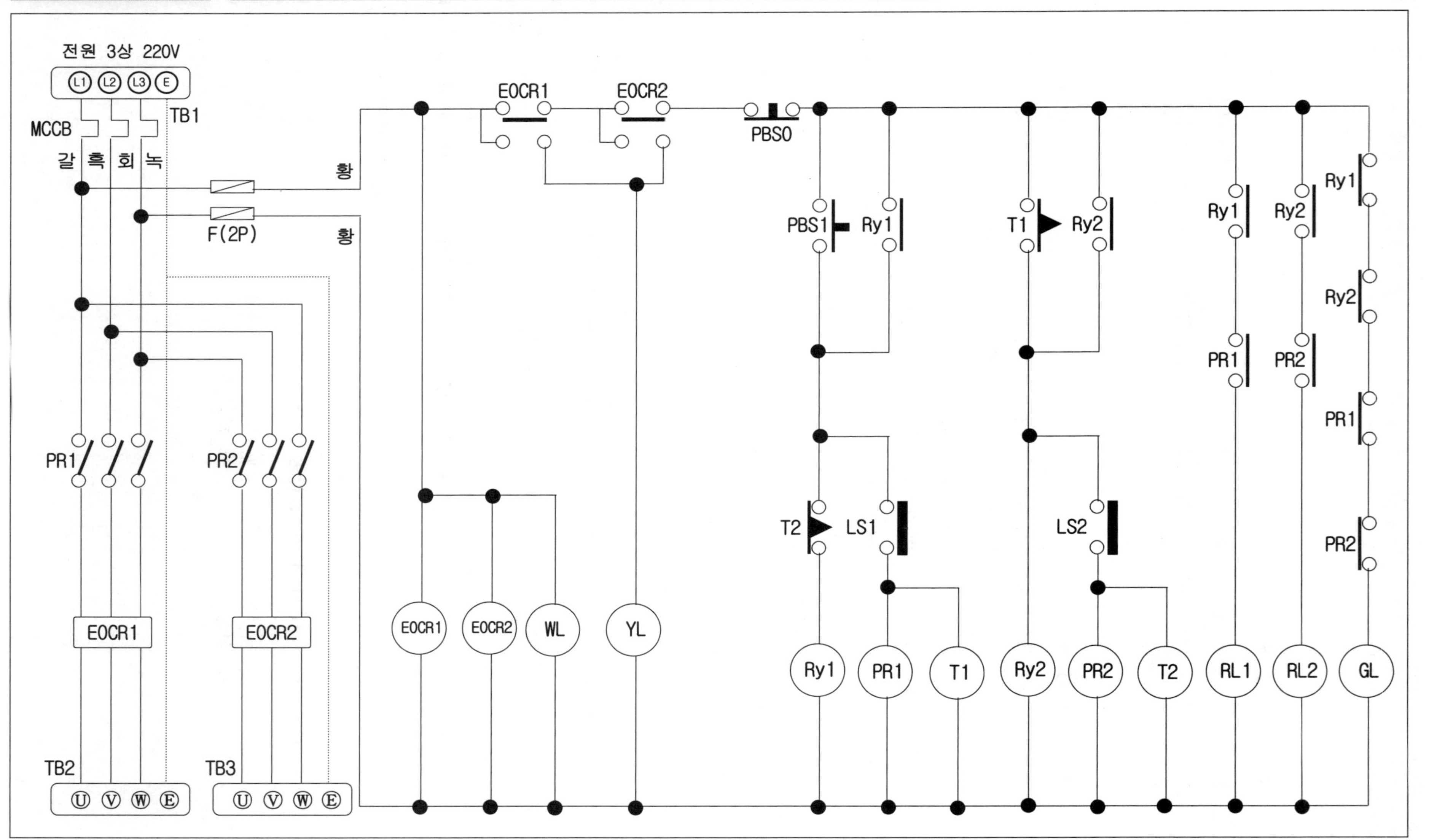

숙련도면 10-3 센서 감지동안에만 시간제한 순차운전회로[기구배치도, 실체배선도]

작업형을 필답형식으로 연습할 수 있도록 만든 실체배선도입니다.
3색 볼펜을 사용하여 시퀀스도의 주회로인 Ⓛ1, Ⓛ2, Ⓛ3상을 각각 갈색, 흑색, 회색으로 작도하며, 보조회로는 황색전선인 관계로 작도자 스스로가 구분이 쉽도록 실체배선도를 작도하시오.

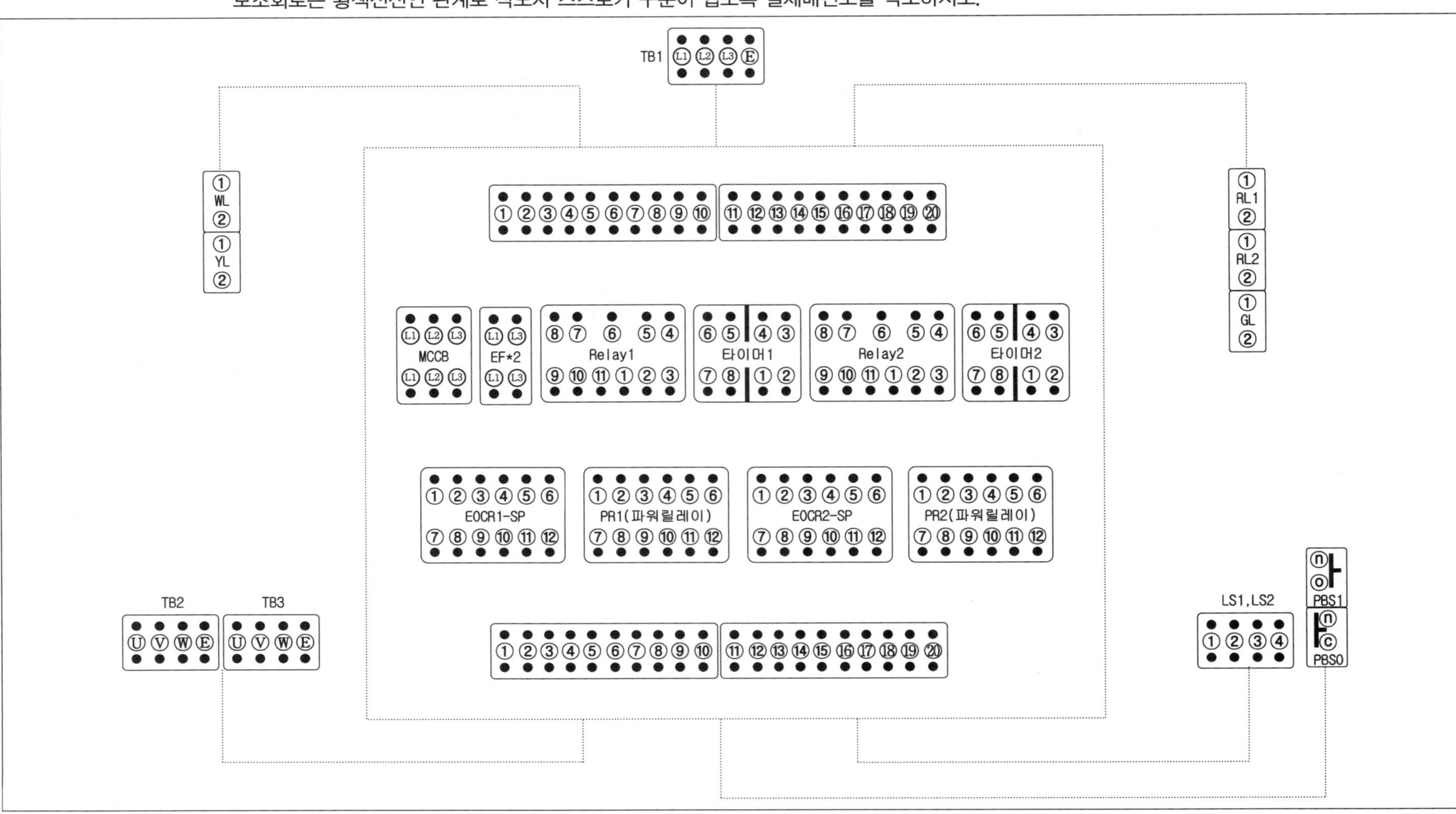

숙련도면 10-4 센서 감지동안에만 시간제한 순차운전회로[기구배치도, 실체배선도]

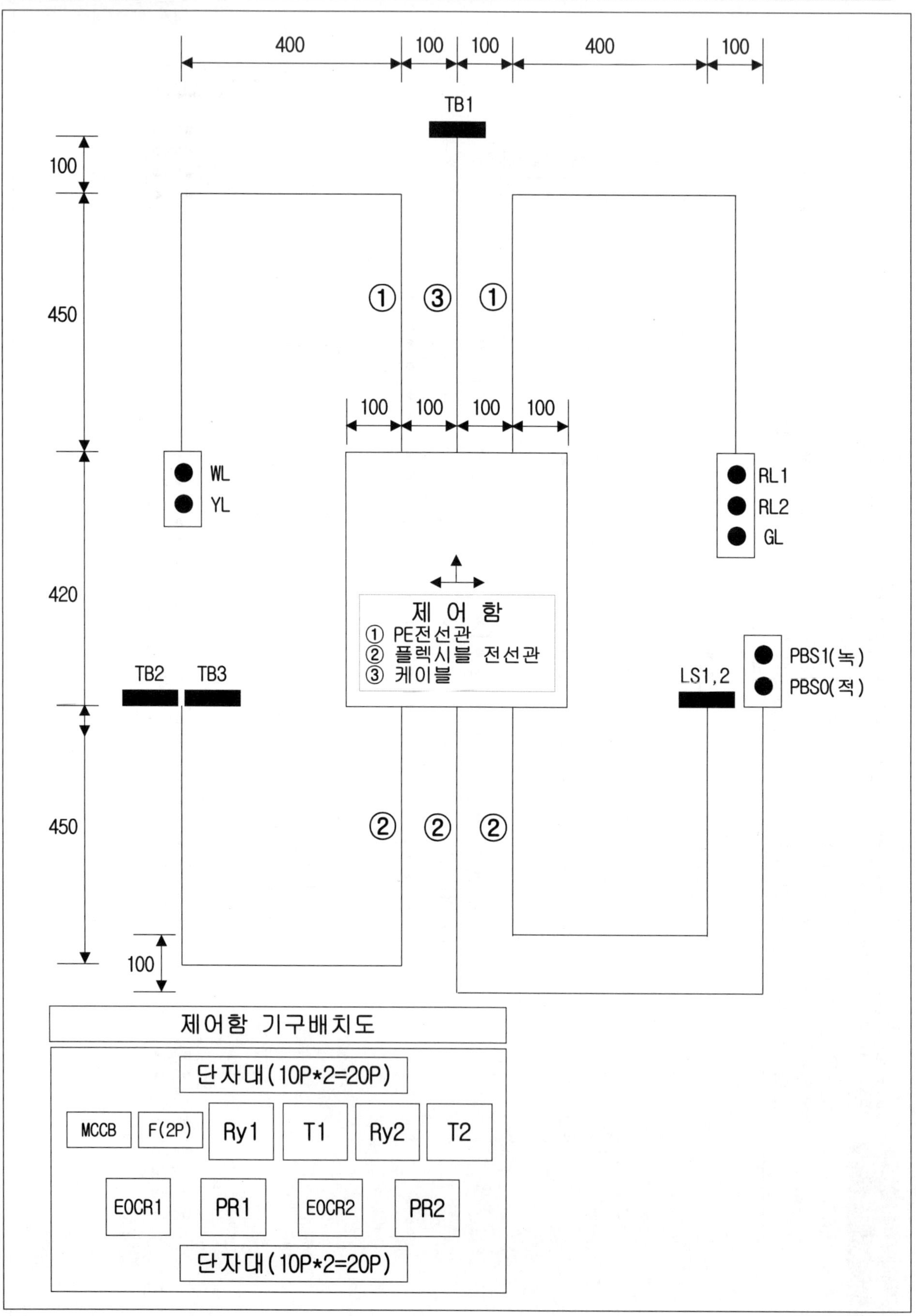

숙련도면 11-1 전동기 자수동 시간제어 정역 운전회로[사용재료,동작사항,흐름도]

▶ 사용재료 ◀

MCCB(3P)*1, 휴즈(2P)*1, 8P베이스*5, 12P베이스*3, 단자대(10P)*4, 단자대(4P)*3, PBS SW*2(녹,적), 램프(25Φ)*3(적,녹,황), 부저(25Φ)*1, 1구박스*1, 2구박스*3, 8각 BOX*1, 제어판(400*420)*1

▶ 동작사항 ◀

1) 전원(MCCB)를 ON한다.
2) SEN이 감지하고 있는 동안 Ry1이 여자되며 PR1, T2가 여자되어 TB2가 정회전 한다. GL점등.
3) t2초후 PR2, Ry2가 여자되면 TB2가 역회전 한다. 이때 PR1, T2는 소호된다. RL점등, GL소등.
4) SS SW H절환 후 PBS1을 누르면 T1이 여자되어 자기유지 회로가 구성된다.
5) t1초후 PR1, T2가 여자되어 TB2가 정회전 한다. GL점등.
6) t2초후 PR2, Ry2가 여자되면 TB2가 역회전 한다. 이때 PR1, T2는 소호된다. RL점등, GL소등.
7) 동작사항 진행중 PBS0를 누르면 동작중이던 모든 동작사항이 Reset된다.
8) 동작 진행중 과부하시 EOCR이 작동되면 동작중이던 모든 회로는 정지하며 FR이 여자되고 YL, BZ가 교대 점멸한다.

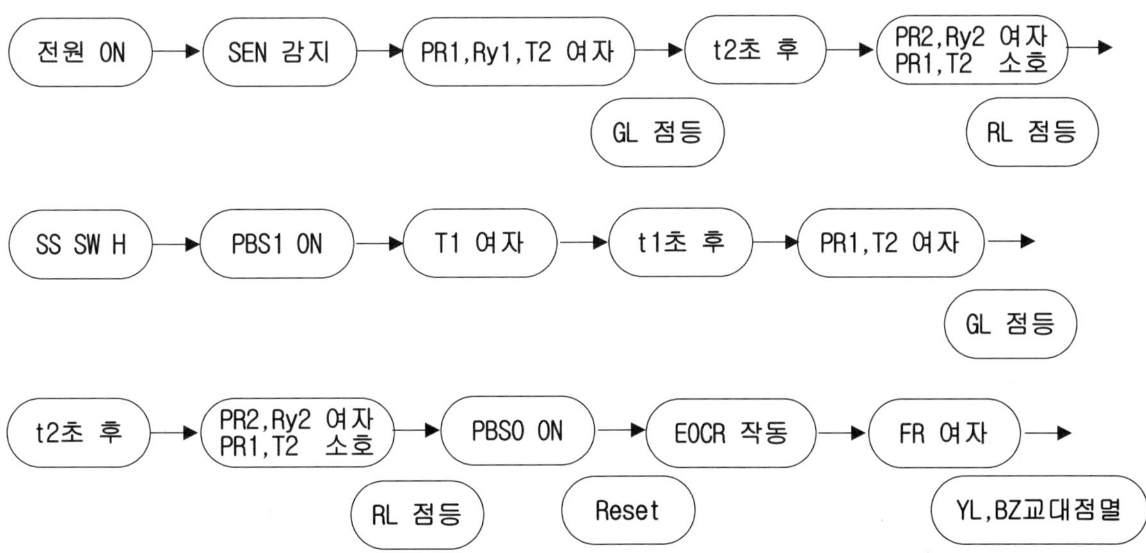

숙련도면 11-2 전동기 자수동 시간제어 정역 운전회로[시이퀀스도]

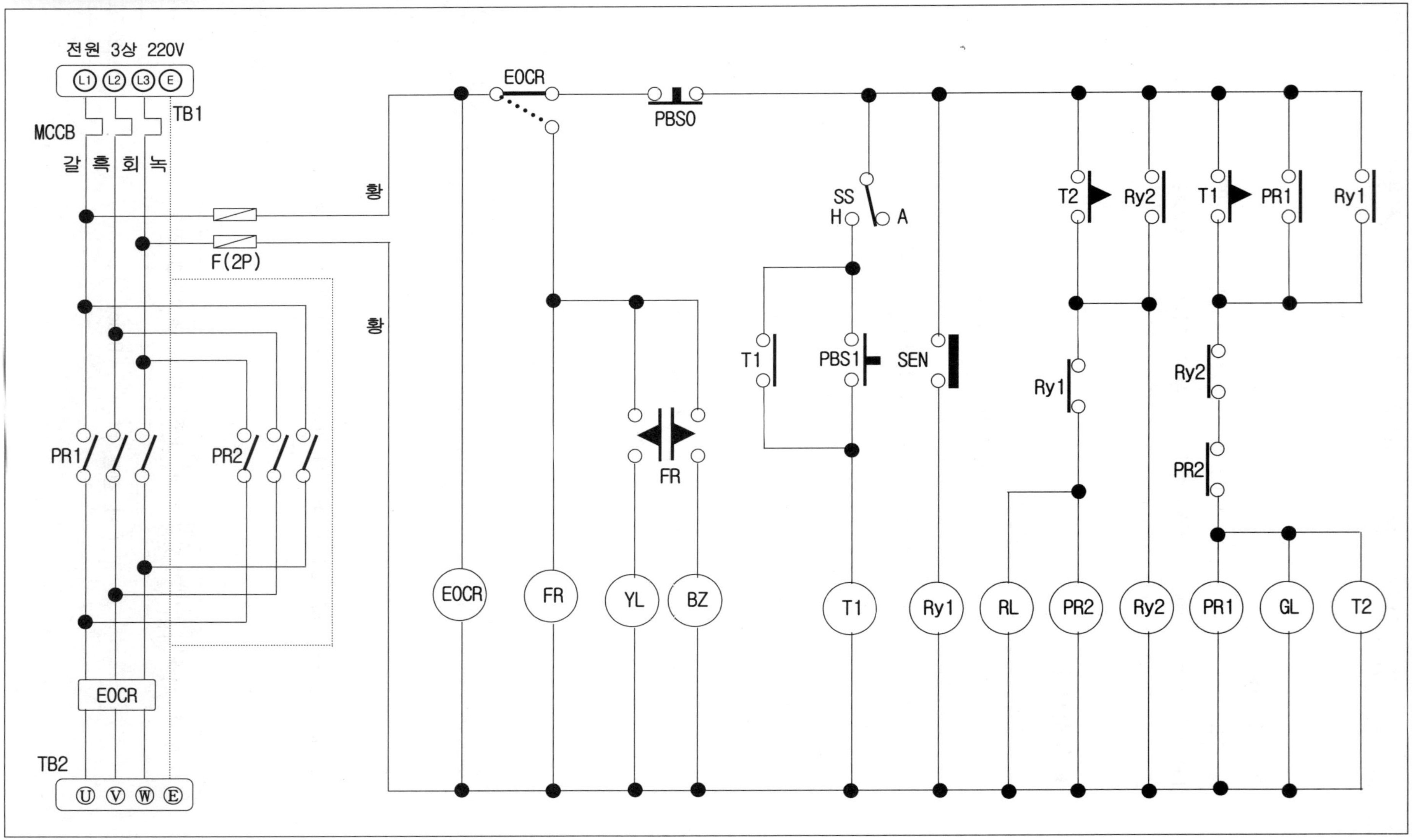

숙련도면 11-3 전동기 자수동 시간제어 정역 운전회로[기구배치도, 실체배선도]

작업형을 필답형식으로 연습할 수 있도록 만든 실체배선도입니다.
3색 볼펜을 사용하여 시퀀스도의 주회로인 Ⓛ1, Ⓛ2, Ⓛ3상을 각각 갈색, 흑색, 회색으로 작도하며, 보조회로는 황색전선인 관계로 작도자 스스로가 구분이 쉽도록 실체배선도를 작도하시오.

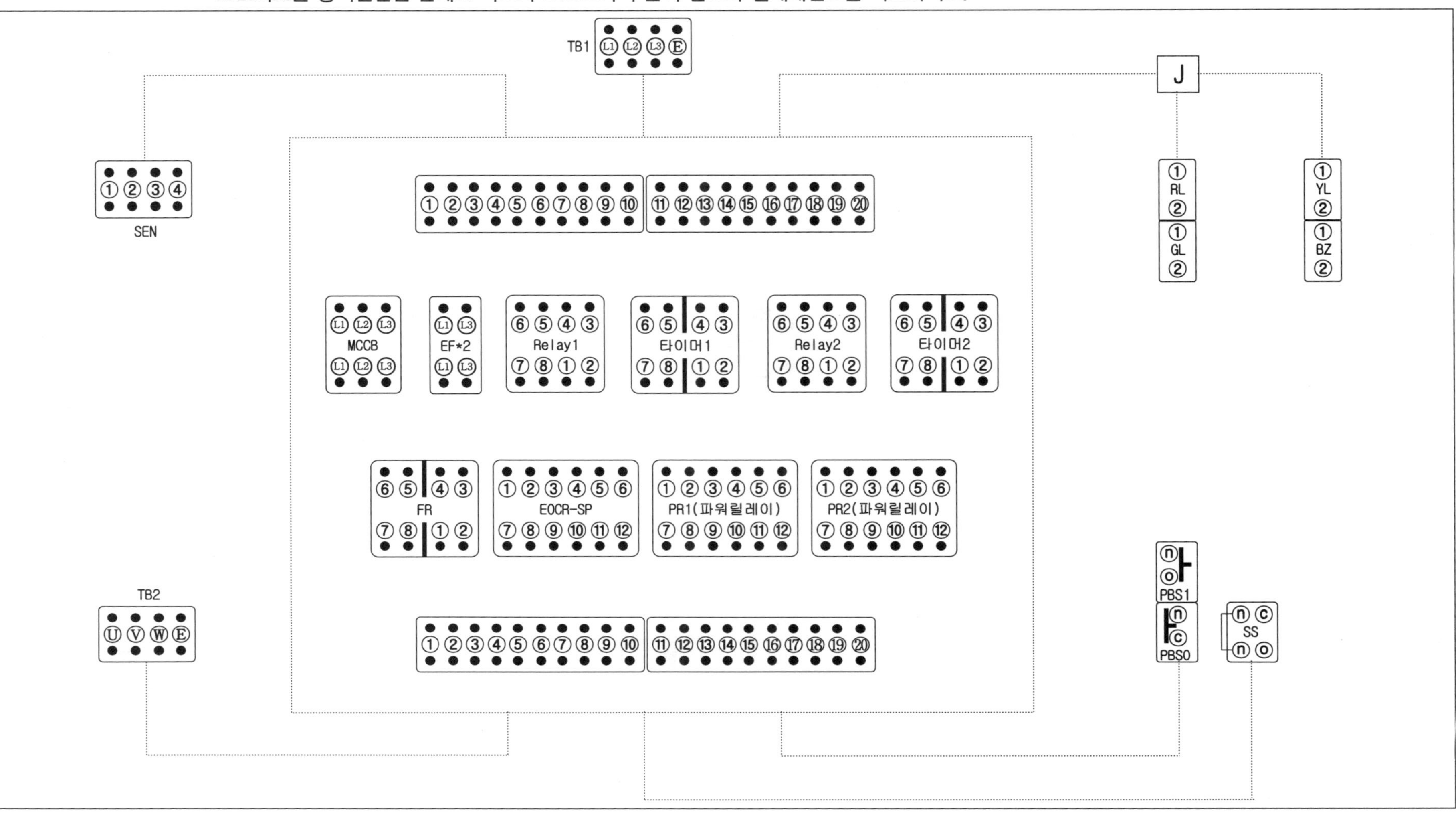

숙련도면 11-4 전동기 자수동 시간제어 정역 운전회로[기구배치도, 실체배선도]

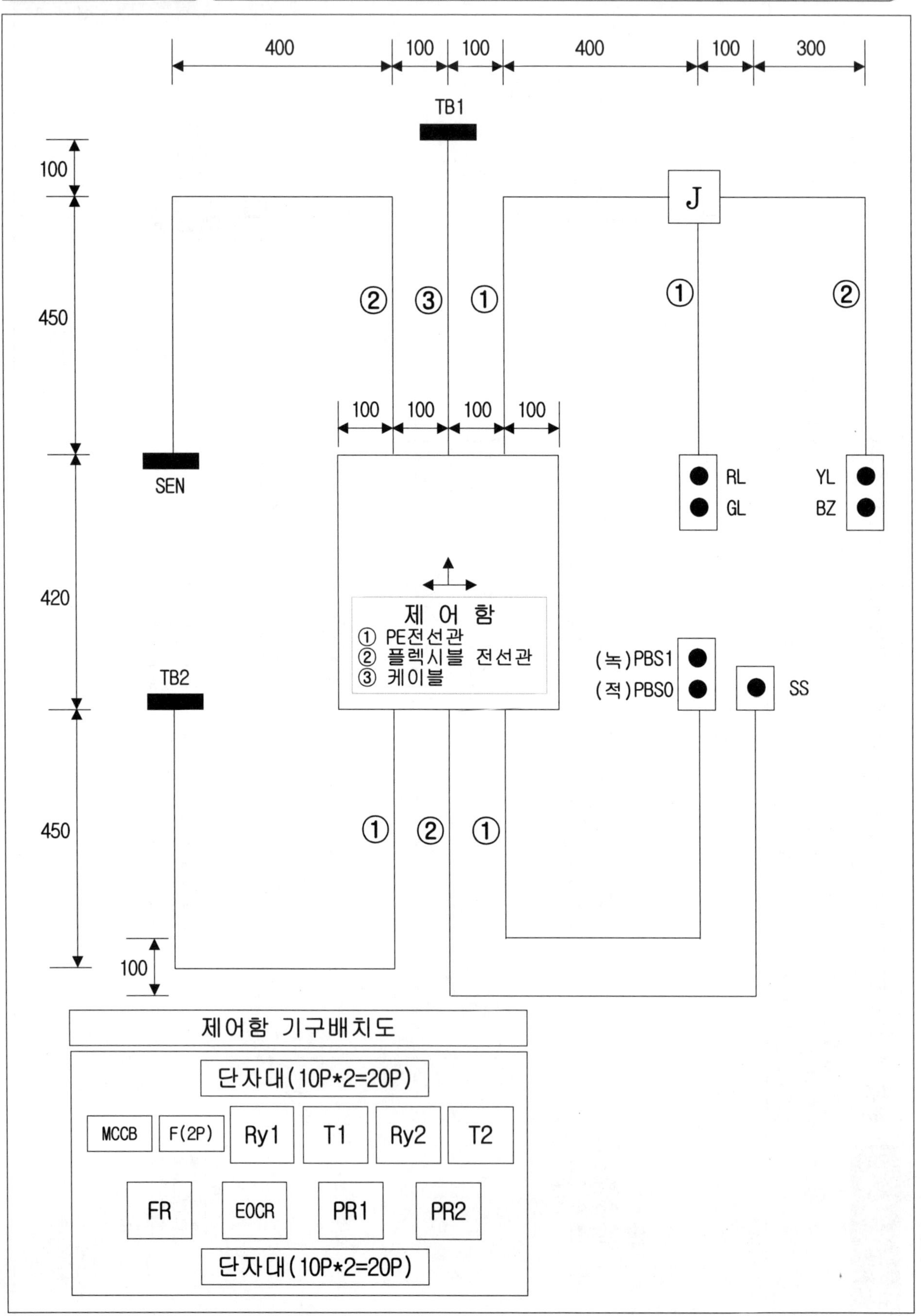

숙련도면 12-1 온실 운전회로[사용재료,동작사항,흐름도]

▶ 사용재료 ◀

MCCB(3P)*1, 휴즈(2P)*1, 8P베이스*4, 12P베이스*3, 단자대(10P)*4, 단자대(4P)*4, PBS SW*3(적,녹,녹), 램프(25Φ)*5(적,적,적,녹,황), 2구박스*3, 3구박스*1, 부저(25Φ)*1, 8각 BOX*2, 제어판(400*420)*1

▶ 동작사항 ◀

1) 전원(MCCB)를 투입하면, GL점등.
2) PBS1을 누르면 PR1, Ry1이 여자되며 RL1이 점등되고 GL이 소등된다.
   (PR1에 의하여 자기유지 회로가 구성된다)
3) PBS0를 누르면 Reset된다. 이때 RL1이 소등되고, GL이 점등된다.
4) SEN(TB4)가 감지되어 있는 상태에서 PBS2를 누르면 PR2, Ry2가 여자되며 RL2가 점등되고, GL이 소등된다.
   (LS(TB4)가 감지되어 있는 상태에서 PR2에 의하여 자기유지 회로가 구성된다)
5) PBS0를 누르면 Reset된다. 이때 RL2가 소등되고, GL이 점등된다.
6) PR1, PR2 모두 작동중일때만 RL3는 점등한다.
7) 동작사항 진행중 PBS0를 ON하면 동작중이던 모든 동작 사항이 Reset 된다. GL이 점등된다.
8) EOCR 동작시[과부하시] FR와 Timer가 여자되며 FR에 의하여 BZ와 YL이 t_{FR}초를 주기로 교대 점멸하며 T_{Time}초후 BZ는 동작을 멈추고 YL만 t_{FR}초를 주기로 점멸한다.

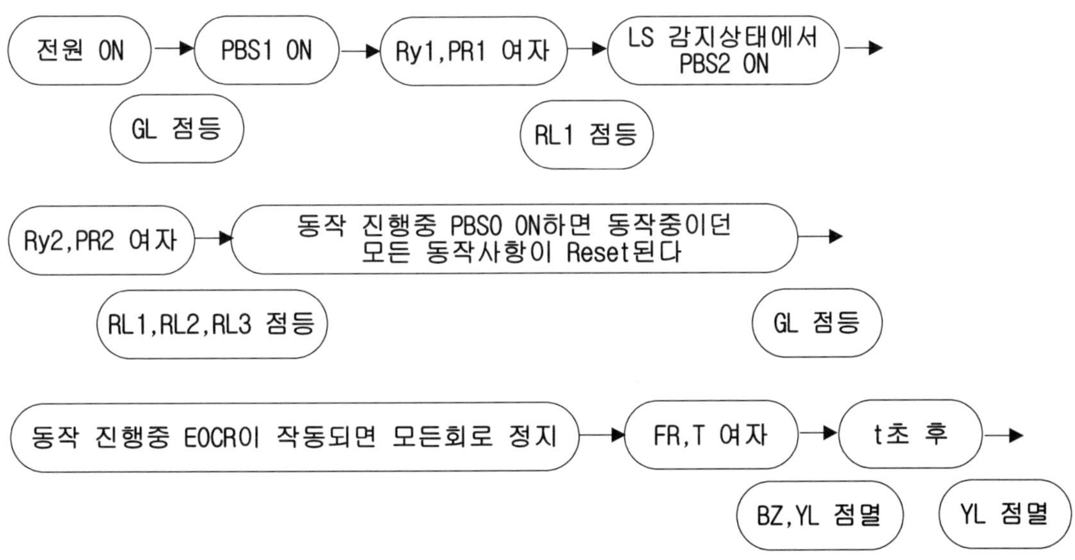

숙련도면 12-2 온실 운전회로[시이퀀스도]

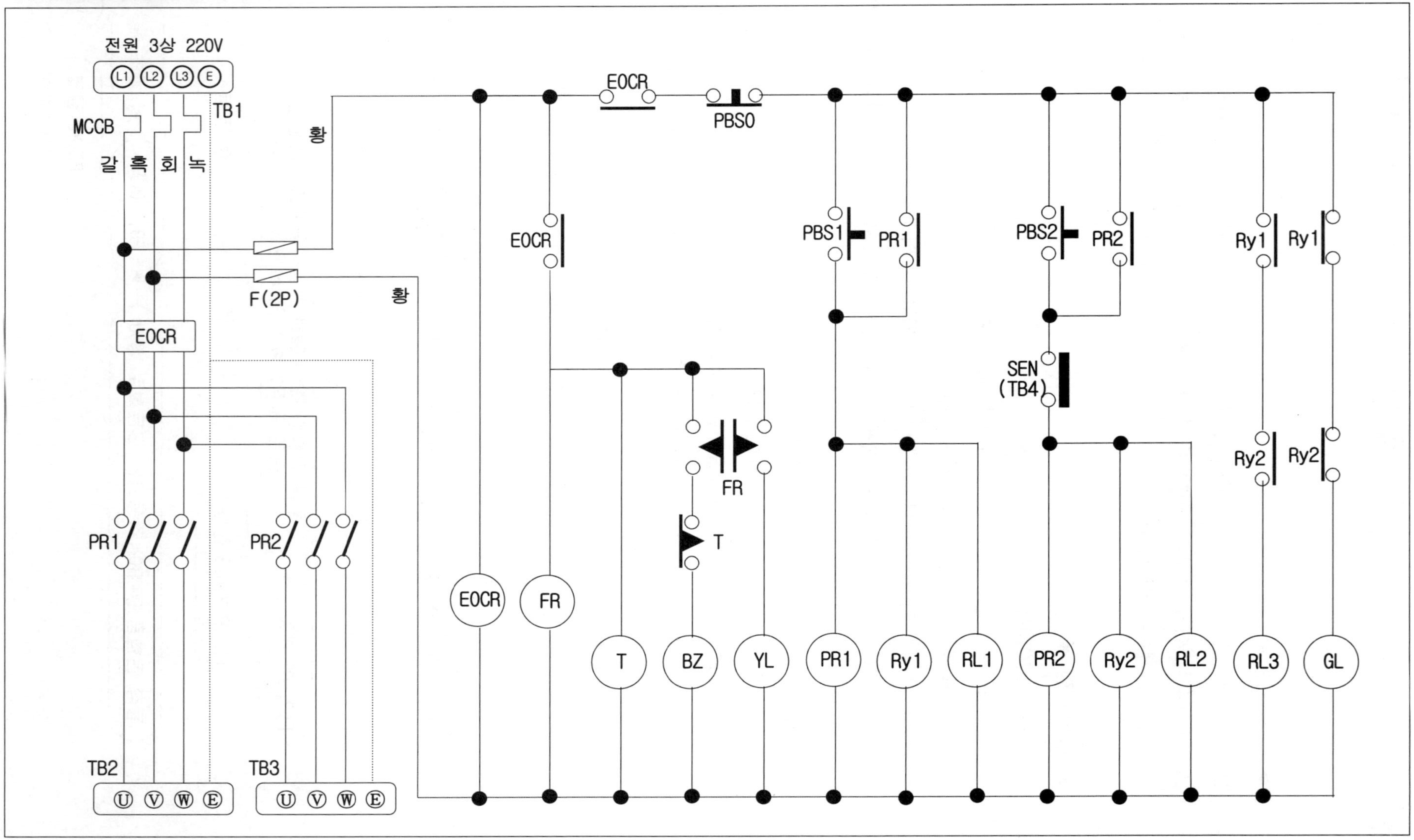

숙련도면 12-3 온실 운전회로[기구배치도, 실체배선도]

작업형을 필답형식으로 연습할 수 있도록 만든 실체배선도입니다.
3색 볼펜을 사용하여 시퀀스도의 주회로인 Ⓛ1, Ⓛ2, Ⓛ3상을 각각 갈색, 흑색, 회색으로 작도하며, 보조회로는 황색전선인 관계로 작도자 스스로가 구분이 쉽도록 실체배선도를 작도하시오.

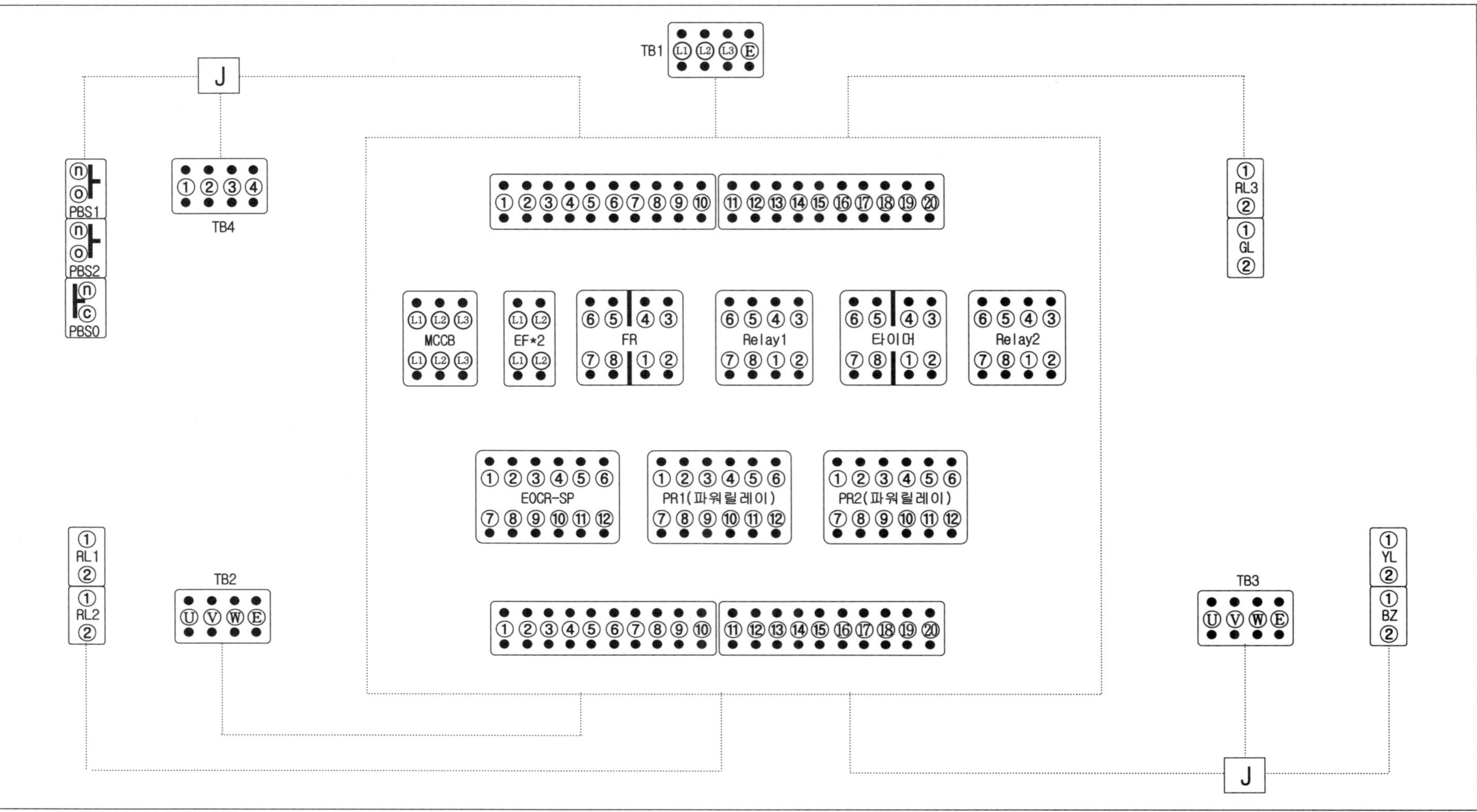

온실 운전회로[제어판넬 실체배선도]

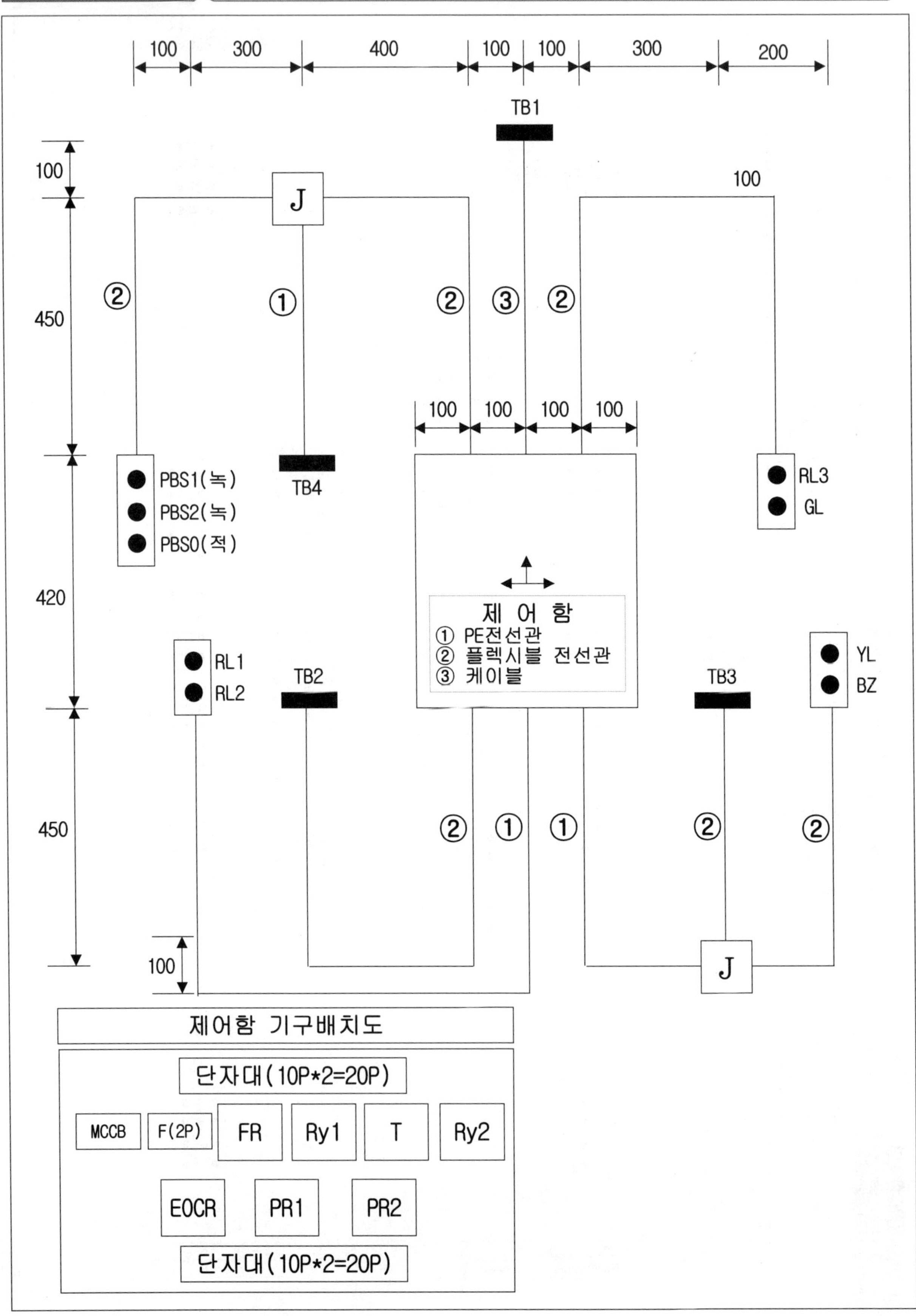

숙련도면 13-1 자수동 급·배수 운용회로[사용재료,동작사항,흐름도]

▶ 사용재료 ◀

MCCB(3P)*1, 휴즈(2P)*1, 8P베이스*4, 12P베이스*3, 단자대(10P)*4, 단자대(4P)*4, PBS SW*2(적,녹), 램프(25Φ)*3(적,녹,황), 부저(25Φ)*1, 1구박스*1, 2구박스*3, 8각 BOX*1, 제어판(400*420)*1

▶ 동작사항 ◀

1. 전원(MCCB)를 ON한 후 SS SW H상태로 절환한다.
2. PBS1을 누르면 PR1, T 여자되면 TB2(급수모터)가 작동한다. RL점등.
3. t초후 PR1은 소호되며 PR2가 여자되어 TB3(배수모터)가 작동한다. GL점등, RL소등.
4. 동작사항 진행중 PBS0를 누르면 동작중이던 모든 동작사항이 Reset된다.
5. SS SW A상태로 절환하면 Ry, FLS가 여자되며 PR1이 여자되어 TB2(급수모터)가 작동한다. RL점등.
6. FLS에 의하여 상승수위가 감지되면 PR1은 소호되며 PR2가 여자되어 TB3(배수모터)가 작동한다. GL점등, RL소등.
7. 동작 진행중 과부하시 EOCR이 작동되면 동작중이던 모든 회로는 정지하며 FR이 여자되고 YL, BZ가 교대 점멸한다.

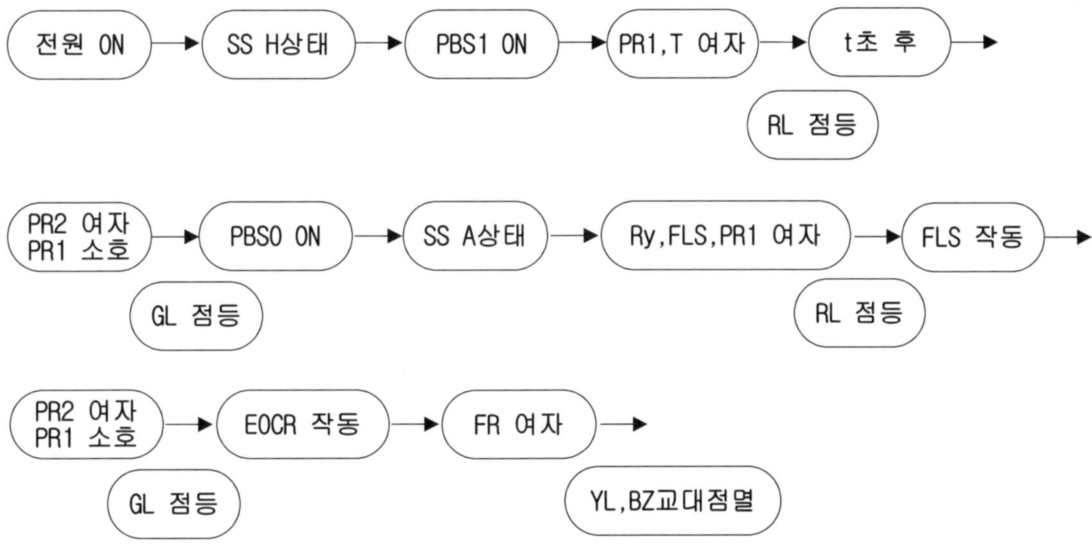

숙련도면 13-2 자수동 급·배수 운용회로[시이퀀스도]

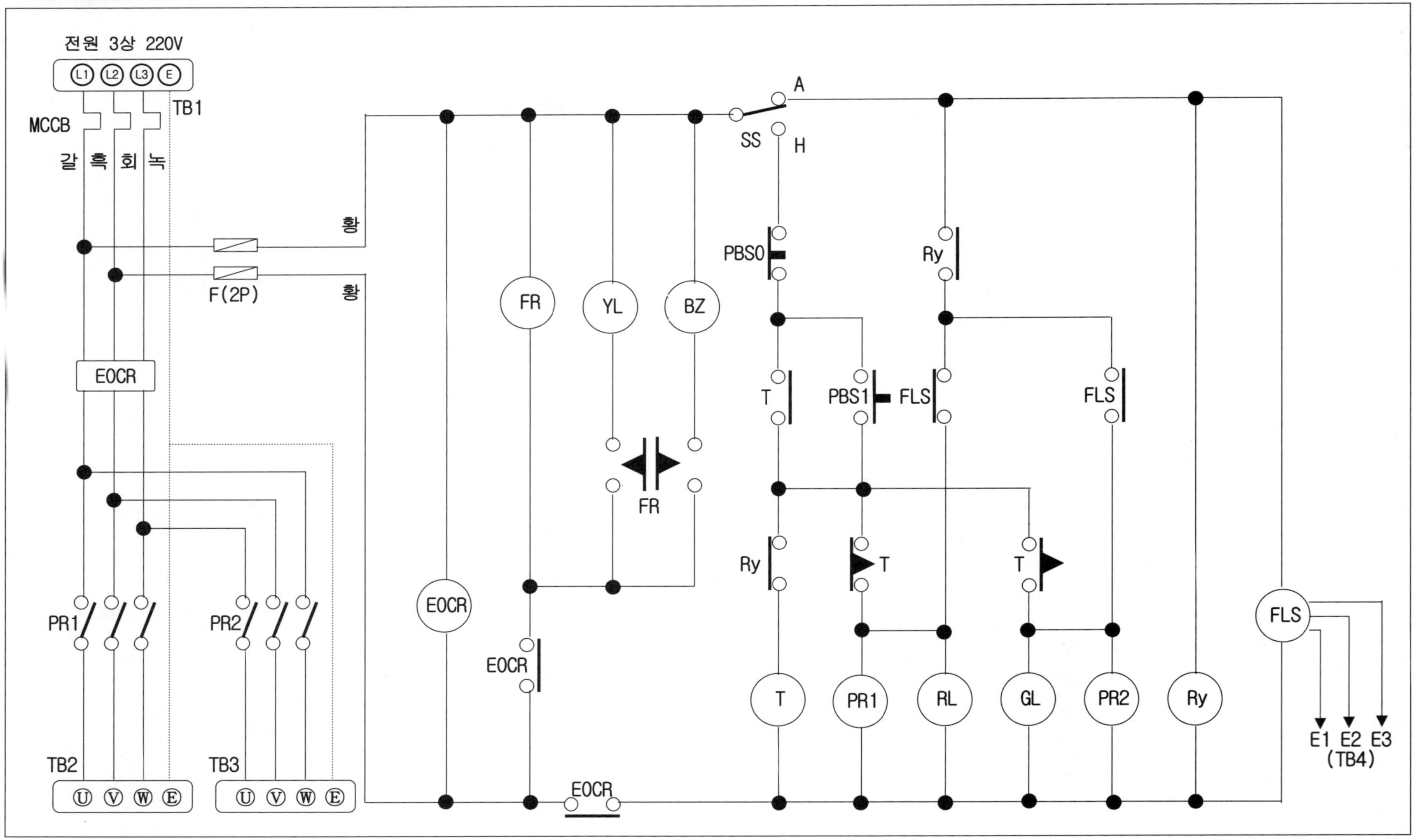

숙련도면 13-3 자수동 급 · 배수 운용회로[기구배치도, 실체배선도]

작업형을 필답형식으로 연습할 수 있도록 만든 실체배선도입니다.
3색 볼펜을 사용하여 시퀀스도의 주회로인 ⓛ1, ⓛ2, ⓛ3상을 각각 갈색, 흑색, 회색으로 작도하며, 보조회로는 황색전선인 관계로 작도자 스스로가 구분이 쉽도록 실체배선도를 작도하시오.

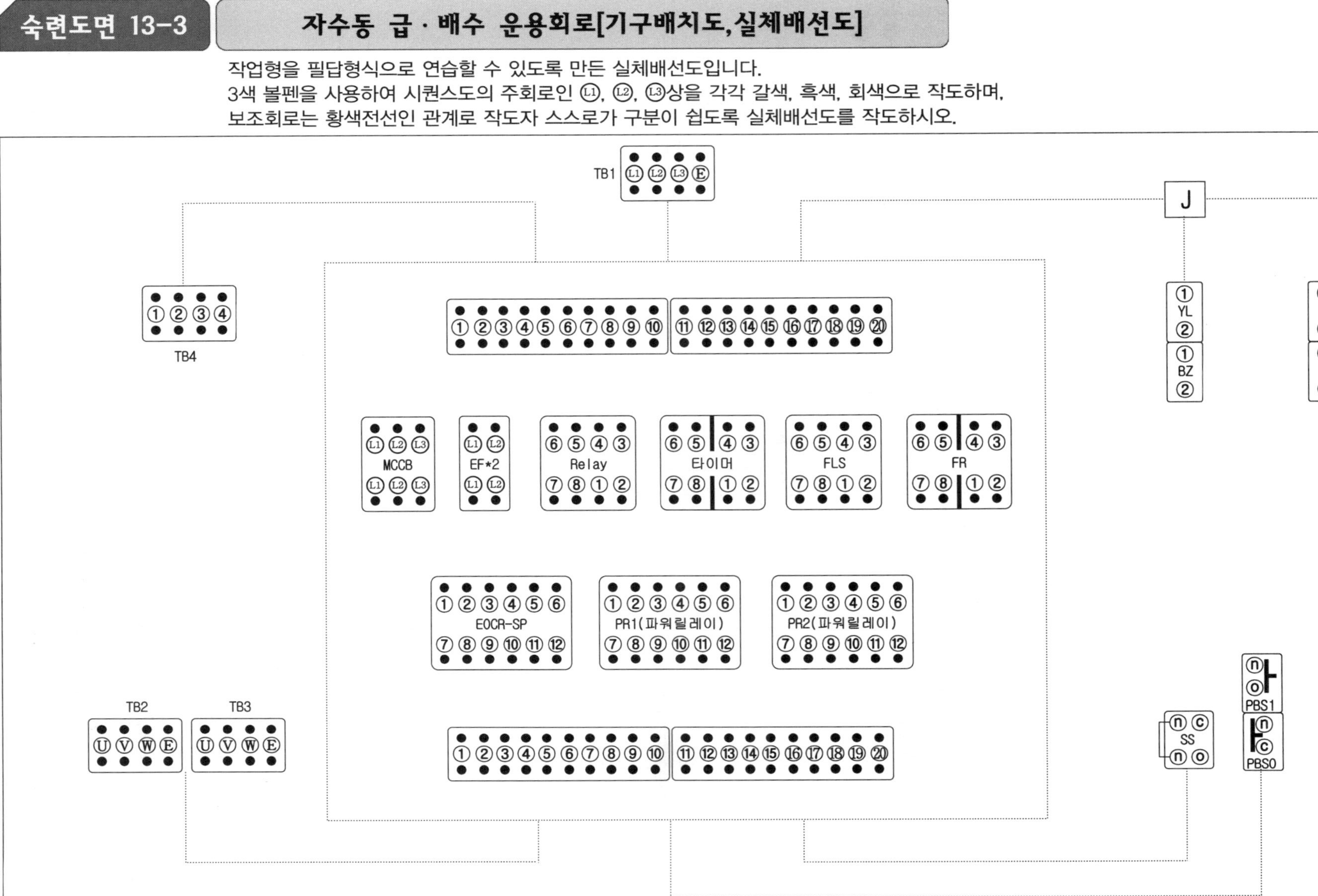

자수동 급 · 배수 운용회로[기구배치도, 실체배선도]

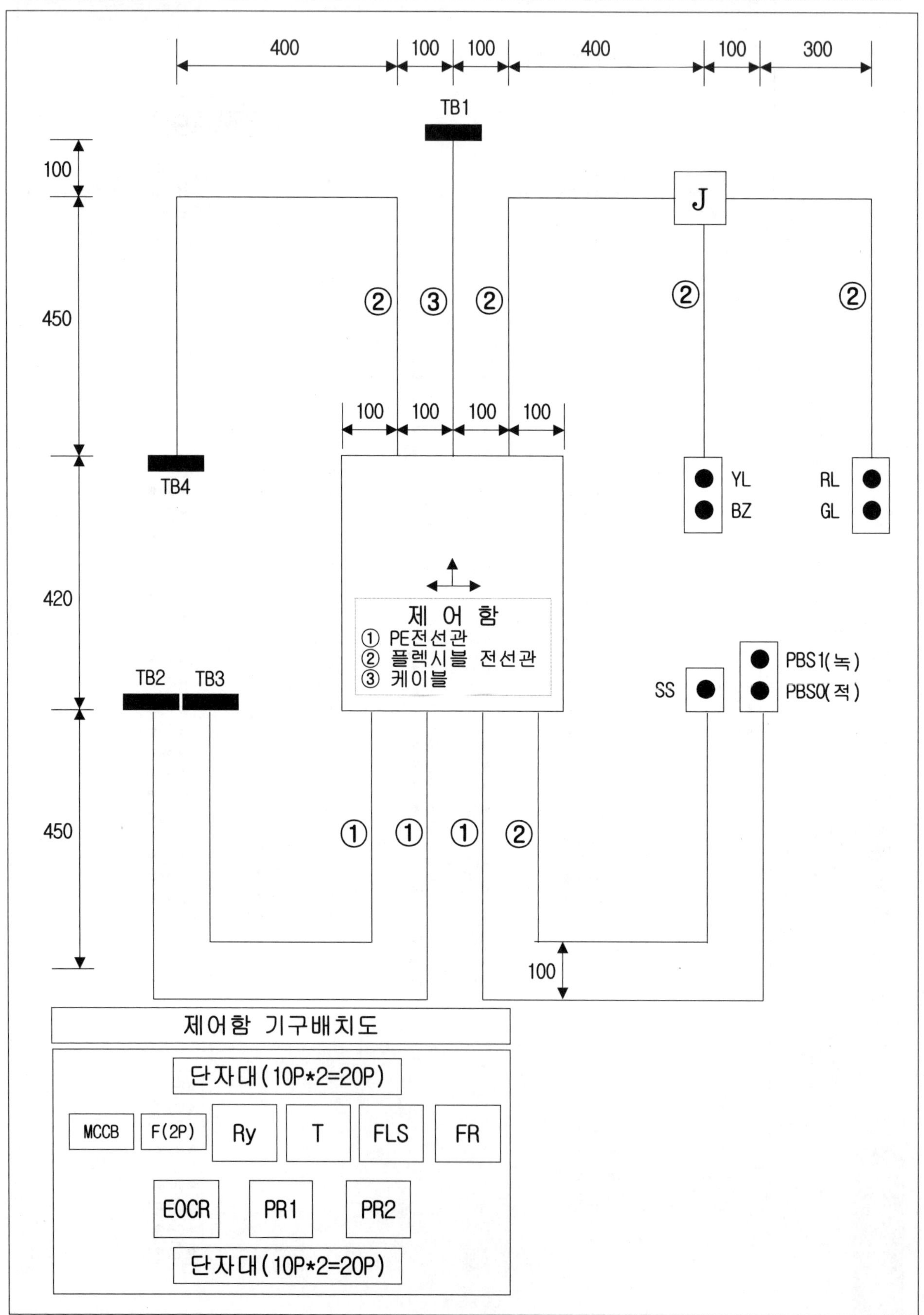

숙련도면 14-1 순차전동기 운전회로[사용재료,동작사항,흐름도]

▶ 사용재료 ◀

휴즈(3P)*1, 휴즈(2P)*1, 8P베이스*4, 12P베이스*3, 단자대(10P)*4, 단자대(4P)*4, PBS SW*3(녹,녹,적), 램프(25Φ)*4(적,적,녹,황), 부저(25Φ)*1, 1구박스*1, 2구박스*2, 3구박스*1, 8각 BOX*1, 제어판(400*420)*1

▶ 동작사항 ◀

1) 전원(MCCB)를 ON한다.
2) PBS1을 누르면 Ry1이 여자되며 자기유지 회로가 구성된다. RL1점등.
3) SEN이 감지하고 있는 동안 PR1, T가 여자되며 TB2가 작동한다.
4) t초후 PR2가 여자되며 TB3가 작동한다. GL점등.
5) PBS2를 누르면 PR1, Ry2, T가 여자되며 자기유지 회로가 구성된다. RL2점등.
6) t초후 PR2가 여자되며 TB3가 작동한다. GL점등.
7) 동작사항 진행중 PBS0를 누르면 동작중이던 모든 동작사항이 Reset된다.
8) 동작 진행중 과부하시 EOCR이 작동되면 동작중이던 모든 회로는 정지하며 FR이 여자되고 YL, BZ가 교대 점멸한다.

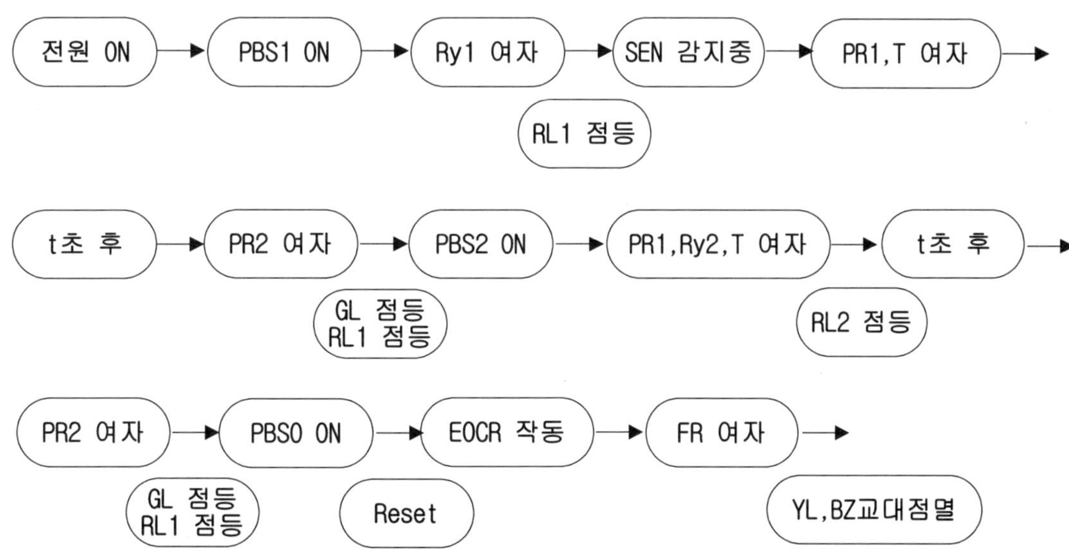

숙련도면 14-2 순차전동기 운전회로[시이퀀스도]

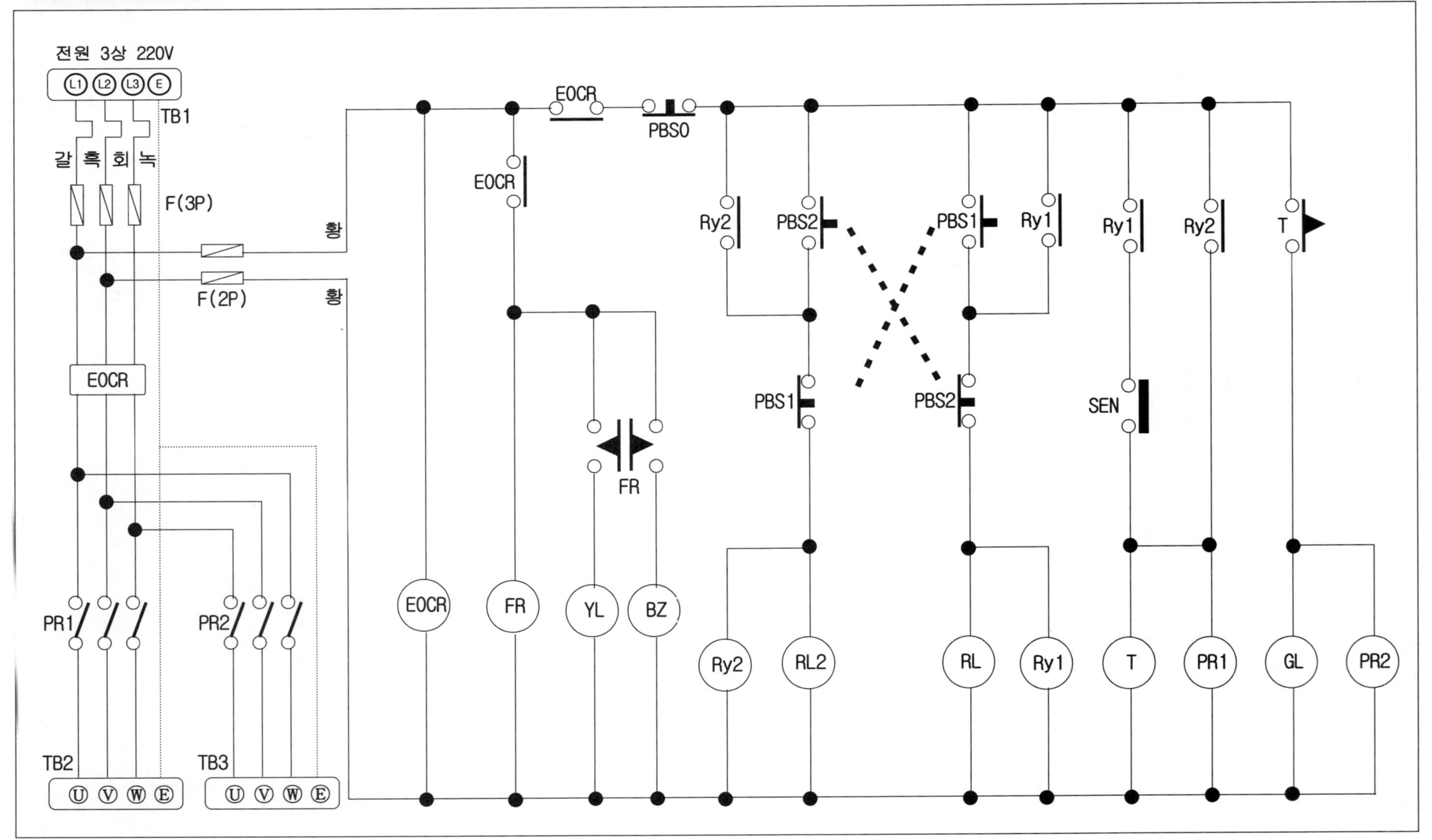

숙련도면 14-3 순차전동기 운전회로[기구배치도, 실체배선도]

작업형을 필답형식으로 연습할 수 있도록 만든 실체배선도입니다.
3색 볼펜을 사용하여 시퀀스도의 주회로인 Ⓛ1, Ⓛ2, Ⓛ3상을 각각 갈색, 흑색, 회색으로 작도하며, 보조회로는 황색전선인 관계로 작도자 스스로가 구분이 쉽도록 실체배선도를 작도하시오.

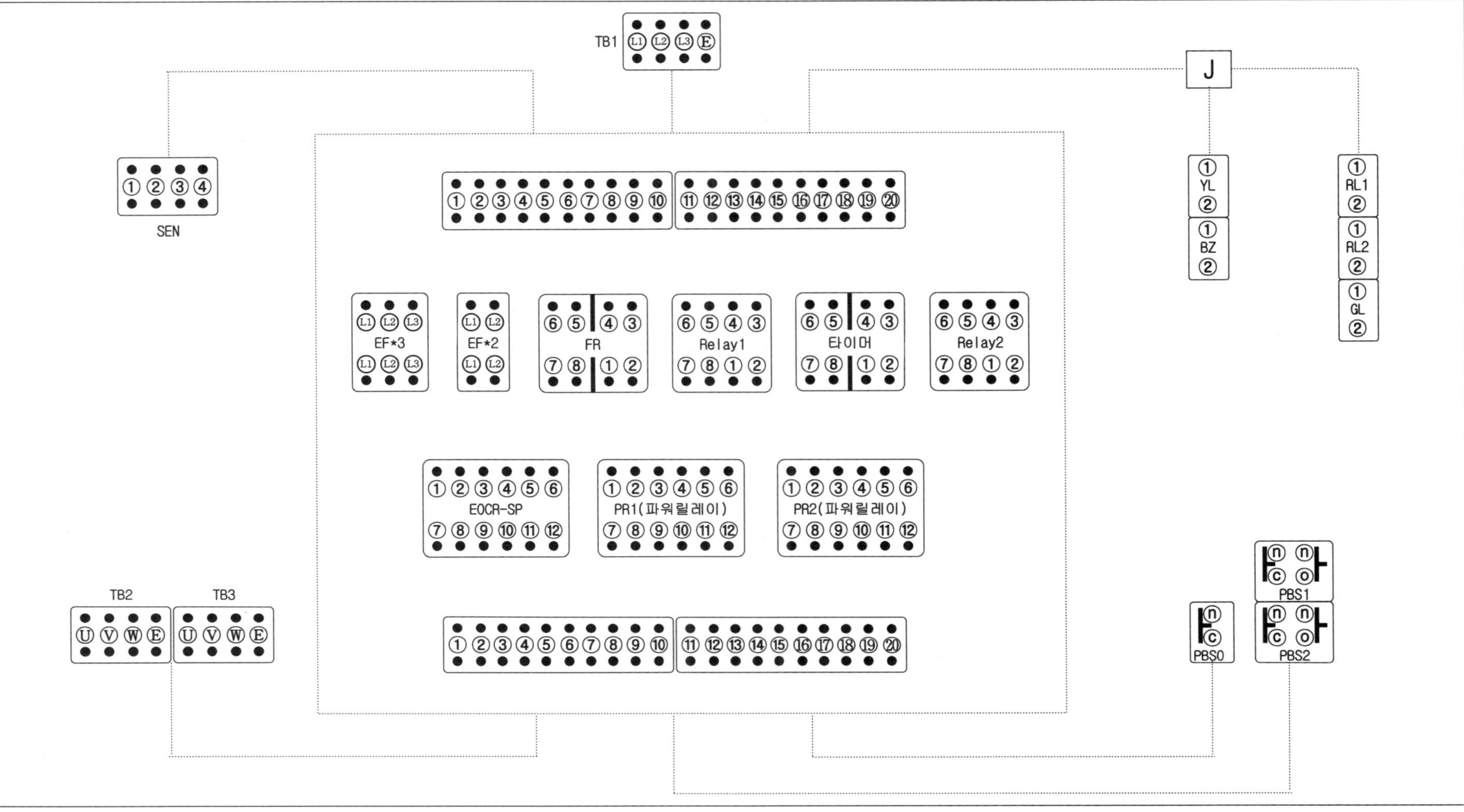

순차전동기 운전회로[기구배치도, 실체배선도]

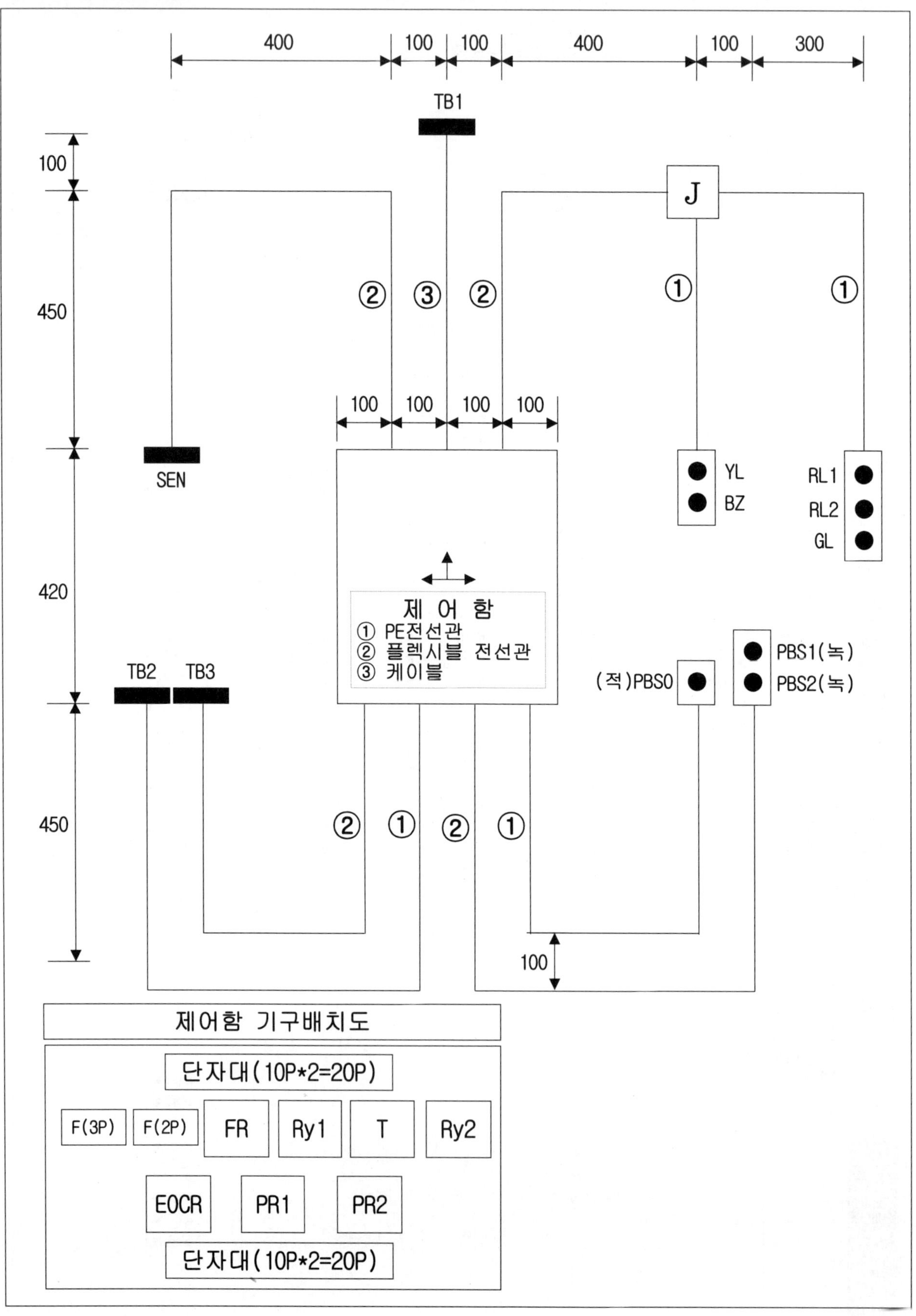

숙련도면 15-1 자동 온수조절 운전회로[사용재료,동작사항,흐름도]

▶ 사용재료 ◀

MCCB(3P)*1, 휴즈(2P)*1, 8P베이스*3, 12P베이스*3, 단자대(10P)*4, 단자대(4P)*4, PBS SW*2(적,녹), 램프(25Φ)*6(적,적,적,녹,녹,황), SS SW*1, 2구박스*3, 3구박스*1, 8각 BOX*1, 제어판(400*420)*1

▶ 동작사항 ◀

1) 전원(MCCB)를 ON한 후 SS SW를 H상태로 절환한다.
2) PBS1을 누르면 PR1이 여자되어, 온수히터(TB2)가 작동한다. 이때 RL1이 점등된다.
3) PBS2를 누르면 자기유지 회로가 소호되며 온수히터(TB2)가 정지한다. RL1소등.
4) SS SW를 A상태로 절환하면 Tc가 여자되며 GL1, GL2가 점등된다.
5) 히터가 가열되어 Tc가 동작되면 T, Ry가 여자되며, Ry에 의하여 PR1이 여자되어, 온수히터(TB2)가 작동을 시작한다. 이때 RL1, RL3 점등, GL1, GL2 소등된다.
   t초후 PR1이 소호되어, 온수히터(TB2)가 작동을 멈추고, PR2가 여자되어 순환모터(TB3)가 작동을 시작한다. 이때 RL2 점등, RL1 소등된다.
6) 온도가 내려가면 Ry, T, PR2가 소호되며, 순환모터(TB3)가 정지한다.
   이때 GL1, GL2 점등, RL2, RL3가 소등된다.
7) 동작 진행중 과부하시 EOCR이 작동되면 동작중이던 모든 회로는 정지하며 YL이 점등된다.

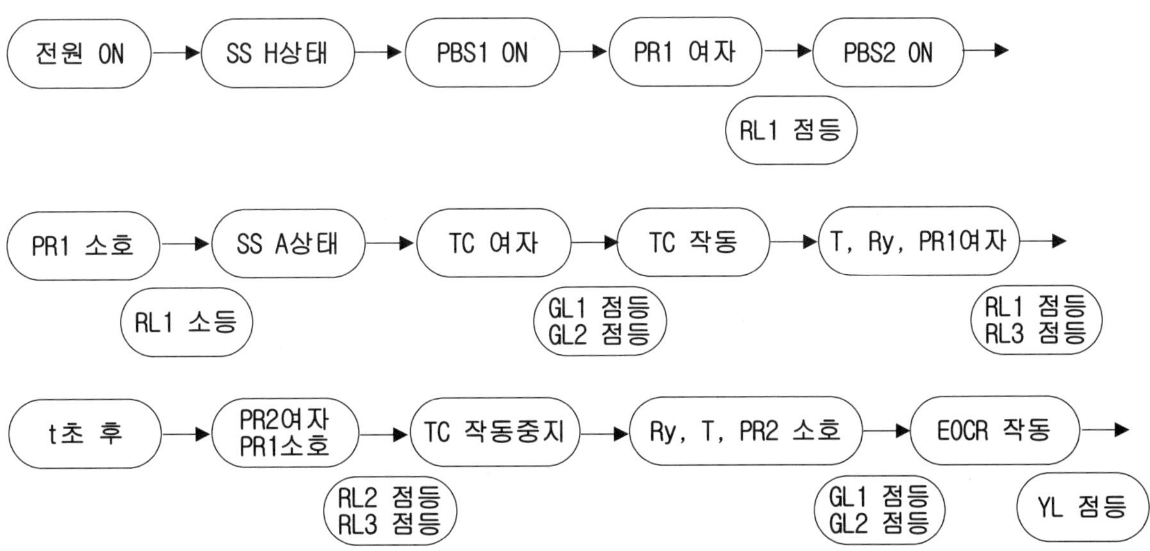

숙련도면 15-2 자동 온수조절 운전회로[시이퀀스도]

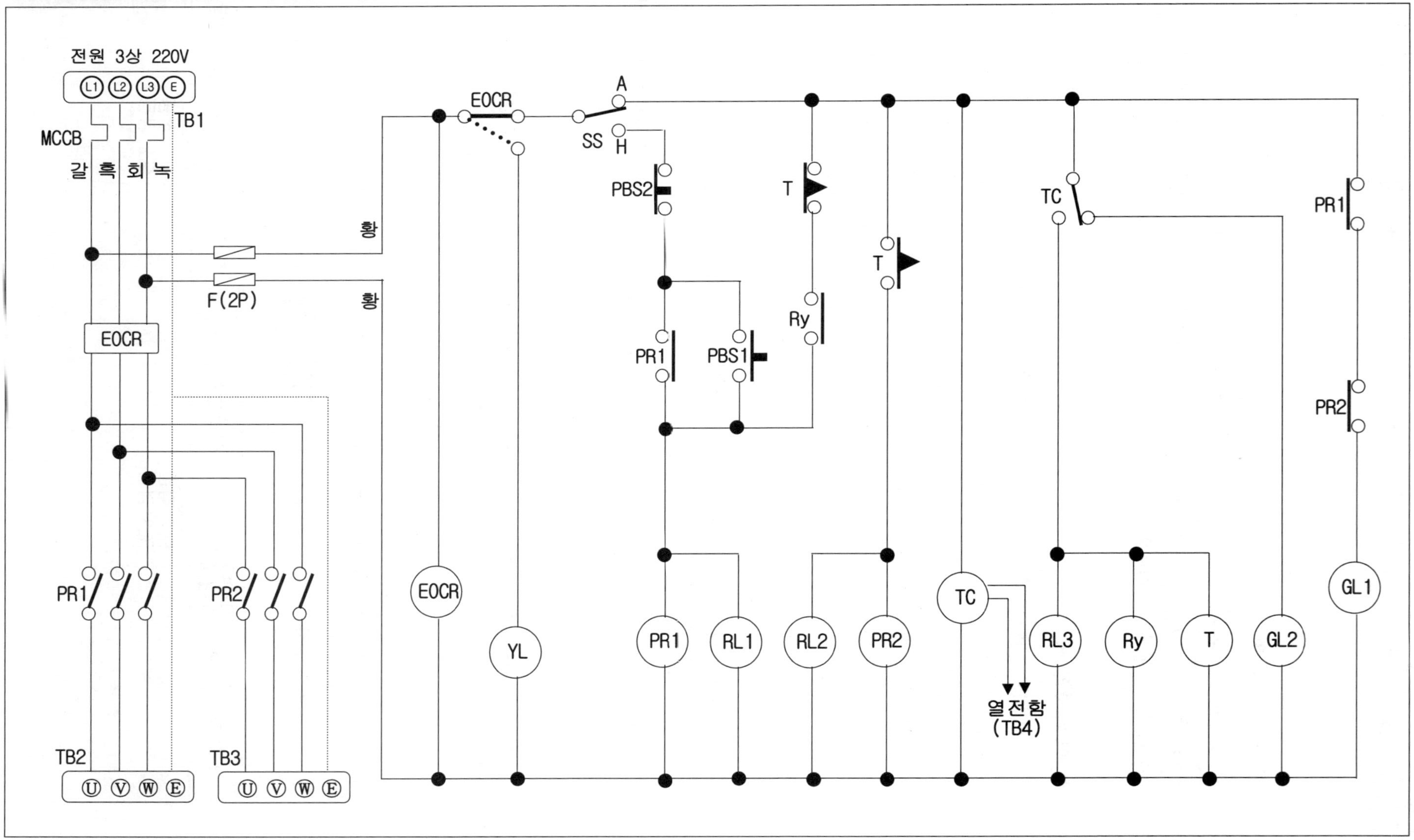

전원 3상 220V
L1 L2 L3 E
TB1
MCCB
갈 흑 회 녹
F(2P)
황
황
EOCR
PR1
PR2
TB2
U V W E
TB3
U V W E
EOCR
SS
A
H
PBS2
PR1
PBS1
T
Ry
T
TC
PR1
PR2
EOCR
YL
PR1
RL1
RL2
PR2
TC
열전함
(TB4)
RL3
Ry
T
GL2
GL1

숙련도면 15-3 자동 온수조절 운전회로[기구배치도, 실체배선도]

작업형을 필답형식으로 연습할 수 있도록 만든 실체배선도입니다.
3색 볼펜을 사용하여 시퀀스도의 주회로인 Ⓛ1, Ⓛ2, Ⓛ3상을 각각 갈색, 흑색, 회색으로 작도하며, 보조회로는 황색전선인 관계로 작도자 스스로가 구분이 쉽도록 실체배선도를 작도하시오.

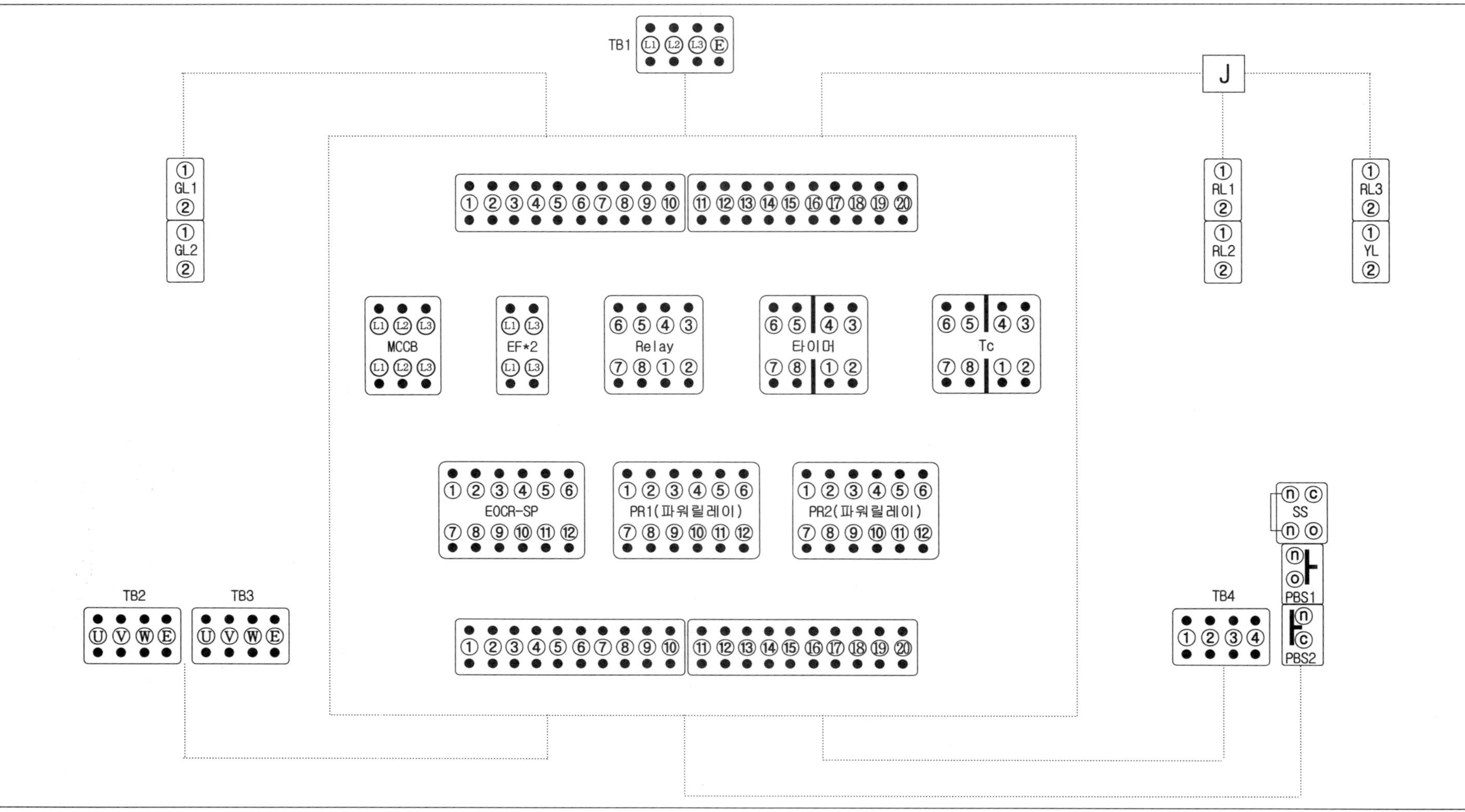

자동 온수조절 운전회로[제어판넬 실체배선도]

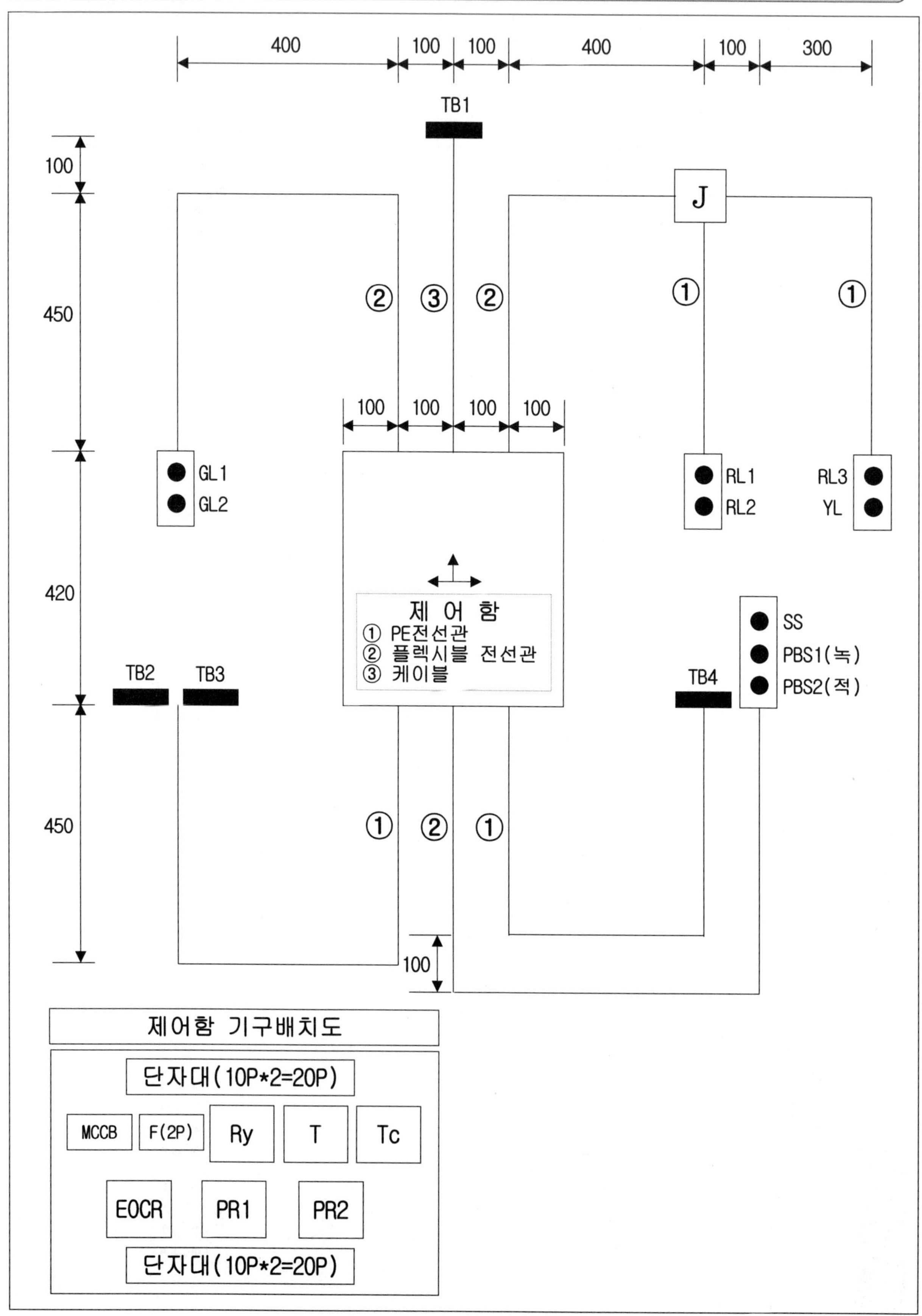

숙련도면 16-1 전동기 자동감지 운전회로[사용재료,동작사항,흐름도]

▶ 사용재료 ◀

MCCB(3P)*1, 휴즈(2P)*1, 8P베이스*3, 12P베이스*2, 단자대(10P)*4, 단자대(4P)*3, PBS SW*3(적,녹,녹), 램프(25Φ)*4(적,적,녹,황), SS SW*1, 부저(25Φ)*1, 2구박스*3, 3구박스*1, 제어판(400*420)*1

▶ 동작사항 ◀

1) 전부하 상태에서 전원(MCCB)를 ON한다.
2) PBS2를 누르면 Ry2가 여자되며 자기유지 회로가 구성되며 GL이 점등된다.
3) SS SW H상태로 절환하고 PBS1을 누르면 PR이 여자되며 전동기가 회전하고, GL소등, RL1이 점등된다.
4) SS SW A상태로 절환한 후 PR소호되며 전동기가 정지하고, GL점등, RL1소등 리밋스위치(TB3)가 작동되면 Ry1이 여자되어 PR이 여자되며 전동기가 회전하고 RL1, RL2가 점등된다. GL소등.
5) 동작사항 진행중 PBS3를 누르면 모든 동작사항이 Reset된다.
6) 동작 진행중 과부하시 EOCR이 작동되면 동작중이던 모든 회로는 정지하며 FR이 여자되고 YL, BZ가 교대 점멸한다.

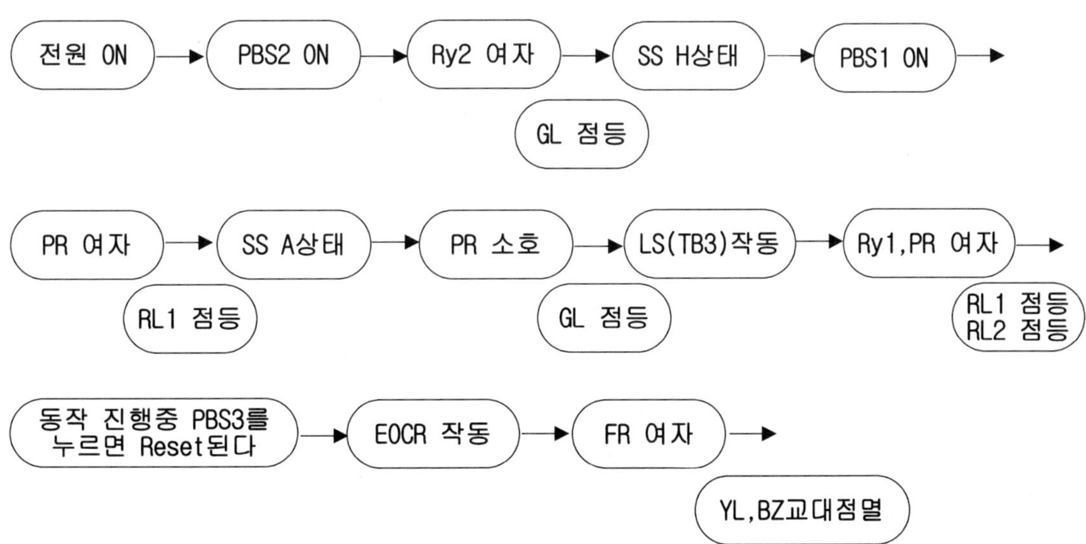

숙련도면 16-2 전동기 자동감지 운전회로[시이퀀스도]

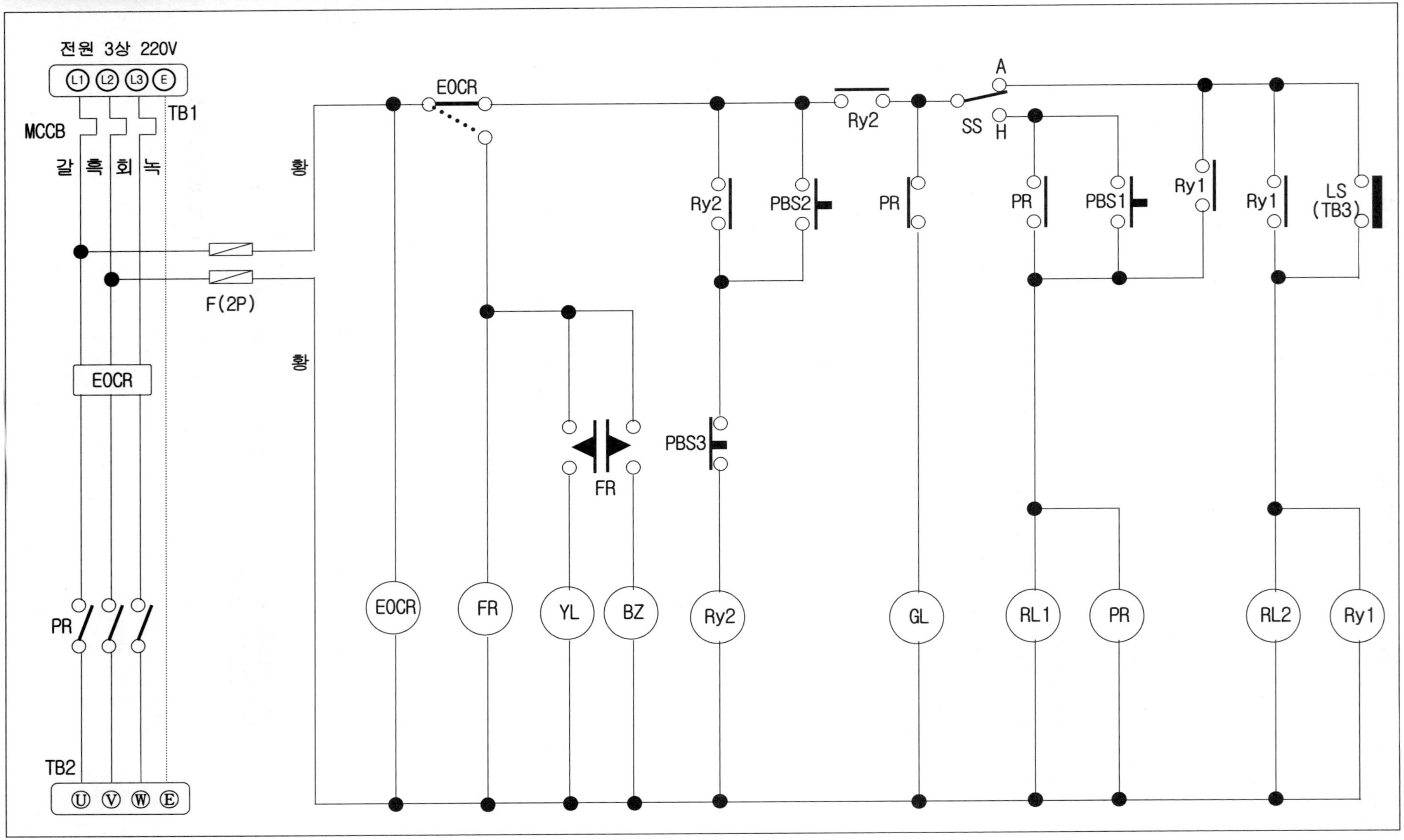

숙련도면 16-3 전동기 자동감지 운전회로[기구배치도, 실체배선도]

작업형을 필답형식으로 연습할 수 있도록 만든 실체배선도입니다.
3색 볼펜을 사용하여 시퀀스도의 주회로인 Ⓛ1, Ⓛ2, Ⓛ3상을 각각 갈색, 흑색, 회색으로 작도하며, 보조회로는 황색전선인 관계로 작도자 스스로가 구분이 쉽도록 실체배선도를 작도하시오.

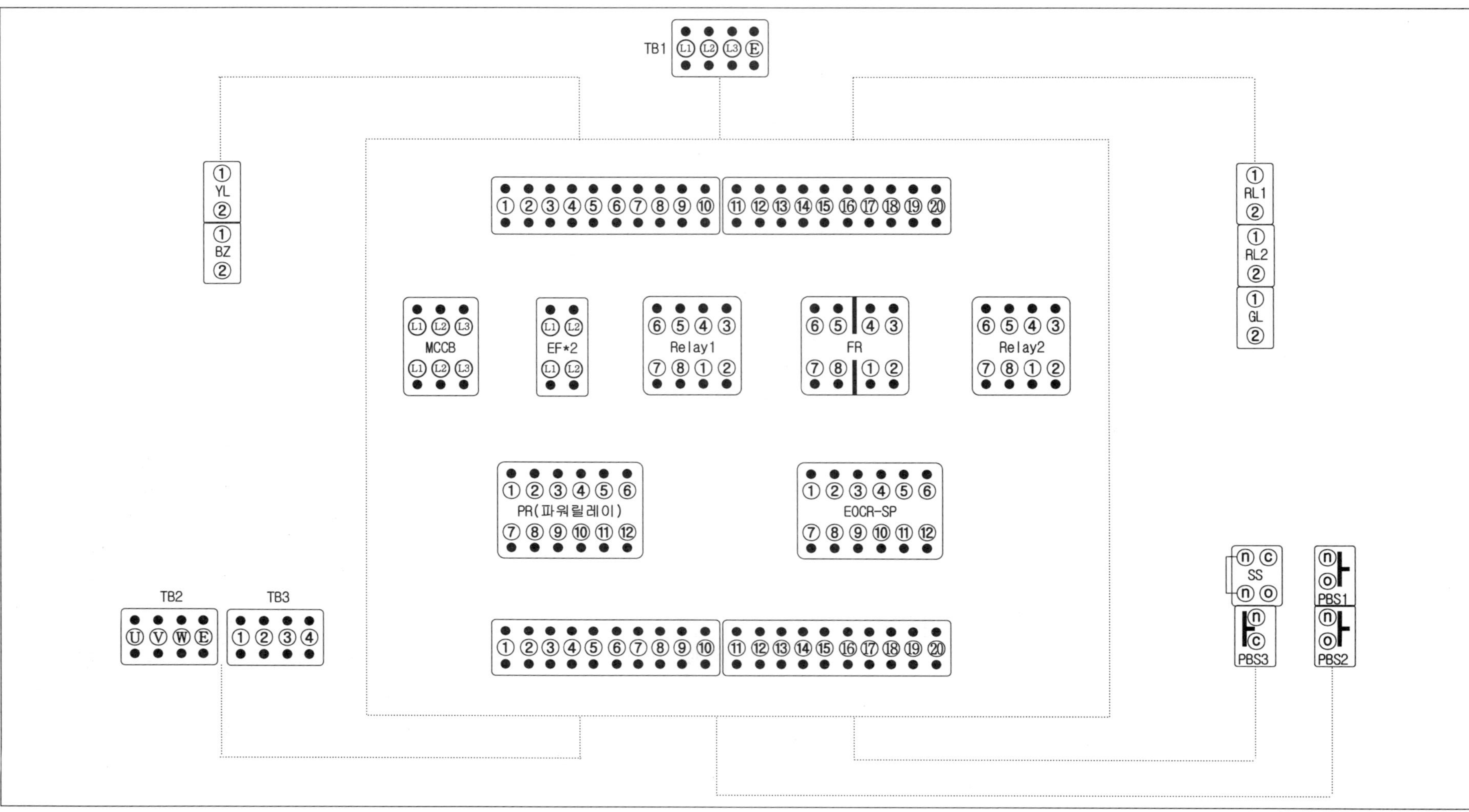

숙련도면 16-4 전동기 자동감지 운전회로[기구배치도, 실체배선도]

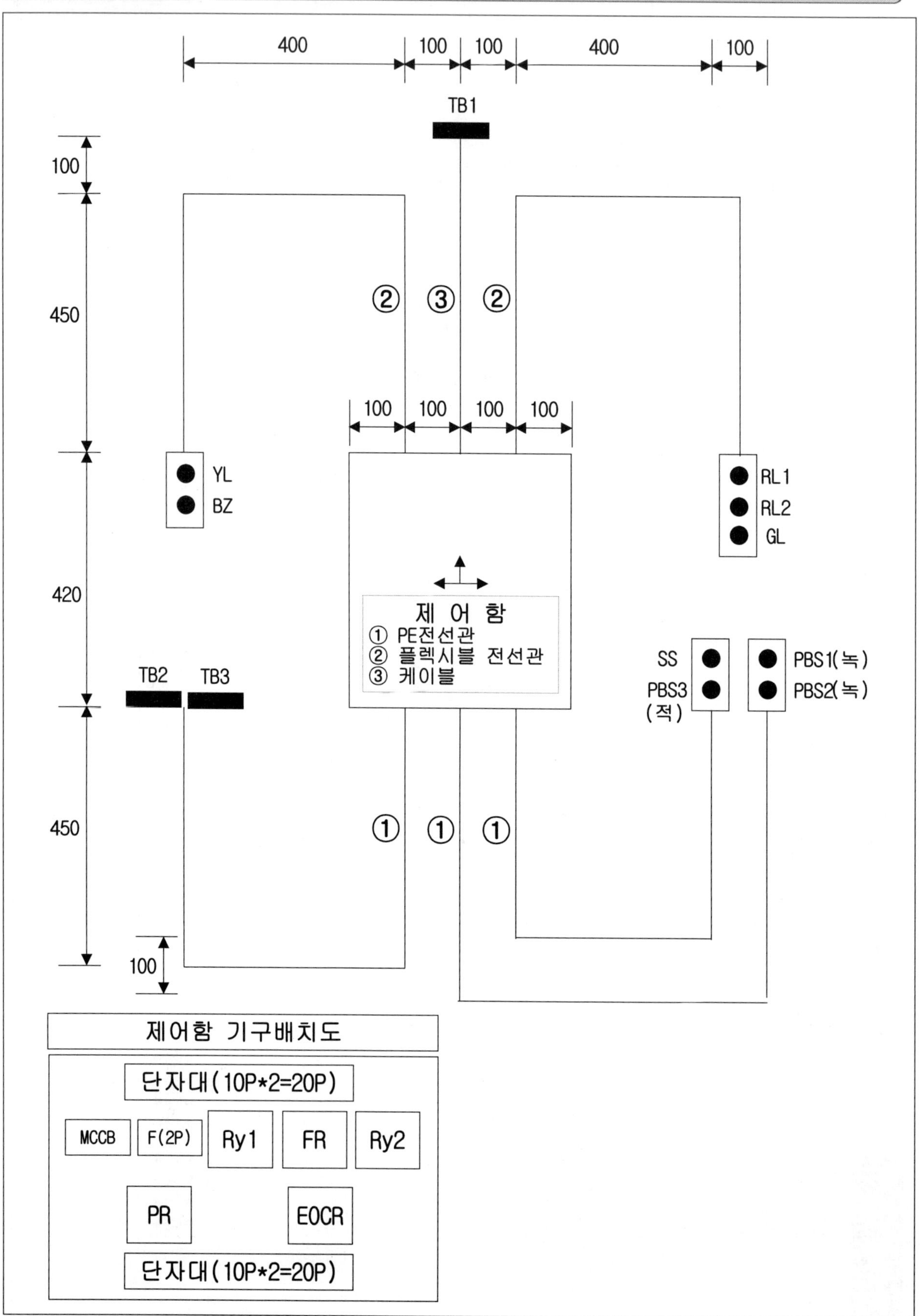

숙련도면 17-1 온수 자수동 순환 운전회로[사용재료,동작사항,흐름도]

▶ 사용재료 ◀

MCCB(3P)*1, 휴즈(2P)*1, 8P베이스*3 12P베이스*3 단자대(10P)*4, 단자대(4P)*3
PBS SW*4(적,녹,녹,녹), 램프(25Φ)*3(적,적,녹), SS SW*1, 부저(25Φ)*1, 2구박스*3,
3구박스*1, 제어판(400*420)*1

▶ 동작사항 ◀

1) 전원(MCCB)를 ON하면 GL이 점등된다.
2) SS SW를 H상태로 절환한 후 PBS1을 누르면 온수히타 PR1(TB2)가 작동되며 RL1이 점등되고, PBS2를 누르면 순환모타 PR2(TB3)가 작동되며 RL2가 점등된다. GL소등.
3) PBS3를 누르면 수동 동작 작동중이던 모든 회로가 소호된다. GL점등.
4) SS SW를 A상태로 절환한 후 PBS4를 누르면(t1초 동안 누르고 있을 것) T1이 여자되어 온수히타 PR1(TB2)가 작동되며 RL1이 점등되고, t1초 후 T2, Ry가 여자되어 온수히타 PR1(TB2)가 정지하고, 순환모타 PR2(TB3)가 작동되며 RL1이 소등되고, RL2가 점등된다. GL소등.
5) t2초 후 모든 동작 중이던 회로가 소호 및 정지한다. GL점등.
6) 동작 진행중 과부하시 EOCR이 작동되면 동작중이던 모든 회로는 정지하며 BZ가 작동된다.

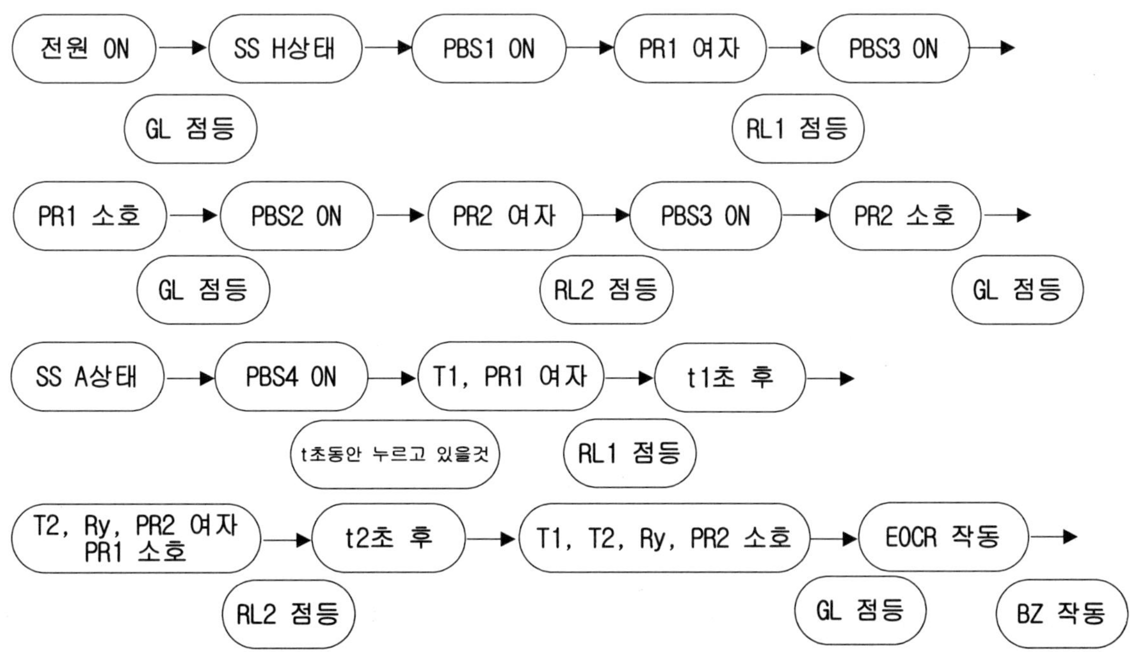

숙련도면 17-2 온수 자수동 순환 운전회로[시이퀀스도]

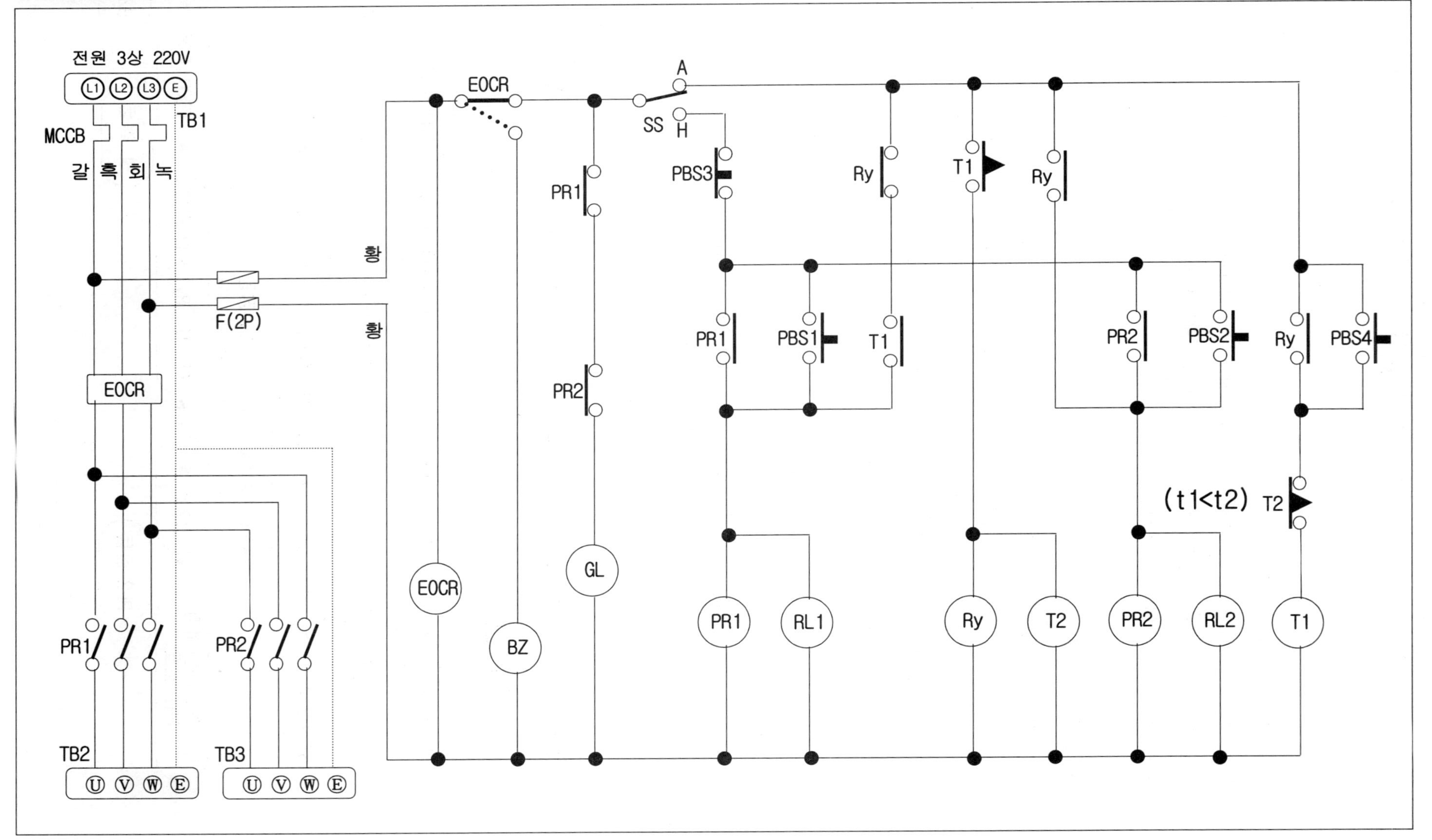

숙련도면 17-3 온수 자수동 순환 운전회로[기구배치도, 실체배선도]

작업형을 필답형식으로 연습할 수 있도록 만든 실체배선도입니다.
3색 볼펜을 사용하여 시퀀스도의 주회로인 Ⓛ1, Ⓛ2, Ⓛ3상을 각각 갈색, 흑색, 회색으로 작도하며, 보조회로는 황색전선인 관계로 작도자 스스로가 구분이 쉽도록 실체배선도를 작도하시오.

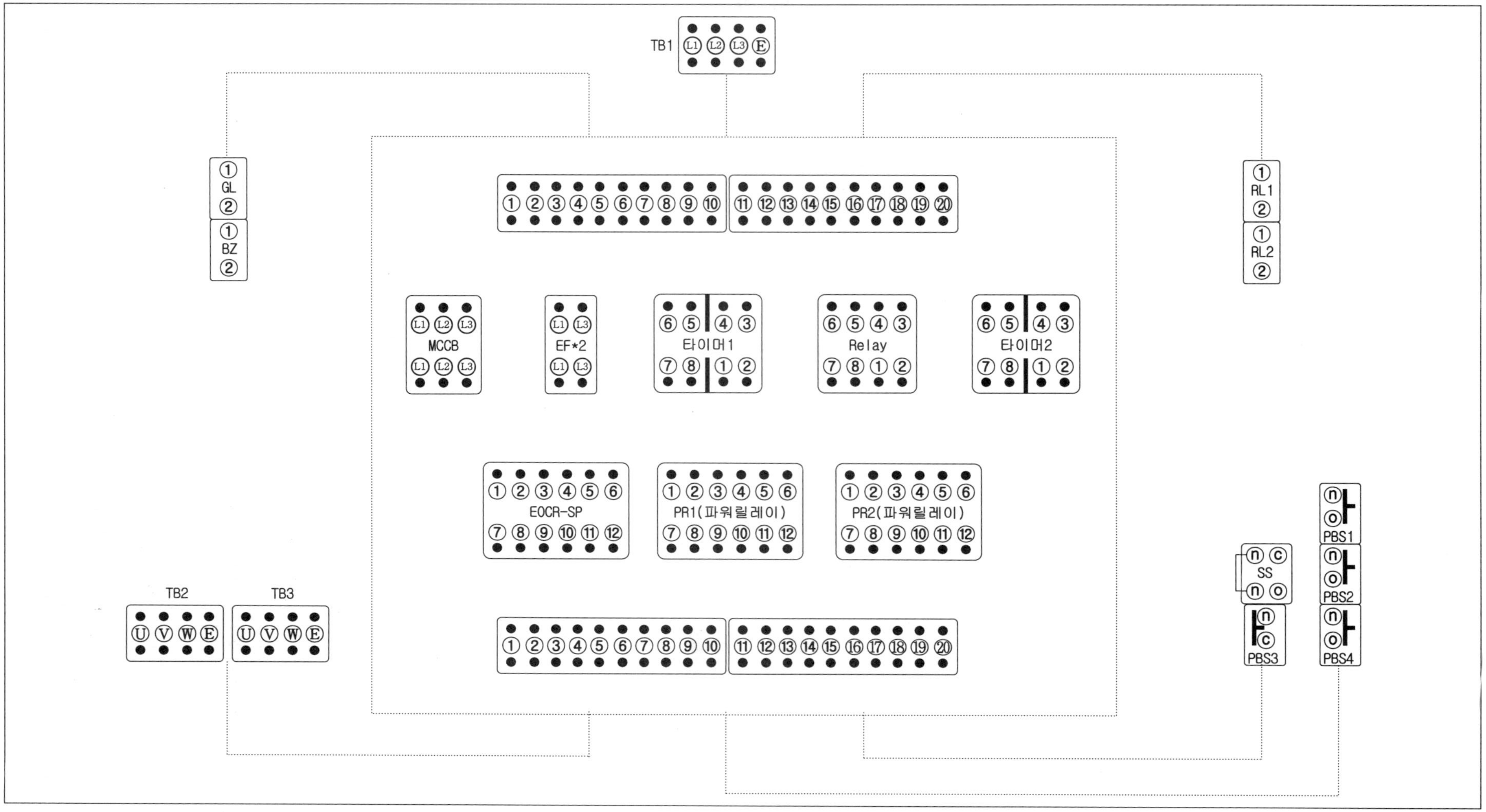

TB1 L1 L2 L3 E

GL ① ② BZ ① ②

RL1 ① ② RL2 ① ②

① ② ③ ④ ⑤ ⑥ ⑦ ⑧ ⑨ ⑩ ⑪ ⑫ ⑬ ⑭ ⑮ ⑯ ⑰ ⑱ ⑲ ⑳

MCCB L1 L2 L3

EF*2 L1 L3

타이머1 ⑥ ⑤ ④ ③ ⑦ ⑧ ① ②

Relay ⑥ ⑤ ④ ③ ⑦ ⑧ ① ②

타이머2 ⑥ ⑤ ④ ③ ⑦ ⑧ ① ②

EOCR-SP ① ② ③ ④ ⑤ ⑥ ⑦ ⑧ ⑨ ⑩ ⑪ ⑫

PR1(파워릴레이) ① ② ③ ④ ⑤ ⑥ ⑦ ⑧ ⑨ ⑩ ⑪ ⑫

PR2(파워릴레이) ① ② ③ ④ ⑤ ⑥ ⑦ ⑧ ⑨ ⑩ ⑪ ⑫

TB2 U V W E

TB3 U V W E

① ② ③ ④ ⑤ ⑥ ⑦ ⑧ ⑨ ⑩ ⑪ ⑫ ⑬ ⑭ ⑮ ⑯ ⑰ ⑱ ⑲ ⑳

SS n c n o

PBS1 n o PBS2 n o PBS3 n c PBS4 n o

숙련도면 17-4 온수 자수동 순환 운전회로[제어판넬 실체배선도]

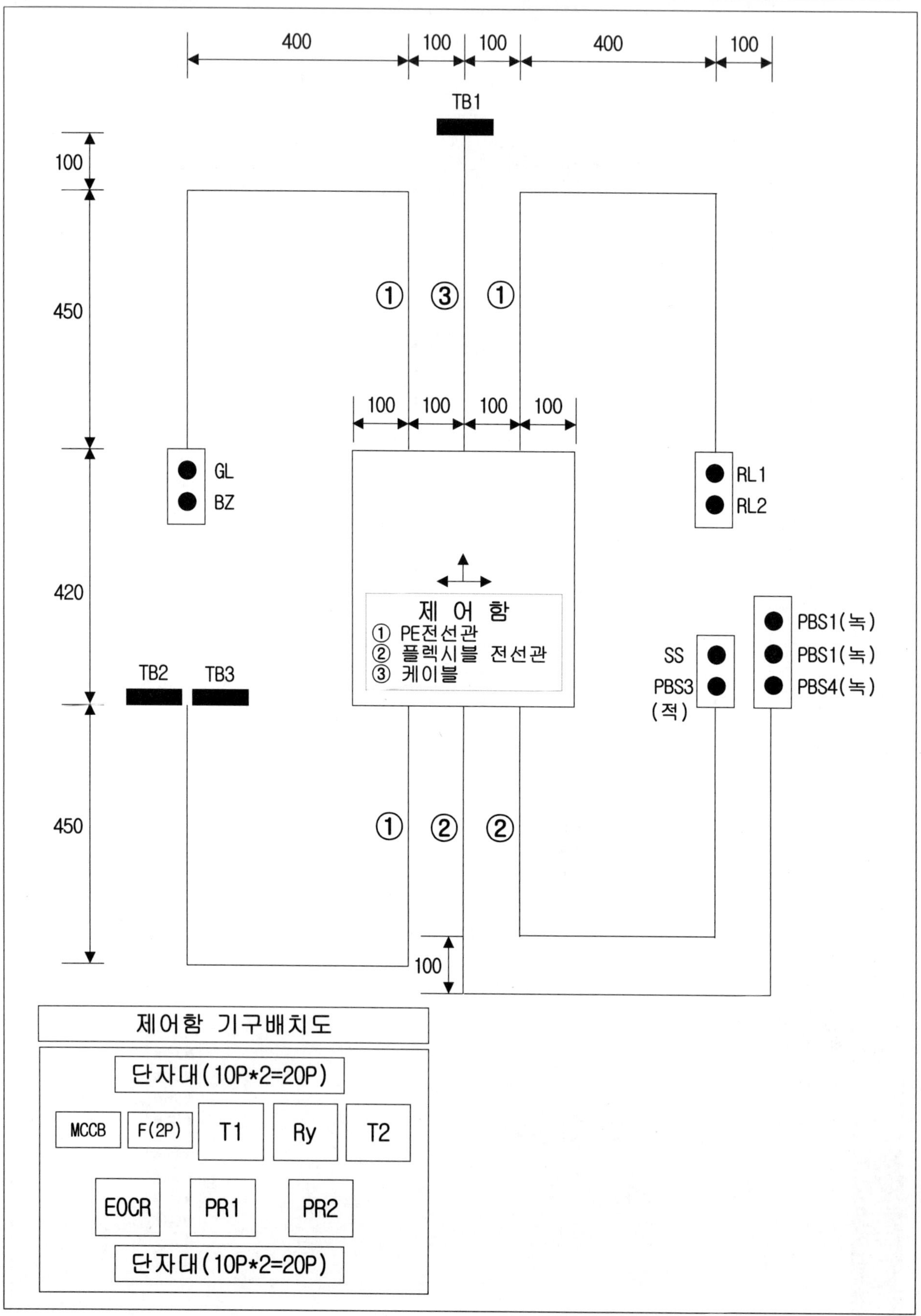

숙련도면 18-1 센서에 의한 전동기 자수동 운전 제어회로[사용재료,동작사항,흐름도]

▶ 사용재료 ◀

MCCB(3P)*1, 휴즈(2P)*1, 8P베이스*3, 12P베이스*4, 단자대(10P)*4, 단자대(4P)*4, PBS SW*3(적,녹,녹), 램프(25Φ)*4(적,적,황,백), SS SW*1, 2구박스*1, 3구박스*2, 8각 BOX*1, 제어판(400*420)*1

▶ 동작사항 ◀

1. 수동동작사항

1) 전원(MCCB)를 ON한 후 SS SW를 H상태로 절환한다.
2) PBS1을 ON하면 PR1이 여자되며 RL1이 점등된다.
3) PBS2를 ON하면 PR2가 여자되며 RL2가 점등된다.
4) 작동중 PBS0를 누르면 Reset(초기화) 된다.

2. 자동동작사항

5) SS SW를 A상태로 절환한다.
6) LS1이 감지되면 PR1, X1이 여자되며 RL1이 점등된다.
7) LS2가 감지되면 PR2, X2가 여자되며 RL2가 점등된다.
8) LS1, LS2 모두 감지되면 PR1, PR2, X1, X2, T가 여자되며 RL1, RL2가 점등된다.
9) t초후 PR1, PR2는 소호되며 WL이 점등된다.
10) 작동중 EOCR1 또는 EOCR2중 어느 한쪽이라도 과부하가 발생하면 작동 중이던 모든 회로는 정지하며 YL이 점등된다.
11) 동작 진행중 과부하시 EOCR1 또는 EOCR2가 작동되면 동작중이던 모든 회로는 정지하며 YL이 점등된다.

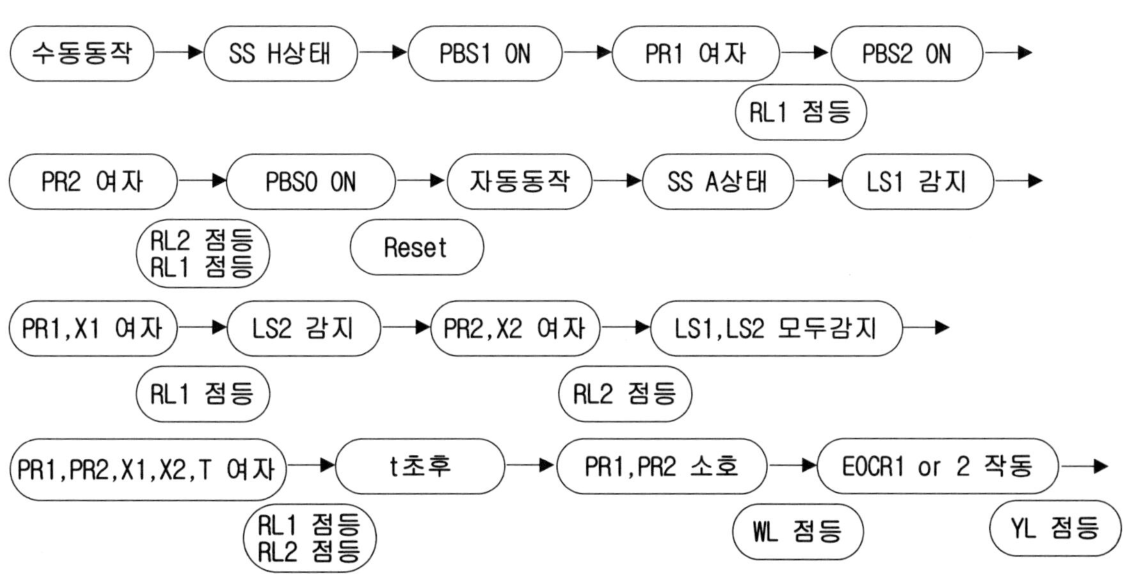

숙련도면 18-2 센서에 의한 전동기 자수동 운전 제어회로[시이퀀스도]

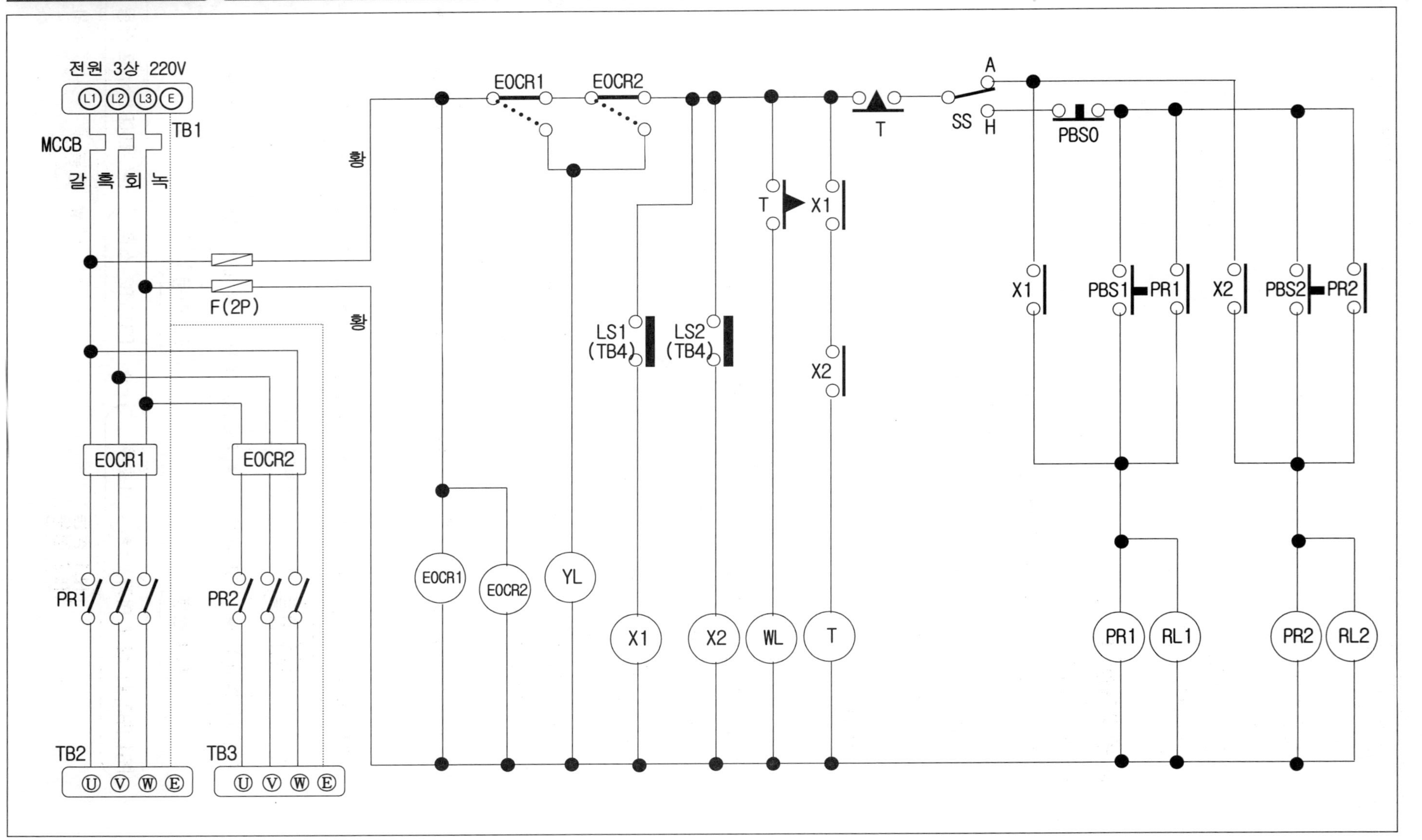

숙련도면 18-3 센서에 의한 전동기 자수동 운전 제어회로[기구배치도, 실체배선도]

작업형을 필답형식으로 연습할 수 있도록 만든 실체배선도입니다.
3색 볼펜을 사용하여 시퀀스도의 주회로인 Ⓛ1, Ⓛ2, Ⓛ3상을 각각 갈색, 흑색, 회색으로 작도하며, 보조회로는 황색전선인 관계로 작도자 스스로가 구분이 쉽도록 실체배선도를 작도하시오.

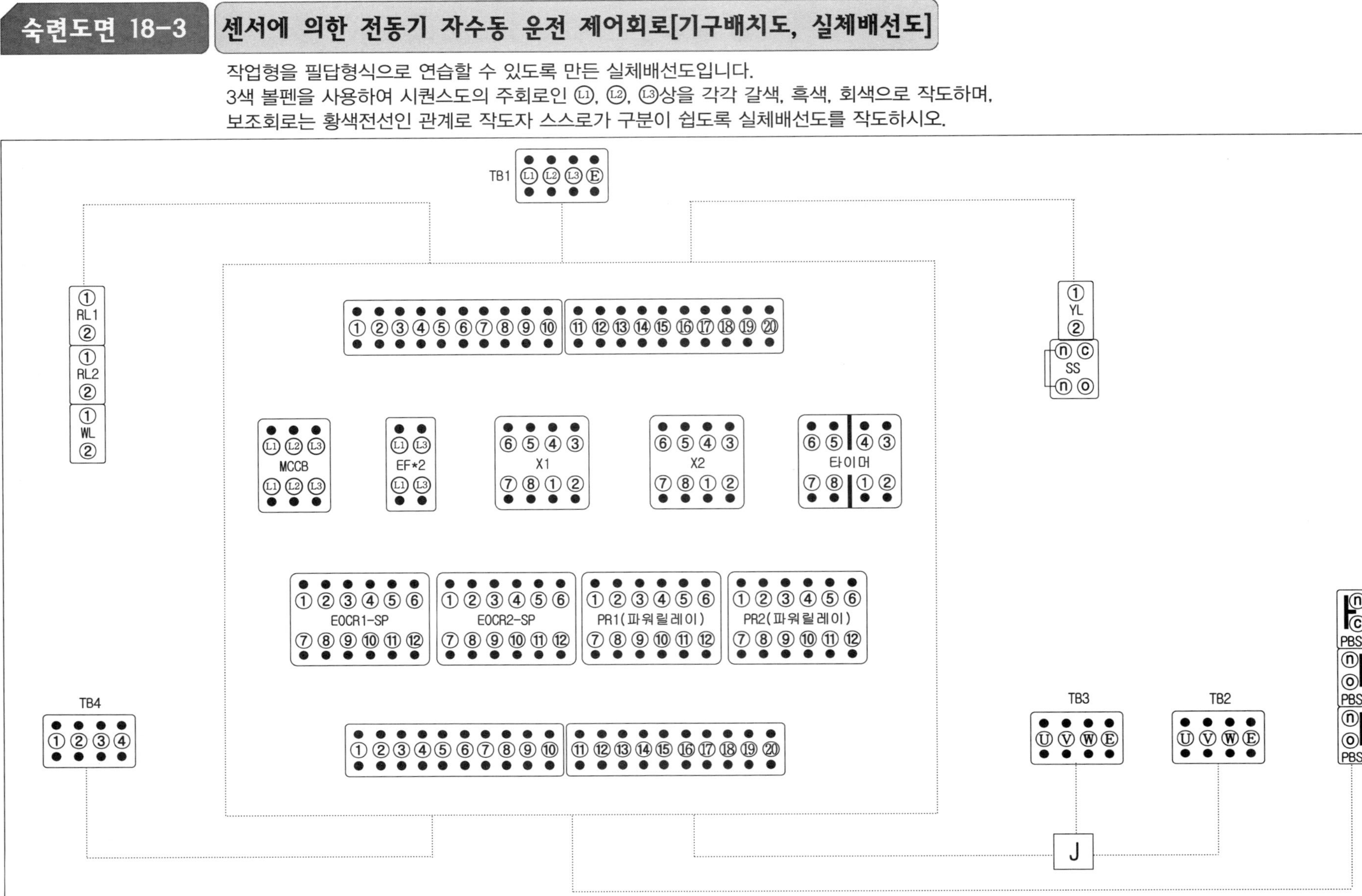

숙련도면 18-4 센서에 의한 전동기 자수동 운전 제어회로[제어판넬 실체배선도]

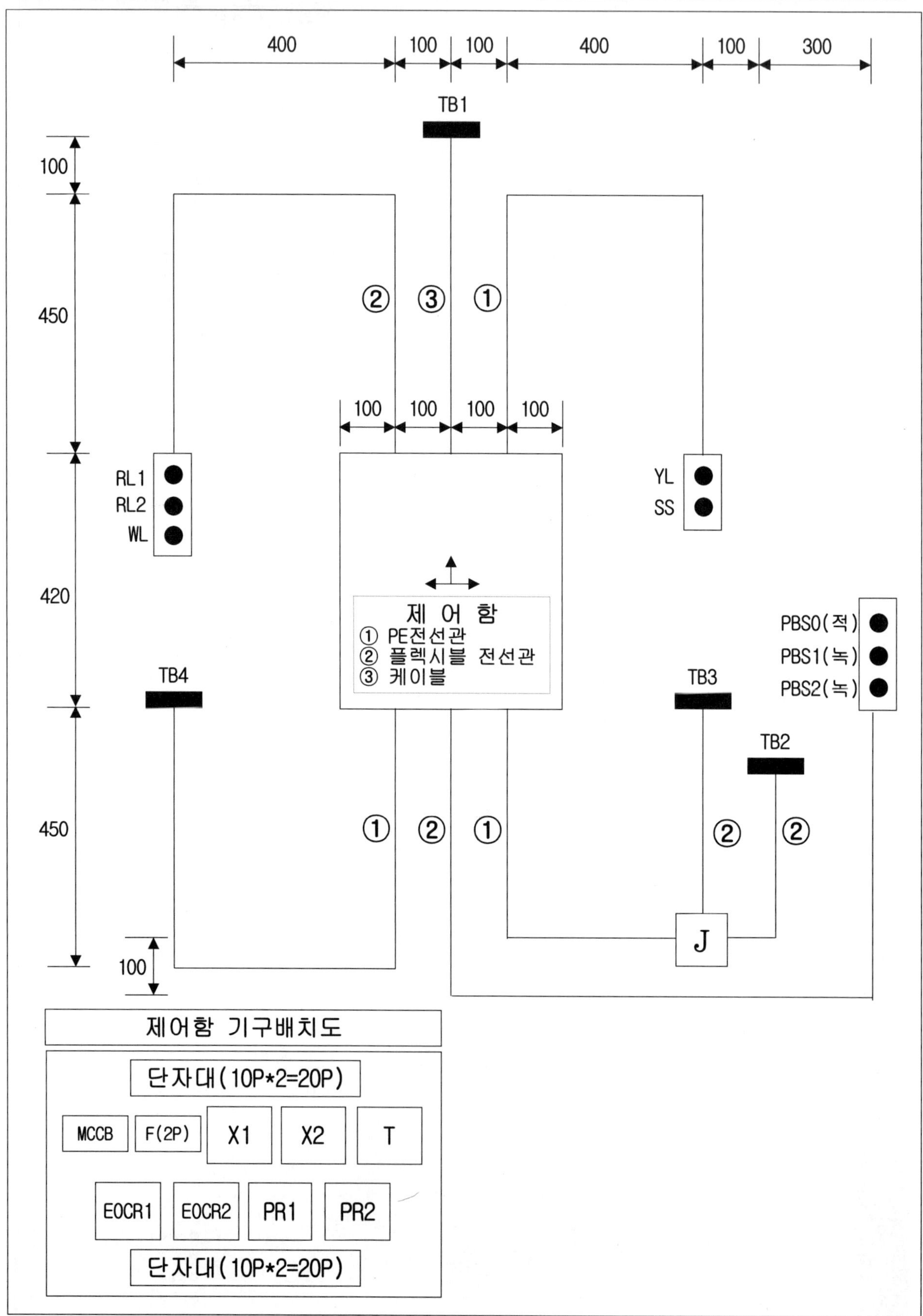

숙련도면 19-1 우선동작 교대정역 시간제어 운전회로[사용재료,동작사항,흐름도]

▶ 사용재료 ◀

MCCB(3P)*1, 8P베이스*4, 12P베이스*3, 단자대(10P)*4, 단자대(4P)*2, PBS SW*3(적,녹,녹) 램프(25Φ)*4(적,적,황,백), 1구박스*1, 2구박스*3, 8각 BOX*1, 제어판(400*420)*1

▶ 동작사항 ◀

1) 전원투입을 투입하면, 전원등 WL이 점등한다.
2) PBS1과 PBS2중 우선적으로 누른 것에 의하여 동작사항이 진행된다.
3) PBS1을 누르면 PR1, Ry1, T1이 여자되며 전동기는 정회전한다. RL1점등.
4) t_1초 후 PR1, Ry1, T1이 소호되고, PR2, Ry2, T2가 여자되어 전동기는 역회전한다. RL1소등, RL2점등.
5) t_2초 후 PR2, Ry2, T2가 소호되고, PR1, Ry1, T1이 여자되어 전동기는 정회전한다. RL2소등, RL1점등.
6) 위 4)항과 5)항을 t_1초와 t_2초를 주기로 전동기는 정회전과 역회전을 주기로 반복 동작한다.
7) PBS0를 눌러서 Reset시킨다.
8) PBS2를 누르면 PR2, Ry2, T2가 여자되며 전동기는 역회전한다. RL2점등.
9) 위 5)항과 4)항을 t_2초와 t_1초를 주기로 역회전과 정회전을 주기로 반복 동작한다.
10) PBS0를 누르면 동작중이던 모든 회로가 Reset된다.
11) 과부하시 EOCR이 동작되어 모든 동작은 정지하며 YL이 점등된다.

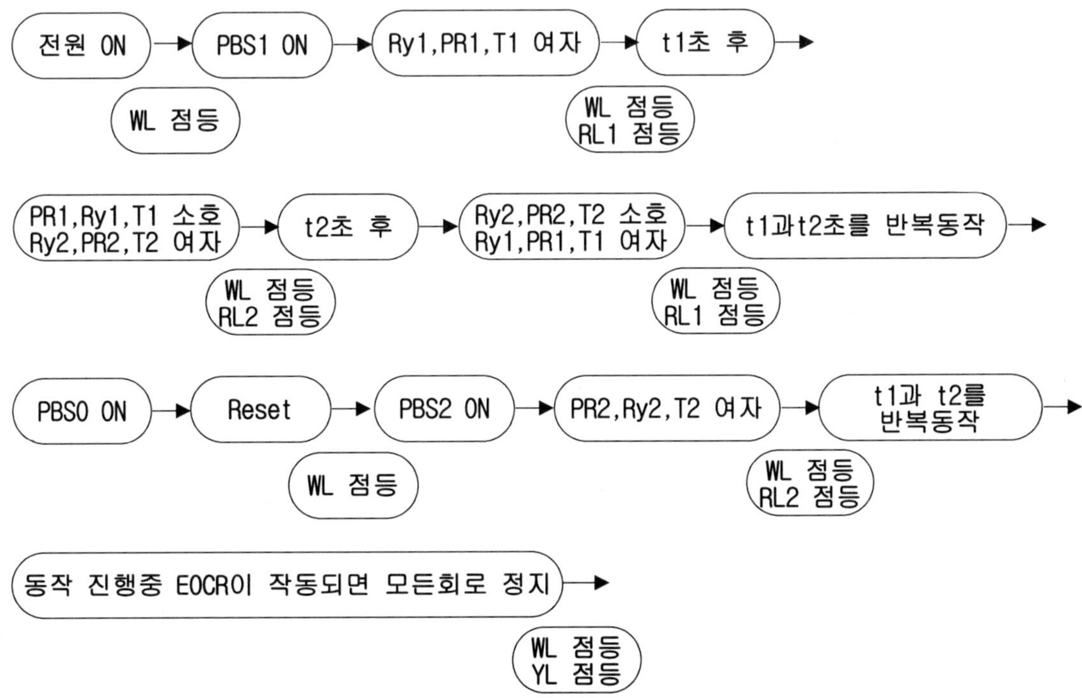

숙련도면 19-2 우선동작 교대점멸 시간제어 운전회로[시이퀀스도]

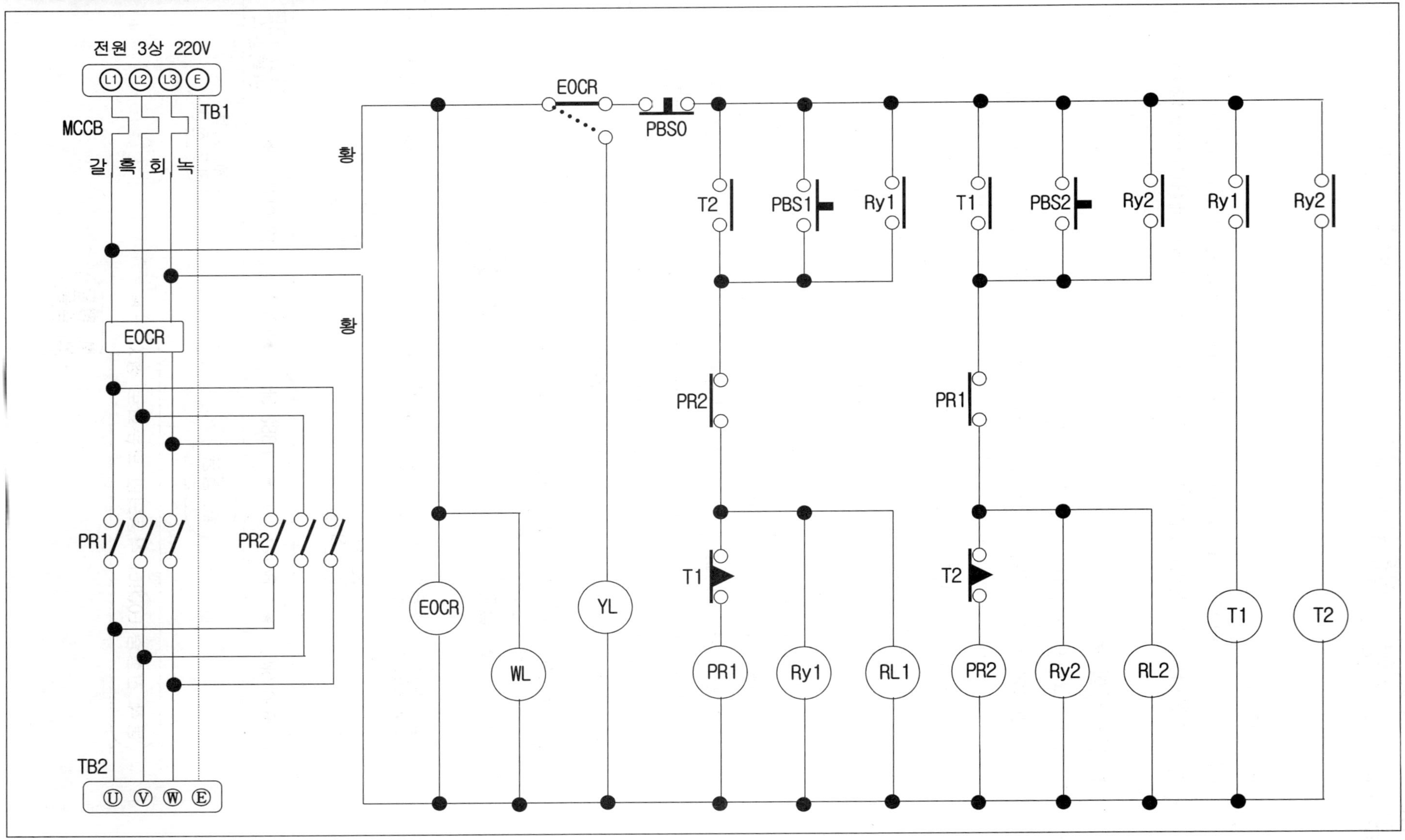

숙련도면 19-3 우선동작 교대정역 시간제어 운전회로[기구배치도, 실체배선도]

작업형을 필답형식으로 연습할 수 있도록 만든 실체배선도입니다.
3색 볼펜을 사용하여 시퀀스도의 주회로인 ⓛ1, ⓛ2, ⓛ3상을 각각 갈색, 흑색, 회색으로 작도하며,
보조회로는 황색전선인 관계로 작도자 스스로가 구분이 쉽도록 실체배선도를 작도하시오.

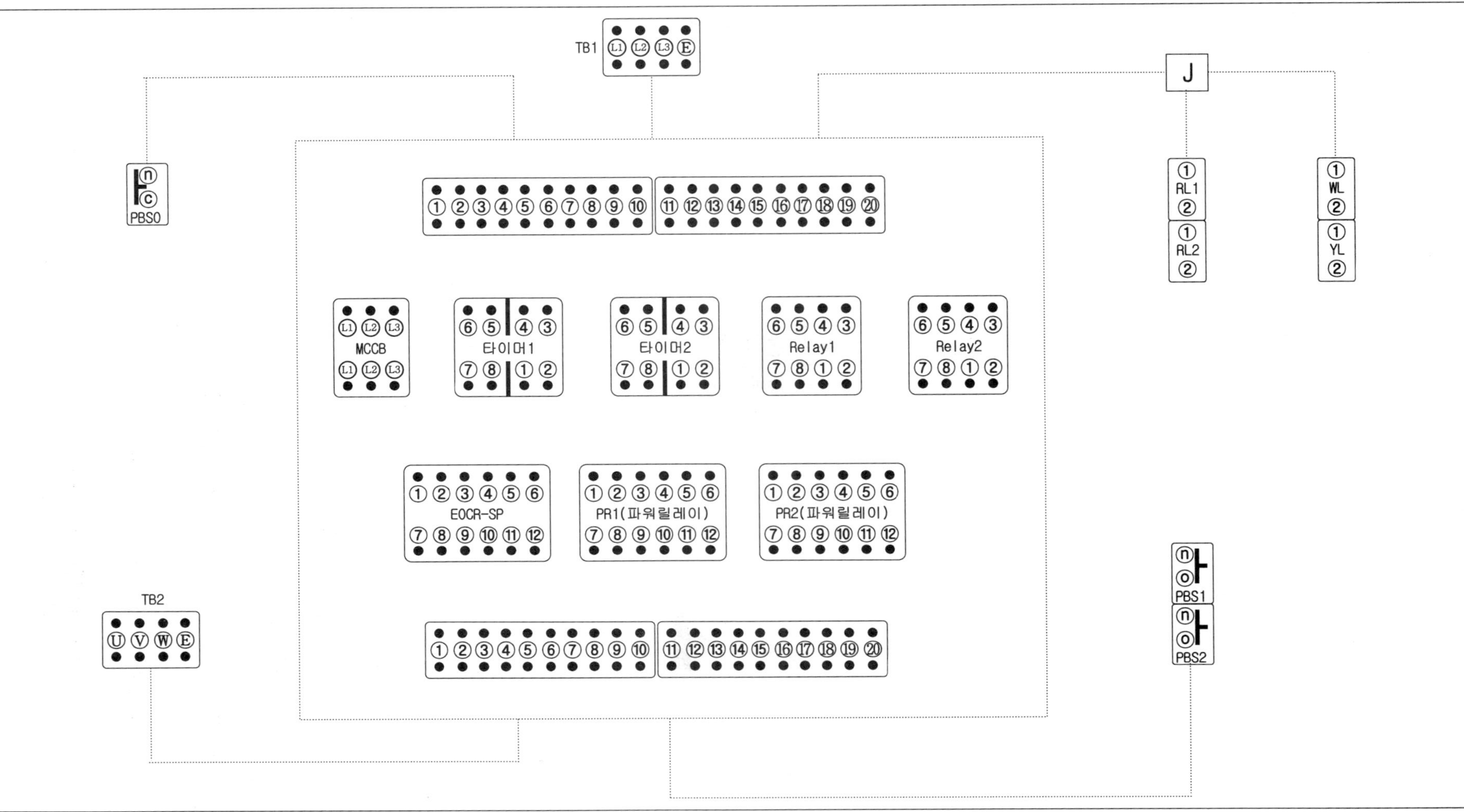

숙련도면 19-4 우선동작 교대정역 시간제어 운전회로[제어판넬 실체배선도]

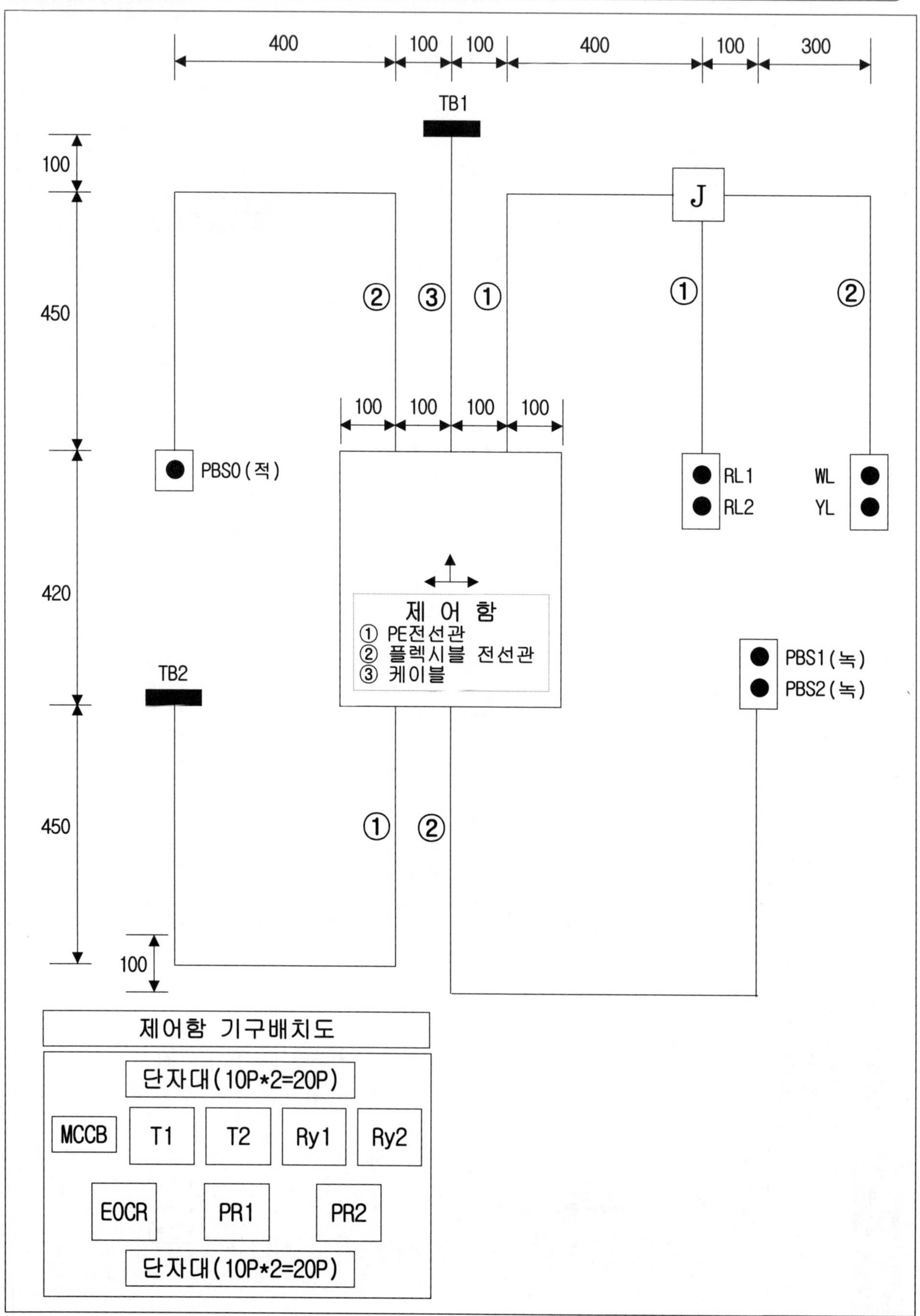

숙련도면 20-1 순차구동 전동기 운전회로[사용재료,동작사항,흐름도]

▶ 사용재료 ◀

MCCB(3P)*1, 휴즈(2P)*1, 8P베이스*4, 12P베이스*3, 단자대(10P)*4, 단자대(4P)*4, PBS SW*3(적,녹,녹), 램프(25Φ)*5(적,적,녹,황,백), 2구박스*3, 3구박스*1, 부저(25Φ)*1, 8각 BOX*2, 제어판(400*420)*1

▶ 동작사항 ◀

1) 전원(MCCB)를 ON하면 WL이 점등된다.
2) PBS1을 ON하면 MC1, X1이 여자된다. WL, RL1 점등, Moter1 작동.
3) PBS2를 ON하면 MC2, X2, T가 여자된다. WL, RL1, RL2, GL 점등, Moter2 작동.
4) t초 후 동작사항 진행 중 LS(TB4)가 감지되거나 또는 PBS0를 누르면 동작 중이던 모든 회로는 Reset(초기화)된다.
5) 동작 진행중 과부하시 EOCR이 작동되면 동작중이던 모든 회로는 정지하며 FR이 여자되고 YL, BZ가 교대 점멸한다.

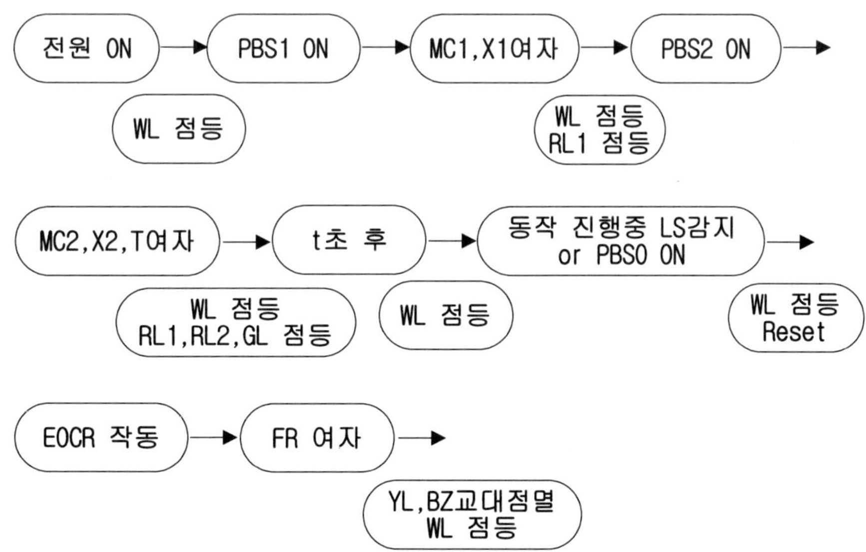

숙련도면 20-2 순차구동 전동기 운전회로[시이퀀스도]

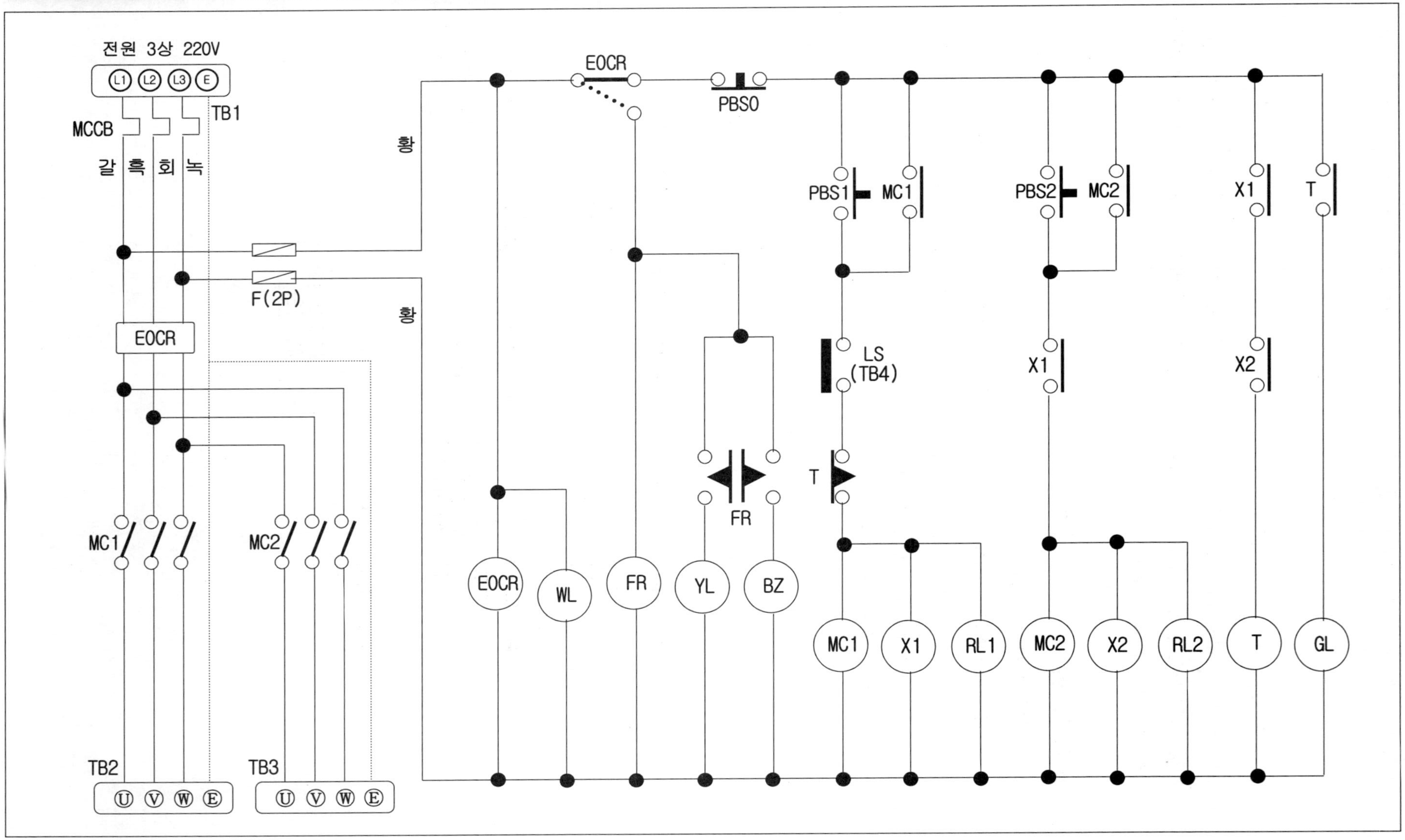

전원 3상 220V
L1 L2 L3 E
TB1
MCCB
갈 흑 회 녹
F(2P)
EOCR
황
황
MC1
MC2
TB2
U V W E
TB3
U V W E
EOCR
PBS0
PBS1 MC1
PBS2 MC2
X1 T
LS (TB4)
X1
X2
FR
T
EOCR WL FR YL BZ
MC1 X1 RL1 MC2 X2 RL2 T GL

숙련도면 20-3 순차구동 전동기 운전회로[기구배치도, 실체배선도]

작업형을 필답형식으로 연습할 수 있도록 만든 실체배선도입니다.
3색 볼펜을 사용하여 시퀀스도의 주회로인 ⓛ1, ⓛ2, ⓛ3상을 각각 갈색, 흑색, 회색으로 작도하며,
보조회로는 황색전선인 관계로 작도자 스스로가 구분이 쉽도록 실체배선도를 작도하시오.

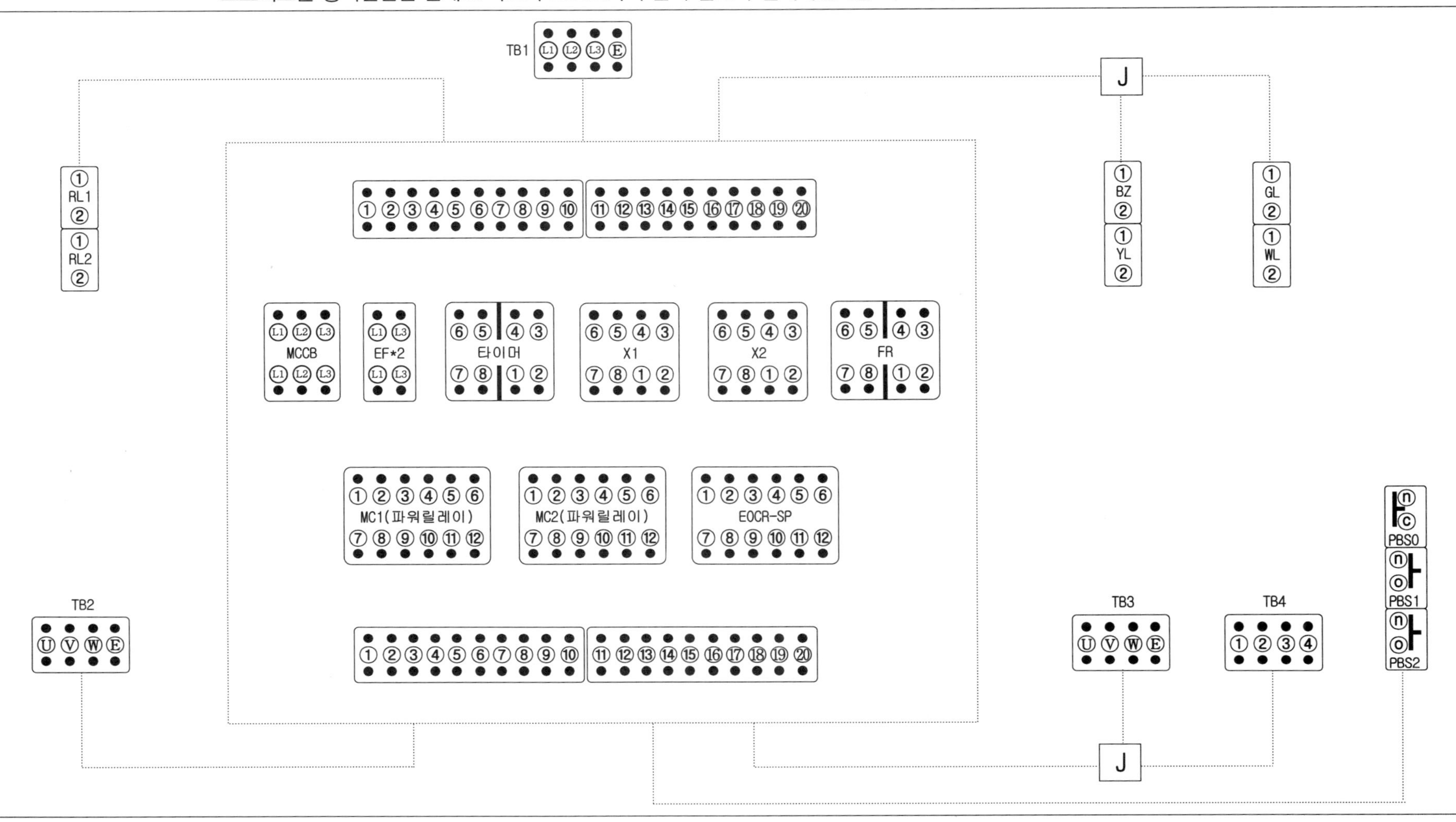

순차구동 전동기 운전회로[제어판넬 실체배선도]

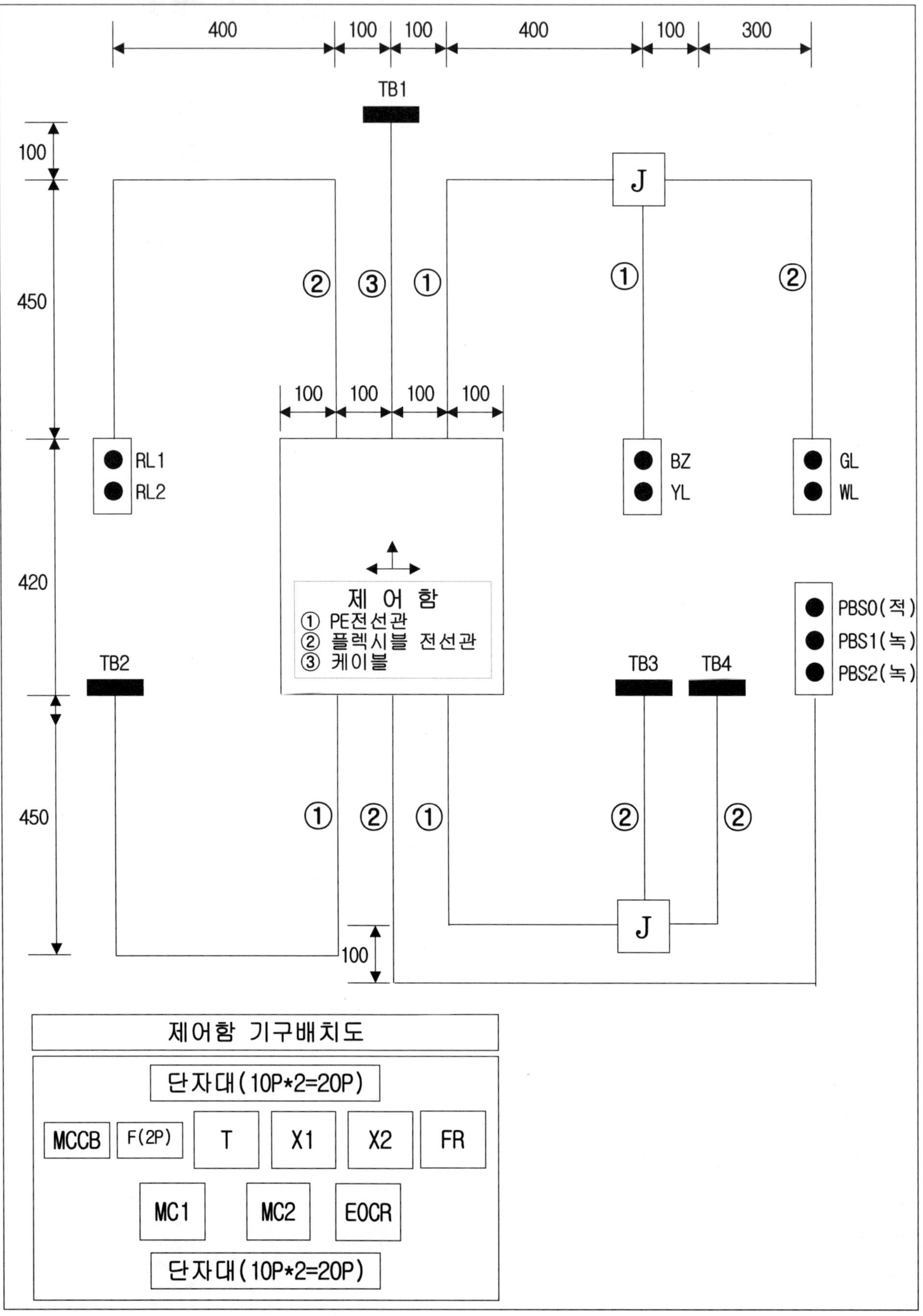

▶ 사용재료 ◀

MCCB(3P)*1, 휴즈(2P)*1, 8P베이스*1, 11P베이스*2, 12P베이스*3, 단자대(10P)*4, 단자대(4P)*4, PBS SW*3(적,녹,녹), 램프(25Φ)*4(적,적,녹,황), 2구박스*4, 8각 BOX*1, 제어판(400*420)*1

▶ 동작사항 ◀

1) 전원(MCCB)를 투입한 후 SS SW를 H상태로 절환한다.
2) PBS2를 누르면 PR1이 여자되어 자기유지 회로가 구성되며 TB2가 회전한다. RL1점등.
3) PBS3를 누르면 PR2가 여자되어 자기유지 회로가 구성되며 TB3가 회전한다. RL2점등.
4) PBS1을 누르면 PR1, PR2가 소호된다. RL1, RL2소등.
5) SS SW를 A상태로 절환한 후 LS1이 감지되면 Ry1에 의하여 PR1이 여자되며 TB2가 회전한다. RL1점등.
6) LS2가 감지되면 Ry2에 의하여 PR2가 여자되며 TB3가 회전한다. RL2점등.
7) Ry1과 Ry2가 모두 동작되면 타이머가 여자되며, GL이 점등된다.
8) t초 후 동작중이던 모든 사항이 정지하며, GL, RL1, RL2소등.
9) EOCR 과부하시 모든 동작중이던 동작 사항은 정지하며 YL이 점등된다.

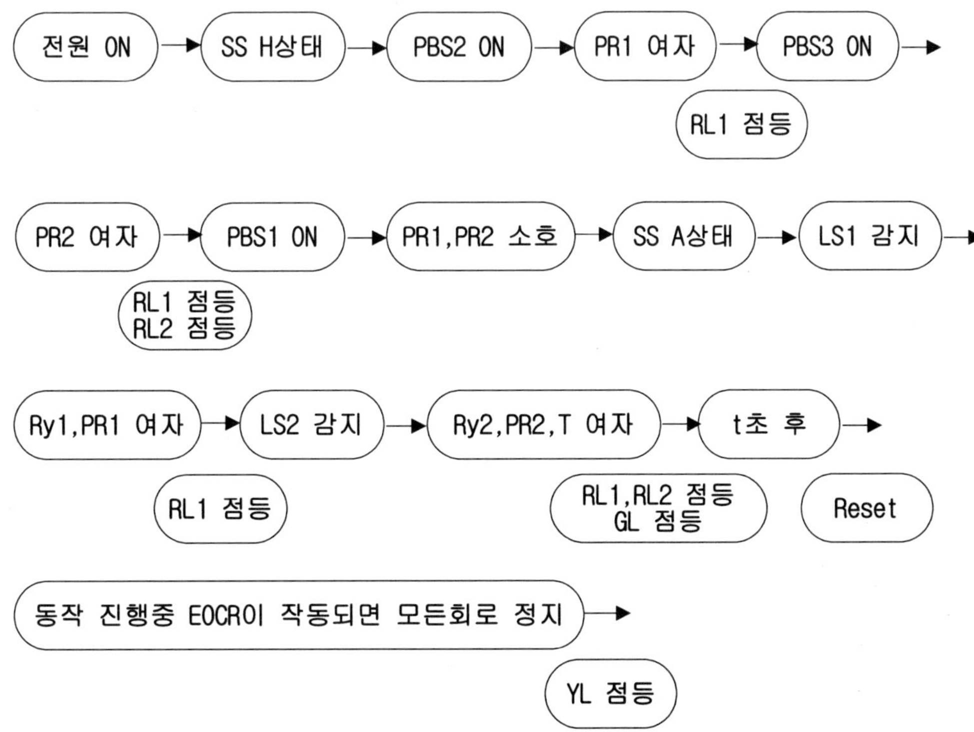

심화도면 1-2 컨베이어 제어회로[시이퀀스도]

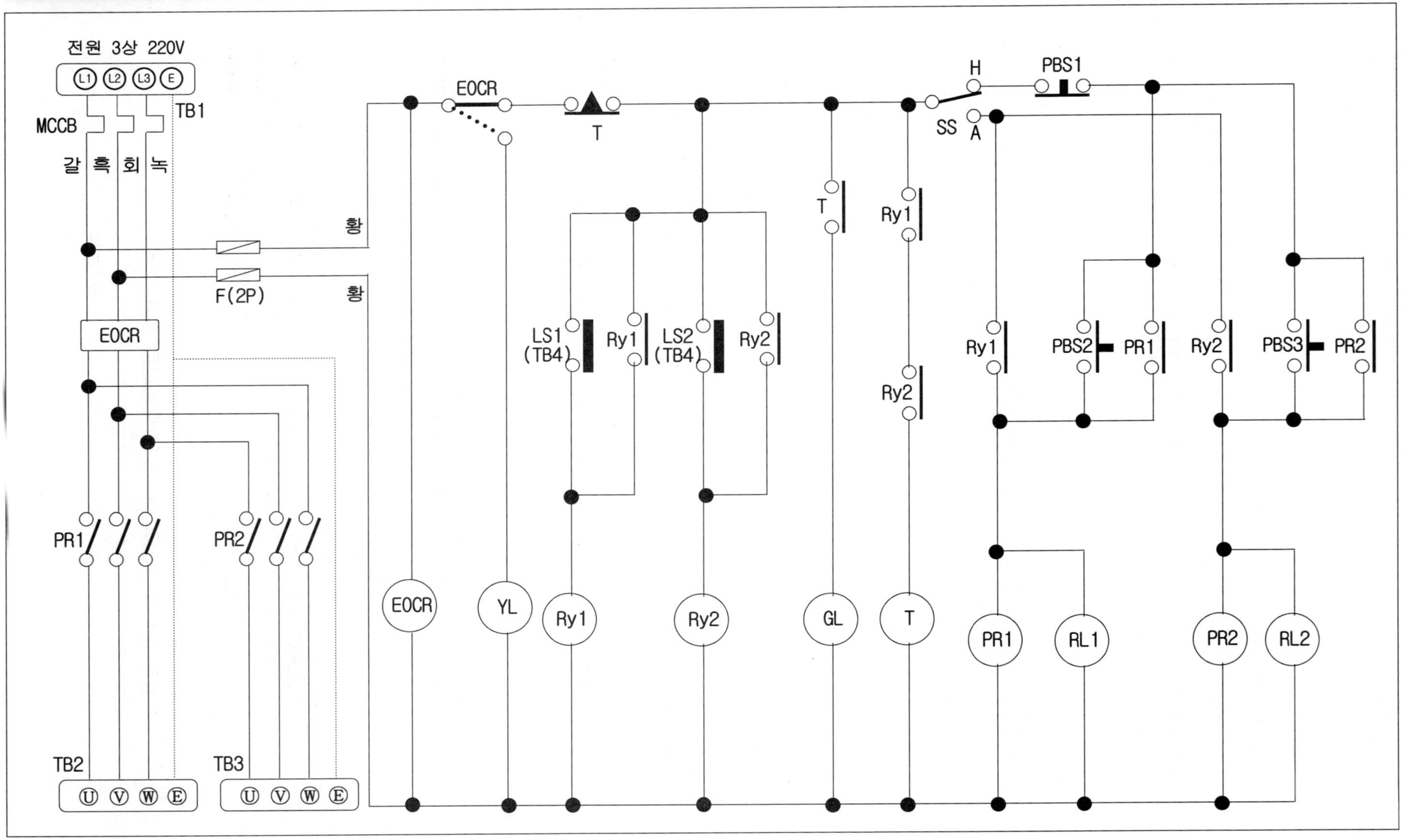

심화도면 1-3 컨베이어 제어회로[기구배치도, 실체배선도]

작업형을 필답형식으로 연습할 수 있도록 만든 실체배선도입니다.
3색 볼펜을 사용하여 시퀀스도의 주회로인 Ⓛ1, Ⓛ2, Ⓛ3상을 각각 갈색, 흑색, 회색으로 작도하며, 보조회로는 황색전선인 관계로 작도자 스스로가 구분이 쉽도록 실체배선도를 작도하시오.

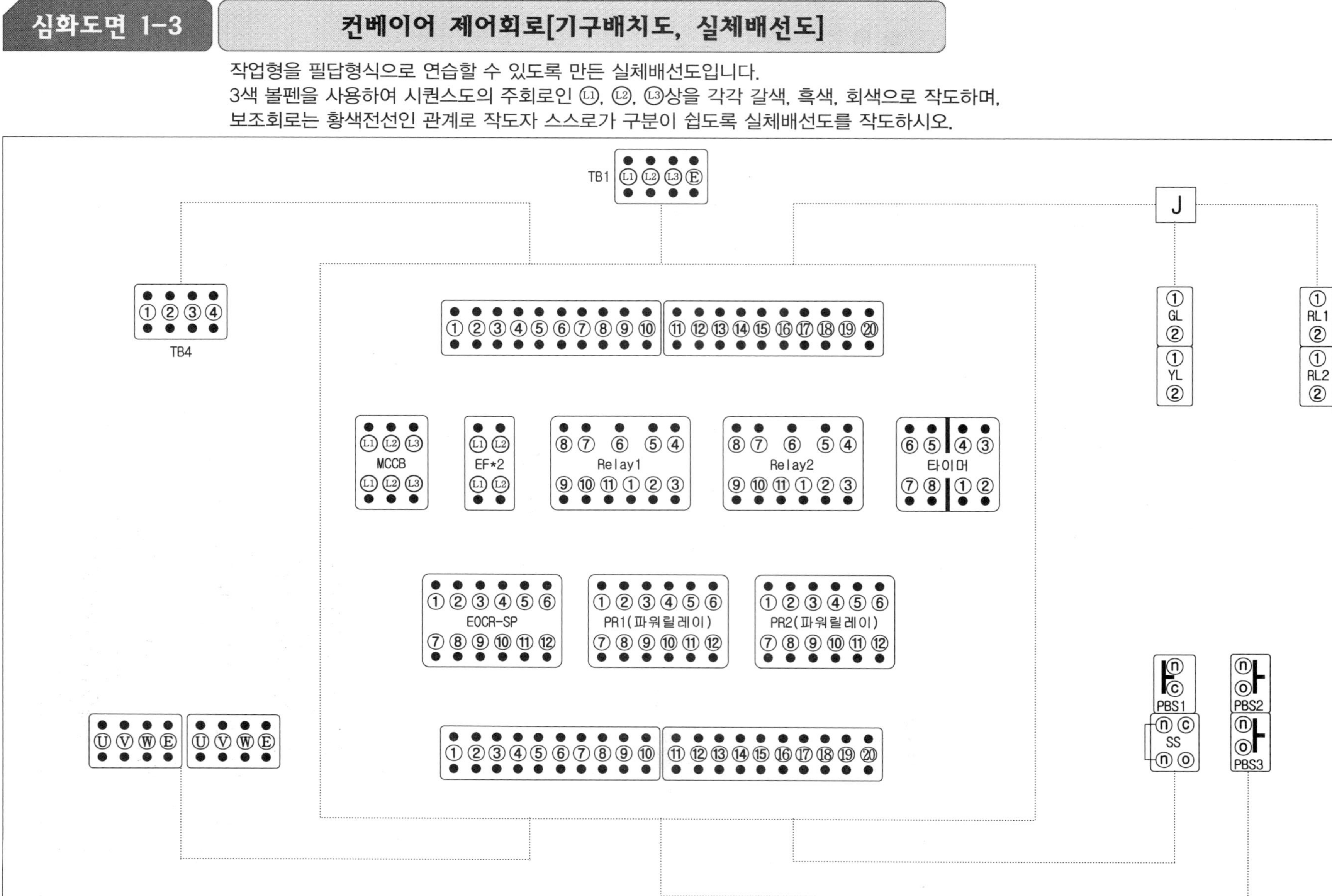

컨베이어 제어회로[제어판넬 실체배선도]

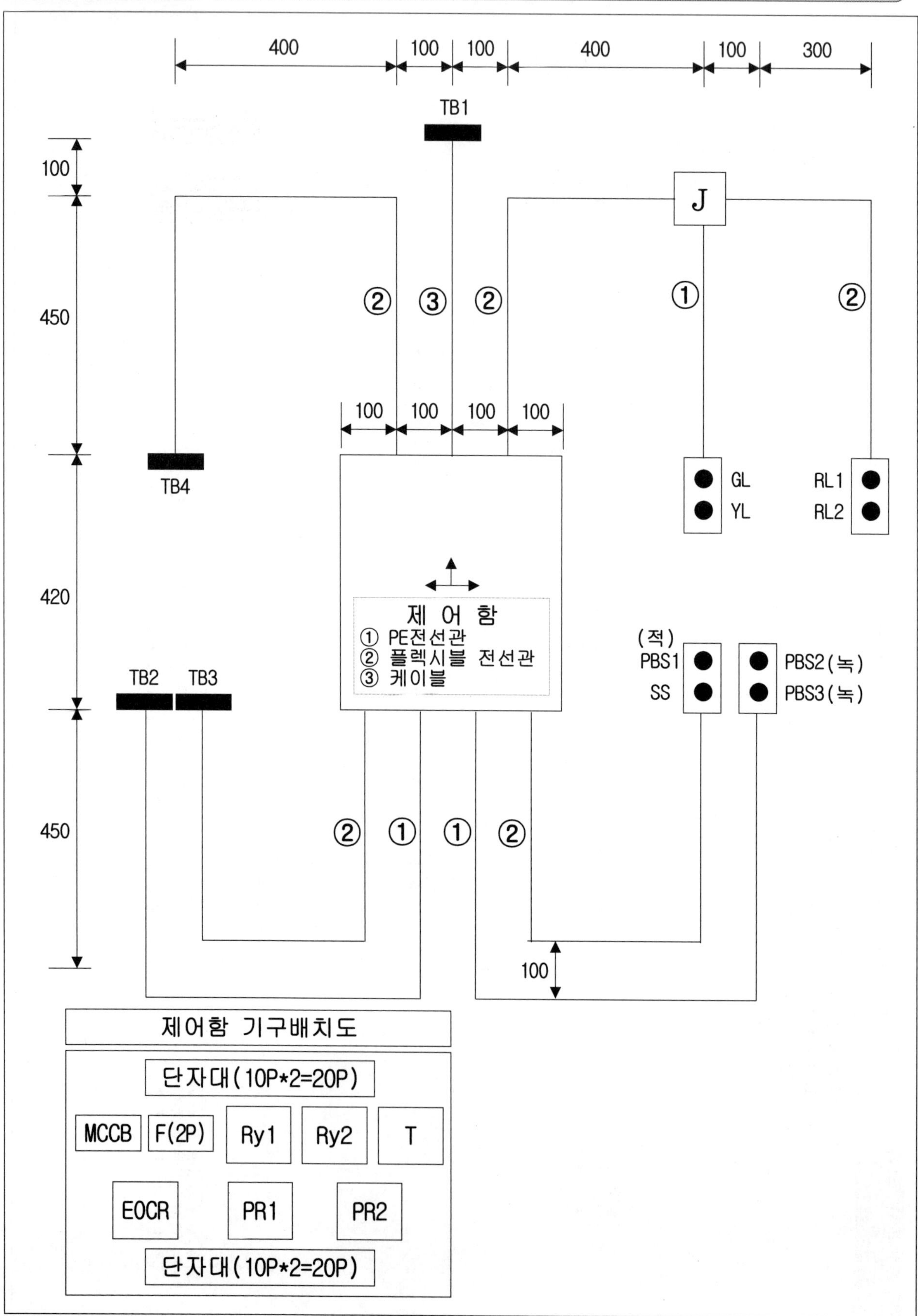

릴레이에 의한 자수동 운전회로[사용재료,동작사항,흐름도]

▶ 사용재료 ◀

MCCB(3P)*1, 휴즈(2P)*1, 8P베이스*3, 118P베이스*1, 12P베이스*2, 단자대(10P)*4, 단자대(4P)*3, PBS SW*4(적,적,녹,녹), 램프(25Φ)*3(녹,적,황), 부저(25Φ)*1, 2구박스*4, 8각 BOX*1, 제어판(400*420)*1

▶ 동작사항 ◀

1) 전원(MCCB)를 ON하면, GL이 점등된다. 수동모드 상태.
2) PBS3를 누르면 PR이 여자되어 TB2가 회전하며 RL이 점등되고 GL이 소등된다.
   PBS4를 누르거나 LS가 감지되면 PR이 소호되며 RL이 소등되고 GL이 점등된다.
3) PBS1을 누르면 수동동작 모드에서 자동동작 모드로 절환되어 Ry3,Ry2가 여자되며 Ry2에 의하여 PR이 여자되어 TB2가 회전한다. RL이 점등되고 GL이 소등된다.
4) LS가 감지되고 있는 순간에만 Ry1에 의하여 PR이 소호되며 GL이 점등된다. RL소등.
5) 동작 진행중 과부하시 EOCR이 작동되면 동작중이던 모든 회로는 정지하며 FR이 여자되고 YL, BZ가 교대 점멸한다.

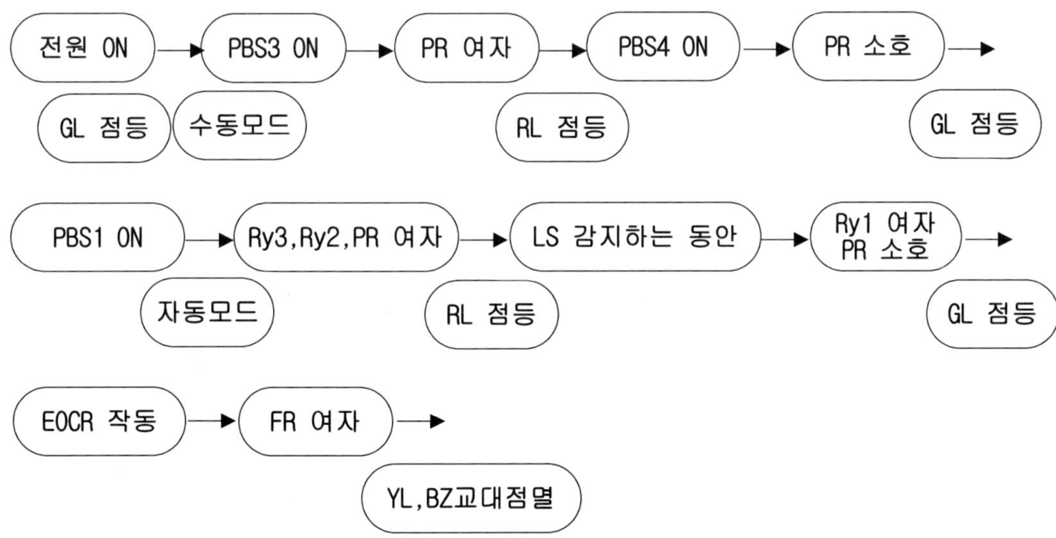

심화도면 2-2 릴레이에 의한 자수동 운전회로[시이퀀스도]

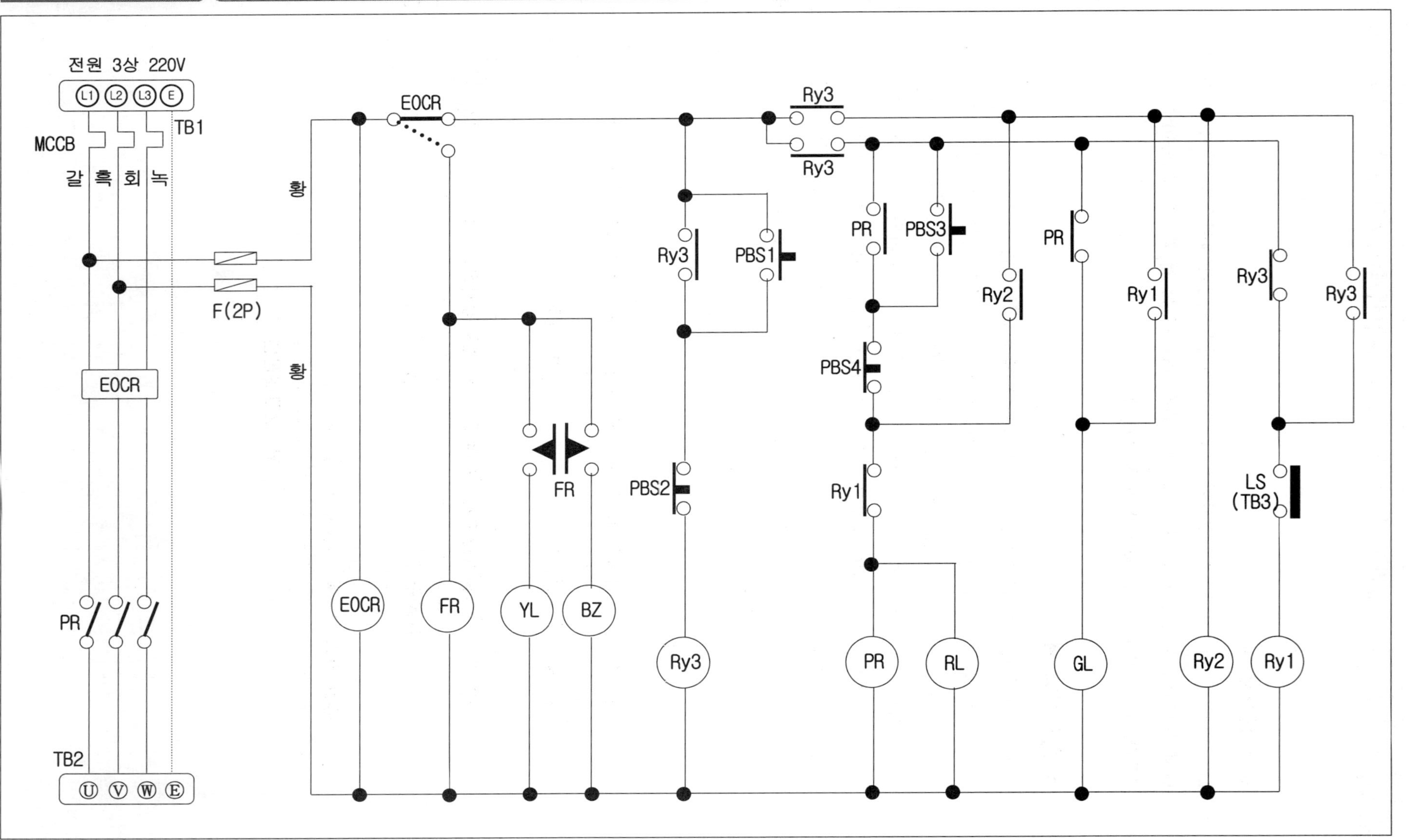

심화도면 2-3　릴레이에 의한 자수동 운전회로[기구배치도, 실체배선도]

작업형을 필답형식으로 연습할 수 있도록 만든 실체배선도입니다.
3색 볼펜을 사용하여 시퀀스도의 주회로인 Ⓛ1, Ⓛ2, Ⓛ3상을 각각 갈색, 흑색, 회색으로 작도하며, 보조회로는 황색전선인 관계로 작도자 스스로가 구분이 쉽도록 실체배선도를 작도하시오.

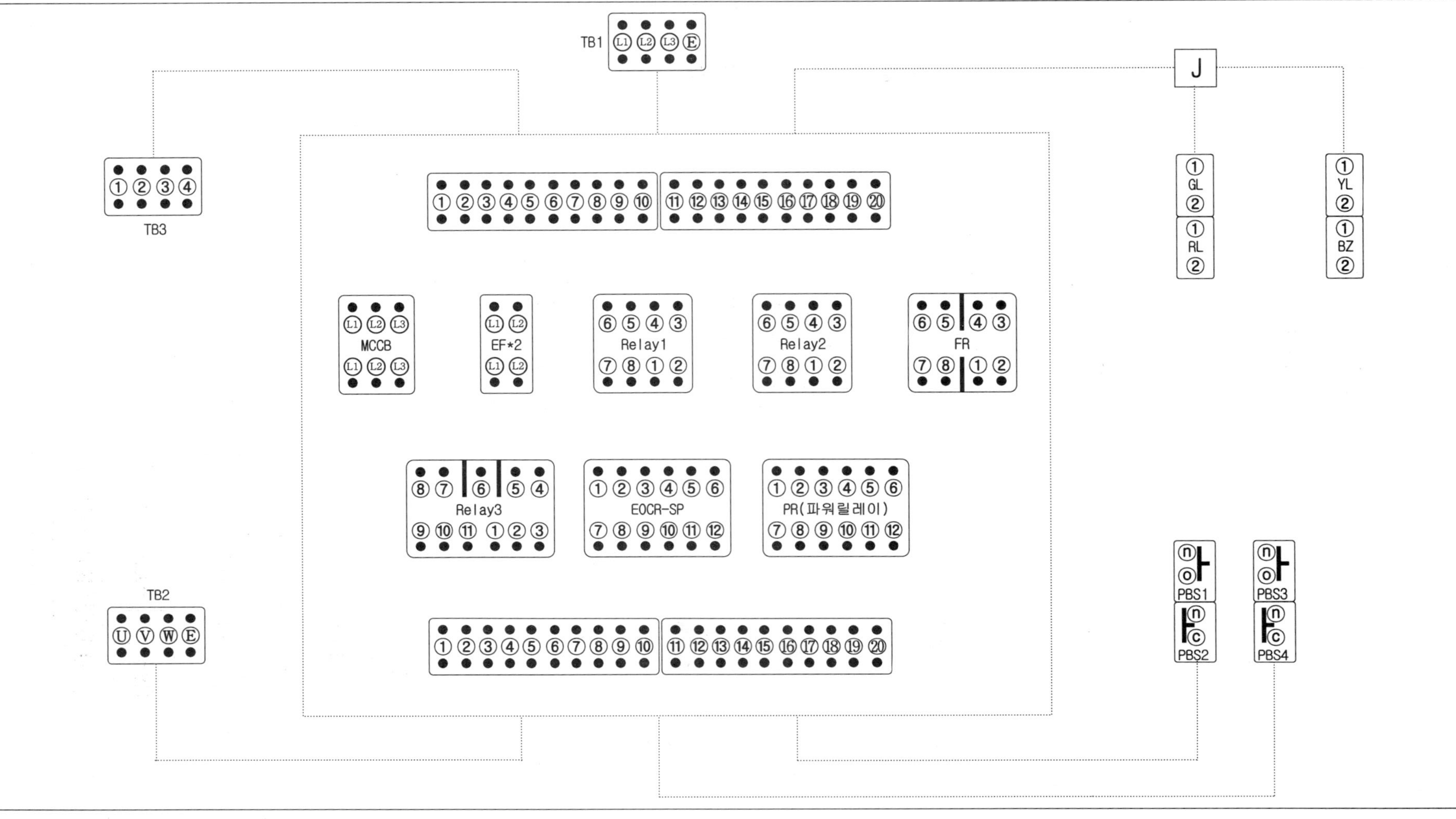

심화도면 2-4 릴레이에 의한 자수동 운전회로[제어판넬 실체배선도]

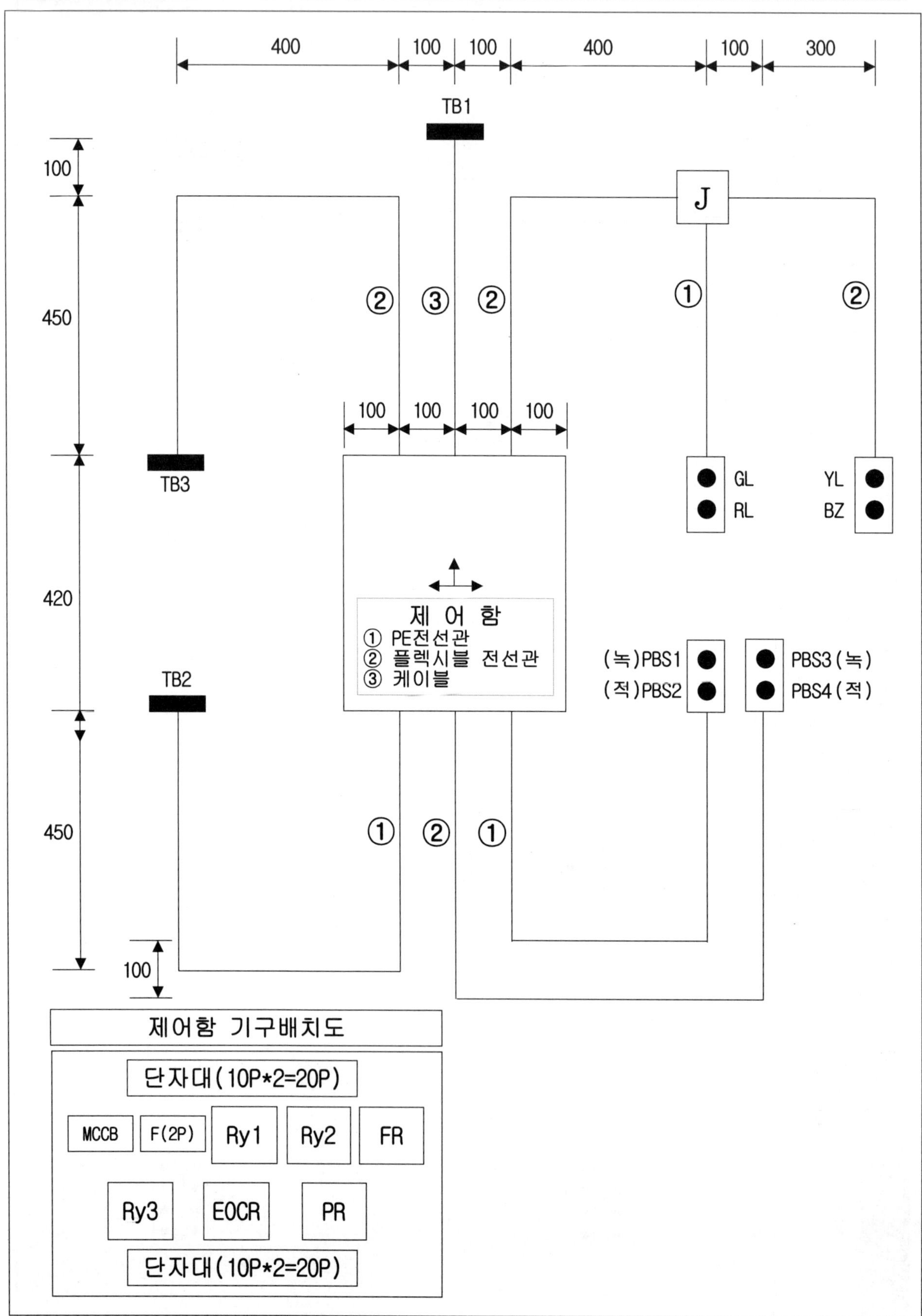

이동호이스트 제어[사용재료,동작사항,흐름도]

▶ 사용재료 ◀

MCCB(3P)*1, 휴즈(2P)*1, 8P베이스*3, 12P베이스*3, 단자대(10P)*4, 단자대(4P)*5, PBS SW*3(적,녹,녹), 램프(25Φ)*5(적,적,녹,황,백), 1구박스*1, 2구박스*2, 3구박스*1, 8각 BOX*1, 제어판(400*420)*1

▶ 동작사항 ◀

1) 전원을 투입하면 WL, GL이 점등된다.
2) PBS2 또는 LS1이 감지되면 Ry1이 여자되며 PR1이 여자되어 모터 TB2가 회전한다. RL1점등, GL소등.
3) PBS1을 누르면 동작 중이던 모든 사항이 소호되며 GL이 점등된다.
4) PBS3 또는 LS2가 감지되면 Ry2가 여자되며 PR2가 여자되어 모터 TB3가 회전한다. RL2점등, GL소등.
5) PBS1을 누르면 동작 중이던 모든 사항이 소호되며 GL이 점등된다.
6) 동작 진행중 과부하시 EOCR이 작동되면 동작중이던 모든 회로는 정지하며 FR이 여자되고 YL이 점멸한다.

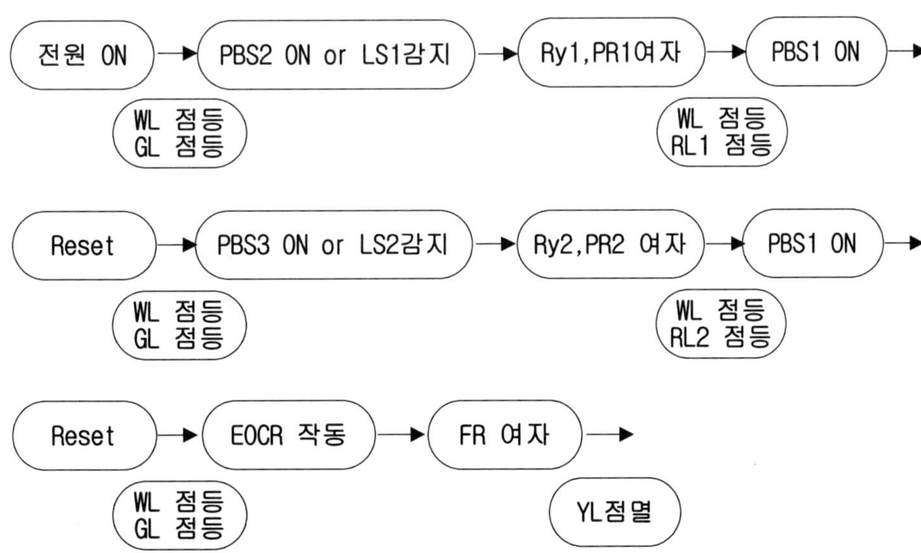

심화도면 3-2 이동호이스트 제어[시이퀀스도]

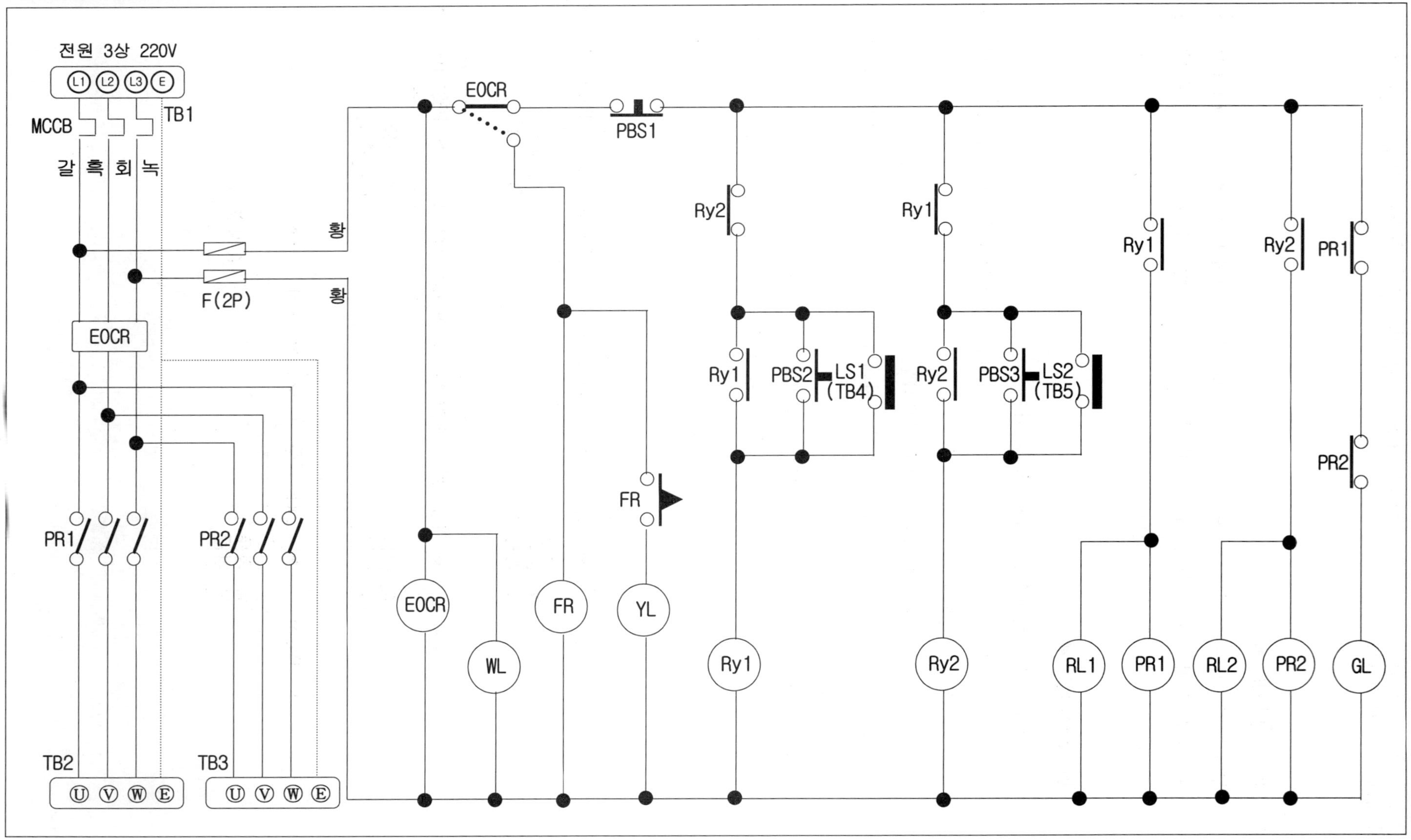

심화도면 3-3 이동호이스트 제어[기구배치도, 실체배선도]

작업형을 필답형식으로 연습할 수 있도록 만든 실체배선도입니다.
3색 볼펜을 사용하여 시퀀스도의 주회로인 Ⓛ1, Ⓛ2, Ⓛ3상을 각각 갈색, 흑색, 회색으로 작도하며,
보조회로는 황색전선인 관계로 작도자 스스로가 구분이 쉽도록 실체배선도를 작도하시오.

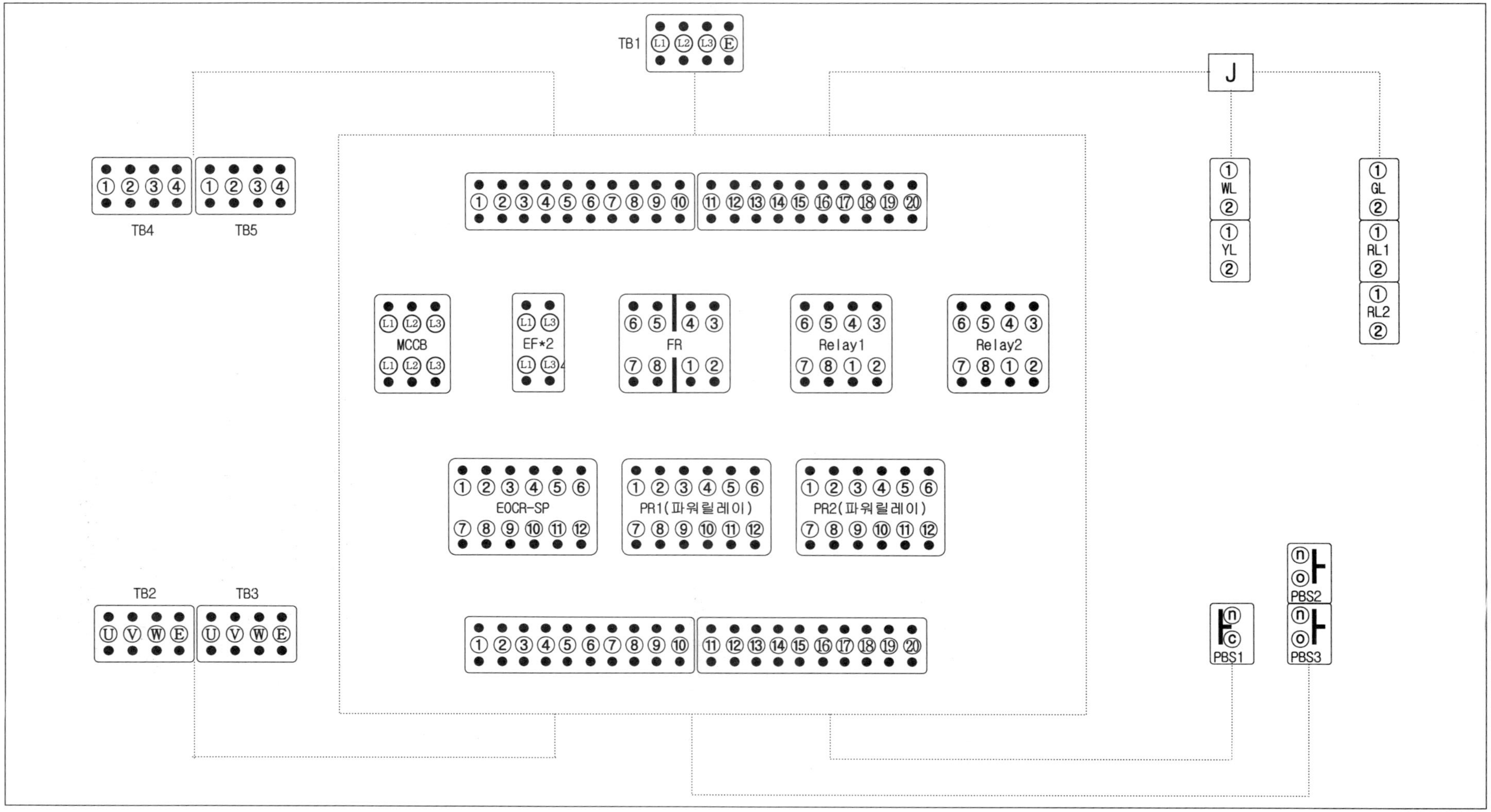

TB1 L1 L2 L3 E

J

TB4 ① ② ③ ④

TB5 ① ② ③ ④

① ② ③ ④ ⑤ ⑥ ⑦ ⑧ ⑨ ⑩ ⑪ ⑫ ⑬ ⑭ ⑮ ⑯ ⑰ ⑱ ⑲ ⑳

WL ① ②

YL ① ②

GL ① ②

RL1 ① ②

RL2 ① ②

MCCB L1 L2 L3

EF*2 L1 L3

FR ⑥ ⑤ ④ ③ ⑦ ⑧ ① ②

Relay1 ⑥ ⑤ ④ ③ ⑦ ⑧ ① ②

Relay2 ⑥ ⑤ ④ ③ ⑦ ⑧ ① ②

EOCR-SP ① ② ③ ④ ⑤ ⑥ ⑦ ⑧ ⑨ ⑩ ⑪ ⑫

PR1(파워릴레이) ① ② ③ ④ ⑤ ⑥ ⑦ ⑧ ⑨ ⑩ ⑪ ⑫

PR2(파워릴레이) ① ② ③ ④ ⑤ ⑥ ⑦ ⑧ ⑨ ⑩ ⑪ ⑫

TB2 U V W E

TB3 U V W E

① ② ③ ④ ⑤ ⑥ ⑦ ⑧ ⑨ ⑩ ⑪ ⑫ ⑬ ⑭ ⑮ ⑯ ⑰ ⑱ ⑲ ⑳

PBS1 PBS2 PBS3

심화도면 3-4 이동호이스트 제어[제어판넬 실체배선도]

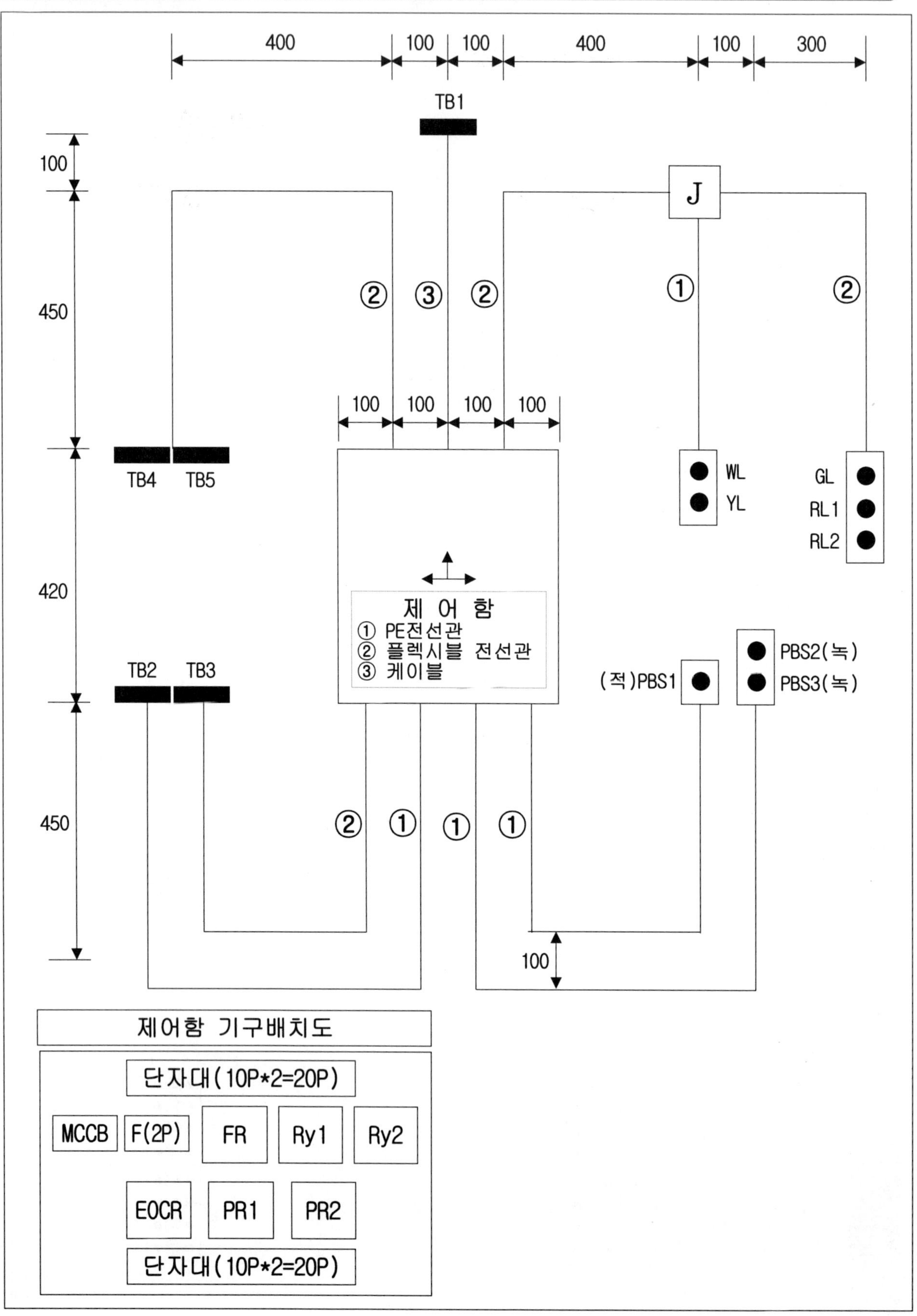

심화도면 4-1 자수동 온수공급 운용회로[사용재료,동작사항,흐름도]

▶ 사용재료 ◀

휴즈(3P)*1, 휴즈(2P)*1, 8P베이스*3, 12P베이스*2, 단자대(10P)*4, 단자대(4P)*3, PBS SW*4(적,적,녹,녹), 램프(25Φ)*4(적,녹,황,백), 2구박스*4, 8각 BOX*1, 제어판(400*420)*1

▶ 동작사항 ◀

1) 전원을 투입하면 WL, GL점등. 수동동작 상태.
2) PBS3를 누르면 PR이 여자되며 TB2(온수펌프)가 작동한다. RL점등, GL소등.
3) PBS4를 누르면 PR이 소호되며 TB2(온수펌프)가 정지한다. RL소등, GL점등.
4) PBS1을 누르면 Ry가 여자되어 회로가 자동동작 상태로 전환되며 Tc가 여자된다.
5) 온도가 상승하여 열전함 Tc가 작동되면 PR이 여자되며 TB2(온수펌프)가 작동한다. RL점등, GL소등.
6) PBS2를 누르면 Ry가 소호되어 수동 동작상태로 전환되며, PR, Tc가 소호되며, TB2(온수펌프)가 정지한다. GL점등. RL소등.
7) 동작 진행중 과부하시 EOCR이 작동되면 동작중이던 모든 회로는 정지하며 FR이 여자되고 YL가 점멸한다.

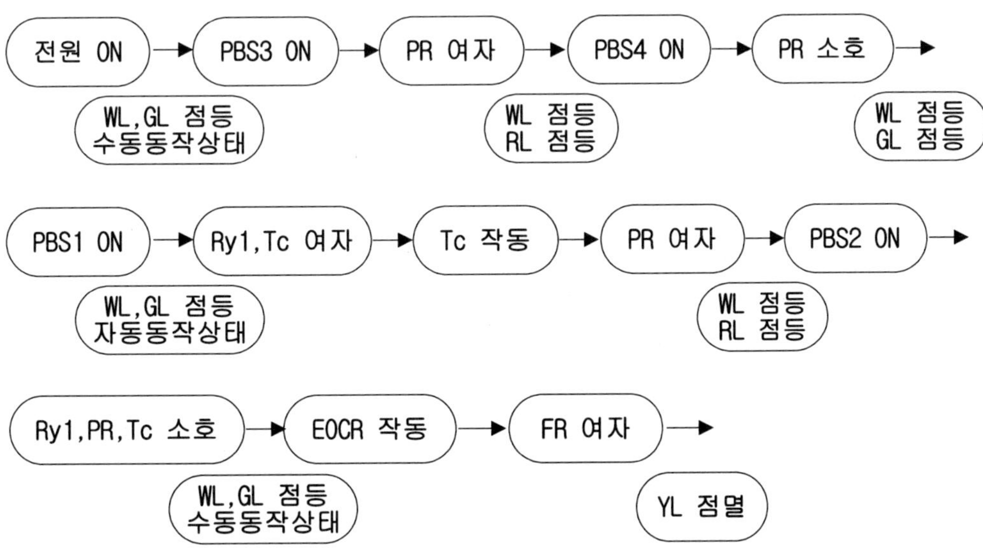

심화도면 4-2 자수동 온수공급 운용회로[시이퀀스도]

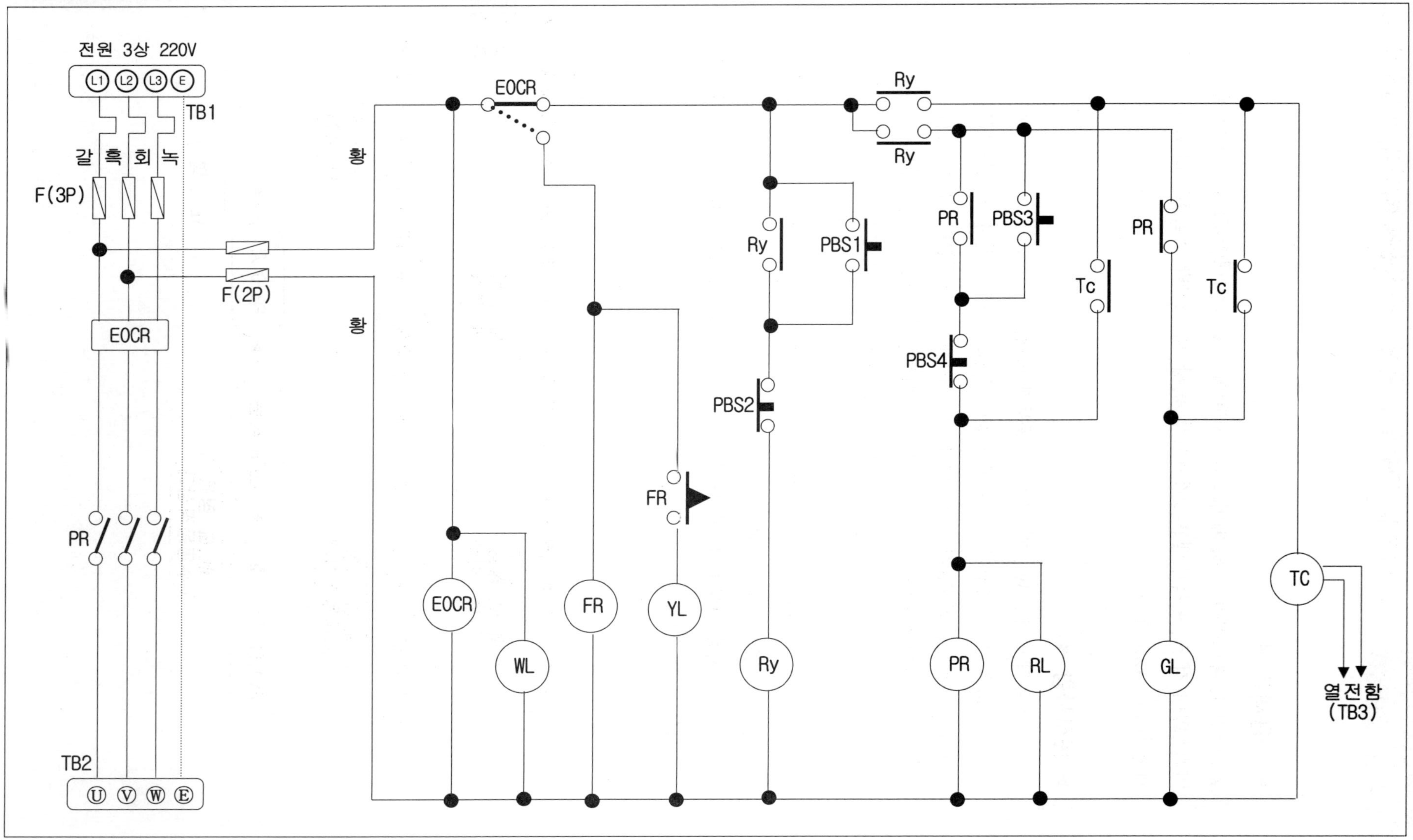

전원 3상 220V
L1 L2 L3 E
TB1
갈 흑 회 녹
F(3P)
F(2P)
황
황
EOCR
PR
TB2
U V W E
EOCR
Ry
Ry
Ry
PBS1
PBS2
PR
PBS3
PBS4
Tc
PR
Tc
FR
EOCR
WL
FR
YL
Ry
PR
RL
GL
TC
열전함
(TB3)

심화도면 4-3 자수동 온수공급 운용회로[기구배치도, 실체배선도]

작업형을 필답형식으로 연습할 수 있도록 만든 실체배선도입니다.
3색 볼펜을 사용하여 시퀀스도의 주회로인 Ⓛ1, Ⓛ2, Ⓛ3상을 각각 갈색, 흑색, 회색으로 작도하며, 보조회로는 황색전선인 관계로 작도자 스스로가 구분이 쉽도록 실체배선도를 작도하시오.

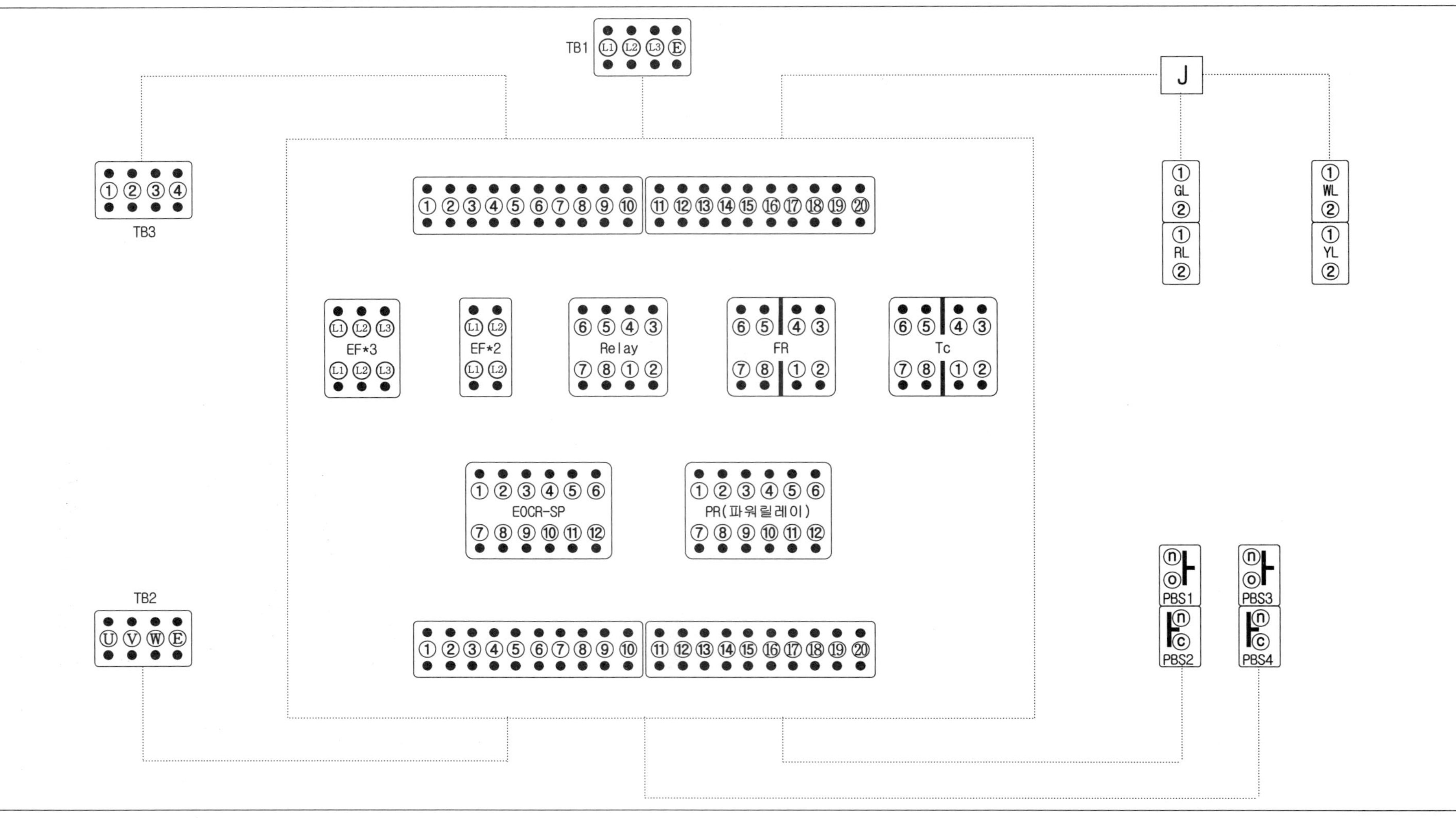

심화도면 4-4 자수동 온수공급 운용회로[제어판넬 실체배선도]

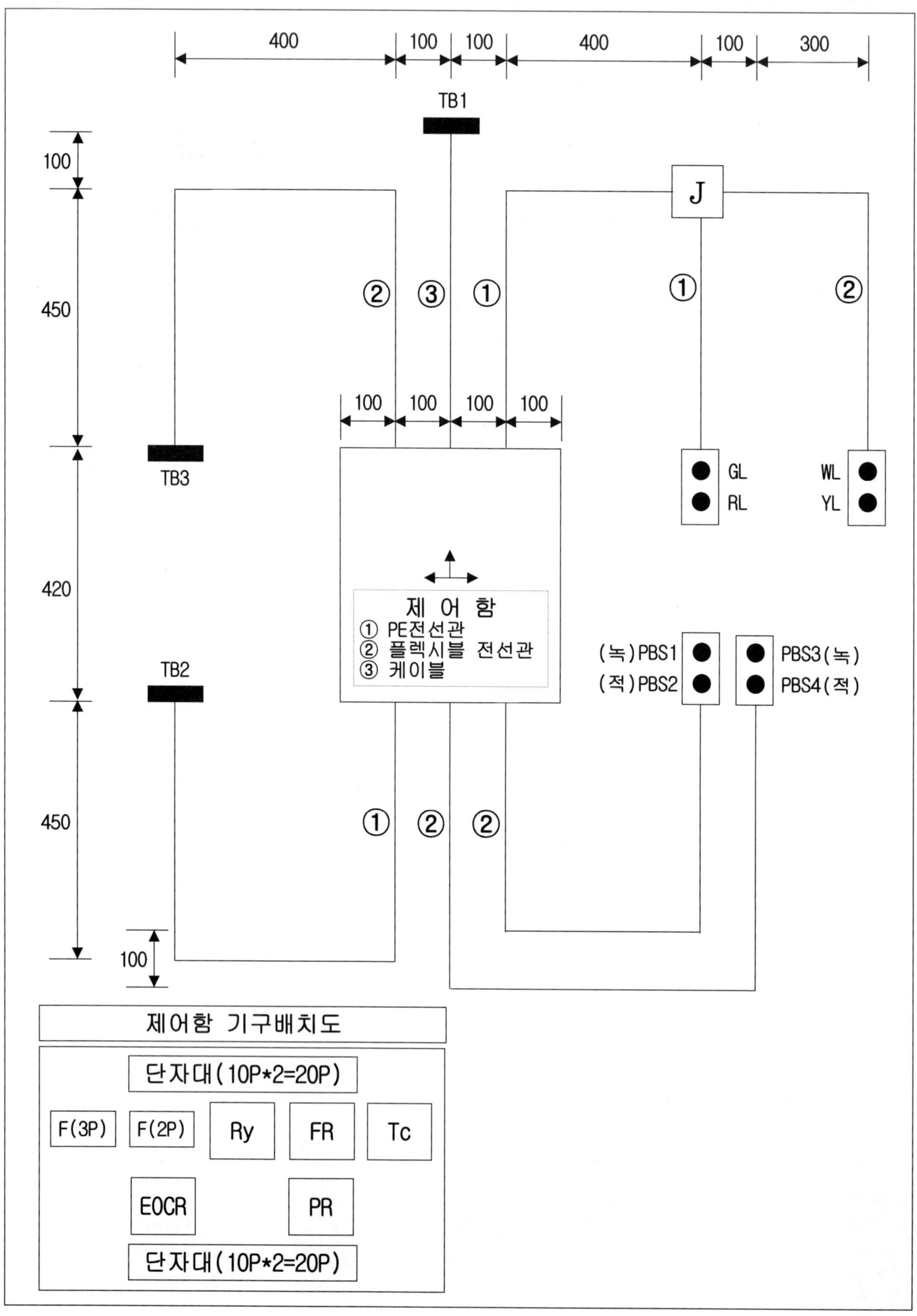

심화도면 5-1　전동기 시간제어 순차 운전회로[사용재료,동작사항,흐름도]

▶ 사용재료 ◀

휴즈(3P)*1, 휴즈(2P)*1, 8P베이스*3, 12P베이스*3, 단자대(10P)*4, 단자대(4P)*4, PBS SW*5(적,적,적,녹,녹), 램프(25Φ)*5(적,적,황,황,백), 2구박스*2, 3구박스*2, 8각 BOX*1, 제어판(400*420)*1

▶ 동작사항 ◀

1) 전원을 투입하면 WL이 점등한다.
2) PBS1 ON시 Ry2여자.
3) LS가 감지되면 PR1, T가 여자, TB2동작, RL1점등.
4) t초후 PR2가 여자되고 PR1 및 Timer, Ry2가 소호되며, TB2정지, TB3동작, RL2점등, RL1소등.
5) PBS2를 ON하면 PR2가 소호되어 TB3정지, RL2소등.
6) 동작사항 진행중 PBS0를 누르면 모든 동작은 Reset 된다.
7) EOCR 과부하시 YL1이 점등되며, PBS3를 누르면 YL1은 소등되고 YL2가 점등된다. PBS4를 누르면 Ry1이 소호되어 YL1이 다시 점등되며 YL2가 소등된다.

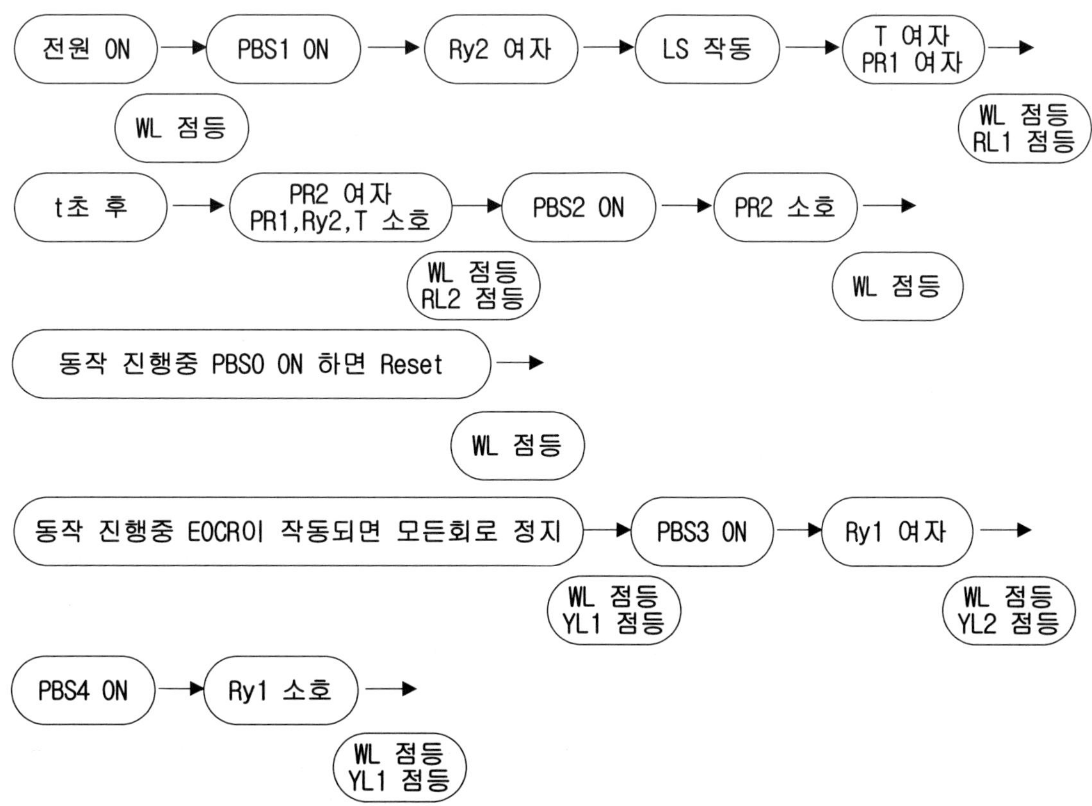

심화도면 5-2 전동기 시간제어 순차 운전회로[시이퀀스도]

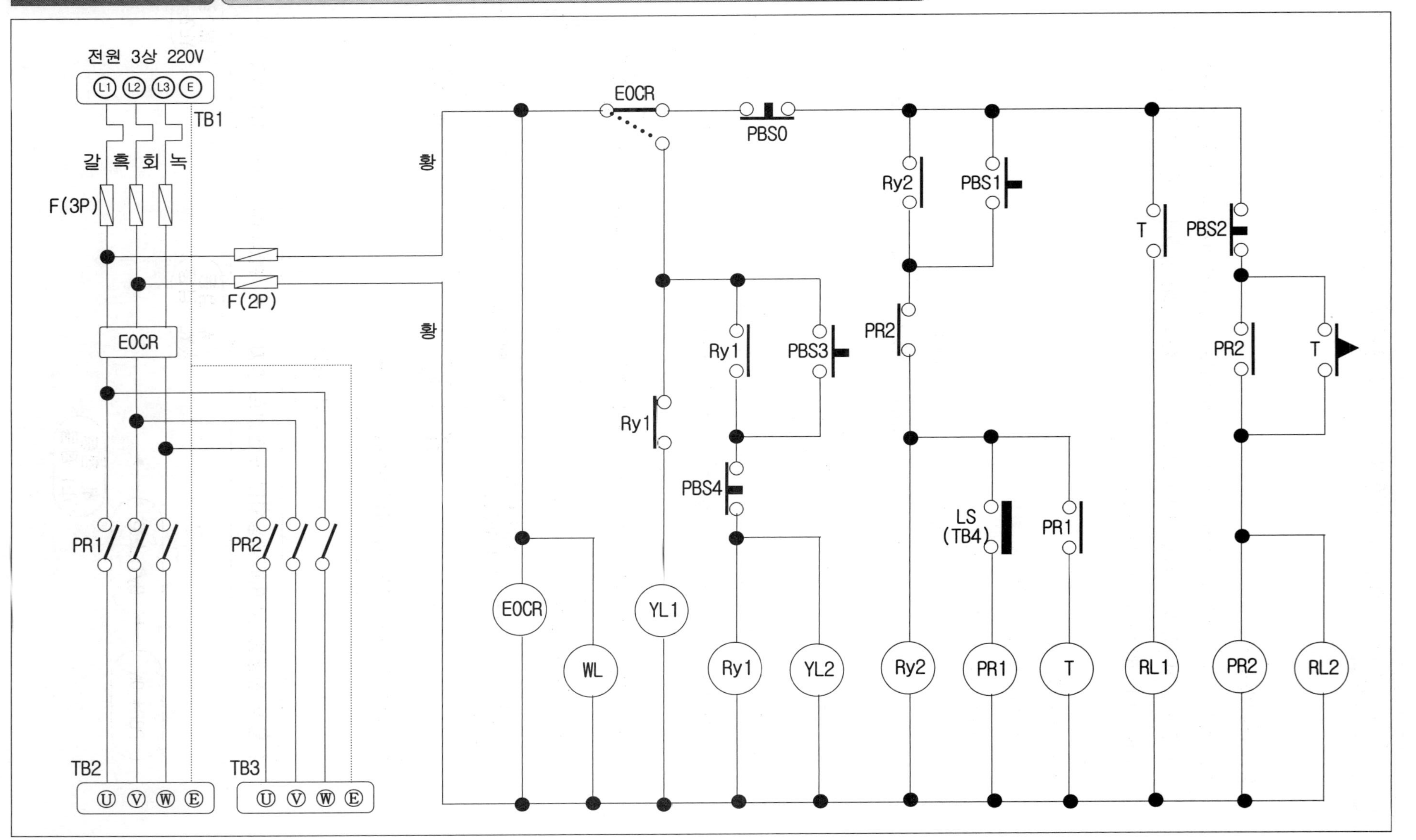

심화도면 5-3 전동기 시간제어 순차 운전회로[기구배치도, 실체배선도]

작업형을 필답형식으로 연습할 수 있도록 만든 실체배선도입니다.
3색 볼펜을 사용하여 시퀀스도의 주회로인 Ⓛ1, Ⓛ2, Ⓛ3상을 각각 갈색, 흑색, 회색으로 작도하며, 보조회로는 황색전선인 관계로 작도자 스스로가 구분이 쉽도록 실체배선도를 작도하시오.

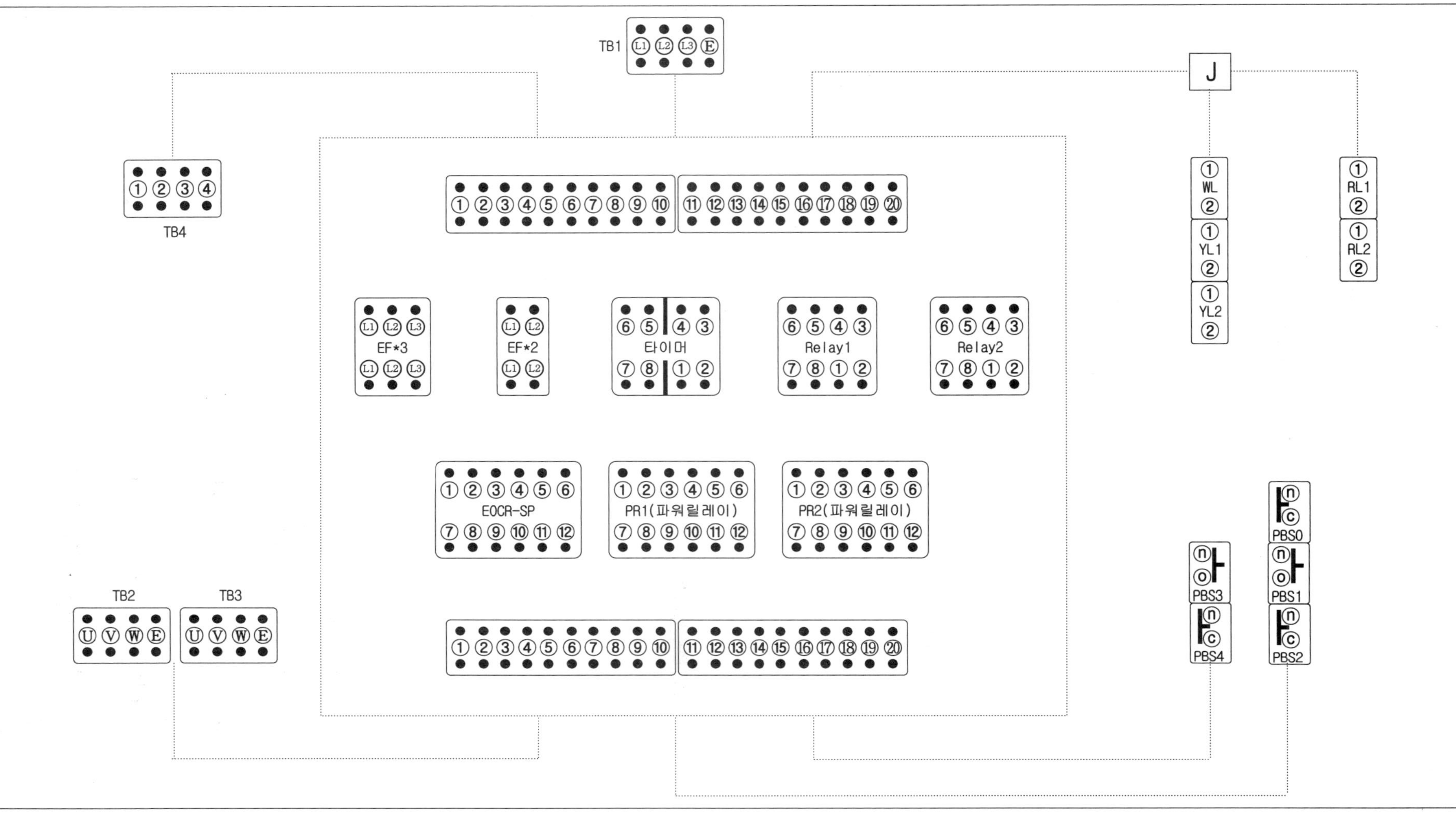

심화도면 5-4 전동기 시간제어 순차 운전회로[제어판넬 실체배선도]

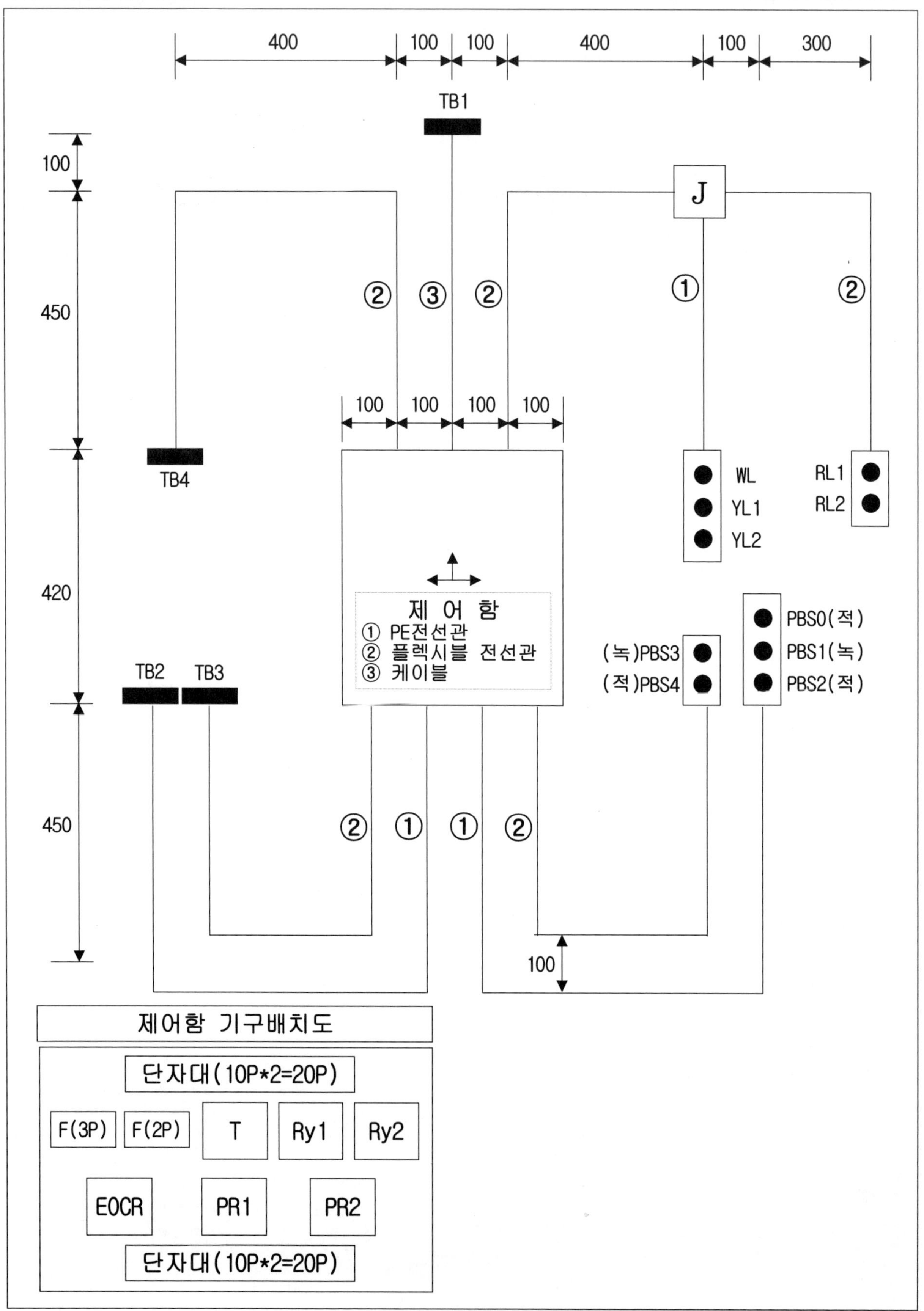

심화도면 6-1 자수동 화재감지 소방설비회로[사용재료,동작사항,흐름도]

▶ 사용재료 ◀

MCCB(3P)*1, 휴즈(2P)*1, 8P베이스*3, 12P베이스*3, 단자대(10P)*4, 단자대(4P)*3, PBS SW*5(적,적,녹,녹,녹), 램프(25Φ)*5(적,적,적,적,황), 2구박스*2, 3구박스*2, 8각 BOX*1, 제어판(400*420)*1

▶ 동작사항 ◀

1) 전원을 투입하면 수동 모드 작동 준비상태가 된다
2) PBS3를 누르면 PR1이 여자되며 RL1점등.(정회전)
3) PBS4를 누르면 PR1이 소호되고 PR2가 여자되며 RL2점등.(역회전)
4) PBS1을 누르면 자동 모드로 전환되며 PBS2를 누르면 다시 수동 모드로 전환된다.
5) PBS1을 누르면 자동 모드로 전환되며 화재감지기 FD가 감지되면 Ry2가 여자되며, PR1이 여자되어 TB2가 정회전하며, RL1,RL3가 점등되고, FR에 의하여 RL4가 점멸한다.
6) PBS5를 누르면 Reset된다.
7) 동작 진행중 과부하시 EOCR이 작동되면 동작중이던 모든 회로는 정지하며 YL이 점등된다.

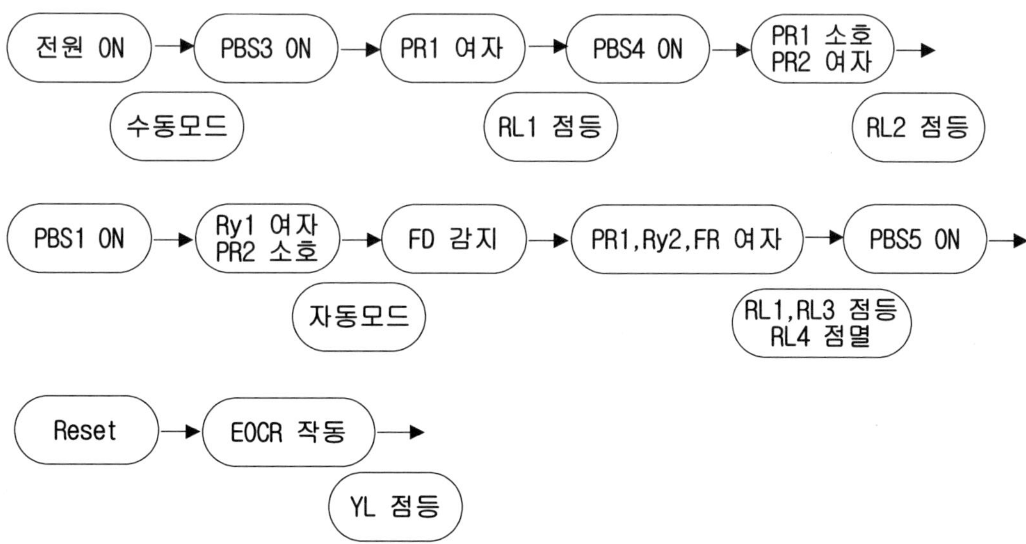

심화도면 6-2 자수동 화재감지 소방설비회로[시이퀀스도]

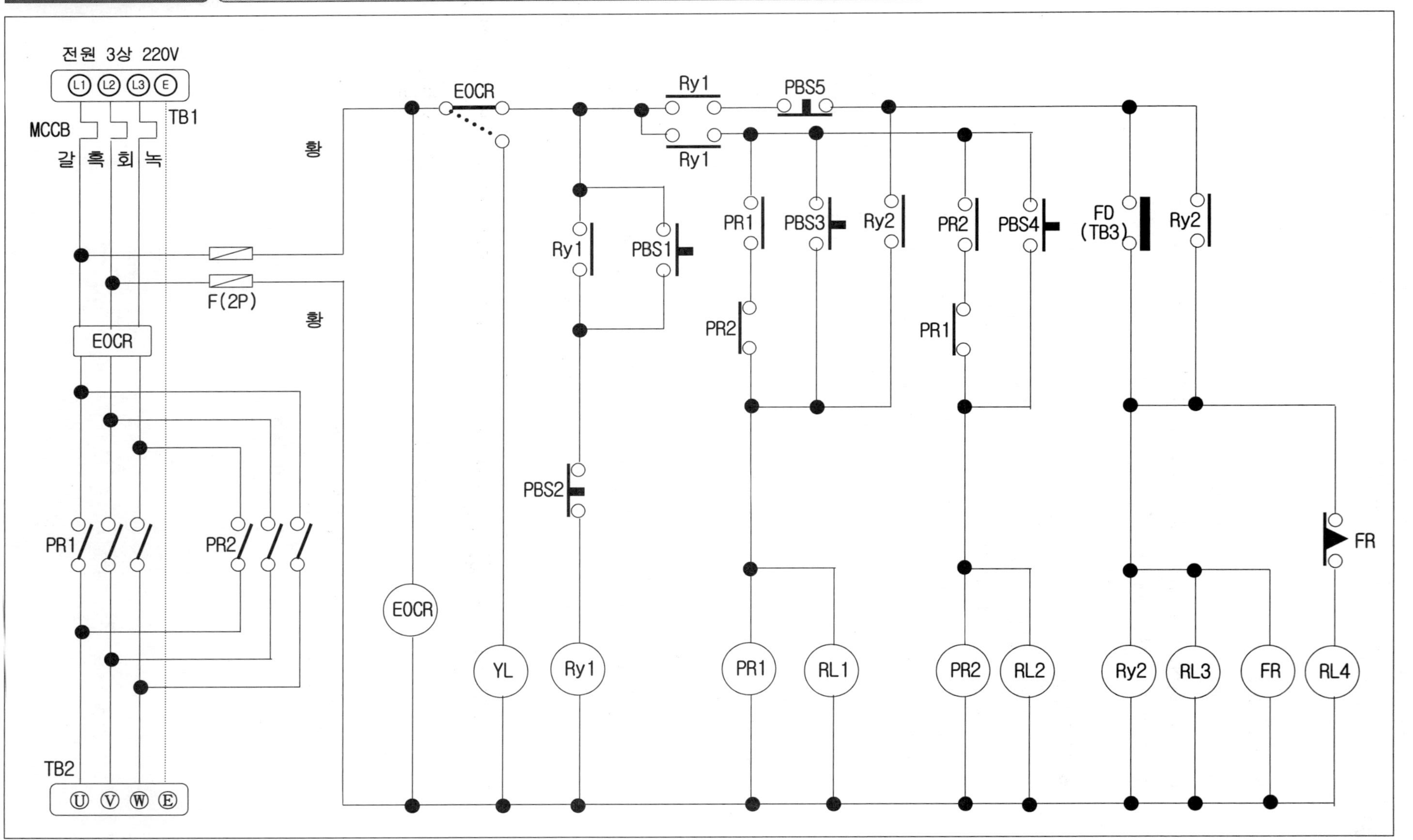

심화도면 6-3 자수동 화재감지 소방설비회로[기구배치도, 실체배선도]

작업형을 필답형식으로 연습할 수 있도록 만든 실체배선도입니다.
3색 볼펜을 사용하여 시퀀스도의 주회로인 Ⓛ1, Ⓛ2, Ⓛ3상을 각각 갈색, 흑색, 회색으로 작도하며,
보조회로는 황색전선인 관계로 작도자 스스로가 구분이 쉽도록 실체배선도를 작도하시오.

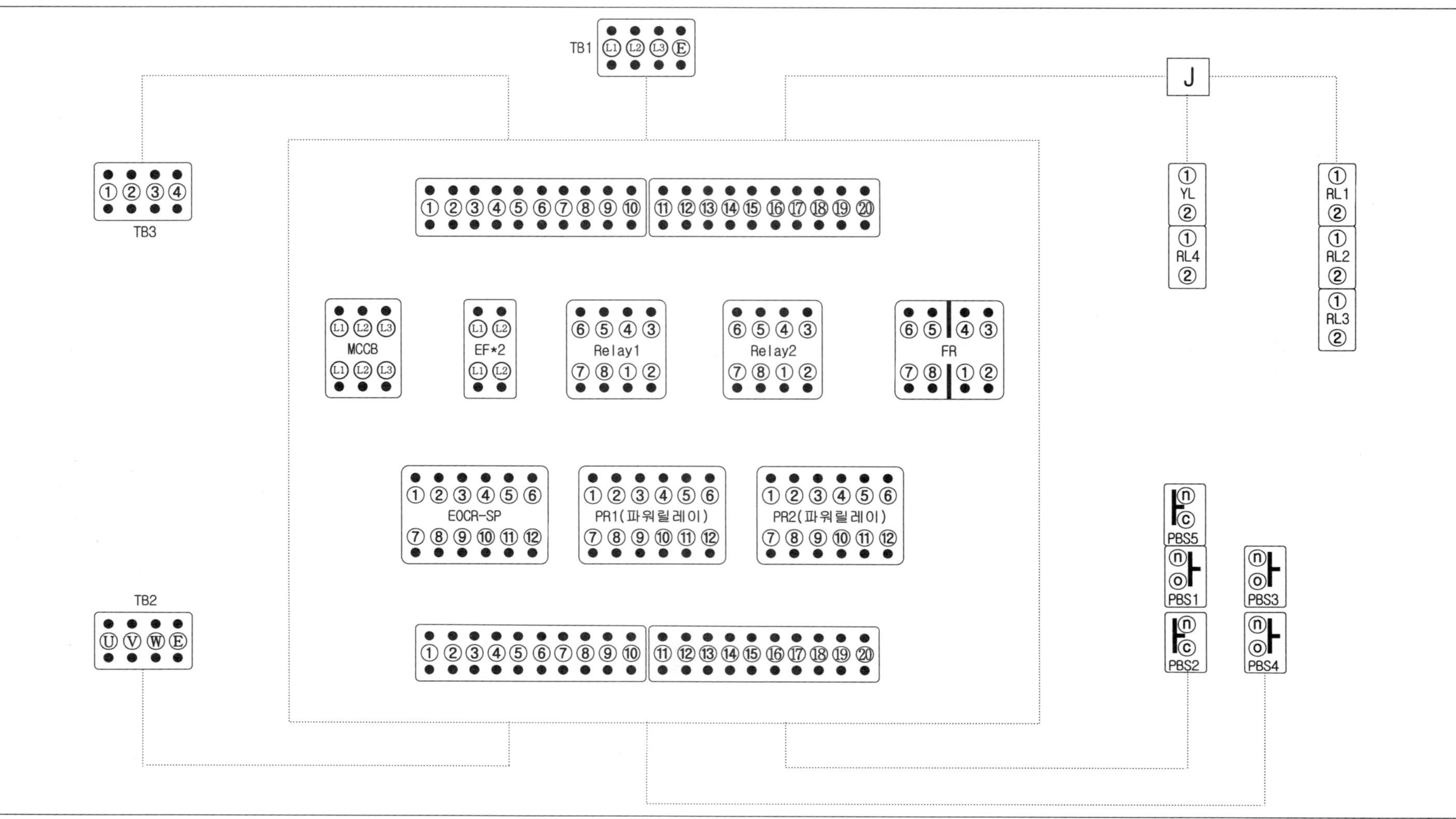

심화도면 6-4 **자수동 화재감지 소방설비회로[제어판넬 실체배선도]**

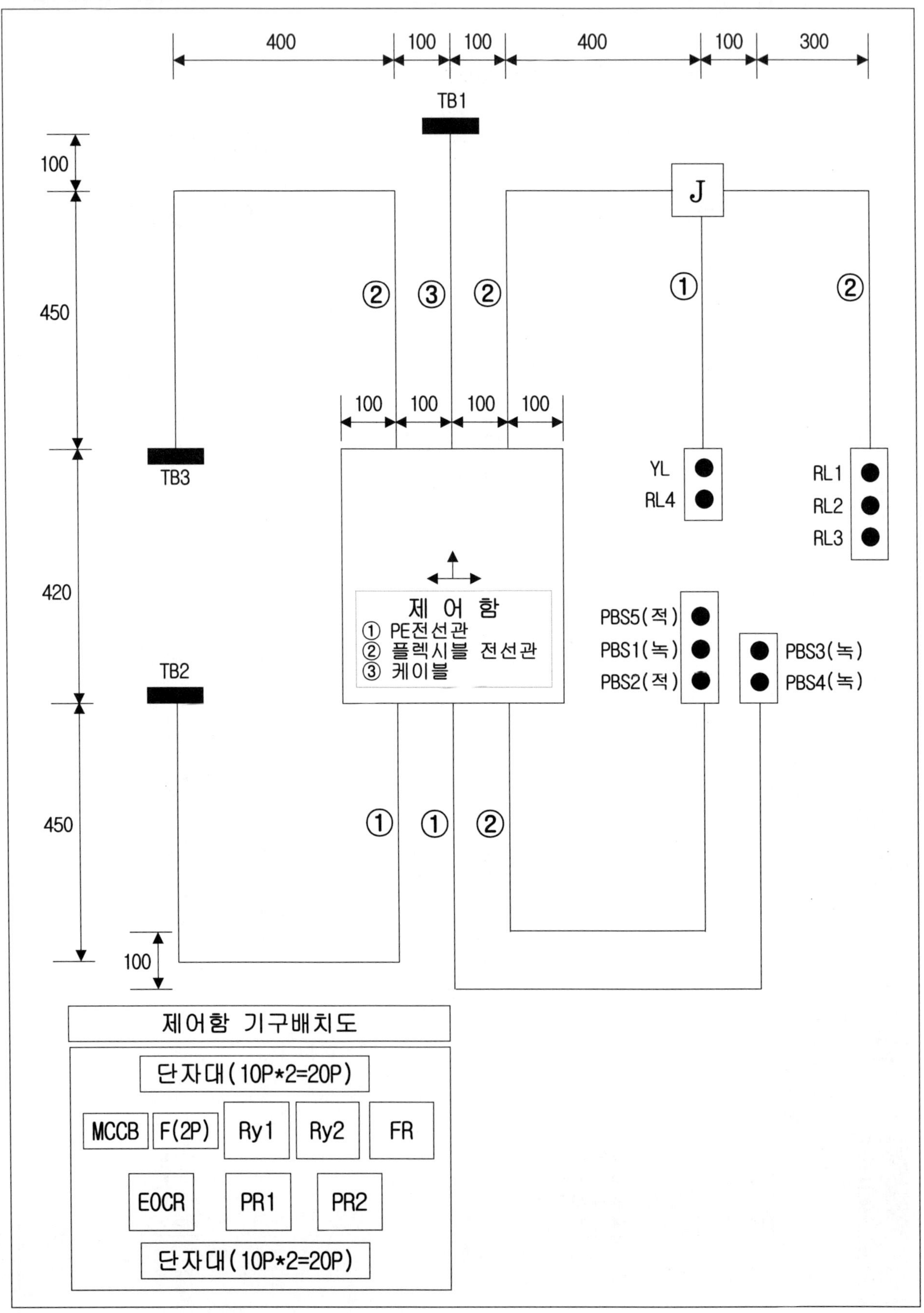

심화도면 7-1 온실하우스 간이난방 운전회로[사용재료,동작사항,흐름도]

▶ 사용재료 ◀

MCCB(3P)*1, 휴즈(2P)*1, 8P베이스*4, 12P베이스*3, 단자대(10P)*4, 단자대(4P)*4, PBS SW*3(녹,녹,적), 램프(25Φ)*5(적,적,녹,녹,황), 1구박스*1, 2구박스*2, 3구박스*1, 8각 BOX*1, 제어판(400*420)*1

▶ 동작사항 ◀

1) 전원을 ON하면 GL1이 점등된다.
2) PBS1을 누르면 Ry1, PR1이 여자되고 히터(TB2)가 동작하며 타이머가 여자된다. RL1, RL2 점등.
3) t초 후 PR2가 여자되어 FAN모터(TB3)가 동작한다. GL1소등.
4) PBS2를 누르면 Ry2가 여자되고, PR1, PR2, T, Ry1이 소호되어 히터(TB2) 및 FAN모터(TB3)가 정지하며, GL1, GL2가 점등되며, RL1, RL2는 소등된다. 이 상태에서 LS(TB4)가 감지되면 PR1이 여자되어 히터(TB2)가 동작하며 타이머가 여자가 여자되고 RL2점등.
5) t초 후 PR2가 여자되어 FAN모터(TB3)가 동작한다. GL1소등.
6) 모든 동작사항 진행중 PBS3를 누르면 Reset 된다.
7) 과부하가 발생하면 모든 동작사항은 정지하며 FR에 의하여 YL이 점멸한다.

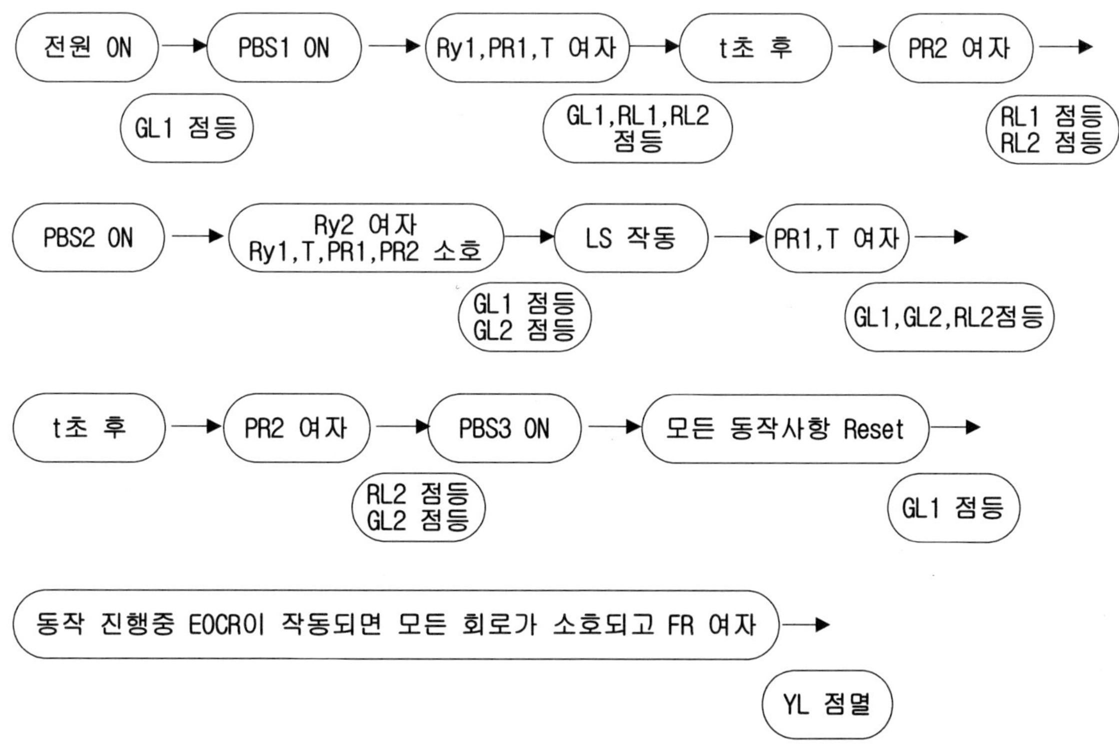

심화도면 7-2 온실하우스 간이난방 운전회로[시이퀀스도]

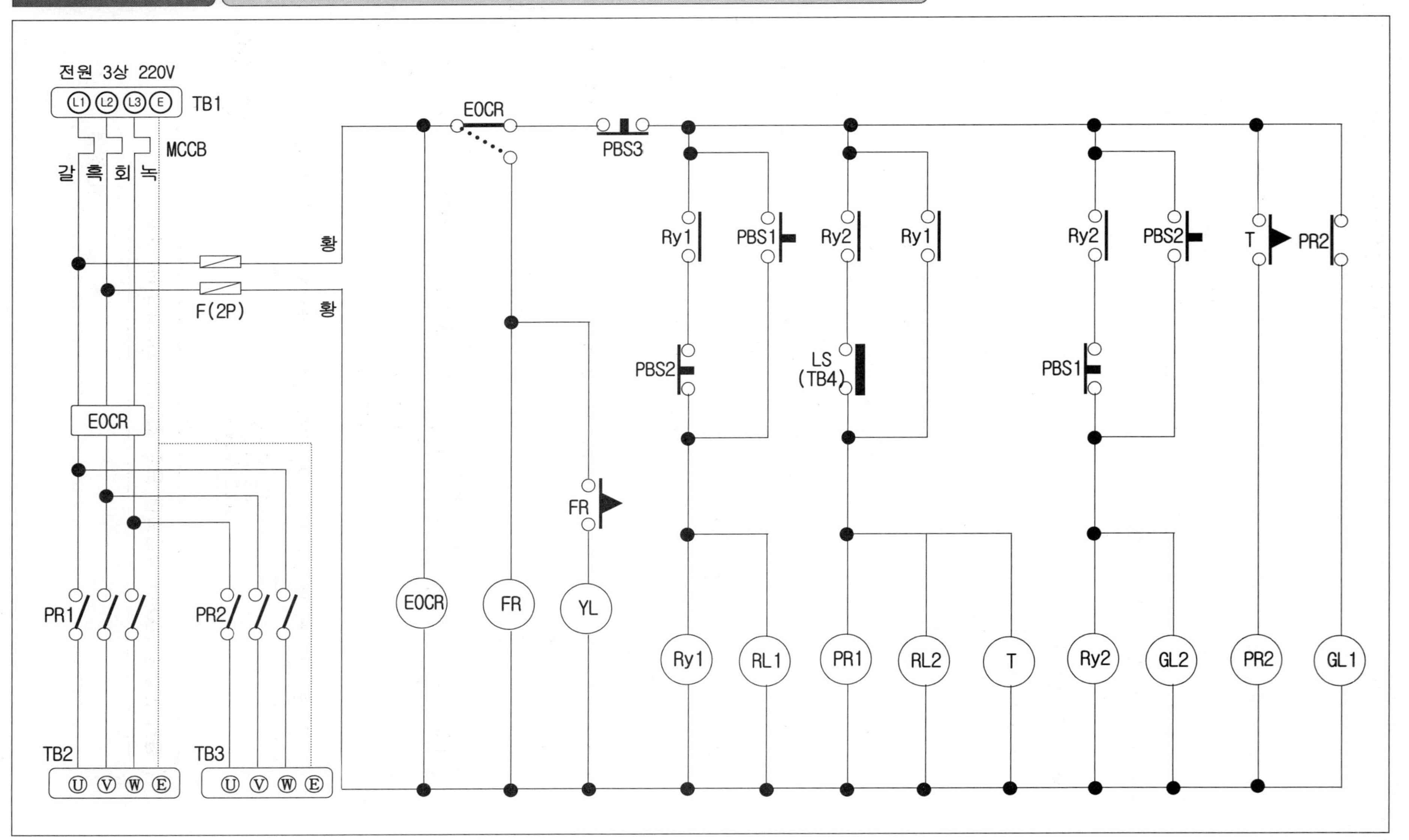

심화도면 7-3 온실하우스 간이난방 운전회로[기구배치도, 실체배선도]

작업형을 필답형식으로 연습할 수 있도록 만든 실체배선도입니다.
3색 볼펜을 사용하여 시퀀스도의 주회로인 Ⓛ1, Ⓛ2, Ⓛ3상을 각각 갈색, 흑색, 회색으로 작도하며, 보조회로는 황색전선인 관계로 작도자 스스로가 구분이 쉽도록 실체배선도를 작도하시오.

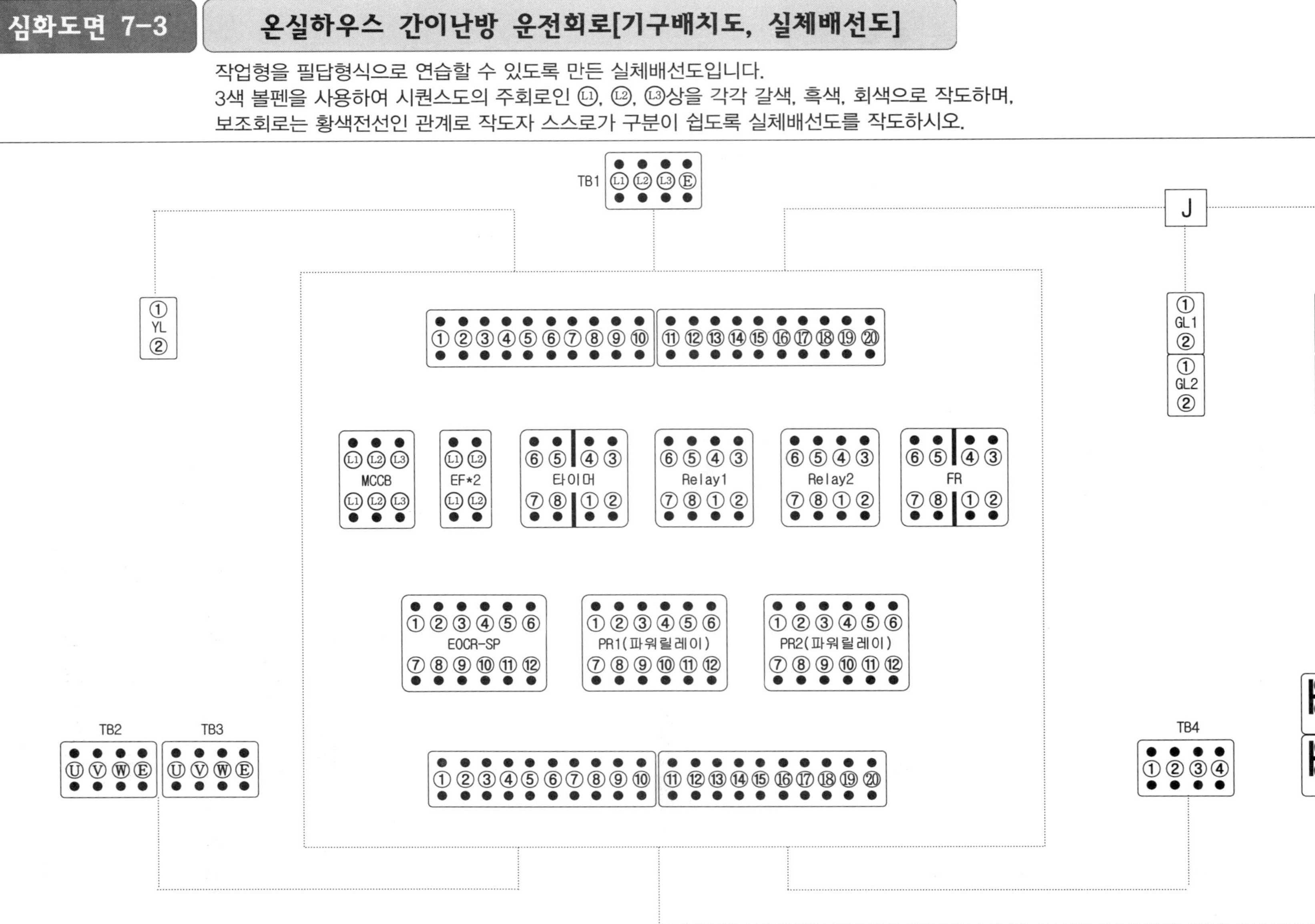

심화도면 7-4 온실하우스 간이난방 운전회로[제어판넬 실체배선도]

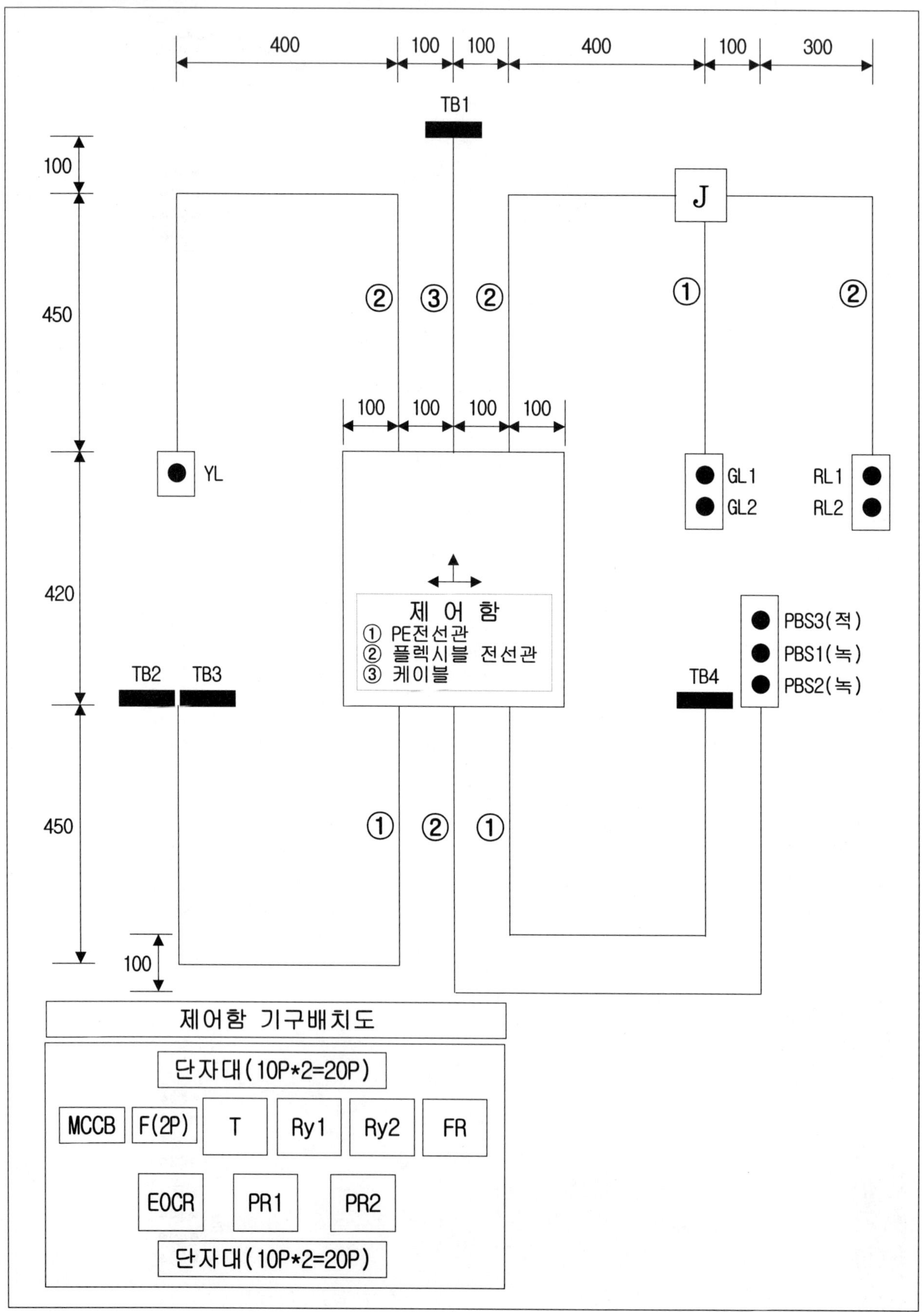

심화도면 8-1 셴서에 의한 전동기 자수동 정역 운전회로[사용재료,동작사항,흐름도]

▶ 사용재료 ◀

휴즈(3P)*1, 휴즈(2P)*1, 8P베이스*3, 12P베이스*3, 단자대(10P)*4, 단자대(4P)*5, PBS SW*5(적,적,적,녹,녹), 램프(25Φ)*4(적,적,녹,황), 2구박스*3, 3구박스*1, 8각 BOX*1, 제어판(400*420)*1

▶ 동작사항 ◀

1) 전원을 투입하면 수동 모드 작동 준비상태가 된다.
2) PBS2를 누르면 PR2가 여자되며 L3점등.(역회전 작동)
3) PBS1을 누르면 PR2가 소호되며 L3소등.
4) PBS4를 누르면 PR1이 여자되며 L4점등.(정회전 작동)
5) PBS3를 누르면 PR1이 소호되며 L4소등.
6) 동작사항 진행중 PBS5를 누르면 Reset된다.
7) LS3가 감지하고 있는 동안에만 자동모드로 전환된다. Ry1여자, L2점등.
8) 자동모드 상태에서 LS1이 감지되는 동안에는 Ry2, PR1이 여자되며 정회전 작동하고 L4점등된다. LS2가 감지되는 동안에는 Ry3, PR2가 여자되며 역회전 작동하고 L3점등된다.
9) 동작 진행중 과부하시 EOCR이 작동되면 동작중이던 모든 회로는 정지하며 L1이 점등된다.

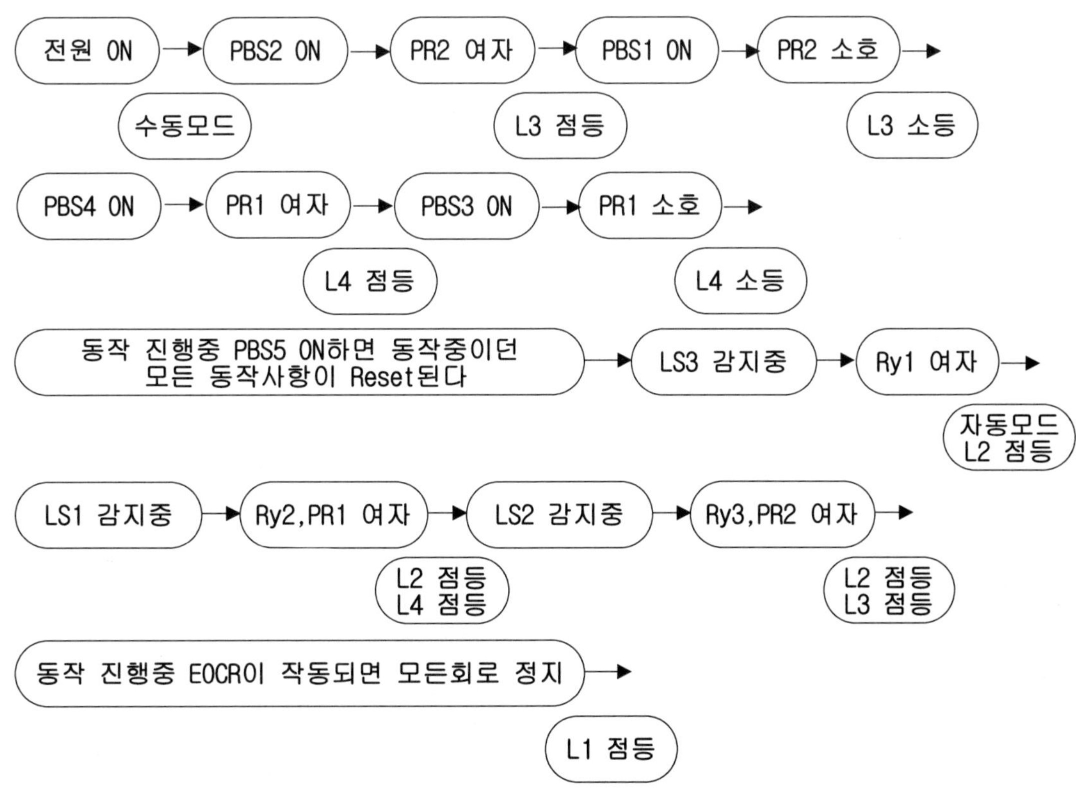

심화도면 8-2 센서에 의한 전동기 자수동 정역 운전회로[시이퀀스도]

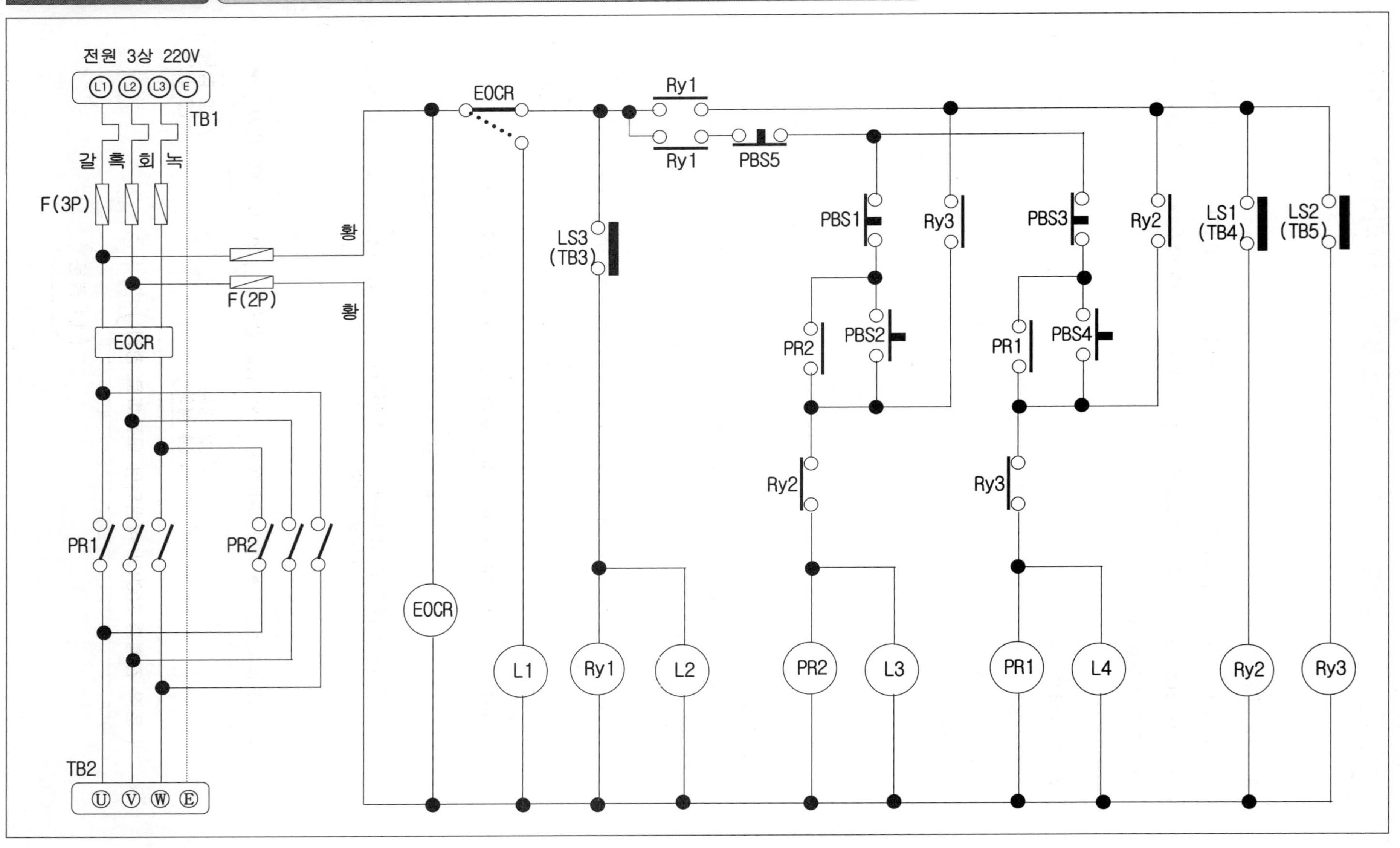

심화도면 8-3 센서에 의한 전동기 자수동 정역 운전회로[사용재료,동작사항,흐름도]

작업형을 필답형식으로 연습할 수 있도록 만든 실체배선도입니다.
3색 볼펜을 사용하여 시퀀스도의 주회로인 Ⓛ1, Ⓛ2, Ⓛ3상을 각각 갈색, 흑색, 회색으로 작도하며, 보조회로는 황색전선인 관계로 작도자 스스로가 구분이 쉽도록 실체배선도를 작도하시오.

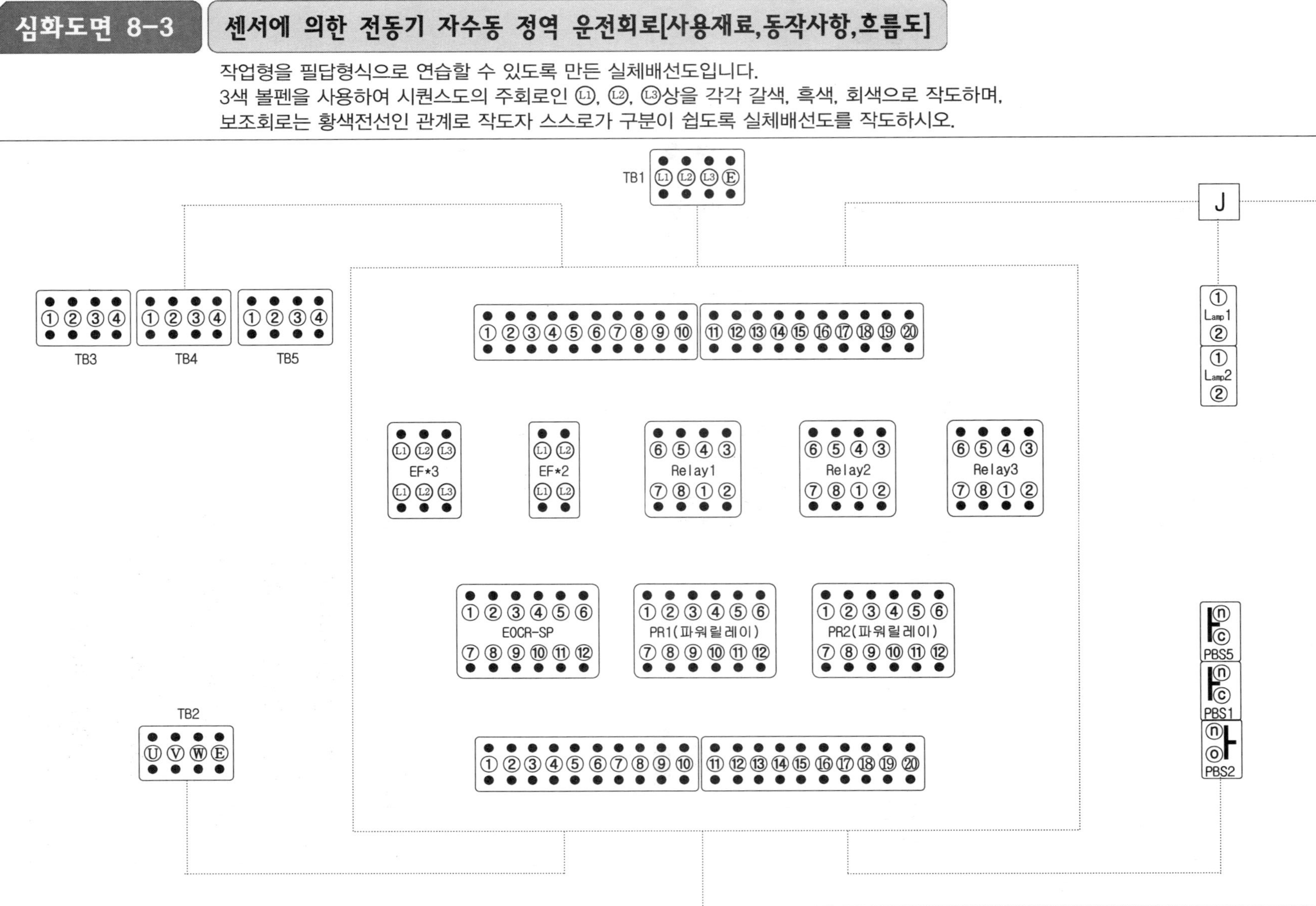

심화도면 8-4 센서에 의한 전동기 자수동 정역 운전회로[사용재료,동작사항,흐름도]

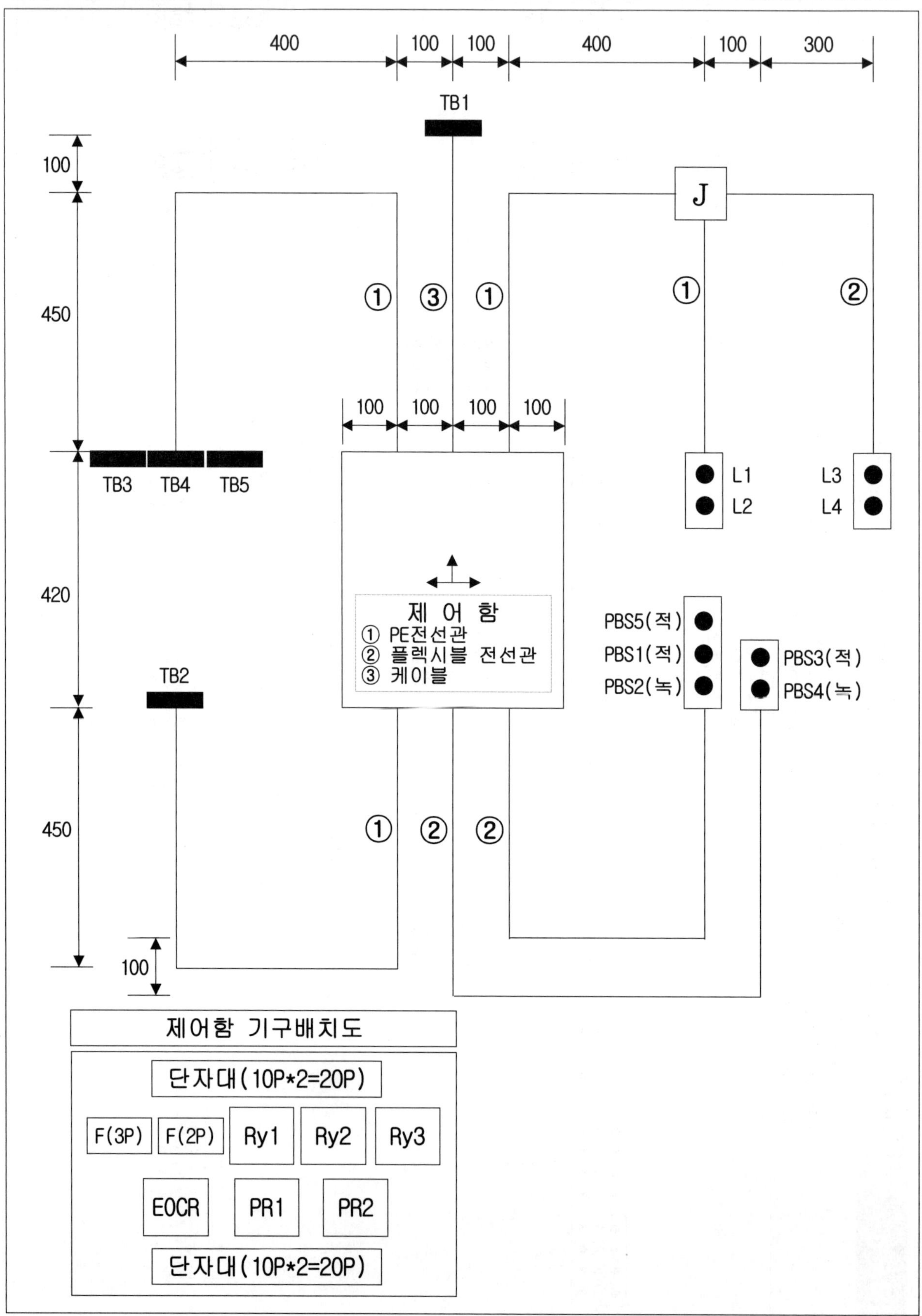

심화도면 9-1 급배수 자 · 수동 처리장치[사용재료,동작사항,흐름도]

▶ 사용재료 ◀

MCCB(3P)*1, 휴즈(2P)*1, 8P베이스*3, 12P베이스*3, 단자대(10P)*4, 단자대(4P)*5, PBS SW*4(적,적,녹,녹), 램프(25Φ)*3(적,적,황), 1구박스*2, 2구박스*3, 8각 BOX*1, 제어판(400*420)*1

▶ 동작사항 ◀

1) 전원을 ON한 상태에서 SS SW를 H상태로 절환한다.
2) PBS2를 누르면 PR1이 여자되어 급수모터 TB2가 동작한다. RL1점등.
   PBS1을 누르면 PR1이 소호된다. RL1소등.
3) PBS4를 누르면 PR2가 여자되어 배수모터 TB3가 동작한다. RL2점등.
   PBS3를 누르면 PR2가 소호된다. RL2소등.
4) SS SW를 A상태로 절환하면 릴레이 Ry, PR1이 여자되어 급수모터 TB2가 동작 후 수위(FLS1)이 올라가면 PR1이 소호되며, 수위(FLS2)가 목표수위 이상으로 올라가면 PR2가 여자되어 배수모터 TB3가 동작하며, 목표수위(FLS2)가 아래로 내려가면 PR2가 소호된다.
5) 모든 동작사항 진행중 과부하가 발생하면 동작중이던 모든 회로가 소호되며 YL이 점등한다.

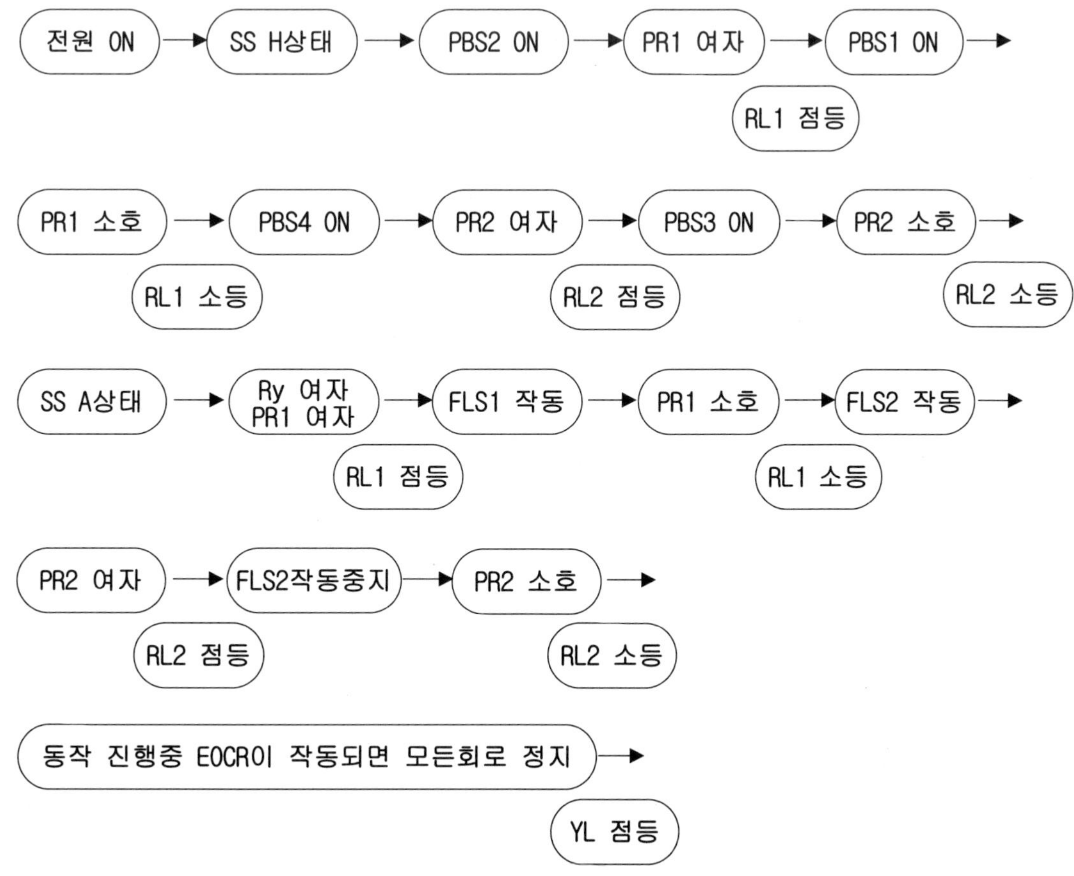

심화도면 9-2 급배수 자 · 수동 처리장치[시이퀀스도]

심화도면 9-3 급배수 자 · 수동 처리장치[기구배치도, 실체배선도]

작업형을 필답형식으로 연습할 수 있도록 만든 실체배선도입니다.
3색 볼펜을 사용하여 시퀀스도의 주회로인 ⓛ1, ⓛ2, ⓛ3상을 각각 갈색, 흑색, 회색으로 작도하며, 보조회로는 황색전선인 관계로 작도자 스스로가 구분이 쉽도록 실체배선도를 작도하시오.

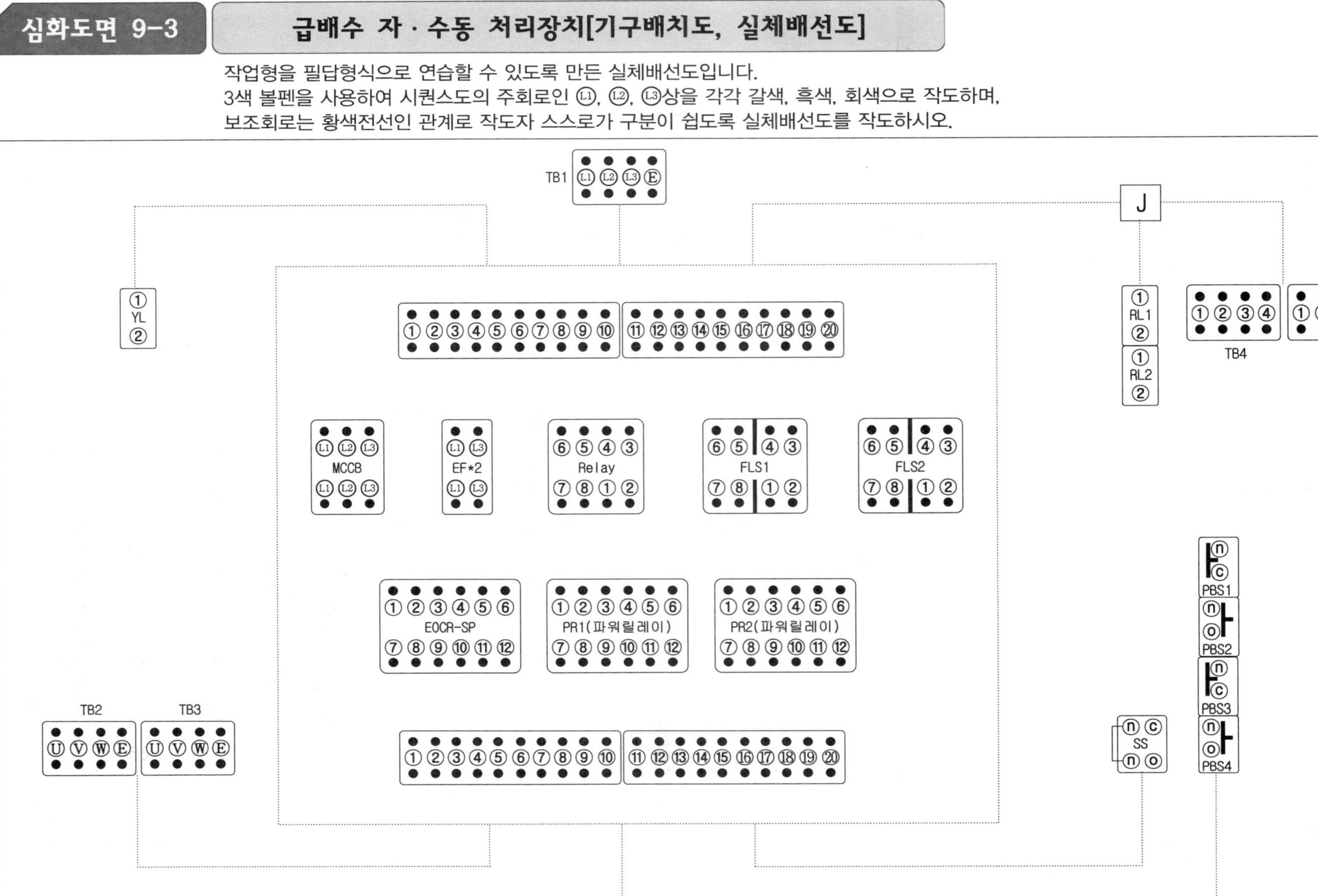

심화도면 9-4 급배수 자·수동 처리장치[제어판넬 실체배선도]

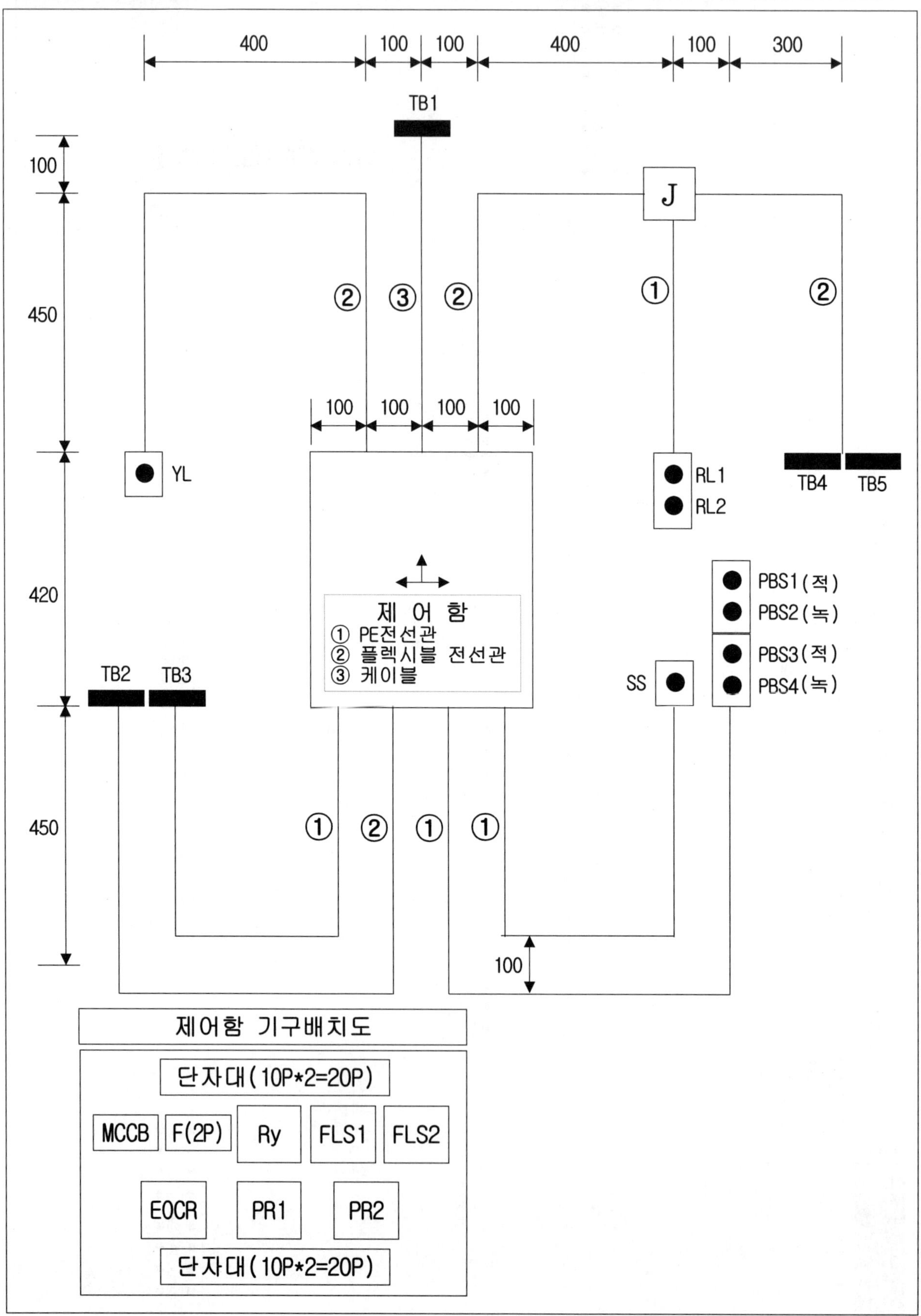

심화도면 10-1 컨베이어 순차 기동 및 정지 제어회로[사용재료,동작사항,흐름도]

▶ 사용재료 ◀

MCCB(3P)*1, 휴즈(2P)*1, 8P베이스*3, 12P베이스*4, 단자대(10P)*4, 단자대(4P)*4, PBS SW*3(녹,녹,적), 램프(25Φ)*5(적,적,적,녹,황), 2구박스*1, 3구박스*2, 8각 BOX*1, 제어판(400*420)*1

▶ 동작사항 ◀

1) 전원(MCCB)를 ON한다.
2) PBS1을 누르면 PR1, T1이 여자된다. TB2작동 RL1점등.
3) t1초 후 PR1, T1이 소호되며, TB2는 정지하고 PR2, T2가 여자된다. TB3작동, RL2점등, RL1소등.
4) t2초 후 PR2, T2가 소호되며, TB3는 정지하고 PR3가 여자된다. TB4작동, RL3점등, RL2소등.
5) PBS2를 누르면 T3가 여자되고 GL이 점등된다.
6) t3초 후 PR3가 소호되며 TB4는 정지한다. RL3소등.
7) 동작사항 진행중 PBS0를 누르면 Reset(초기화)된다.
8) 동작 진행중 과부하시 EOCR이 작동되면 동작중이던 모든 회로는 정지하며 YL이 점등된다.

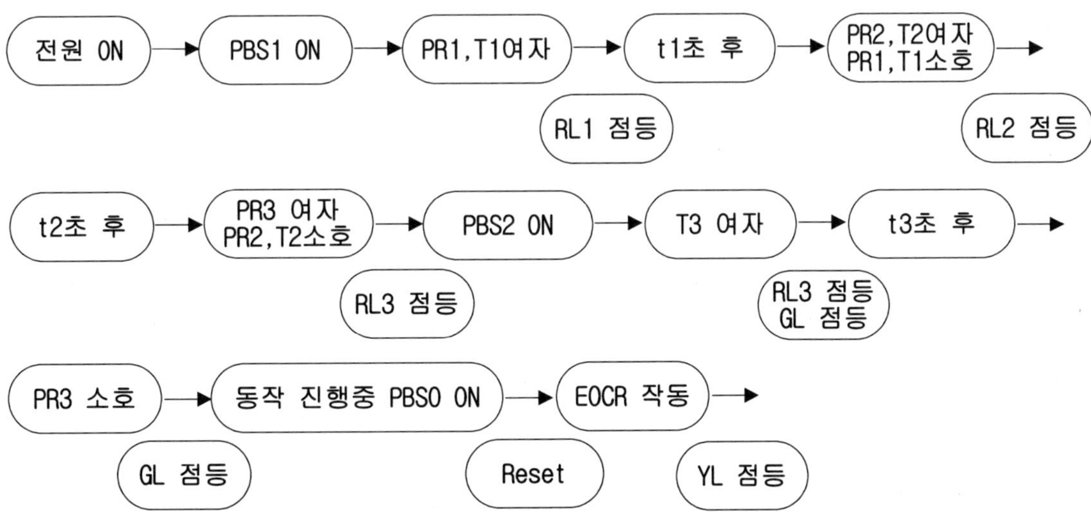

심화도면 10-2 컨베이어 순차 기동 및 정지 제어회로[시이퀀스도]

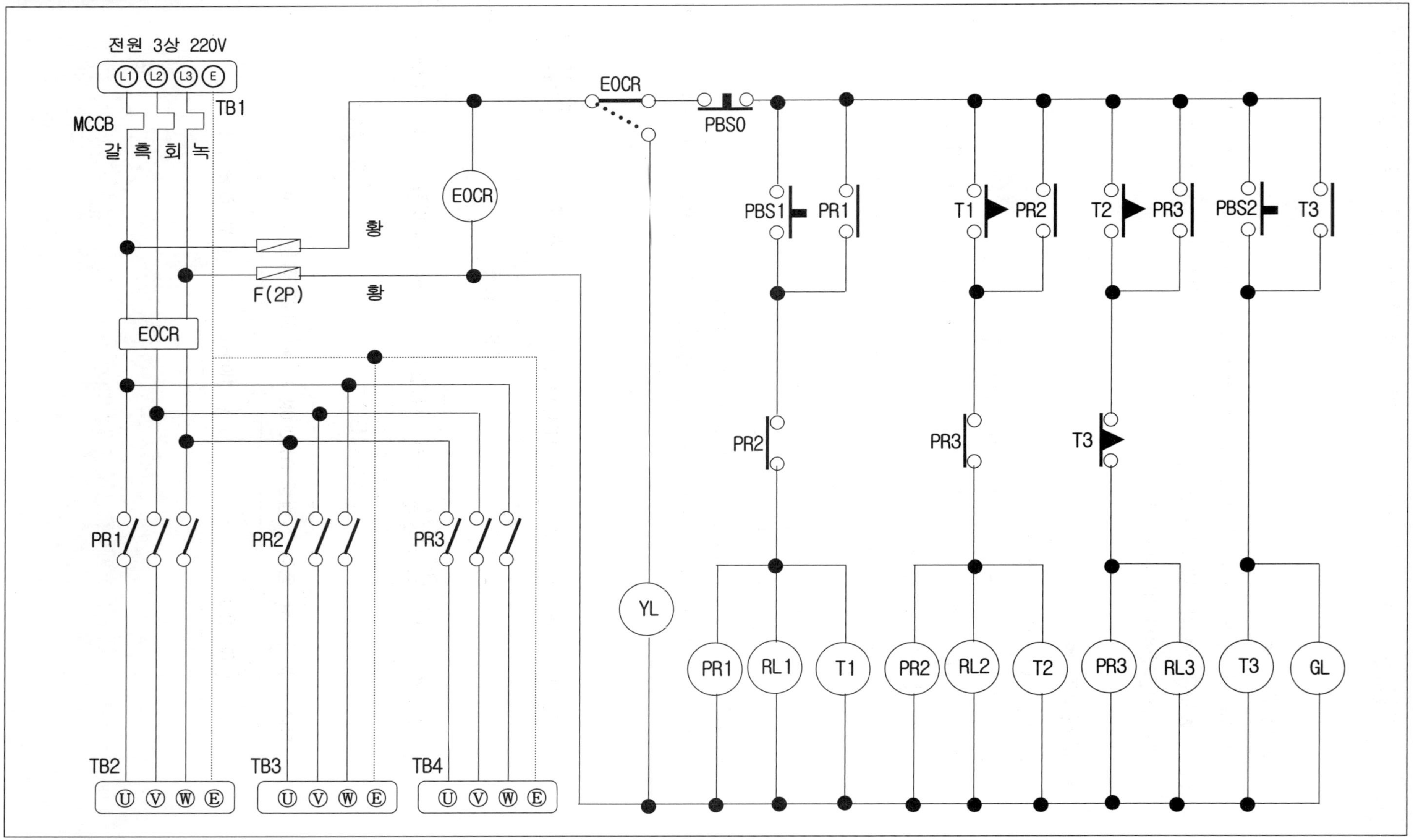

전원 3상 220V
L1 L2 L3 E
TB1
MCCB
갈 흑 회 녹
EOCR
F(2P)
황
황
EOCR
PBS0
PBS1 PR1
T1 PR2
T2 PR3
PBS2 T3
PR2
PR3
T3
YL
PR1 RL1 T1 PR2 RL2 T2 PR3 RL3 T3 GL
PR1 PR2 PR3
TB2 TB3 TB4
U V W E
U V W E
U V W E

심화도면 10-3 컨베이어 순차 기동 및 정지 제어회로[기구배치도, 실체배선도]

작업형을 필답형식으로 연습할 수 있도록 만든 실체배선도입니다.
3색 볼펜을 사용하여 시퀀스도의 주회로인 Ⓛ1, Ⓛ2, Ⓛ3상을 각각 갈색, 흑색, 회색으로 작도하며, 보조회로는 황색전선인 관계로 작도자 스스로가 구분이 쉽도록 실체배선도를 작도하시오.

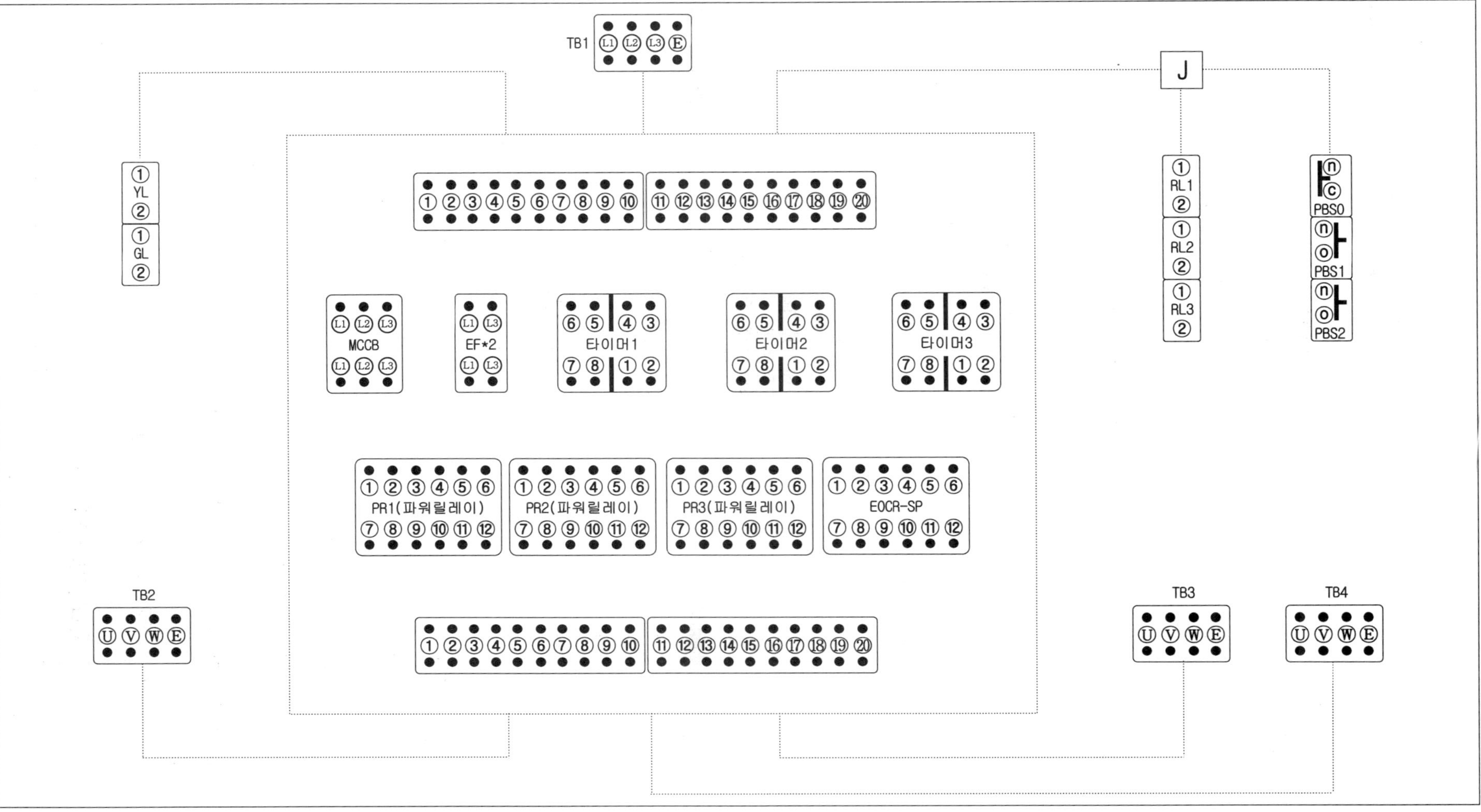

심화도면 10-4 컨베이어 순차 기동 및 정지 제어회로[제어판넬 실체배선도]

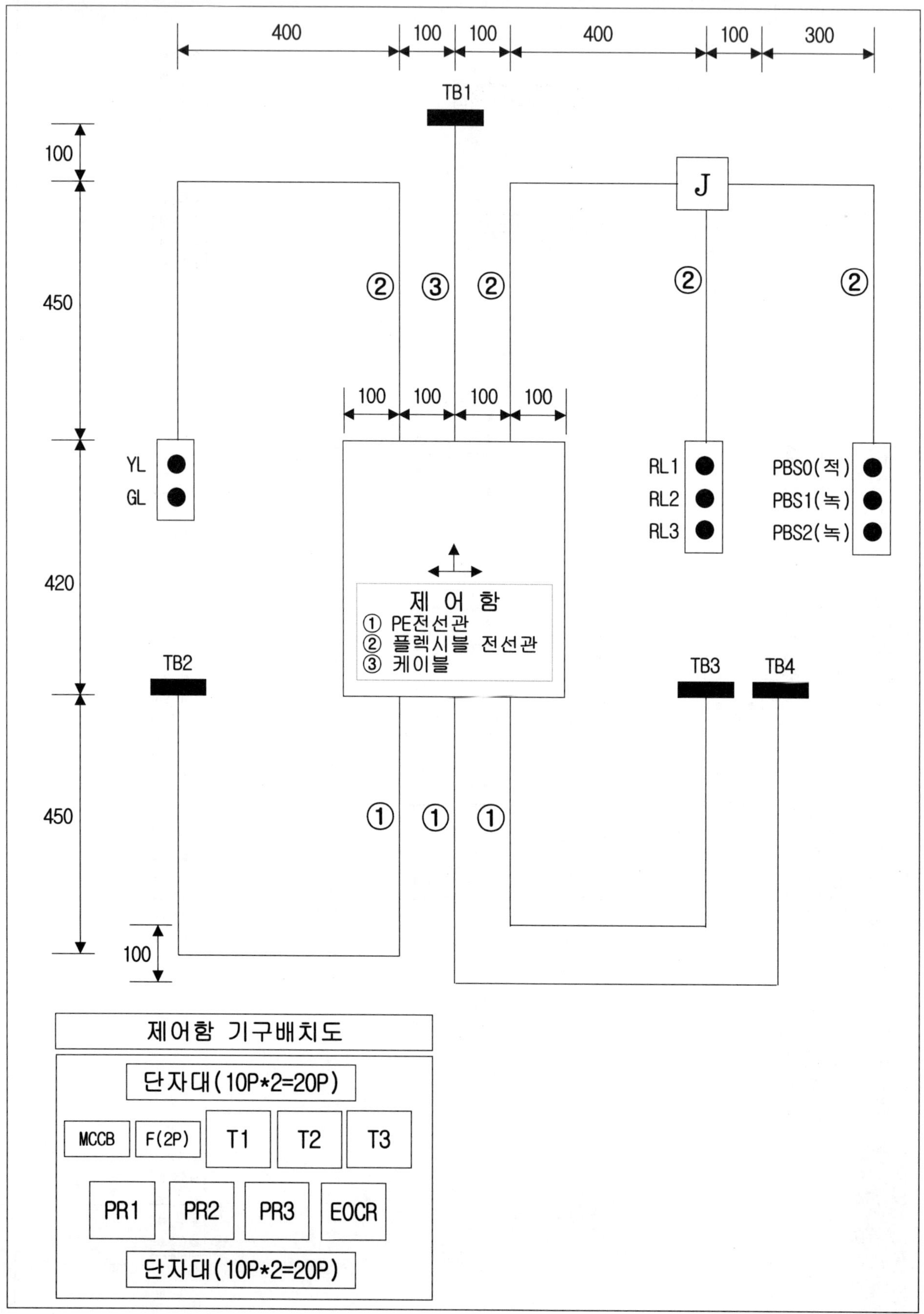

심화도면 11-1 전동기 운전 시간제어 정역 운전회로[사용재료,동작사항,흐름도]

▶ 사용재료 ◀

MCCB(3P)*1, 휴즈(2P)*1, 8P베이스*4, 12P베이스*3, 단자대(10P)*4, 단자대(4P)*2, PBS SW*3(녹,녹,적), 램프(25Φ)*4(적,적,녹,황), 1구박스*3, 2구박스*2, 8각 BOX*1, 제어판(400*420)*1

▶ 동작사항 ◀

1) 전원(MCCB)를 ON한 후 PBS1을 ON하면 Ry1, MC1이 여자되며 L1, L3이 점등된다. (정회전 작동)
2) PBS2를 ON하면 Ry1은 소호되며, Ry2, MC1, T가 여자되며 L3만 점등 상태이다. (정회전 작동)
3) t초후 MC1은 소호되며 MC2가 여자된다. L2가 점등된다.(역회전 작동)
4) 동작사항 진행중 PBS0를 누르면 Reset(초기화) 된다.
5) 동작 진행중 과부하시 EOCR이 작동되면 동작중이던 모든 회로는 정지하며 FR이 여자되고 YL이 점멸한다.

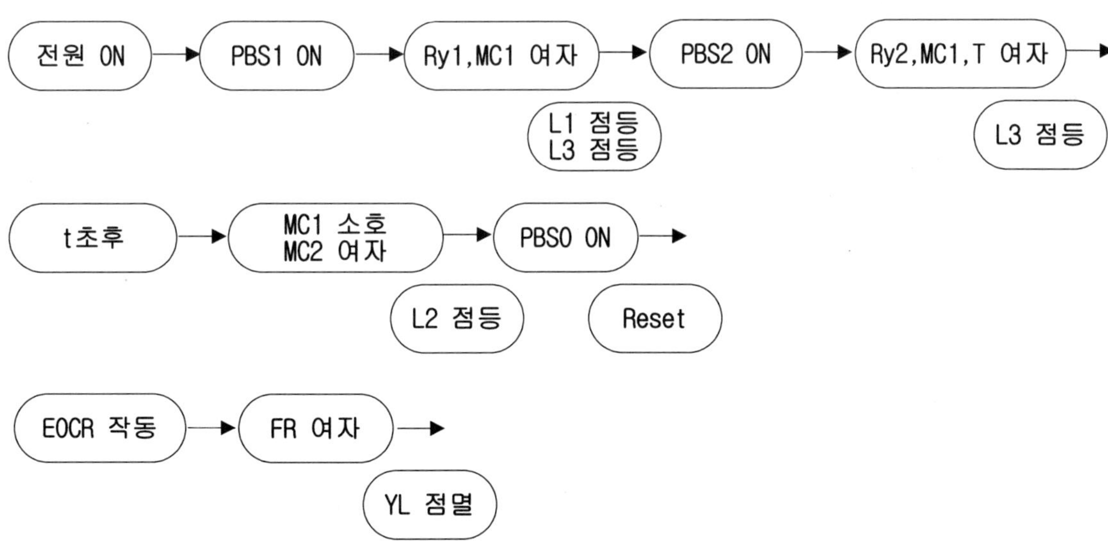

심화도면 11-2 전동기 운전 시간제어 정역 운전회로[시이퀀스도]

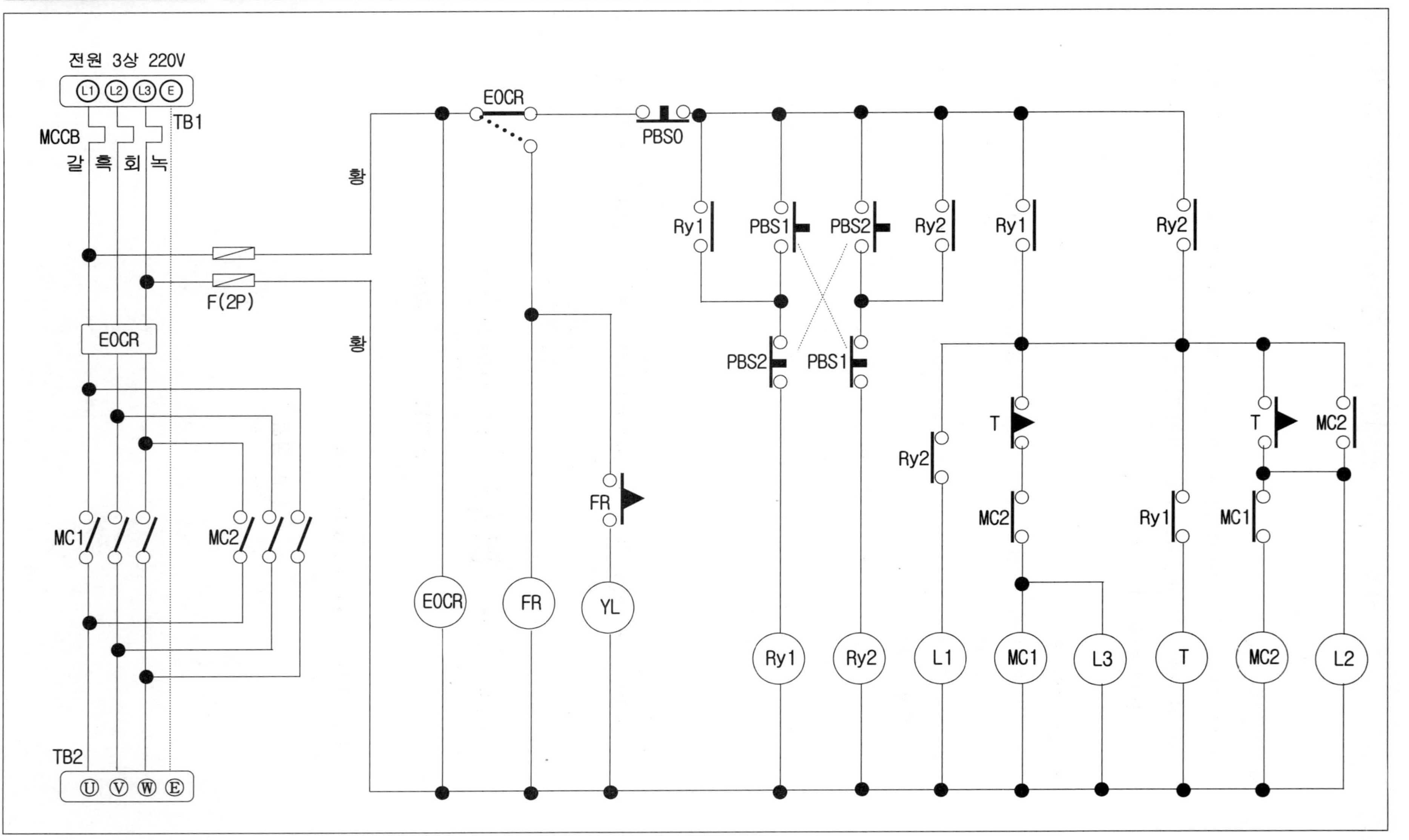

심화도면 11-3 전동기 운전 시간제어 정역 운전회로[기구배치도, 실체배선도]

작업형을 필답형식으로 연습할 수 있도록 만든 실체배선도입니다.
3색 볼펜을 사용하여 시퀀스도의 주회로인 Ⓛ1, Ⓛ2, Ⓛ3상을 각각 갈색, 흑색, 회색으로 작도하며, 보조회로는 황색전선인 관계로 작도자 스스로가 구분이 쉽도록 실체배선도를 작도하시오.

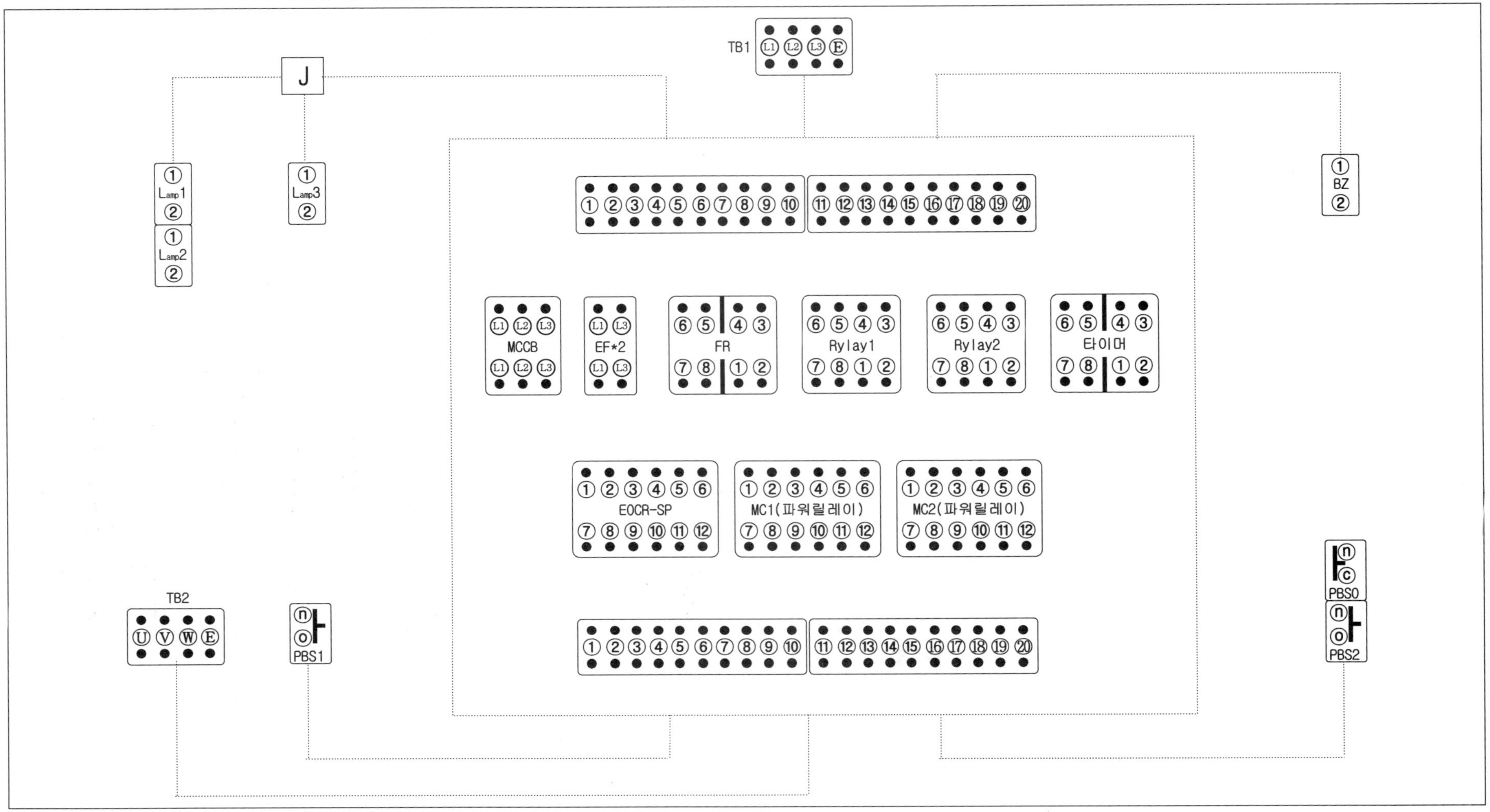

심화도면 11-4 전동기 운전 시간제어 정역 운전회로[제어판넬 실체배선도]

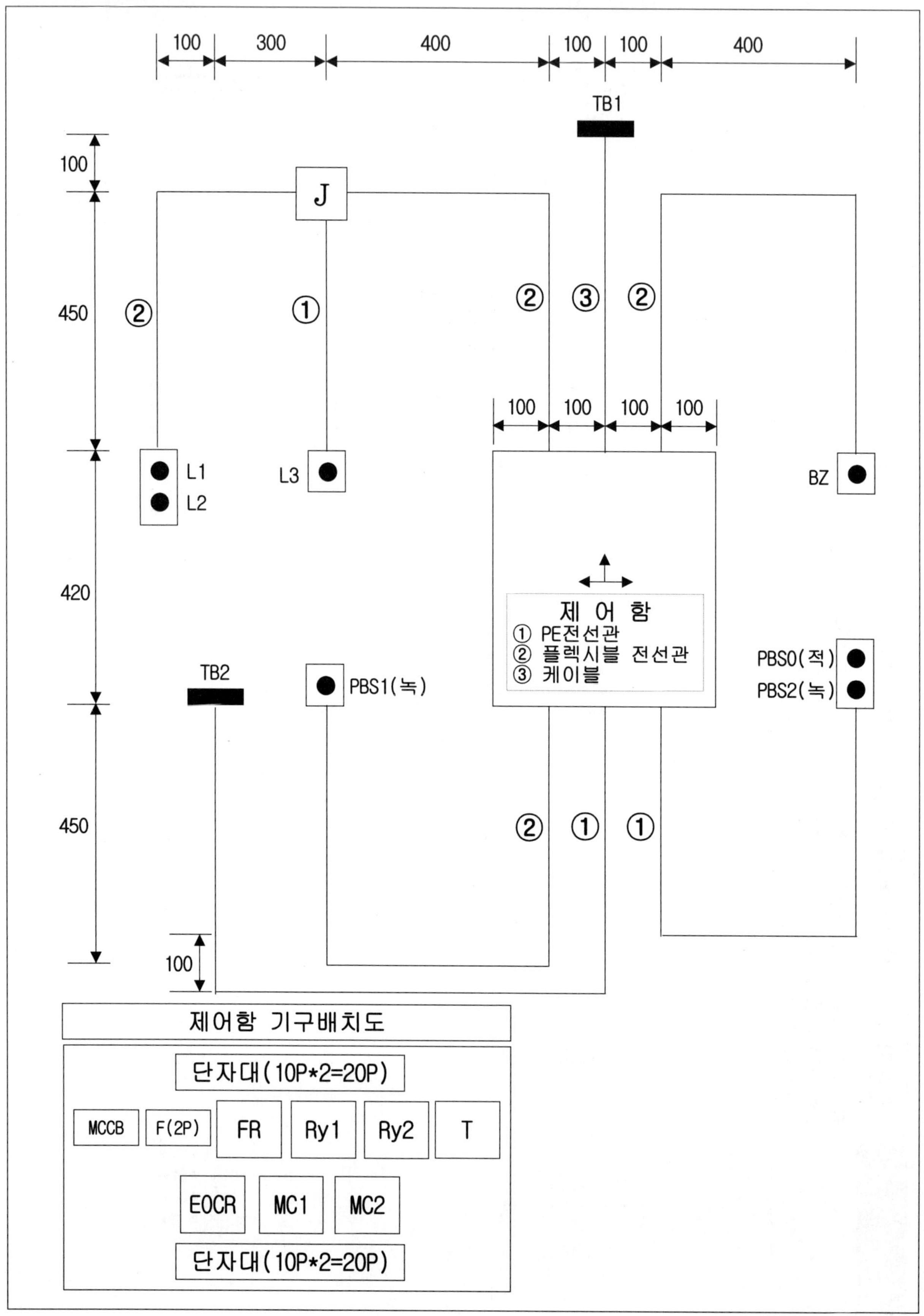

▶ 사용재료 ◀

MCCB(3P)*1, 휴즈(2P)*1, 8P베이스*4, 12P베이스*3, 단자대(10P)*4, 단자대(4P)*4, PBS SW*3(녹,녹,적), 램프(25Φ)*3(적,적,주), 1구박스*1, 2구박스*1, 3구박스*1, 8각 BOX*1, 제어판(400*420)*1

▶ 동작사항 ◀

1) 전원(MCCB)를 ON한후 PBS1을 ON하면 MCF, XF가 여자되며 RL1이 점등된다.
   (정회전 작동)
2) PBS0을 눌러서 진행중인 동작사항을 Reset 한다.
3) PBS2를 ON하면 MCR,XR이 여자되며 RL2가 점등된다.(역회전 작동)
4) 1)번항과 3)번항은 서로 인터록 관계이다
5) MCF가 작동중인 상태에서 LS1이 감지되면 T1이 여자되고 MCF, XF가 소호된다.
   RL1소등.
   t1초 후 T1이 소호되고 MCR, XR이 여자되며 RL2가 점등된다.(역회전 작동)
5) MCR이 작동중인 상태에서 LS2가 감지되면 T2가 여자되고 MCR, XR이 소호된다.
   RL2소등.
   t2초 후 T2가 소호되고 MCF, XF가 여자되며 RL1이 점등된다.(정회전 작동)
6) 작동중 PBS0를 누르면 Reset(초기화) 된다.
7) 동작 진행중 과부하시 EOCR이 작동되면 동작중이던 모든 회로는 정지하며 OL이 점등된다.

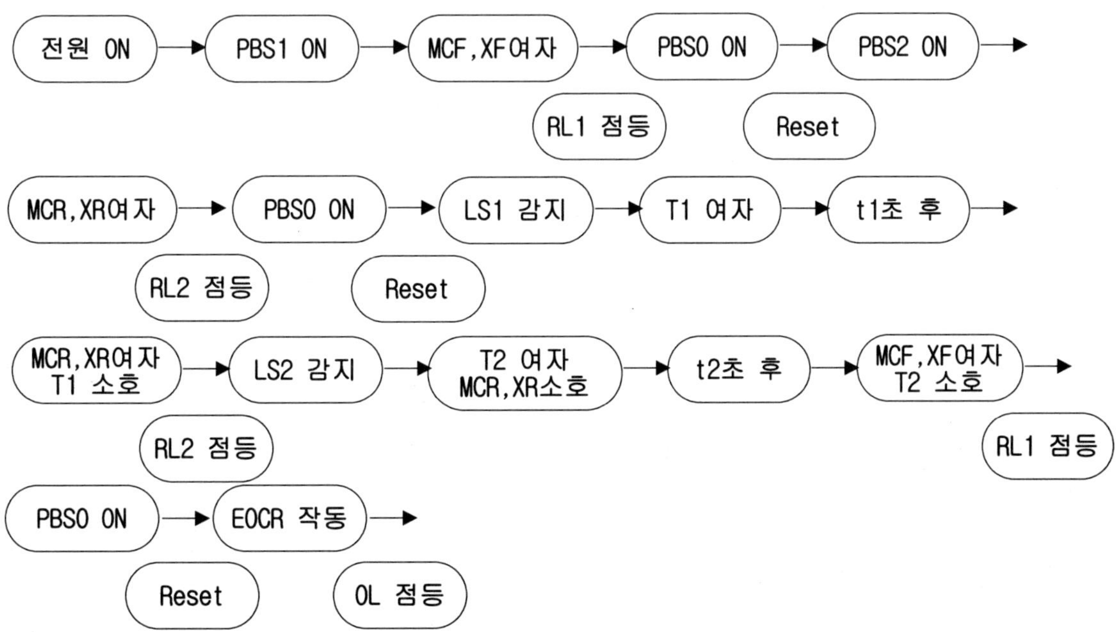

심화도면 12-2 리밋스위치에 의한 컨베이어 정·역 운전회로[시이퀀스도]

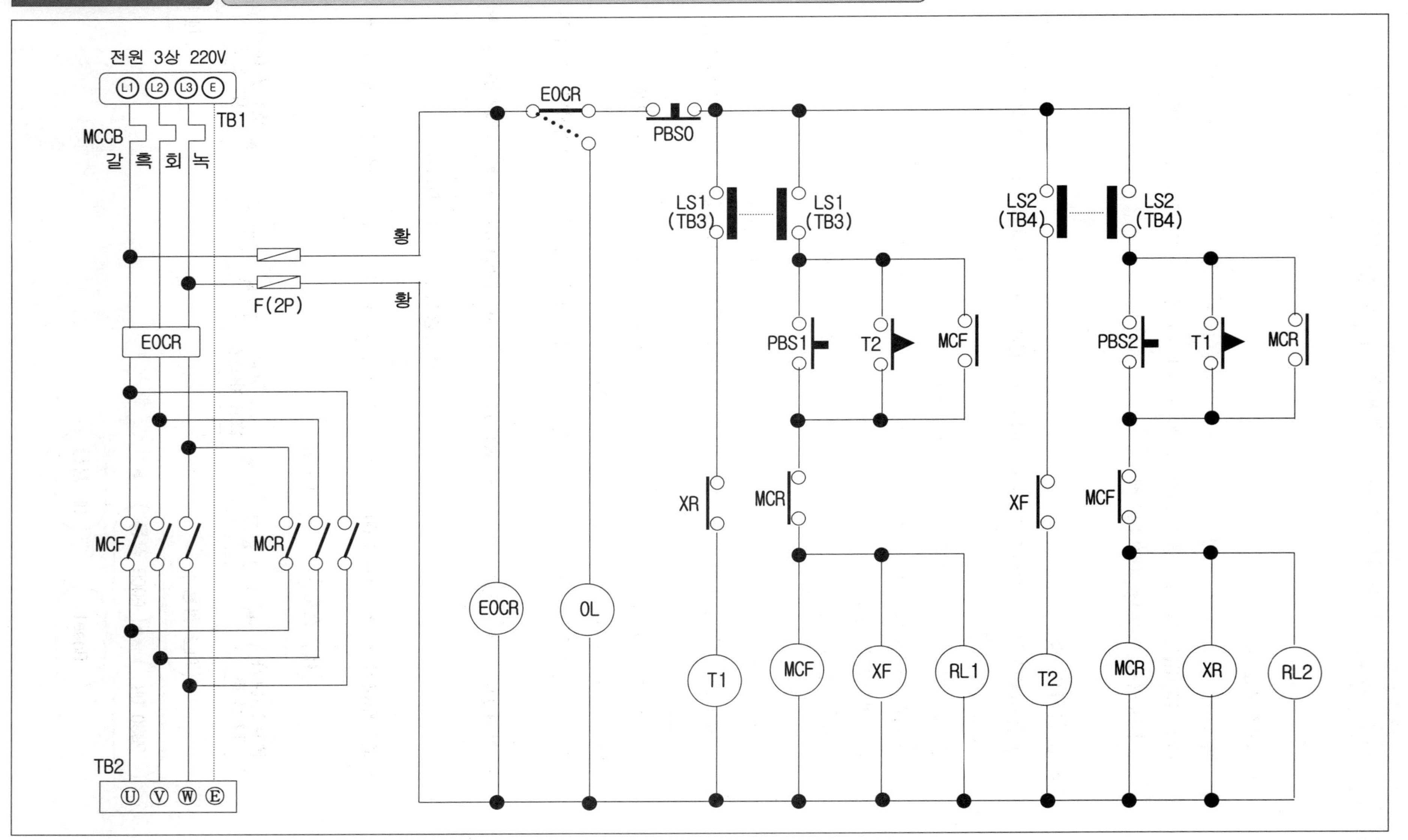

심화도면 12-3 리밋스위치에 의한 컨베이어 정·역 운전회로[기구배치도, 실체배선도]

작업형을 필답형식으로 연습할 수 있도록 만든 실체배선도입니다.
3색 볼펜을 사용하여 시퀀스도의 주회로인 Ⓛ1, Ⓛ2, Ⓛ3상을 각각 갈색, 흑색, 회색으로 작도하며, 보조회로는 황색전선인 관계로 작도자 스스로가 구분이 쉽도록 실체배선도를 작도하시오.

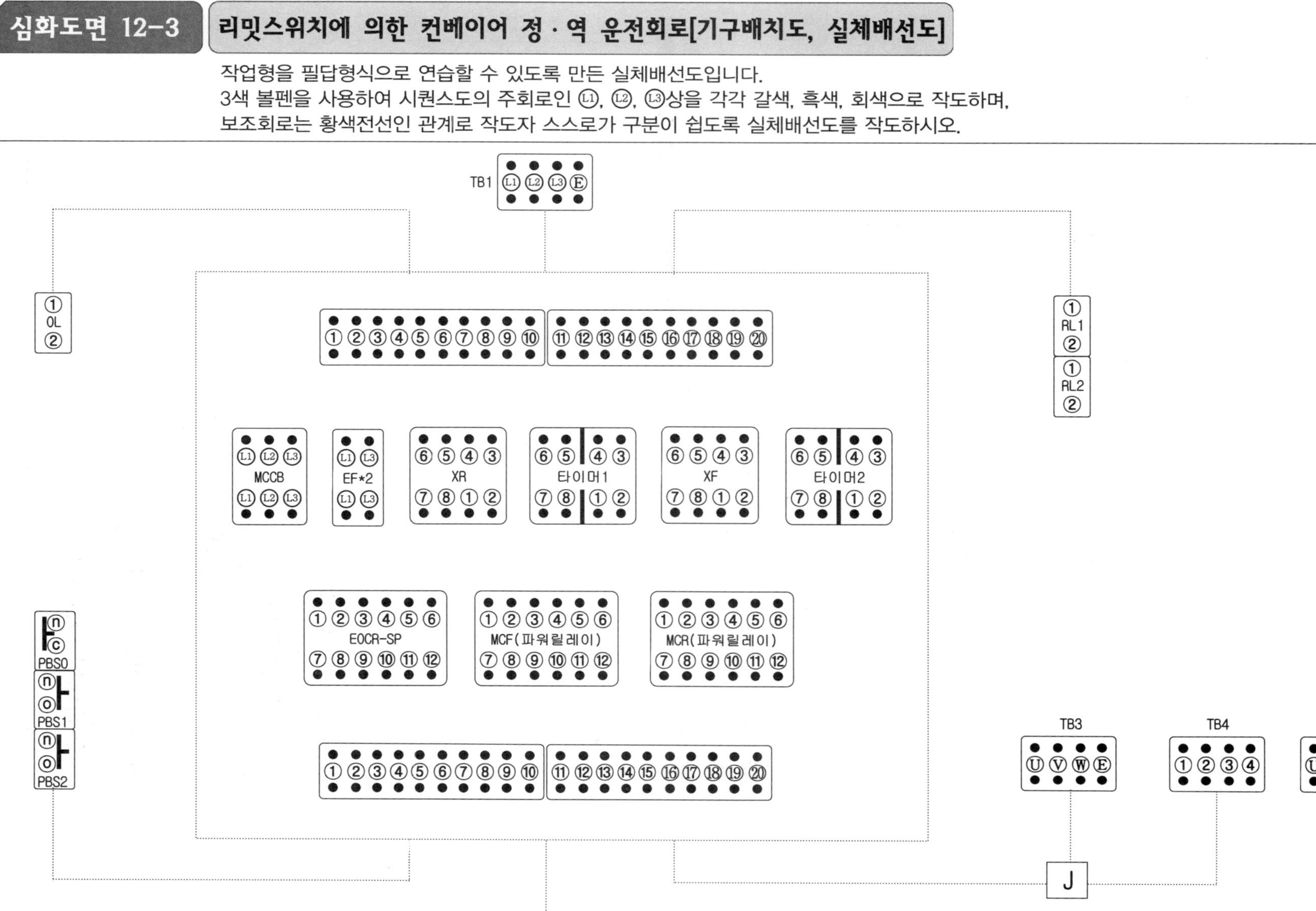

심화도면 12-4 리밋스위치에 의한 컨베이어 정·역 운전회로[제어판넬 실체배선도]

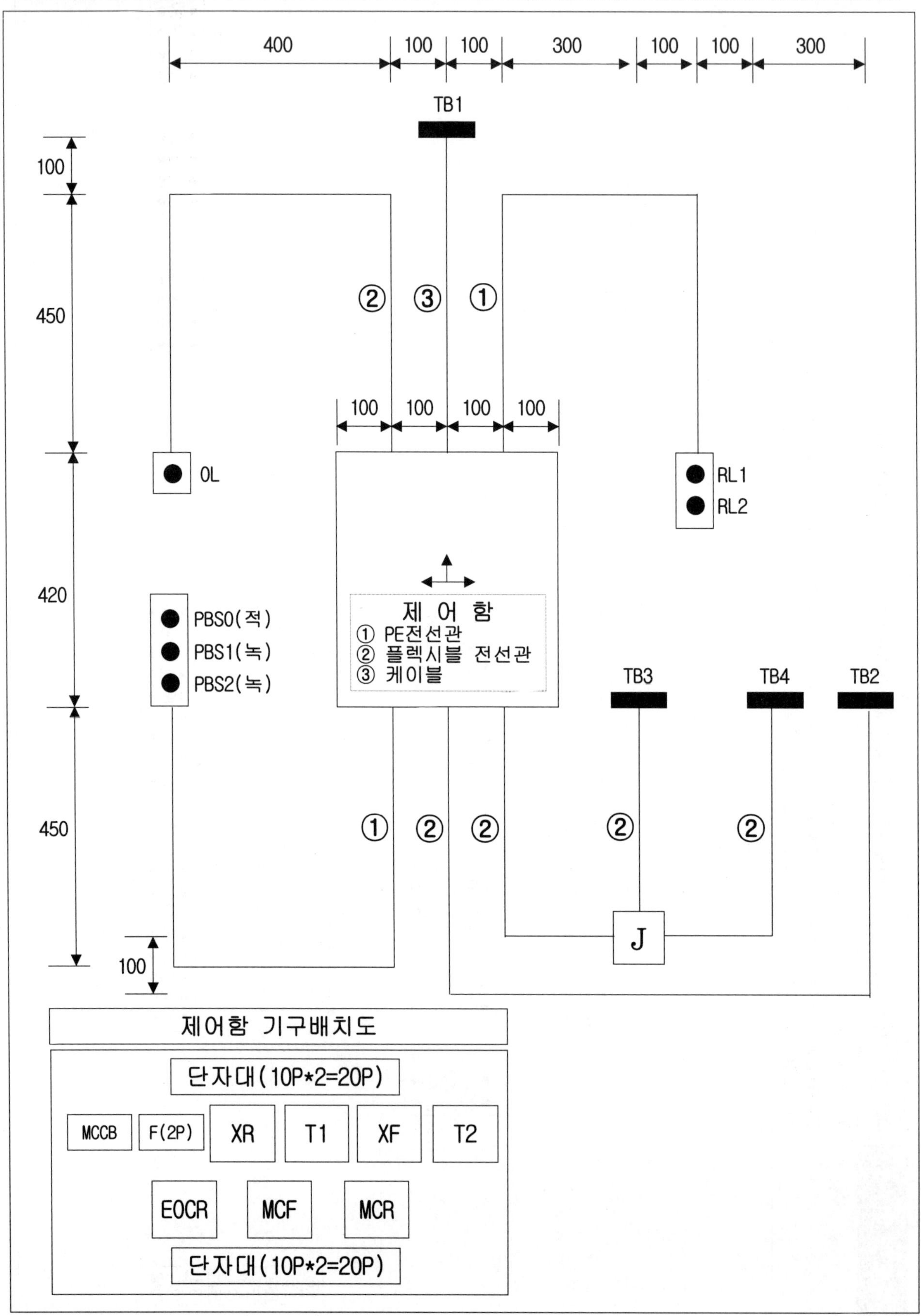

심화도면 13-1 온실하우스 온도조절 제어회로[사용재료,동작사항,흐름도]

▶ 사용재료 ◀

MCCB(3P)*1, 휴즈(2P)*1, 8P베이스*4, 12P베이스*3, 단자대(10P)*4, 단자대(4P)*4, PBS SW*3(녹,녹,적), 램프(25Φ)*4(적,적,적,황), 1구박스*1, 2구박스*2, 3구박스*1, 부저(25Φ)*1, 제어판(400*420)*1

▶ 동작사항 ◀

1) 전원(MCCB)를 ON한다.
2) PBS2를 누르면 Ry1이 여자되어 자기유지 회로가 구성되며, RL3가 점등된다. 히타 H가 동작되고 타이머가 여자되며 RL2가 점등된다.
3) t초후 타이머 한시a에 의하여 FAN이 동작한다.
4) PBS1을 누르면 Ry1, T, H, F가 소호되고 Ry2가 여자되어 자기유지 회로가 구성되며 RL1이 점등된다. RL2, RL3소등.
5) Sensor(TB4)가 감지되면 히타 H가 동작되며 타이머가 여자되고 RL2가 점등된다. t초후 타이머 한시a에 의하여 FAN이 동작한다.
6) 동작사항 진행중 PBS0를 누르면 동작중이던 모든 동작사항이 Reset된다.
7) 동작 진행중 과부하시 EOCR이 작동되면 동작중이던 모든 회로는 정지하며 FR이 여자되고 YL, BZ가 교대 점멸한다.

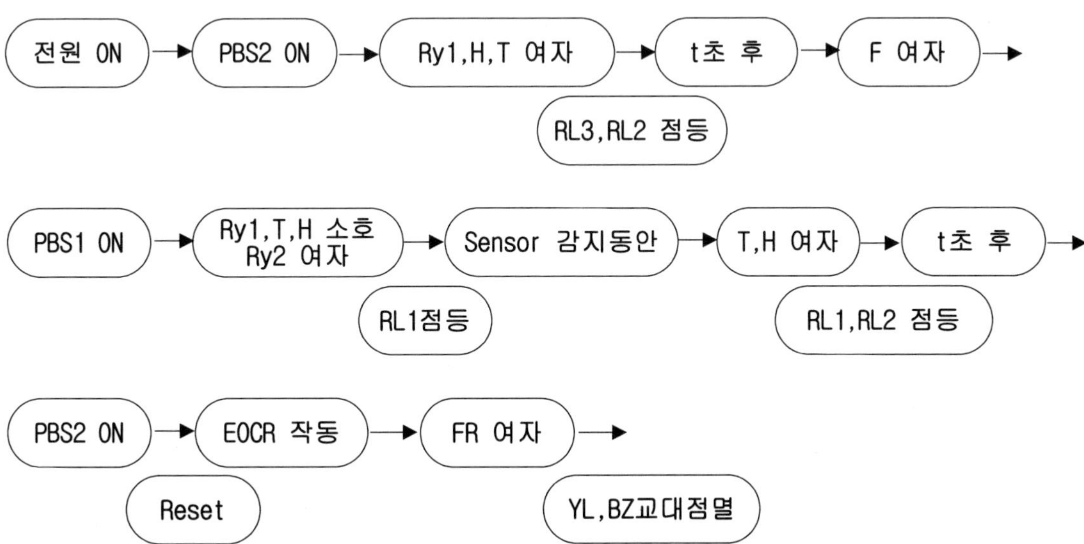

심화도면 13-2 온실하우스 온도조절 제어회로[시이퀀스도]

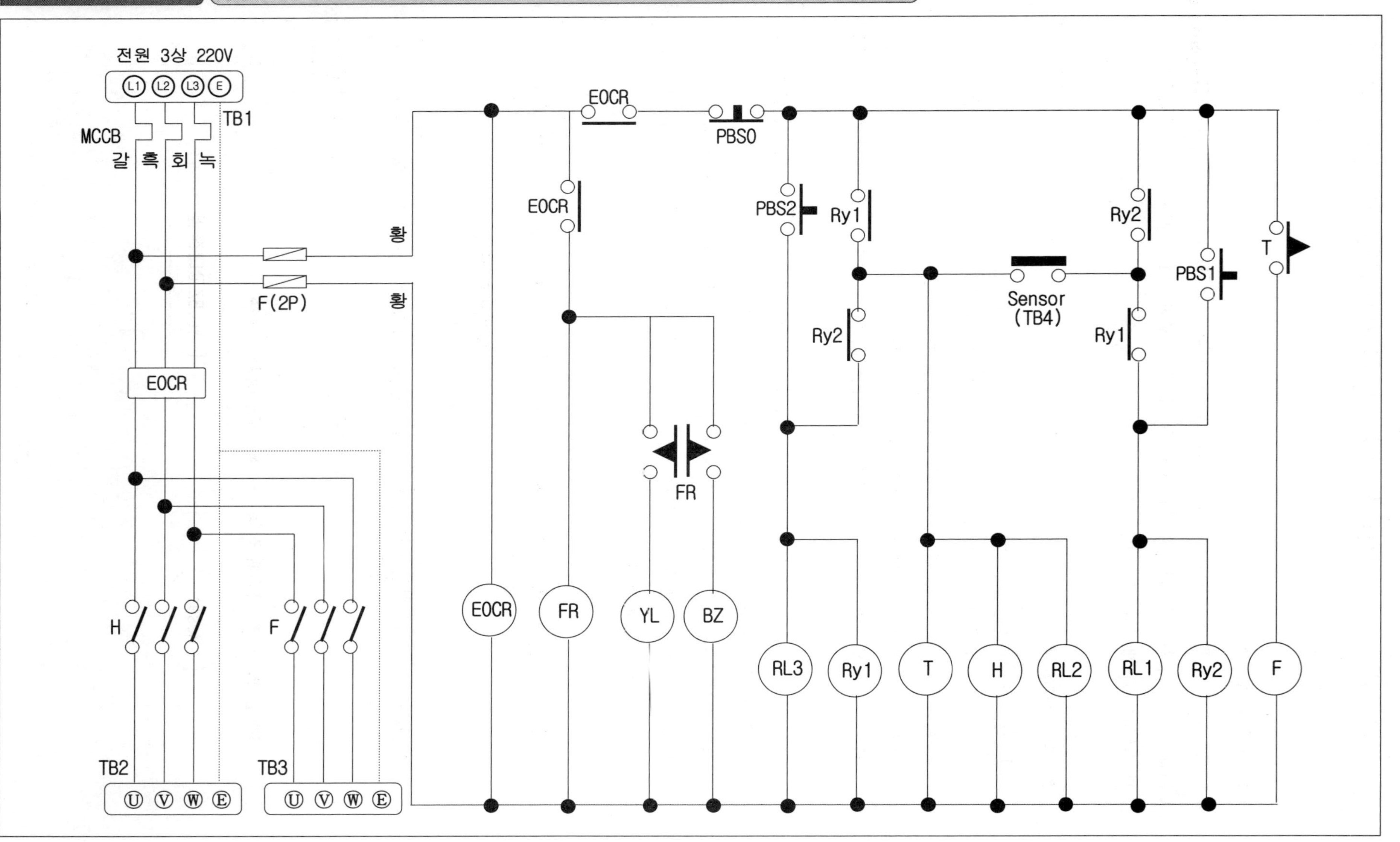

심화도면 13-3 온실하우스 온도조절 제어회로[기구배치도, 실체배선도]

작업형을 필답형식으로 연습할 수 있도록 만든 실체배선도입니다.
3색 볼펜을 사용하여 시퀀스도의 주회로인 Ⓛ1, Ⓛ2, Ⓛ3상을 각각 갈색, 흑색, 회색으로 작도하며,
보조회로는 황색전선인 관계로 작도자 스스로가 구분이 쉽도록 실체배선도를 작도하시오.

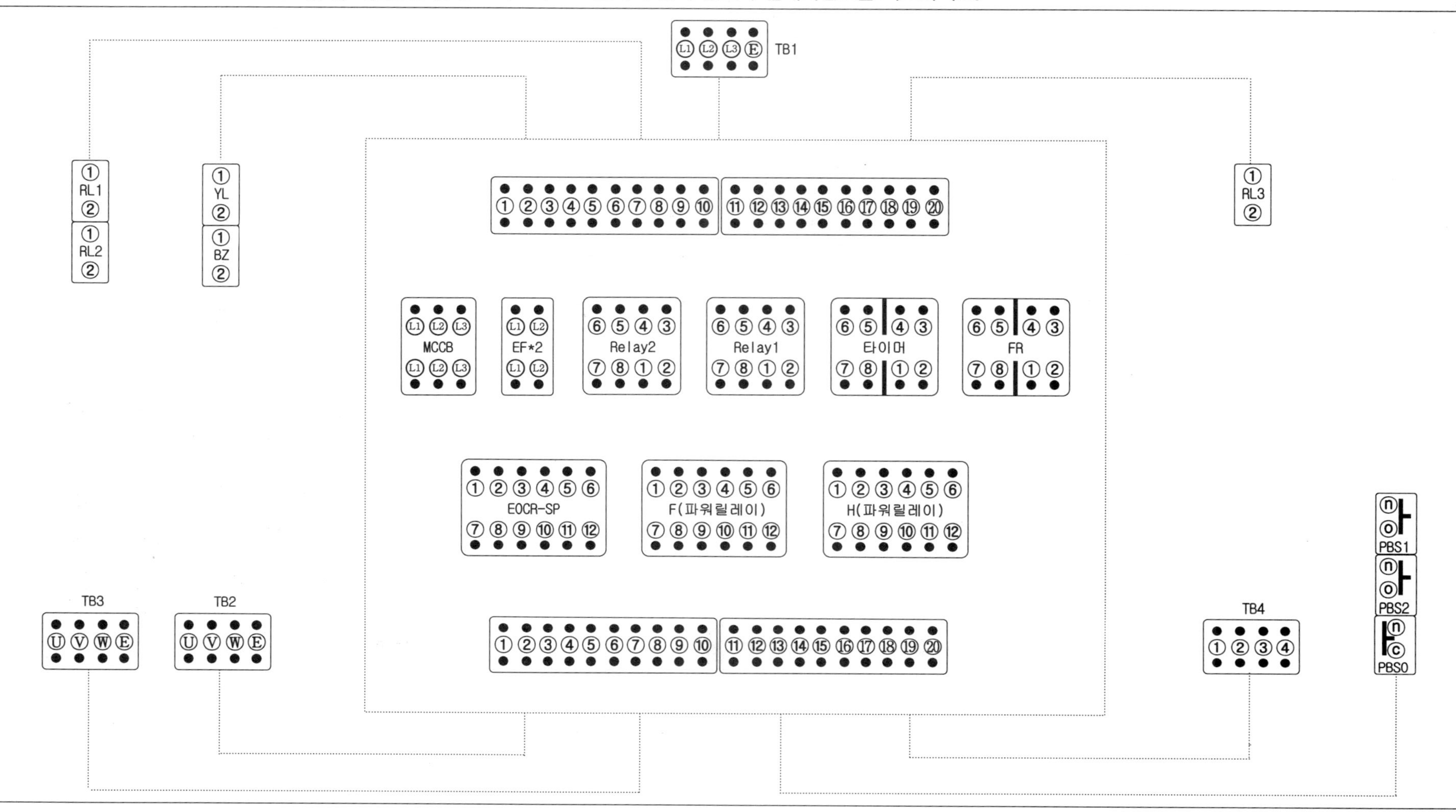

심화도면 13-4 온실하우스 온도조절 제어회로[제어판넬 실체배선도]

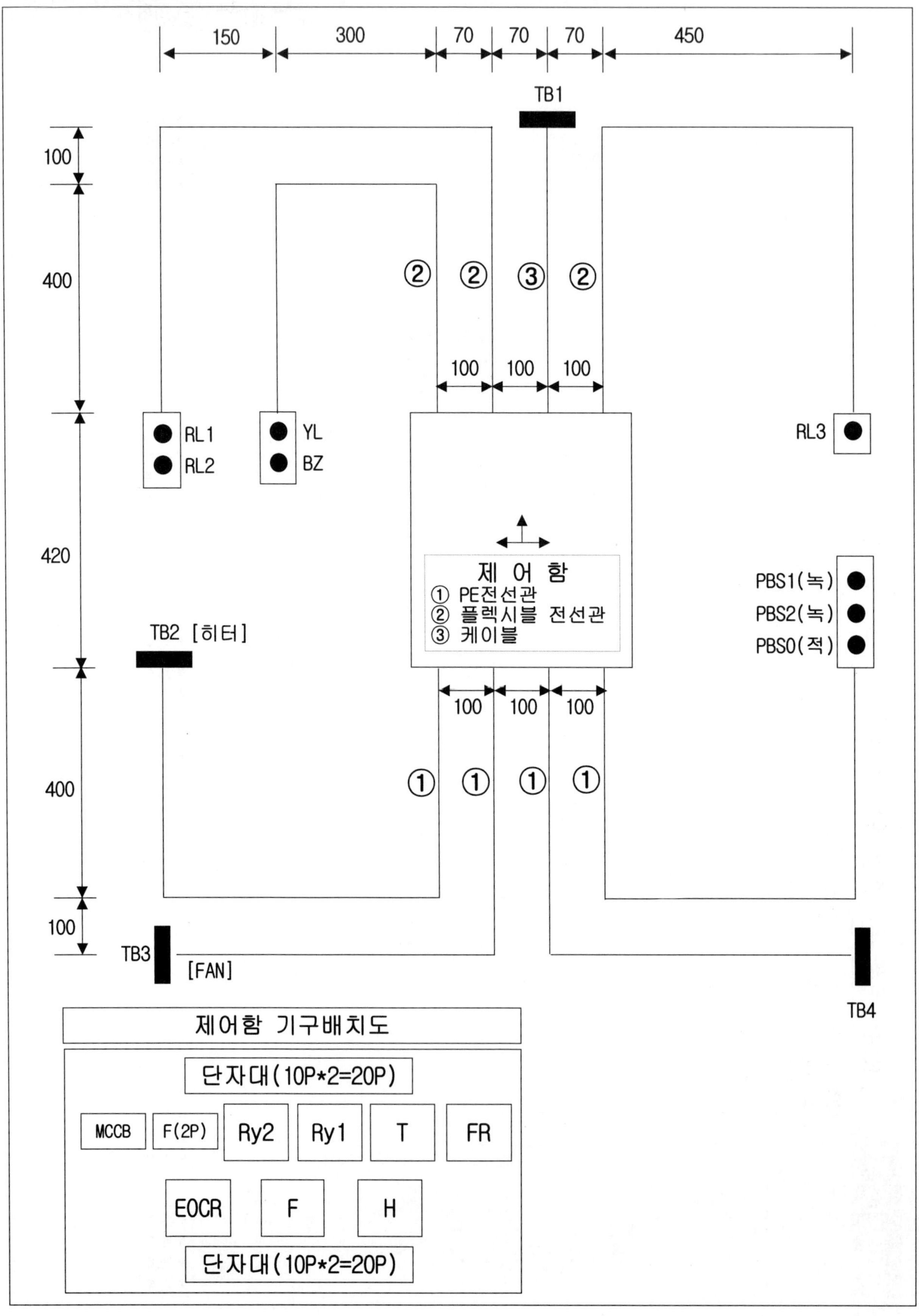

심화도면 14-1 열전함에 의한 자동 온수공급 시스템[사용재료,동작사항,흐름도]

▶ 사용재료 ◀

MCCB(3P)*1, 휴즈(2P)*1, 8P베이스*4, 12P베이스*3, 단자대(10P)*4, 단자대(4P)*4, PBS SW*3(녹,녹,적), 램프(25Φ)*4(적,적,녹,녹), SS SW*1, 2구박스*4, 8각 BOX*1, 제어판(400*420)*1

▶ 동작사항 ◀

1) 전원(MCCB)를 ON하면 L1, L4가 점등된다.
2) SS SW를 H상태로 절환한 후 PBS1을 누르면 Ry1, T가 여자되고, 온수히타 PR1(TB2)가 작동되며 L2가 점등된다. L1,L4가 소등.
   t초 후 순환모타 PR2(TB3)가 작동되며 L3가 점등된다.
   PR1이 소호되며 온수히타 PR1(TB2)가 정지하고 L2가 점등된다.
3) SS SW를 A상태로 절환하면 L1, L4가 점등된다.
   PBS2를 누르면 Ry2,Tc가 여자되고, 온수히타 PR1(TB2)가 작동되며 L2가 점등된다.
   L1, L4가 소등.
4) 열전함이 작동되면 순환모타 PR2(TB3)가 작동되며 L3가 점등된다.
   온수히타 PR1(TB2)가 정지하고, L2소등.
5) 동작사항 진행중 PBS3를 누르면 동작중이던 모든 동작사항이 Reset된다.
6) 동작 진행중 과부하시 EOCR이 작동되면 동작중이던 모든 회로는 정지한다.

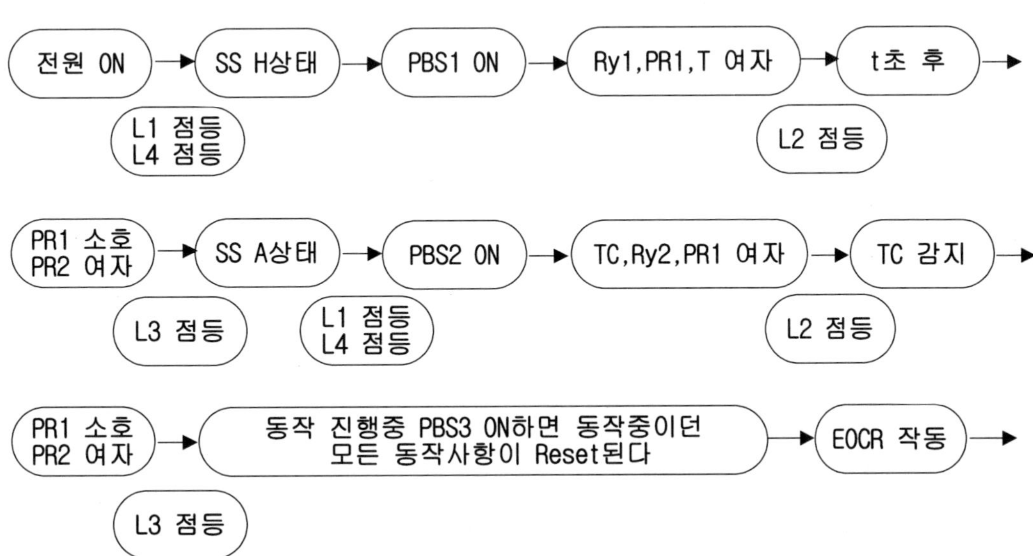

심화도면 14-2 열전함에 의한 자동 온수공급 시스템[시이퀀스도]

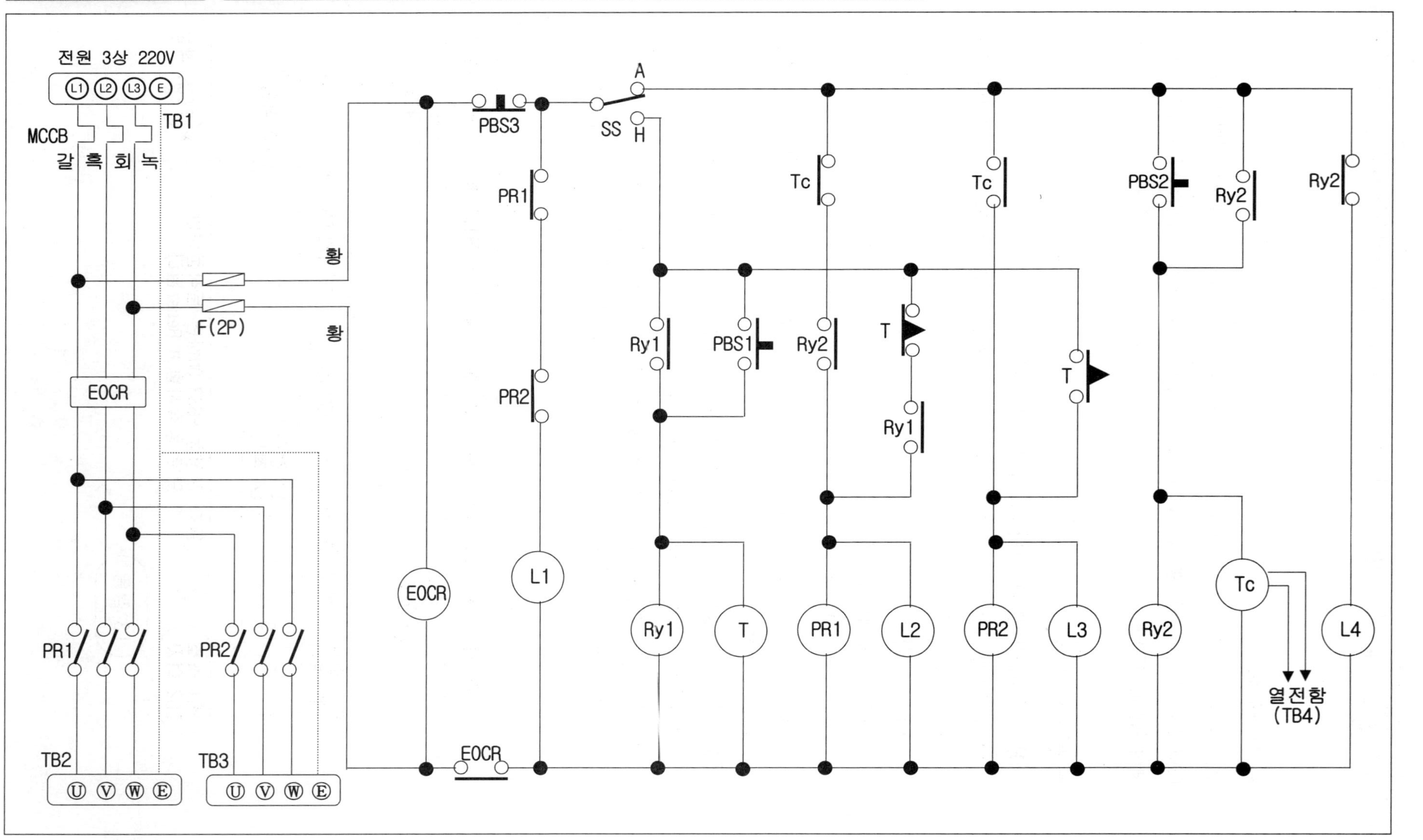

심화도면 14-3 열전함에 의한 자동 온수공급 시스템[기구배치도, 실체배선도]

작업형을 필답형식으로 연습할 수 있도록 만든 실체배선도입니다.
3색 볼펜을 사용하여 시퀀스도의 주회로인 Ⓛ1, Ⓛ2, Ⓛ3상을 각각 갈색, 흑색, 회색으로 작도하며,
보조회로는 황색전선인 관계로 작도자 스스로가 구분이 쉽도록 실체배선도를 작도하시오.

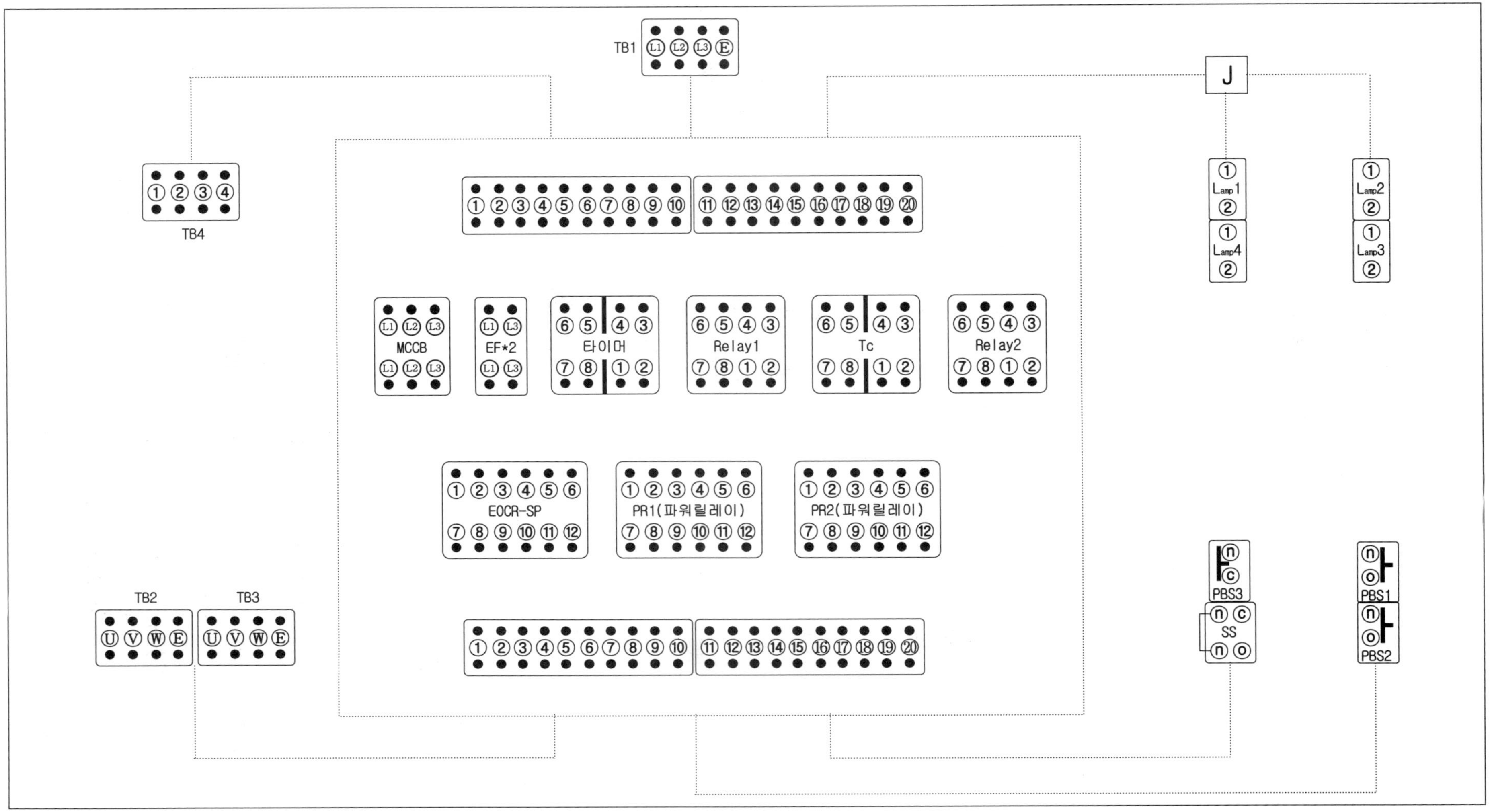

심화도면 14-4 열전함에 의한 자동 온수공급 시스템[제어판넬 실체배선도]

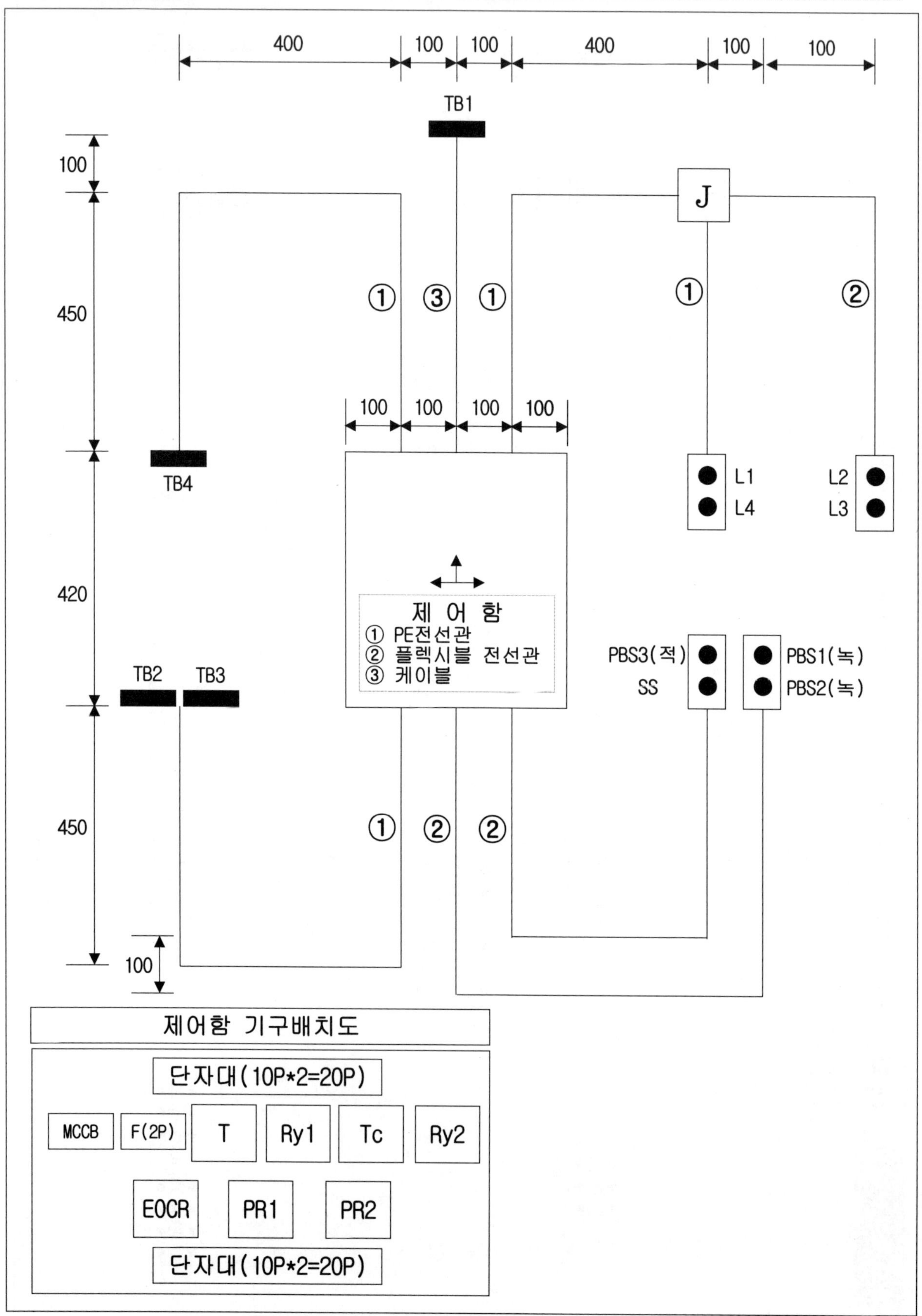

심화도면 15-1 자수동 정 · 역 기동회로[사용재료,동작사항,흐름도]

▶ 사용재료 ◀

MCCB(3P)*1, 휴즈(2P)*1, 8P베이스*3, 12P베이스*3, 단자대(10P)*4, 단자대(4P)*2, PBS SW*4(녹,녹,녹,적), 램프(25Φ)*4(적,적,적,황), 2구박스*4, 제어판(400*420)*1

▶ 동작사항 ◀

1) 전원(MCCB)를 ON한다.
2) PBS1을 누르면 Ry1이 여자되며 PR1이 여자되어 TB2가 정회전 한다. RL1점등.
3) PBS3를 누르면 PR1이 소호되고 PR2가 여자되어 TB2가 역회전 운전한다. RL2점등.
4) PBS4를 누르면 Reset된다.
5) PBS2를 누르면 Ry2가 여자되며 PR1이 여자되어 TB2가 정회전 하며 타이머가 여자된다. RL3점등.
6) t초후 PR1은 소호되며 PR2가 여자되어 TB2가 역회전 운전한다. RL2점등.
7) 동작사항 진행중 PBS4를 누르면 회로가 Reset된다.
8) 동작 진행중 과부하시 EOCR이 작동되면 동작중이던 모든 회로는 정지하며 YL이 점등된다.

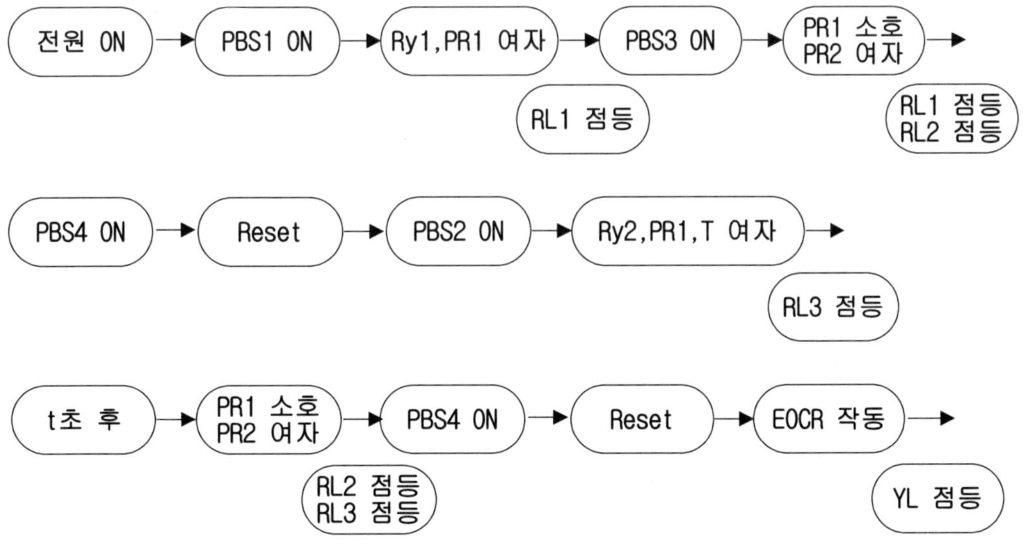

심화도면 15-2 자수동 정 · 역 기동회로[시이퀀스도]

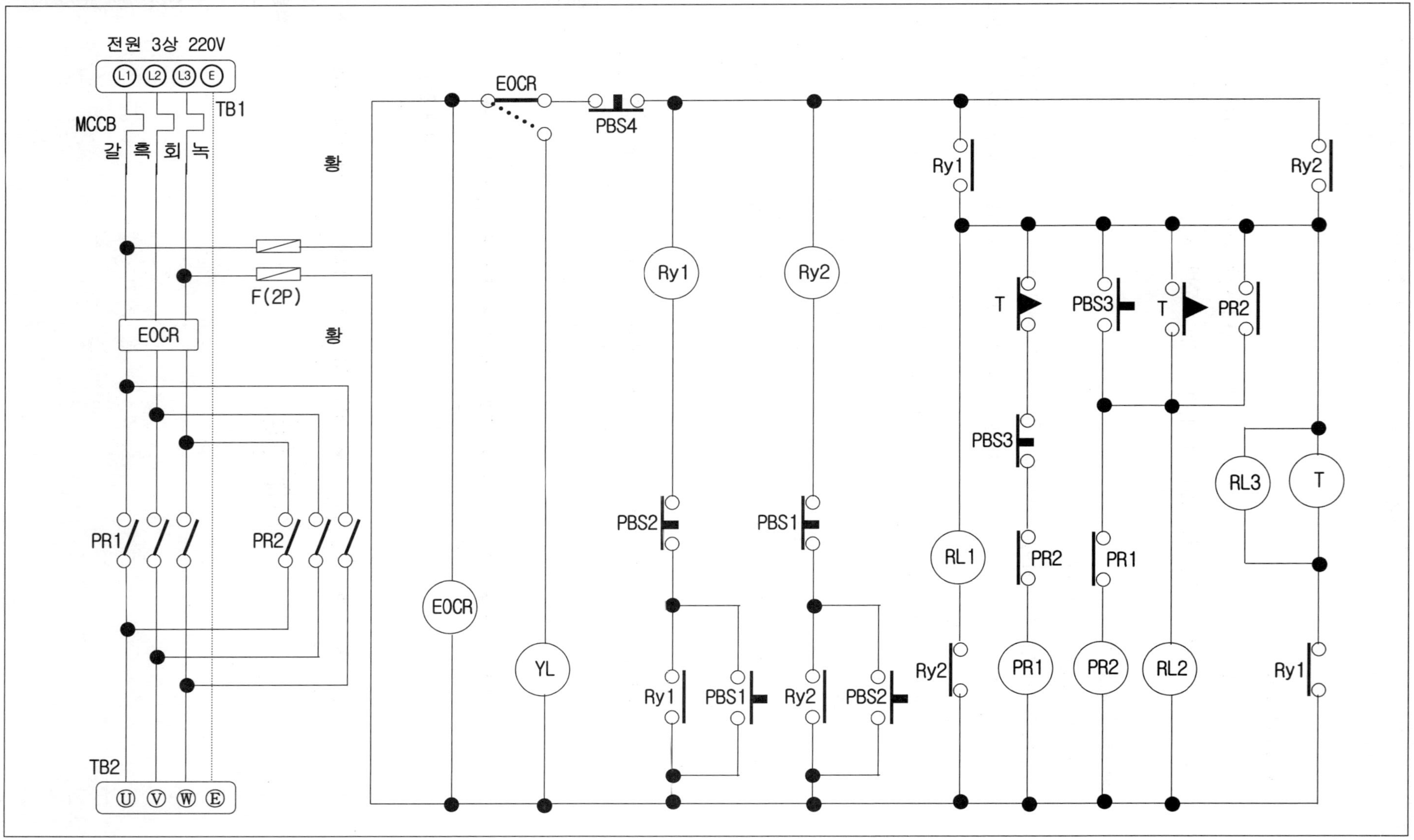

심화도면 15-3 자수동 정 · 역 기동회로[기구배치도, 실체배선도]

작업형을 필답형식으로 연습할 수 있도록 만든 실체배선도입니다.
3색 볼펜을 사용하여 시퀀스도의 주회로인 ⓛ1, ⓛ2, ⓛ3상을 각각 갈색, 흑색, 회색으로 작도하며, 보조회로는 황색전선인 관계로 작도자 스스로가 구분이 쉽도록 실체배선도를 작도하시오.

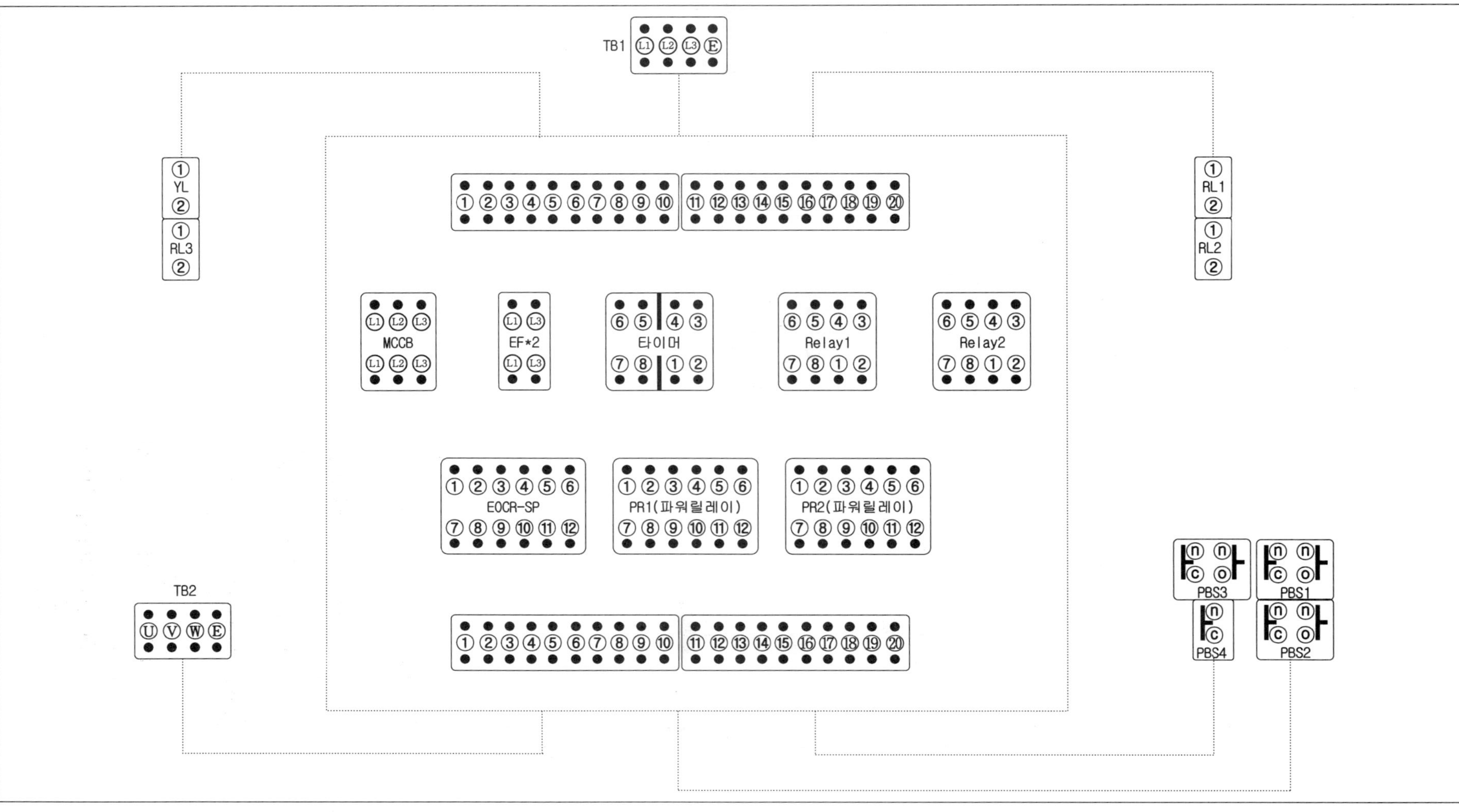

심화도면 15-4 자수동 정·역 기동회로[제어판넬 실체배선도]

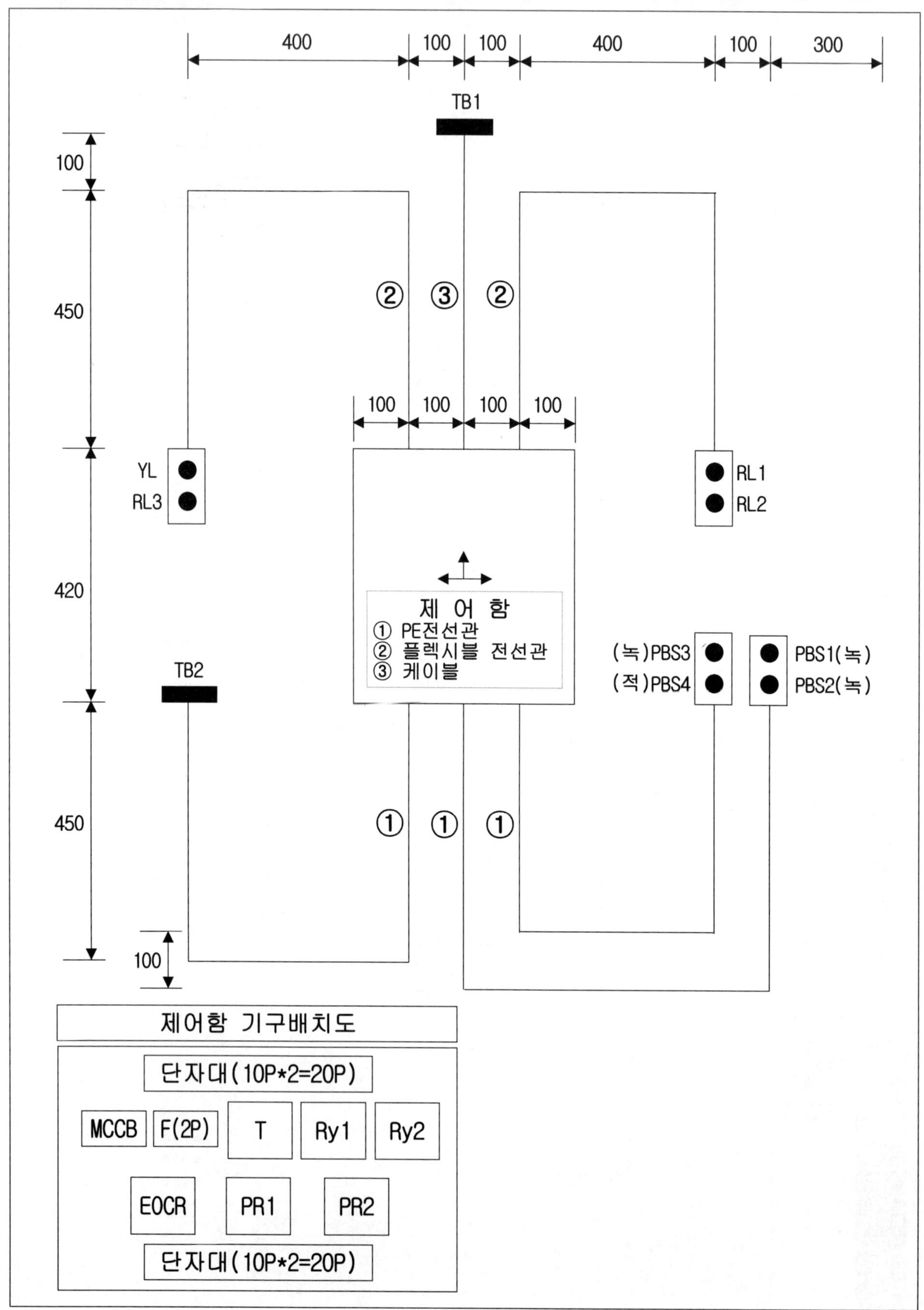

심화도면 16-1 급배수 처리장치[사용재료,동작사항,흐름도]

▶ 사용재료 ◀

MCCB(3P)*1, 8P베이스*5, 12P베이스*3, 단자대(10P)*4, 단자대(4P)*5,
PBS SW*6(적,적,적,녹,녹,녹), 램프(25Φ)*3(적,적,황), 부저(25Φ)*1, 2구박스*5,
8각 BOX*1, 제어판(400*420)*1

▶ 동작사항 ◀

1) 전원(MCCB)를 ON하면 수동동작 상태이다.
2) PBS4를 누르면 PR1이 여자되어 급수모터 TB2가 동작한다. RL1점등.
   PBS3를 누르면 PR1이 소호된다. RL1소등.
3) PBS6를 누르면 PR2가 여자되어 배수모터 TB3가 동작한다. RL2점등.
   PBS5를 누르면 PR2가 소호된다. RL2소등.
4) PBS1을 누르면 Ry1이 여자되며 자기유지 회로가 구성되며 자동동작 상태로 절환되어 PR1, Ry2, FLS1, FLS2가 여자되며 급수모터 TB2가 동작 후 수위(FLS1)이 올라가면 PR1이 소호되며, 수위(FLS2)가 목표수위 이상으로 올라가면 PR2가 여자되어 배수모터 TB3가 동작하며, 목표수위(FLS2) 아래로 내려가면 PR2가 소호된다.
5) PBS2를 누르면 수동동작 상태로 절환된다.
6) 동작 진행중 과부하시 EOCR이 작동되면 동작중이던 모든 회로는 정지하며 FR이 여자되고 YL, BZ가 교대 점멸한다.

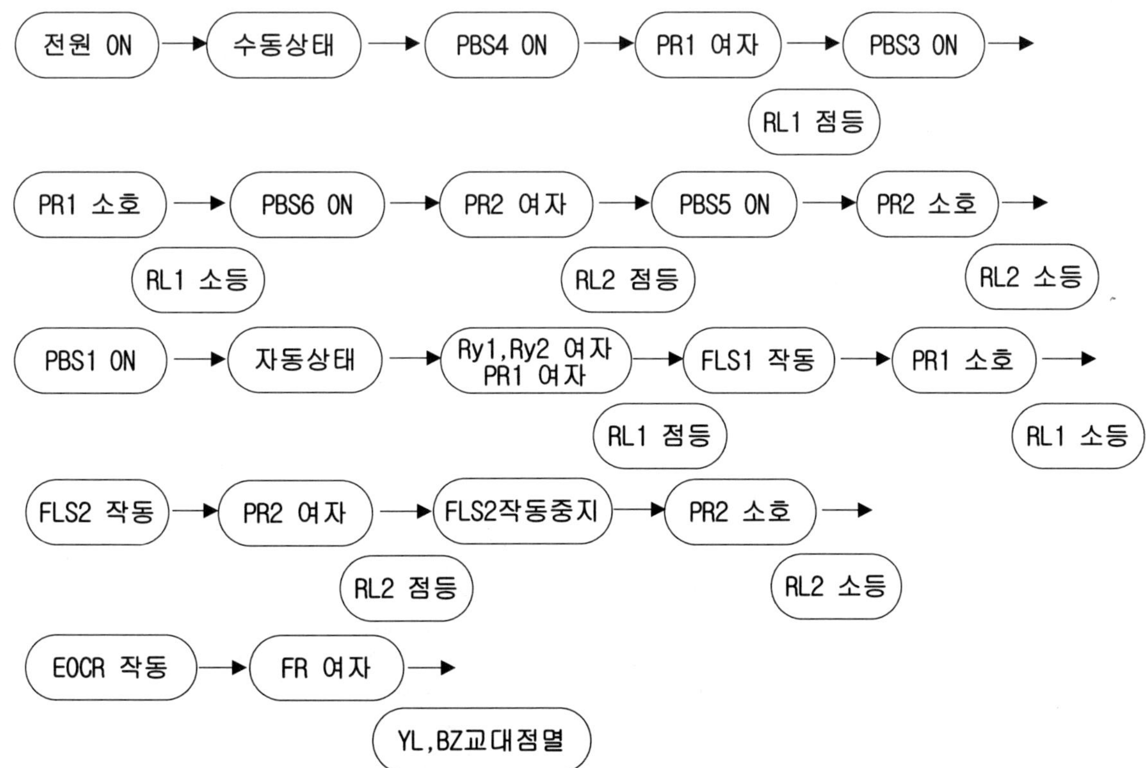

심화도면 16-2 급배수 처리장치[시이퀀스도]

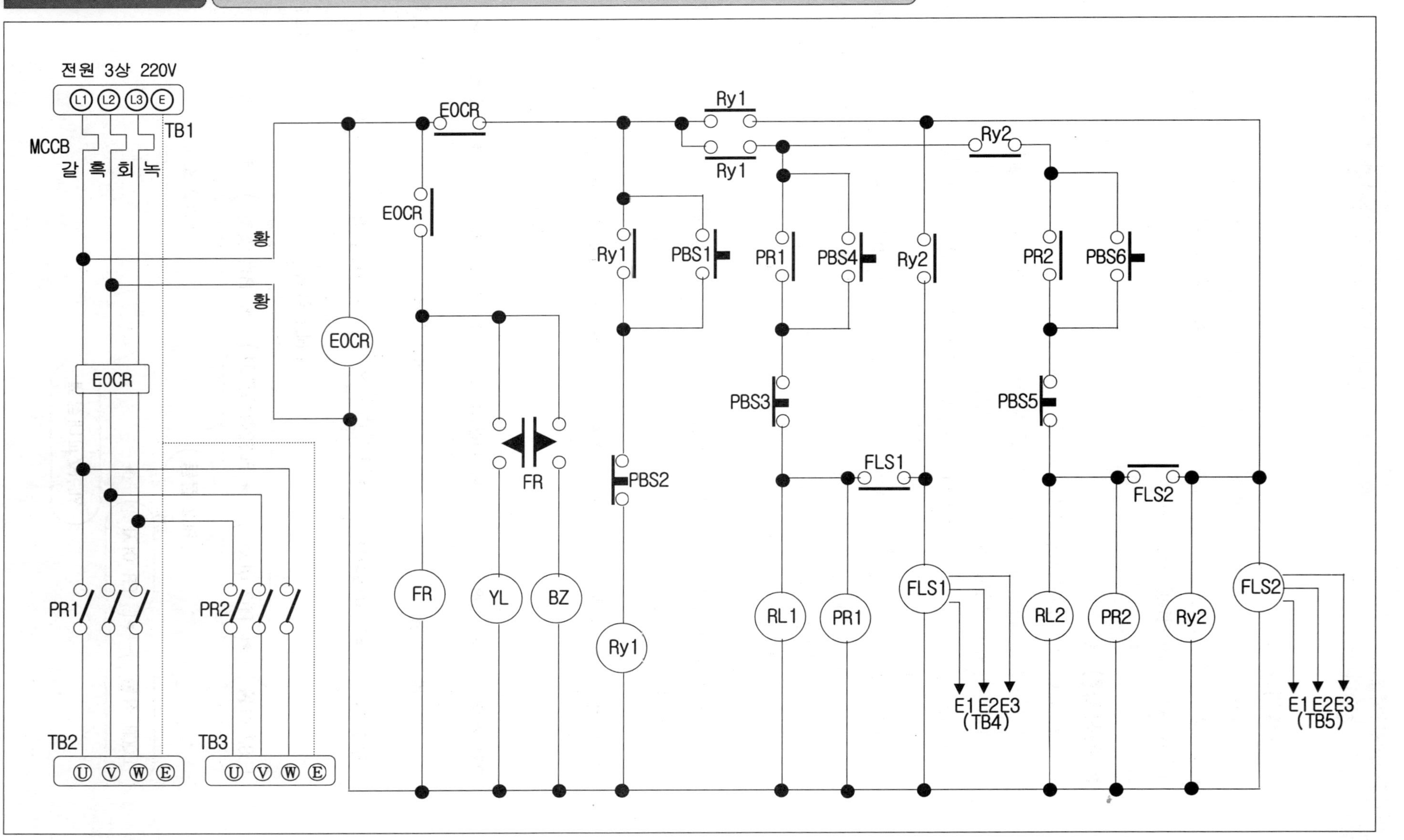

심화도면 16-3 급배수 처리장치[기구배치도, 실체배선도]

작업형을 필답형식으로 연습할 수 있도록 만든 실체배선도입니다.
3색 볼펜을 사용하여 시퀀스도의 주회로인 Ⓛ1, Ⓛ2, Ⓛ3상을 각각 갈색, 흑색, 회색으로 작도하며, 보조회로는 황색전선인 관계로 작도자 스스로가 구분이 쉽도록 실체배선도를 작도하시오.

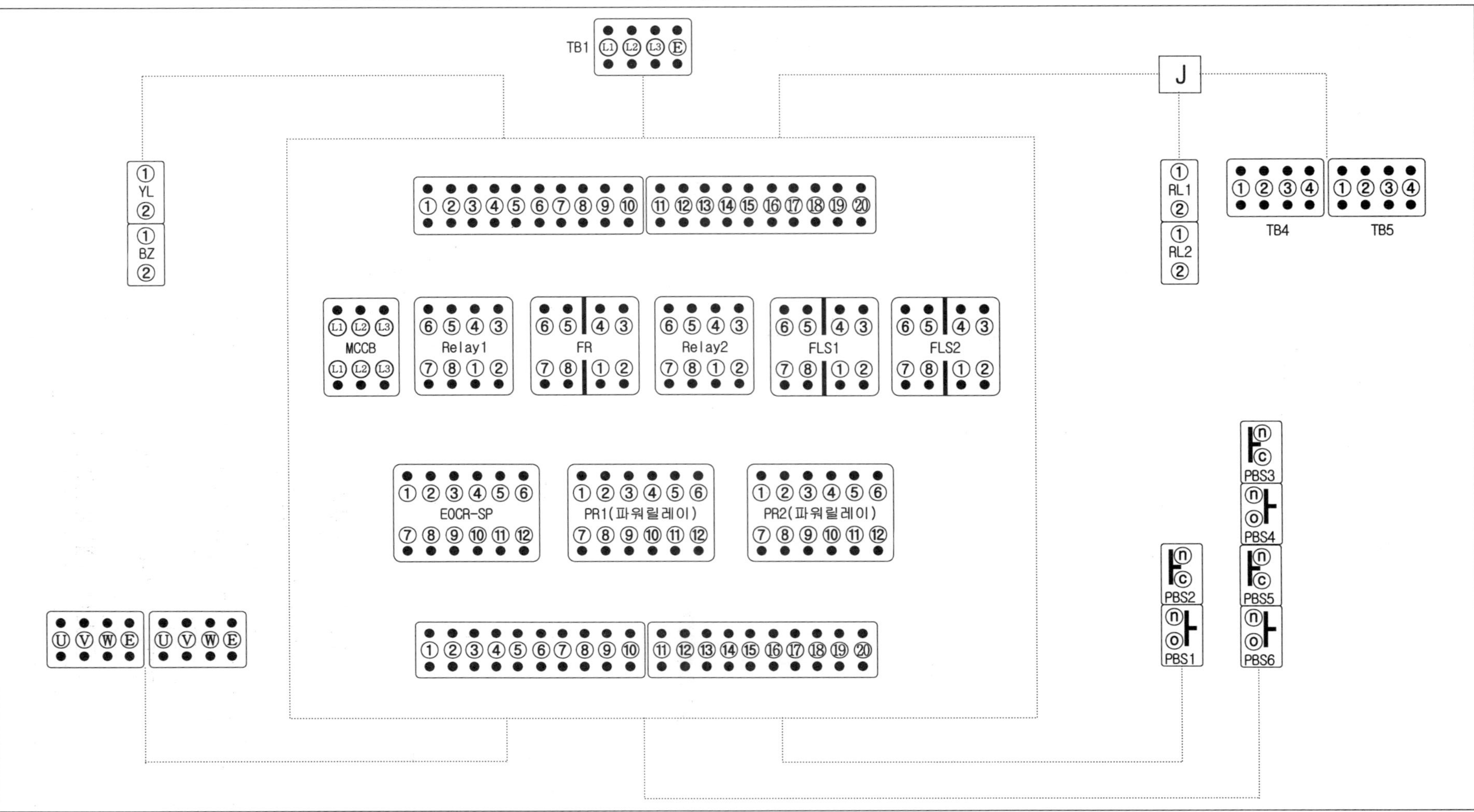

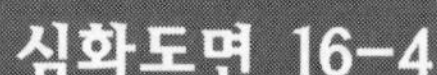

급배수 처리장치[제어판넬 실체배선도]

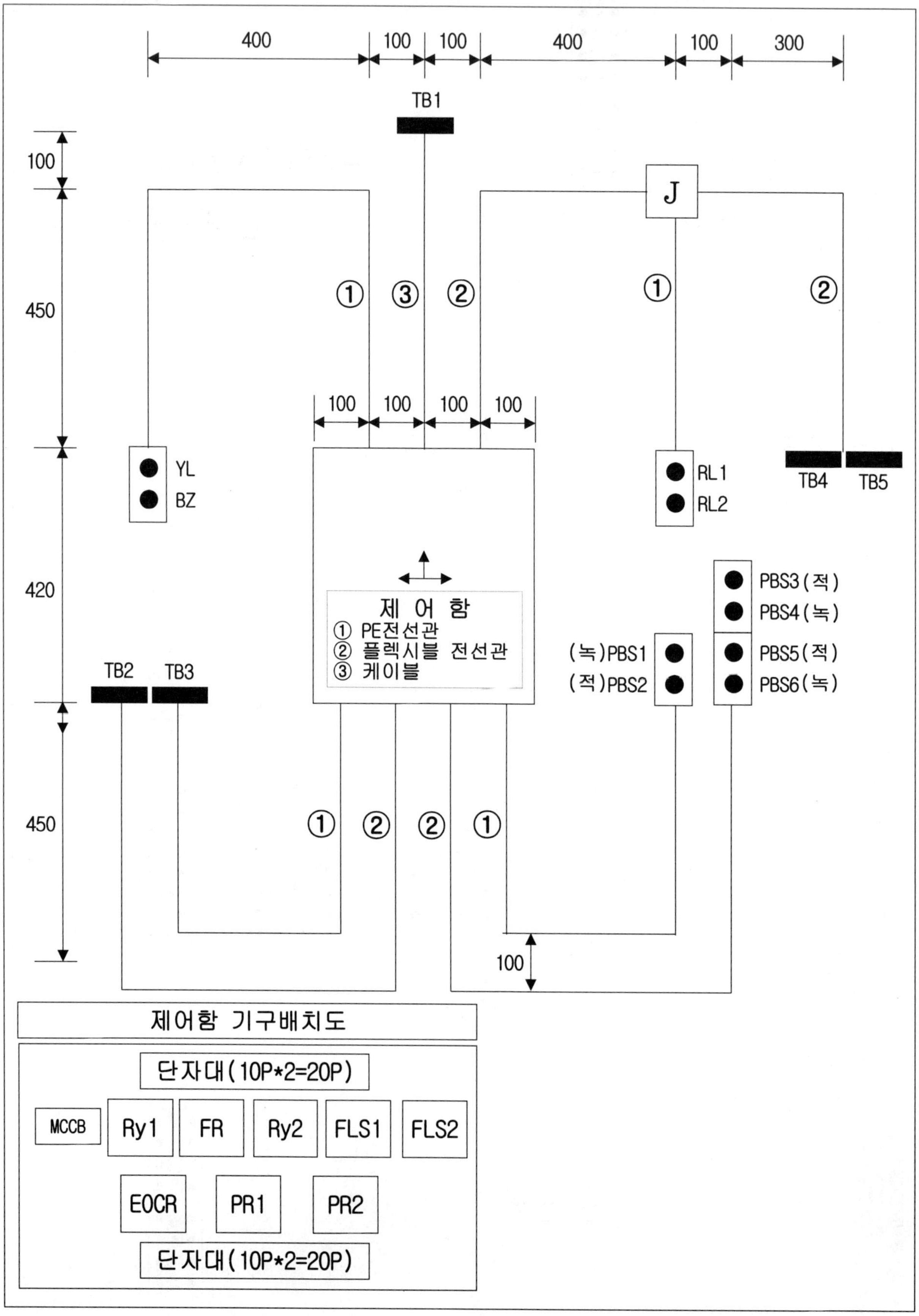

제어함 기구배치도					
단자대(10P*2=20P)					
MCCB	Ry1	FR	Ry2	FLS1	FLS2
EOCR	PR1	PR2			
단자대(10P*2=20P)					

컨베이어 순차구동 및 순차제어회로[사용재료,동작사항,흐름도]

▶ 사용재료 ◀

MCCB(3P)*1, 8P베이스*5, 12P베이스*3, 단자대(10P)*4, 단자대(4P)*4, PBS SW*3(녹,녹,적)
램프(25Φ)*5(적,적,적,적,백), 1구박스*1, 2구박스*2, 3구박스*1, 8각 BOX*1,
제어판(400*420)*1

▶ 동작사항 ◀

1) 전원(MCCB)를 투입하면 WL이 점등한다.
2) PBS1을 누르면 MC1, T1이 여자되어 TB2가 회전한다. RL1점등.
3) t1초 후 MC2, T2가 여자되어 TB3가 회전한다. RL2점등, RL1소등.(T1소호)
4) t2초 후 MC3가 여자되어 TB4가 회전한다. RL3점등, RL2소등.(T2소호)
5) PBS2를 누르면 Ry, T3, T4가 여자되며 MC3가 소호된다. RL3소등, RL4점등.
6) t3초후 MC2가 소호된다.
7) t4초후 MC1이 소호된다.
8) 동작사항 진행중 PBS3을 누르면 동작중이던 모든 동작사항이 Reset된다.

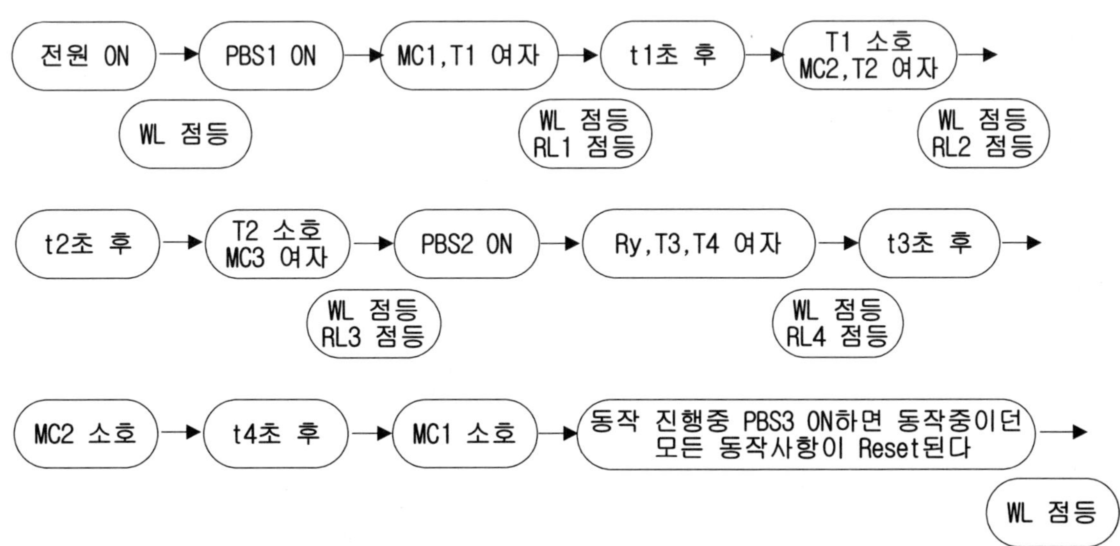

심화도면 17-2 컨베이어 순차구동 및 순차제어회로[시이퀀스도]

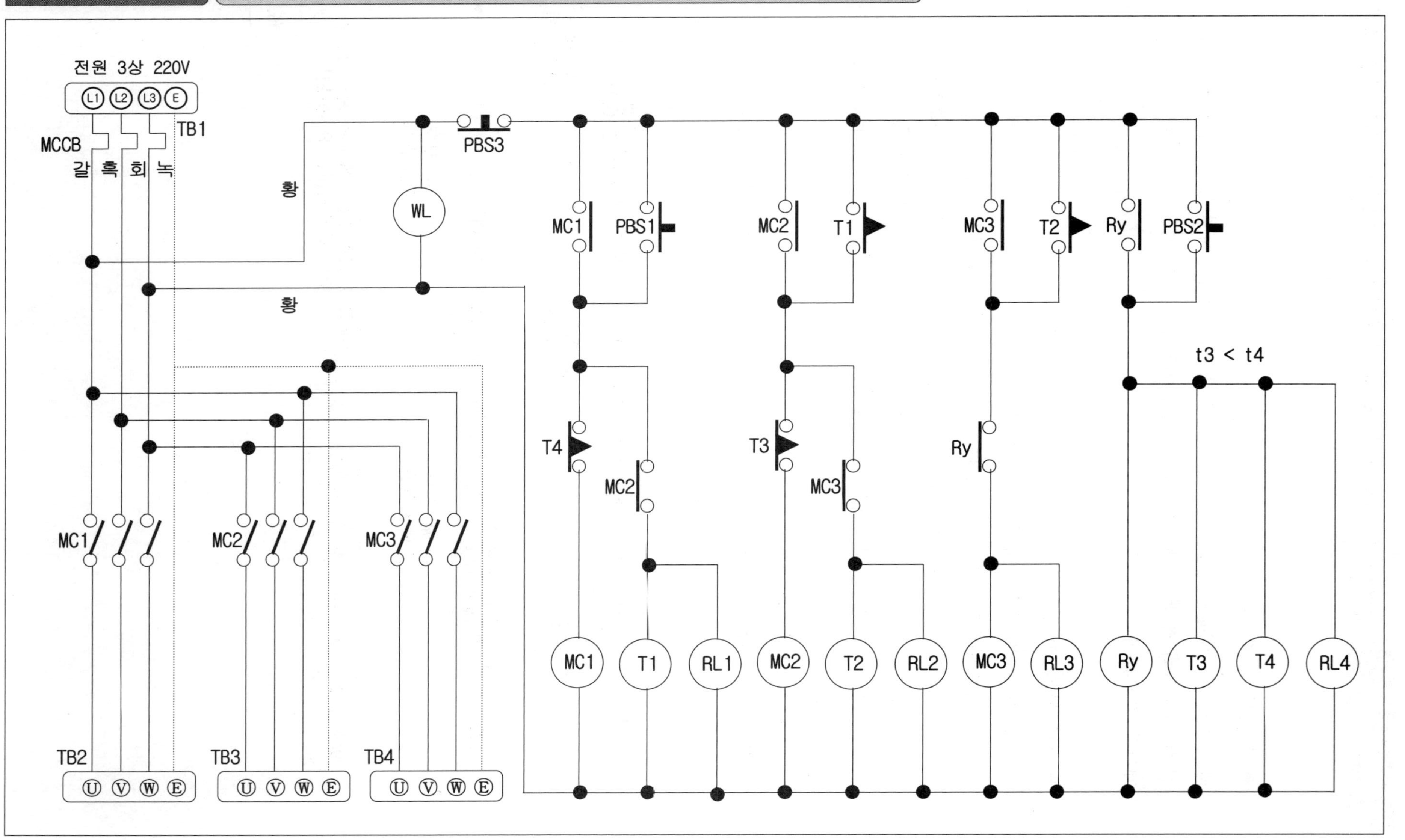

심화도면 17-3 컨베이어 순차구동 및 순차제어회로[기구배치도, 실체배선도]

작업형을 필답형식으로 연습할 수 있도록 만든 실체배선도입니다.
3색 볼펜을 사용하여 시퀀스도의 주회로인 Ⓛ1, Ⓛ2, Ⓛ3상을 각각 갈색, 흑색, 회색으로 작도하며, 보조회로는 황색전선인 관계로 작도자 스스로가 구분이 쉽도록 실체배선도를 작도하시오.

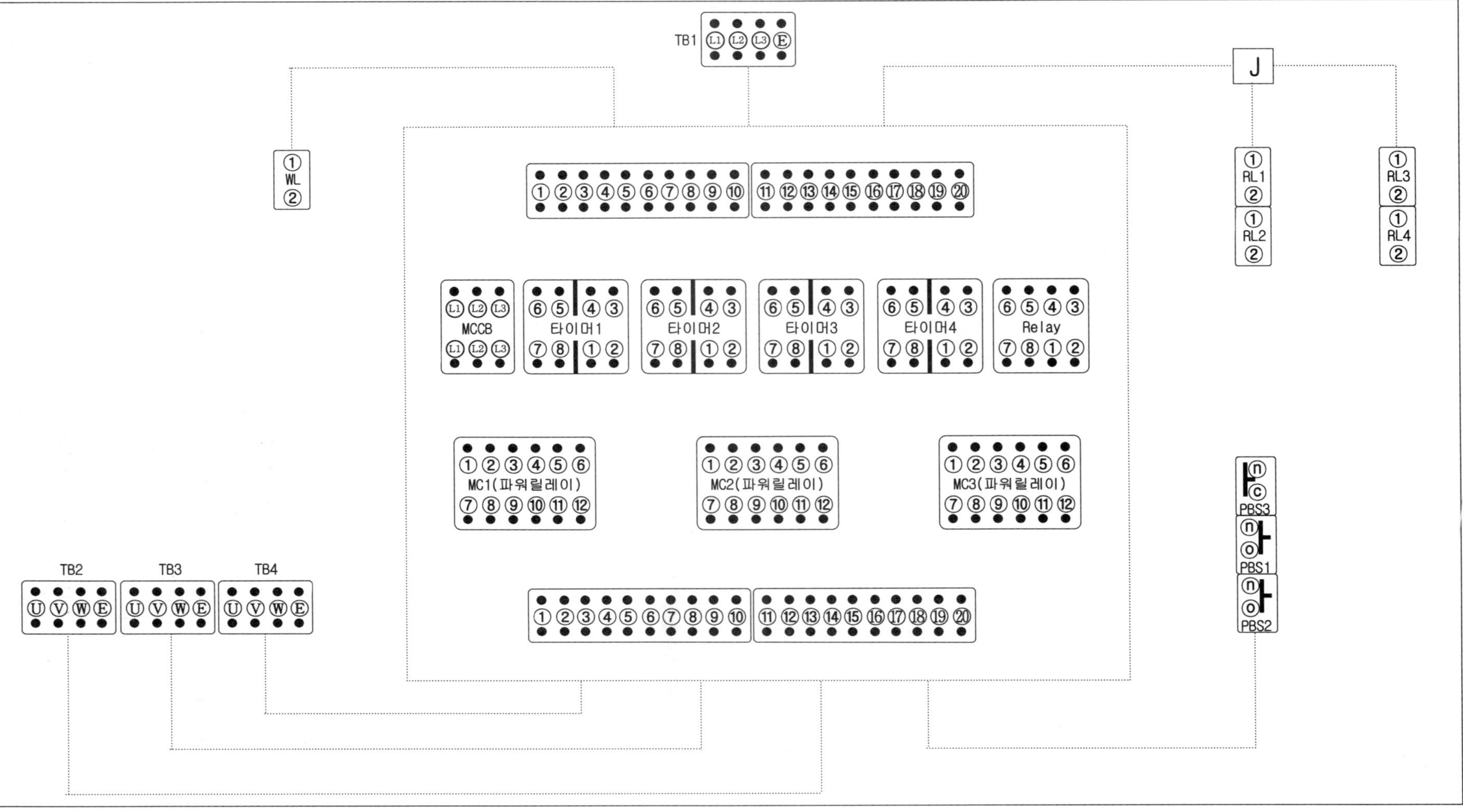

심화도면 17-4 컨베이어 순차구동 및 순차제어회로[제어판넬 실체배선도]

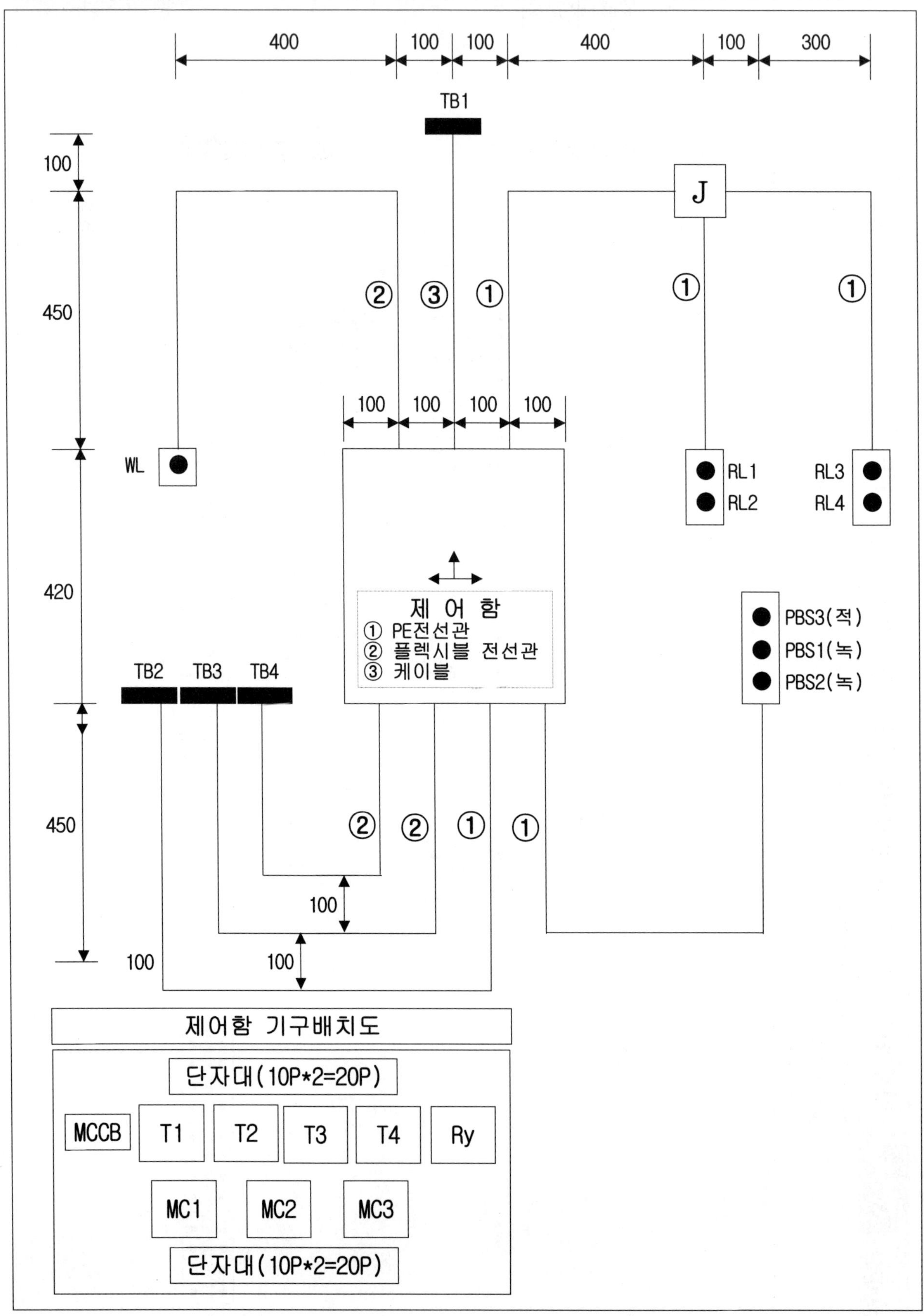

심화도면 18-1 릴레이와 센서에 의한 자수동 정역 운전회로[사용재료,동작사항,흐름도]

▶ 사용재료 ◀

MCCB(3P)*1, 휴즈(2P)*1, 8P베이스*3, 12P베이스*3, 단자대(10P)*4, 단자대(4P)*2, PBS SW*6(녹,녹,녹,녹,녹,적), 램프(25Φ)*4(적,적,녹,황), 2구박스*5, 8각 BOX*1, 제어판(400*420)*1

▶ 동작사항 ◀

1) 전원을 투입하면 수동 동작 상태가 된다.
2) PBS1을 누르면 PR1이 여자되며 자기유지 회로가 구성되며 전동기가 정회전 한다. L3점등 LS2(PBS4)를 누르면 소호된다. L3소등.
3) PBS2를 누르면 PR2가 여자되며 자기유지 회로가 구성되며 전동기가 역회전 한다. L4점등 LS1(PBS3)를 누르면 소호된다. L4소등.
4) PBS5를 누르면 Ry3가 여자되고 자동동작 상태로 전환되며 진행중이던 수동동작 상태가 모두 소호된다. L2점등.
   PBS6를 누르면 다시 수동동작 상태로 전환된다. L2소등.
5) PBS5를 누르고 LS1(PBS3)이 감지되면 Ry1이 여자되며, Ry1에 의하여 PR1이 여자되며 전동기가 정회전 한다. L3점등.
6) LS2(PBS4)가 감지되면 Ry2가 여자되며, Ry2에 의하여 PR2가 여자되며 전동기가 역회전 한다. PR1, Ry1이 소호되며 L4점등, L3소등.
7) 동작 진행중 과부하시 EOCR이 작동되면 동작중이던 모든 회로는 정지하며 L1이 점등된다.

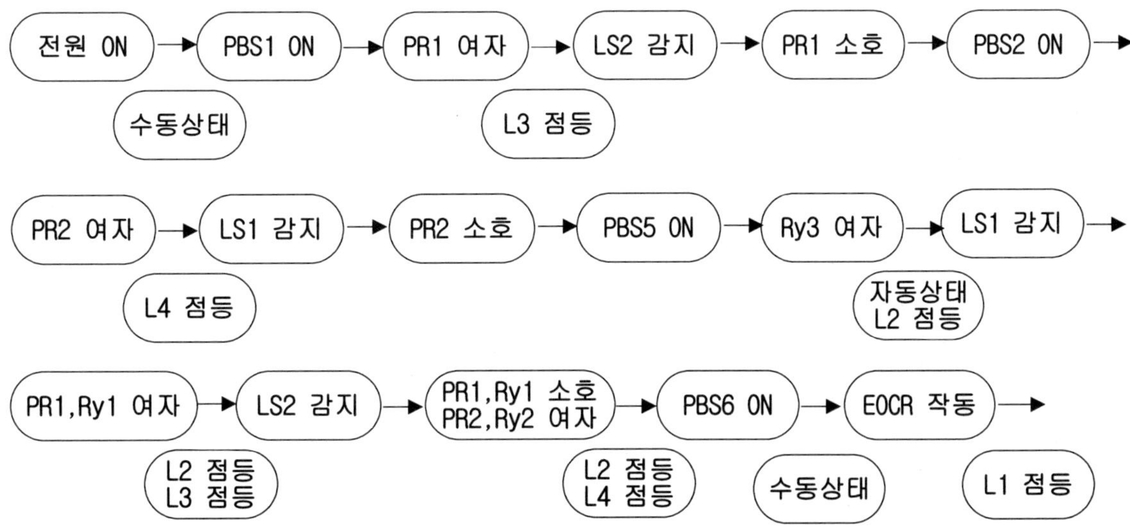

심화도면 18-2 릴레이와 센서에 의한 자수동 정역 운전회로[시이퀀스도]

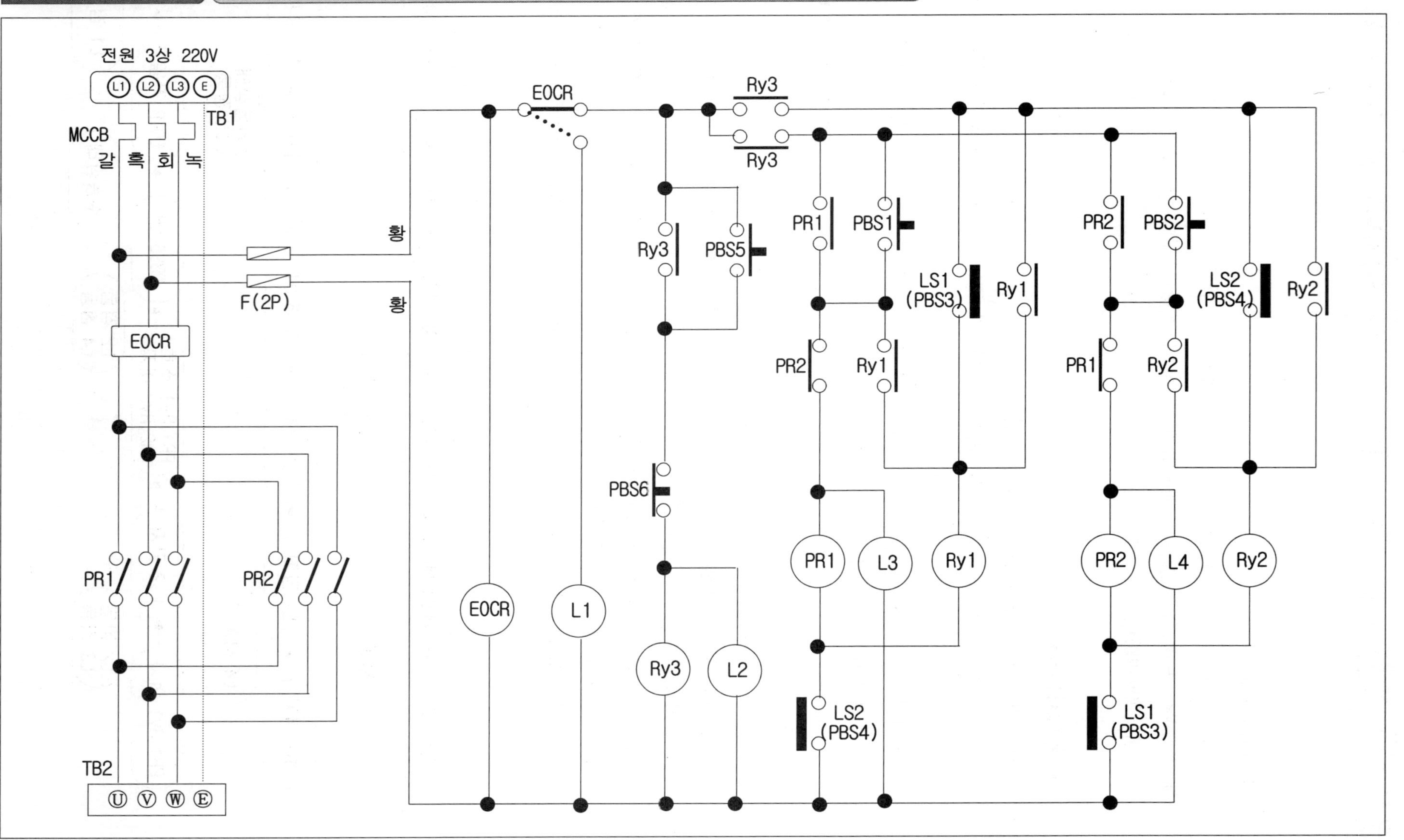

심화도면 18-3 릴레이와 센서에 의한 자수동 정역 운전회로[기구배치도, 실체배선도]

작업형을 필답형식으로 연습할 수 있도록 만든 실체배선도입니다.
3색 볼펜을 사용하여 시퀀스도의 주회로인 Ⓛ1, Ⓛ2, Ⓛ3상을 각각 갈색, 흑색, 회색으로 작도하며, 보조회로는 황색전선인 관계로 작도자 스스로가 구분이 쉽도록 실체배선도를 작도하시오.

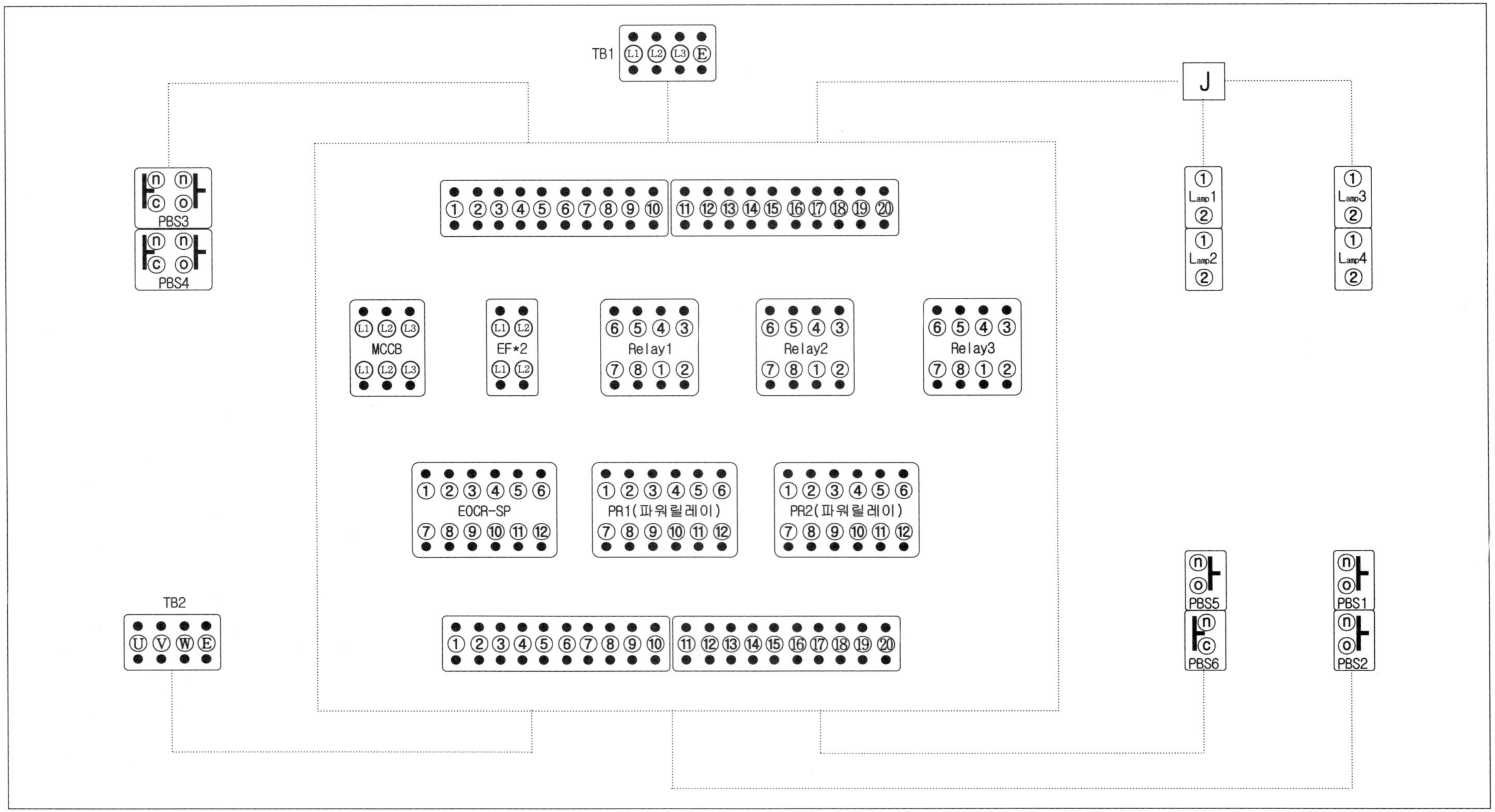

TB1 Ⓛ1 Ⓛ2 Ⓛ3 Ⓔ

J

PBS3 PBS4

① ② ③ ④ ⑤ ⑥ ⑦ ⑧ ⑨ ⑩ ⑪ ⑫ ⑬ ⑭ ⑮ ⑯ ⑰ ⑱ ⑲ ⑳

Lamp1 Lamp2 Lamp3 Lamp4

MCCB

EF*2

Relay1

Relay2

Relay3

EOCR-SP

PR1(파워릴레이)

PR2(파워릴레이)

TB2 Ⓤ Ⓥ Ⓦ Ⓔ

① ② ③ ④ ⑤ ⑥ ⑦ ⑧ ⑨ ⑩ ⑪ ⑫ ⑬ ⑭ ⑮ ⑯ ⑰ ⑱ ⑲ ⑳

PBS5 PBS6 PBS1 PBS2

심화도면 18-4 릴레이와 센서에 의한 자수동 정역 운전회로[제어판넬 실체배선도]

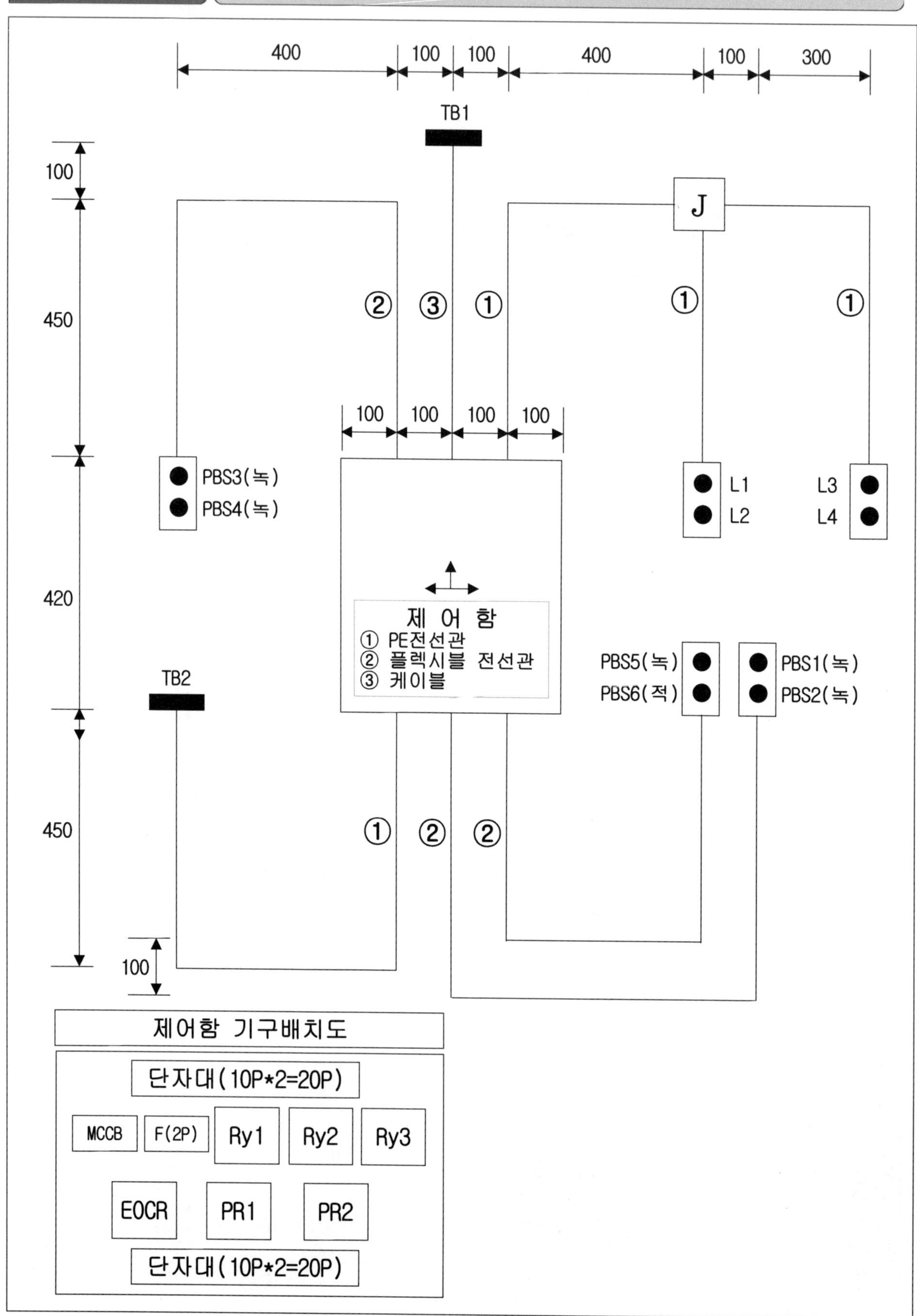

심화도면 19-1 자동문 자수동 정역 제어회로[사용재료,동작사항,흐름도]

▶ 사용재료 ◀

MCCB(3P)*1, 휴즈(2P)*1, 8P베이스*3, 12P베이스*3, 단자대(10P)*4, 단자대(4P)*4, PBS SW*5(적,녹,녹,녹,녹), 램프(25Φ)*4(적,적,녹,황), 2구박스*3, 3구박스*1, 8각 BOX*1, 제어판(400*420)*1

▶ 동작사항 ◀

1) 전원(MCCB)를 투입하면 수동 모드 작동 준비상태가 된다.
2) PBS4를 누르면 PR2가 여자되며 RL1점등.(정회전 동작)
3) LS1이 감지되면 PR2가 소호되며 RL1이 소등된다.
4) PBS3를 누르면 Ry2, PR1이 여자되며 RL2점등.(역회전 동작)
5) LS2가 감지되면 Ry2, PR1이 소호되며 RL2가 소등된다.
6) PBS1을 누르면 Ry1이 여자되어 자동 모드로 전환되며, T여자, GL점등.
   t초 후 PR2가 여자되며 RL1점등.(역회전 동작)
7) LS3가 감지되면 T, PR2는 소호되며 Ry2에 의하여 자기유지 회로가 구성되며 PR1이 여자되며 RL2점등, RL1소등.(정회전 동작)
8) PBS2를 누르면 다시 수동 모드로 전환된다.
9) 동작 진행중 과부하시 EOCR이 작동되면 동작중이던 모든 회로는 정지하며 YL이 점등된다.

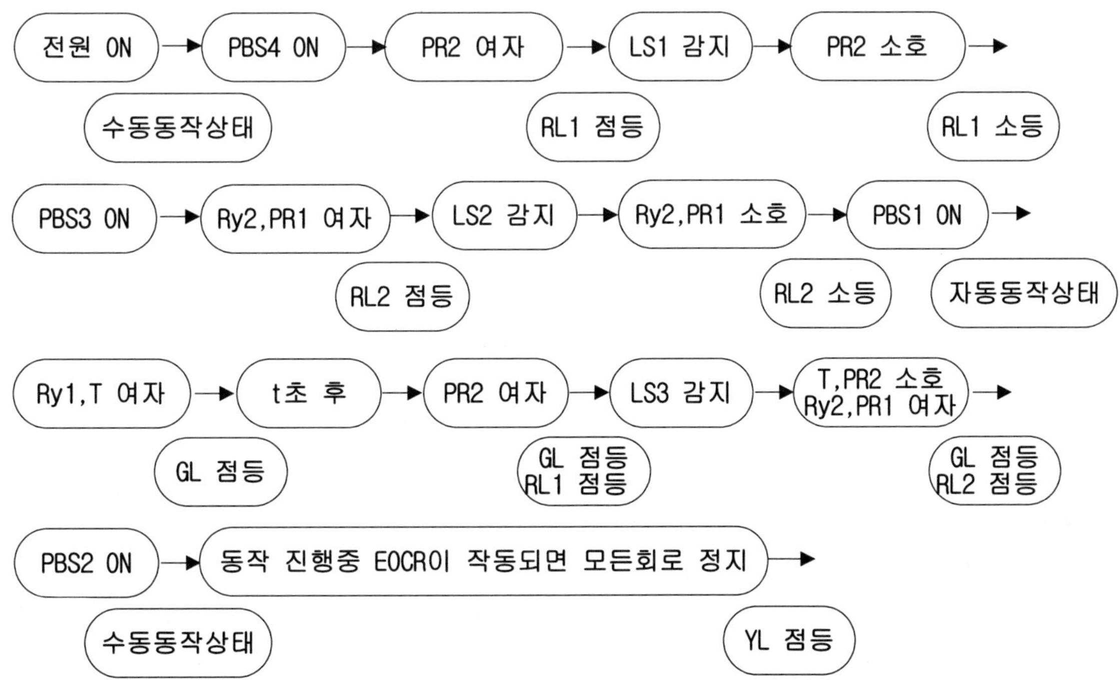

심화도면 19-2 자동문 자수동 정역 제어회로[시이퀀스도]

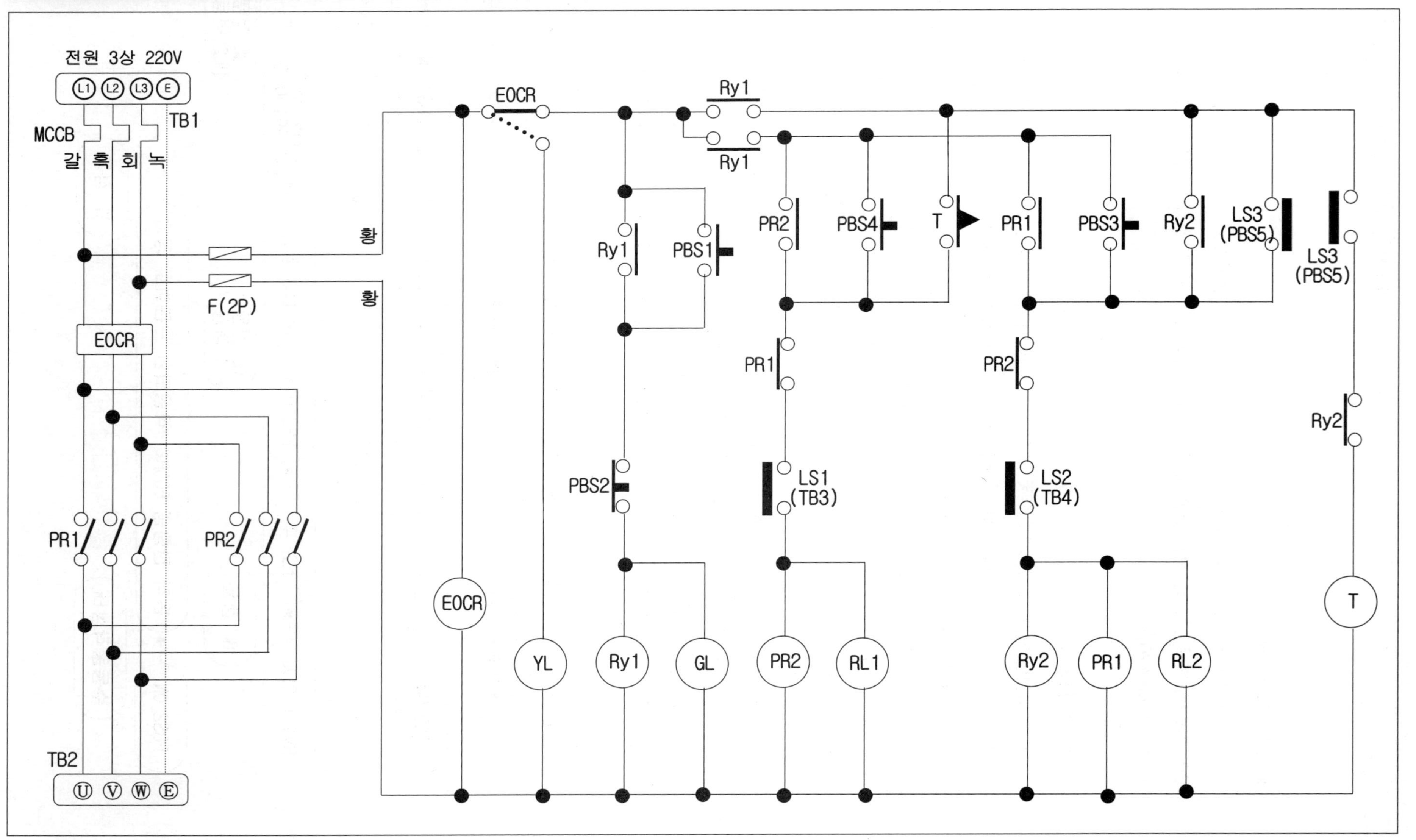

심화도면 19-3 자동문 자수동 정역 제어회로[기구배치도, 실체배선도]

작업형을 필답형식으로 연습할 수 있도록 만든 실체배선도입니다.
3색 볼펜을 사용하여 시퀀스도의 주회로인 Ⓛ1, Ⓛ2, Ⓛ3상을 각각 갈색, 흑색, 회색으로 작도하며,
보조회로는 황색전선인 관계로 작도자 스스로가 구분이 쉽도록 실체배선도를 작도하시오.

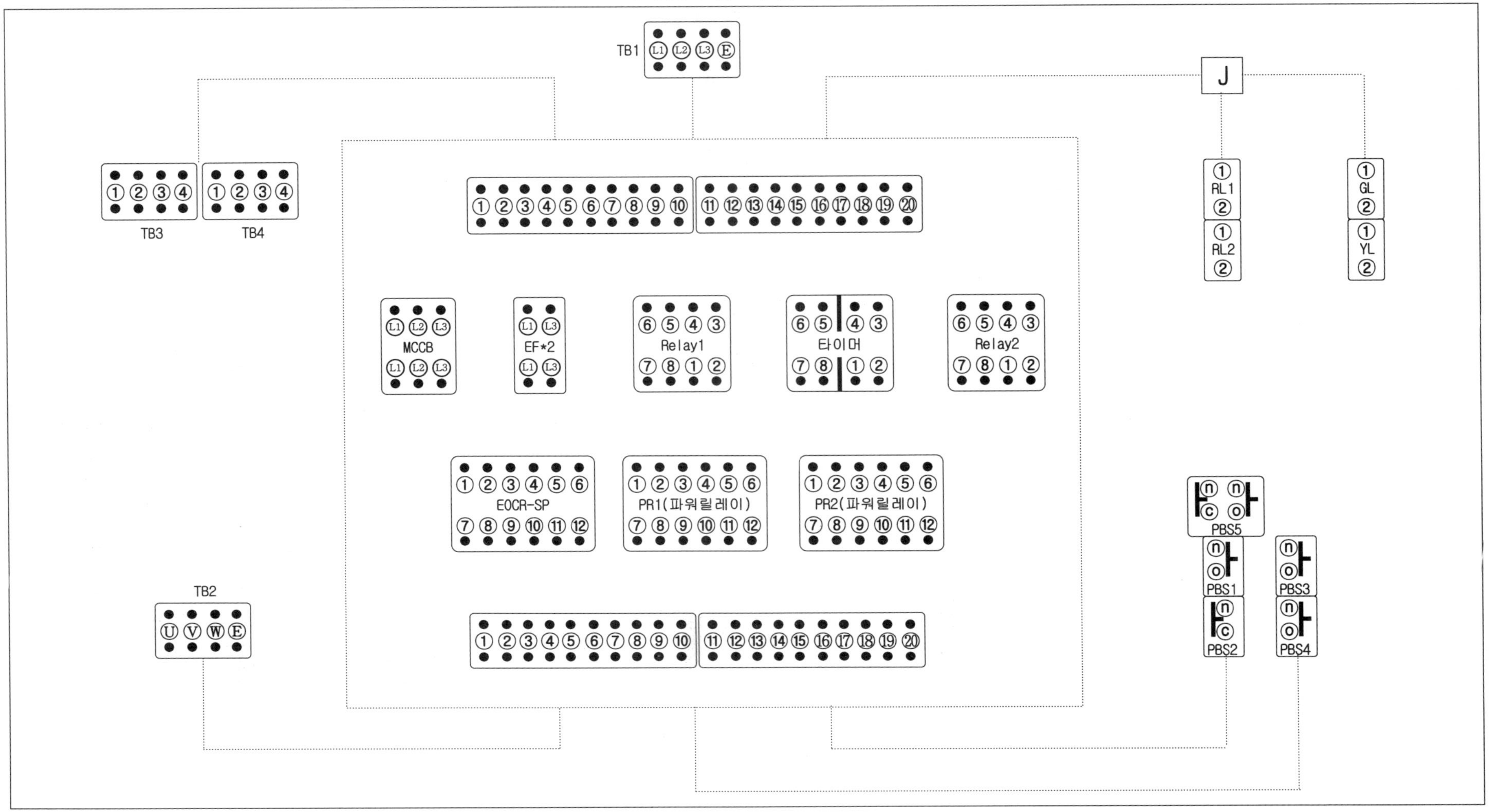

TB1 L1 L2 L3 E

J

TB3 ① ② ③ ④

TB4 ① ② ③ ④

① ② ③ ④ ⑤ ⑥ ⑦ ⑧ ⑨ ⑩ ⑪ ⑫ ⑬ ⑭ ⑮ ⑯ ⑰ ⑱ ⑲ ⑳

RL1 ① ②

RL2 ① ②

GL ① ②

YL ① ②

MCCB L1 L2 L3

EF*2 L1 L3

Relay1 ⑥ ⑤ ④ ③ ⑦ ⑧ ① ②

타이머 ⑥ ⑤ ④ ③ ⑦ ⑧ ① ②

Relay2 ⑥ ⑤ ④ ③ ⑦ ⑧ ① ②

EOCR-SP ① ② ③ ④ ⑤ ⑥ ⑦ ⑧ ⑨ ⑩ ⑪ ⑫

PR1(파워릴레이) ① ② ③ ④ ⑤ ⑥ ⑦ ⑧ ⑨ ⑩ ⑪ ⑫

PR2(파워릴레이) ① ② ③ ④ ⑤ ⑥ ⑦ ⑧ ⑨ ⑩ ⑪ ⑫

PBS5 n c n o

PBS1 n o

PBS3 n o

PBS2 n c

PBS4 n o

TB2 U V W E

① ② ③ ④ ⑤ ⑥ ⑦ ⑧ ⑨ ⑩ ⑪ ⑫ ⑬ ⑭ ⑮ ⑯ ⑰ ⑱ ⑲ ⑳

심화도면 19-4 자동문 자수동 정역 제어회로[제어판넬 실체배선도]

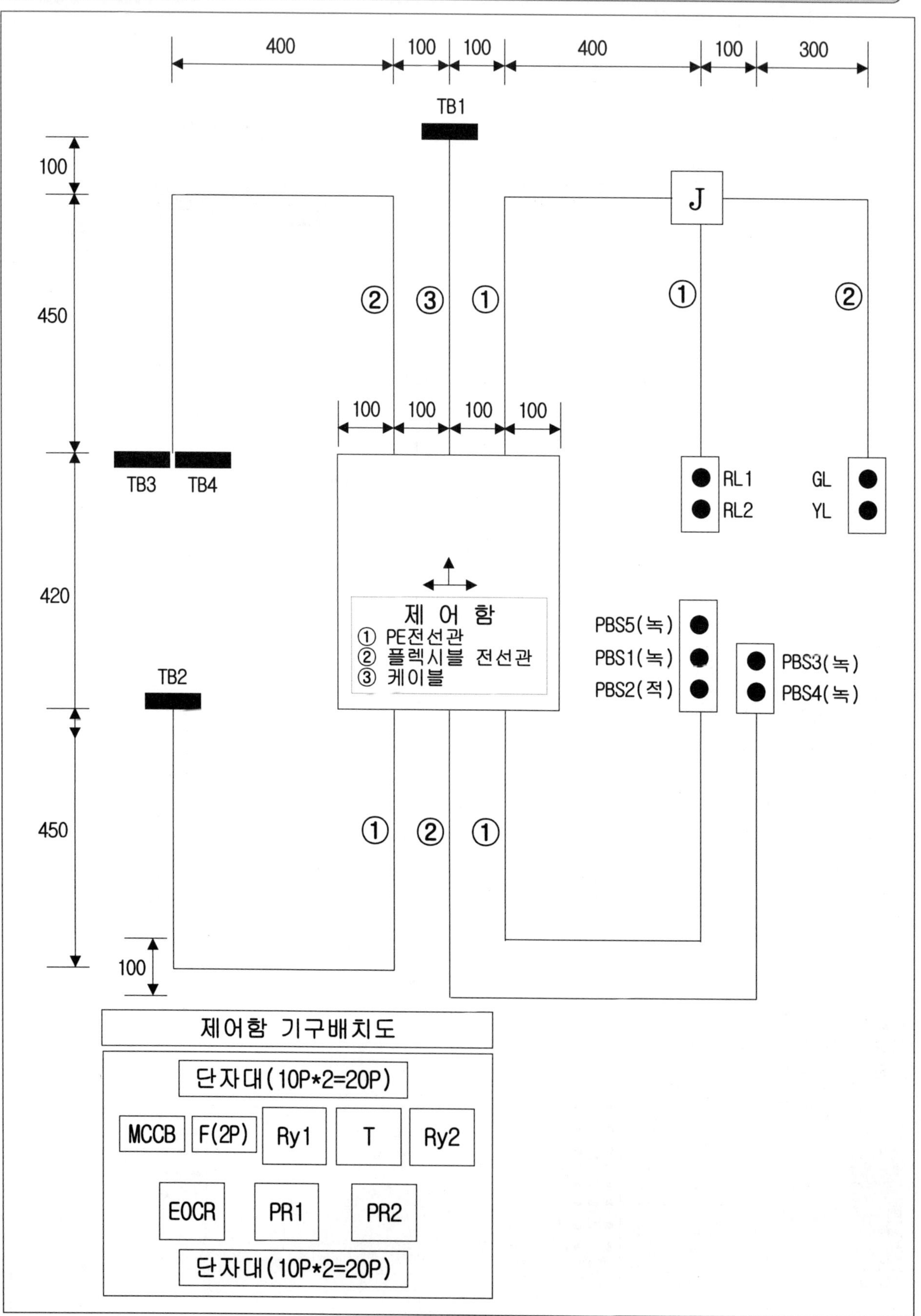

심화도면 20-1 컨베이어 후입력 우선제어회로[사용재료,동작사항,흐름도]

▶ 사용재료 ◀

MCCB(3P)*1, 휴즈(2P)*1, 8P베이스*3, 12P베이스*4, 단자대(10P)*4, 단자대(4P)*4, PBS SW*3(녹,녹,녹), 램프(25Φ)*5(적,적,적,녹,황), 1구박스*1, 2구박스*2, 3구박스*1, 8각 BOX*1, 제어판(400*420)*1

▶ 동작사항 ◀

1) 전원(MCCB)를 ON하면 GL이 점등한다.
2) PBS1을 누르면 PR1, Ry1이 여자되어 TB2가 회전한다. RL1점등, GL소등.
3) PBS2를 누르면 PR2, Ry2가 여자되어 TB3가 회전한다. RL2점등, RL1소등. (PR1, Ry1소호)
4) PBS3를 누르면 PR3, Ry3가 여자되어 TB4가 회전한다. RL3점등, RL2소등. (PR2, Ry2소호)
5) PR1, PR2, PR3중 어느것이든지 회전하는 순간에는 GL은 소등된다.
6) PBS1, PBS2, PBS3중 어느 것이든지 누르는 버턴이 다른 동작사항에 우선하여 동작한다.
7) 동작 진행중 과부하시 EOCR이 작동되면 동작중이던 모든 회로는 정지하며 YL이 점등된다.

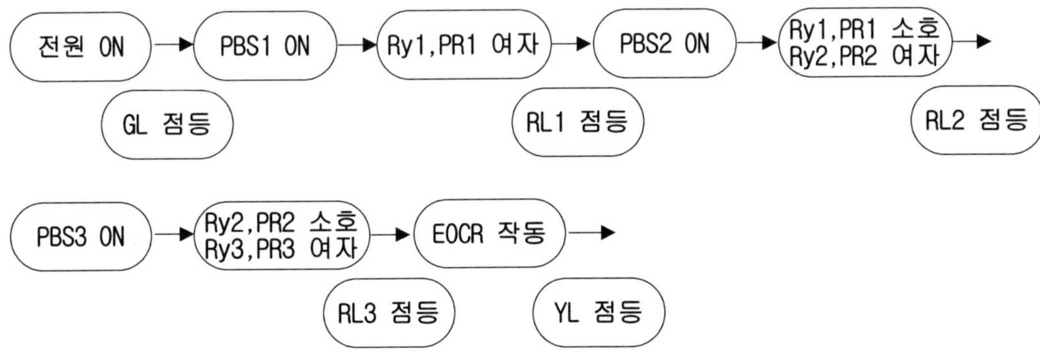

심화도면 20-2 컨베이어 후입력 우선제어회로[시이퀀스도]

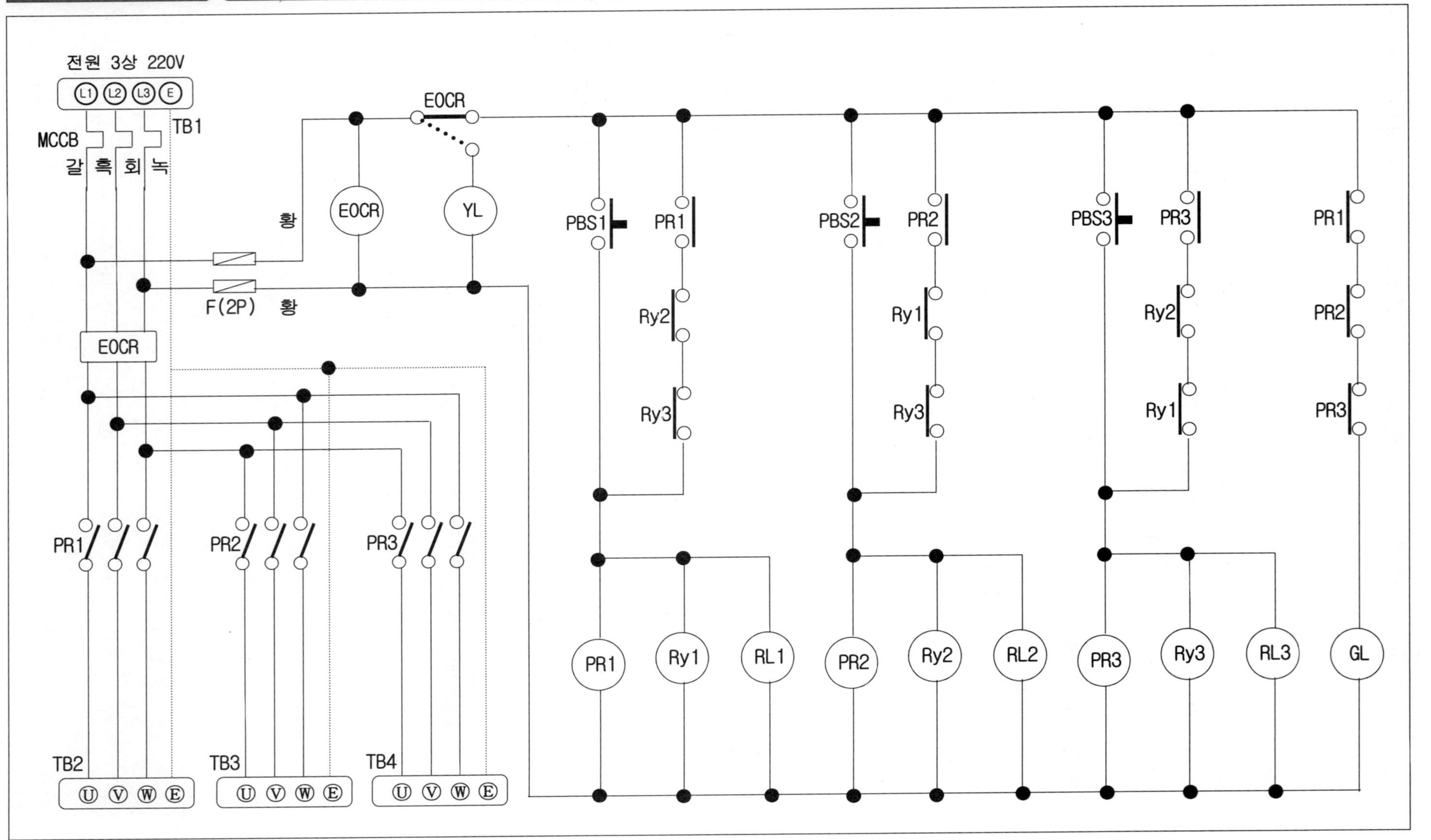

심화도면 20-3 컨베이어 후입력 우선제어회로[기구배치도, 실체배선도]

작업형을 필답형식으로 연습할 수 있도록 만든 실체배선도입니다.
3색 볼펜을 사용하여 시퀀스도의 주회로인 Ⓛ1, Ⓛ2, Ⓛ3상을 각각 갈색, 흑색, 회색으로 작도하며,
보조회로는 황색전선인 관계로 작도자 스스로가 구분이 쉽도록 실체배선도를 작도하시오.

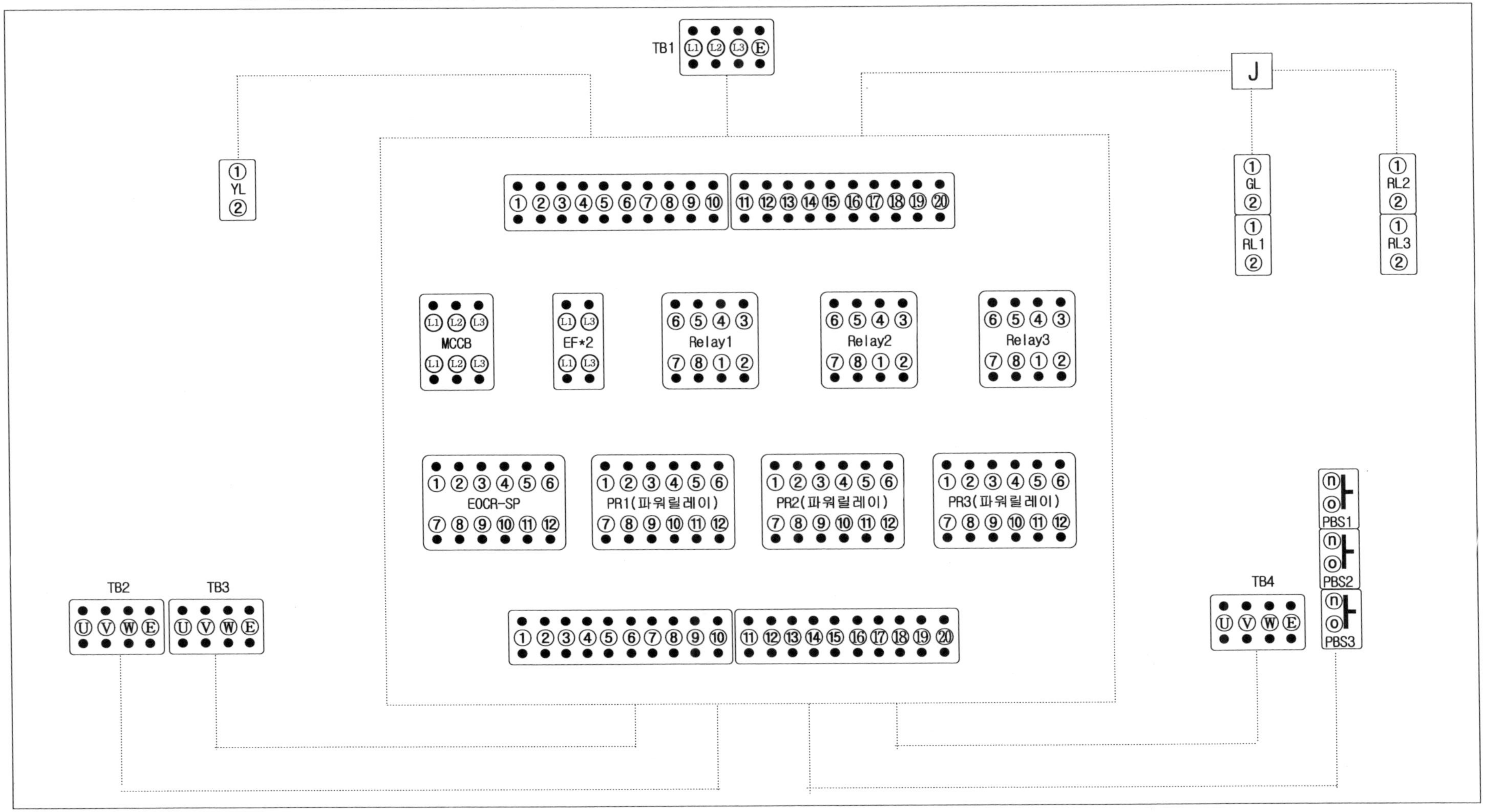

TB1 L1 L2 L3 E

J

YL ① ②

GL ① ②

RL1 ① ②

RL2 ① ②

RL3 ① ②

① ② ③ ④ ⑤ ⑥ ⑦ ⑧ ⑨ ⑩ ⑪ ⑫ ⑬ ⑭ ⑮ ⑯ ⑰ ⑱ ⑲ ⑳

MCCB L1 L2 L3 / L1 L2 L3

EF*2 L1 L3 / L1 L3

Relay1 ⑥ ⑤ ④ ③ / ⑦ ⑧ ① ②

Relay2 ⑥ ⑤ ④ ③ / ⑦ ⑧ ① ②

Relay3 ⑥ ⑤ ④ ③ / ⑦ ⑧ ① ②

EOCR-SP ① ② ③ ④ ⑤ ⑥ / ⑦ ⑧ ⑨ ⑩ ⑪ ⑫

PR1(파워릴레이) ① ② ③ ④ ⑤ ⑥ / ⑦ ⑧ ⑨ ⑩ ⑪ ⑫

PR2(파워릴레이) ① ② ③ ④ ⑤ ⑥ / ⑦ ⑧ ⑨ ⑩ ⑪ ⑫

PR3(파워릴레이) ① ② ③ ④ ⑤ ⑥ / ⑦ ⑧ ⑨ ⑩ ⑪ ⑫

PBS1 ⓝ ⓞ

PBS2 ⓝ ⓞ

PBS3 ⓝ ⓞ

TB2 U V W E

TB3 U V W E

TB4 U V W E

① ② ③ ④ ⑤ ⑥ ⑦ ⑧ ⑨ ⑩ ⑪ ⑫ ⑬ ⑭ ⑮ ⑯ ⑰ ⑱ ⑲ ⑳

심화도면 20-4 컨베이어 후입력 우선제어회로[제어판넬 실체배선도]

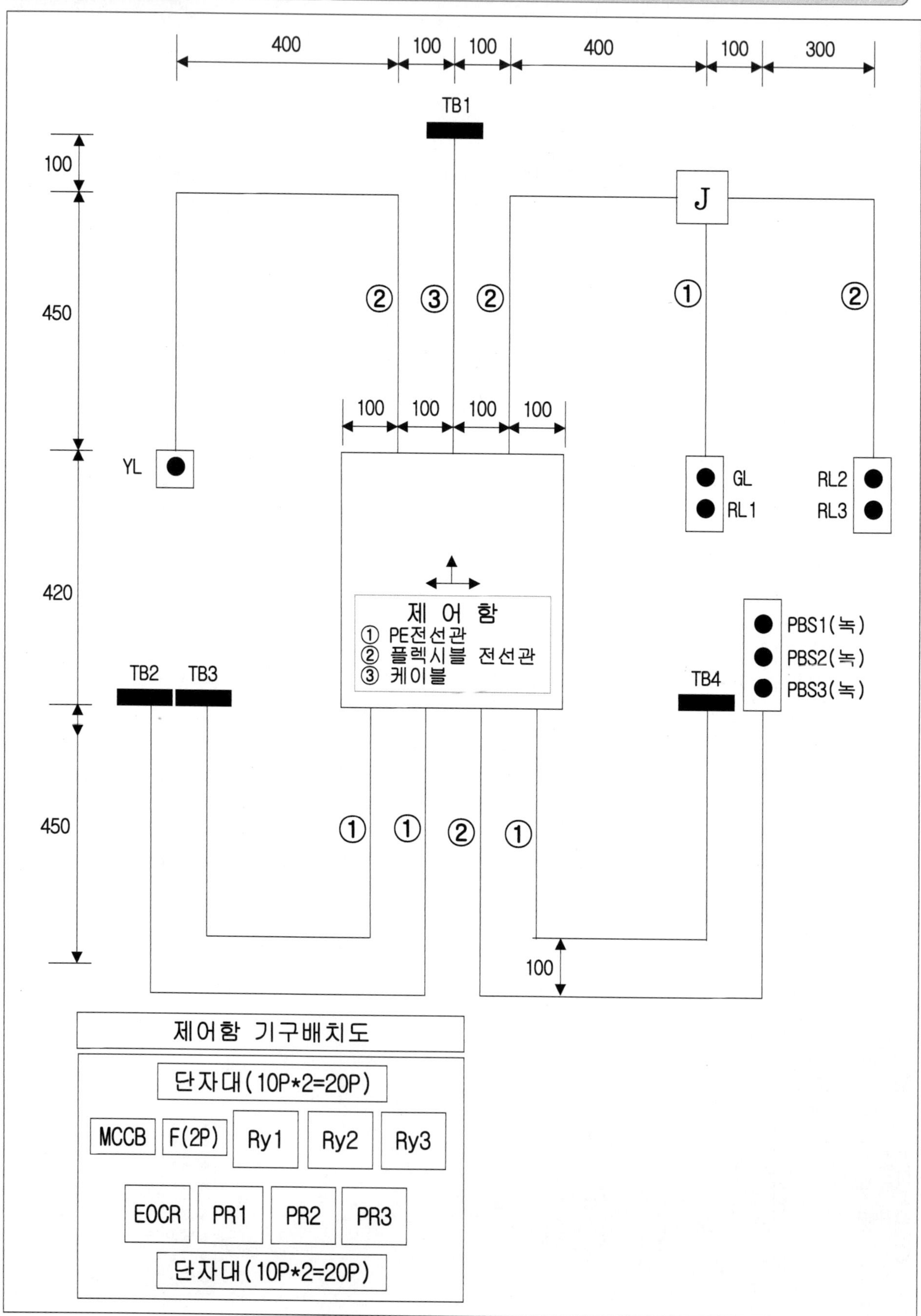

정답지

기초도면 1-5 릴레이를 이용한 응용회로[시이퀀스도 정답지]

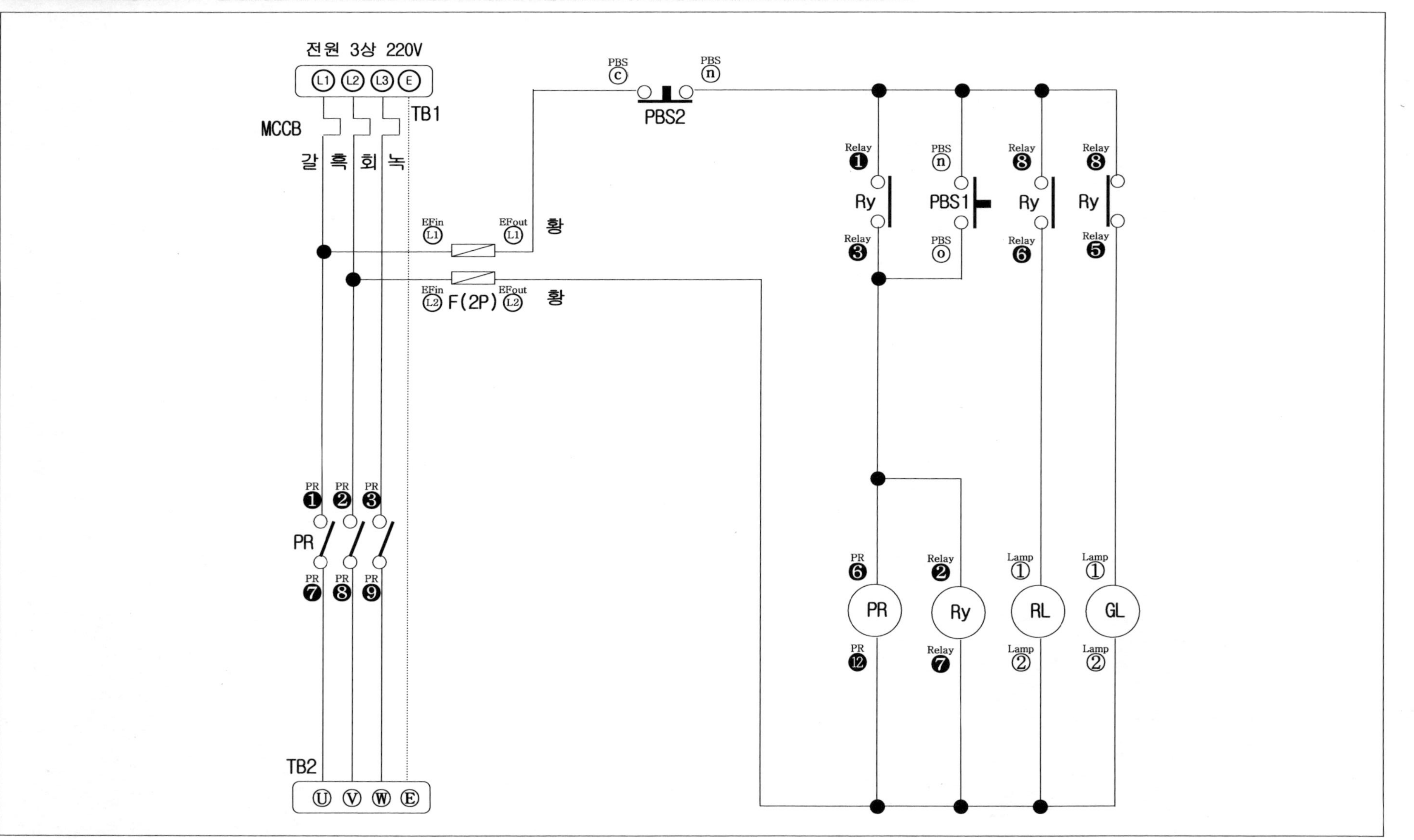

기초도면 2-5 FR와 SS SW스위치 응용회로[시이퀀스도 정답지]

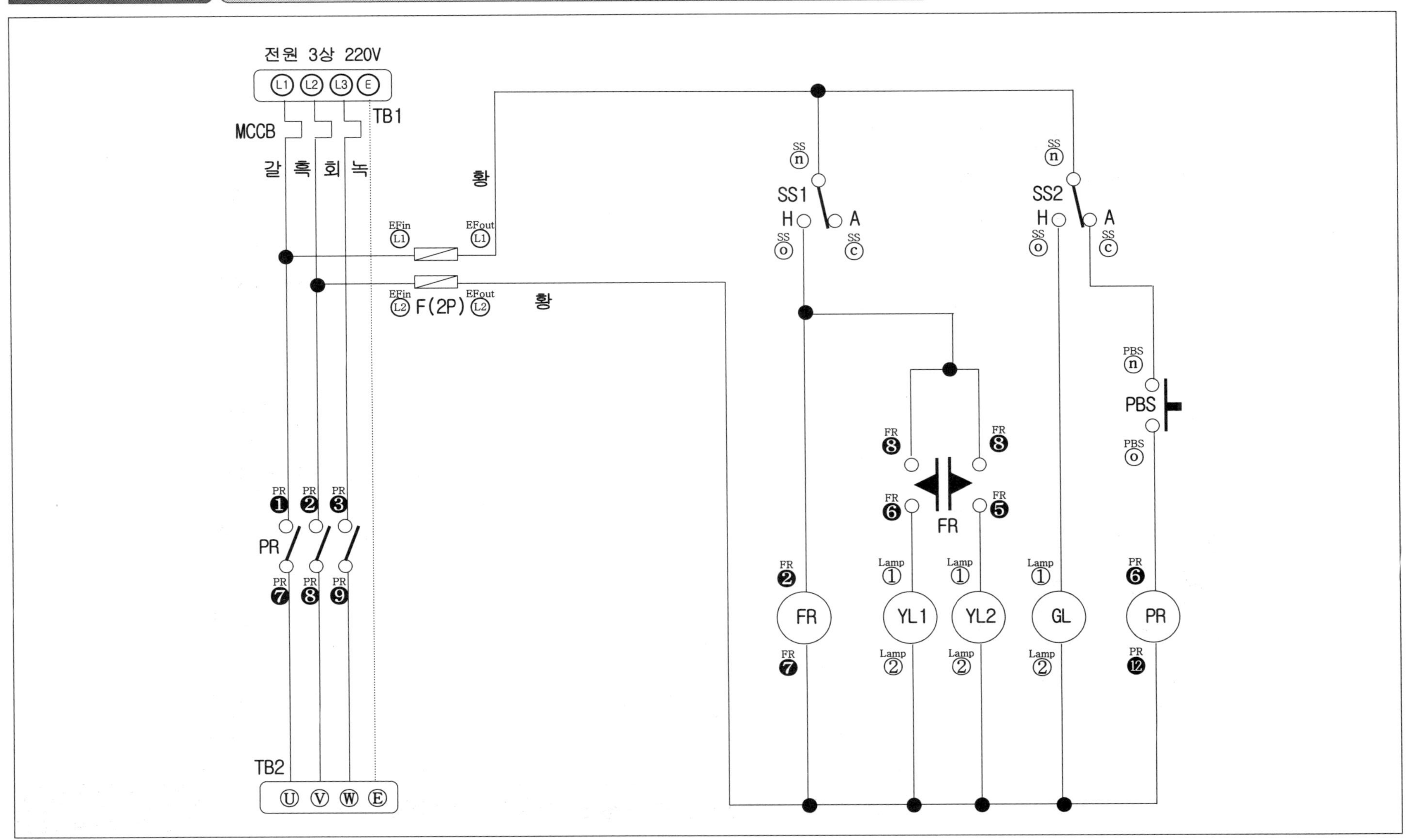

기초도면 3-5 타이머와 EOCR을 이용한 응용회로[시이퀀스도 정답지]

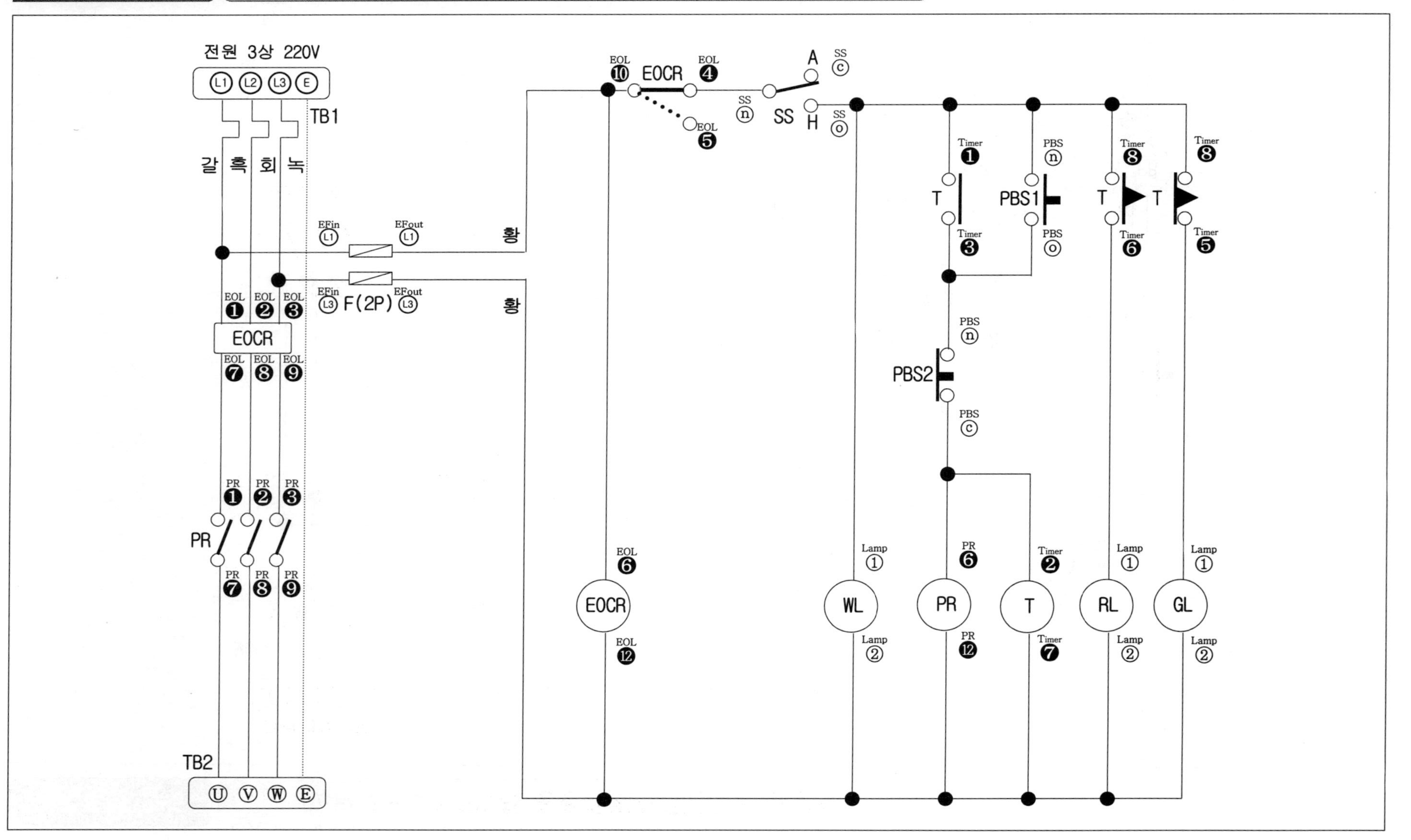

기초도면 4-5 릴레이를 이용한 양방향 한시 운전회로[시이퀀스도 정답지]

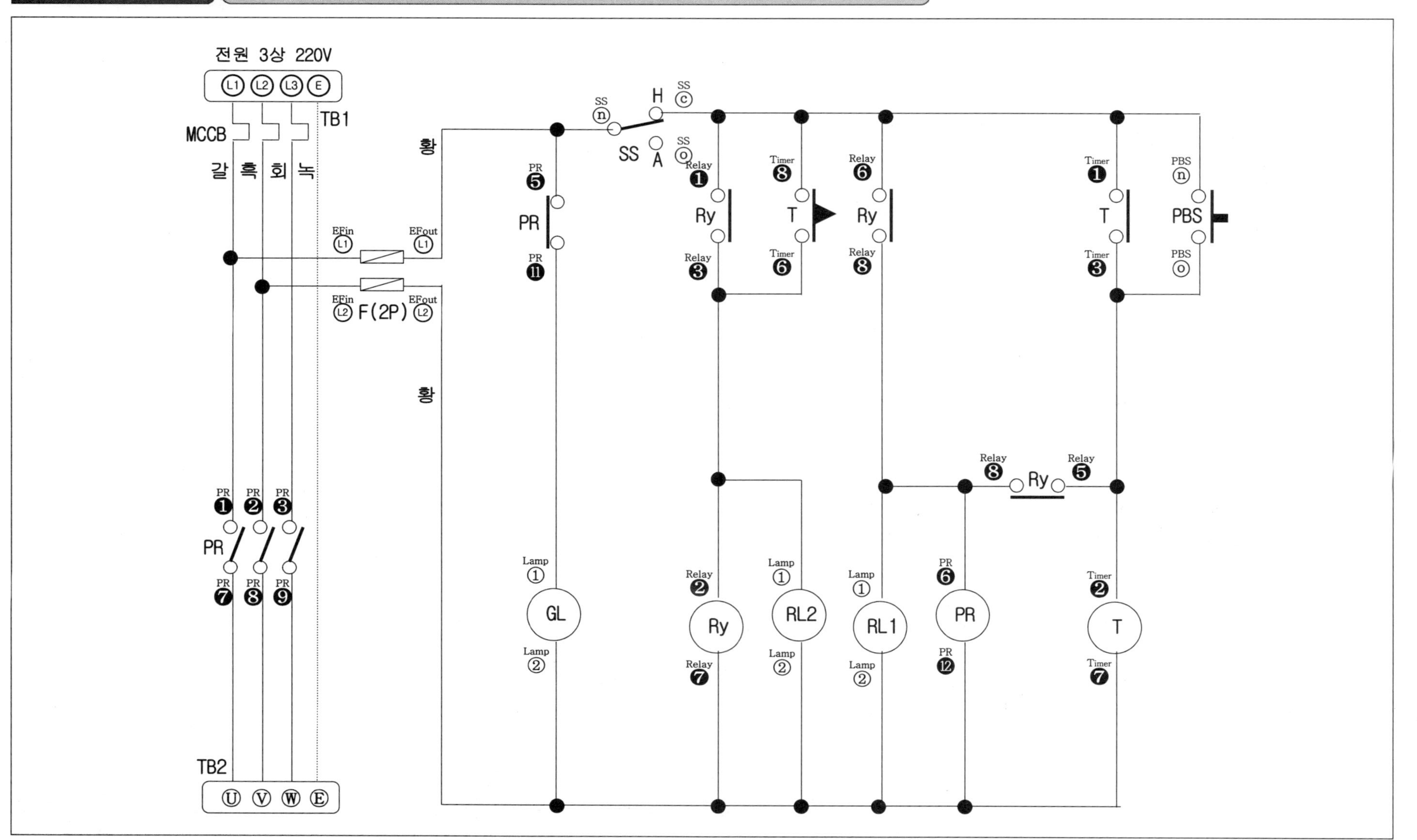

기초도면 5-5 전동기 운전회로[시이퀀스도 정답지]

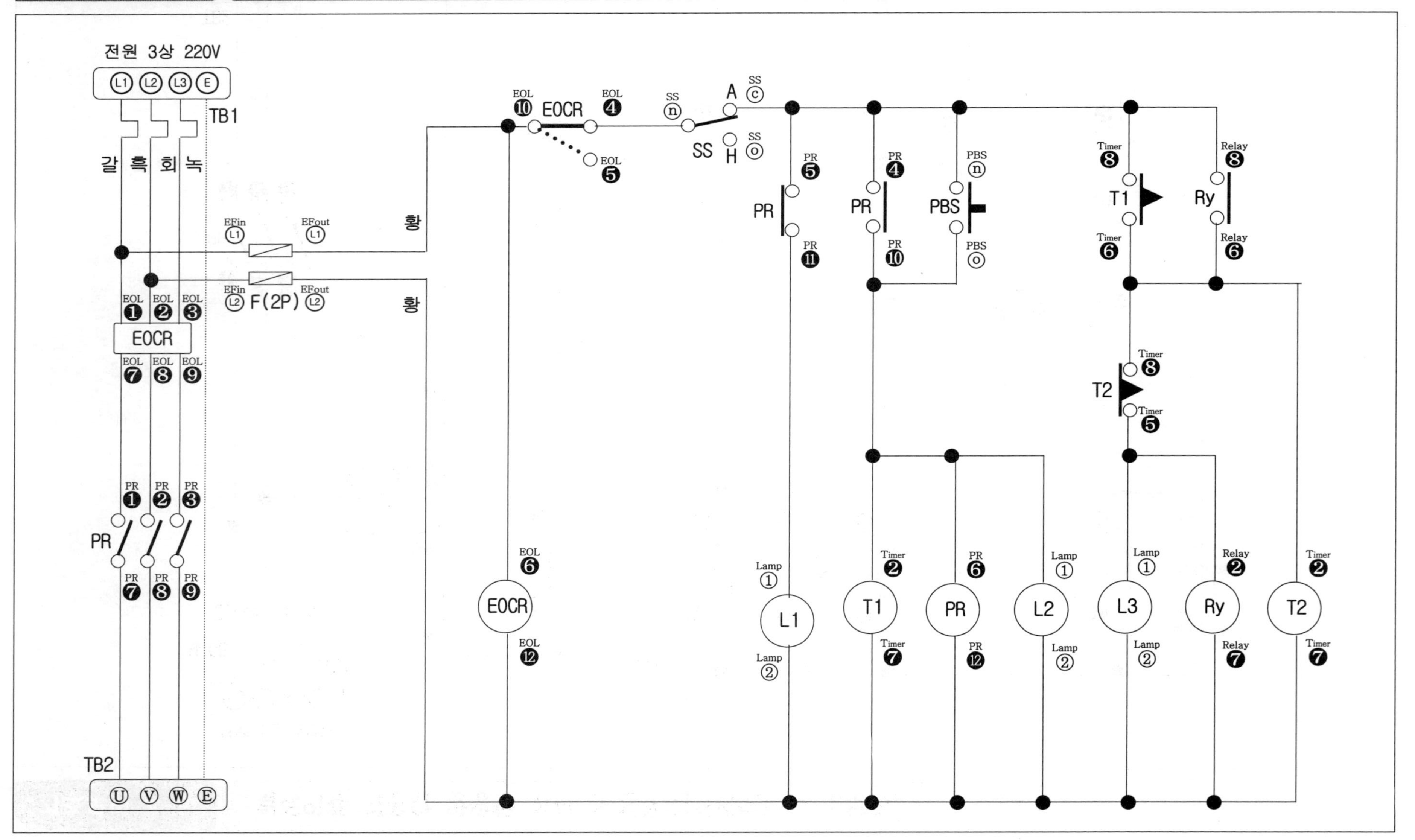

기초도면 6-5 전동기 한시 정지 운전회로[시이퀀스도 정답지]

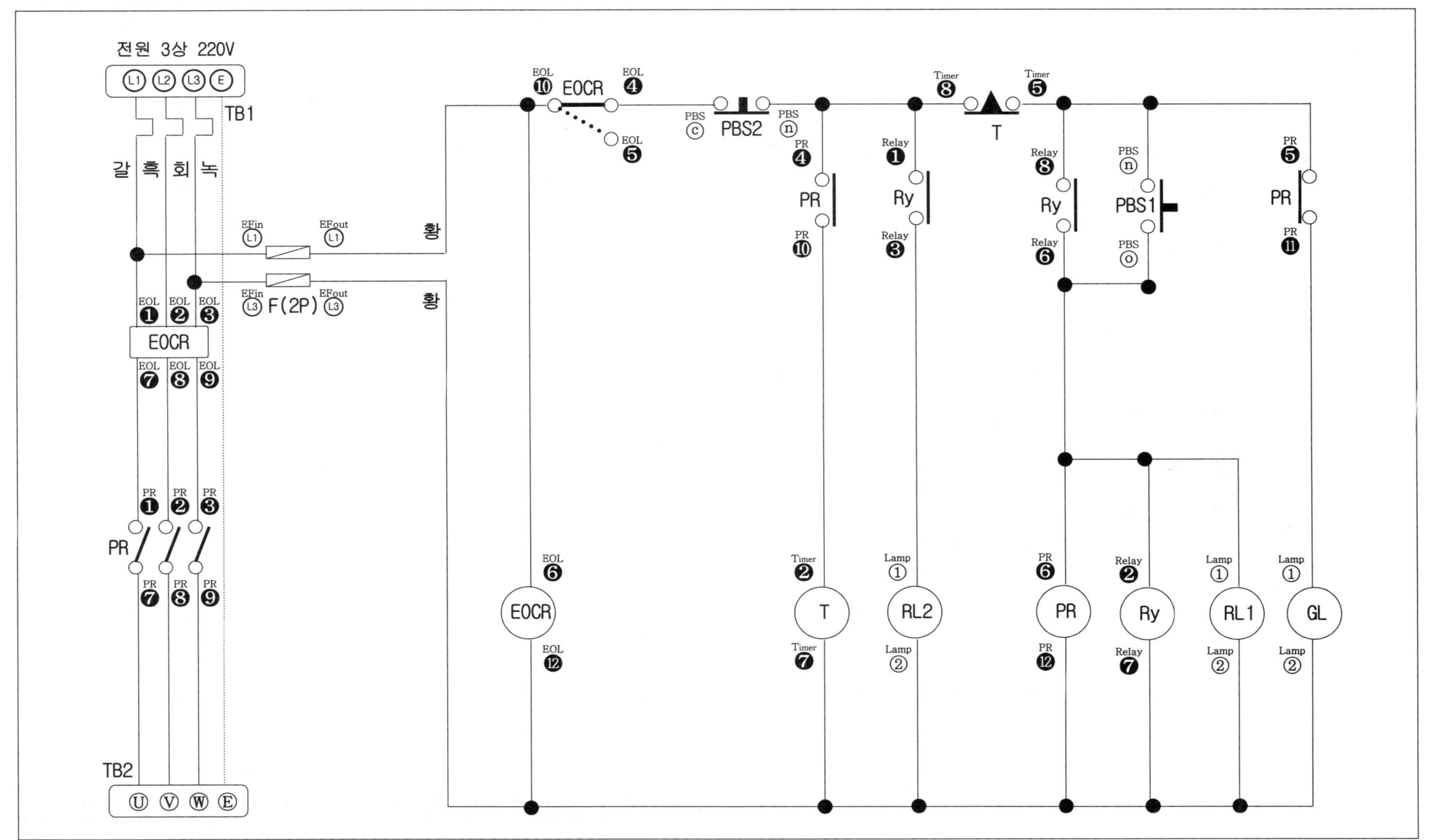

기초도면 7-5 타이머와 릴레이를 이용한 전동기 운전회로[시이퀀스도 정답지]

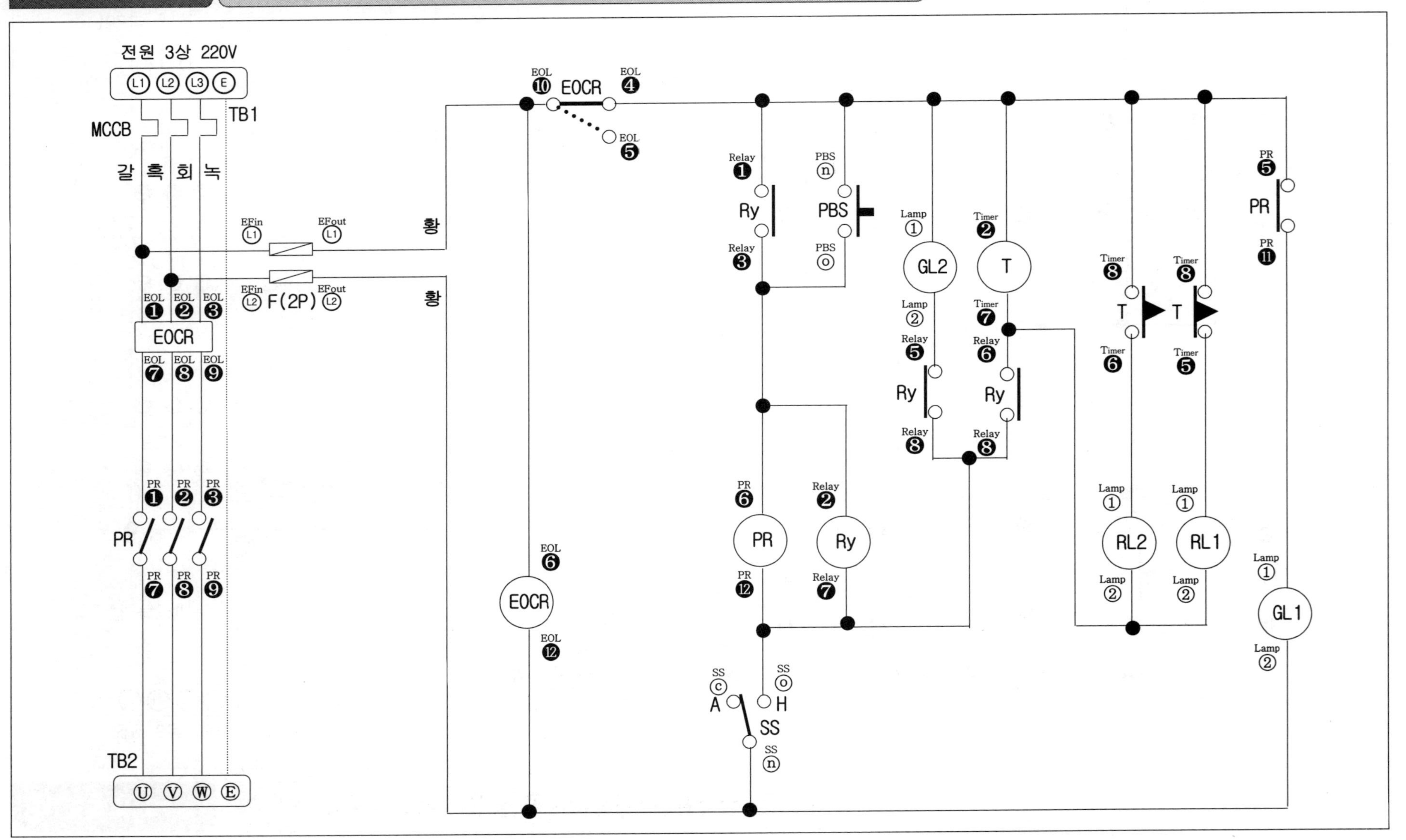

기초도면 8-5 전동기 시간제한 후 운전 · 정지회로[시이퀀스도 정답지]

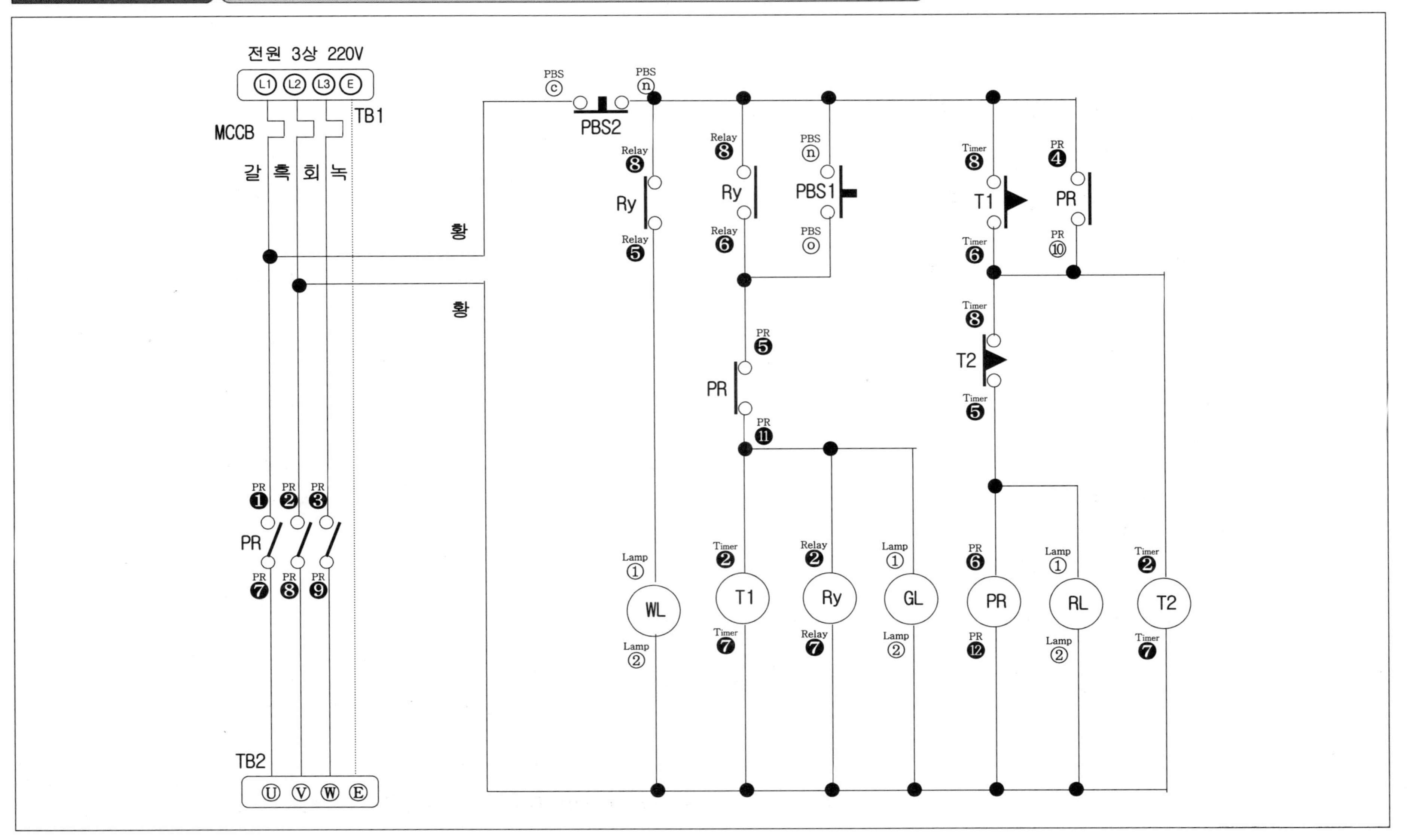

기초도면 9-5 전동기 시간제한 후동작 정지회로[시이퀀스도 정답지]

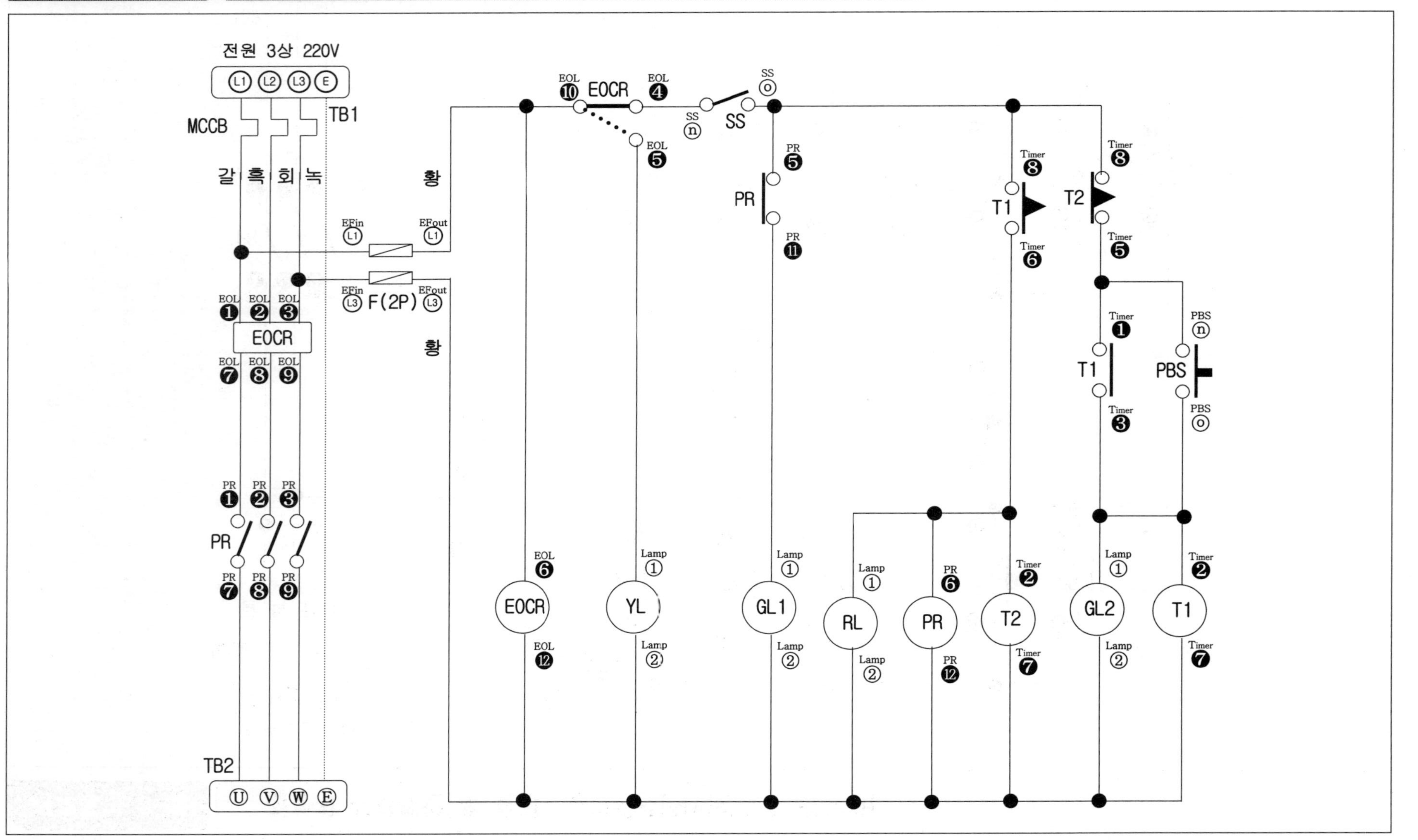

기초도면 10-5 전동기 2개소 정역 운전회로[시이퀀스도 정답지]

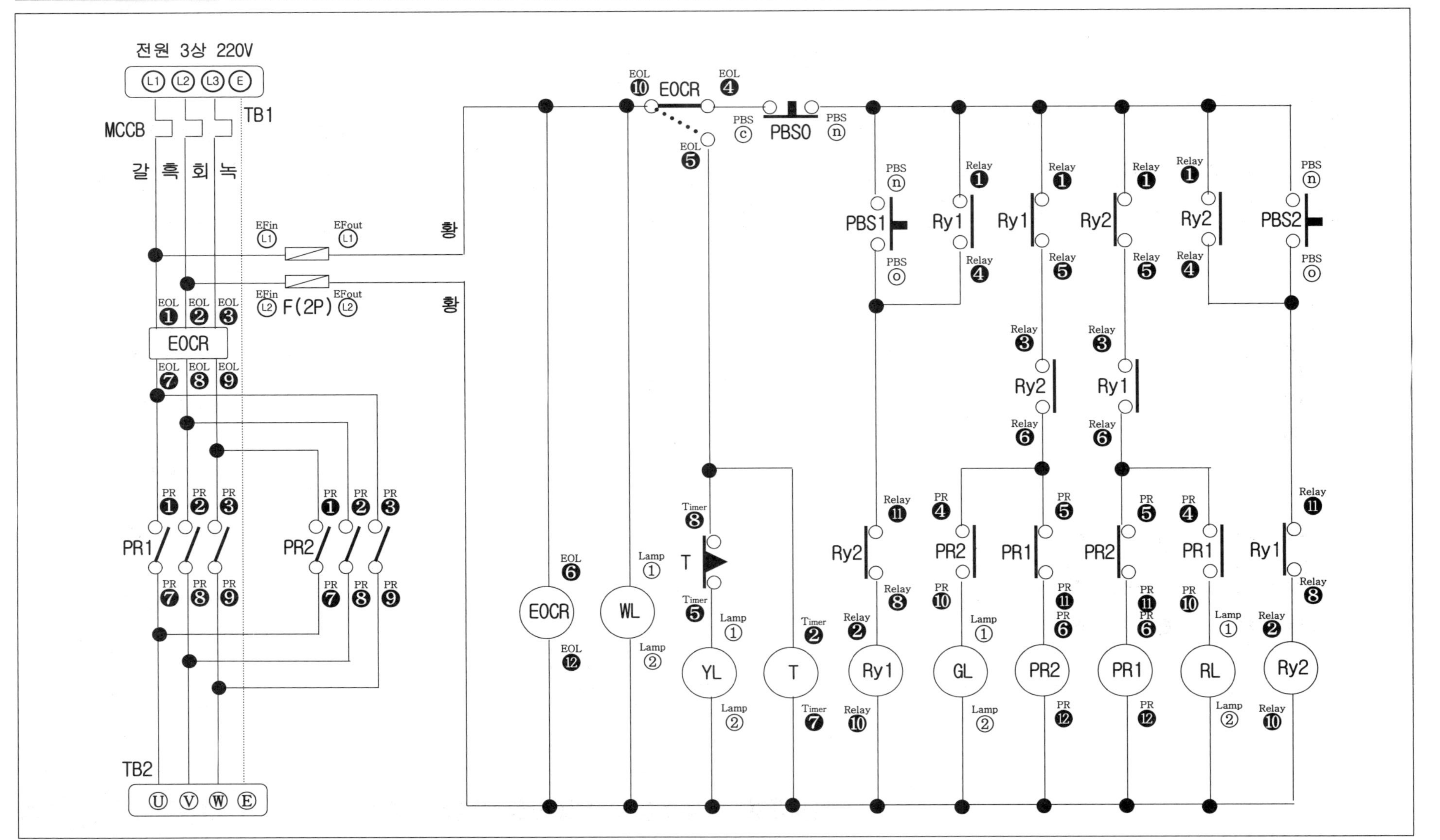

기초도면 11-5 온풍기 자동 동작회로[시이퀀스도 정답지]

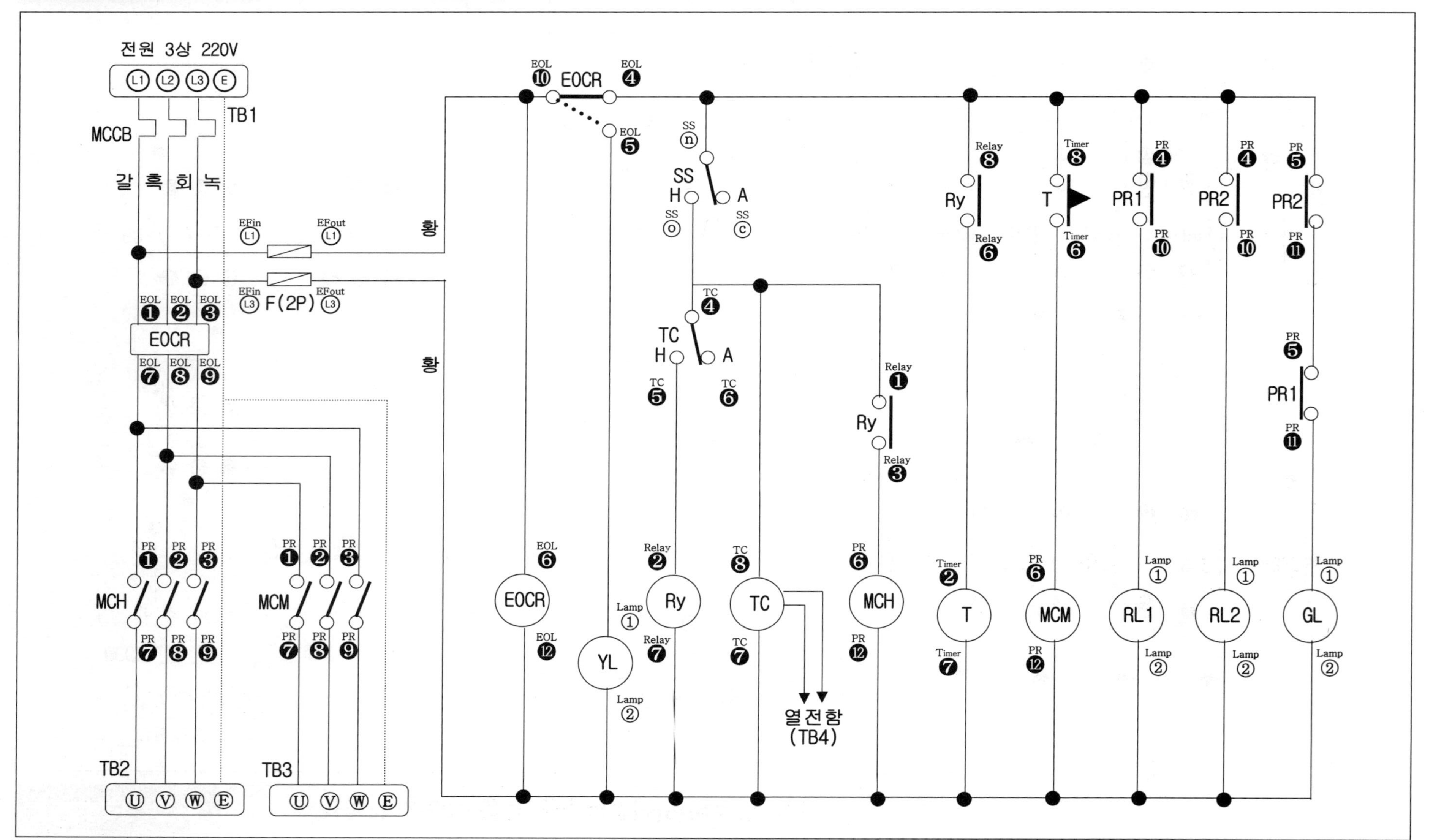

기초도면 12-5 전동기 자 · 수동 운전회로[시이퀀스도 정답지]

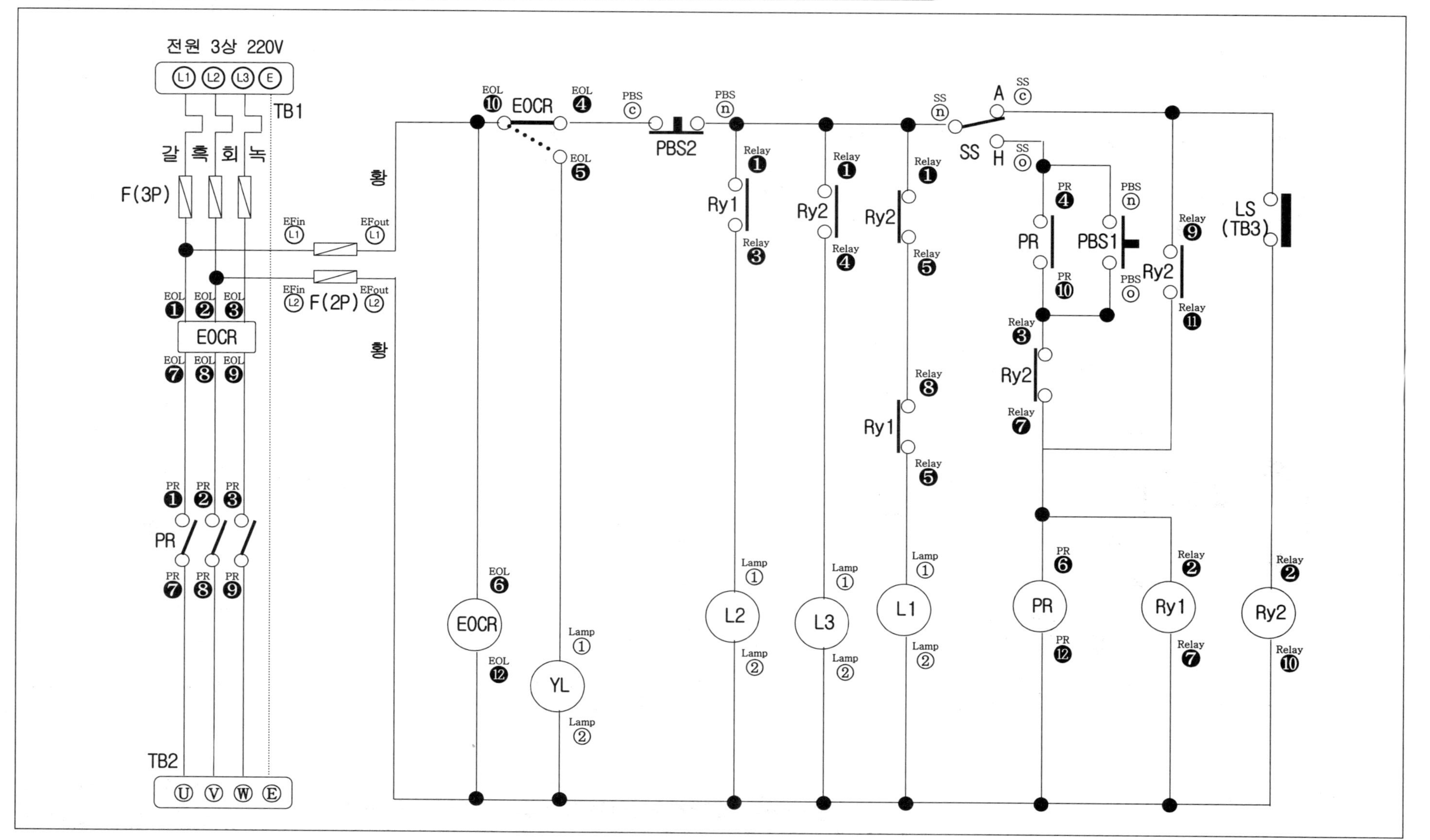

기초도면 13-5 전동기 시간 후 정지회로[시이퀀스도 정답지]

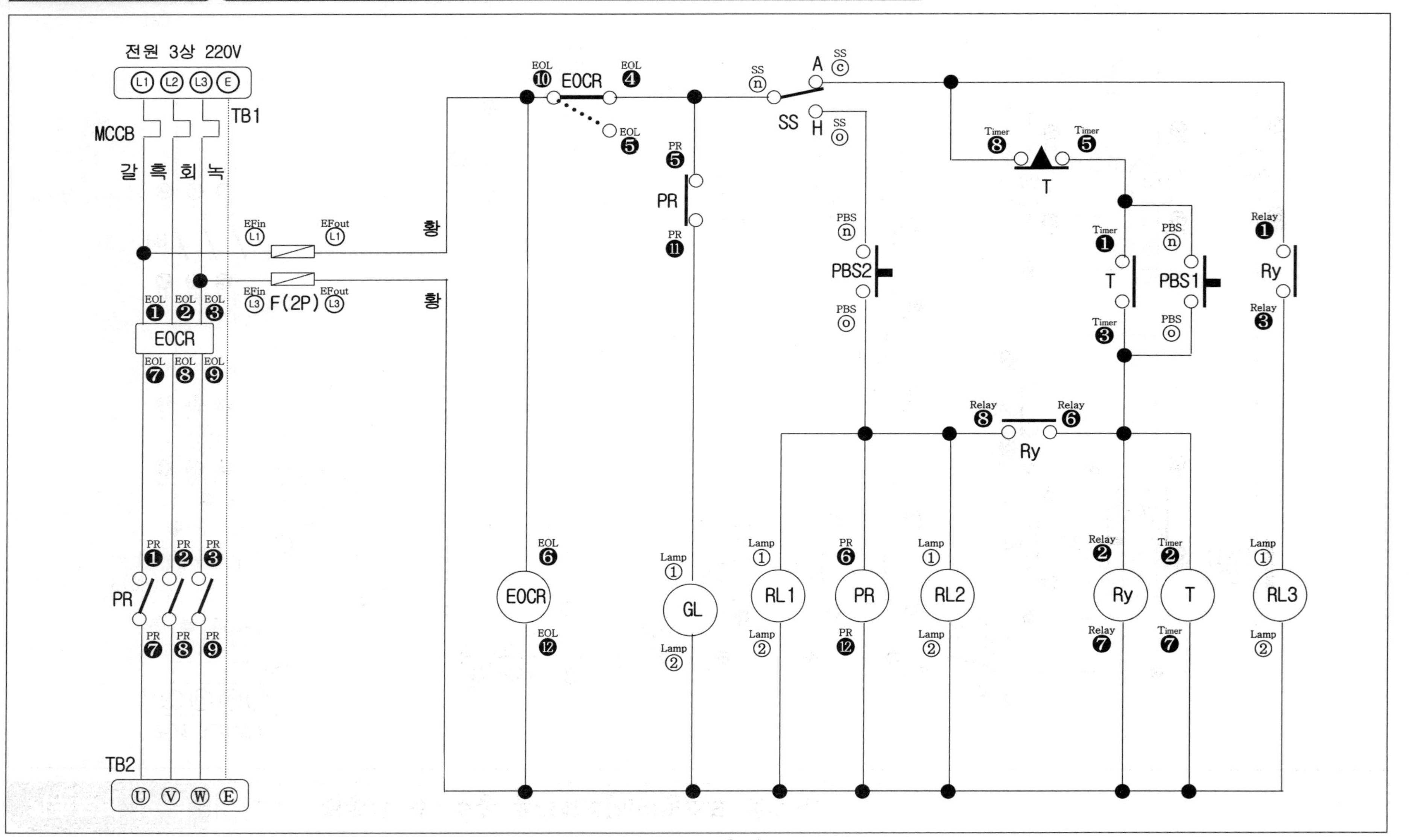

기초도면 14-5 릴레이를 이용한 양방향 전동기 운전회로[시이퀀스도]

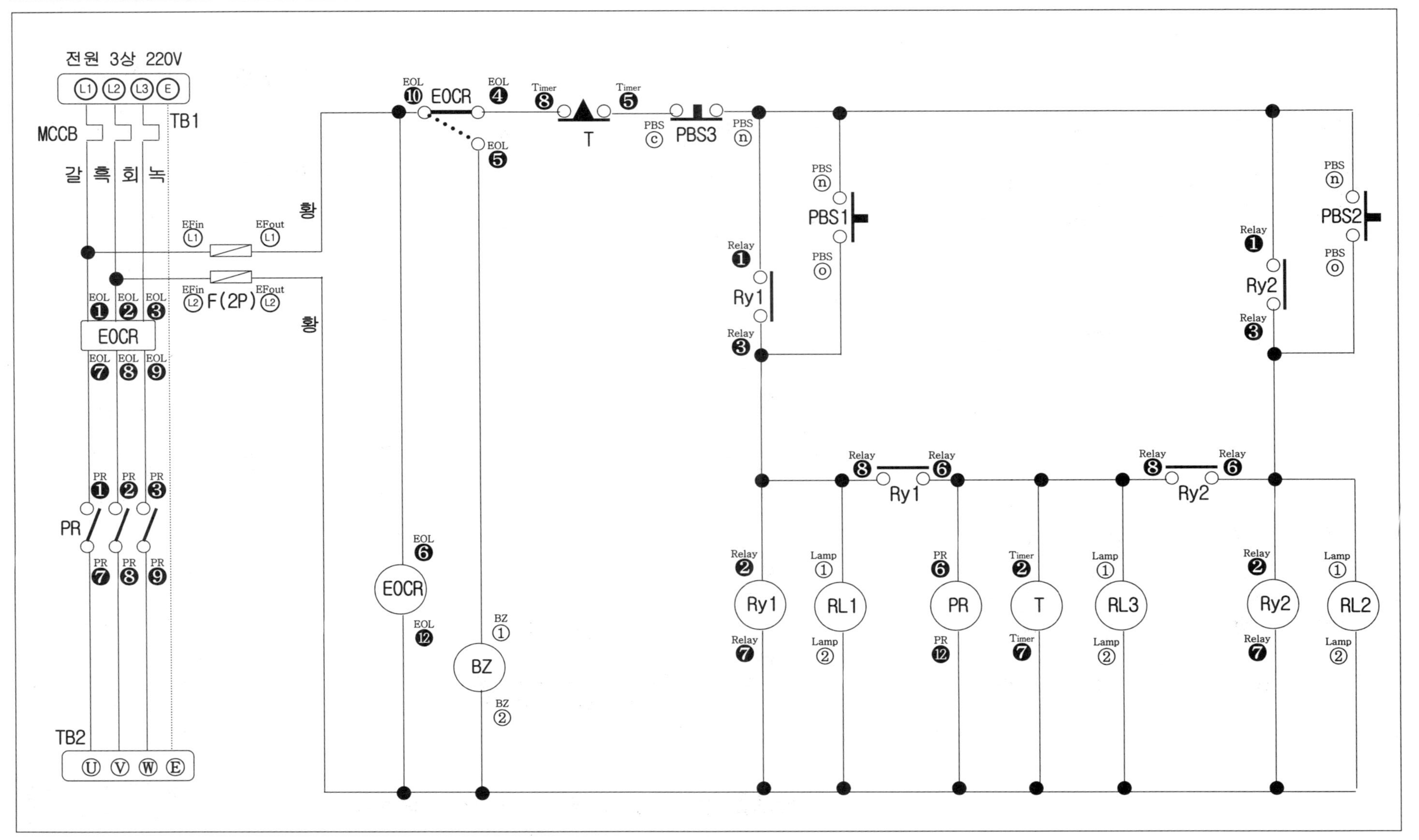

기초도면 15-5 전동기 순차 제어회로[시이퀀스도 정답지]

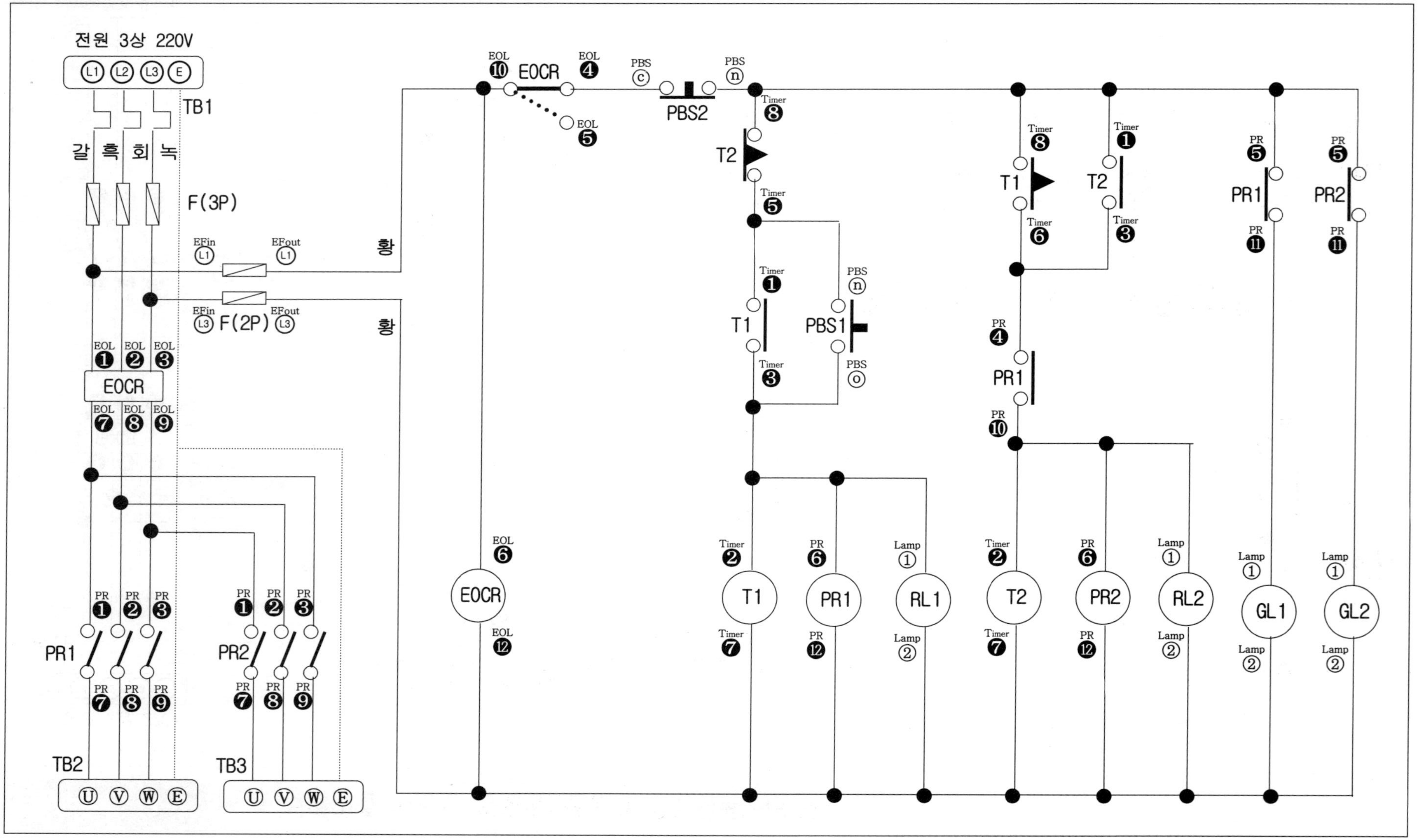

기초도면 16-5 전동기 시간제한 운전회로[시이퀀스도 정답지]

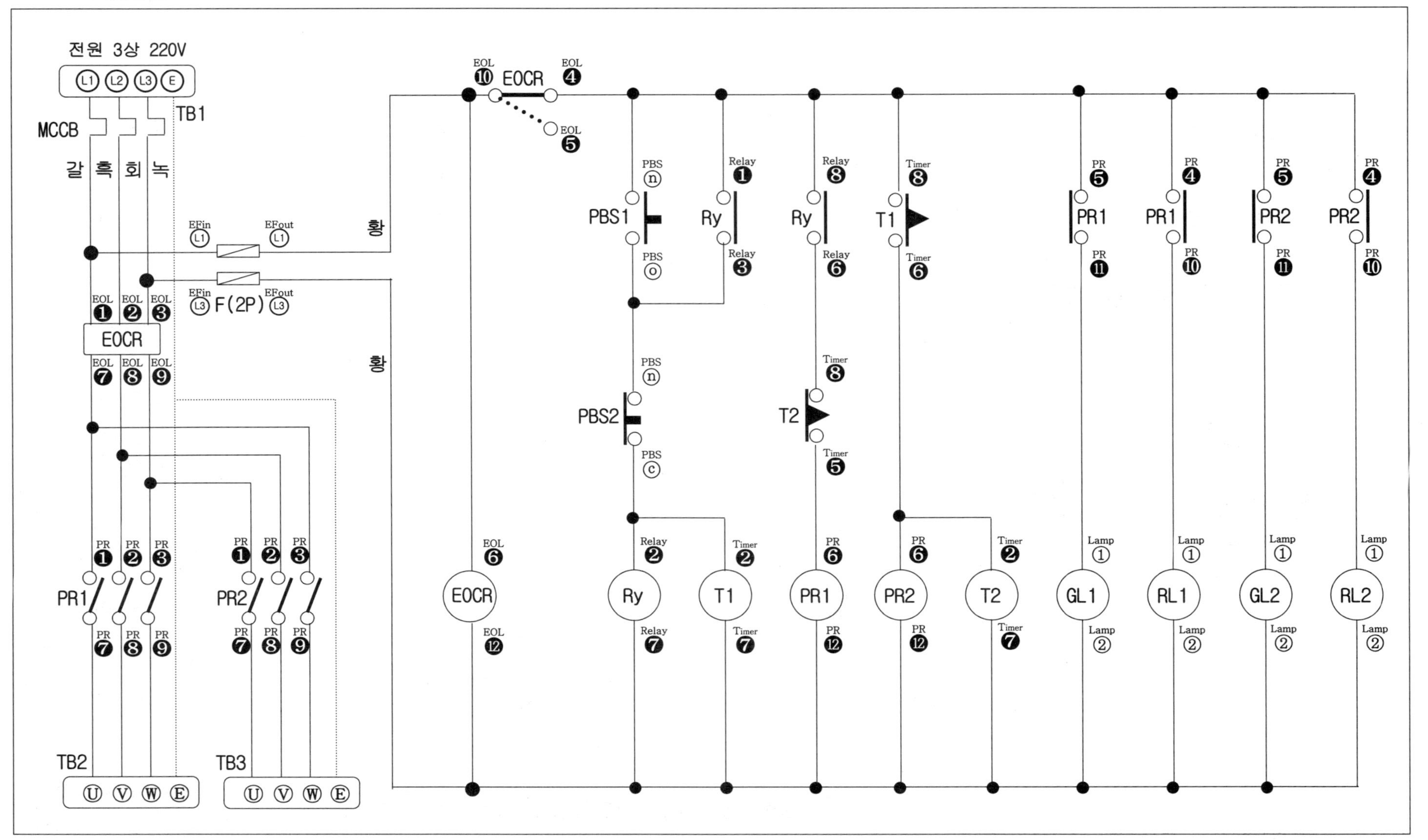

기초도면 17-5 3로스위치 응용 운전회로[시이퀀스도 정답지]

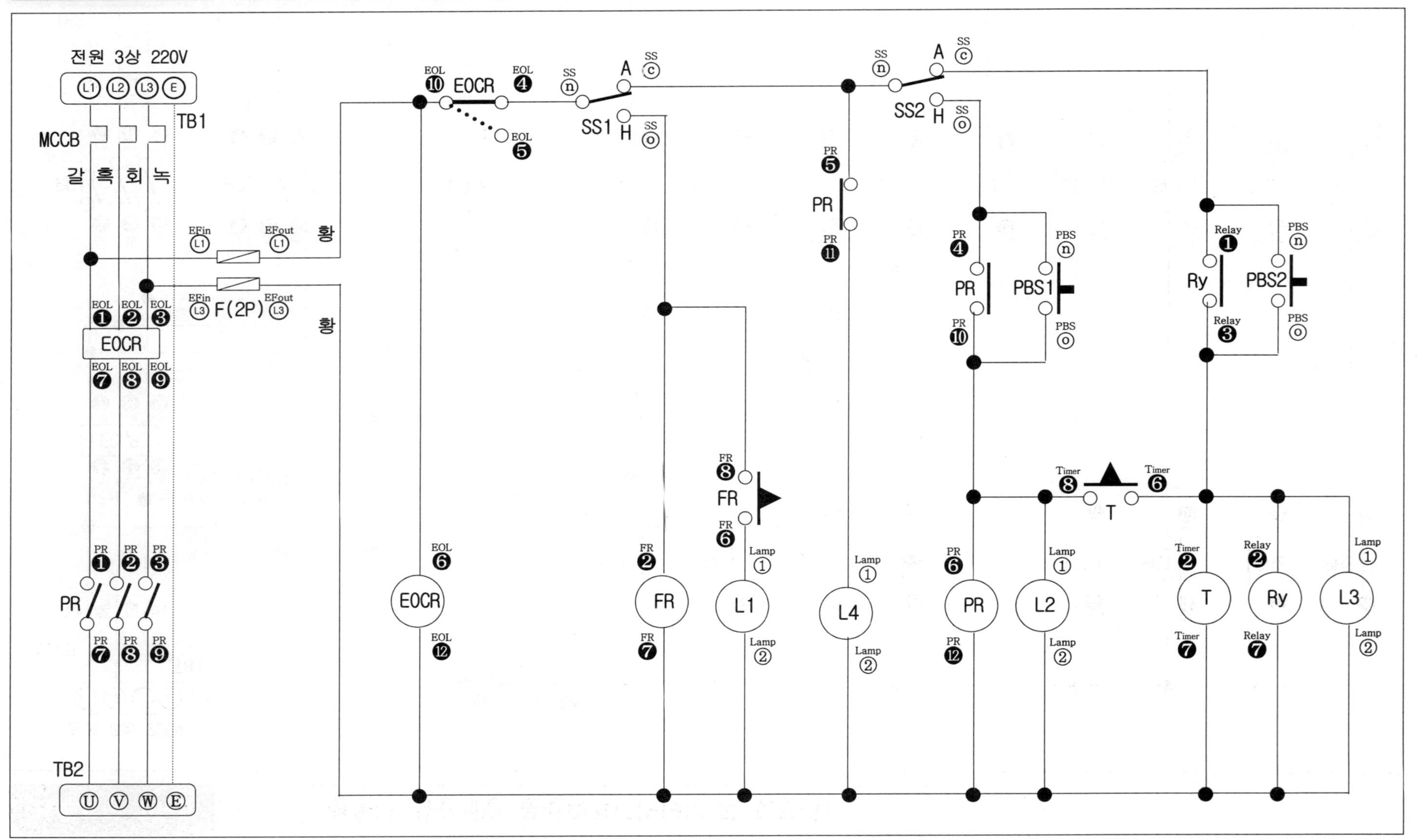

기초도면 18-5 센서에 의한 전동기 운전회로[시이퀀스도 정답지]

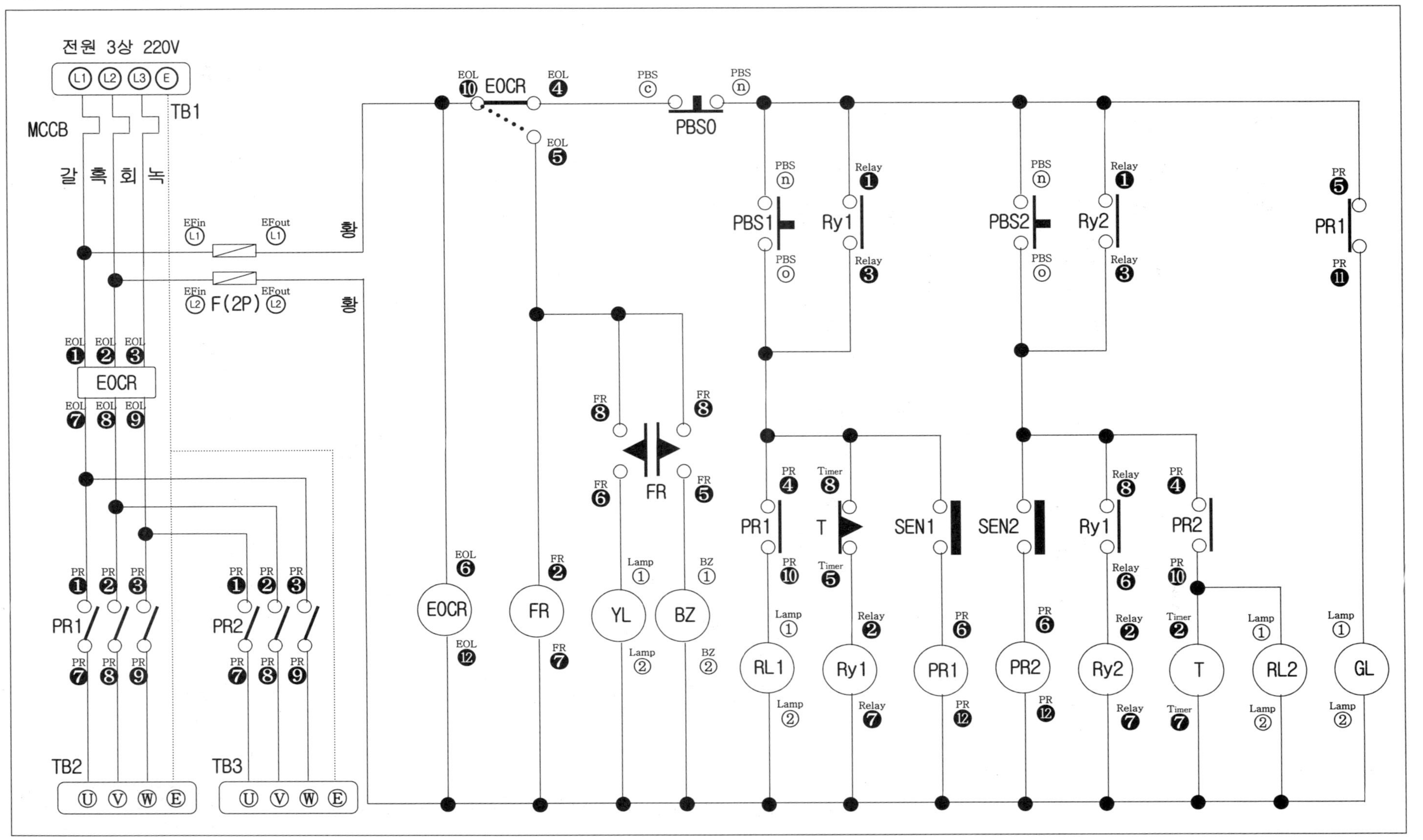

기초도면 19-5 전동기 자동운전 표시회로[시이퀀스도 정답지]

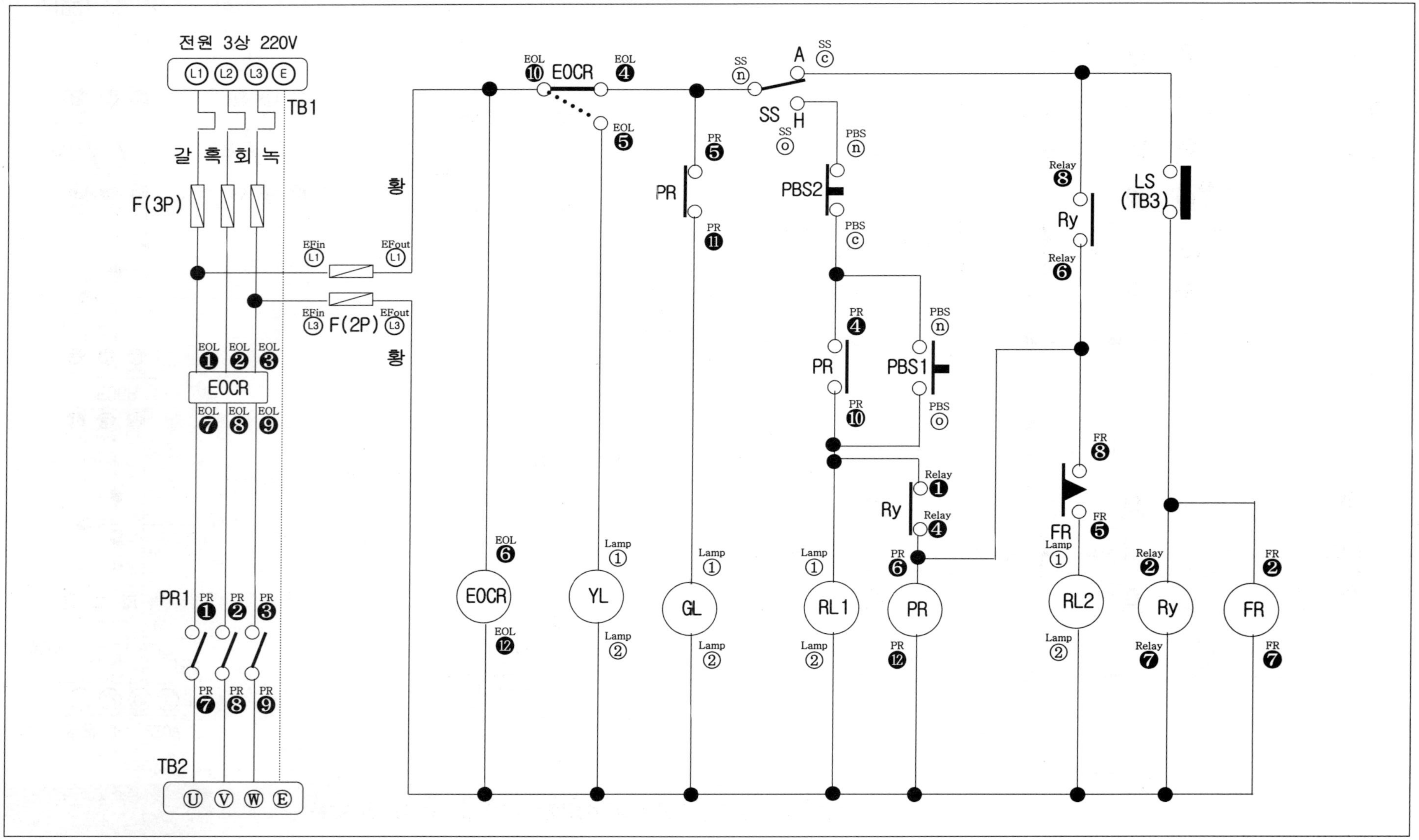

전원 3상 220V
L1 L2 L3 E
TB1
갈 흑 회 녹
F(3P)
EFin L1
EFout L1
EFin L3 F(2P) EFout L3
황
황
EOL ❶ EOL ❷ EOL ❸
EOCR
EOL ❼ EOL ❽ EOL ❾
PR1 PR ❶ PR ❷ PR ❸
PR ❼ PR ❽ PR ❾
TB2
U V W E
EOL ❿ EOCR EOL ❹
EOL ❺
SS ⓝ A SS ⓒ
SS H
SS ⓞ
PBS ⓝ PBS2 PBS ⓒ
PR ❺ PR PR ⓫
PR ❹ PR PR ❿
PBS ⓝ PBS1 PBS ⓞ
Relay ❶ Ry Relay ❹
Relay ❽ Ry Relay ❻
LS (TB3)
FR ❽ FR FR ❺
EOL ❻ EOCR EOL ⓬
Lamp ① YL Lamp ②
Lamp ① GL Lamp ②
Lamp ① RL1 Lamp ②
PR ❻ PR PR ⓬
Lamp ① RL2 Lamp ②
Relay ❷ Ry Relay ❼
FR ❷ FR FR ❼

기초도면 20-5 자 · 수동 급배수 운전회로[시이퀀스도 정답지]

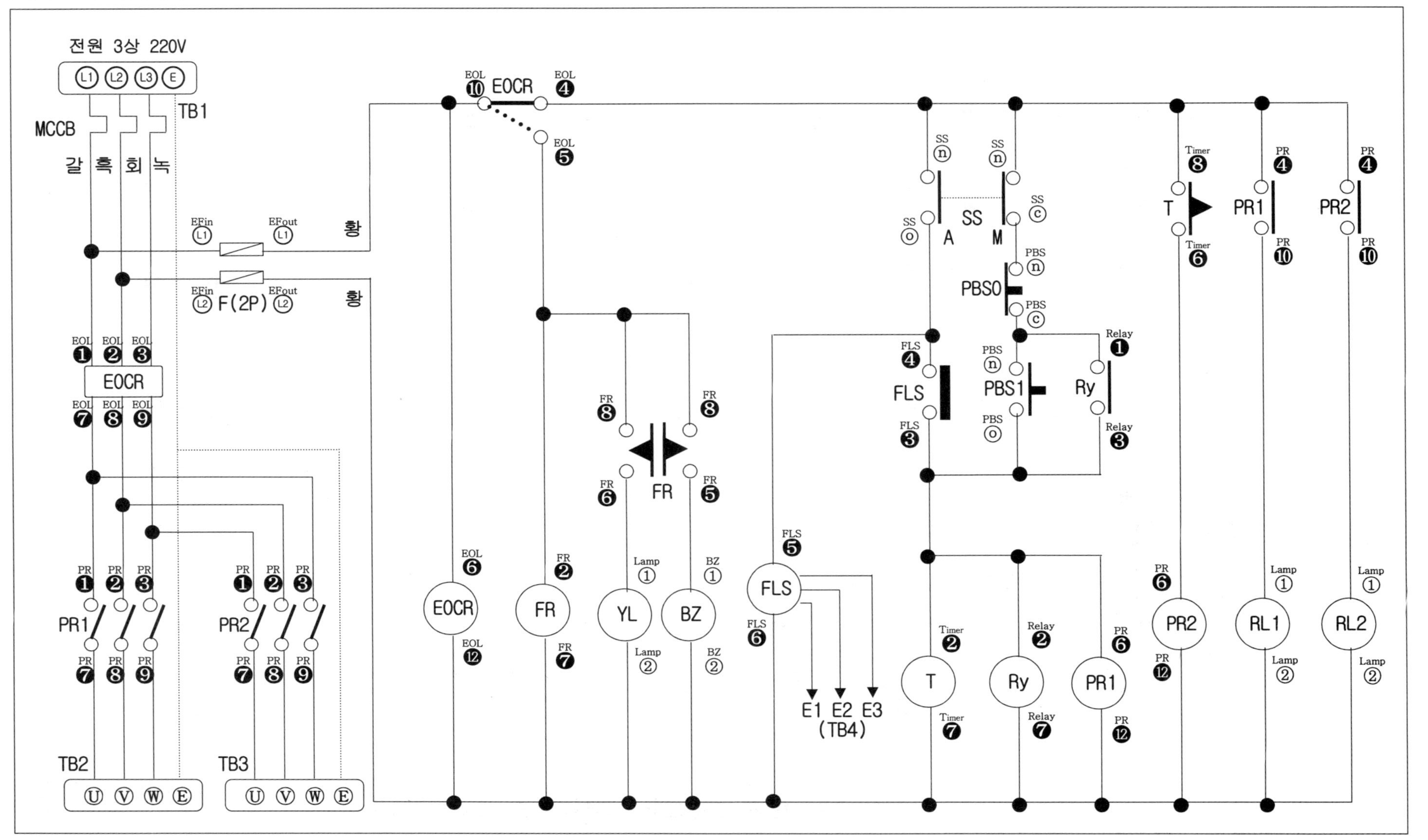

숙련도면 1-5 전동기 자수동 응용회로[시이퀀스도 정답지]

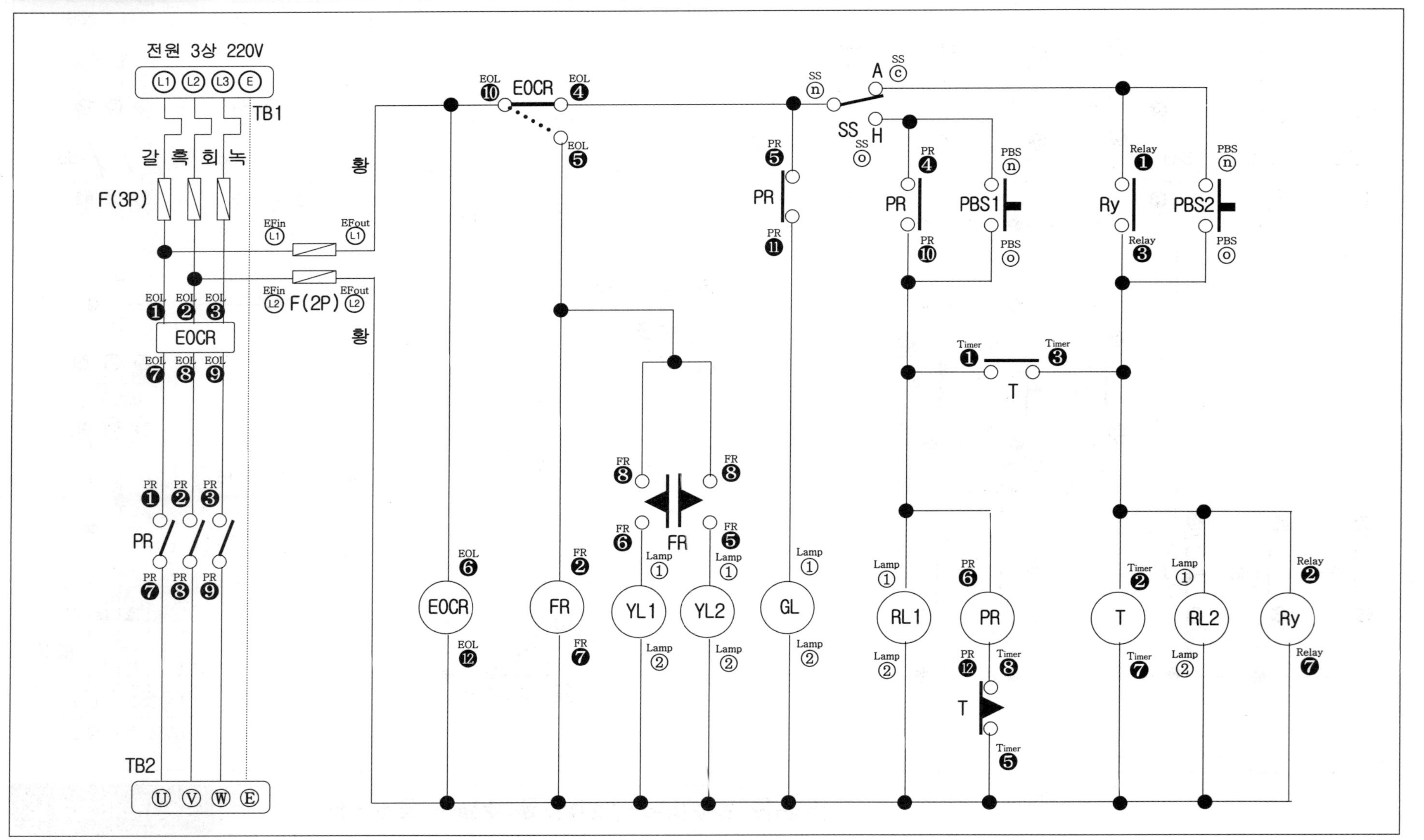

기초도면 20-5 자 · 수동 급배수 운전회로[시이퀀스도 정답지]

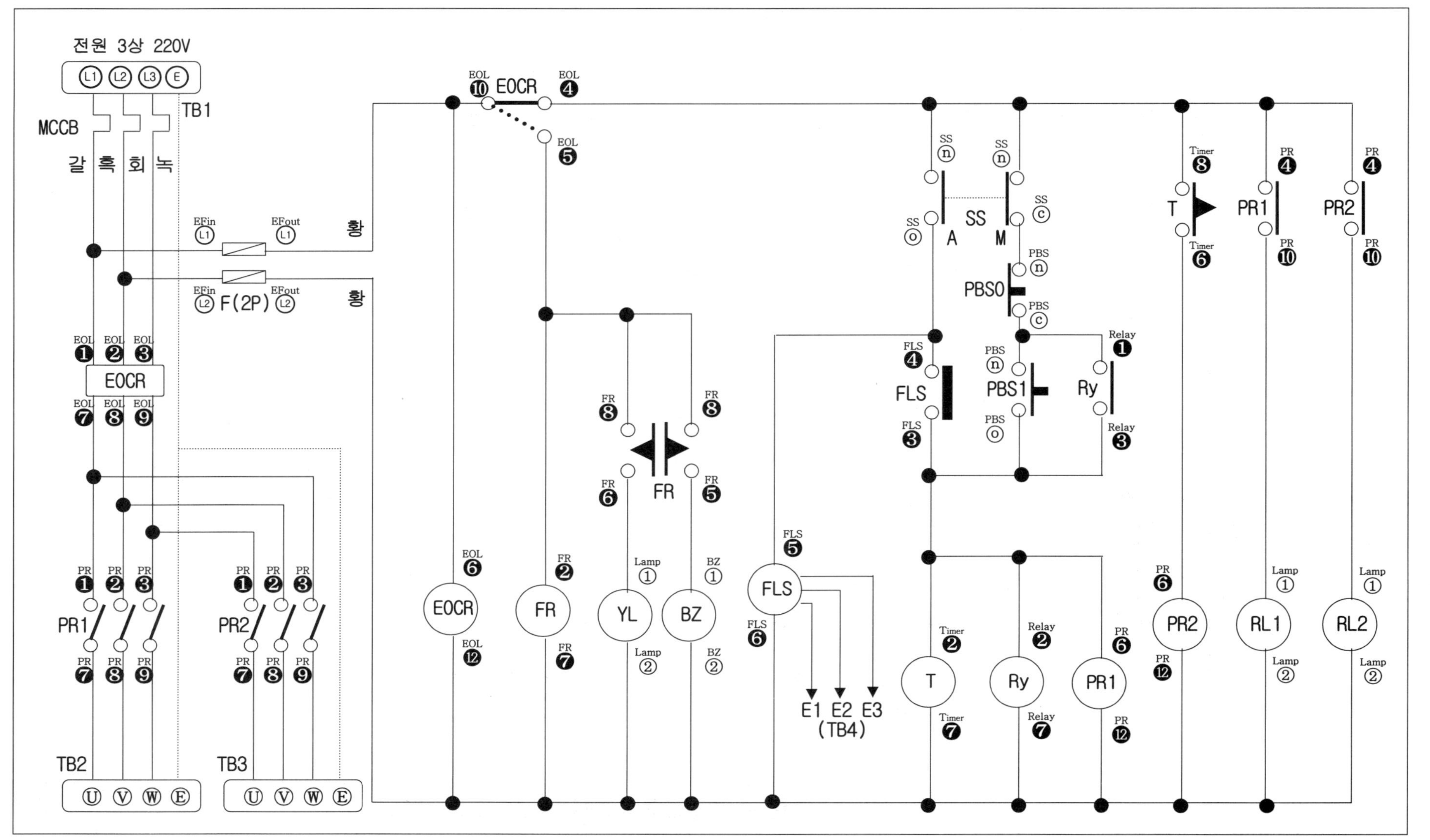

숙련도면 1-5 전동기 자수동 응용회로[시이퀀스도 정답지]

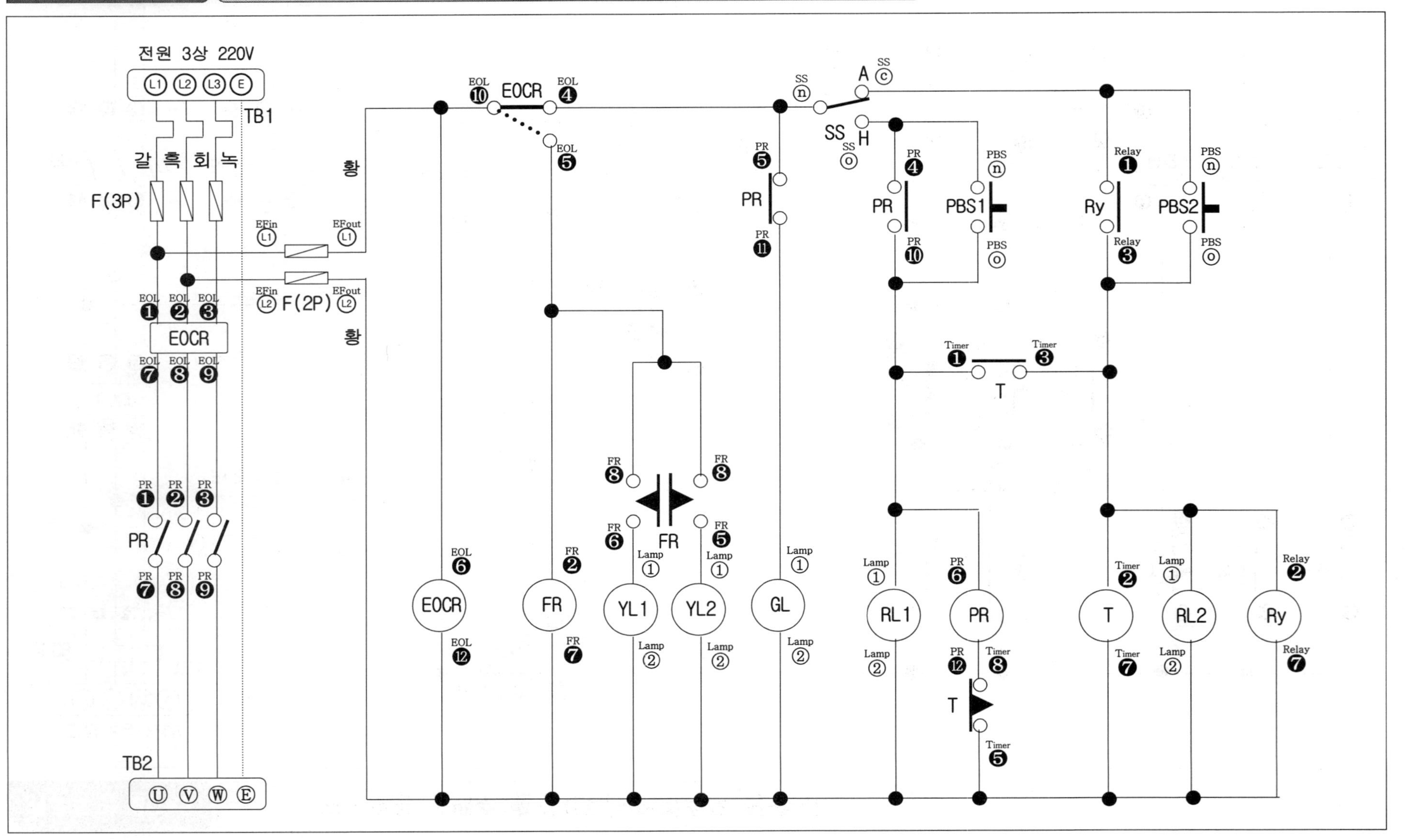

숙련도면 2-5

2개소 분리형 전동기 운전회로[시이퀀스도 정답지]

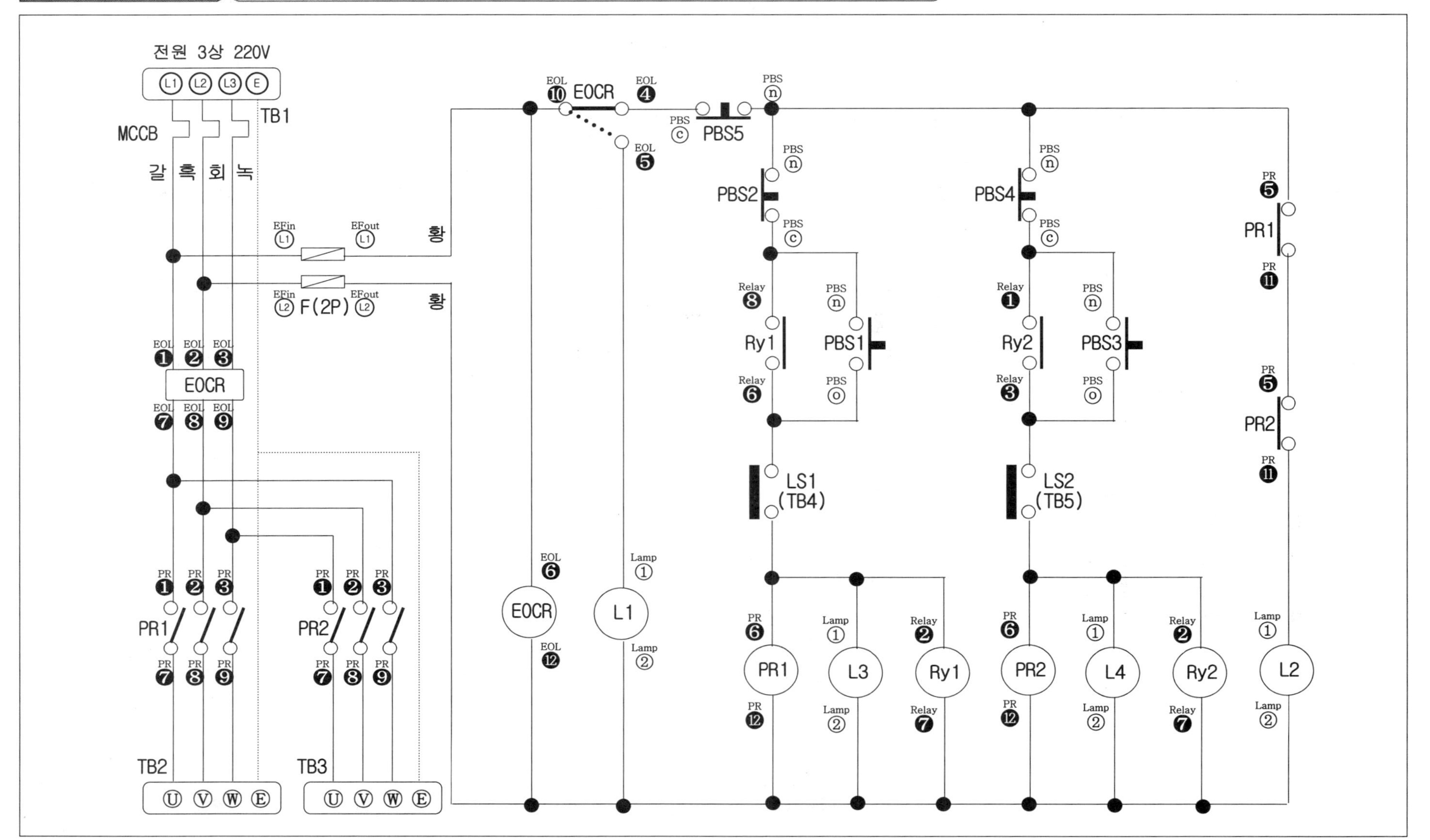

숙련도면 3-5 전동기 자수동 표시회로[시이퀀스도 정답지]

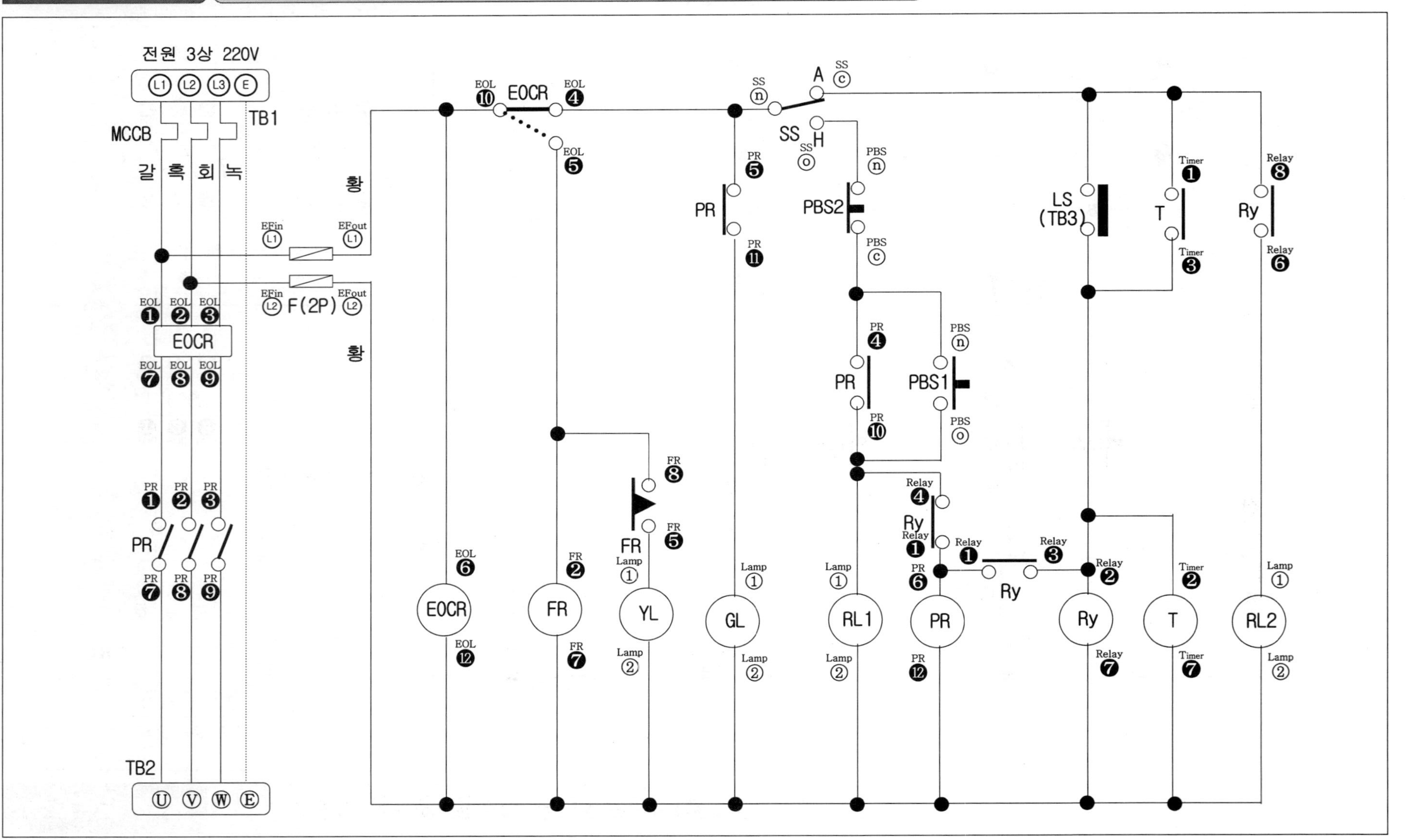

숙련도면 4-5 t초 후 팬작동 제어회로[시이퀀스도 정답지]

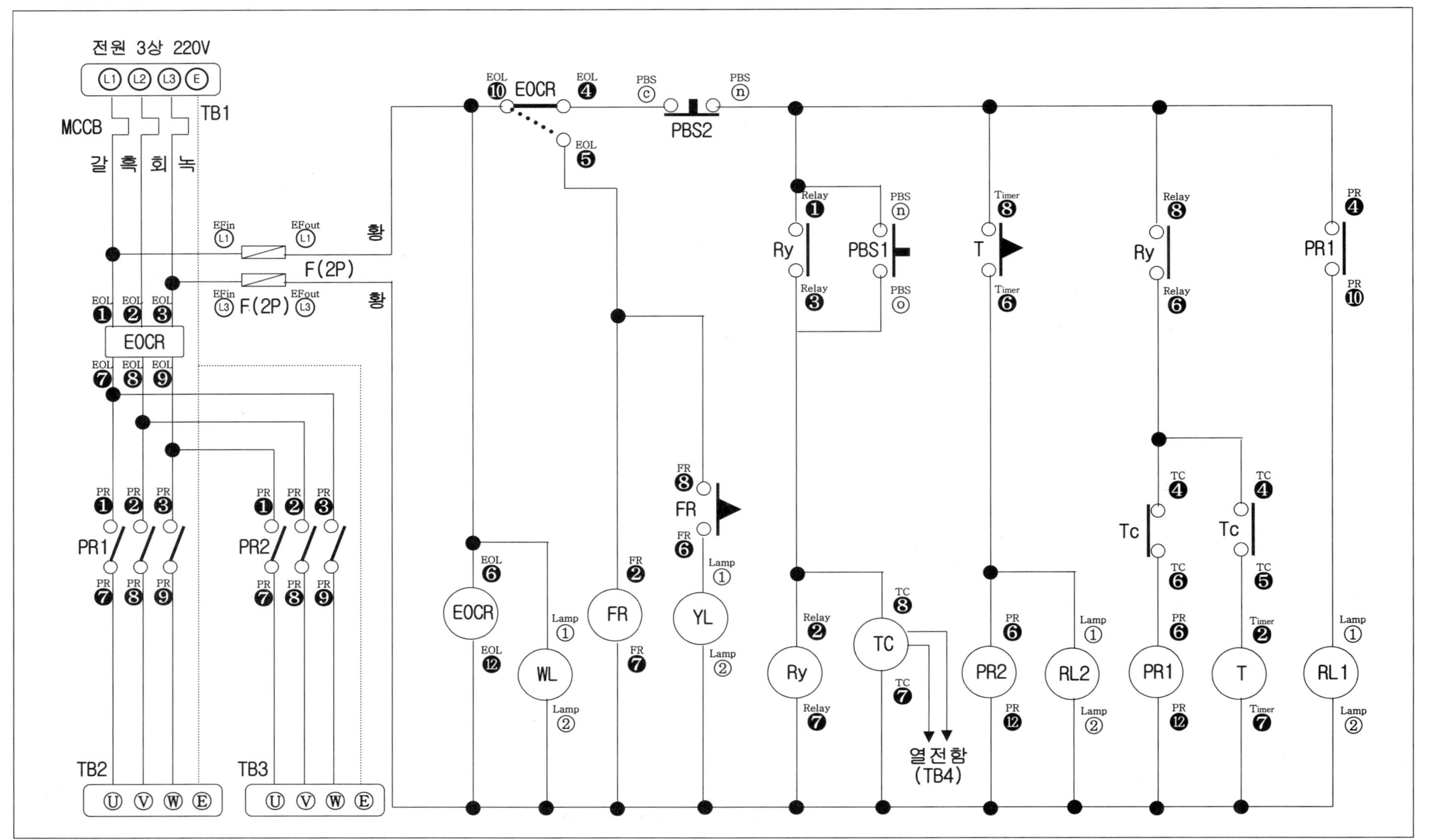

숙련도면 5-5 우선동작 정역 운전회로[시이퀀스도 정답지]

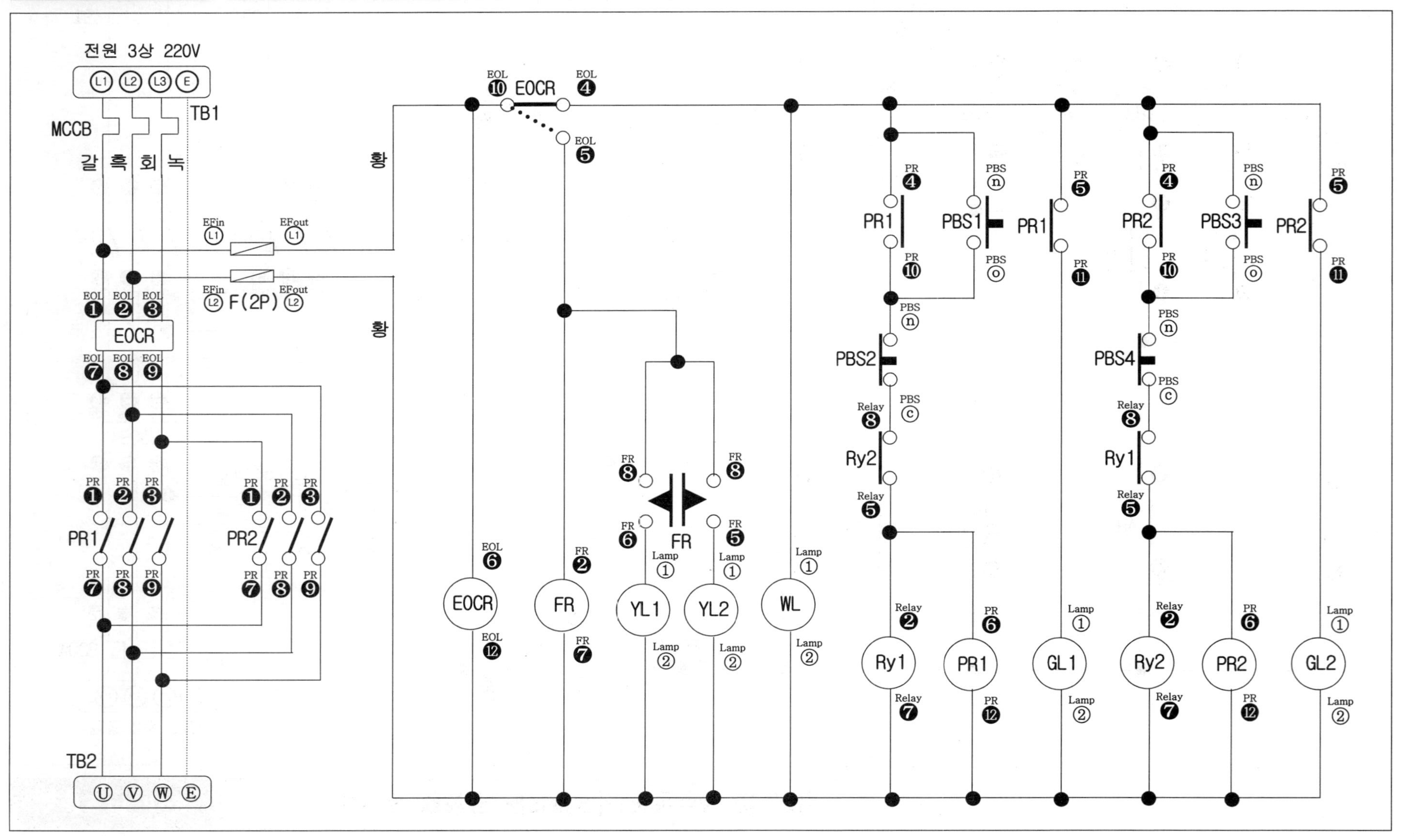

숙련도면 6-5 전동기 직접기동 및 시간제어 기동회로[시이퀀스도 정답지]

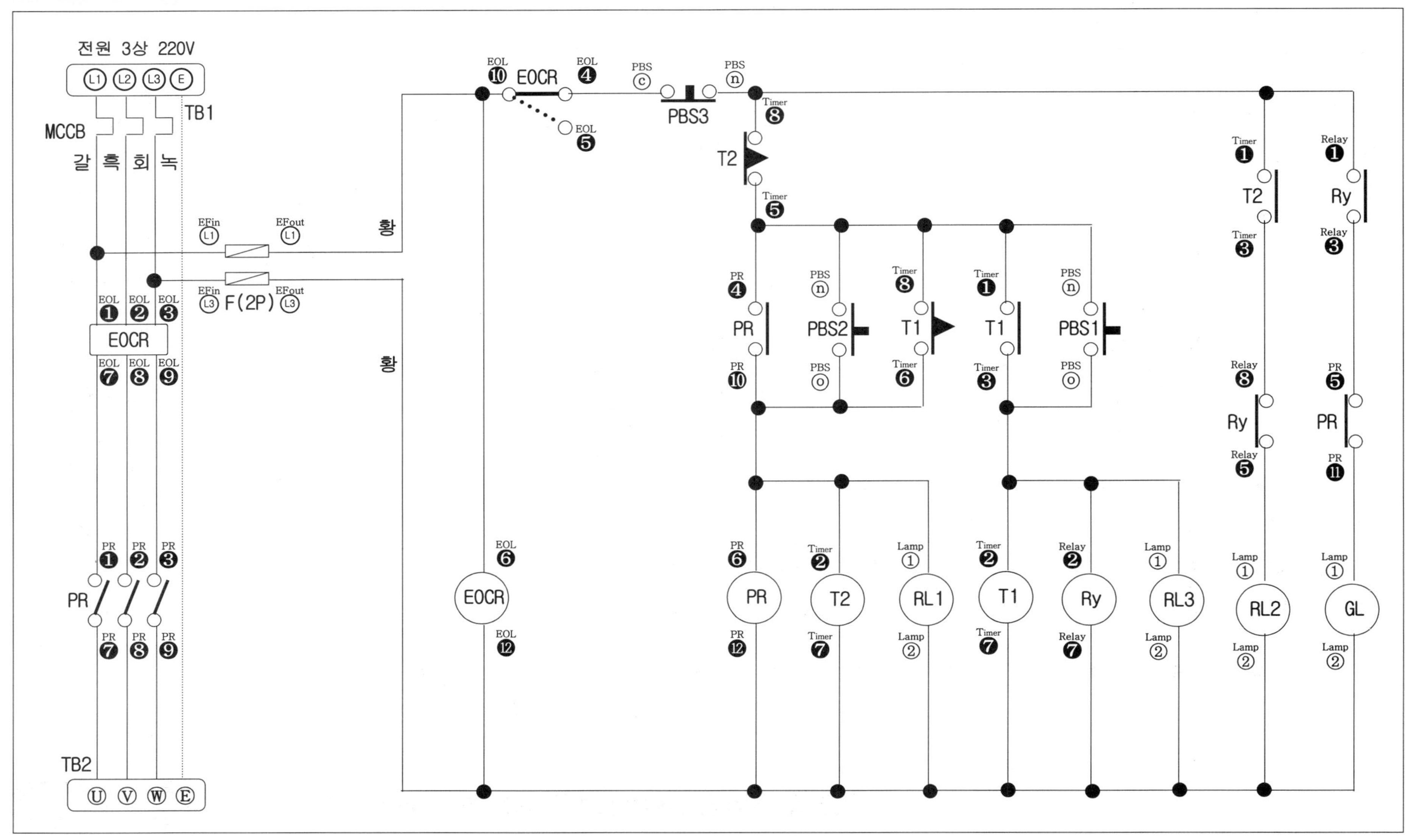

숙련도면 7-5 양방향 시간제어 정역 운전회로[시이퀀스도 정답지]

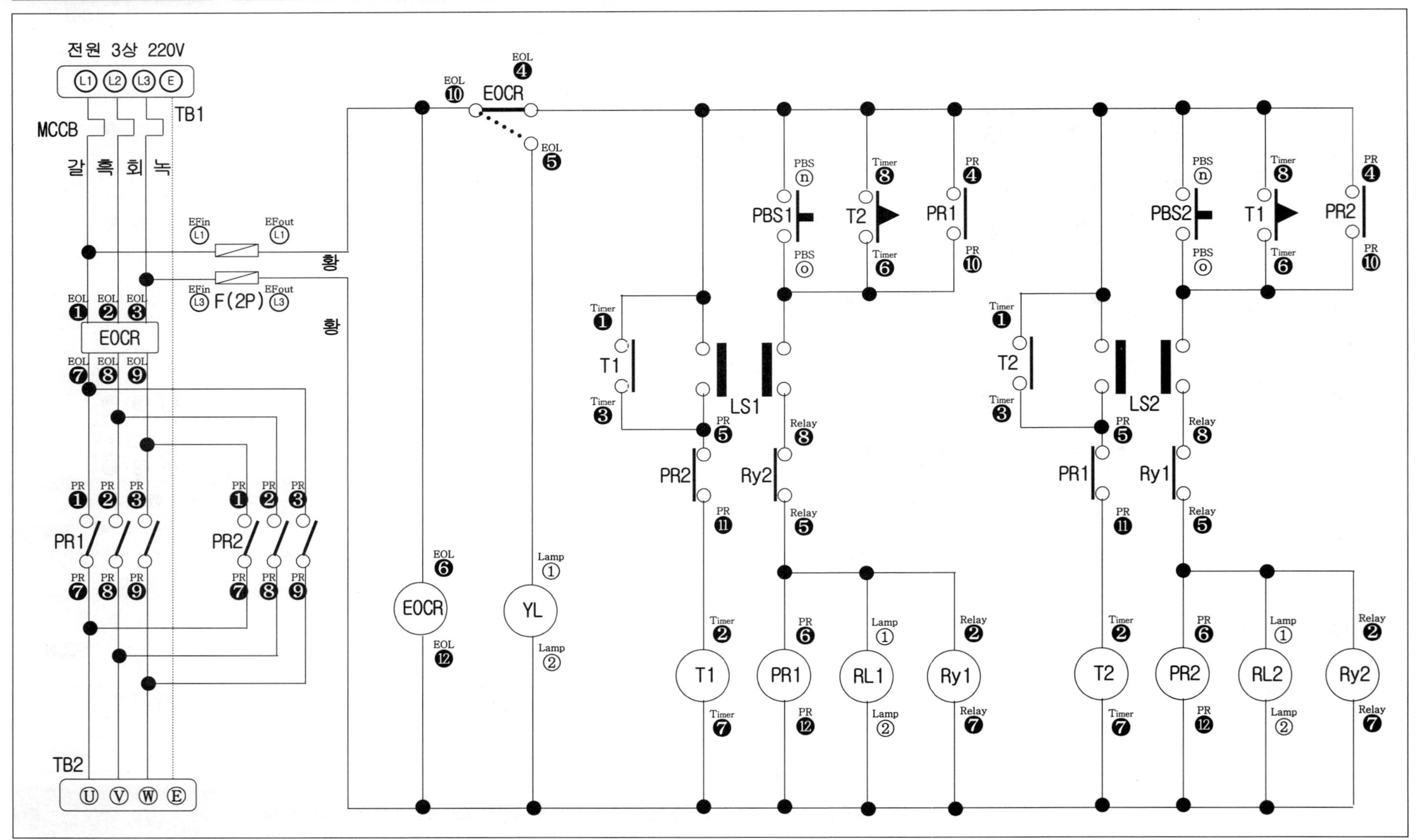

숙련도면 8-5 급수펌프 운전회로[시이퀀스도 정답지]

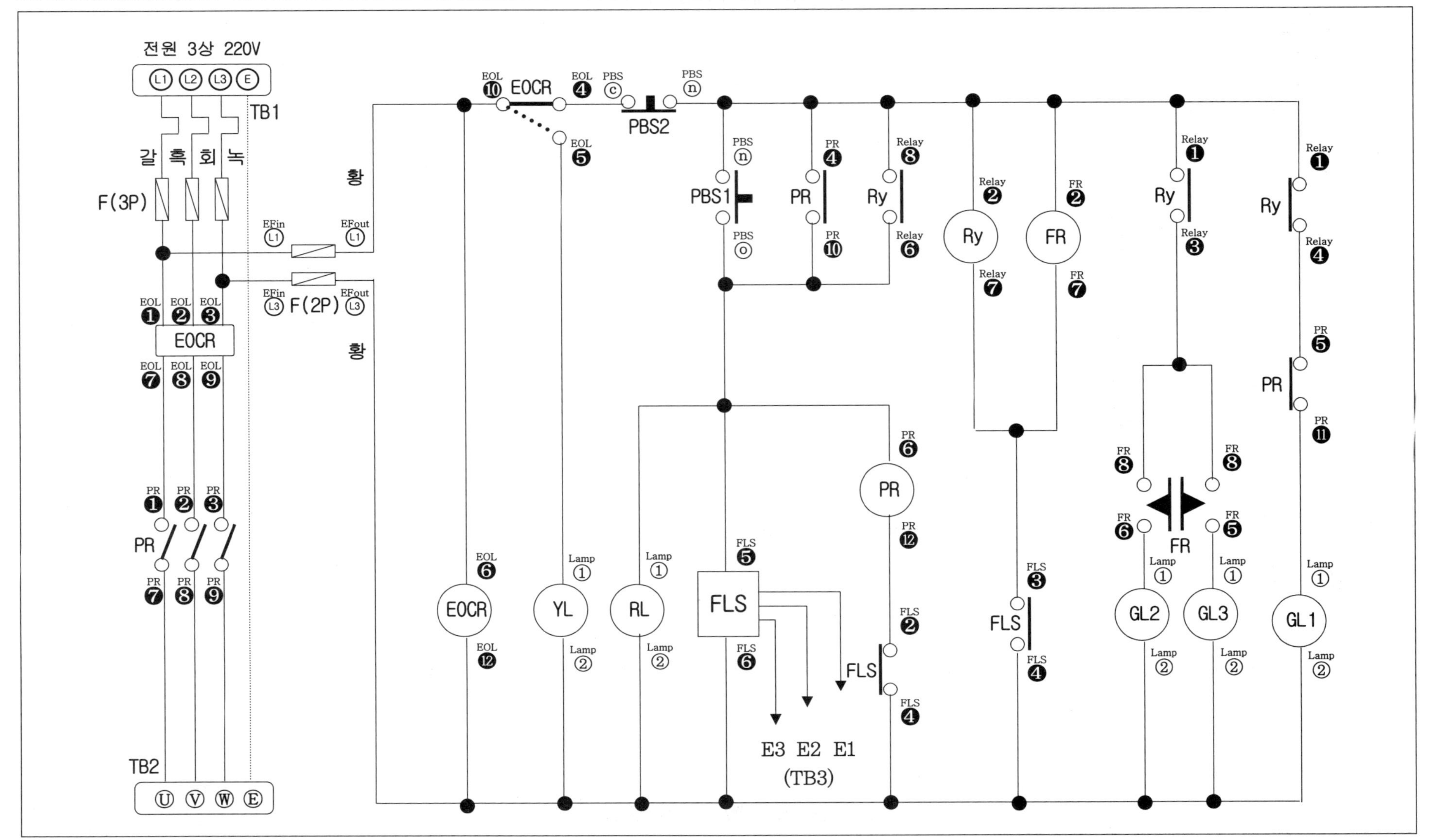

숙련도면 9-5 시간제어 후 히터가동 온풍기회로[시이퀀스도 정답지]

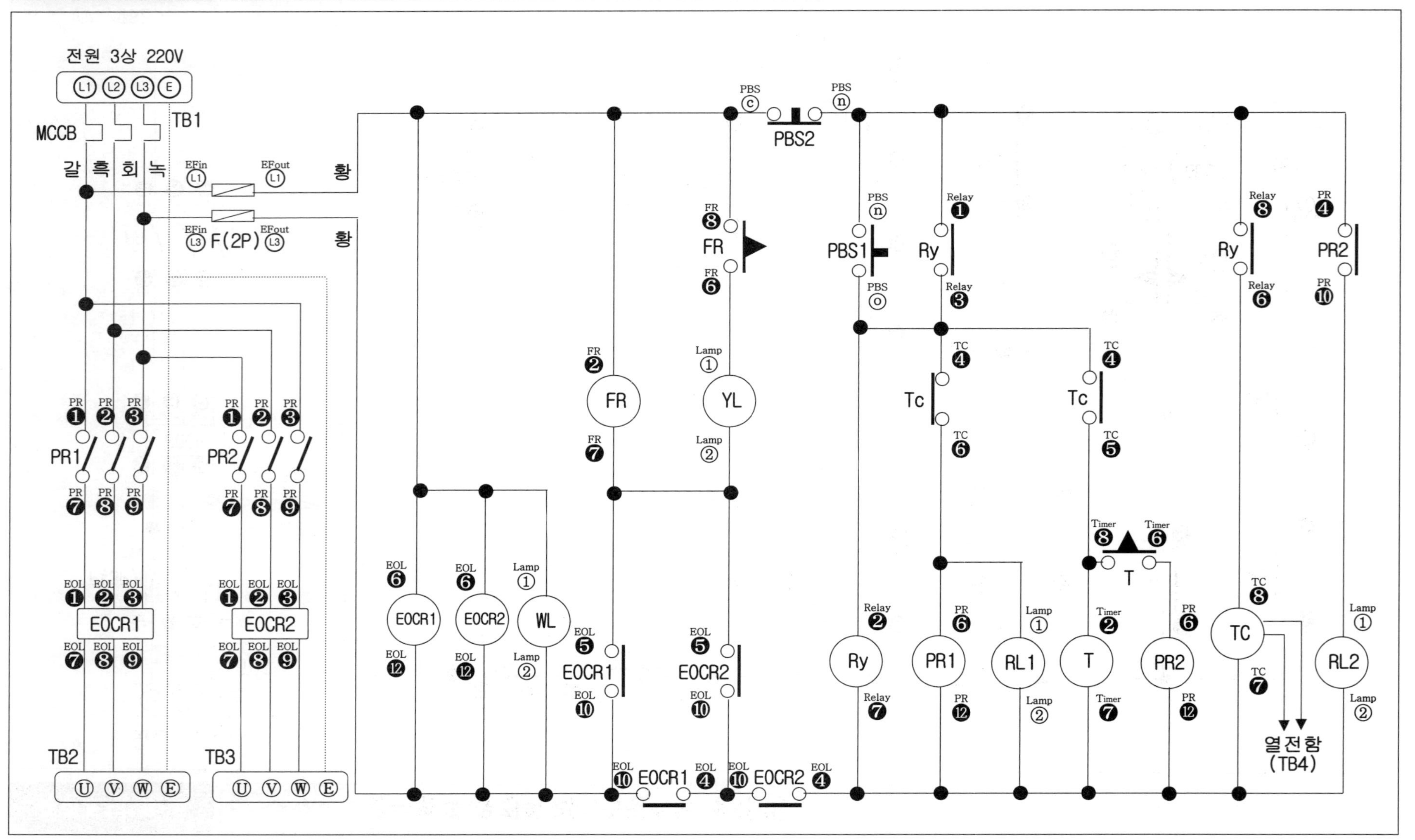

숙련도면 10-5 센서 감지동안에만 시간제한 순차운전회로[시이퀀스도 정답지]

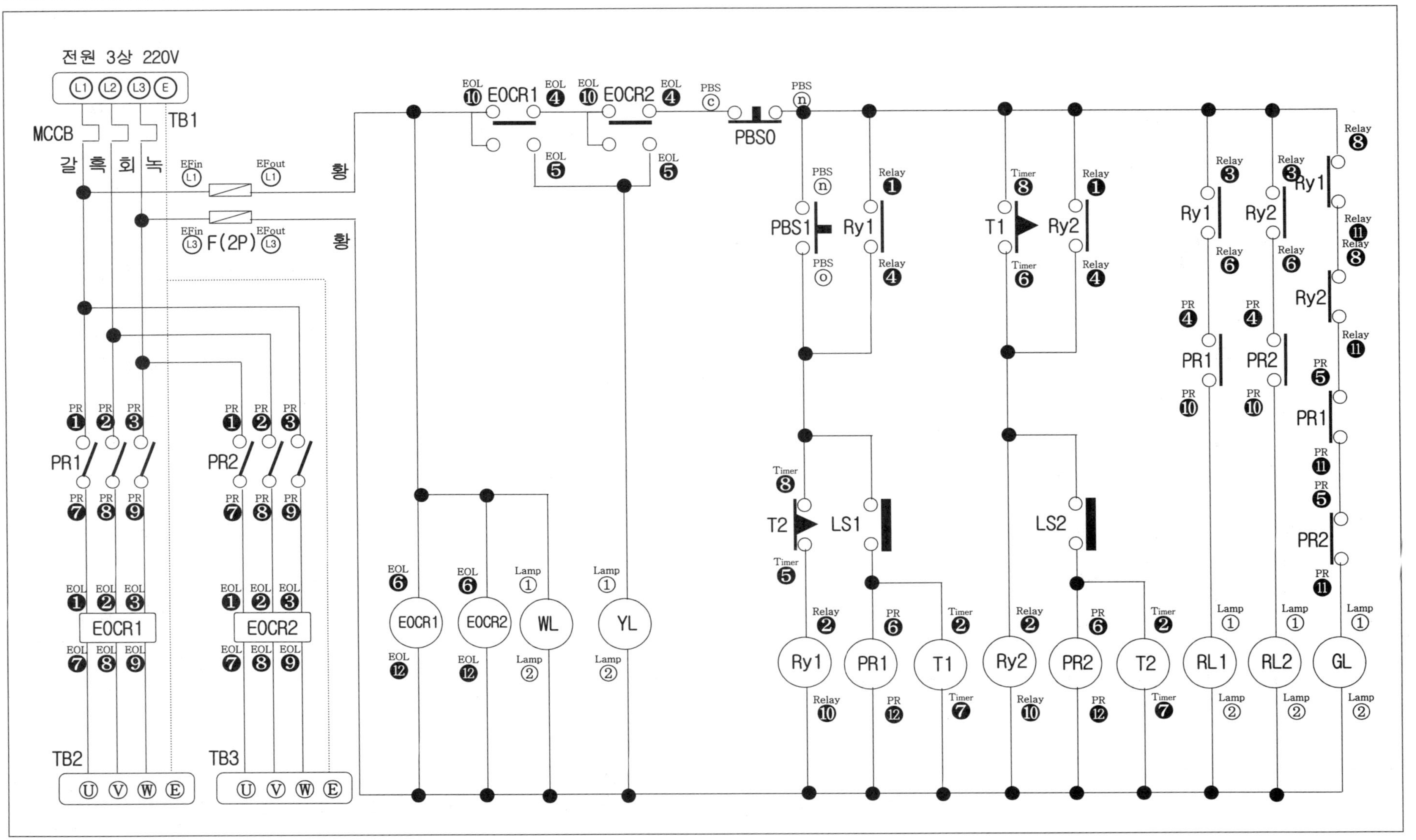

숙련도면 11-5 전동기 자수동 시간제어 정역 운전회로[시이퀀스도 정답지]

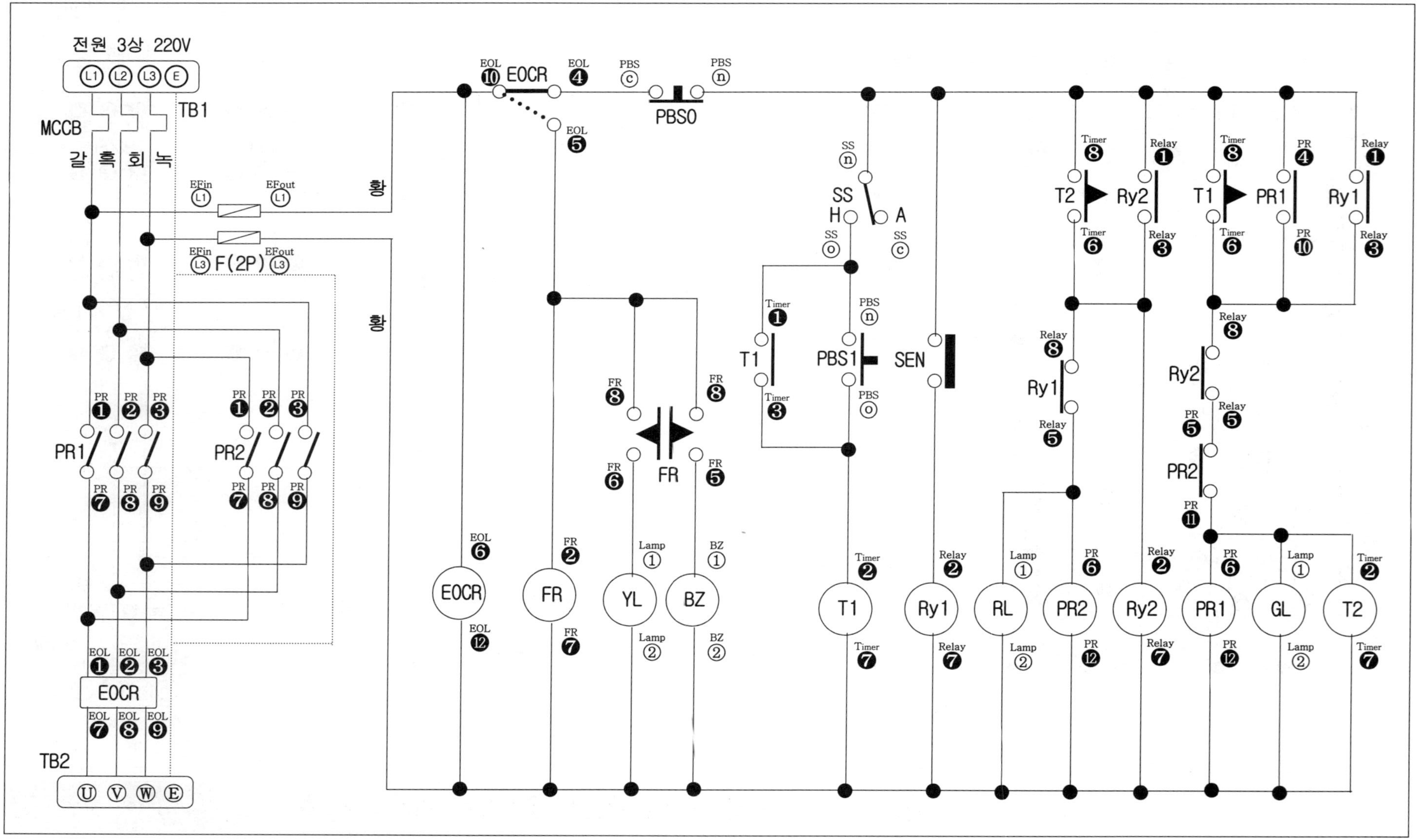

숙련도면 12-5 온실 운전회로[시이퀀스도 정답지]

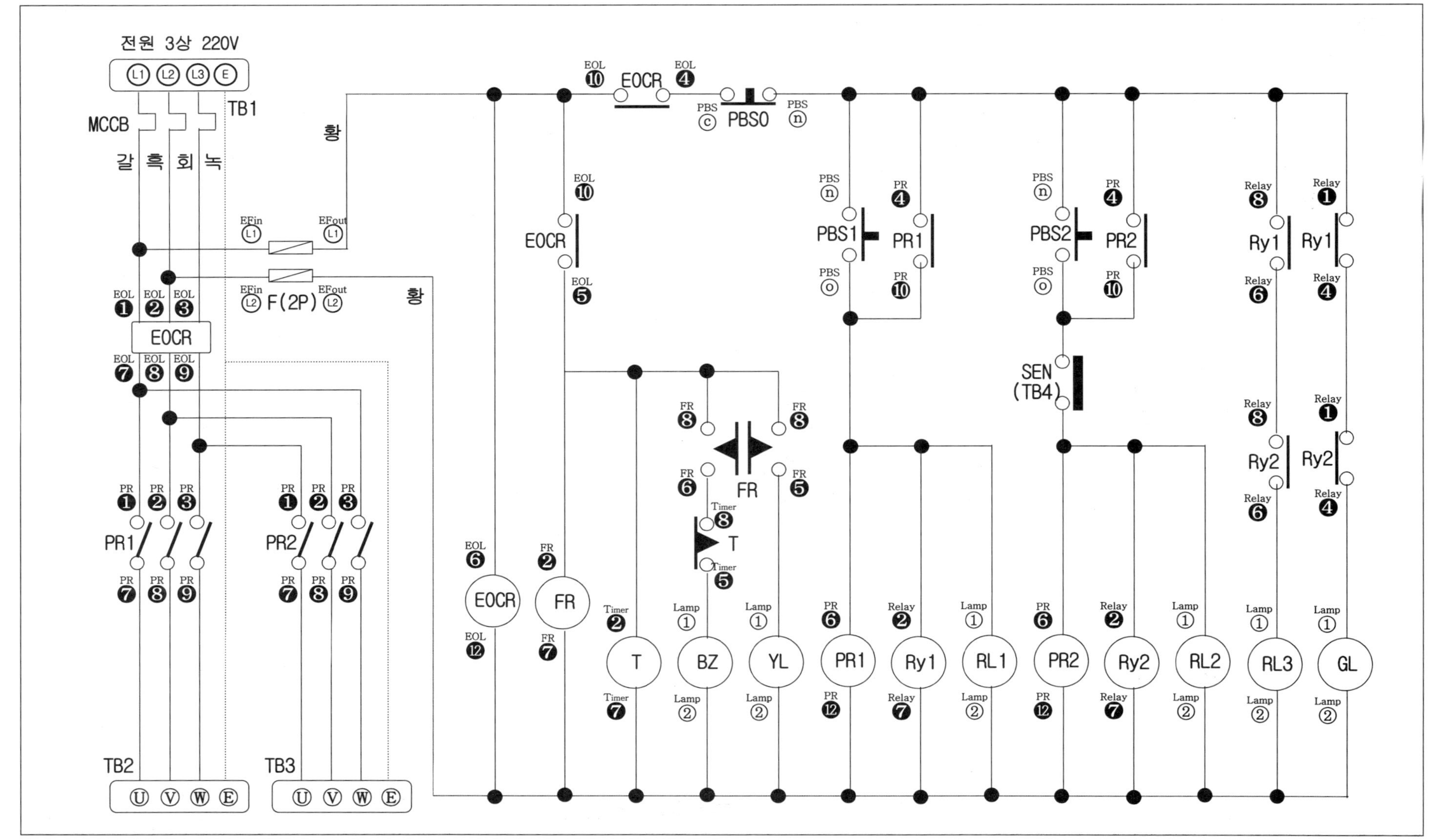

숙련도면 13-5 자수동 급 · 배수 운용회로[시이퀀스도 정답지]

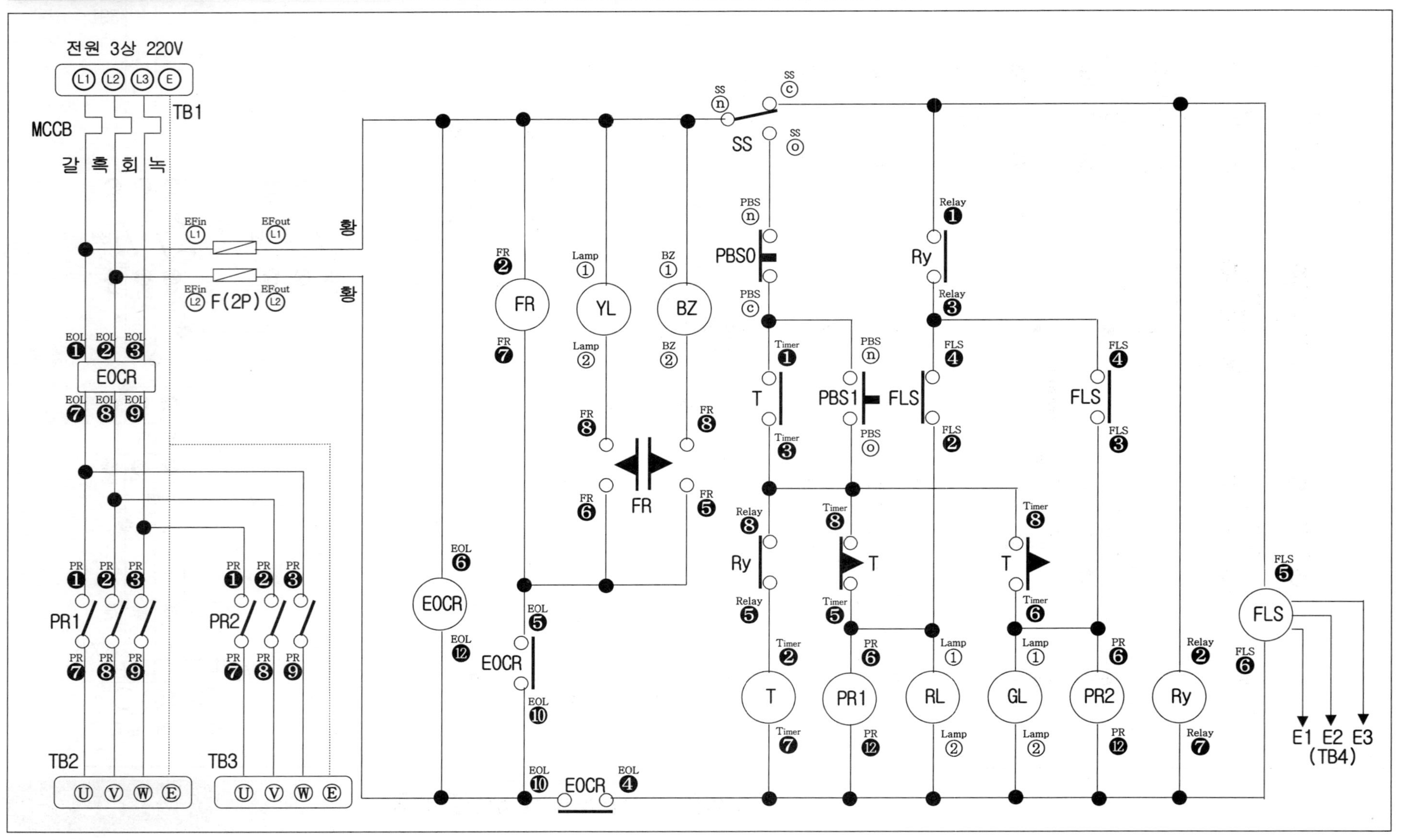

숙련도면 14-5 순차전동기 운전회로[시이퀀스도 정답지]

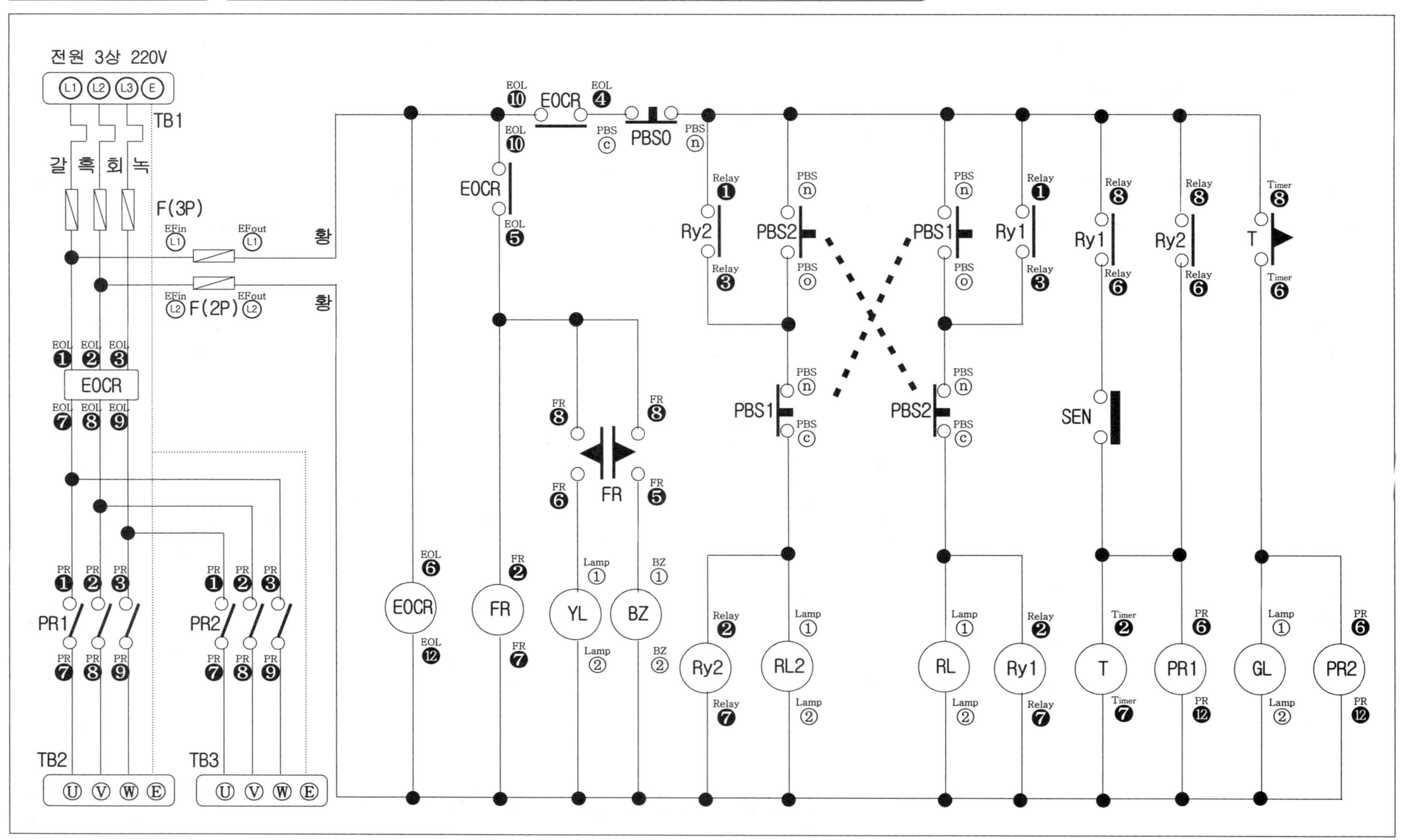

숙련도면 15-5 자동 온수조절 운전회로[시이퀀스도 정답지]

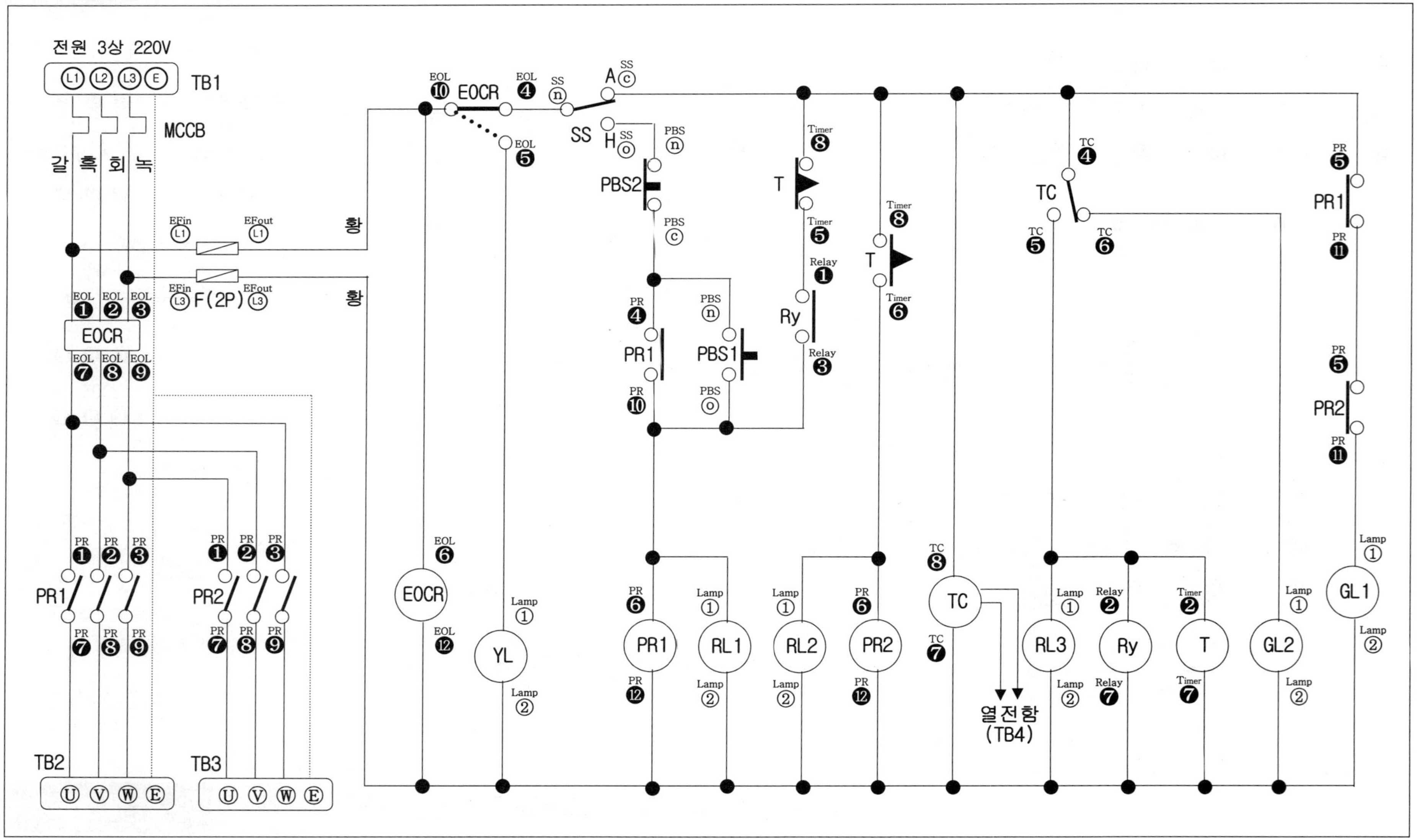

전원 3상 220V
L1 L2 L3 E
TB1
MCCB
갈 흑 회 녹
EFin L1 EFout L1
EFin L3 F(2P) EFout L3
황
황
EOL 1 EOL 2 EOL 3
EOCR
EOL 7 EOL 8 EOL 9
PR 1 PR 2 PR 3
PR1
PR 7 PR 8 PR 9
PR 1 PR 2 PR 3
PR2
PR 7 PR 8 PR 9
TB2
U V W E
TB3
U V W E
EOL 10 EOCR EOL 4
EOL 5
SS n
SS A SS c
SS H SS o
PBS n
PBS2
PBS c
PR 4
PR1
PR 10
PBS n
PBS1
PBS o
Timer 8
T
Timer 5
Relay 1
Ry
Relay 3
Timer 8
T
Timer 6
TC 4
TC
TC 5
TC 6
PR 5
PR1
PR 11
PR 5
PR2
PR 11
EOL 6
EOCR
EOL 12
Lamp 1
YL
Lamp 2
PR 6
PR1
PR 12
Lamp 1
RL1
Lamp 2
Lamp 1
RL2
Lamp 2
PR 6
PR2
PR 12
TC 8
TC
TC 7
열전함
(TB4)
Lamp 1
RL3
Lamp 2
Relay 2
Ry
Relay 7
Timer 2
T
Timer 7
Lamp 1
GL2
Lamp 2
Lamp 1
GL1
Lamp 2

숙련도면 16-5 전동기 자동감지 운전회로[시이퀀스도 정답지]

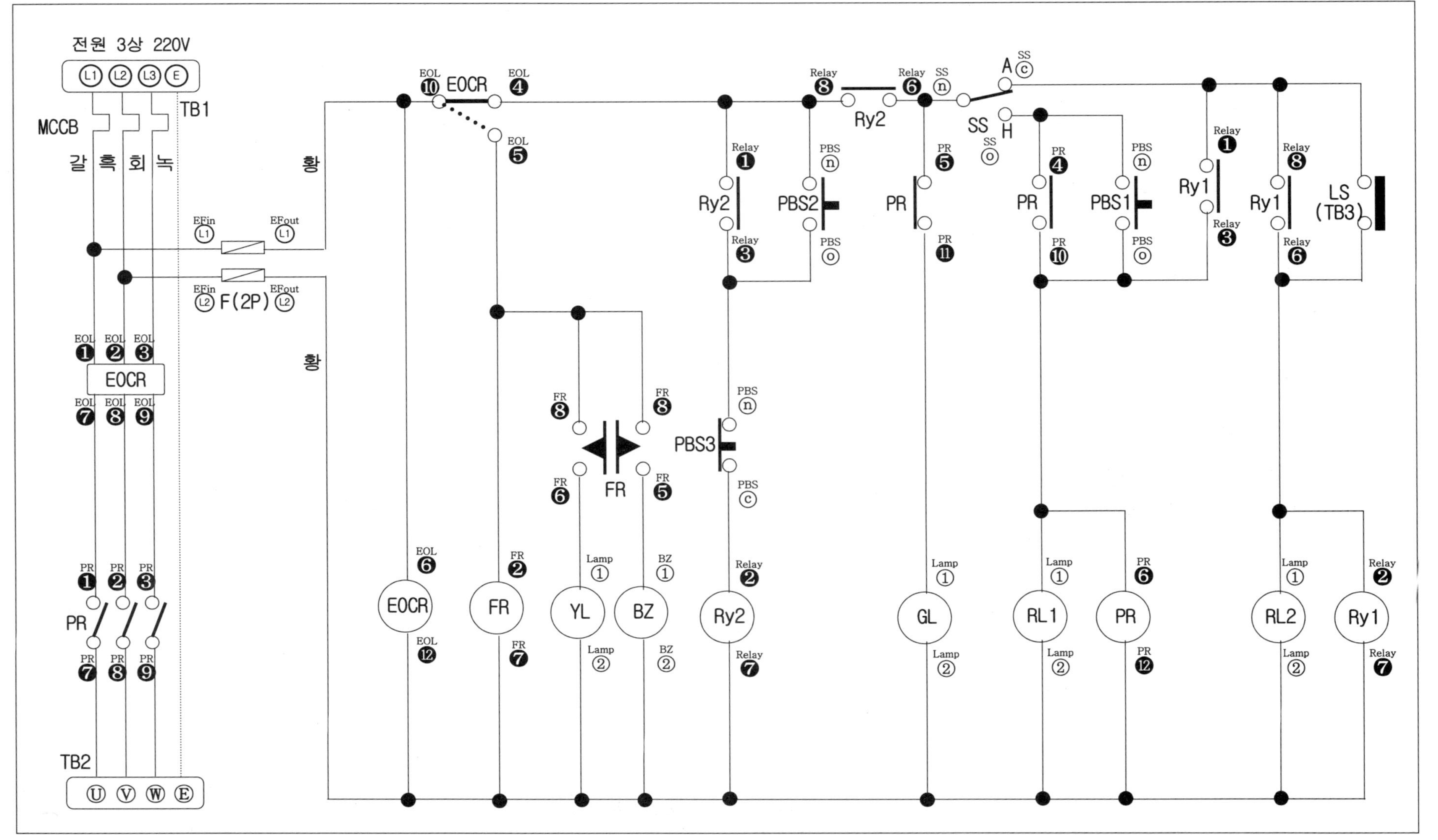

숙련도면 17-5 온수 자수동 순환 운전회로[시이퀀스도 정답지]

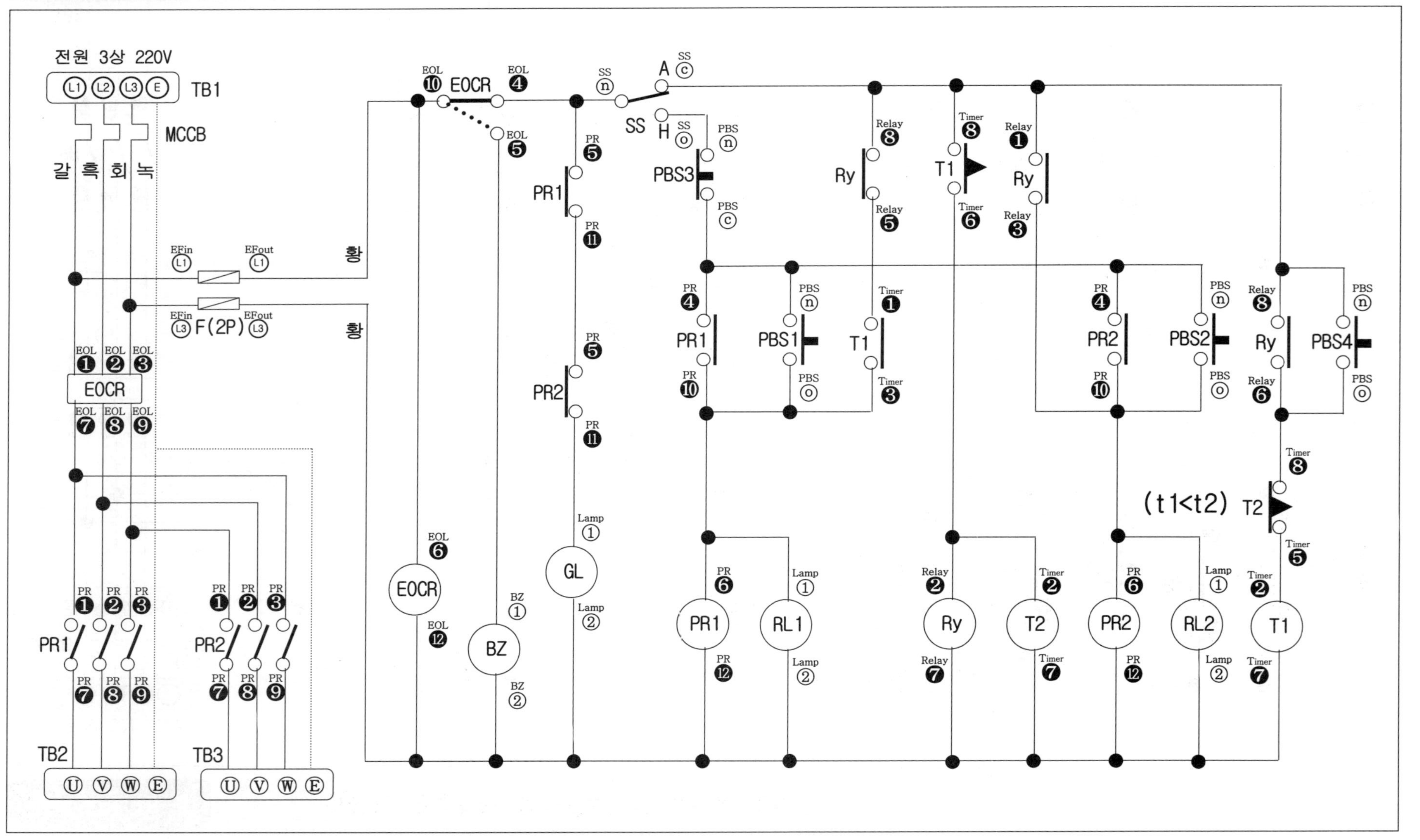

숙련도면 18-5 센서에 의한 전동기 자수동 운전 제어회로[시이퀀스도 정답지]

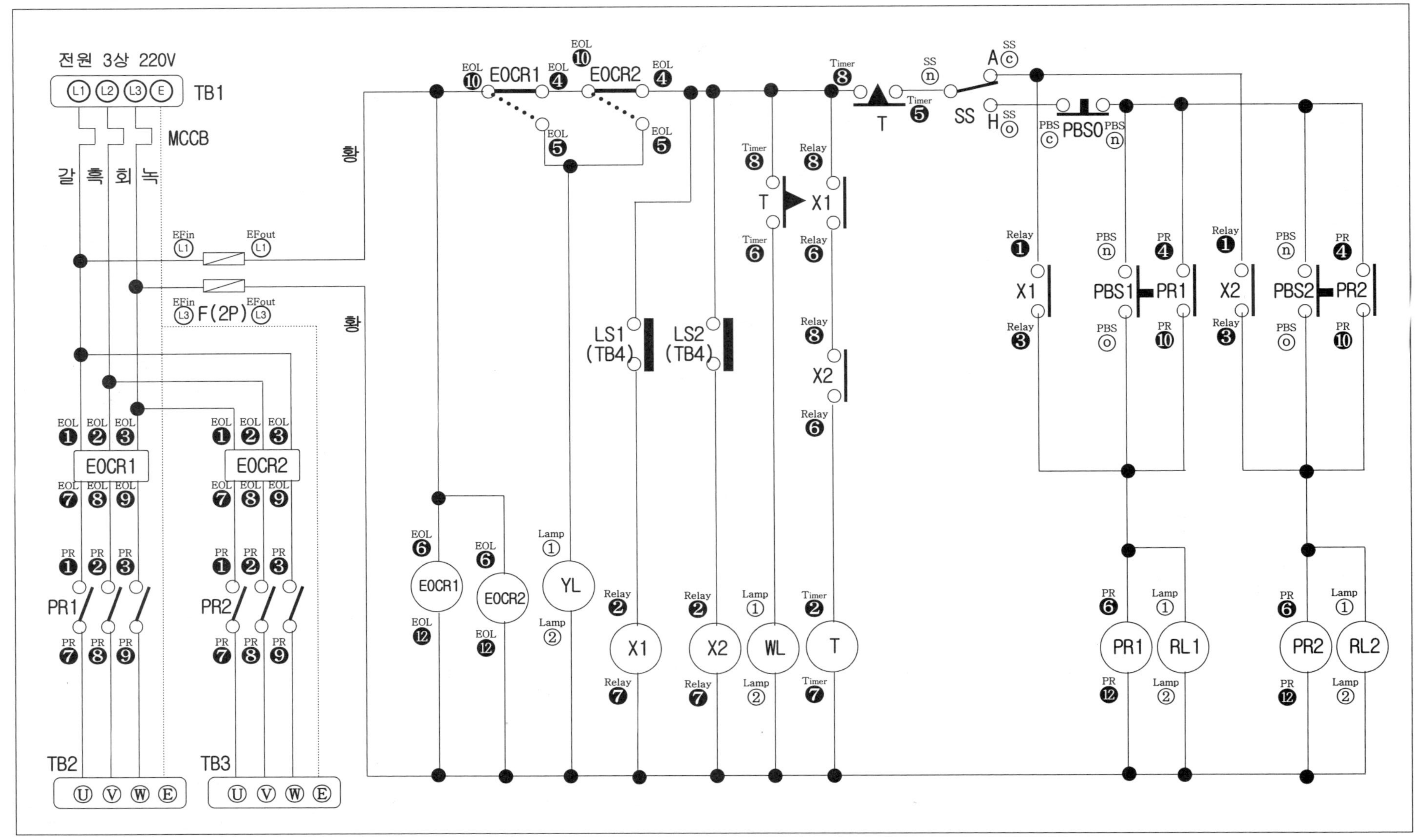

숙련도면 19-5 우선동작 교대점멸 시간제어 운전회로[시이퀀스도 정답지]

전원 3상 220V

L1 L2 L3 E

MCCB TB1

갈 흑 회 녹

황

황

EOL ❶ ❷ ❸ EOCR EOL ❼ ❽ ❾

PR ❶ ❷ ❸ PR1 PR ❼ ❽ ❾

PR ❶ ❷ ❸ PR2 PR ❼ ❽ ❾

TB2

U V W E

EOL ❿ EOCR EOL ❹ PBS ⓒ EOL ❺ PBS0 PBS ⓝ

Timer ❶ T2 Timer ❸ | PBS ⓝ PBS1 PBS ⓞ | Relay ❽ Ry1 Relay ❻ | Timer ❶ T1 Timer ❸ | PBS ⓝ PBS2 PBS ⓞ | Relay ❽ Ry2 Relay ❻ | Relay ❶ Ry1 Relay ❸ | Relay ❶ Ry2 Relay ❸

PR ❺ PR2 PR ⓫

PR ❺ PR1 PR ⓫

EOL ❻ EOCR EOL ⓬

Lamp ① WL Lamp ②

Lamp ① YL Lamp ②

Timer ❽ T1 PR ❻ Timer ❺ PR1 PR ⓬

Relay ❷ Ry1 Relay ❼

Lamp ① RL1 Lamp ②

Timer ❽ T2 PR ❻ Timer ❺ PR2 PR ⓬

Relay ❷ Ry2 Relay ❼

Lamp ① RL2 Lamp ②

Timer ❷ T1 Timer ❼

Timer ❷ T2 Timer ❼

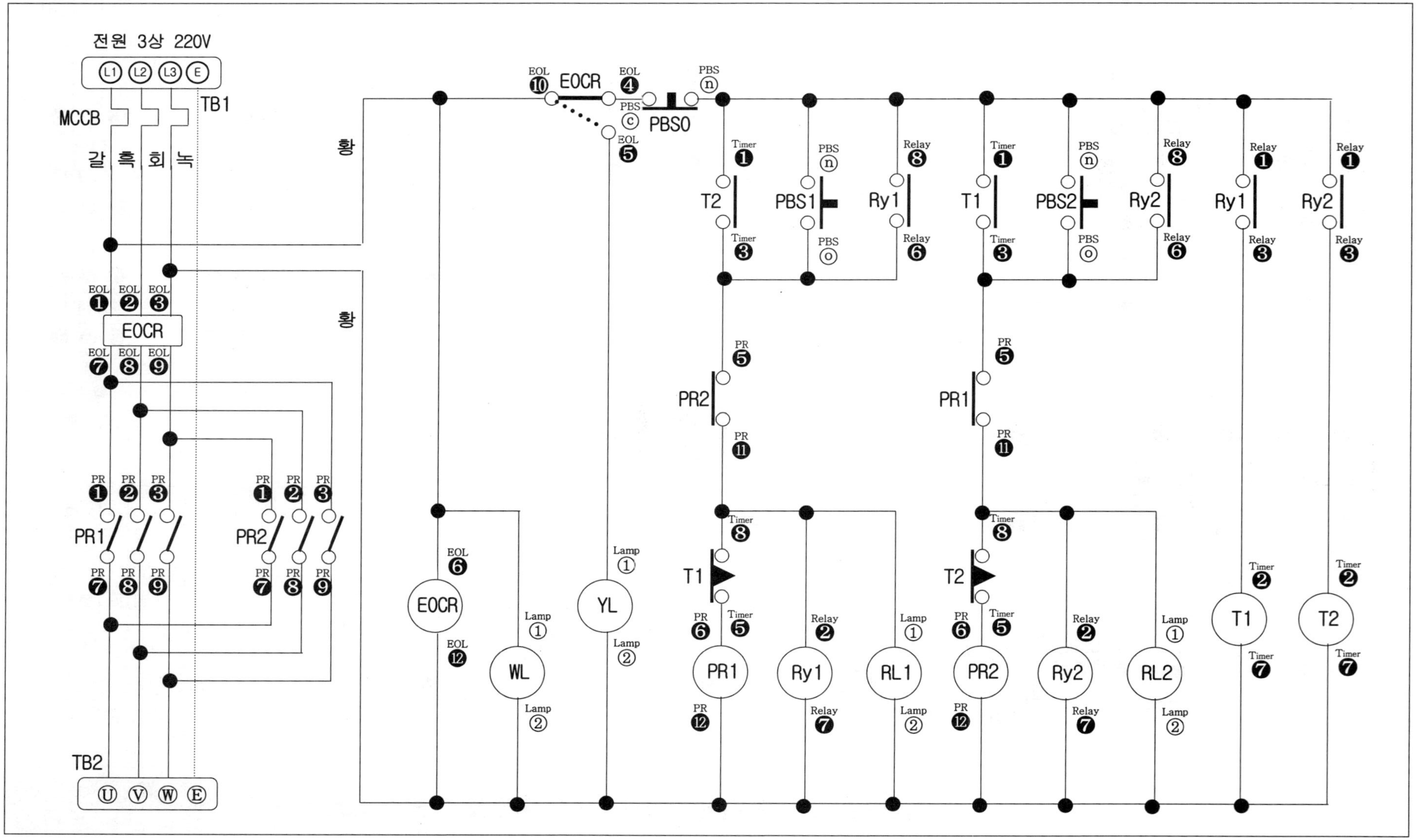

숙련도면 20-5 순차구동 전동기 운전회로[시이퀀스도 정답지]

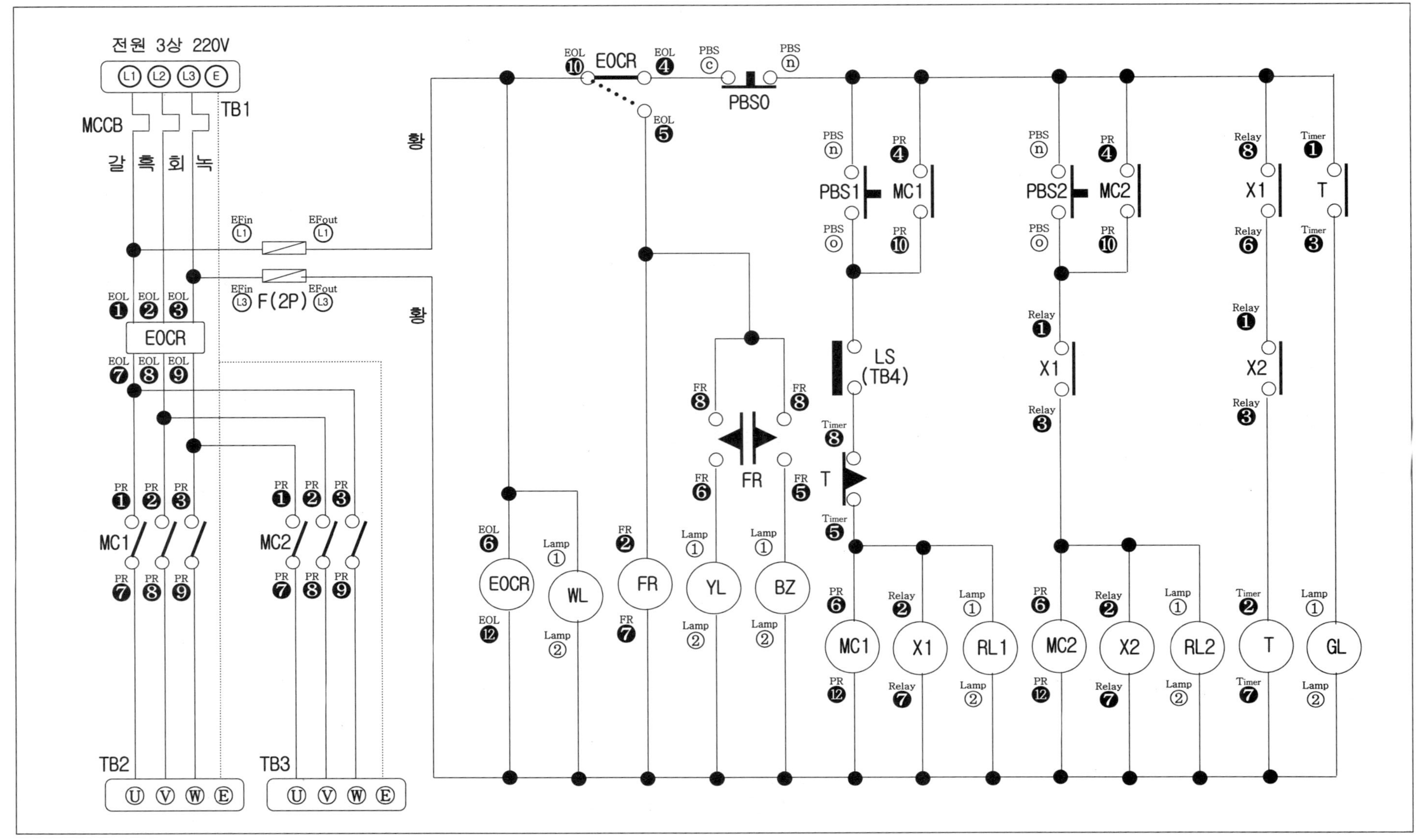

심화도면 1-5 컨베이어 제어회로[시이퀀스도 정답지]

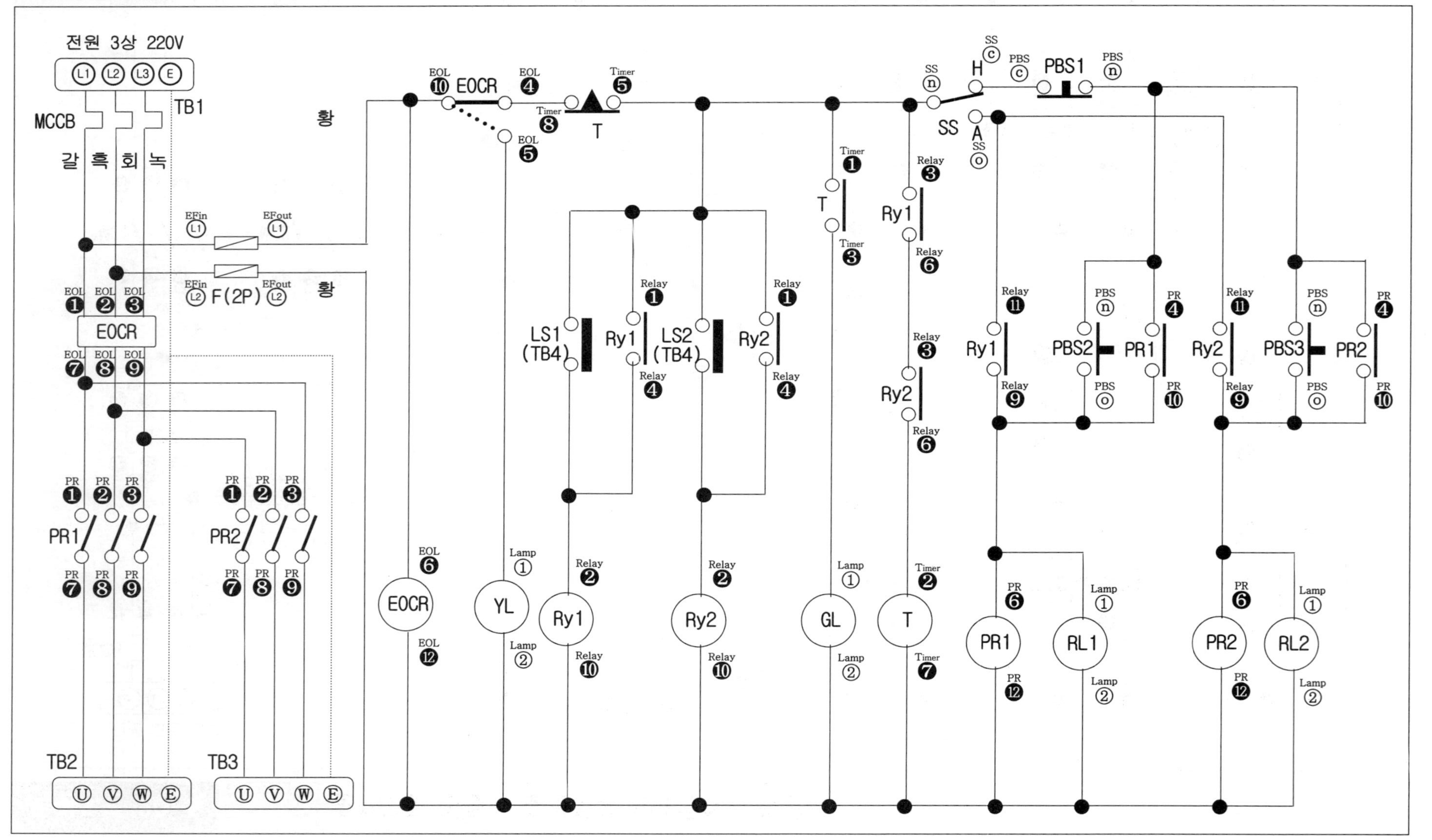

심화도면 2-5 릴레이에 의한 자수동 운전회로[시이퀀스도 정답지]

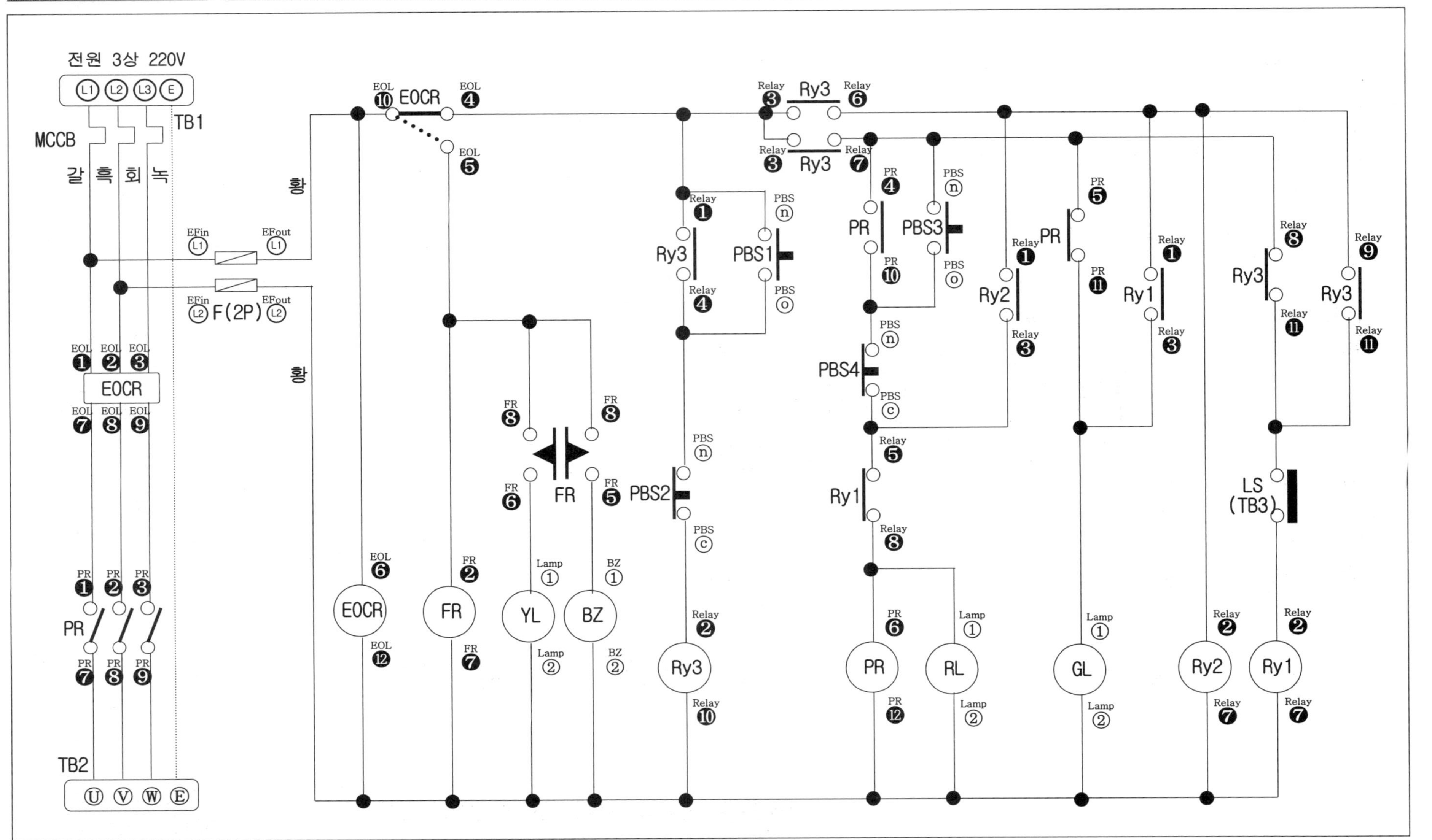

심화도면 3-5 이동호이스트 제어[시이퀀스도 정답지]

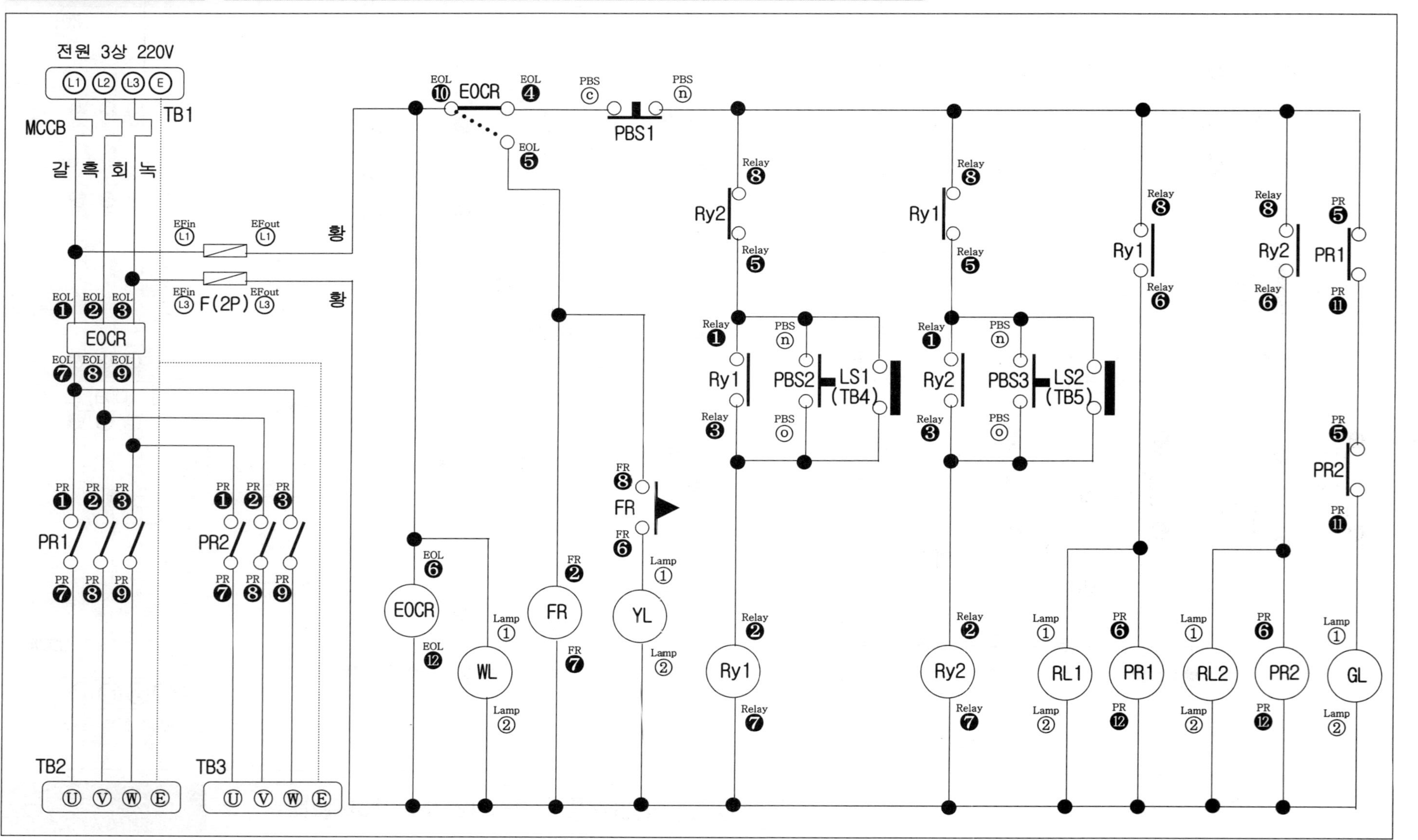

심화도면 4-5 자수동 온수공급 운용회로[시이퀀스도 정답지]

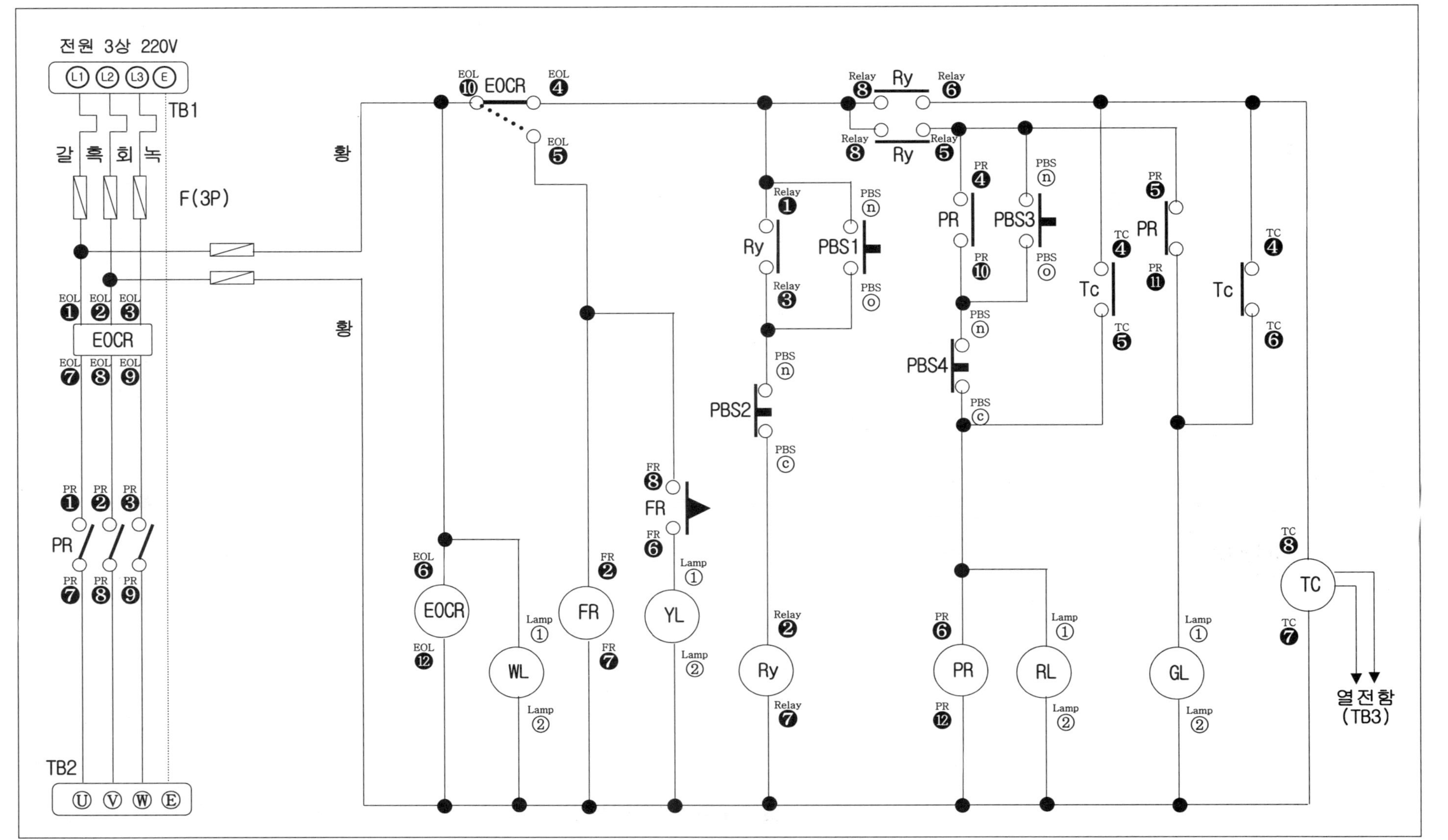

심화도면 5-5 전동기 시간제어 순차 운전회로[시이퀀스도 정답지]

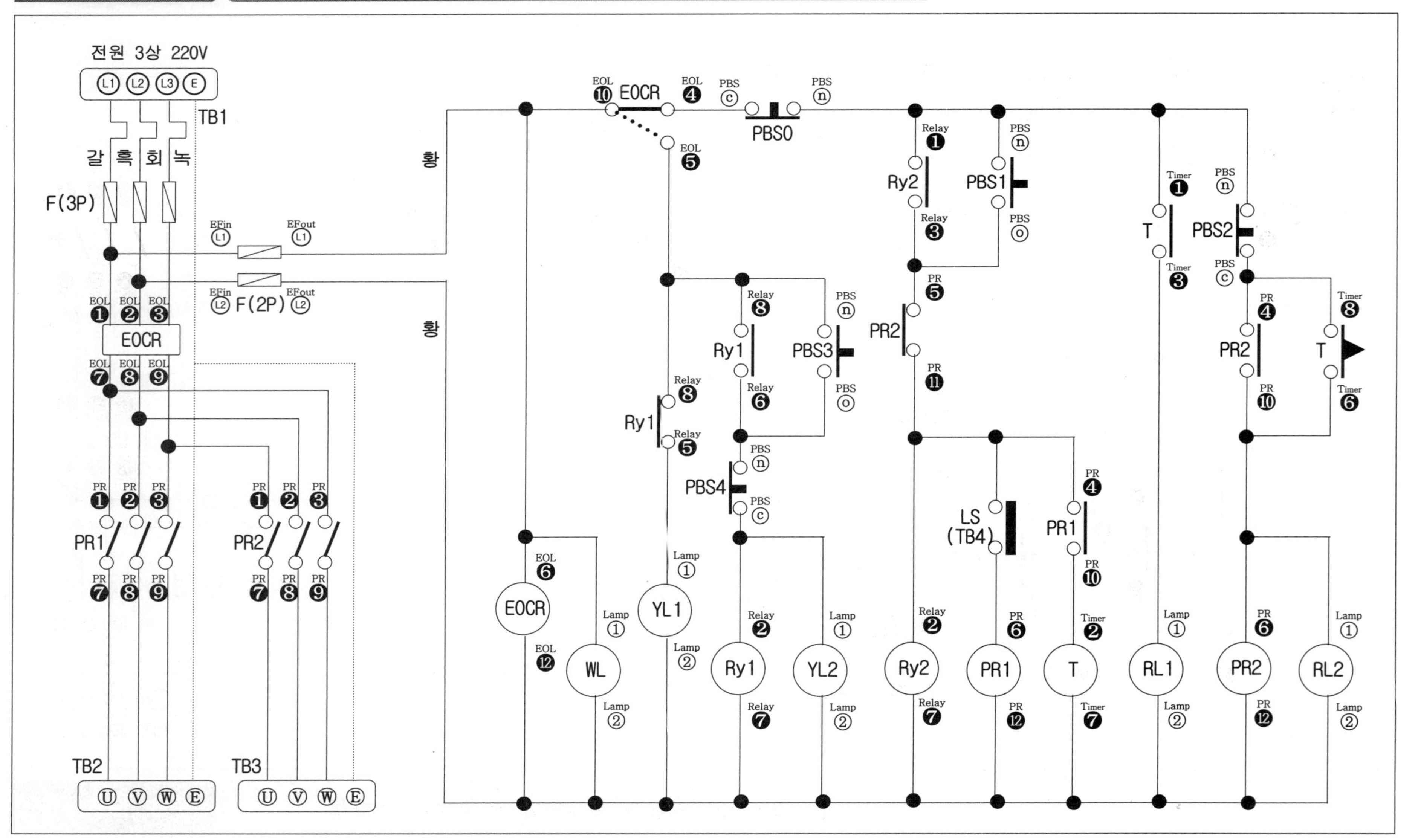

심화도면 6-5 자수동 화재감지 소방설비회로[시이퀀스도 정답지]

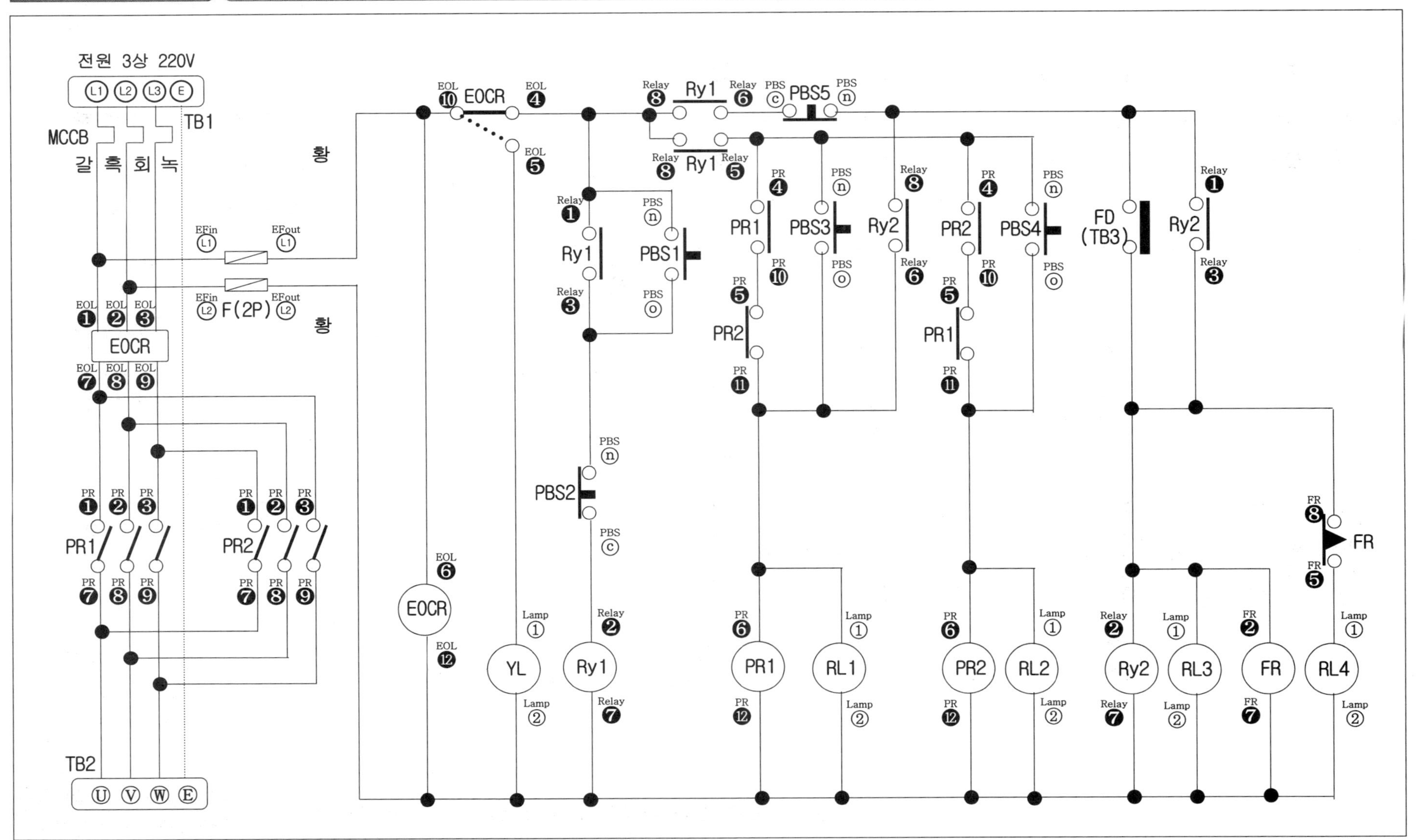

심화도면 7-5 온실하우스 간이난방 운전회로[시이퀀스도 정답지]

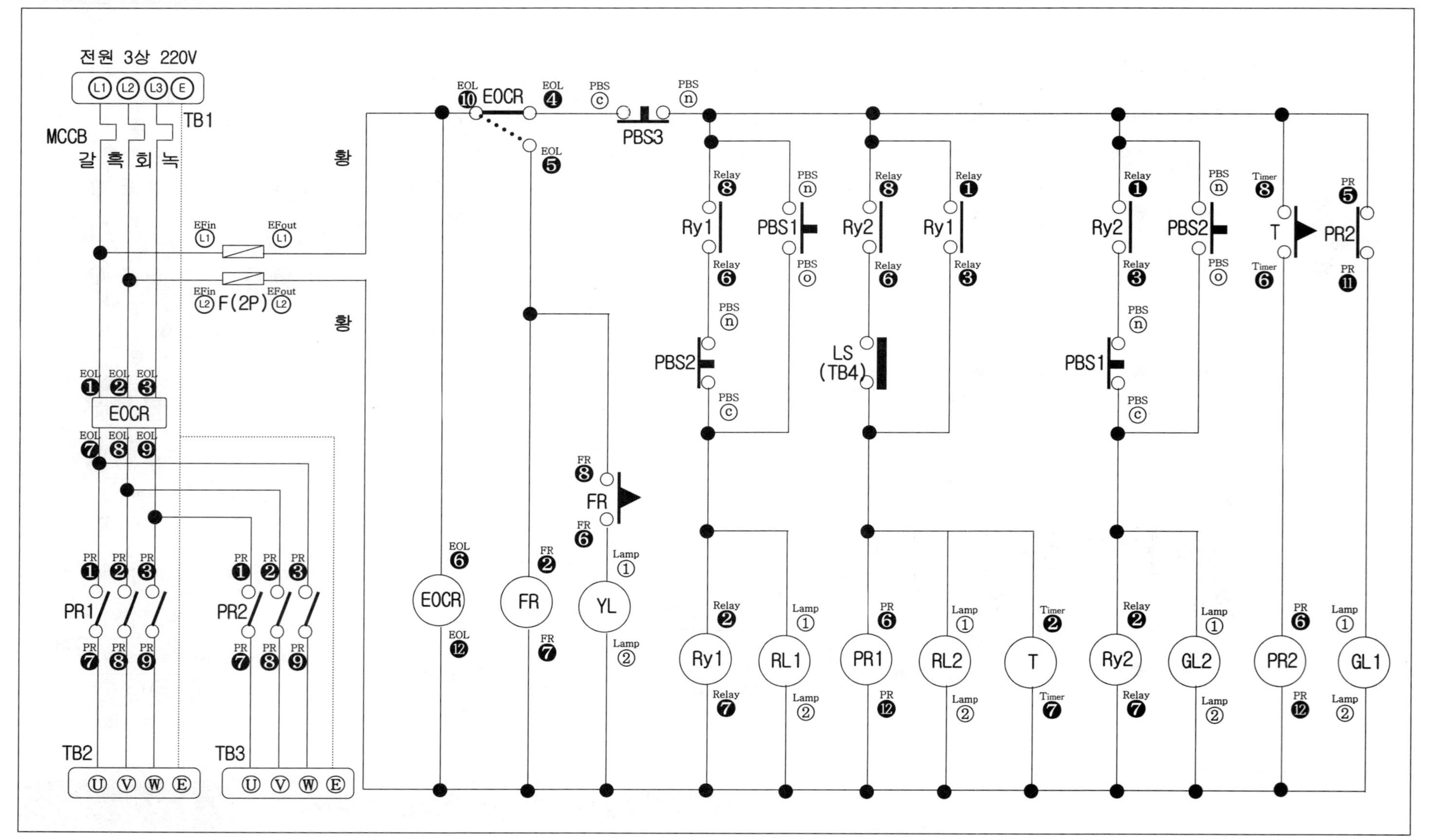

심화도면 8-5 센서에 의한 전동기 자수동 정역 운전회로[사용재료,동작사항,흐름도]

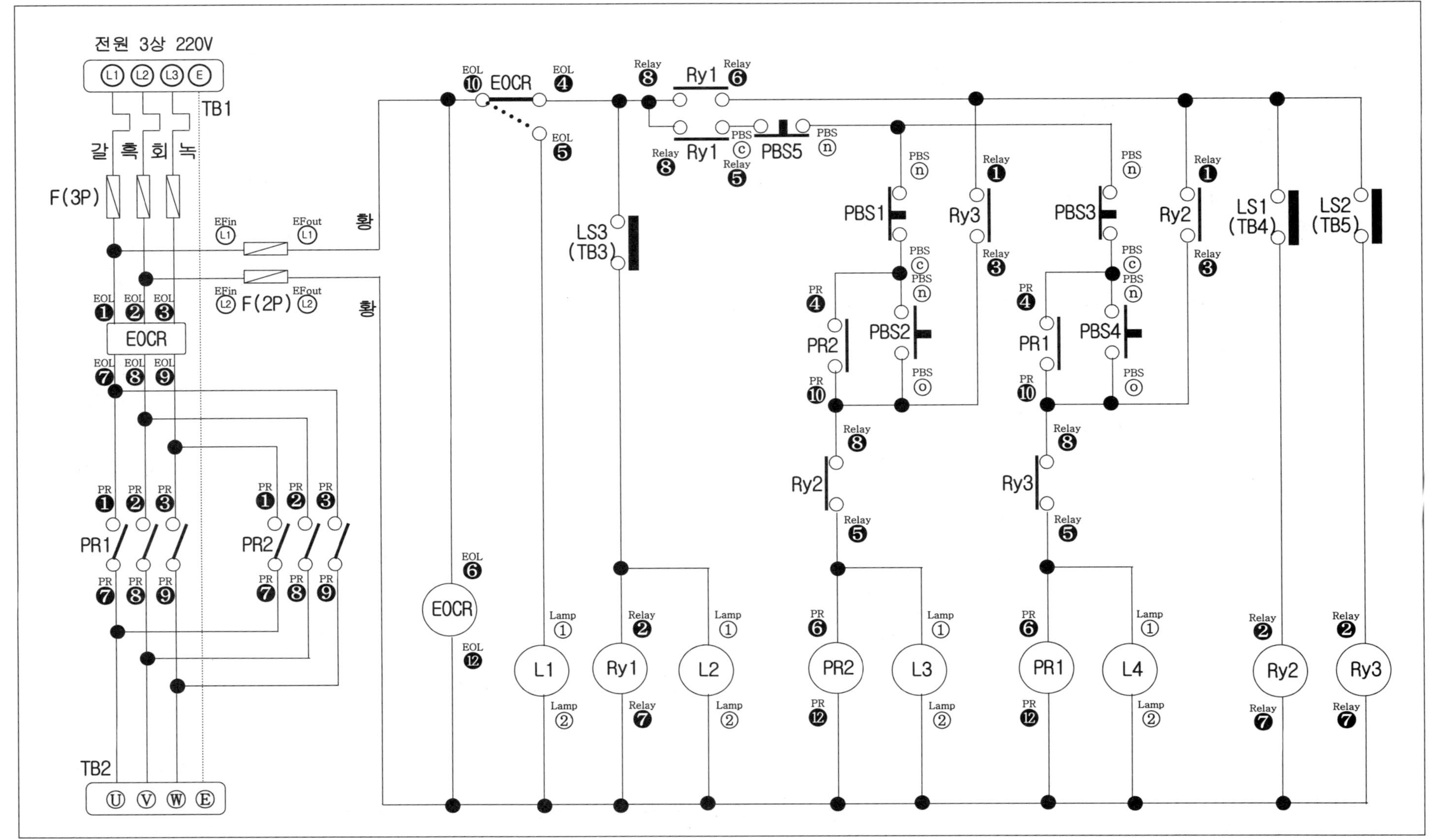

심화도면 9-5 급배수 자·수동 처리장치[시이퀀스도 정답지]

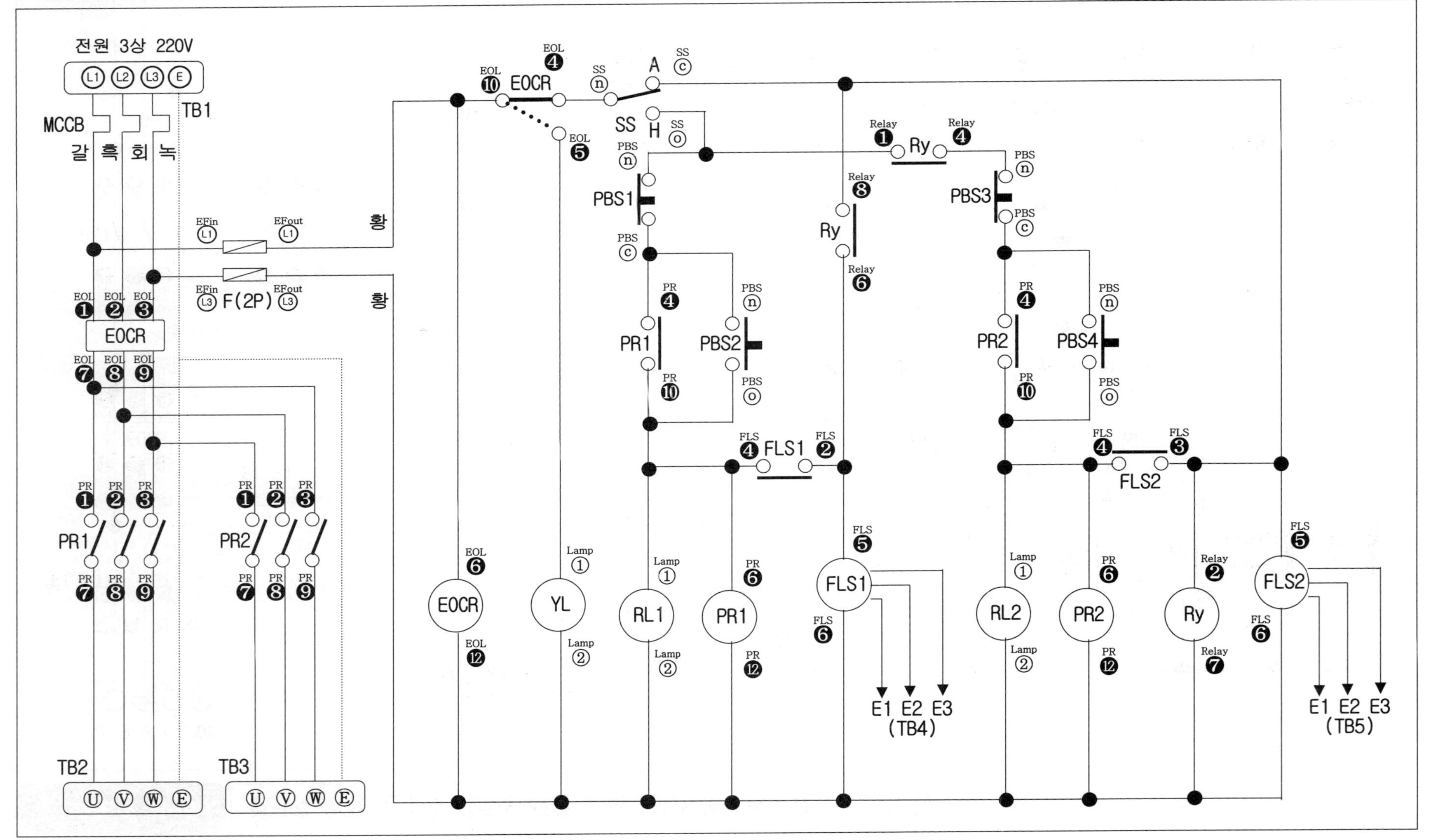

심화도면 10-5 컨베이어 순차 기동 및 정지 제어회로[시이퀀스도 정답지]

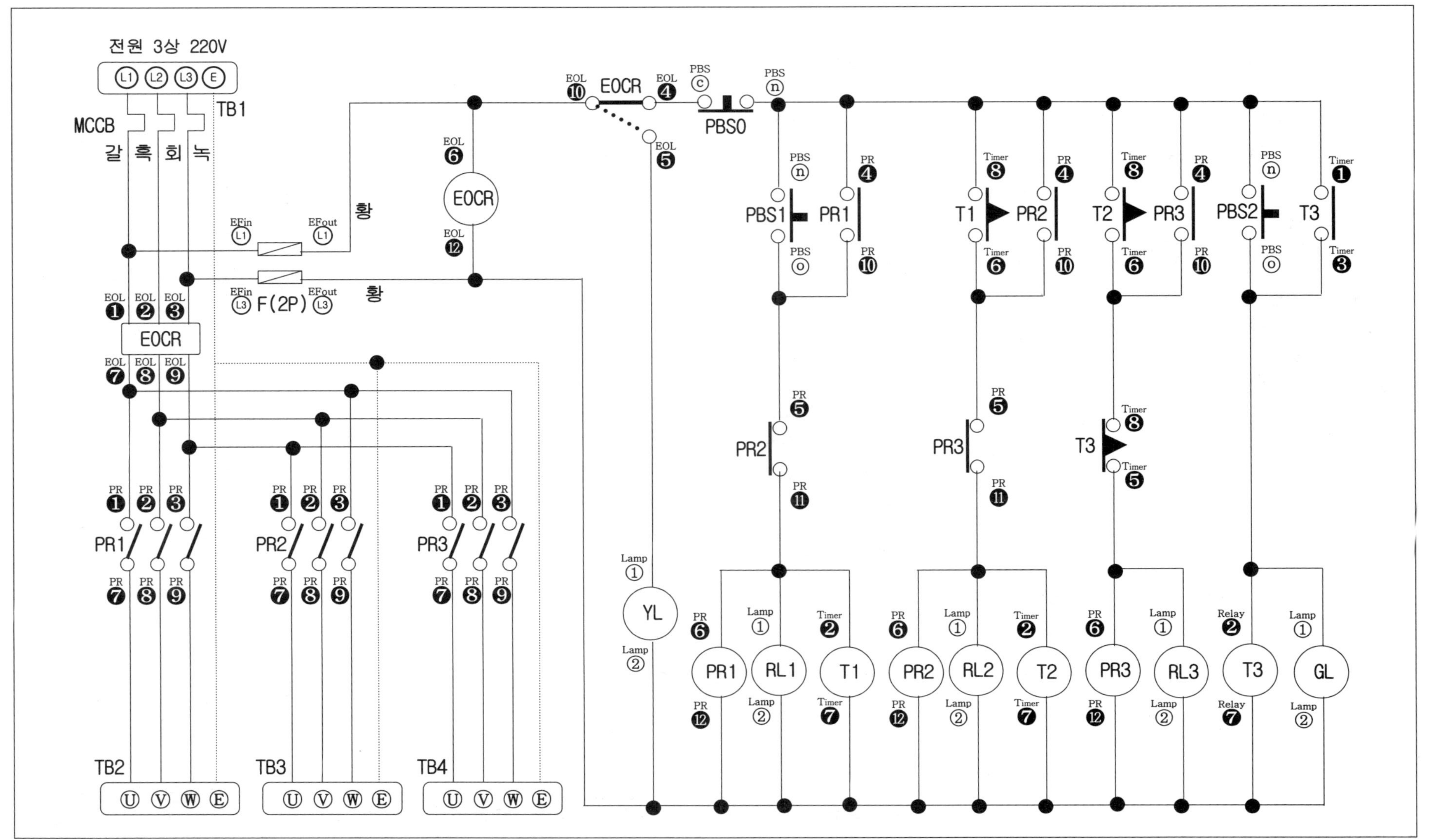

심화도면 11-5 전동기 운전 시간제어 정역 운전회로[시이퀀스도 정답지]

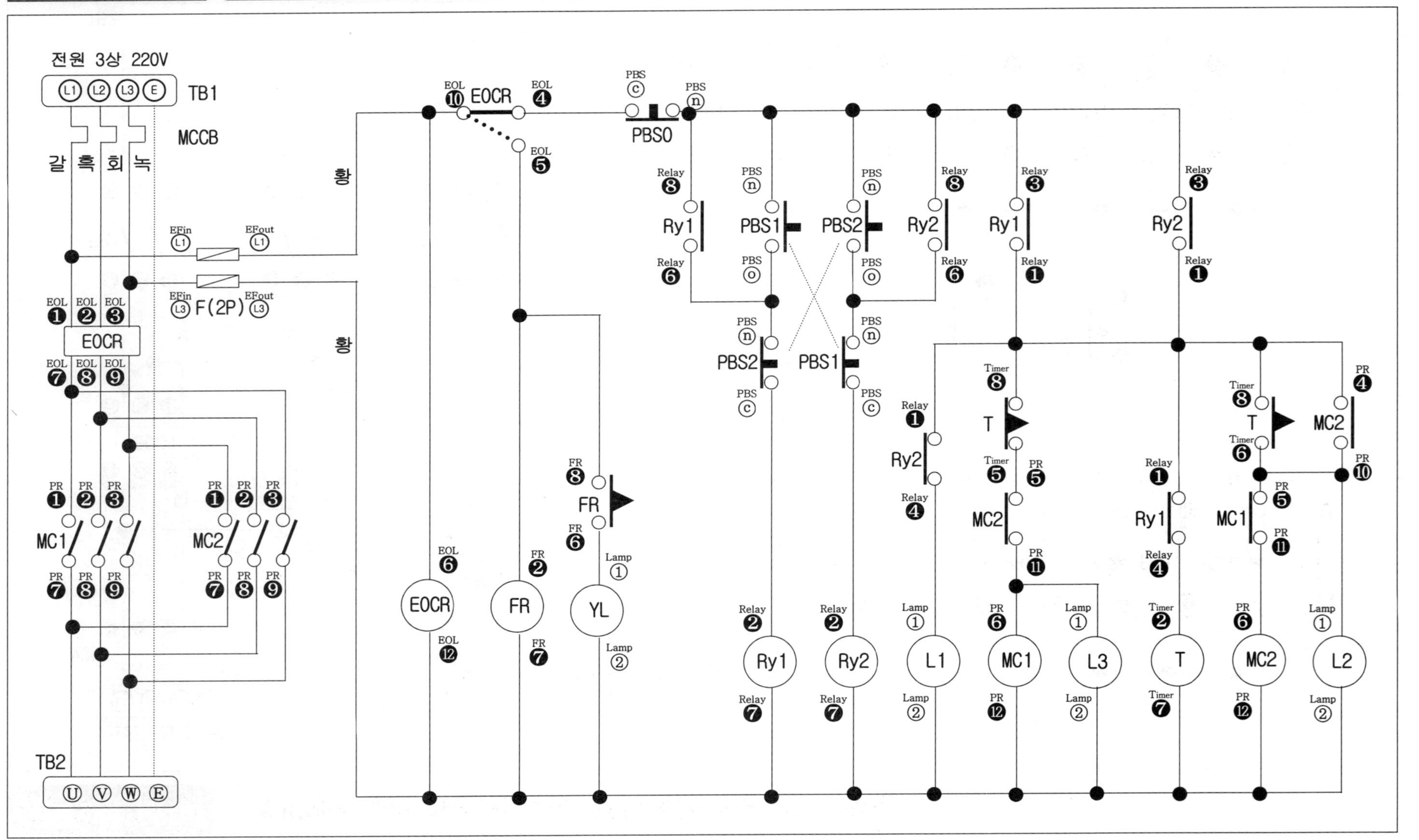

심화도면 12-5 리밋스위치에 의한 컨베이어 정 · 역 운전회로[시이퀀스도 정답지]

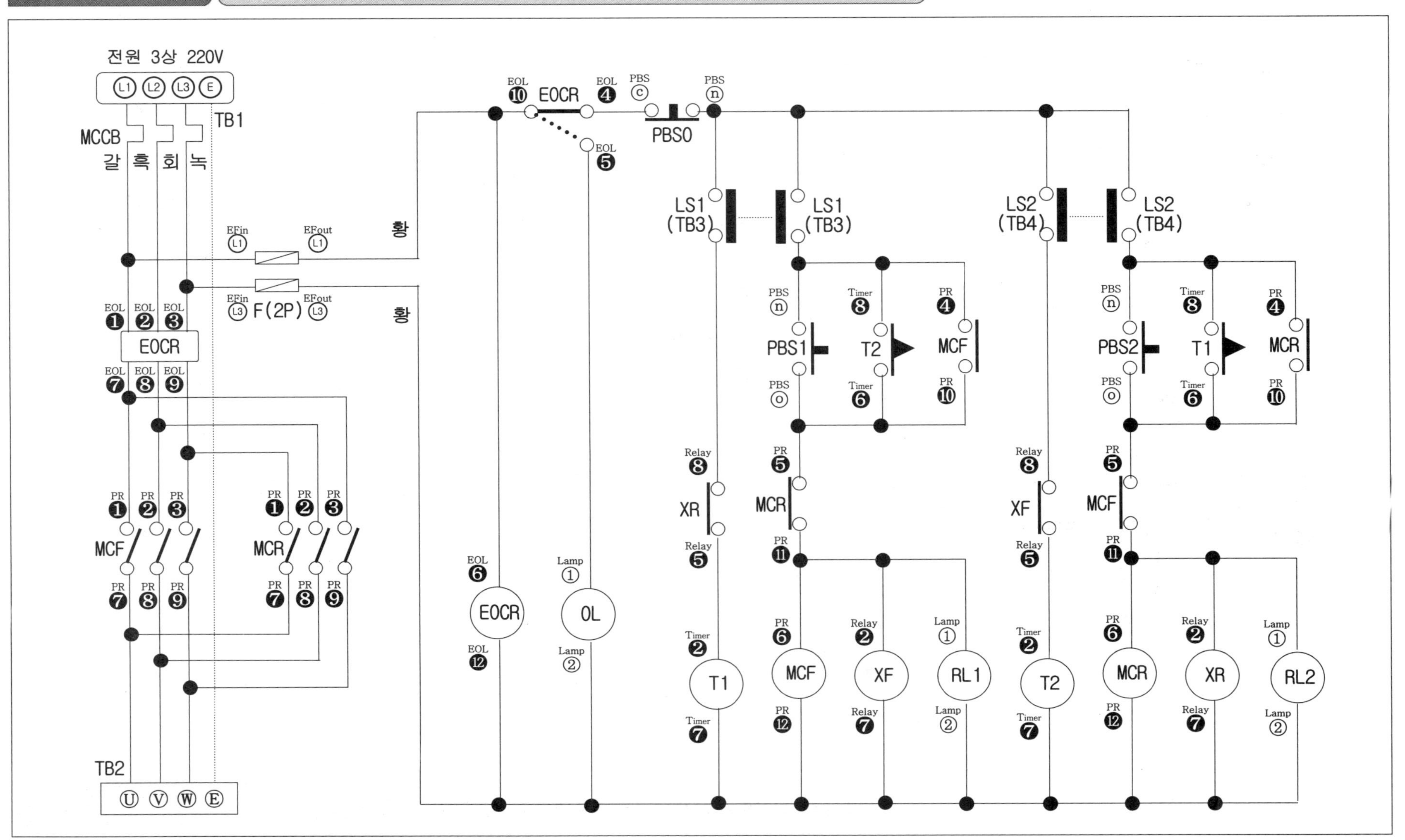

심화도면 13-5 온실하우스 온도조절 제어회로[시이퀀스도 정답지]

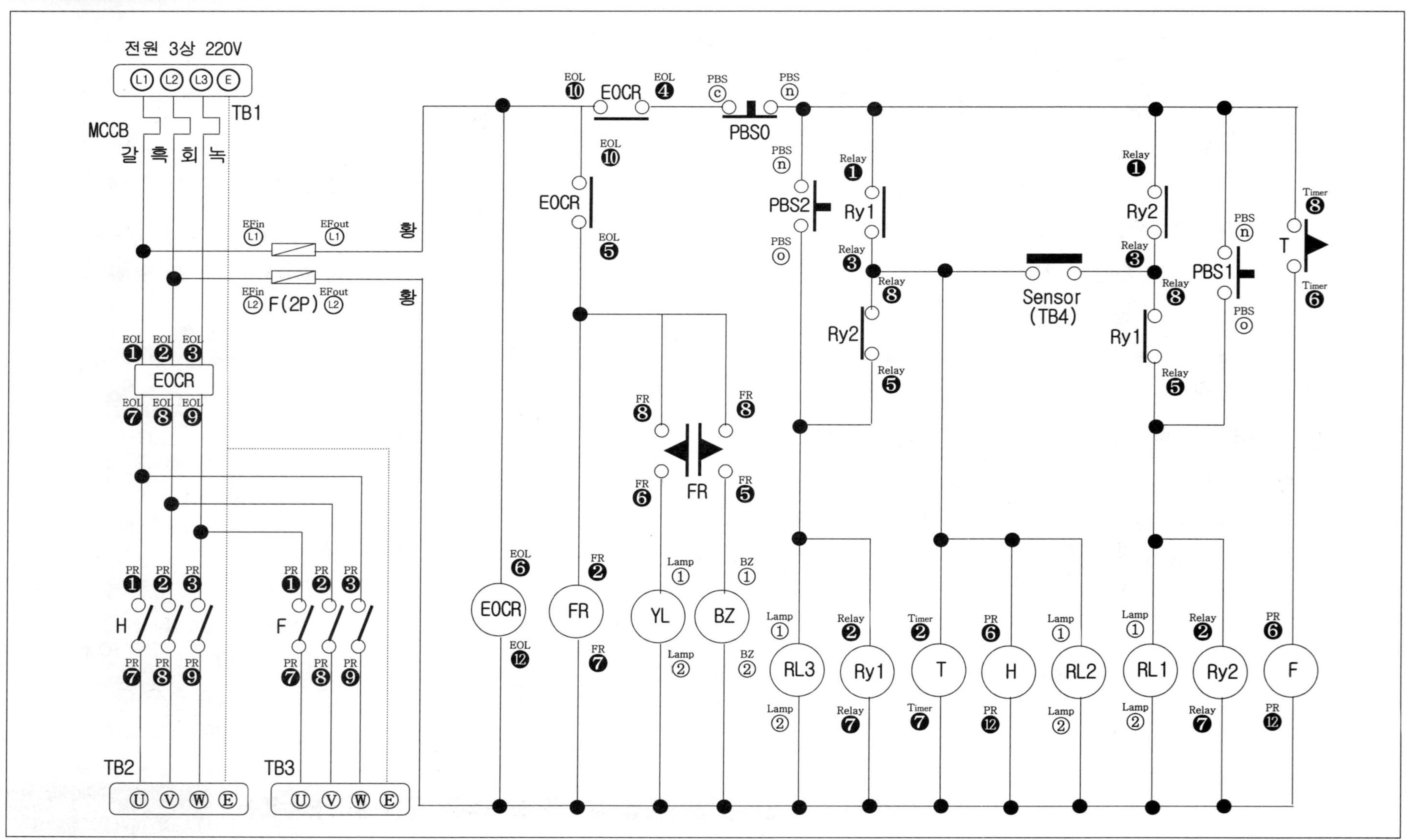

심화도면 14-5 열전함에 의한 자동 온수공급 시스템[시이퀀스도 정답지]

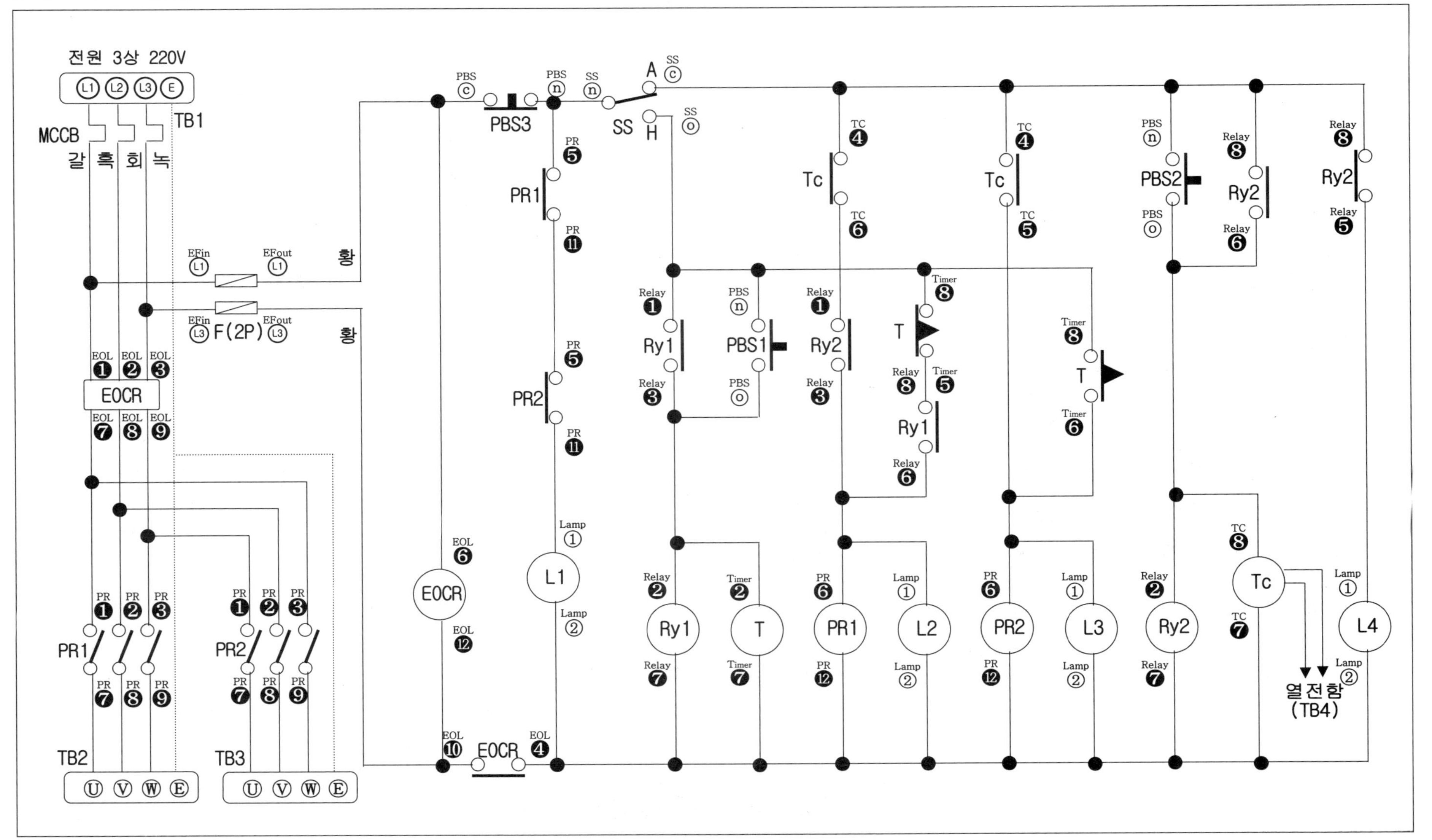

심화도면 15-5 자수동 정 · 역 기동회로[시이퀀스도 정답지]

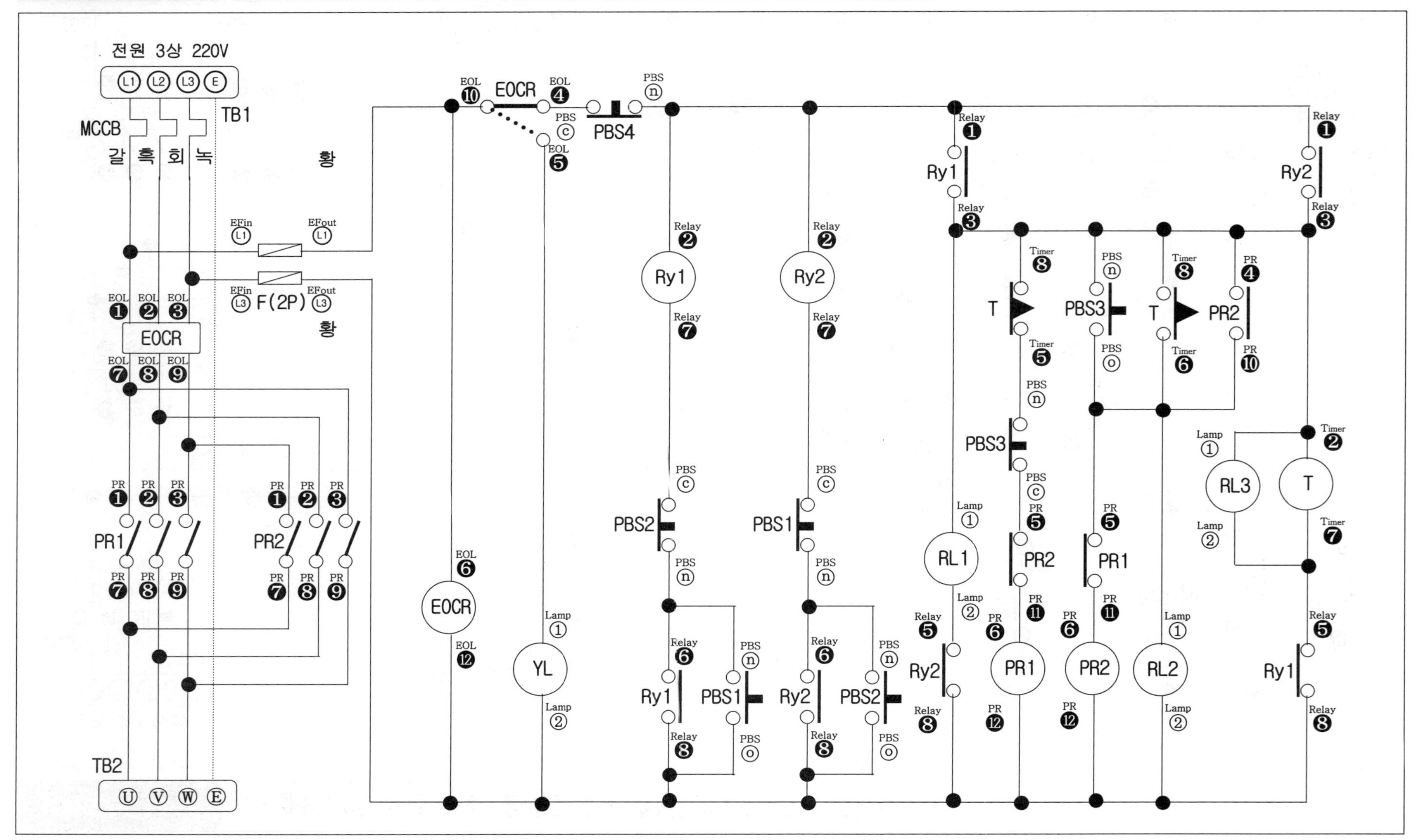

심화도면 16-5 급배수 처리장치[시이퀀스도 정답지]

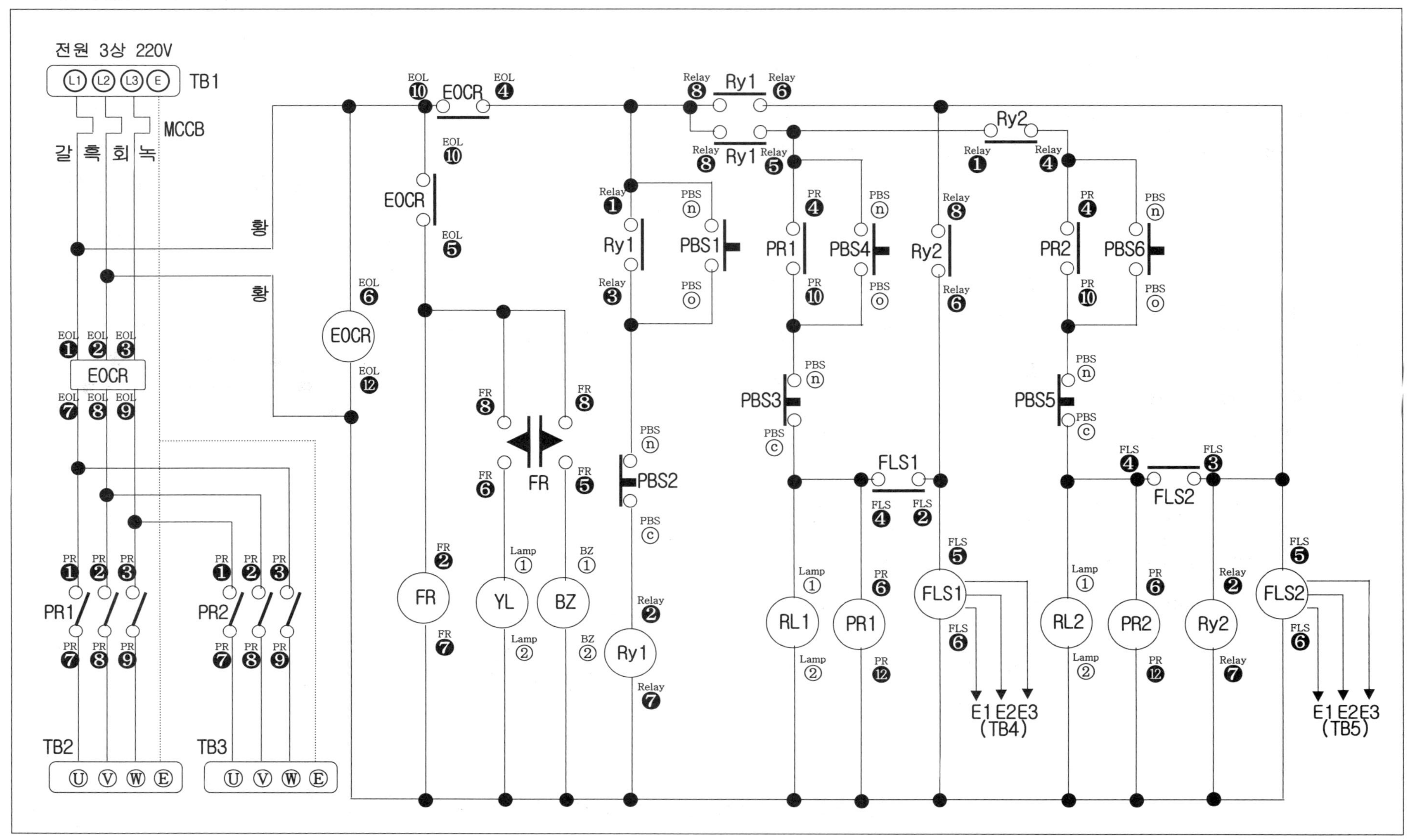

심화도면 17-5 컨베이어 순차구동 및 순차제어회로[시이퀀스도 정답지]

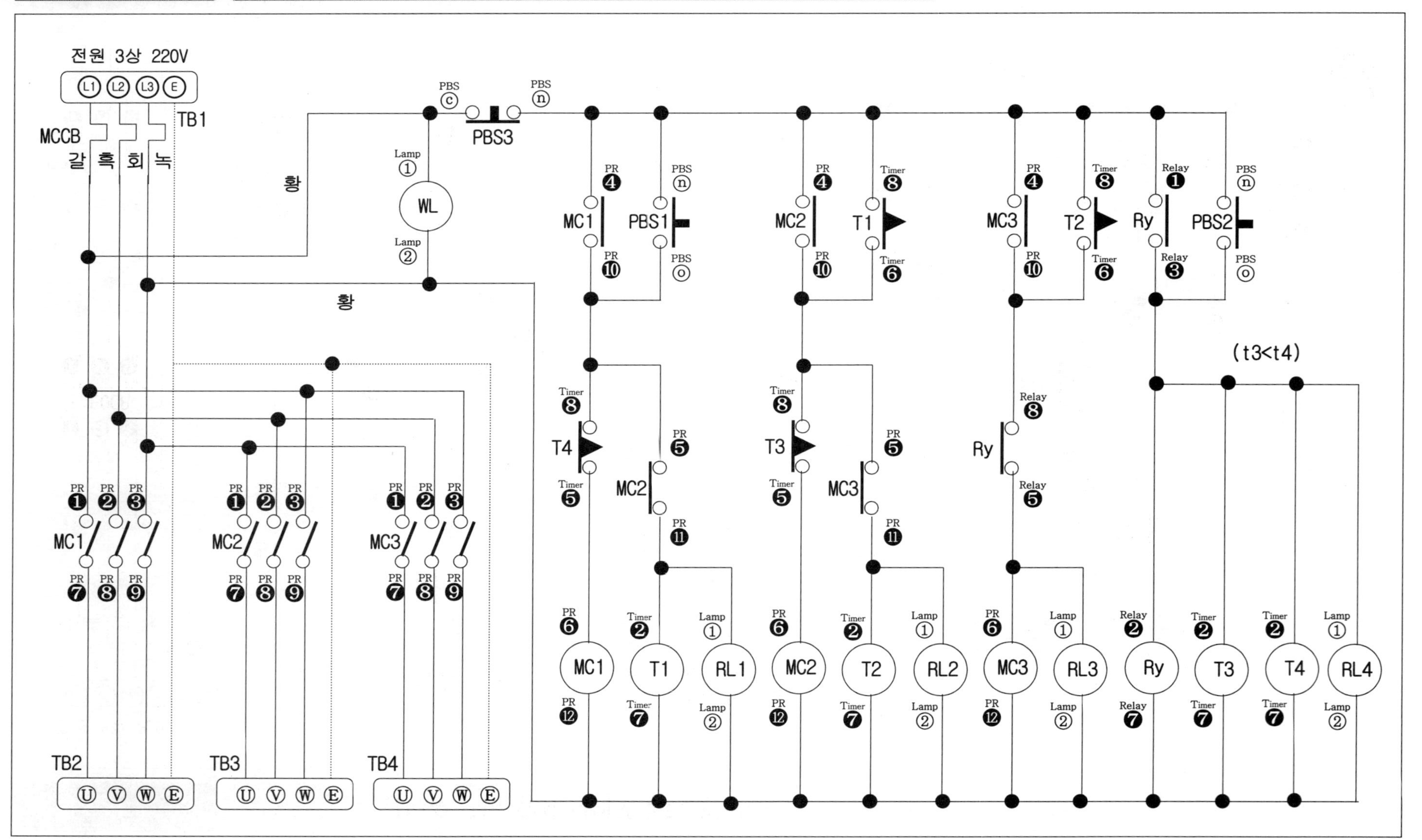

심화도면 18-5 릴레이와 센서에 의한 자수동 정역 운전회로[시이퀀스도 정답지]

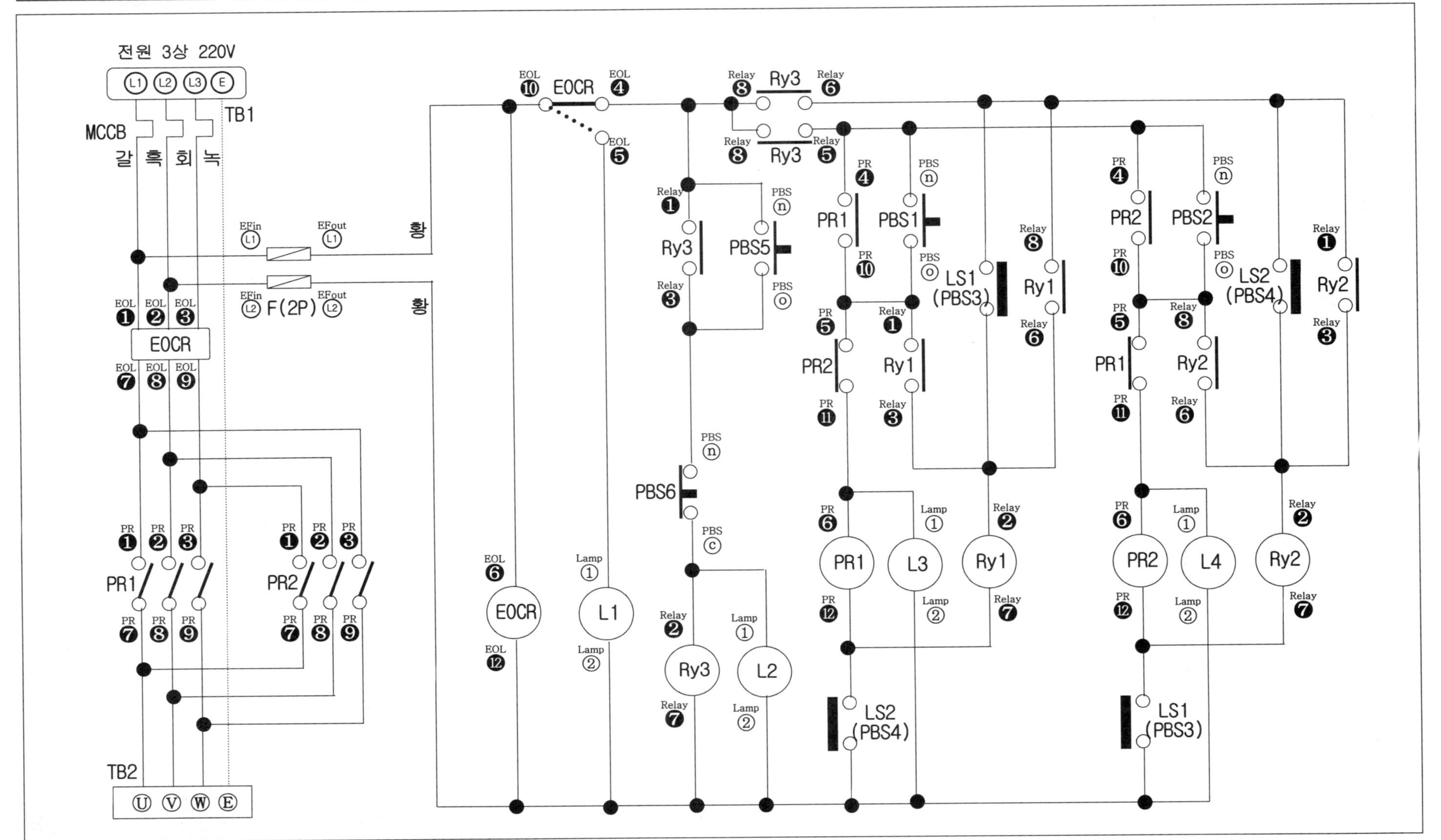

심화도면 19-5 자동문 자수동 정역 제어회로[시이퀀스도 정답지]

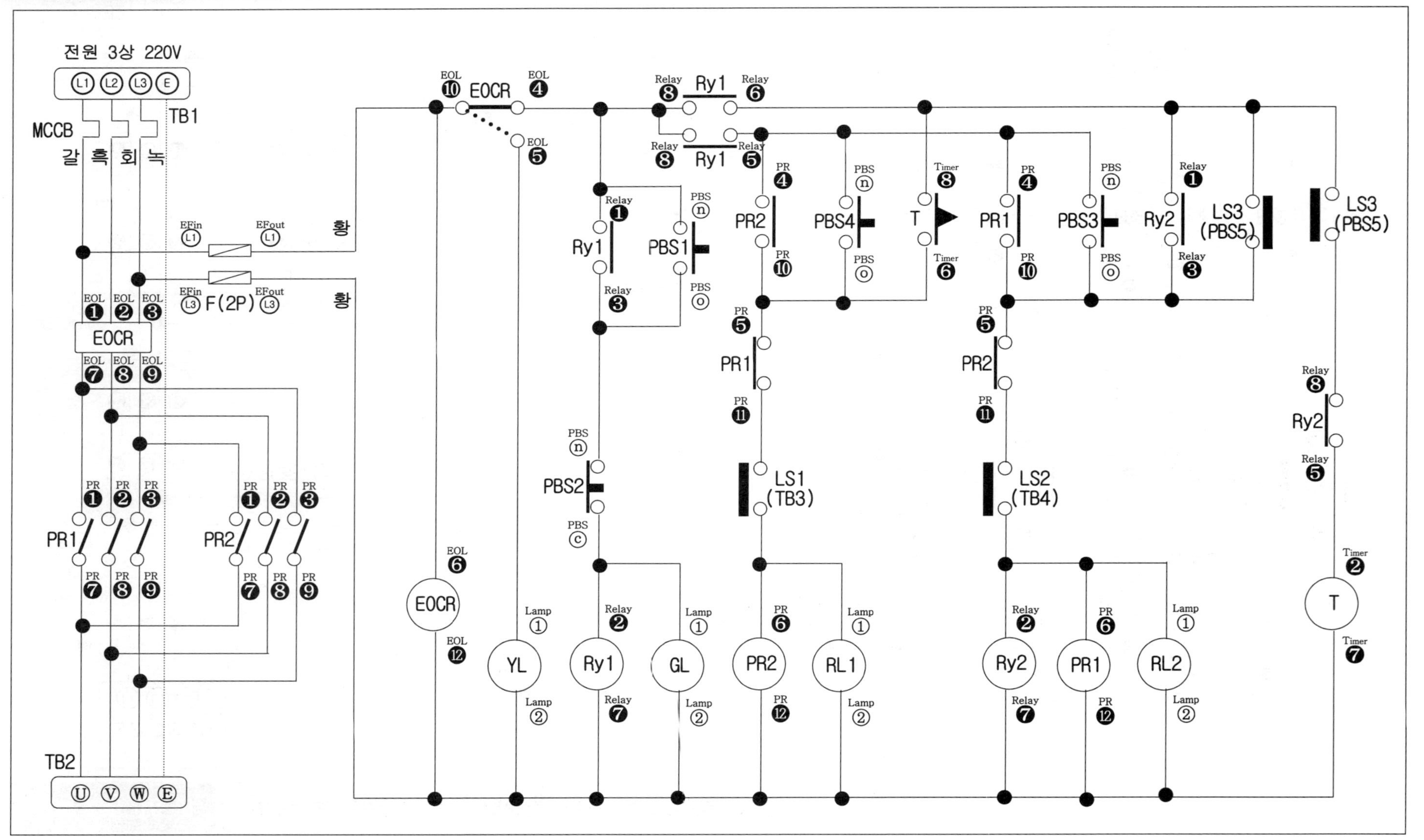

심화도면 20-5 컨베이어 후입력 우선제어회로[시이퀀스도 정답지]

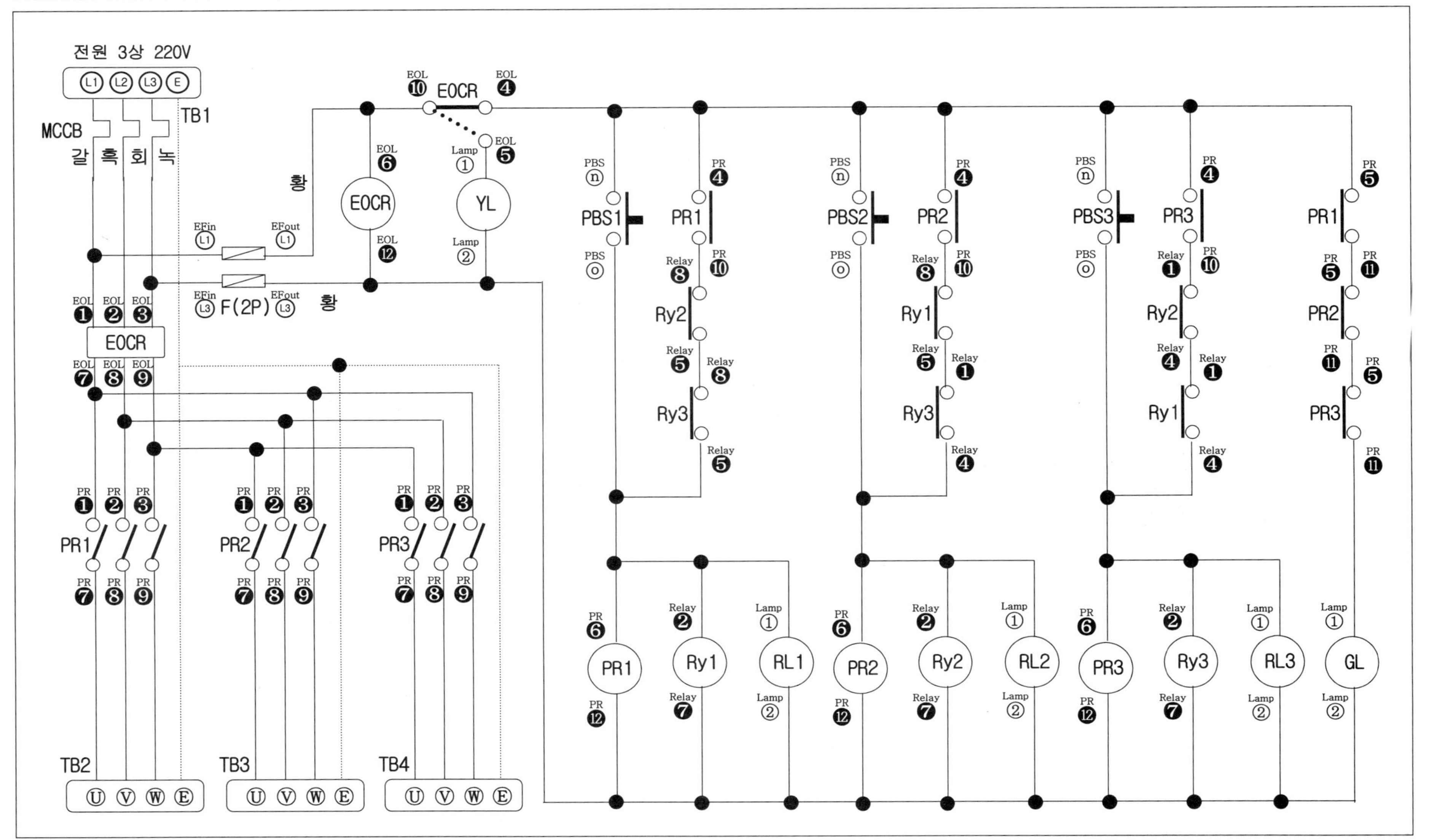

저 / 자 / 약 / 력

◆ **최경호(崔景好)**

- 공학박사(전기)
- 현 경북전문대학교 교수

◆ **원우연(元偶延)**

- 가천대학교 박사(수료)
- 현 한국폴리텍3대학 산학협력단장
- 현 한국폴리텍3대학 춘천캠퍼스 교수(전기)

◆ **신석환(申錫煥)**

- 전기기기 기능사2급, 전기기능사, 전기기능장
- 전기산업기사, 전기기사, 특급(전기공사협회)
- 전 부천공업고등학교 교사(전기)

전기기능사 실기 바이블 II

발 행 / 2025년 3월 14일

저 자 / 최경호, 원우연, 신석환

펴 낸 이 / 정 창 희

펴 낸 곳 / 동일출판사

주 소 / 서울시 강서구 곰달래로31길7 (2층)

전 화 / 02) 2608-8250

팩 스 / 02) 2608-8265

등록번호 / 제109-90-92166호

ISBN 978-89-381-1417-4 13560

값 / 21,000원

제어부품 내부결선도 및 기구 접점번호

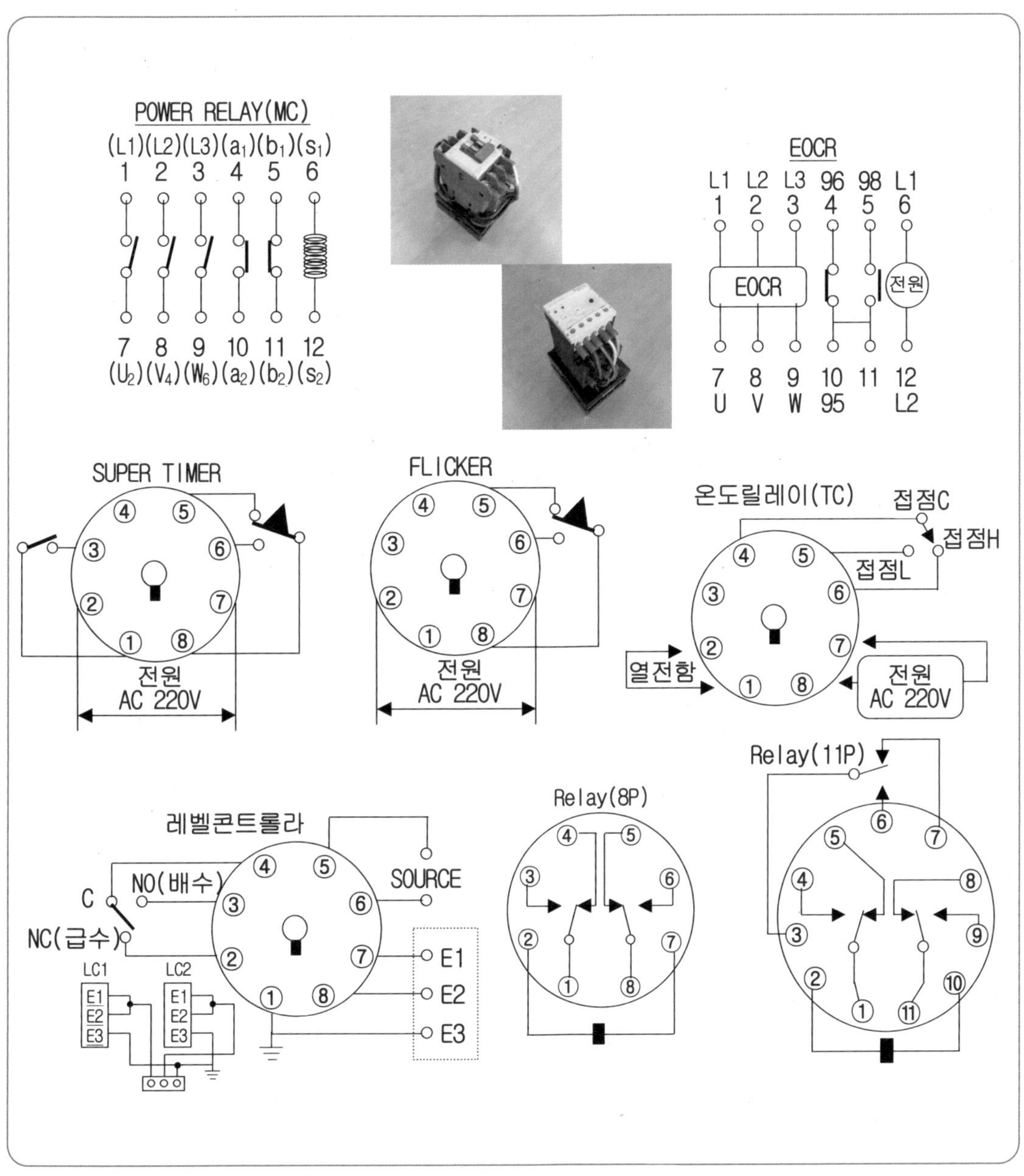

버튼스위치 및 램프색깔 구분

버튼스위치 (PBS SW)			램프 (GL, RL, YL, WL, OL)		
●	청색	운전 & 기동	●	녹색(GL)	정지상태
●	녹색	운전 & 기동	●	적색(RL)	운전상태
●	적색	정지 & 비상스위치	●	황색(YL)	경보 및 장비이상
●	황색	경보 & 회로복귀	○	백색(WL)	전원표시
○	백색	기타	●	주황(OL)	장비이상 및 경보